万水 ANSYS 技术丛书

基于 ANSYS 的复合材料有限元分析和应用（第二版）

李占营　张承承　李成良　编著

·北京·

内 容 提 要

ANSYS 是国际上先进的大型通用仿真分析软件之一，具有全面的模拟和强健的计算能力。本书是基于 ANSYS 软件进行复合材料结构设计分析的入门指南和工程分析教程。在第一版的基础上，从 3 个方面对本书进行了更新。首先，介绍了 ANSYS 18.0 以来 ACP 模块的重要新功能；其次，系统全面地更新了 ANSYS ACP 的详细功能；最后，系统地介绍了 ANSYS 软件 5 种典型应用场景和 12 个应用案例。本书学习的价值在于：软件效率提升，速度更快；更加灵活的铺层定义；拉伸实体精度提升；更加完善的 Python 脚本功能等。

本书是应用 ANSYS 2020 有限元软件进行复合材料力学分析和结构计算的必备工具书，可供从事复合材料工程设计和有限元分析的科研人员和工程师等阅读、参考。

图书在版编目（CIP）数据

基于ANSYS的复合材料有限元分析和应用 / 李占营，张承承，李成良编著. -- 2版. -- 北京：中国水利水电出版社，2021.3
 (万水ANSYS技术丛书)
 ISBN 978-7-5170-9510-1

Ⅰ. ①基… Ⅱ. ①李… ②张… ③李… Ⅲ. ①复合材料－有限元分析－应用软件 Ⅳ. ①TB33-39

中国版本图书馆CIP数据核字(2021)第053533号

责任编辑：杨元泓　　加工编辑：王开云　　封面设计：李 佳

书　名	万水 ANSYS 技术丛书 **基于 ANSYS 的复合材料有限元分析和应用（第二版）** JIYU ANSYS DE FUHE CAILIAO YOUXIANYUAN FENXI HE YINGYONG
作　者	李占营　张承承　李成良　编著
出版发行	中国水利水电出版社 （北京市海淀区玉渊潭南路 1 号 D 座　100038） 网址：www.waterpub.com.cn E-mail：mchannel@263.net（万水） 　　　　sales@waterpub.com.cn 电话：（010）68367658（营销中心）、82562819（万水）
经　售	全国各地新华书店和相关出版物销售网点
排　版	北京万水电子信息有限公司
印　刷	三河市鑫金马印装有限公司
规　格	184mm×260mm　16 开本　24.5 印张　612 千字
版　次	2017 年 8 月第 1 版　2017 年 8 月第 1 次印刷 2021 年 3 月第 2 版　2021 年 3 月第 1 次印刷
印　数	0001—3000 册
定　价	95.00 元

凡购买我社图书，如有缺页、倒页、脱页的，本社营销中心负责调换

版权所有·侵权必究

序

我国正处于从中国制造到中国创造的转型期,经济环境充满挑战。由于80%的成本在产品研发阶段确定,如何在产品研发阶段提高产品附加值成为制造企业关注的焦点。

在当今世界,不借助数字建模来优化和测试产品,新产品的设计将无从着手。因此越来越多的企业认识到工程仿真的重要性,并在不断加强应用水平。工程仿真已在航空、汽车、能源、电子、医疗保健、建筑和消费品等行业得到广泛应用。大量研究及工程案例证实,使用工程仿真技术已经成为不可阻挡的趋势。

工程仿真是一件复杂的工作,工程师不但要有工程实践经验,同时要对多种不同的工业软件了解掌握。与发达国家相比,我国仿真应用成熟度还有较大差距。仿真人才缺乏是制约行业发展的重要原因,这也意味着有技能、有经验的仿真工程师在未来将具有广阔的职业前景。

ANSYS作为世界领先的工程仿真软件供应商,为全球各行业提供能完全集成多物理场仿真软件工具的通用平台。对有意从事仿真行业的读者来说,选择业内领先、应用广泛、前景广阔、覆盖面广的ANSYS产品作为仿真工具,无疑将成为您职业发展的重要助力。

为满足读者的仿真学习需求,ANSYS与中国水利水电出版社合作,联合国内多个领域仿真行业实战专家,出版了本系列丛书,包括ANSYS核心产品系列、ANSYS工程行业应用系列和ANSYS高级仿真技术系列,读者可以根据自己的需求选择阅读。

作为工程仿真软件行业的领导者,我们坚信,培养用户走向成功,是仿真驱动产品设计、设计创新驱动行业进步的关键。

ANSYS大中华区总经理
2015年4月

前　言

复合材料是一大类新型材料，其强度高、刚度大、重量轻，并具有抗疲劳、减振、耐高温、可设计等一系列优点，近50年来，在航空航天、能源、交通、建筑、机械、信息、生物、医学和体育等工程和领域日益得到广泛的应用，特别是风力发电、民用航空和汽车工业的应用。随着各种新型复合材料的开发和应用，复合材料力学已形成独立的学科体系并蓬勃发展。国内外不少高等院校已将"复合材料力学"列为力学专业及相关的理工科专业本科生和研究生的必修课和选修课。

ANSYS 软件具有全面的复合材料设计分析功能。自本书第一版出版以来，ANSYS 软件已经发布了多个大版本。在复合材料功能方面，为满足最新的复合材料设计需求做了多方面的提升。主要包括：文件格式改变，软件效率提升；场变量插值材料性能，模拟空间、温度、固化度场对力学性能的影响；选择规则功能提升，实现更加灵活的铺层定义；拉伸实体精度提升；导入实体铺层映射；材料结构一体化设计；更加完善的 Python 脚本功能。

为使读者全面掌握 ANSYS 复合材料的最新进展，将其更好地应用到研究和产品设计工作中，作者基于多年 ANSYS 软件应用推广的经验，以及近年从事风电叶片设计分析的经历，从3个方面对本书进行了更新。首先，在第1章中，介绍了 ANSYS 18.0 以来 ACP 模块的重要新功能。其次，在第2至第5章中，系统全面地更新了 ANSYS ACP 的详细功能。最后，系统地介绍了 ANSYS 软件5种典型应用场景和12个应用案例。

本书适用于5种常用的复合材料设计分析应用场景：基于壳模型的复合材料设计分析，场变量相关的材料性能对结构行为的影响分析，基于拉伸实体进行复合材料设计分析，基于导入实体模型的复合材料设计分析，材料产品一体化设计。

在新版本出版之际，感谢中材科技风电叶片股份有限公司鲁晓锋总监在工作中的指导，感谢唐金钱、张颜明、王艳、周帆等同事在工作中的帮助和支持。感谢北京航空航天大学能源与动力工程学院柳恺骋、陈立强在本书编写过程中给予的帮助。

由于时间仓促，加之本书内容新、涉及面广及作者水平有限，书中不足之处在所难免，恳请广大读者批评指正，作者联系方式为：zhanying.li@qq.com。

编　者
2020 年 6 月

目　录

序
前言

第1章　基础知识 1
　1.1　复合材料概论 1
　　1.1.1　复合材料及其种类 1
　　1.1.2　复合材料的构造形式 5
　　1.1.3　复合材料的制造工艺 6
　　1.1.4　复合材料的力学分析 6
　　1.1.5　复合材料的力学性能 7
　　1.1.6　复合材料的各种应用 9
　　1.1.7　复合材料创新设计 11
　1.2　ANSYS 软件 12
　　1.2.1　Workbench 仿真平台 13
　　1.2.2　Mechanical 模块功能 16
　1.3　ACP 模块 20
　　1.3.1　模块功能 22
　　1.3.2　应用案例 27
　1.4　ACP 新功能 28
　　1.4.1　易用性及性能 29
　　1.4.2　复合材料建模评估 29
　　1.4.3　其他程序接口 30
　1.5　历史版本 ACP 项目迁移 30
　　1.5.1　平台运行模式 ACP 31
　　1.5.2　独立运行模式 ACP 31
　　1.5.3　Python 脚本模式 31

第2章　快速入门 32
　2.1　图形用户界面 32
　　2.1.1　主菜单（Menu） 33
　　2.1.2　特征树（Tree View） 37
　　2.1.3　场景（Scene） 38
　　2.1.4　工具栏（Toolbar） 38
　　2.1.5　视图窗格（View Panes） 41

　2.2　平台运行模式 43
　　2.2.1　标准工作流程 43
　　2.2.2　ACP 组件属性 45
　　2.2.3　支持的分析类型 46
　　2.2.4　多工况分析流程 47
　　2.2.5　共享复合材料定义流程 47
　　2.2.6　实体单元建模流程 48
　　2.2.7　模型装配工作流程 49
　2.3　独立运行模式 51
　2.4　入门练习 53
　　2.4.1　练习 1 53
　　2.4.2　练习 2 80

第3章　用户手册 89
　3.1　详细功能 89
　　3.1.1　模型（Model） 89
　　3.1.2　材料数据（Material Data） 97
　　3.1.3　单元和节点集（Element and Edge
　　　　　Sets） 107
　　3.1.4　几何（Geometry） 108
　　3.1.5　坐标系（Rosettes） 111
　　3.1.6　插值表（Look-up Tables） 113
　　3.1.7　选择规则（Selection Rules） ... 119
　　3.1.8　方向选择集（Oriented Selection
　　　　　Sets，OSS） 128
　　3.1.9　铺层组（Modeling Groups） ... 131
　　3.1.10　场定义（Field Definitions） ... 143
　　3.1.11　采样点（Sampling Points） ... 145
　　3.1.12　切面（Section Cuts） 146
　　3.1.13　传感器（Sensors） 148
　　3.1.14　实体模型（Solid Models） 149

- 3.1.15 铺层图（Layup Plots） 167
- 3.1.16 失效准则定义（Definitions） 173
- 3.1.17 结果集（Solutions） 174
- 3.1.18 场景（Scenes） 184
- 3.1.19 视图（Views） 185
- 3.1.20 铺层书（Ply Book） 185
- 3.1.21 参数化（Parameters） 186
- 3.1.22 材料库（Material Databank） 189
- 3.2 后处理 189
  - 3.2.1 失效准则 189
  - 3.2.2 失效指标 190
  - 3.2.3 主应力和主应变 190
  - 3.2.4 损伤线性化 190
  - 3.2.5 复合材料实体单元后处理 190
  - 3.2.6 掉层和切割单元后处理 192
  - 3.2.7 自定义失效准则 192
  - 3.2.8 局限和建议 195
- 3.3 程序接口 196
  - 3.3.1 HDF5 复合材料 CAE 格式 196
  - 3.3.2 Mechanical APDL 网格模型 196
  - 3.3.3 Mechanical APDL 复合材料模型 196
  - 3.3.4 Excel 表格数据 198
  - 3.3.5 CSV 格式 200
  - 3.3.6 ESAComp 200
  - 3.3.7 LS-DYNA 200
  - 3.3.8 BECAS 200

第 4 章 复合材料建模 201
- 4.1 T 型接头建模 201
- 4.2 局部加强建模 203
- 4.3 边倒角和错层 204
  - 4.3.1 边倒角 204
  - 4.3.2 错层 206
- 4.4 变厚度芯材 206
  - 4.4.1 实体几何 207
  - 4.4.2 插值表 207
  - 4.4.3 几何切割规则 208
  - 4.4.4 常规应用 209
- 4.5 可制造性分析 209
  - 4.5.1 内部 Draping 算法 210
  - 4.5.2 用户自定义 Draping 数据 211
  - 4.5.3 Draping 结果的可视化 212
- 4.6 铺层书生成 212
- 4.7 拉伸实体建模 213
  - 4.7.1 使用场景 213
  - 4.7.2 功能用法 214
  - 4.7.3 生成原则 214
  - 4.7.4 掉层和切割 214
  - 4.7.5 工作流程 215
  - 4.7.6 应用技巧 216
  - 4.7.7 已知局限 216
- 4.8 复合材料可视化 216
  - 4.8.1 模型可视化 216
  - 4.8.2 结果可视化 217
- 4.9 复合材料失效准则 219
- 4.10 模型单元选择 220
- 4.11 变材料数据 220
  - 4.11.1 场变量定义 221
  - 4.11.2 剪切角度 221
  - 4.11.3 衰减因子 221
  - 4.11.4 自定义场 222
  - 4.11.5 插值算法 222

第 5 章 典型应用 223
- 5.1 复合材料壳模型分析 223
  - 5.1.1 前处理 223
  - 5.1.2 分析求解 226
  - 5.1.3 后处理 226
- 5.2 拉伸实体模型分析 227
  - 5.2.1 前处理 227
  - 5.2.2 分析求解 228
  - 5.2.3 后处理 230
- 5.3 变材料数据分析 231
  - 5.3.1 场变量参数 232
  - 5.3.2 插值表填充 234
  - 5.3.3 分析求解 235

- 5.3.4 变化数据影响 ································· 237
- 5.4 导入实体模型分析 ································ 237
  - 5.4.1 导入实体网格 ································· 237
  - 5.4.2 铺层映射 ····································· 240
  - 5.4.3 结果后处理 ··································· 241
- 5.5 材料产品一体化设计 ······························ 242
  - 5.5.1 Material Designer 模块 ······················· 242
  - 5.5.2 Engineering Data 模块 ······················· 243
  - 5.5.3 ACP 模块 ····································· 243
  - 5.5.4 Mechanical 分析计算 ························· 246

第 6 章 应用案例 ······································ 247

- 6.1 冲浪板静力分析 ··································· 247
  - 6.1.1 案例简介 ····································· 247
  - 6.1.2 案例实现 ····································· 248
  - 6.1.3 案例小结 ····································· 268
- 6.2 T 型接头铺层定义 ································· 268
  - 6.2.1 案例简介 ····································· 268
  - 6.2.2 案例实现 ····································· 269
  - 6.2.3 案例小结 ····································· 283
- 6.3 选择规则使用 ····································· 283
  - 6.3.1 案例简介 ····································· 283
  - 6.3.2 案例实现 ····································· 284
  - 6.3.3 案例小结 ····································· 289
- 6.4 实体模型装配 ····································· 289
  - 6.4.1 案例简介 ····································· 289
  - 6.4.2 案例实现 ····································· 289
  - 6.4.3 案例小结 ····································· 303
- 6.5 拉伸实体建模 ····································· 303
  - 6.5.1 案例简介 ····································· 303
  - 6.5.2 案例实现 ····································· 304
  - 6.5.3 案例小结 ····································· 309
- 6.6 导入实体建模 ····································· 309
  - 6.6.1 案例简介 ····································· 309
  - 6.6.2 案例实现 ····································· 310
  - 6.6.3 案例小结 ····································· 318
- 6.7 复合材料模型参数化 ······························ 319
  - 6.7.1 案例简介 ····································· 319
  - 6.7.2 案例实现 ····································· 319
  - 6.7.3 案例小结 ····································· 325
- 6.8 ACP 脚本应用 ····································· 326
  - 6.8.1 案例简介 ····································· 326
  - 6.8.2 ACP 脚本基础 ································· 326
  - 6.8.3 ACP 脚本实例 ································· 330
  - 6.8.4 案例小结 ····································· 336
- 6.9 复合材料子模型应用 ······························ 336
  - 6.9.1 案例简介 ····································· 336
  - 6.9.2 案例实现 ····································· 337
  - 6.9.3 案例小结 ····································· 350
- 6.10 铺敷性分析 ······································ 352
  - 6.10.1 案例简介 ···································· 352
  - 6.10.2 案例实现 ···································· 353
  - 6.10.3 案例小结 ···································· 359
- 6.11 渐进损伤模拟 ···································· 359
  - 6.11.1 背景简介 ···································· 359
  - 6.11.2 应用案例 ···································· 360
  - 6.11.3 案例小结 ···································· 365
- 6.12 分层脱胶模拟 ···································· 365
  - 6.12.1 背景简介 ···································· 365
  - 6.12.2 技术路线 ···································· 366
  - 6.12.3 应用案例 ···································· 367
  - 6.12.4 案例小结 ···································· 371

附录 A 英美制单位与标准国际单位的换算关系 ········· 372

附录 B 波音 787（梦幻飞机） ·························· 373

附录 C 复合材料术语 ································· 377

附录 D ANSYS 软件术语 ······························· 382

参考文献 ··· 384

第1章 基础知识

本章从复合材料概论、ANSYS 软件、ACP 模块、ACP 新功能、历史版本 ACP 项目迁移 5 个方面对 ANSYS 复合材料解决方案的相关内容进行介绍。具体为：复合材料概论简要介绍复合材料的基础知识；ANSYS 软件部分简要介绍 ANSYS Workbench 仿真平台，以及 Mechanical 模块的求解功能；ACP 模块部分简要介绍 ACP 模块的功能，软件安装以及学习方法；ACP 新功能部分介绍 ANSYS 18.0 至 2020R1 版本间的功能演进过程；历史版本 ACP 项目迁移部分从 Workbench 平台运行模式、独立运行模式和 Python 脚本模式 3 个方面介绍历史版本更新到最新版本的实现路径。

1.1 复合材料概论

1.1.1 复合材料及其种类

复合材料是由两种或多种不同性质的材料用物理和化学方法在宏观尺度上组成的具有新性能的材料。一般复合材料的性能优于其组分材料的性能，并且有些性能是组分材料所没有的，复合材料改善了组分材料的刚度、强度、热学等性能。

很久以前，人类已经开始使用复合材料。中国古代土坯砖由黏土和麦秆两种材料组成，麦秆起增强黏土的作用。古代宝剑是用复合浇铸技术得到的包层金属复合材料，它具有锋利、韧性好、耐腐蚀的优点。现代的胶合板、钢筋混凝土、橡胶轮胎、玻璃钢等都属于复合材料。复合材料按应用性质可分为功能复合材料和结构复合材料两大类。

功能复合材料具有导电、热防护等特殊功能。例如：导电复合材料是用聚合物与各种导电物质通过分散、层压或表面导电膜等方法成型的复合材料；烧蚀材料是由各种无机纤维增强树脂基体或非金属基体构成，可用于高速飞行器头部热防护；摩阻复合材料是用石棉等纤维和树脂或非金属制成的有高摩擦系数的复合材料，用于航空器、汽车等运转部件的制动、控速。

结构复合材料用于结构承载，是 ANSYS ACP 模块的主要应用领域。它由基体材料和增强材料两部分组成。基体为树脂、金属或非金属材料，起配合增强材料的作用，支持和固定增强材料，传递增强材料间的载荷，保护增强材料，防止磨损或腐蚀。增强材料为纤维或颗粒材料，在结构复合材料中起承担主载荷作用，提供强度和刚度。

结构复合材料力学性能比常规金属材料复杂得多，体现在不均匀、不连续、各向异性等方面。这些特性推动了适用于复合材料力学理论的发展，即复合材料力学，它是固体力学学科中的一个分支。

1. 复合材料的种类

根据复合材料中增强材料的几何形状，可以将复合材料分为3大类：①颗粒复合材料，由颗粒增强材料和基体组成；②纤维增强复合材料，由纤维和基体组成；③层合复合材料，由多种片状材料层合而成。ANSYS ACP模块主要应用于研究纤维增强复合材料和层合复合材料构件。

（1）颗粒复合材料。颗粒可以是金属，也可以是非金属。

1）非金属颗粒在非金属基体中的复合材料。最普通的例子是混凝土，它由砂石、水泥和水粘合在一起经化学反应而变成坚固的结构材料。还有用云母粉悬浮在玻璃或塑料中形成的颗粒复合材料。

2）金属颗粒在非金属基体中的复合材料。例如，固体火箭推进剂是由铝粉和高氯酸盐氧化剂无机微粒放在如聚氨酯的有机粘接剂中组成的，微粒约占75%，粘接剂约占25%。

3）非金属在金属基体中的复合材料。氧化物和碳化物微粒悬浮在金属基体中得到金属陶瓷，用于耐腐蚀工具和高温部件；碳化钨在钴基体中的金属陶瓷用于高硬度零件加工，如拉丝模具；碳化铬在钴基体中的金属陶瓷有很高的耐磨性和耐腐蚀性，用于制造阀门。

（2）纤维增强复合材料。材料的长纤维形态比块状形态具有更高的强度。例如，普通玻璃在几十兆帕应力下会破裂，而商用玻璃纤维强度可达3000~5000MPa，且实验室强度已接近7000MPa。这是因为纤维态与块状态的玻璃结构不同，纤维态内部缺陷和位错比块状材料少。

纤维增强复合材料的纤维材料有：玻璃纤维（其增强的复合材料俗称玻璃钢）、硼纤维、碳纤维、碳化硅纤维、氧化铝纤维和芳纶纤维等。

纤维增强复合材料的基体材料有：树脂基体、金属基体、陶瓷基体和碳（石墨）基体。

纤维增强复合材料按纤维形状、尺寸可分为连续纤维、短纤维、纤维布增强复合材料等。

（3）层合复合材料。它由两层以上不同材料复合而成，具有更高的比强度、比刚度、耐磨损、耐腐蚀性能。层合复合材料有以下几种：

1）双金属片。它由两种不同热膨胀系数的金属片层合而成，当温度变化时，双金属片产生弯曲变形，用于温度测量和控制。

2）涂覆金属。将一种金属涂覆在另一种金属上。例如，用10%的铜涂覆铝丝代替铜丝，得到高性价比的导电材料。涂铜铝丝解决了铝丝难于连接、导热性差问题，也解决了铜丝价格贵且重的问题。

3）夹层玻璃。它由一种材料包含另一种材料而成。例如，夹层玻璃由两层玻璃夹包一层聚乙烯醇缩丁醛塑料而成，解决了普通玻璃易脆裂、聚乙烯醇缩丁醛塑料易划损问题。

（4）以上2种或3种混合的复合材料。例如，玻璃纤维与碳纤维增强树脂称为碳玻混复合材料，已在工程中得到广泛应用。

2. 常用纤维

（1）玻璃纤维。它是最早使用的一种增强材料，在飞行器结构中常用 E 型玻璃和 S 型玻璃两个品种。玻璃纤维的直径为 5～20μm，强度高、延伸率较大，可制成织物；但弹性模量较低，约为 $5×10^4$MPa。一般硅酸盐玻璃纤维可用到 450℃，石英和高硅氧玻璃纤维可耐 1000℃以上高温。玻璃纤维的线膨胀系数约为 $4.8×10^{-6}℃^{-1}$。玻璃纤维由拉丝炉拉出单丝，集束成原丝，经纺丝加工成无捻纱、纤维布、带、绳等。

（2）硼纤维。它是由硼蒸气在钨丝上沉积而制成的纤维（属复相材料，钨丝为芯，表面为硼）。由于钨丝直径较大，硼纤维不能做成织物，成本较高。20 世纪 60 年代初，硼纤维由美国研制成功并应用于某些飞行器。

（3）碳纤维。它是用有机纤维经加热碳化制成。主要以聚丙烯腈或沥青为原料，纤维经加热氧化、碳化、石墨化处理而制成。碳纤维可分为高强度、高模量、极高模量等几种，后两种需经 2500℃～3000℃石墨化处理，又称为石墨纤维。由于碳纤维制造工艺较简单，价格比硼纤维便宜得多，因此，成为最重要的高性能纤维。其密度比玻璃纤维小，模量比玻璃纤维高好几倍。因此，碳纤维增强复合材料已应用于宇航、航空、汽车和大型风电叶片等领域。碳纤维的应力-应变关系为一直线，纤维断裂前是弹性体，高模量碳纤维最大延伸率为 0.35%，高强度碳纤维延伸率可达 1.5%。碳纤维的直径一般为 6～10μm。碳纤维的热膨胀系数与其他纤维不同，且具有各向异性。沿碳纤维方向热膨胀系数为$-0.7×10^{-6}℃^{-1}$～$0.9×10^{-6}℃^{-1}$，而垂直于纤维方向为 $22×10^{-6}℃^{-1}$～$32×10^{-6}℃^{-1}$。

（4）芳纶纤维。它是新型有机纤维，属聚芳酰胺，国外牌号为 Kevlar。有 3 种产品：K-29 用于绳索电缆；K-49 用于复合材料制造；K-149 强度更高，可用于航天容器等。芳纶纤维性能优良，单丝强度可达 3850MPa，比玻璃纤维约高 45%；弹性模量介于玻璃纤维和硼纤维之间，为碳纤维的一半；热膨胀系数纤维方向为$-2×10^{-6}℃^{-1}$，而垂直于纤维方向为 $5×10^{-6}℃^{-1}$。

芳纶纤维制造工艺与碳纤维和玻璃纤维都不同，它采用液晶纺丝工艺。液晶在宏观上属液体，微观上有晶体性质。聚对苯撑对苯二甲酰胺（PPTA）在溶液中呈一定取向状态，为一维有序紧密排列，在外界剪切力作用下，易沿力方向取向而成芳纶纤维。纺丝采用干喷湿纺工艺：采用高浓度、高温度 PPTA 液晶溶液在较高喷丝速度下喷丝，喷丝进入低温凝固液浴，经纺丝管形成丝束，绕到绕丝辊上，经洗涤，在张力下于热辊上干燥，最后在惰性气体中高温处理得芳纶纤维。

（5）碳化硅纤维及氧化铝纤维。它们属于陶瓷纤维。碳化硅纤维有两种形式，一种是采用与硼纤维相似的工艺，在钨丝上沉积碳化硅（SiC）形成复相纤维；另一种是 20 世纪 70 年代日本研制的连续碳化硅纤维，它用二甲基二氯硅烷经聚合纺丝成有机硅纤维，再高温处理转换成单相碳化硅纤维。碳化硅纤维具有抗氧化、耐腐蚀和耐高温等优点，它与金属相容性好，可制成金属基复合材料，用它增强的陶瓷基复合材料用于发动机的高温部件，工作温度可达 1200℃以上。

氧化铝纤维的制法有多种，其一是采用三乙基铝、三丙基铝、三丁基铝等原料制造聚铝氧烷，加入添加剂调成粘液喷丝，形成直径为 100μm 的纤维，再经 1200℃加热制成氧化铝纤维。

各种主要纤维材料的基本性能列在表 1-1 中供参考，表中还列出了钢、铝、钛等金属丝的性能供对比。

表 1-1 各种主要纤维材料与金属丝基本性能

材料		直径 /μm	熔点 /℃	相对密度 γ	拉伸强度 σ_b/10MPa	模量 $E/10^5$MPa	热膨胀系数 $\alpha/10^{-6}℃^{-1}$	伸长率 δ/%	比强度 (σ_b/γ) /10MPa	比模量(E/γ) /10^5MPa
玻璃纤维	E	10	700	2.55	350	0.74	5	4.8	137	0.29
	S	10	840	2.49	490	0.84	2.9	5.7	197	0.34
硼纤维		100	2300	2.65	350	4.1	4.5	0.5～0.8	132	1.55
		140		2.49	364				146	1.65
碳纤维	普通		3650	1.75	250～300				143～171	
	高强	6			350～700	2.25～2.28			200～400	1.29～1.30
	高模	6			240～350	3.5～5.8	-0.6	1.5～2.4	137～200	2.0～2.34
	极高模	6			75～250	4.60～6.70	-1.4	0.5～0.7	43～143	2.63～2.83
芳纶纤维	K-49 Ⅲ	10		1.47	283	1.34	-3.6	2.5	193	0.91
	K-49 Ⅳ	10			304	0.85		4.0	207	0.58
碳化硅纤维	复相	100	2690	3.28	254	4.3	3.8		77.4	1.31
	单相	8～12		2.8	250～450	1.8～3.0			89～161	0.64～1.1
氧化铝纤维			2080	3.7	138～172	3.79			37～46	1.02
钢丝			1350	7.8	42	2.1	11～17		5.4	0.27
铝丝			660	2.7	63	0.74	22		23	0.27
钛丝				4.7	196	1.17	9		41.7	0.25

3. 几种常用基体

（1）树脂基体。它分为热固性树脂和热塑性树脂两大类。热固性树脂常用的有环氧、酚醛和聚酯树脂等，它们最早应用于复合材料。环氧树脂应用最广泛，其主要优点是粘接力强，与增强纤维表面浸润性好，固化收缩小，有较高耐热性，固化成型方便。酚醛树脂耐高温性好，吸水性小，电绝缘性好，价格低廉。聚酯树脂工艺性好，可室温固化，价格低廉，但固化时收缩大，耐热性低。它们固化后都不能软化。

热塑性树脂有聚乙烯、聚苯乙烯、聚酰胺（又称尼龙）、聚碳酸酯、聚丙烯树脂等。它们加热到转变温度时会重新软化，易于制成模压复合材料。

常用树脂的性能列于表 1-2 中，供参考和比较。

（2）金属基体。它主要用于耐高温或其他特殊场合。优点是耐 300℃以上高温、表面抗侵蚀、导电导热不透气等。金属基体材料有铝、铝合金、镍、钛合金、镁、铜等，目前应用较多的是铝，有碳纤维铝基、氧化铝晶须镍基、硼纤维铝基、碳化硅纤维钛基等复合材料。

（3）陶瓷基体。它的优点是耐高温、化学稳定性好，高模量和高抗压强度。缺点是有脆性，耐冲击性差。制成纤维增强复合材料后，改善了抗冲击性，已成功应用于发动机零件。纤维增强陶瓷基复合材料，例如，单向碳纤维增强无定形二氧化硅复合材料，碳纤维含量50%，室温弯曲模量为 $1.55×10^5$MPa，800℃时为 $1.05×10^5$MPa。还有多向碳纤维增强无定形石英复合材料，耐高温，可供远程火箭头锥作烧蚀材料。

表 1-2 常用树脂的性能

序号	名称	相对密度 γ	拉伸强度 σ_b/10MPa	伸长率 δ/%	模量/10^3MPa	抗压强度/MPa	抗弯强度/MPa
1	环氧	1.1~1.3	60~95	5	3~4	90~110	100
2	酚醛	1.3	42~64	1.5~2.0	3.2	88~110	78~120
3	聚酯	1.1~1.4	42~71	5	2.1~4.5	92~190	60~120
4	聚酰胺 PA	1.1	70	60	2.8	90	100
5	聚乙烯		23	60	8.4	20~25	25~29
6	聚丙烯 PP	0.9	35~40	200	1.4	56	42~56
7	聚苯乙烯 PS		59	2.0	2.8	98	77
8	聚碳酸酯 PC	1.2	63	60~100	2.2	70	100

（4）碳素基体。它用于碳纤维增强碳基体复合材料，这种材料又称碳/碳复合材料。按纤维和基体的种类不同分为 3 种：碳纤维增强碳，石墨纤维增强碳，石墨纤维增强石墨。

1.1.2 复合材料的构造形式

如前所述，本书只讨论纤维增强复合材料，可分为以下几种构造形式。

1. 单层复合材料（又称单层板）

单层复合材料中纤维按一个方向整齐排列或由双向交织纤维平面排列（有时是曲面，例如在壳体中），其中纤维方向称为纵向，用"1"表示，垂直于纤维方向（有时有交织纤维，含量较少或一样多）称为横向，用"2"表示，沿单层材料厚度方向用"3"表示，1、2、3 轴称为材料主轴。单层复合材料是不均匀材料，虽然纤维和基体分别都是各向同性材料，但由于纤维排列有方向性，或交织纤维在两个方向含量不同，因此单层材料一般是各向异性的。

单层板中纤维起增强和主要承载作用，基体起支撑纤维、保护纤维，并在纤维间起分配和传递载荷作用，载荷传递的机理是在基体中产生剪应力，通常把单层材料的应力-应变关系看作是线弹性的。

2. 叠层复合材料（又称层合板）

叠层复合材料由上述单层板按照规定的纤维方向和次序，铺放成叠层形式，进行粘合，经加热固化处理而成。层合板由多层单层板构成，各单层板的纤维方向一般不同。每层的纤维方向与叠层材料的主坐标轴 x-y 方向不一定相同，我们用 θ 角（1 轴与 x 轴夹角，由 x 轴逆时针方向到 1 轴的夹角为正）表示。例如，4 层单层材料组成的层合板表示为 θ/0°/90°/θ。60°/-60°/0°/0°/-60°/60°，可表示为($\pm 60°/0°)_s$，这里 s 表示对称，"±"号表示两层正负角交错。45°/90°/0°/0°/90°/45°，可表示为$(45°/90°/0°)_s$，这里 s 表示铺层上下对称。

层合板也是各向异性的不均匀材料，但比单层板复杂得多，因此对它进行力学分析计算将大大复杂化。叠层材料可以根据结构元件的受载要求，设计各单层材料的铺层方向和顺序。

3. 短纤维复合材料

以上两种构造形式是连续纤维增强的复合材料，还有一种短纤维增强复合材料的构造形式，其分为两种：①随机取向的短切纤维复合材料，由基体与短纤维搅拌均匀模压而成的单层复合材料；②单向短纤维复合材料，复合材料中短切纤维呈单向整齐排列，它具有正交各向异性。

1.1.3 复合材料的制造工艺

由于用不同纤维和不同基体制造复合材料的方法差别很大，这里介绍几种典型复合材料制造工艺。

1. 玻纤增强环氧复合材料

将环氧树脂浸渍玻璃纤维经烘干形成半成品材料——预浸料，再通过不同成型方法得到各种制品，其中有手糊方法、喷射成型、缠绕方法、层压方法等。层压成型方法是将若干层浸胶布层叠起来送入热压机，在一定温度和压力下压制成板材。缠绕方法是经浸胶的连续玻璃纤维布按一定规律缠绕到芯模上，然后用热压罐加热固化制成一定形状制品，其优点是按设计要求可得到等强度结构，工艺能够实现机械化、自动化，产品质量好。

2. 碳纤增强环氧复合材料

将碳纤维排整齐通过滚轮进入环氧树脂溶液池中，浸渍后经加热装置烘干成半成品——预浸料片，按设计要求裁成单层板，进而铺设成不同角度的多层复合板，经热压机在一定温度和压力下压成层合板材。

3. 碳纤增强金属复合材料

碳纤增强金属复合材料一般制造方法有扩散结合法、熔融金属渗透法、连续铸造法、等离子喷涂法等。扩散结合法是在高温下，加压力将金属箔或薄片与碳纤维束交替重叠，加热加压成复合材料。等离子喷涂法是在惰性气体保护下，采用等离子弧向排列整齐纤维束喷射熔融金属微粒，金属粒子与纤维结合紧密，纤维与基体界面接触好（并无化学反应）而制成金属基复合材料。

4. 单向短纤维复合材料板

将短切纤维悬浮在甘油中不断搅拌，加压迫使悬浮物经过一收敛渠道，纤维走向与流向相同，将含纤维液膜沉积到一细眼筛上快速过滤去掉甘油，这样形成了定向纤维毡，然后再加树脂并模压成单向短纤维复合材料板。

1.1.4 复合材料的力学分析

复合材料的力学分析按模型的精细程度分为细观力学、宏观力学和结构力学 3 个层次。下面分别说明这 3 种力学分析方法的基本特点。

1. 细观力学

细观力学从细观角度分析组分材料之间的相互作用来研究复合材料的物理力学性能。它以纤维和基体为基本单元，把纤维和基体分别看成是各向同性的均匀材料，根据材料纤维的几何形状和布置形式、纤维和基体的力学性能、纤维和基体之间的相互作用（有时应考虑纤维和基体之间界面的作用）等条件来分析复合材料的宏观物理力学性能。

传统复合材料细观力学采用材料力学、弹性力学分析方法，以代表性体积单元为对象，预测复合材料的刚度、强度。仿真技术的发展，促进了有限元法在细观力学中的应用。

在 ANSYS 产品体系中，ANSYS Material Designer 模块是针对复合材料细观力学模拟的专用工具。相比于传统的力学分析方法，Material Designer 能够非常方便地建立复杂几何的代表性体积单元、更加真实的组分材料性能。

结合 Material Designer、ACP 和 Mechanical 模块，在 ANSYS Workbench 平台上，能够实现材料结构一体化设计，具体见本书 5.5 节。

2. 宏观力学

宏观力学从材料均匀假定出发，从复合材料的平均表观性能检验组分材料的作用来研究复合材料的宏观力学性能。它把单层复合材料看成均匀的各向异性材料，不考虑纤维和基体的具体区别，用其平均力学性能表示单层材料的刚度、强度特性，可以较容易地分析单层和叠层材料的各种力学性质，所得结果较符合实际。

宏观力学的基础是预知单层材料的宏观力学性能，如弹性常数、强度等，这些数据来自实验测定或细观力学分析。由于实验测定方法较简便可靠，工程应用往往采用它。在复合材料力学学科范围内宏观力学占很大比重。

ANSYS ACP 模块，即本书的核心内容即面向复合材料宏观力学应用。

3. 结构力学

结构力学从更粗略的角度来分析复合材料结构的力学性能，把叠层材料作为分析问题的起点，叠层复合材料的力学性能可由上述宏观力学方法求出，或者可用实验方法直接求出。它借助现有均匀各向同性材料结构力学的分析方法，对各种形状的结构元件如板、壳进行力学分析，其中有层合板和壳结构的弯曲、屈曲与振动问题以及疲劳、断裂、损伤、开孔强度等问题。

ANSYS Mechanical 可以进行复合材料结构力学维度的相关研究。

总之，复合材料的力学理论作为固体力学的一个新的学科分支是近几十年来发展形成的，它涉及根据复合材料的制造工艺、性能测试和结构设计等进行力学分析。随着新复合材料的不断发展和广泛应用，复合材料力学理论也将不断发展。

1.1.5 复合材料的力学性能

1. 纤维增强复合材料的主要力学性能

复合材料与常规的金属材料相比具有优良的力学性能，不同的纤维和基体材料组成的复合材料性能也很不相同。表 1-3 列出了几种目前较成熟的复合材料的主要力学性能，为了对比，表中还列出了几种常用金属材料性能数据。

表 1-3 几种复合材料的力学性能

材料	相对密度 γ	纵向拉伸强度 σ_b/10MPa	纵向拉伸模量 E/10^5MPa	比强度（σ_b/γ）/10MPa	比模量（E/γ）/10^5MPa
玻璃/环氧	1.80	137	0.45	76.1	0.25
高强碳/环氧	1.50	133	1.55	88.7	1.03
高模碳/环氧	1.69	63.6	3.02	37.6	1.79
Kevlar49/环氧	1.38	131	0.78	94.9	0.57
铝合金	2.71	29.6	0.70	10.9	0.26
钛合金	4.43	10.6	1.13	23.9	0.26
钢（高强）	7.83	134	2.05	17.1	0.26

作为主要力学性能比较，常常采用比强度和比模量值，它们表示在重量相当的情形下材料的承载能力和刚度，其值越大，表示性能越好。但是这两个值是根据材料受单向拉伸时的强度和伸长确定的，实际上结构受载条件和破坏形式是多种多样的，这时的力学性能不能完全用比强度和比模量来衡量，因此这两个值只是粗略的定性性能指标。

玻璃纤维增强复合材料的特点是比强度高、耐腐蚀、电绝缘、易制造、成本低，很早就开始应用，现在其应用还很广泛，缺点是比模量较低。

碳纤维复合材料有很高的比强度和比模量，耐高温、耐疲劳、热稳定性好，但成本较高，现已逐步扩大应用，是主要的先进复合材料。

芳纶纤维增强复合材料是一种新的复合材料，它有较高的比强度和比模量，成本比玻璃钢高，但比碳纤维复合材料低，正发展成应用较广泛的材料。

现在已制成各种混杂纤维增强复合材料，它具有比单一复合材料更好的力学性能，已在各种工程中广泛应用。

2. 复合材料的优点

相比于金属材料，复合材料的主要优点有：

（1）比强度高。尤其是高强度碳纤维、芳纶纤维复合材料。

（2）比模量高。除玻璃纤维环氧复合材料外，其余复合材料的比模量比金属高很多，特别是高模量碳纤维复合材料最为突出。

（3）材料具有可设计性。这是复合材料与金属材料很大的不同点，复合材料的性能除了取决于纤维和基体材料本身的性能外，还取决于纤维的含量和铺设方式。因此，我们可以根据载荷条件和结构构件形状，将复合材料内纤维设计成适当含量并合理铺设，以便用最少材料满足设计要求，最有效地发挥材料的作用。

（4）制造工艺简单，成本较低。复合材料构件一般不需要很多复杂的机械加工设备，生产工序较少，它可以制造形状复杂的薄壁结构，消耗材料和工时较少。

（5）某些复合材料热稳定性好。如碳纤维和芳纶纤维具有负的热膨胀系数，因此，当与具有正热膨胀系数的基体材料适当组合时，可制成热膨胀系数极小的复合材料，当环境温度变化时结构只有极小的热应力和热变形。

（6）高温性能好。通常铝合金可用于200℃～250℃，温度更高时其弹性模量和强度将大幅降低。而碳纤维增强铝复合材料能在400℃下长期工作，力学性能稳定；碳纤维增强陶瓷复合材料能在1200℃～1400℃下工作；碳/碳复合材料能承受近3000℃的高温。

此外，复合材料还具有各种不同的优良性能，例如抗疲劳性、抗冲击性、透电磁波性、减振阻尼性和耐腐蚀性等。

3. 复合材料的缺点

与金属材料相比，复合材料的缺点主要有：

（1）材料各向异性严重。垂直于纤维方向的力学性能较低，特别是层间剪切强度很低。这是因为垂直于纤维方向的性能主要取决于基体材料的性能和基体与纤维间的结合能力。

（2）材料性能分散度较大，质量控制和检测比较困难，但随着加工工艺改进和检测技术的发展，材料质量可提高，性能分散性也在逐渐减小。

（3）材料成本较高。目前硼纤维复合材料最贵，碳纤维复合材料比金属成本高，玻璃纤维复合材料成本较低。

（4）有些复合材料韧性较差，机械连接较困难。

以上缺点除各向异性是固有的外，其他缺点均可以改进。总之，复合材料的优点远多于缺点，因此具有广泛的使用领域和巨大的发展前景。

1.1.6 复合材料的各种应用

20 世纪 40 年代初，由于航空工业和其他工业的需要，在设计和制造复合材料方面有很大的进展。

玻璃钢最早于 1942 年在美国生产和应用于军用飞机雷达天线罩，它必须承受飞行时的空气动力载荷，耐气候变化，在使用温度范围内制品尺寸稳定，同时特别要求能透过雷达波。铝材可满足强度要求，但不能透过雷达波，陶瓷材料则相反，而玻璃纤维复合材料两方面都能满足要求，因此在飞机制造方面得到应用。后来又逐步应用于其他方面，例如化工行业的储罐、能源行业的风电叶片等。

因为玻璃钢比刚度低，不能满足飞行器刚度要求，所以，20 世纪 60 年代，美、英等国先后研制成硼纤维、碳纤维、石墨纤维、芳纶纤维等增强的先进复合材料，并很快在航空、航天领域得到应用。

我国从 20 世纪 50 年代以来发展了复合材料工业并开展各种应用，下面从几个方面介绍复合材料在国内外的应用情况。

1. 航空航天工程中的应用

航空方面，国内外已应用于飞机机身、机翼、驾驶舱、螺旋桨、雷达罩、机翼表面整流装置、直升机旋翼桨叶等。其中除单一复合材料外，还大量应用混杂复合材料，例如碳纤维和玻璃纤维混杂复合材料、碳纤维和芳纶纤维复合材料等。例如，1981 年美国 Leav Fan 飞机公司制成全复合材料飞机，空载重量 1816kg，航速 640km/h，飞行高度 12000m，高空飞行 3680km，所用燃料降低 80%。

航天方面，要将航天飞行器送入地球轨道，必须超越第一宇宙速度——7.91km/s。按牛顿第二定律，物体得到的加速度与所受的力成正比，与其质量成反比，即既要增加火箭发动机的推力又要减轻飞行器结构的重量，而减重必须用先进复合材料。国外，航天飞机，硼/铝复合材料用于中间机身桁架构件，硼/环氧增强钛合金用于桁架构件，石墨/环氧用于仪表舱门，玻璃纤维缠绕压力容器用于头部等。国内，也广泛使用了先进复合材料。例如，战略导弹端头热防护复合材料，CZ-2E 铝蜂窝结构整流罩，碳/环氧卫星接口支架，混杂复合材料固体火箭发动机壳体，复合材料卫星天线、摄像机支架、蒙皮。

2. 风电工程中的应用

复合材料在风电工程中的应用主要是风电叶片。未来几年，风电叶片仍然是复合材料的关键市场。根据 Acumen Research and Consulting 的预测，全球风力涡轮机复合材料市场的价值到 2023 年可能超过 120 亿美元，并且预计到 2023 年仍将以 9.6%的复合年增长率增长。西门子歌美飒推出的海上直驱风电机组，叶轮直径 222m，108m 长的复合材料叶片，扫风面积 $3.9 \times 10^4 m^2$，大约相当于 5.5 个标准的足球场。

3. 船舶工程中的应用

美国制造的玻璃钢船舶至 1972 年总数已达 50 多万艘，玻璃钢制深水潜艇潜水深度可达 4500m。英国用玻璃钢制造的最大扫雷艇威尔逊号长达 47m。日本制造的快速游艇外板用碳纤维复合材料，外壳和甲板用 CF/GF 混杂夹芯结构，用混杂复合材料制造的高速舰艇当受到巨大波浪冲击时可产生较大变形以吸收冲击能，力卸载后又可复原，它在破坏前永久变形很小，在大变形下保持弹性。

4. 建筑工程中的应用

复合材料在建筑工程中有广泛应用。例如大型体育场馆、厂房、超市等需要屋顶采光，可用短玻璃纤维或玻璃布增强树脂复合材料制成薄壳结构，透光柔和、五光十色，又拆装方便、成本较低。还可用于建筑内外表面装饰板、通风、落水管、卫生设备等，经久耐用、耐腐蚀、轻量美观。近年来，混杂复合材料用于各种建筑，例如工字梁用碳纤维复合材料作梁翼表面，用短玻璃纤维复合材料作腹板，通过优化设计，其刚度比全玻璃纤维复合材料有明显提高。另外，已有复合材料用于多处公路桥梁。

5. 化学工程中的应用

化工和石油工程中设备的腐蚀是重要问题，采用复合材料替代金属可避免腐蚀，延长寿命，化工设备中采用纤维增强树脂基复合材料，如储罐，其重量轻、维修容易、使用寿命长。美国各大石油公司的公路加油站已采用玻璃钢制造汽油储罐，最大的储罐容量达到 $3000m^3$。我国和日本、欧洲各国都有类似储罐的生产和应用。石油化工管道也有用玻璃钢制造的。纤维增强树脂复合材料已用于制造火车罐车，罐体上的托架和人孔等全部在缠绕中固定，一次整体成型。此外，化工部门还有用石墨复合材料制成管板式冷凝器、蒸发器、吸收塔和离心泵等。

6. 车辆制造工业中的应用

汽车工业是复合材料应用很活跃的领域，复合材料可用作汽车的车身、驱动轴、保险杠、底盘、板簧、发动机等上百个部件。例如，美国福特汽车公司用 CF/GF 混杂复合材料制造的小轿车传动轴仅重 5.3kg，比钢制件轻 4.3kg，用于载重汽车的传动轴重 37kg，比钢制件轻 16kg。而且传动轴刚度大、自振频率高、重量轻、减振性好，适合高速行驶。用复合材料制成汽车板簧，可提高冲击韧性，又降低了成本。混杂复合材料制成汽车车身壳体可减轻车体重量、提高速度、节省燃料。汽车发动机采用复合材料可降低振动和噪声，提高寿命和车速，增强运输能力。

火车方面，玻璃钢复合材料应用于铁路客车、货车、冷藏车上，如机车车身、客货车厢门窗、座椅、卧铺床板、卫生设备等。

7. 电器设备中的应用

强电设备，大型电机上的绝缘材料采用复合材料使厚度减小、耐热性提高、力学性能好，又易维修。大型发电机用玻璃钢护环比用无磁钢价格便宜、性能好又工艺简单。大型变压器线圈绝缘筒、衬套都由 GF/KF 增强酚醛有机硅树脂复合材料制成。熔断器管和绝缘管用玻璃钢制造，强度高、绝缘性好、重量轻又成本低。

电子设备，各种仪器线路板用纤维增强树脂复合材料制成，其强度高、耐热、绝缘性好。电路上的机械传动齿轮用碳纤维/酚醛复合材料制成，电子设备外壳用 CF/GF 混杂复合材料制成，能透过或反射电波，又有除静电作用。采用粉末冶金技术生产接点，用高熔点材料与银复合集电材料，将铜与石墨烧结成复合电刷集电材料，采用铝覆铜线和电解银粉分散于树脂中制成导电复合材料。

家用电器，纤维增强模压块状或片状塑料应用于电器本体、绝缘件和结构件，例如玻璃纤维/聚丙烯复合材料用于电扇、空调、洗衣机、台灯等；玻璃纤维/尼龙复合材料用于洗衣机皮带轮、耐热电器壳体；玻璃纤维聚碳酸酯复合材料应用于电动工具和照相机的壳体等。

8. 体育器械中的应用

各种体育器械对材料的性能要求大不相同，必须考虑强度、刚度、动态性能、尺寸和重量限制等。复合材料和混杂复合材料容易满足各种性能要求。用复合材料制成的体育运动器械，包括：滑雪板、网球拍、棒球棒、高尔夫球棍、钓鱼竿、钉鞋、头盔、羽毛球拍、乒乓球拍、赛艇、自行车等。

9. 医学领域中的应用

医学领域中应用复合材料已逐渐扩大并收到良好效果。例如，假肢、人造骨骼、关节等。另外，用碳纤维、玻璃纤维、芳纶纤维混杂复合材料制成用于诊断肿瘤位置时 X 射线发生器的悬臂式支架，除满足刚度要求外，还能满足最大放射性衰减的要求。还有复合材料制造的 X 光底片暗盒和床板等。

1.1.7 复合材料创新设计

这里将本书参考文献中一些新设计方法进行整理，以期对结构工程师和产品设计师在复合材料应用方面有所帮助。

很多现行的复合材料结构设计方案制造费用高昂，限制了先进复合材料的低成本应用。很多复合材料结构设计特有的问题在目前的研发计划和工作中没有得到足够的重视。早期的复合材料发展计划采用与金属结构类似的结构布局设计。因此，这些设计表现出很多并不期望的特性（例如，细节零件数量过多，工装和装配工艺复杂等），其优点仅仅是减轻了结构的重量。设计、材料、工装设计以及制造方法都必须尽可能考虑采用成本相对较低的工艺方法，如纤维丝（或带）缠绕或树脂转移成形（RTM）技术，还有可以在要求的高温高压下单阶段固化，但不影响结构整体性的工艺方法。

为了在飞机结构上最大限度地发挥先进复合材料减重效果和降低成本潜力，在新型复合材料结构设计方法中必须考虑到材料和制造方法，具体为：发展先进复合材料新型结构设计方法降低全寿命费用成本；寻求有实用价值的机体结构制造方法；考虑低成本制造、模具、装配和修理方法。

为了在复合材料结构技术方面有所突破，新型设计概念非常关键。典型概念包括：纤维方向概念，模块化概念，整体化概念。这仅是新型复合材料设计概念多种可能中的很少一部分，而且仅仅是概念，在实际应用之前还需要更加细致的研究工作。

必须牢记，复合材料的设计原理与传统金属结构设计完全不同，传统金属结构设计使用机械连接紧固件将很多构件装配在一起。对于复合材料结构，紧固件的减少是非常关键的，不仅能增加结构效率（消除了复合材料的应力集中效应）和减轻结构重量，而且可以节省装配费用。这些新型的设计概念应该作为复合材料工程师从事实际复合材料结构设计工作的指导原则，最终实现减重高于 50%和节省成本高于 25%的目标。

在复合材料层合结构中，纤维是主要承担载荷的材料，应该高效利用，避免纤维中断或终止。纤维方向概念通过几个方面来实现：定向纤维的高效利用，即 0°、45°、−45°和 90°等；集中和分散的概念；纤维直穿（格栅壁板）的概念等。

- 定向纤维高效利用方面，由于纤维是主要承载材料，因此对于复合材料结构设计，保持纤维（也就是传力路径）在机械连接对接处连续而不是被打断是非常重要的。对接导致结构效率降低，例如间隙、铆钉孔效应（削弱层合板强度）、油箱密封问题等。
- 集中的概念是指将层合板所有或部分纤维集中到一个或几个接头或耳片上，承担非常高的集中载荷。相应地，分散的概念是指将嵌入式或整体耳轴或接头的集中载荷均匀地分散或分布到层合板中，以缓解应力集中的影响。
- 纤维直穿（格栅壁板）方面。从结构观点来看，复合材料格栅面板结构中的纤维应该尽可能保持直线以保证力学强度。正交格栅和类似的各向同性格栅由正交在一起的纵向和横向格栅墙组成，它们形成的格栅系统为面板提供强度和刚度，使得面板可以承担轴向和横向载荷。

模块化概念是指整体化类型的结构，在此概念中，最终组装的仅是少数几个主要部件，而不是像传统金属结构那样将很多小零件用大量紧固件机械连接。为了取得成功，模块化概念可能需要复杂或特殊的模具。采用模块化概念生产时，创新模具是必须的。因此，这种类型结构构件数量的减少必须与高昂的模具费用平衡考虑，但增加的模具费用仅是总成本的一部分，总成本被数以百计的产品所分担。模块化的设计概念已经被应用于全复合材料小型飞机。

整体化设计概念采用一次固化成型构件，对于减轻重量和节省费用具有重要意义。

1.2　ANSYS 软件

ANSYS 提供广泛的工程仿真解决方案，这些方案可以对产品设计过程物理场进行虚拟仿真。全球诸多单位和组织都采用 ANSYS 为产品设计仿真的主要工具。

ANSYS 软件是融结构、流体、电场、磁场、声场分析于一体的大型通用仿真分析软件，由美国 ANSYS 公司开发。近年来，ANSYS 仿真解决方案逐渐丰富，由多物理场仿真，扩展到了嵌入式开发以及系统级仿真等领域。

ANSYS Workbench 是 ANSYS 公司全新的协同仿真平台，整合了企业的 UG、PRO/E、CATIA 等 CAD 设计软件与 ANSYS、CFX 和 Fluent 等分析软件，并且形成了方便易用开放的通用软件平台。该架构为不同物理场仿真提供了统一的前后处理和多学科优化技术。具体包括：基于草图的建模、直接建模、导入 CAD 几何修复、CAD/CAE 双向参数驱动、自动定义接触和装配、方便定义流固耦合交界面、参数化分析（几何、材料、载荷、结果等数据参数化）和优化设计等独一无二的 CAE 技术。

多物理场耦合为 ANSYS 产品的重要特色。以流固耦合为例，多物理场耦合问题主要有两种解决方案：①单一代码耦合，即求解器求解同一套方程；②两个代码间耦合，例如结构、流体求解器分别进行求解，在交界面上进行载荷的传递。对于单一代码方案，这一技术能够解决一些问题，例如：简单几何、声固耦合、薄膜流体作用，这一技术有两方面的限制：①工程问题复杂流场域求解；②NS 方程极大简化。对于两个代码间耦合，能够解决单一代码的弊端，但同时也引入了新的问题，即两个代码间软件数据接口问题。目前市场上仅有 ANSYS Workbench 能够不借助第三方工具，实现多个代码之间的耦合。

开放性是 ANSYS 产品的另一重要特色。ANSYS Workbench 为企业仿真平台建设提供了坚实的技术基础。在该架构内，可以方便地利用 ACT 技术，将自研软件和其他商业软件整合成统一的仿真平台。例如，ANSYS nCode DesignLife，即 ANSYS 公司集成英国 HBM 公司行业领先的疲劳耐久性仿真软件 nSoft 的产品，以流程图的形式集成了高级 CAE 分析与信号处理工具，包括 CAD 几何接口、ANSYS Workbench 材料库选取材料、自动网格划分、各种初始参数输入、结构力学计算以及结果数据自动传递到 ANSYS nCode DesignLife 模块进行疲劳寿命计算及优化。

1.2.1　Workbench 仿真平台

自 1997 年开始，经过 5 年的潜心开发，至 2002 年 ANSYS 在 7.0 版本发布的时候正式推出了 ANSYS Workbench Environment（AWE）这一"ANSYS 下一代前后处理和软件集成环境"。一直到 2007 年的 ANSYS 11.0 版本，这十年时间使"第一代 ANSYS Workbench"大大提升了 ANSYS 软件的易用性和集成性、客户化定制开发的方便性，深获客户喜爱。

Workbench 作为业界最领先的工程仿真技术集成平台，在 2009 年发布的 ANSYS 12.0 版本中，在继承"第一代 Workbench"的各种优势特征的基础上发生了革命性的变化，可视为"第二代 Workbench"（Workbench 2.0），其最大变化是提供了全新的"项目概图（Project Schematic View）"功能，将整个仿真流程更加紧密地组合在一起，通过简单的拖放操作即可完成复杂的多物理场分析流程。Workbench 所提供的 CAD 双向参数链接互动、项目数据自动更新机制、全面的参数管理、无缝集成的优化设计工具等，使 ANSYS 在"仿真驱动产品设计（SDPD－Simulation Driven Product Development）"方面达到了前所未有的高度。

在 ANSYS 12.0 版本中，ANSYS 对 Workbench 架构进行了重新设计，全新的"项目概图（Project Schematic View）"功能改变了用户使用 Workbench 仿真环境的方式，这一架构一直沿用至今。在一个类似"流程图"的图表中，仿真项目（Projects）中的各项任务以相互连接的图形化方式清晰地表达出来，使用户可以非常容易地理解项目的工程意图、数据关系、分析过程的状态等。

这一新的项目概图系统使用起来非常简单，如图 1-1 所示，直接从左边的工具栏（Toolbox）中将所需的分析系统拖放到右边的项目概图窗口中即可。工具栏（Toolbox）中的"分析系统（Analysis Systems）"部分，包含了各种已预置好的"分析类型"（如显式动力分析、Fluent 流体分析、结构模态分析、结构随机振动分析等），每一分析类型都包含完成该分析所需的完整过程（如材料定义、几何创建、网格生成、求解设置、求解、后处理等过程），按其顺序一步步往下执行即可完成该特定分析任务。也可从工具栏中的"Component Systems"里选取各个独立的程序系统，自己"组装"成一个分析流程。一旦选择或定制好分析流程后，Workbench 平台能自动管理流程中任何步骤发生的变化（如几何尺寸变化、载荷变化等），自动执行流程中所需的应用程序以自动更新整个仿真项目，极大地减少了更改设计所需的时间循环。

1. 拖放方式完成多物理场分析流程（Drag-and-Drop Multiphysics）

Workbench 仿真流程具有良好的可定制性，只需要通过鼠标拖放操作，即可非常容易地创建复杂的、含多个物理场的耦合分析流程，在各物理场之间所需的数据传输也自动的就能定义好，如图 1-2 所示。

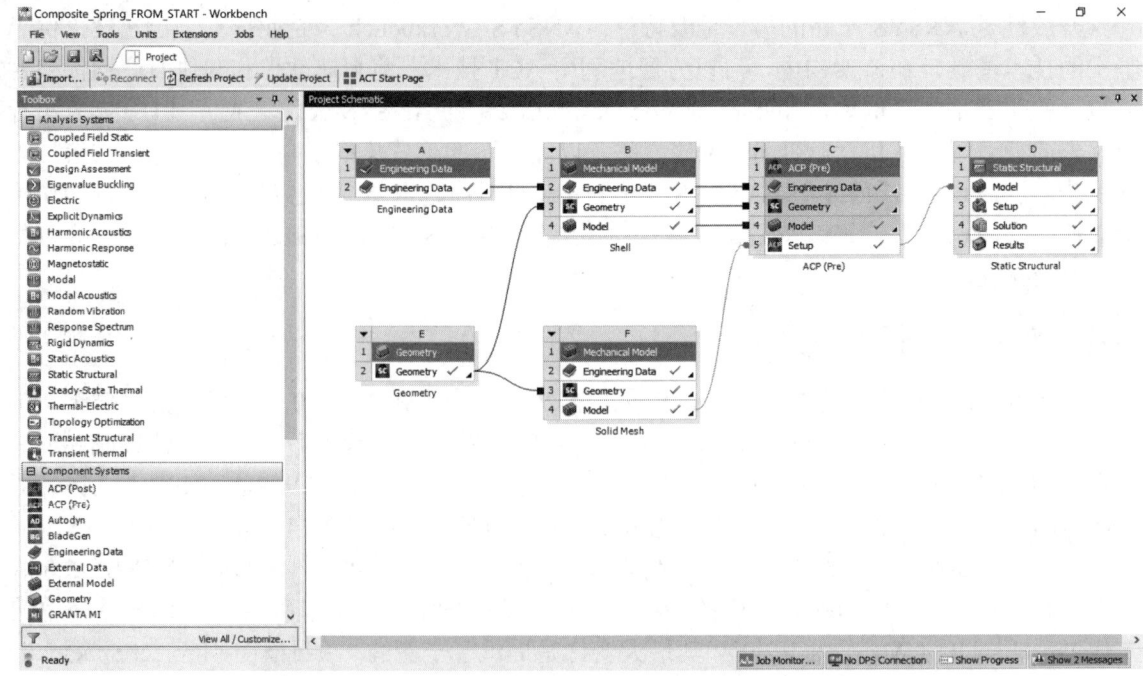

图 1-1　全新的项目概图（Project Schematic View）

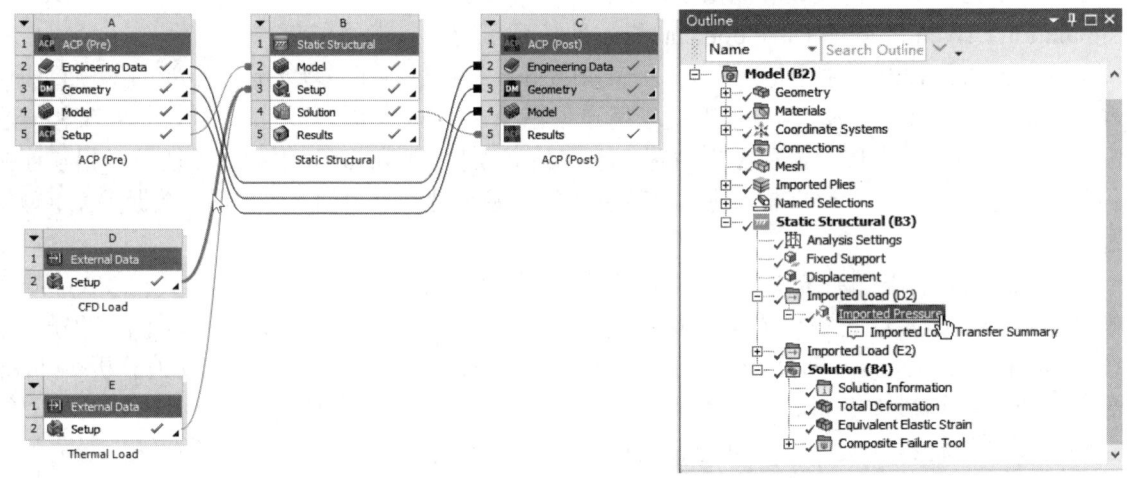

图 1-2　拖放方式创建多物理场分析流程

ANSYS Workbench 平台在流体和结构分析之间自动创建数据连接以共享几何模型，使数据保存更轻量化，并更容易分析几何改变对流体和结构二者产生的影响。同时，从流体分析中将压力载荷传递到结构分析中的过程也是完全自动的。

工具栏中预置的"分析系统（Analysis System）"使用起来非常方便，因为它包含了所选分析类型所需的所有任务节点及相关应用程序。Workbench 项目概图的设计是非常柔性的，用户可以非常方便地对分析流程进行自定义，把"Component Systems"中的各工具当成"砖头"，按照任务需要进行"装配"。

2. 项目级仿真参数管理

ANSYS Workbench 环境中的应用程序都是支持参数变量的，包括 CAD 几何尺寸参数、材料特性参数、边界条件参数以及计算结果参数等。在仿真流程各环节中定义的参数都是直接在项目窗口中进行管理，因而非常容易研究多个参数变量的变化。在项目窗口中，可以很方便地通过参数匹配形成一系列"设计点"，然后一次性的就自动进行多个设计点的计算分析以完成"What-If"研究。

利用 ANSYS Design Xplorer 模块（简称 DX），可以更加全面地拓展 Workbench 参数分析能力的优势。DX 提供了实验设计（DOE）、目标驱动优化设计（Goal-Driven Optimization）、最小/最大搜索（Min/Max Search）以及六西格玛分析（Six Sigma Analysis）等能力，所有这些参数分析能力都适用于集成在 Workbench 中的所有应用程序、所有物理场、所有求解器，包括 ANSYS 参数化设计语言（APDL），如图 1-3 所示。

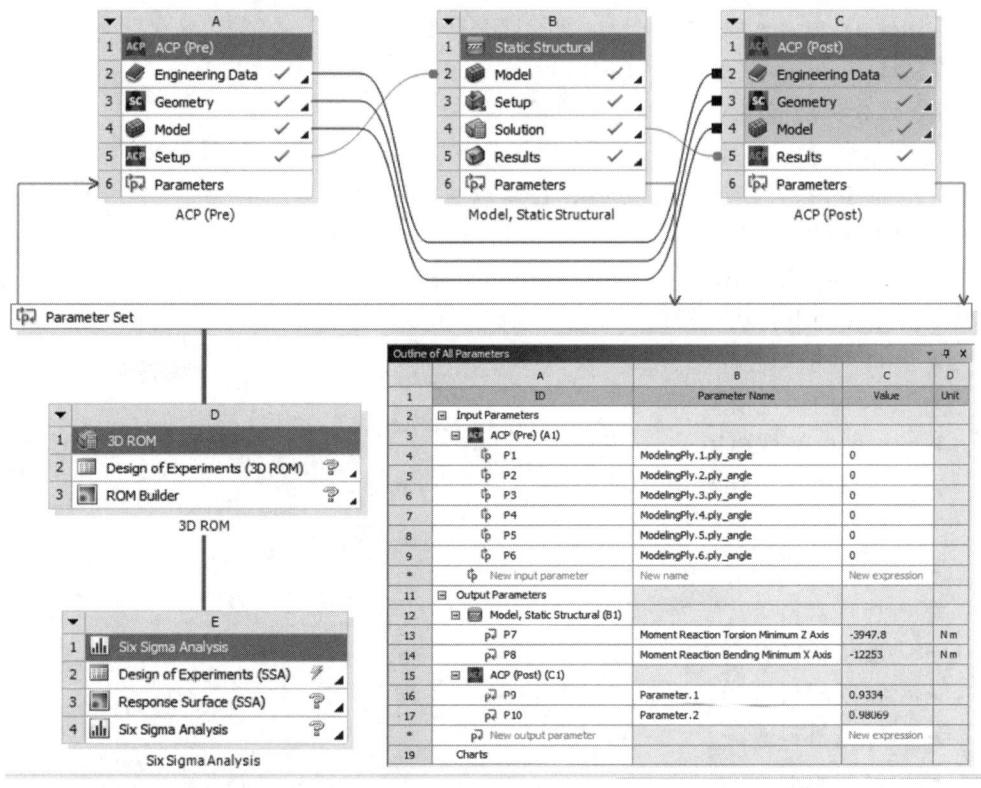

图 1-3 项目级参数管理

3. ANSYS Workbench 集成的分析系统

在 ANSYS Workbench 架构下集成了如下 ANSYS 软件产品：

（1）通用工具和功能：ANSYS CAD 接口；ANSYS DesignModeler 全参数化建模模块；ANSYS SpaceClaim 参数化直接建模模块；ANSYS Meshing 通用多物理场网格划分模块；ANSYS ICEM CFD 专业网格划分模块；ANSYS DesignXplorer 参数优化模块；FE Modeler 有限元模型转换模块。

（2）计算流体力学求解器：ANSYS CFX；ANSYS Fluent。

（3）结构力学求解器：ANSYS Mechanical 通用隐式有限元求解器；ANSYS Explicit STR、ANSYS AUTODYN、ANSYS LS-DYNA 显式动力学求解器；ANSYS nCode DesignLife 高级疲劳耐久性分析。

（4）电磁场求解器：ANSYS Maxwell 低频电磁场求解器；ANSYS HFSS 高频电磁场求解器。

（5）其他专业工具及求解器：ANSYS BladeModeler、ANSYS TurboGrid、ANSYS Vista TF 等。

1.2.2　Mechanical 模块功能

作为 ANSYS 的核心产品之一，ANSYS Mechanical 是顶级的通用结构力学仿真分析系统，在全球拥有广大的用户群体，是世界范围应用最为广泛的结构 CAE 软件。它除了提供全面的结构、热、压电、声学以及耦合场等分析功能外，还创造性地实现了与 ANSYS 新一代计算流体动力学分析程序 Fluent、CFX 的双向流固耦合计算。

ANSYS Mechanical 主要功能如下。

1. 非线性分析功能
- 几何非线性
  - 大变形、大应变、大转动，旋转软化等
- 材料非线性
  - 20 种弹塑性模型
  - 125 种组合蠕变模型
  - 11 种超弹性模型
  - 7 种粘塑性模型
  - 4 种粘弹性模型
  - 多线性弹性模型
  - D-P 准则
  - 混凝土模型
  - 垫片材料
  - 形状记忆合金
  - 铸铁材料
  - 压电材料
  - 材料阻尼
  - Gurson 塑性失效材料模型
  - VCCT
  - 材料曲线拟合
- 单元非线性
  - 实体单元
  - 实体壳单元
  - 梁/管单元
  - 壳/膜单元

- 杆/索单元
- 弹簧阻尼元
- 接触单元
- 表面效应单元
- 质量单元
- 垫片单元
- 加强筋单元
- 焊接单元
- 粘接单元
- 轴承单元
- 耦合场单元
- 静压流体单元
- 螺栓预紧单元
- 接触非线性
  - 接触单元
    - 点对点
    - 线对线或梁对梁
    - 点对面
    - 边对面或梁对面
    - 面对面
    - 柔对柔
    - 刚对柔
    - 多点约束（MPC）
  - 接触分析特点
    - 高阶接触单元
    - 静摩擦与动摩擦
    - 动摩擦系数与速度、压力、频率相关
    - 各向异性摩擦
    - 自接触
    - 焊点连接（可考虑焊点刚度和几何尺度影响）
    - 多场耦合接触（电接触、热接触、磁接触）
    - 自动探测接触对
    - 基于投影面接触
    - 非线性自适应网格技术
    - 螺栓螺纹快速分析方法
    - 接触磨损分析

2. 动力学分析
- 模态分析
  - 自然模态

- ➢ 预应力模态
- ➢ 阻尼复模态
- ➢ 循环模态
- ➢ 模态综合法
- 瞬态分析
  - ➢ 非线性全瞬态
  - ➢ 线性模态叠加法
- 谐响应分析
- 响应谱分析
  - ➢ 单点谱
  - ➢ 多点谱
- 随机振动
- 线性摄动分析
- 转子动力学
  - ➢ 临界转速
  - ➢ 不平衡响应
  - ➢ 稳定性
  - ➢ 2D 或平面单元的陀螺效应
- 多刚体、多柔体动力学

3. 复合材料
- 非线性叠层壳单元
- 高阶叠层实体单元
- 单元特征
  - ➢ 初应力
  - ➢ 层间剪应力
  - ➢ 温度相关的材料属性
  - ➢ 应力梯度跟踪
  - ➢ 中面偏置
- 多种失效准则及组合
  - ➢ 图形化
  - ➢ 图形化定义材料截面
  - ➢ 3D 方式查看板壳结果
  - ➢ 逐层查看纤维排布
  - ➢ 逐层查看结果

4. 屈曲分析
- 线性屈曲分析
- 非线性屈曲分析
- 后屈曲分析
- 循环对称屈曲分析

5. 断裂力学分析
- 应力强度因子计算
- J 积分计算
- 能量释放率计算
- 基于 VCCT 的裂纹生长计算

6. 热分析
- 稳态、瞬态
- 传导、对流、辐射
- 相变（热焓）
- 流体单元
- 非线性
  - 材料特性与温度相关
  - 表面热交换系数与温度相关
  - 面面接触传热
  - 单元生死
- 温度传递到结构、电、电磁和流场分析

7. 耦合场分析
- 直接耦合场单元
  - 压电
  - 压电电阻效应
  - 压热效应（热弹性阻尼）
  - 科里奥利效应
  - 电弹性（焦耳热、珀耳帖、塞贝克和汤姆森效应）
  - 热－结构
  - 热－电－结构
- 顺序耦合求解
  - 静电－结构
  - 静电－结构－流体
  - 热－结构
  - 热－电
  - 热－电－结构
  - 热－电－流体
  - 热－流体
  - 电磁－热
  - 电磁－结构
  - 电磁－流体
  - 电磁－热－结构
  - 流体－结构相互作用（FSI）

8. 声学
- 模态、简谐和瞬态分析
- 流动介质
- 声振耦合分析

9. 求解器
- 迭代求解器
- 分布式预条件共轭梯度（DPCG）
- 分布式雅可比共轭梯度（DJCG）
- 稀疏矩阵直接求解器
- 分布式稀疏矩阵求解器
- 特征值
  - 分块 Lanczos 法
  - 子空间法
  - 凝聚法
  - QR 阻尼法（阻尼特征值）
  - 非对称法
  - LANPCG
  - 超节点法（SNODE）
- VT 求解加速技术
  - 减少迭代的次数
  - 对于初次求解可以加快 2 至 5 倍
  - 对于参数的改变（如尺寸、材料、载荷等）可以加快 3 至 10 倍

10. 高性能并行求解器
- 分布式并行求解器
  - 自动将大型问题拆分为多个子域，分发给分布式结构并行机群的不同 CPU（或节点）求解
  - 支持不限 CPU 数量的共享式并行机或机群
  - 求解效率与 CPU 个数呈线性提高
  - 代数多重网格求解器
- GPU 求解技术
  - 使用高性能图形处理器加速求解
  - 支持 nVidia、Intel Xeon 显卡

1.3 ACP 模块

工程层合复合材料的定义比较复杂，包括铺层层数、材料、厚度和方向等的定义，尤其是复杂几何形状的复合材料产品如何准确定义其力学模型，是复合材料刚强度、稳定性和疲劳耐久性校核的一大障碍。

面对这些问题，ANSYS 提出以 ANSYS Workbench 仿真平台为支撑的复合材料解决方案。

ANSYS ACP 模块是该解决方案的前后处理模块，与求解器结合实现复合材料产品的设计、制造和功能验证。ACP 提供了完善的复合材料产品分析功能。ACP 无缝集成到 ANSYS Workbench 仿真平台。复合材料产品的设计到最终产品信息都能够在 ACP 中实现。复合材料设计分析流程如图 1-4 所示。

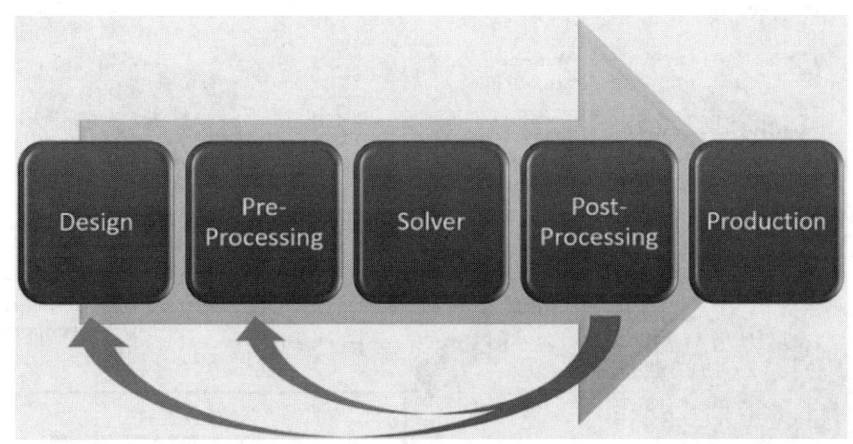

图 1-4　复合材料设计分析流程

复合材料产品模具几何是复合材料产品设计分析和生产的基础。前处理阶段基于模具几何、有限元网格、边界条件和复合材料定义实现产品的定义。求解之后，评估产品和铺层的设计效果。当产品性能不满足或者材料失效时，通过改变产品几何或铺层来改进设计，直到产品性能满足要求，材料不发生失效。

ACP 模块包含前处理、后处理两个子模块。在前处理模块，所有复合材料定义被新建并映射到有限元网格上。在后处理模块，导入求解的结果，进行产品的安全性评估和可视化。使用 ACP 模块的复合材料设计分析流程如图 1-5 所示。

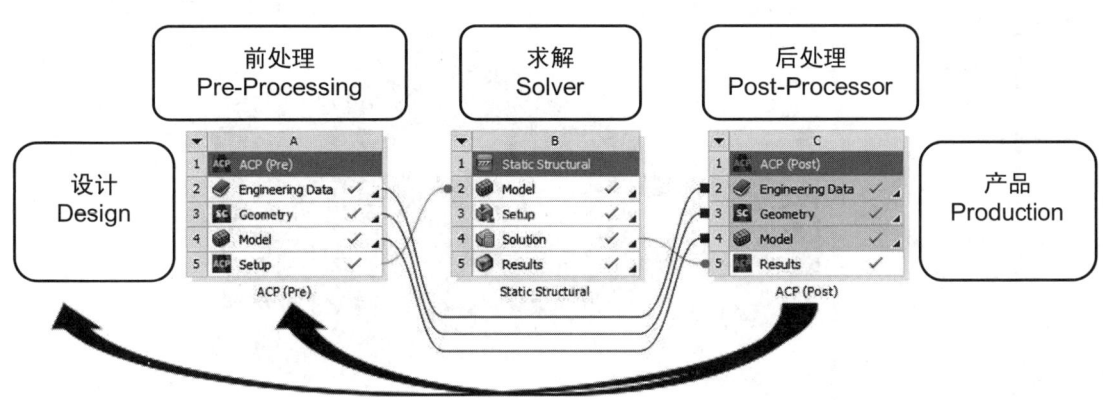

图 1-5　使用 ACP 模块的复合材料设计分析流程

ACP 模块仅完成复合材料产品的定义及后处理，求解功能为 ANSYS Mechanical 有限元求解器、LS-DYNA 显式动力学求解器。通过与求解器的组合，实现复杂复合材料产品静强度、刚度、固有振动特性、线性稳定性（屈曲）、非线性稳定性（几何大变形）、疲劳耐久性和冲击载荷作用下响应的模拟。

1.3.1 模块功能

（1）ACP 与 ANSYS 其他模块实现数据无缝传递，如图 1-6 所示。

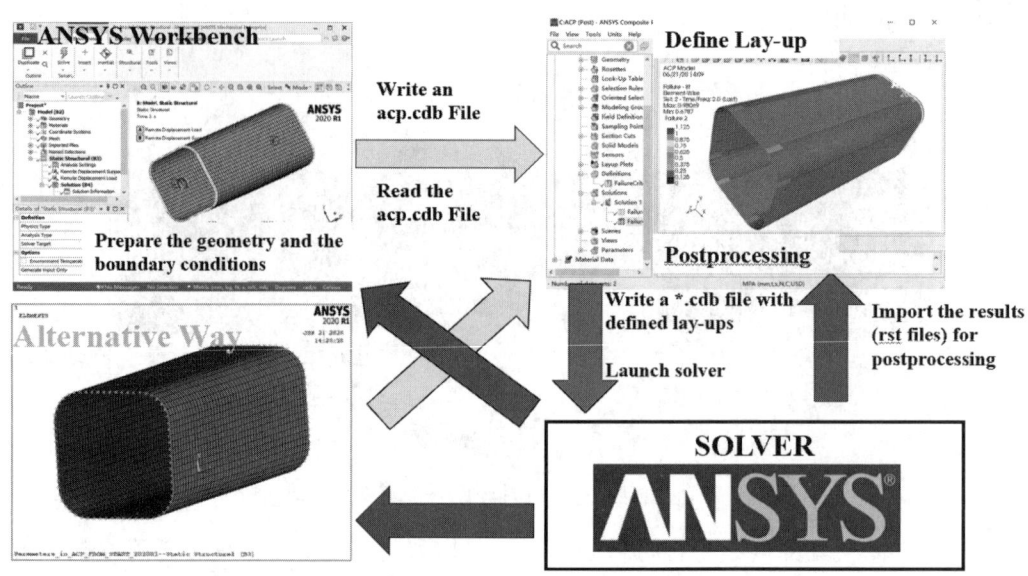

图 1-6　ACP 与 ANSYS 其他模块数据传递

（2）ACP 集成于 Workbench 环境，人性化的操作界面，有利于分析人员进行高效率的复合材料建模，如图 1-7 所示。

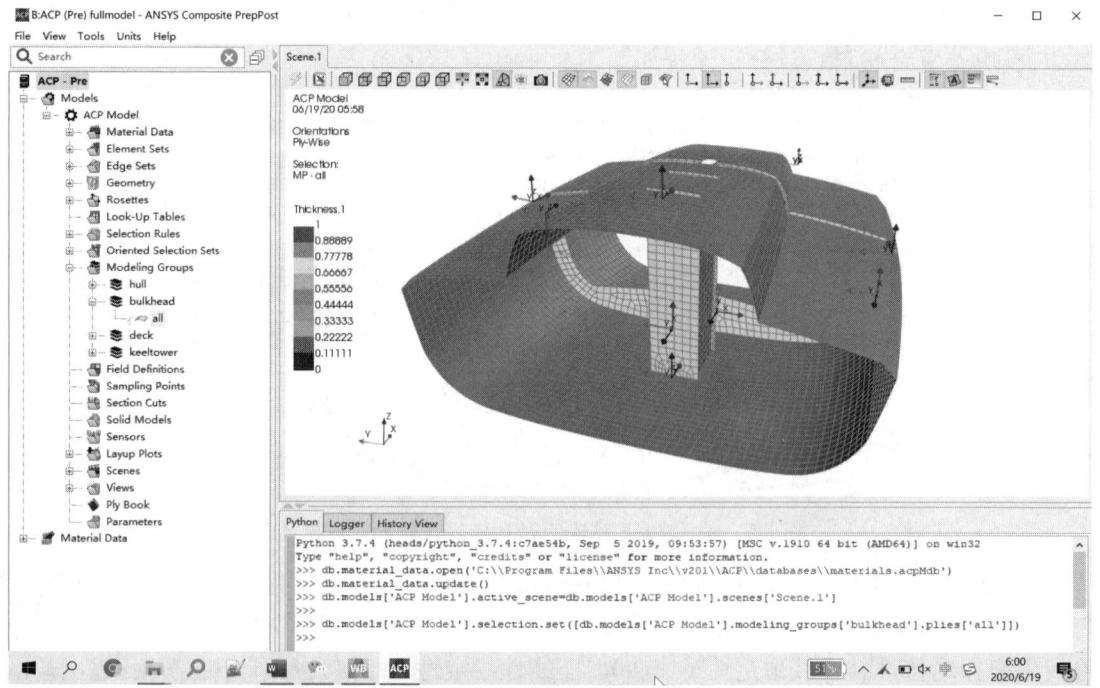

图 1-7　友好的操作界面

（3）ACP 提供了详细的复合材料－材料属性定义方式，如图 1-8 所示。

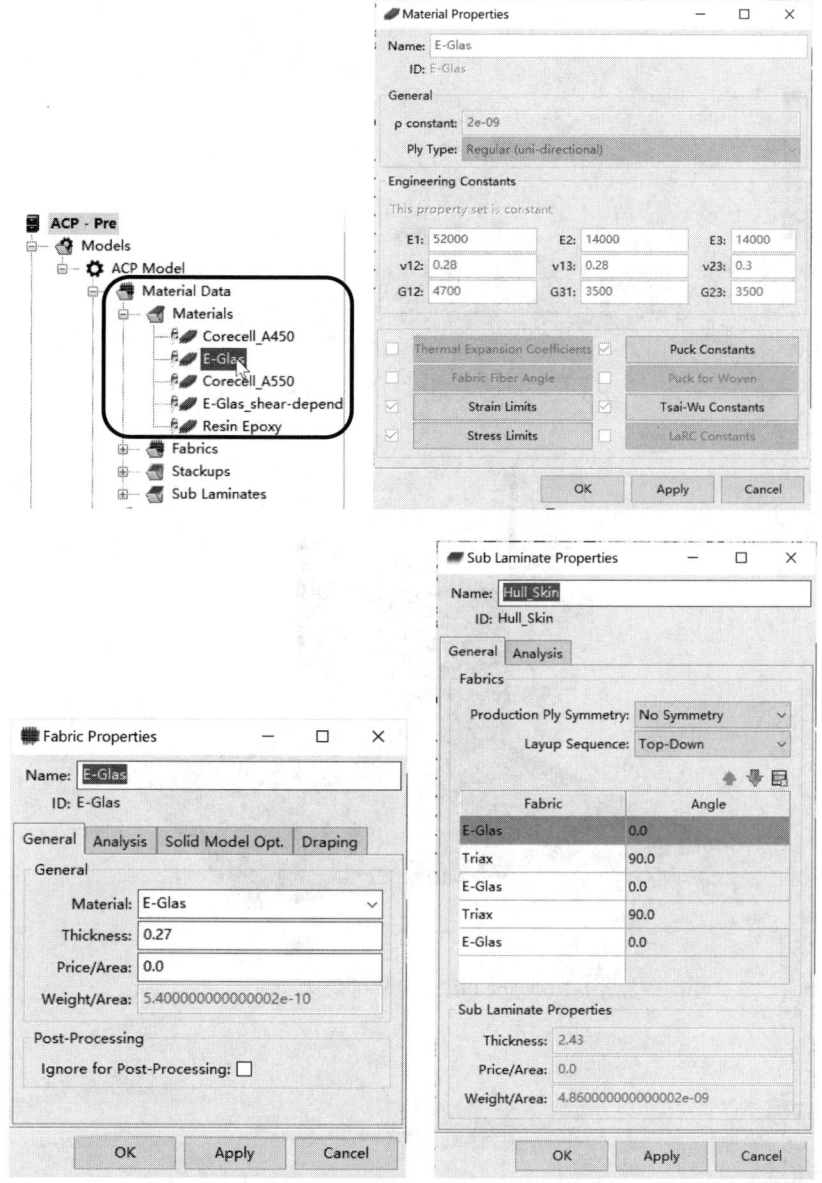

图 1-8　ACP 材料属性定义方式

（4）可以直观地定义复合材料铺层信息：铺层顺序、铺层材料属性、铺层厚度以及铺层方向角等，同时提供铺层截面信息的检查和校对功能，如图 1-9 所示。

（5）针对复杂的、形状多变的结构，ACP 还提供了 OES（Oriented Element Set）功能，可以精确方便地解决复合材料铺层方向角的问题，如图 1-10 所示。

（6）针对层合壳单元不能精确模拟的复杂三维形状复合材料结构，ACP 模块可以基于壳单元铺层信息拉伸成三维实体单元，也可以导入外部实体模型映射铺层信息，解决复杂渐变铺层的三维建模问题，复合材料实体有限元模型如图 1-11 所示。

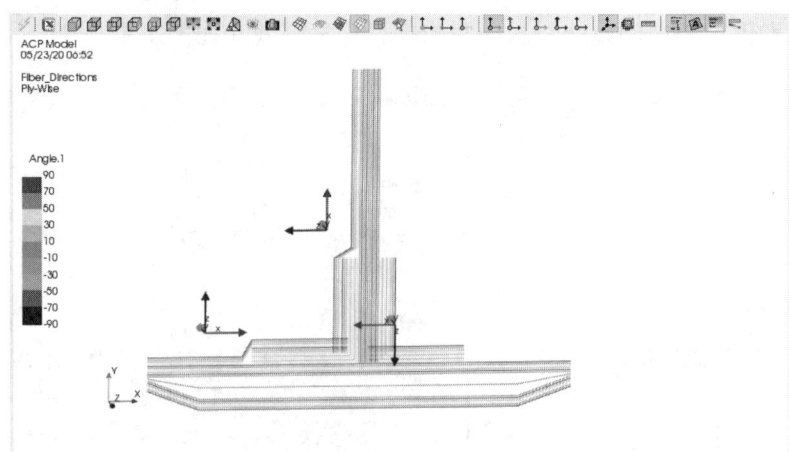

图 1-9　铺层截面信息的检查和校对

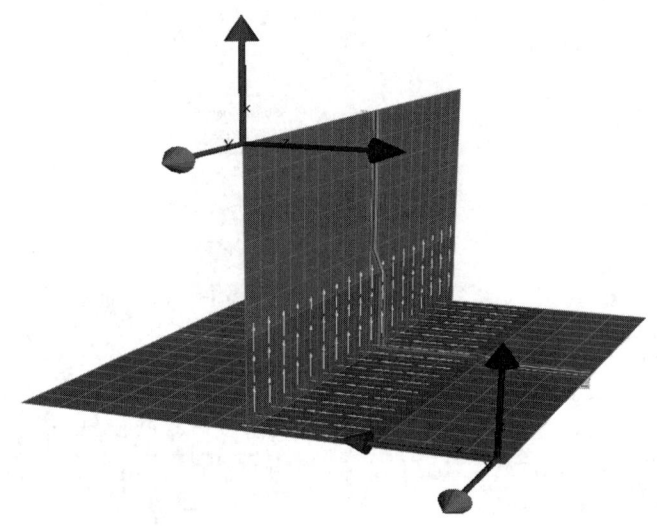

图 1-10　The OES 复杂铺层方向定义

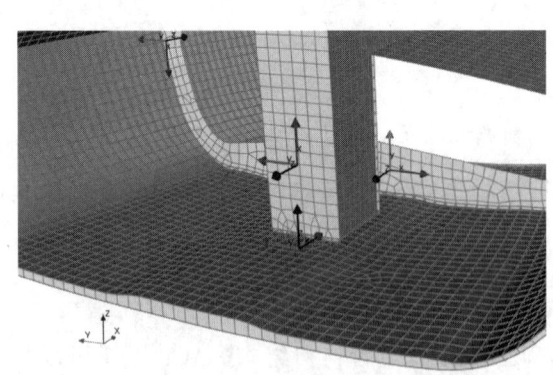

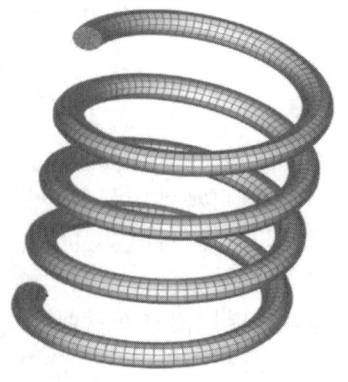

（a）拉伸　　　　　　　　　　　　　　　　（b）导入映射

图 1-11　复合材料实体有限元模型

（7）ACP 提供了丰富的复合材料失效分析方法和准则，如图 1-12 所示。
- 计算每一层的危险系数（IRF），安全系数（RF）和安全范围（MOS）
- 失效模式任意组合：
  > 最大应力准则，最大应变准则，Tsai-Hill 准则，Tsai-Wu 准则，Hashin 准则，Hoffman 准则，LaRC 准则和 Cuntze 准则
  > 二维和三维的 UD 和编织材料的 Puck 准则
  > 三明治结构的内核失效和面板折皱失效
- 多工况组合

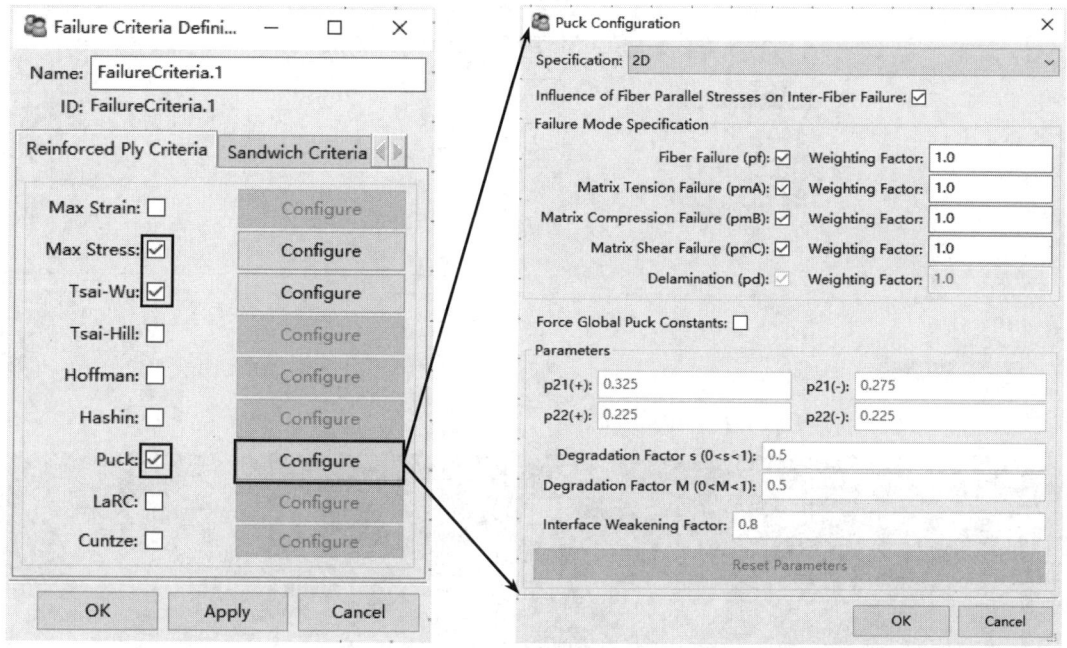

图 1-12　失效准则定义

（8）ACP 具有强大的结果后处理功能，如图 1-13 所示。可获得各种分析结果：如层间应力、应力、应变、最危险的失效区域等；分析结果既可以整体查看，也可针对每一层进行查看；同时分析人员也可以很方便地实现多方案的分析（比如改变材料属性/几何尺寸等）。

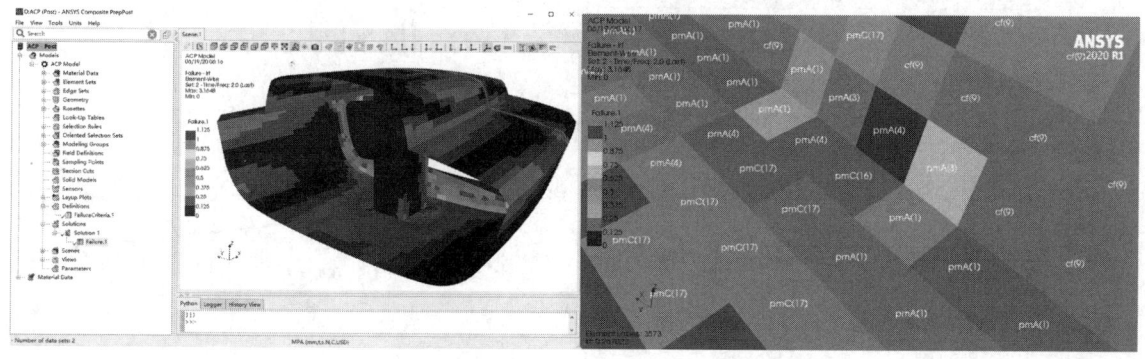

图 1-13　ACP 后处理

（9）ACP 支持与 ANSYS CFD 建立复合材料流固耦合分析流程，同时能够将铺层及失效参数（包括：层数、角度、厚度和安全系数等）作为优化设计变量，进行多学科参数优化设计，如图 1-14 所示。

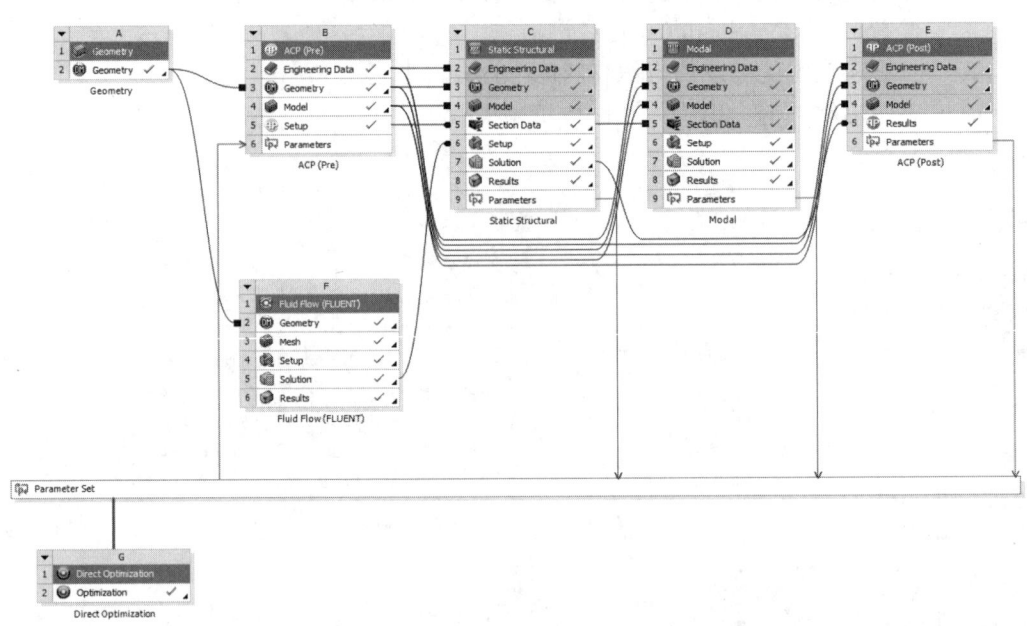

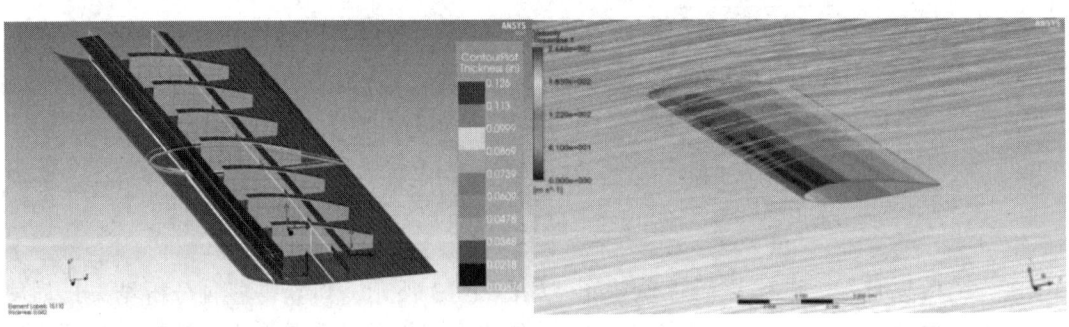

图 1-14　建立复合材料流固耦合分析流程

（10）ACP 还提供了"Draping and flat-wrap"功能，针对分析结果可以对复合材料进行"覆盖-展开"操作，输出.dxf 文件给下料机，这将非常有利于复合材料的加工制造，如图 1-15 所示。

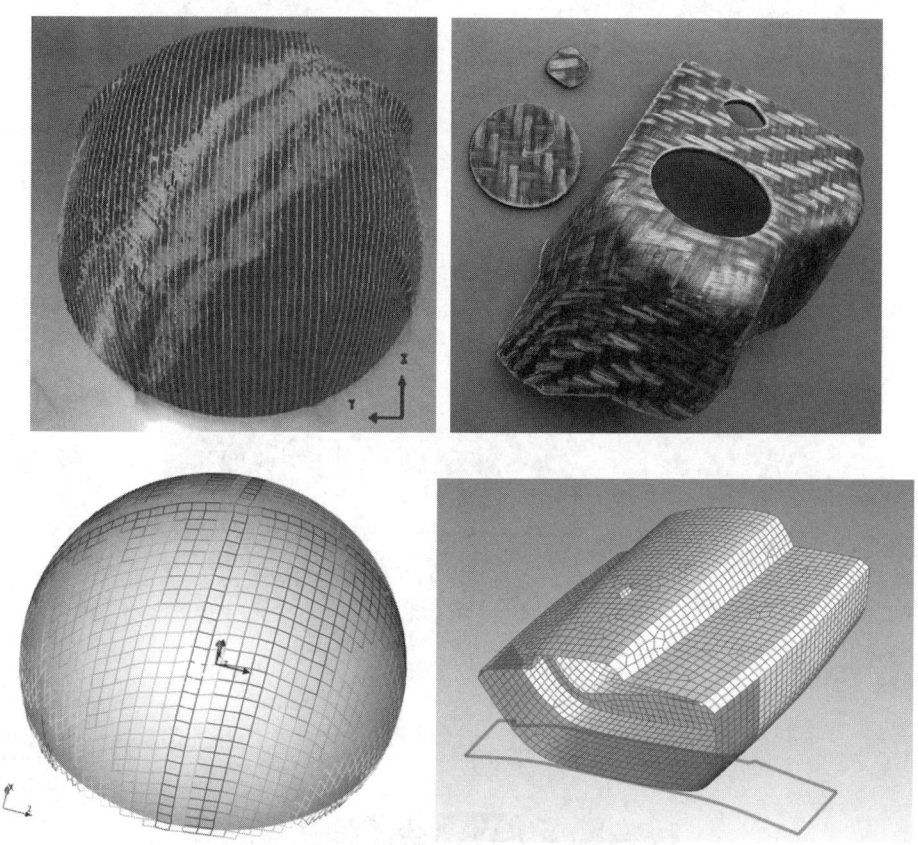

图 1-15　Draping and flat-wrap 功能

1.3.2　应用案例

图 1-16 至图 1-19 为 ACP 模块在风电叶片、压力容器、飞机机身和船舶行业的应用案例。

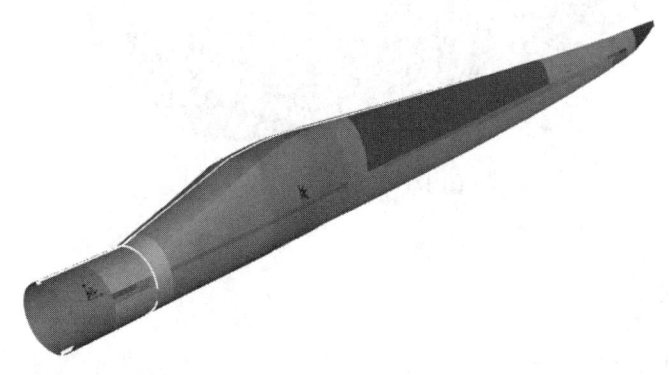

图 1-16　叶片

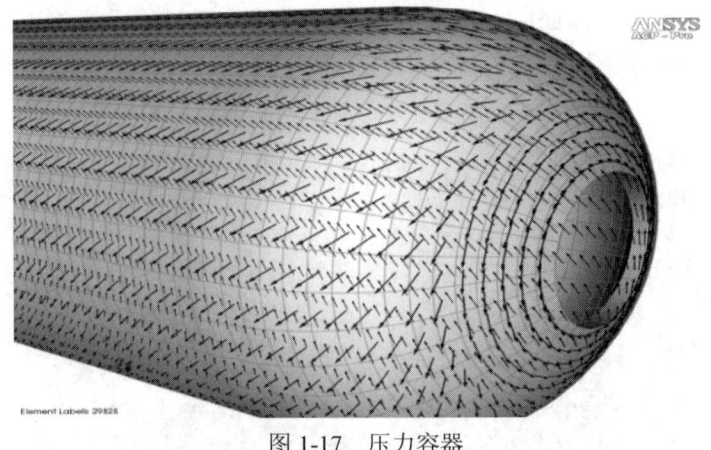

图 1-17　压力容器

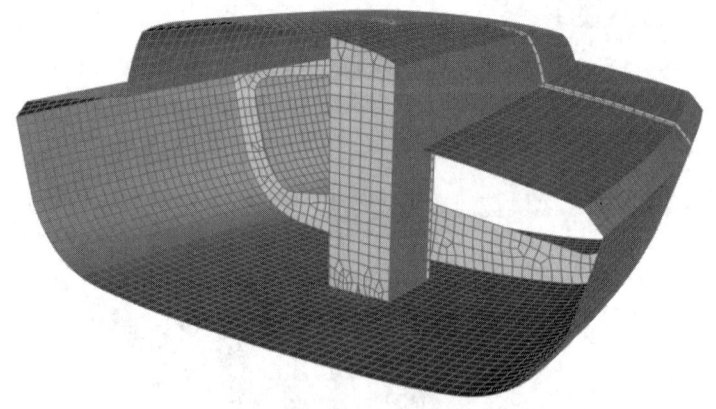

图 1-18　航空（机身）

图 1-19　船舶（舱段）

1.4　ACP 新功能

本节介绍 ANSYS18.0 版本以来，ANSYS 软件复合材料功能的最新进展。详细功能请参考本书后续章节。

1.4.1 易用性及性能

新增搜索工具栏，实现对特征树中对象的搜索功能，帮助定位对象位置。新增 按钮，实现收起特征树中的文件夹和对象到原始状态。添加了单元集、节点集的隐藏和显示功能，方便控制元素的可视化。Mechanical 模块坐标系自动传递到 ACP 模块。新增反向按钮方便方向的定义。工具栏中新增 按钮，实现两个点之间距离测量功能。

新的模型存储格式 ACPH5，将原文本格式的模型改为二进制模型。这一改变不影响 Workbench 工作流程，历史版本模型可以简单地更新到新格式。新文件格式带来了 ACP 模块整体性能的提升。例如，19.0 版本相比于 18.2 版本，壳网格更新速度提升 10%以上，实体模型更新速度提升 40%。2019R3 版本，又提供了一个通用性能选项：H5 压缩级别。这个选项控制 ACP 存储的 HDF5 格式的 GZip 压缩水平。选项的范围是 0~9，2 为默认设置。这个功能用于平衡文件压缩和处理速度。

1.4.2 复合材料建模评估

1. 变材料数据及显示

新增场变量相关材料数据功能，简称变材料数据功能，实现模型中不同点不同性能的定义。场变量相关数据可以应用于单元级（单元内厚度一致）和铺层级（指定的铺层）。

新增场视图用于辅助场的应用，实现了铺层级的变材料数据显示，方便地检查 Look-Up 表定义的场变量。

新增材料视图用于变材料数据分析流程。支持正交各向异性模量、密度、应力和应变极限等材料属性的铺层级显示。可以查看场变量（剪切角、温度和自定义变量）对这些力学性能的影响，见 3.1.17 节。

2. 改进插值算法

Loop-Up Table 插值表实现通过场变量来指定铺层厚度或纤维角度的功能。插值算法改进之后，使得插值结果更加连续光顺。基于算法的改进，历史版本的结果和新版本的结果可能存在差异。

3. 改进选择规则

新的几何选择规则允许对单元集实现参数化铺层定义。通过该功能可以方便地定义单元集向内和向外的铺层错层。之前的 CAD 选择规则集成到了新的几何选择规则，见 3.1.7 节。

新增的布尔运算选择规则，使用户能够将标准的规则（例如，平行规则，球形规则等）基于布尔加、减和相交运算进行组合。使得铺层覆盖区域的定义更加方便。

改进选择规则支持局部坐标系，实现相对局部坐标系的原点和方向定义选择规则。这使得建模更加准确和方便。这个选择规则在平行、圆柱和球形选择规则中起作用。

4. 导入实体网格

新增导入实体网格功能，实现将 ACP 中壳基铺层定义自动映射到导入的体网格中。使用该功能，用户可以将铺层定义和实体网格划分分开进行，是拉伸实体模型的一个替换路线。

发布该功能的同时，也配套开发了几个视图显示功能。

- 方向视图：实现实体网格的纤维方向和单元法向显示。
- 铺层映射图：实现映射结果的可视化。

● 厚度视图：新的组件属性选项，相对厚度修正，实现 Draping 或映射后厚度的显示。

导入实体模型也支持几何切割功能。这一功能使得用户可以改变导入实体网格的形状，见 3.1.14 节。

5. 提升 Draping 功能

Draping 功能扩展到了单向织物。Draping 算法分为多轴织物和单轴织物两种。单轴织物 Draping 网格的横向变形量可以通过 UD 系数来控制。

1.4.3 其他程序接口

1. 改进 HDF5 接口

通用复合材料 CAE 接口文件 HDF5 的导入和导出功能得到了提升，可以控制在子集或某些铺层进行。

2. 提升 Excel 接口

Excel linking 新增对 Look-Up 表的支持。可以通过 Excel 的表格功能定义复杂的场变量。不再需要通过.csv 格式导入和导出 Look-Up 表。

3. 改善历史模型支持

历史 Mechanical APDL 中使用 Section 定义复合材料的模型导入功能得到提升。自动将 Section 定义转换成 ACP 铺层定义。方便用户将历史模式的复合材料定义导入到 Workbench 项目中。

4. 导出铺层几何面

壳模型的铺层面几何可以导出为 STL 格式。实体模型表面几何可以导出为几何 STP 和 IGS 格式，网格文件 STL 和 CDB 格式。同时，CAD 数据的单位制得到了改善。ACP 模块导出的 CAD 文件与 ACP 单位制相同。

5. Python 脚本更新

2020R1 版本，ACP 图形用户界面是基于 Python3.7.4 开发的。因此，基于 Python Shell 处理的脚本发生了变化，例如，访问历史、复制和粘贴等功能。

当用户使用 ACP 的脚本功能时，必须确认脚本与 Python3 兼容。如果需要转换脚本，可以寻求实现自动 Python2 到 Python3 转换的第三方 Python 模块。

1.5 历史版本 ACP 项目迁移

在具体介绍历史项目迁移方法之前，需要指出 19.2 版本即 2019R2 版，20.1 版即 2020R1 版。影响 ACP 模块历史项目迁移的两个主要功能是：

● 在 2019R1 版本中，引入的序列存储格式 ACPH5。因此，任何 19.2 或更早版本 ACP 数据文件，均需要更新。

● 在 2019R2 版本中，ACP 对 Mechanical 坐标系的支持。当迁移历史的 Workbench 存档文件时，需要手动操作以维持正确的 Rosette 参考。

接下来，分别给出 Workbench 平台运行模式、独立运行模式和 Python 脚本模式历史项目的迁移方法。

1.5.1 平台运行模式 ACP

当打开历史版本基于 Workbench 的 ACP 项目时,需要对"ACP(Pre)"流程的"Setup"进行一个"Clear Generated Data"操作。

14.0 至 17.1 版本的项目文件,必须首先保存成 17.2 至 19.2 之间任意版本项目文件,以确保能够正常升级到最新版本。需要用户确认每一个"ACP-Pre",共享连接和"ACP-Post"流程进行了完整的更新和保存。

如果使用 20.1 版本打开或者恢复 17.2~19.2 版本,ACP 流程会自动变成"refresh required"状态。当用户完成"refresh"或"update"操作之后,将自动升级到 20.1 版本。在更新之前,ACP(Post)和共享数据的分析流程不能启动,直到 ACP(Pre)流程完成更新。

1.5.2 独立运行模式 ACP

17.1 版本以前的项目文件,必须首先保存成 17.2~19.2 之间任意版本项目文件,以确保能够正常升级到最新版本。

17.2~19.2 版本 ACP 模型升级到 20.1 版本非常简单,仅需要打开*.acp 模型文件选择"Save As"另存为新的*.acph5 数据文件即可。

1.5.3 Python 脚本模式

使用 Python 脚本进行 ACP 操作时,需要注意两个方面的问题:材料脚本;选择规则。

18.0 版本改变了 ACP 的材料脚本接口。材料属性(例如,工程常数、应力和应变极限)不再是材料类的成员,而是每一个属性成为 PropertySet 类的一个实例。这是为了更好的场变量插值材料属性。PropertySet 实例可以通过材料类的关键字来访问。材料相关的 ACP 脚本必须升级以兼容新的材料属性。

2019R1 版本中,create_geometrical_selection_rule(geometrical_rule_type='geometry')替换了 create_cad_selection_rule(),因此,使用 CAD 选择规则的脚本需要进行更新。

第2章
快速入门

本章给出了快速了解 ACP 模块的路径。首先，了解 ACP 模块的图形用户界面。其次，熟悉 ACP 在 Workbench 平台运行模式下，能够实现的分析流程。再次，了解 ACP 独立运行模式。最后，给出了两个 Step by Step 操作案例。

2.1 图形用户界面

ACP 图形用户界面分成以下 5 个部分：主菜单、特征树（Tree View）、场景（Scene）、工具栏（Toolbar）、视图窗格（View Panes）。其中，视图窗格中 3 个窗口，分别是：Python 视图（Python）、历史视图（History View）和日志窗口（Logger），如图 2-1 所示。

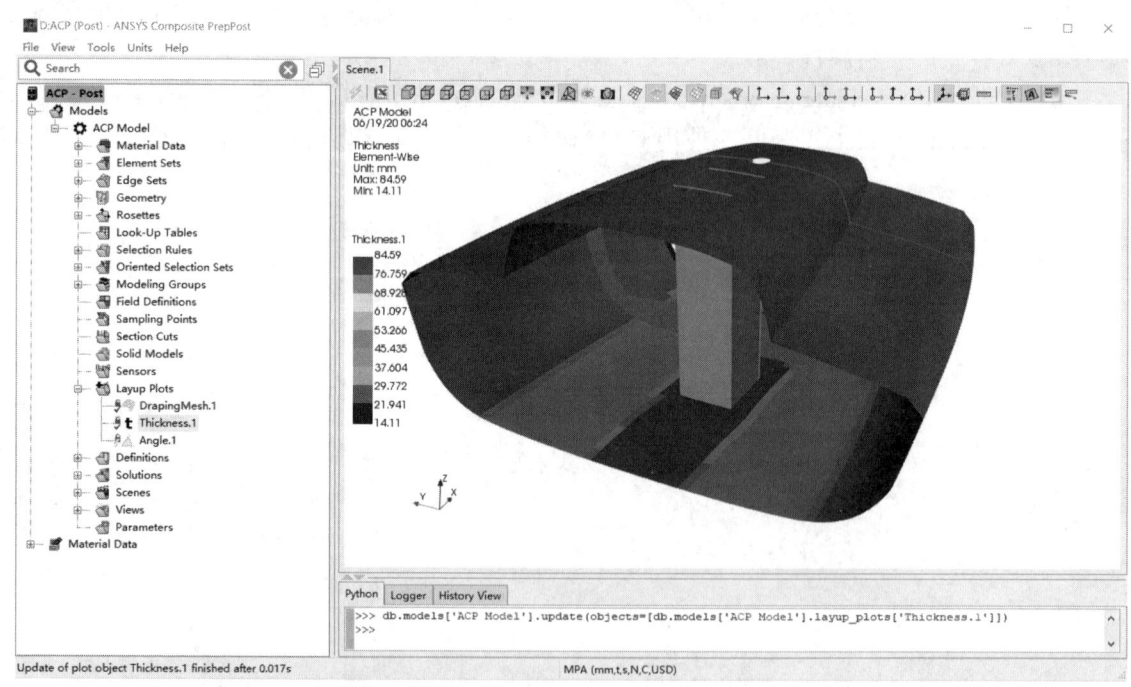

图 2-1 ANSYS 复合材料前后处理模块 ACP 的用户界面

2.1.1 主菜单（Menu）

主菜单包含 5 个主菜单，分别是：文件主菜单 File；视图主菜单 View；工具主菜单 Tools；单位制主菜单 Units；帮助主菜单 Help。

File 主菜单在 Workbench 界面和 Stand Alone 独立启动界面是不同的。Workbench 集成模式 File 主菜单如图 2-2 所示。

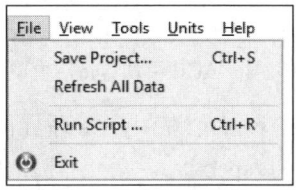

图 2-2　Workbench 集成模式 File 主菜单

Workbench 启动 ACP（Pre）模块时，File 菜单包含以下选项：

Save Project（保存项目）：如果项目未保存，那么指定项目名及位置，保存整个 Workbench 项目。

Refresh All Data（更新所有数据）：重新加载 ACP 模型。如果模型在 Workbench 项目概图中不是最新状态，那么网格和命名选择的改变将不被传递到 ACP 模型。如果更新了模型，需要关闭 ACP 模块并在 Workbench 项目概图中更新模型。

Run Script（运行脚本）：选择 Python 脚本运行。

Exit（退出）：退出 ACP 模块，任何新定义的 ACP 特征将自动保存。

如图 2-3 所示，独立运行模式 ACP 模块时，File 菜单包含以下选项：

Open（打开）：打开已存在的 ACP 模型。

Save（保存）：保存激活的 ACP 模型。

Save As（另存）：选择存储位置及文件名，另存激活的 ACP 模型。

Save All（全部保存）：保存所有打开的 ACP 模型。

Close（关闭）：关闭已存在的 ACP 模型。

Close All（全部关闭）：关闭所有打开的 ACP 模型。

Import Model（导入模型）：导入 ANSYS 模型文件。

Run Script（运行脚本）：选择 Python 脚本运行。

Exit（退出）：退出 ACP 模块，任何新定义的 ACP 特征将自动保存。

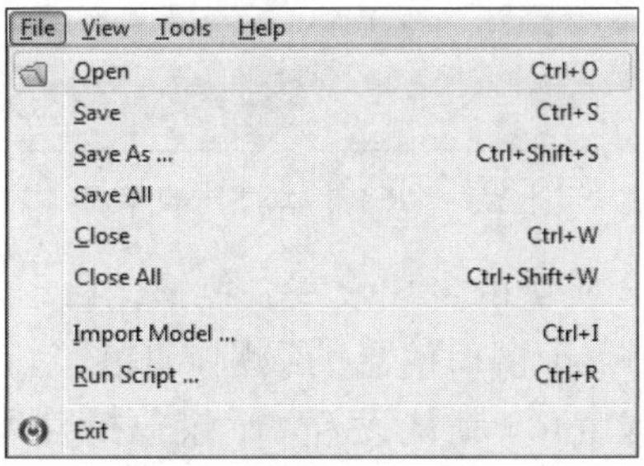

图 2-3　独立运行模式 ACP 模块 File 主菜单

View 主菜单（图 2-4）用于调整 ACP 模块图形用户界面的布局。

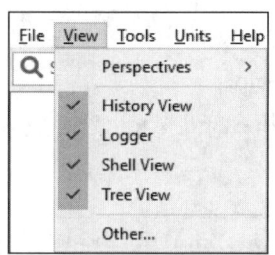

图 2-4　ACP 模块 View 主菜单

ACP 模块视图的子菜单 Perspectives 允许用户管理界面布局。当单击时，会显示可以使用的布局列表。如图 2-5 所示，New Perspective 用于创建新的布局；Save Perspective As 用于保存当前布局；Rename Perspective 用于修改激活布局的名称；Delete Perspective 用于删除激活的布局；Reset Perspective 用于重置当前布局为空布局；Reset All Perspectives 用于重置所有已定义的布局。

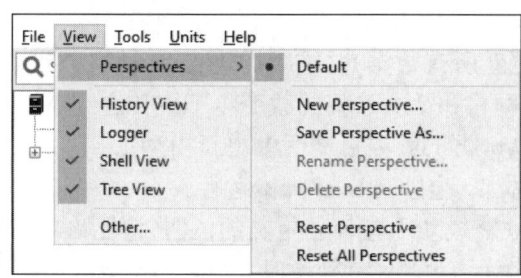

图 2-5　ACP 模块 Perspectives 子菜单

图形用户界面的窗口可以通过单击"Other…"进入的视图管理器进行添加或移除。激活一个视图窗口的方法是，在视图管理器中选择该窗口并单击"OK"，如图 2-6 所示。选择的视图窗口将在"View"子菜单中出现。在当前视图下的窗口显示通过"View"子菜单选择。

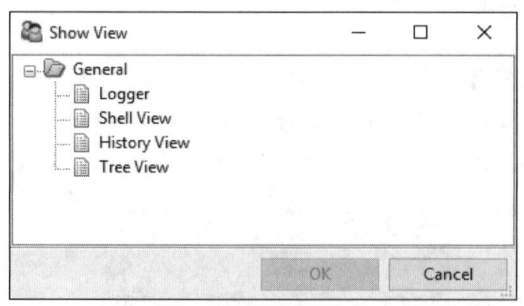

图 2-6　ACP 模块 Show View

Tools 主菜单用于调整 ACP 模块的全局设置。包括：日志、属性和场景设置。单击属性窗口的 Logger 节点，设置显示在 log 窗口信息的级别，具体包括：调试级 Debug，记录包括调试信息在内的所有信息；信息级 Info，默认设置，记录包括除调试信息外的所有信息；Warning 级，记录错误和警告信息；错误级 Error，仅记录错误，如图 2-7 所示。

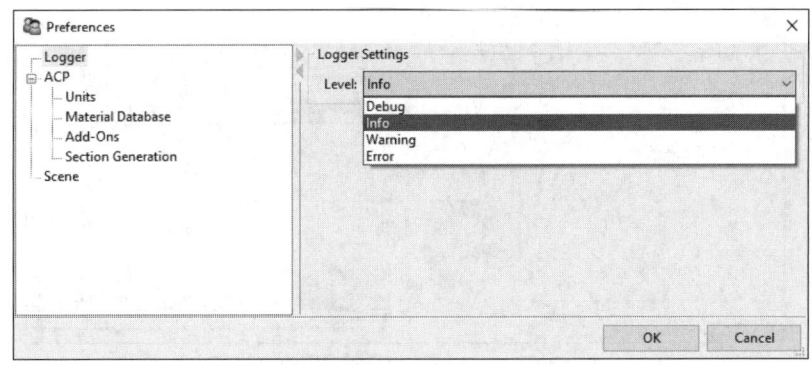

图 2-7　ACP 模块 Logger Preferences

单击属性窗口的 ACP 节点，进行以下通用属性设置，如图 2-8 所示。

ANSYS 求解器可执行程序 ansys.exe 的路径"ANSYS Executable Path"，如果设置为空，ACP 使用默认的安装路径。"ANSYS License"定义求解模型时使用的软件授权。"Number of Threads to Use in Parallel"指定求解器计算时使用的 CPU 核数/线程数，如果未设置，那么使用所有线程。"H5 Compression Level"设置 HDF5 文件的 Gzip 压缩级别。默认设置为 2。这个级别相比无压缩的 0 级别有 35%压缩率。参数的最高值是 9。当参数值为 4 以上时，文件处理时间将会明显增加。

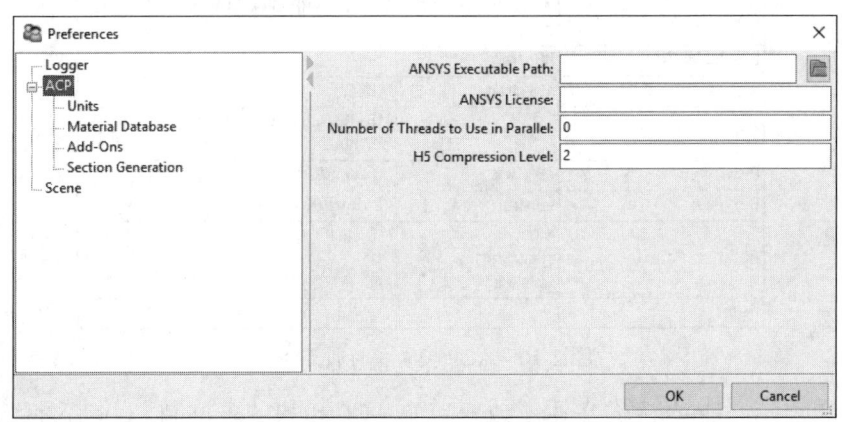

图 2-8　ACP 模块通用属性

如图 2-9 所示，单击属性窗口 ACP 节点的下一级节点，可以进行以下设置："Units"定义求解器使用的单位制；"Material Database"定义材料数据库.acpMdb 文件的路径；"Add-Ons"激活或抑制可以获得的附加模块；"Section Generation"定义默认的截面生成和最小分析铺层厚度。

单击属性窗口的场景 Scene 节点，可以改变模型显示的图形属性。主要包含 3 类：Appearance（显示类）；Screenshot（截图类）；Interaction（交互类）。

Appearance（显示类）属性，场景窗口的背景颜色可以是均匀的或梯度的。如果设置均匀背景，那么"Background Color"和"Background Color 2"需要采用相同的颜色定义。如果场景窗口由上到下颜色梯度变化，那么分别通过"Background Color"和"Background Color 2"控制窗口底部和顶部的颜色。改变颜色的方法是单击"Edit"按钮。

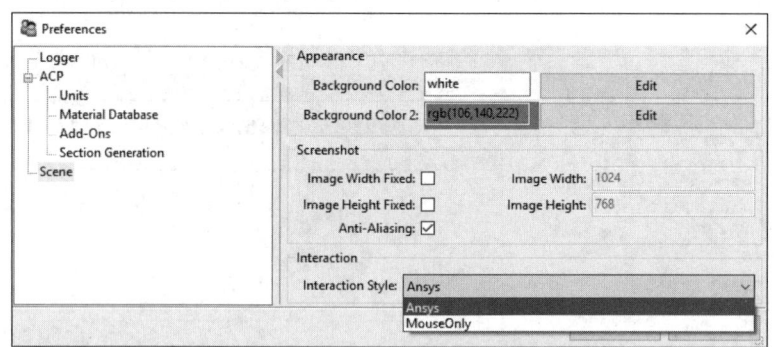

图 2-9　ACP 模块 Scene 属性

Screenshot（截图类）属性，默认值为截图大小与场景大小相同。可以通过改变设置实现固定尺寸截图。Anti-Aliasing 选项影响默认打开。如果截图速度过慢，那么可以关闭该选项。

Interaction（交互类）属性，设置两类鼠标交互风格。默认设置为与 ANSYS Workbench 相同的交互习惯。图 2-10 中，(L,M,R)B 分别代表鼠标左键、中键和右键；+表示同时单击。

Action	Interaction Style	
	ANSYS	Mouse Only
Pan	Ctrl+MB drag	MB drag
Dolly-Zoom	Wheel/Shift+MB drag	MB drag+RB click/MB drag+LB click
Box-Dolly-Zoom	RB drag	
Rotate	MB drag	MB+RB
Spin		MB+RB/MB+LB drag close to border
Pick	LB click	LB click/RB click
Box-Pick	LB drag	LB drag/RB drag
Rotation Point	MB click/Shift + LB click	MB click
Reset		

图 2-10　ACP 模块鼠标使用习惯

如图 2-11 所示，Units 主菜单用于改变当前 ACP 模块的单位制。当前激活模型的单位制在 ACP 窗口最底部的状态栏中显示。注意：仅能在 ACP Pre 模块改变单位制，在共享模式和后处理模块不能改变单位制。

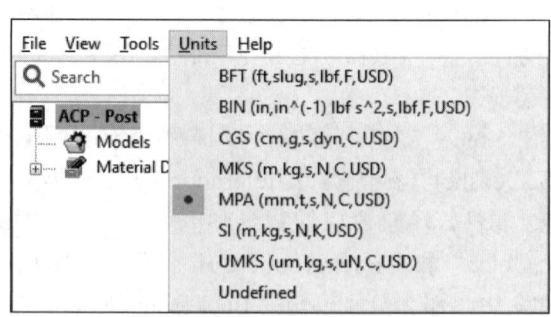

图 2-11　ACP 模块单位制主菜单

2.1.2 特征树（Tree View）

ACP 模块的特征树"Tree View"底层与 Python 对象树一一对应，提供了选择、修改对象的快捷方式。ACP 模块的特征树"Tree View"，如图 2-12 所示。特征树的详细描述在本书第 3 章"用户手册"中。

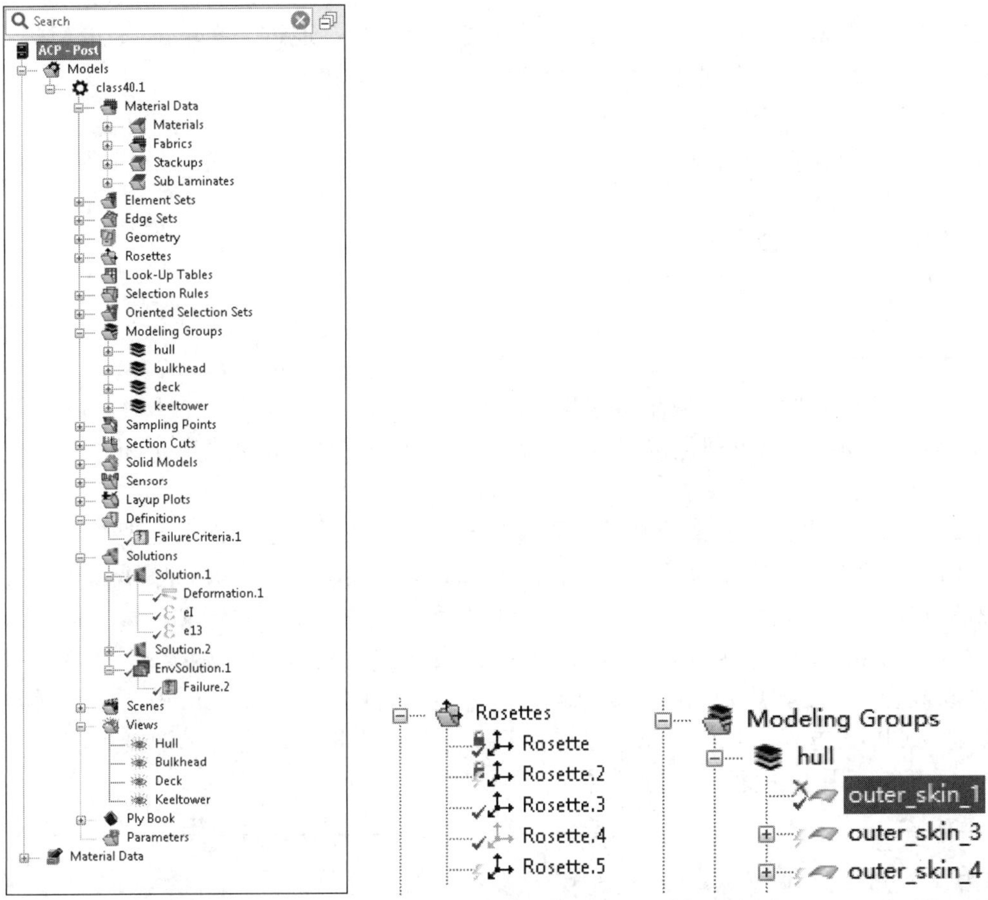

图 2-12　ACP 模块的特征树

大多数树对象与一个右键单击的上下文菜单关联，而双击对象会直接打开属性对话框。

特征树同时与树顶部的工具栏相关联。"Search"框实现搜索特征树功能。折叠按钮收起特征树展开的节点，如图 2-13 所示。

图 2-13　ACP 模块特征树顶部工具栏

特征树每一个节点通过状态符号来表示其当前状态。以坐标系"Rosettes"为例进行说明：表示坐标系被锁定，而且处于最新状态，这类坐标系是由 ANSYS Mechanical 界面定义的，在 ACP 中不能更改；表示坐标系被锁定，但不处于最新状态，即上游 ANSYS Mechanical 已经更改了坐标系，需要更新坐标系的定义；表示定义的坐标系是最新状态；表示坐标系处于隐藏状态；表示坐标系不是最新状态，可以使用工具栏中按钮或右键选择"Update"进行更新。建模铺层符号表示对象被定义了，但是处于不激活的状态，在计算中不会考虑该对象。ACP 模块中的实体单元、铺层都可以处于不激活状态。

可以通过键盘上的方向键在特征树的节点间移动，特征树的子节点自动收起和扩展。

2.1.3 场景（Scene）

场景包含了模型和特征的三维显式。可以新建多个场景，通过左键单击来切换场景。场景视图可以用工具栏中的按钮进行控制。其中包括：

（1）与坐标轴对齐的标准视图。
（2）缩放到合适大小。
（3）全屏视图。
（4）激活或抑制独立视图。
（5）视图窗口抓图到图片文件。

2.1.4 工具栏（Toolbar）

工具栏用于修改视图、显示或隐藏场景中的元素，包括：更新按钮；使用 Excel 编辑对象按钮；网格显示按钮；方向可视化按钮；纤维方向显式控制按钮；可制造性分析显示按钮；其他特征；后处理按钮。

如图 2-14 所示，更新按钮，用于重新加载模型、修改铺层或激活后处理选项等操作之后更新场景。Excel 编辑对象按钮，用于使用 Excel 进行 Look-Up Tables 或 Modeling Groups 两类对象的创建、编辑或保存。Excel 链接接口允许用户在 Excel 页中定义、修改和保存对象信息。导入导出 Excel 通过 Push to 或 Pull from 按钮实现。默认情况下，两类对象信息在 Excel 和 ACP 之间同步。但是，用户可以指定部分对象信息进行同步。Pull from 模式由不同的选项控制传递到 ACP 的方式。对象信息可以链接到一个新的表格页，也可以链接到一个现存的 Excel 页。后者能够用于恢复历史铺层数据，如图 2-15 所示。

图 2-14 ACP 模块工具栏

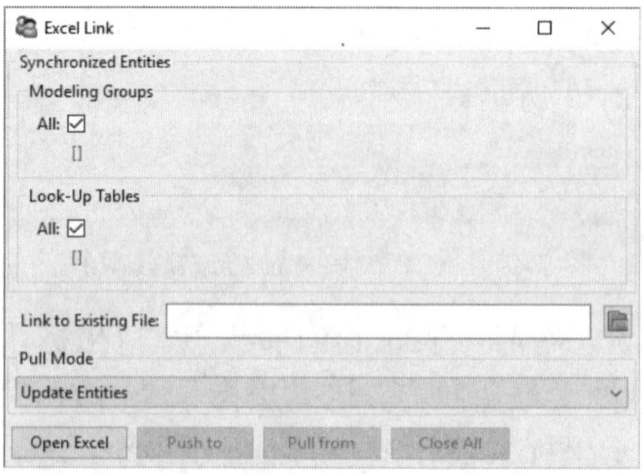

图 2-15 ACP 模块 Excel Link 对话框

Excel Link 的主要功能如下。

Open Excel 选项，用于打开指定的 Excel 文件。如果未指定路径，那么将打开一个空的工作表，并将当前的对象信息填入。

Push to 选项，用于将 ACP 中的对象信息同步到 Excel 工作表中。

Pull from 选项，用于将 Excel 中的对象信息读取并更新到 ACP 中。

Close All 选项，用于关闭 Excel 和 Excel Link 属性对话框。

对于 Excel Link 的 Pull 模式，有以下功能选项：

Update Entities 更新对象选项，在 Pull from 执行过程中，会根据 Excel 数据更新对象信息，包括增加或删除对象。

Update Properties Only 仅更新属性选项，在 Pull from 执行过程中，仅根据 Excel 更新对象属性。

Recreate Entities 重新创建对象选项，在 Pull from 执行过程中，首先，删除数据库中现有对象信息，然后按 Excel 表中信息重新建立对象。

Excel Link 的数据格式见第 3 章的 3.3.4 节。

网格显示相关按钮用于控制场景中模型的显示效果。具体包括：显示或隐藏单元边；激活或抑制着色视图；高亮单元；高亮选定单元的轮廓；在高亮的实体单元和壳单元之间切换；显示模型中探测到的值。

方向可视化按钮用于显示面的方向，具体如下。

显示单元或 CAD 几何的法向，为 Mechanical 中单元坐标系 z 轴正向，如图 2-16 所示。

显示方向选择集法向方向，为 ACP 中厚度方向的铺敷方向，如图 2-17 所示。

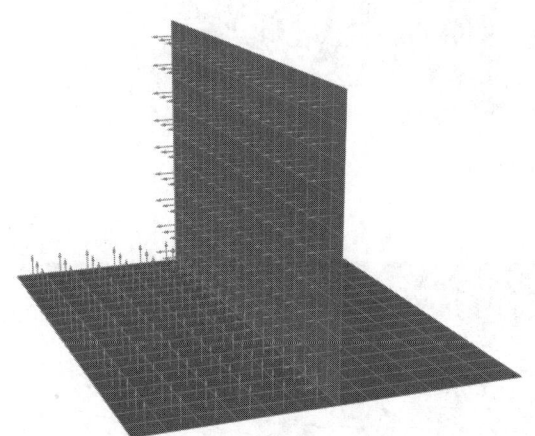
图 2-16　场景视图显示壳单元法向

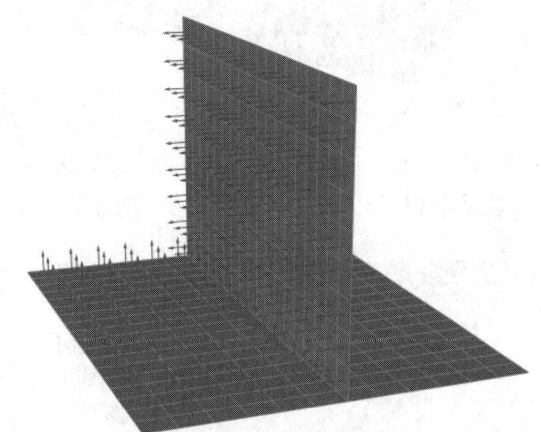
图 2-17　显示方向选择集法向方向

显示方向选择集的参考方向，即 0 度铺层的材料 1 方向，如图 2-18 所示。

工具栏的纤维方向按钮用于控制场景视图中的纤维方向显示。

用于显示选定层的方向，即铺层材料 1 方向，如图 2-19 所示。

用于显示铺层方向的垂向，即铺层材料 2 方向，如图 2-20 所示。

可制造性分析按钮用于显示 Draping 效果，对比 Draping 前后效果。

显示 Draped 之后的纤维方向，如图 2-21 所示。

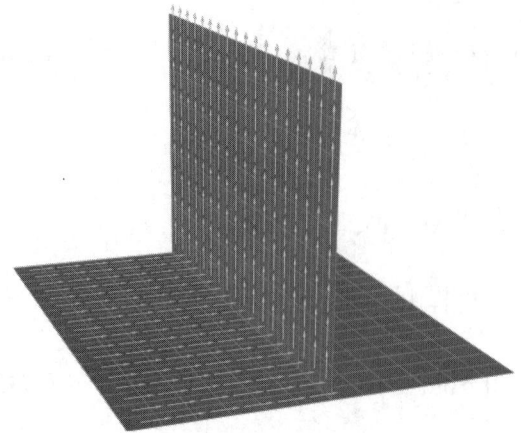
图 2-18 场景视图显示方向选择集参考方向

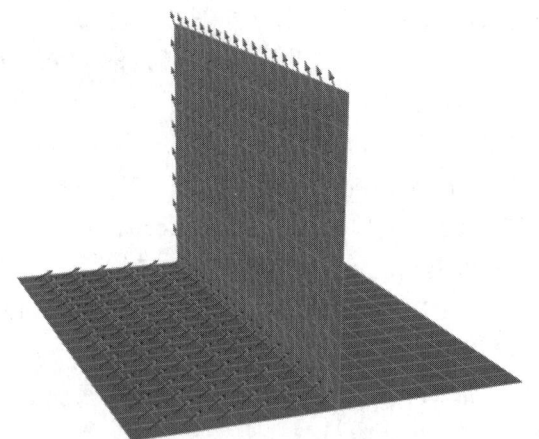
图 2-19 场景视图纤维方向的可视化

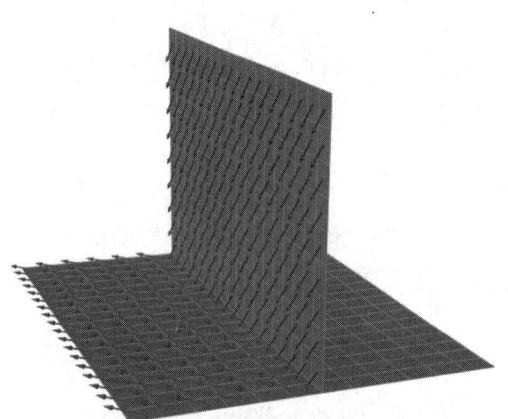
图 2-20 场景视图显示方向选择集参考方向

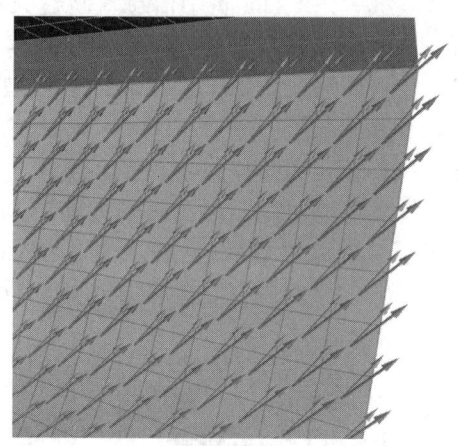
图 2-21 场景视图显示 Draped 前后纤维方向

显示 Draped 前后纤维垂向，如图 2-22 所示。

显示材料 1 方向，如图 2-23 所示。

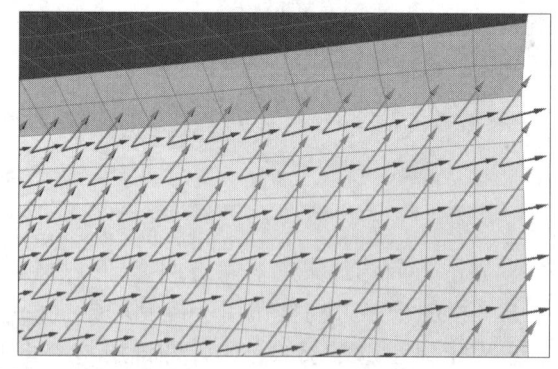

图 2-22 场景视图显示 Draped 前后纤维方向垂向　　图 2-23 场景视图显示 Draped 前后 45°织物的纤维角

显示或隐藏坐标轴。默认坐标系显示在图形窗口的左下角。

显示带坐标系的模型框，如图 2-24 所示。

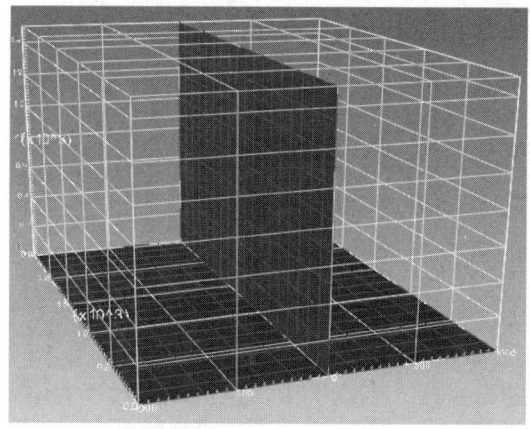

图 2-24 场景视图显示模型的包络框和坐标系

▦为位移测量工具。选择网格上的两个点，则在窗口左下角显示点间距离和坐标，如图 2-25 所示。

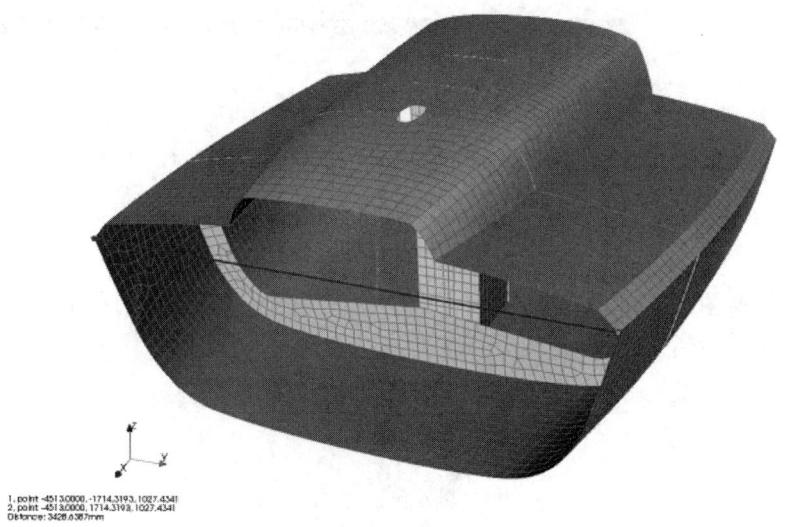

图 2-25 场景视图显示模型的位移测量工具

▦显示或隐藏图例。

▦显示或隐藏失效准则文本。

▦显示或隐藏视图中的描述文本。

2.1.5 视图窗格（View Panes）

图形用户界面底部的视图窗格包含了操作记录信息。用户可以通过拖放操作实现视图窗格的重新排列。视图窗格中有 3 个窗口，分别是：Shell 视图（Shell View）、历史视图（History View）和日志窗口（Logger）。

1. Python Shell 视图

ACP 模块所有界面操作是通过内部 Python 解释器执行的。用户可以在 Python Shell 视图窗口中输入对应的 Python 代码实现同样的功能。Python Shell 视图窗口同样具有标准的文本编辑功能，例如，复制、粘贴、历史和 Tab 键补全，如图 2-26 所示。

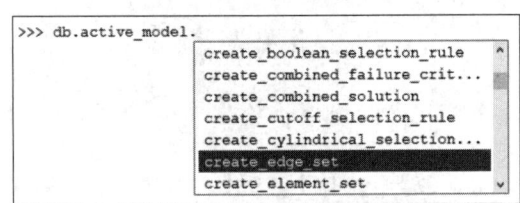

图 2-26　Shell 视图代码补全

英文输入法的句号"."激活代码补全功能，同时使用向上、向下方向键或鼠标来浏览下拉菜单。通过双击将选择的命令插入到脚本中，也可以通过"Tab"键或"Enter"键将选择的命令插入到脚本中。

获取指定命令帮助的方法是在该命令的右侧插入左括号"("。单击"Enter"键插入函数头，如图 2-27 所示。

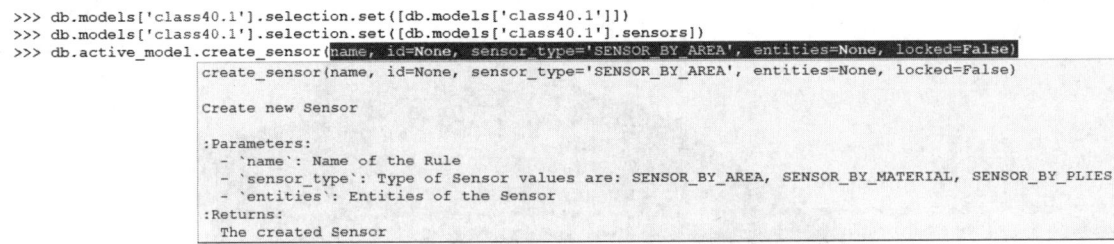

图 2-27　Shell 视图命令帮助

Python Shell 视图右键单击命令窗口时弹出上下文菜单，可以复制和粘贴命令，使用"Paste And Run"运行多行命令，如图 2-28 所示。

图 2-28　Shell 视图右键上下文菜单

Python Shell 视图可以使用热键（Hot Keys）方便地访问命令历史、复制和粘贴命令等。具体为：Home 键，前往命令或行的开始；End 键，前往行的末尾；Shift+Home 键，选择回到行或命令的开始；Shift+End 键，选择到行末尾；Ctrl+C 键，复制选择的文本，去掉提示；Ctrl+Shift+C 键，复制选择的文本，保留高亮提示；Ctrl+V 键，由剪切板粘贴；Ctrl+Shift+V 键，粘贴并允许剪切板的多行命令；Ctrl+Up Arrow 键，即 Ctrl+上方向键，检索上一个历史对象；Ctrl+下方向键，检索下一个历史对象；Shift+上方向键，插入前一个历史对象；Shift+下方向键，插入下一个历史对象；Ctrl+]键，增大字体；Ctrl+[键，减小字体；Ctrl+滚轮，缩放字体；Ctrl+=键，默认字体大小。

2. Logger 视图

%APP_DATA%\Ansys\v201\acp\ACP.log 文件记录了 ACP 执行的相关信息。这个文件的内

容显示在 Logger 视图窗口。

3. History 历史视图

ACP 当前进程所有操作以 Python 代码的形式进行记录，这些记录可以在 History 窗口查看。命令历史和 Shell 视图中 Ctrl+上方向键/下方向键效果相同。

2.2 平台运行模式

在 Workbench 平台中，ACP 组件可以用于复合材料产品设计分析的基础工况到复杂工况。接下来具体介绍 ACP 模块在平台运行模式的相关内容，包括：标准工作流程；ACP 组件属性；支持的分析类型；多工况分析流程；共享复合材料定义流程；实体单元建模流程；模型装配工作流程。

2.2.1 标准工作流程

基本工作流程，实现将 ACP 分析系统的网格和复合材料定义导出到 Mechanical 模块，以进行后续有限元分析。

基本前处理流程（图 2-29）具体操作步骤是：

（1）从 Component Systems 列表，拖放 ACP（Pre）组件到项目概图界面。

（2）选择组件的 Geometry，并定义复合材料几何。确保在 ACP 打开几何之前，完成网格、组件等定义。注意：ACP 模块仅使用线性或二次壳网格。

（3）右键单击组件的 Setup，并选择属性选项。根据需要，确定是否激活"Geometry"下的"Properties of Schematic"中的"Load Model Properties"选项。默认是不激活状态。如果激活该选项，流程 A3 中的几何模型将传递到 ACP 模块的"CAD Geometries"对象。

（4）完成所有步骤以定义完整的 ACP（Pre）分析系统。

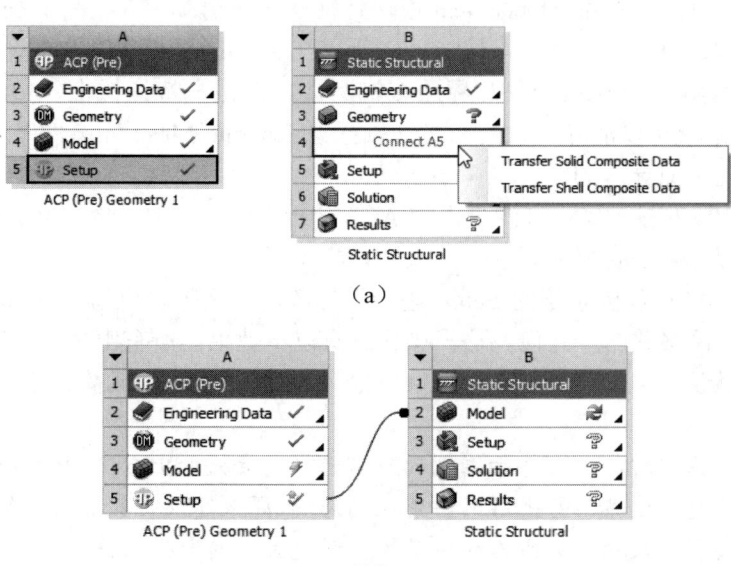

图 2-29 ACP 基本前处理流程

（5）返回 Workbench 项目概图界面。拖放一个支持的 Mechanical 分析系统到项目概图中。

（6）拖放 ACP（Pre）的 Setup 到 Mechanical 分析系统的 Model，并选择 Transfer Shell Composite Data 或 Transfer Solid Composite Data，将 ACP 模块中已定义的网格、几何、材料属性和复合材料定义信息传递到 Mechanical 模块。当用户完成这个连接之后，Mechanical 系统 Geometry 和 Engineering Data 将不在项目概图中显示，这些数据由 ACP（Pre）系统提供。

（7）双击 Mechanical 系统的 Model，进入 Mechanical 模块界面。特征树中增加了一个 Imported Plies 对象（图 2-30），其中铺层信息与 ACP 模块中的铺层一一对应。铺层信息包含 3 个层次：Modeling Ply> Production Ply> Analysis Ply，即建模铺层、产品铺层和分析铺层。

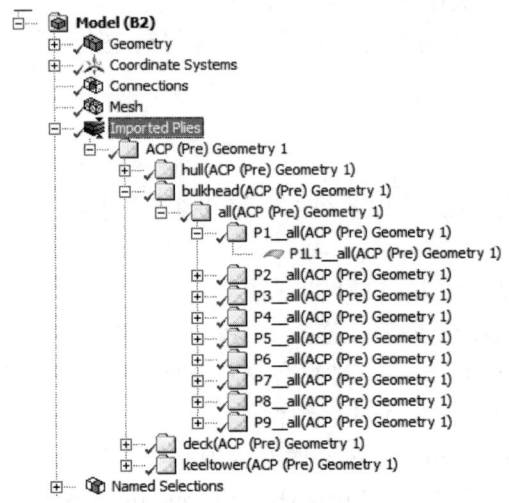

图 2-30　Mechanical 模块中的复合材料铺层信息

（8）完成 Mechanical 系统中所需定义并进行求解。

在这里，应该注意与标准 Mechanical 模块特征树的区别：

1）因为网格数据由上游 ACP 模块导入，所以在 Mechanical 模块不能对其进行编辑。

2）虽然，不建议在 Mechanical 界面编辑网格，但是，特征树上 Mesh 对象的"Clear Generated Data"选项可以清除导入的网格。执行"Generate Mesh"或"Update"操作之后，被修改的网格回复为原导入的网格。

3）因为单元/体的材料属性来源于上游 ACP 分析系统，所以体的"Material Assignment"场变为只读，且显示为复合材料。

4）如果上游 ACP 分析系统的 Setup 进行了修改，那么需要更新下游 Mechanical 系统的 Model 以重新导入网格并同步几何。这一操作具有以下效果：所有由 ACP 分析系统导入的体属性将被重置为默认值；原定义到几何对象（点、线、面、体）的载荷或边界将随着几何对象一起消失。

注意：在更新操作时，所有基于准则的命名选择均会随着上游 ACP 系统的变化而更新。如果希望定义的载荷和边界不受上游网格变化的影响，那么建议将其定义到基于准则的命名选择集之上。这样实现修改或更新操作的连贯性，避免大量的选择操作。

（9）查看结果。复合材料铺层的分析结果可以在 Mechanical 模块或者 ACP（Post）模块进行查看。在 Mechanical 模块查看结果，可以使用面体结果"Surface Body Result"和 Composite

Failure Tool 功能。如果要使用其他的 ACP 模块的后处理功能,需要进入 ACP（Post）模块,进行结果后处理。方法是将 ACP（Post）组件拖放到 ACP（Pre）的 Model,然后连接 Mechanical 分析系统的 Solution 和 ACP（Post）的 Results,建立分析流程,如图 2-31 所示。

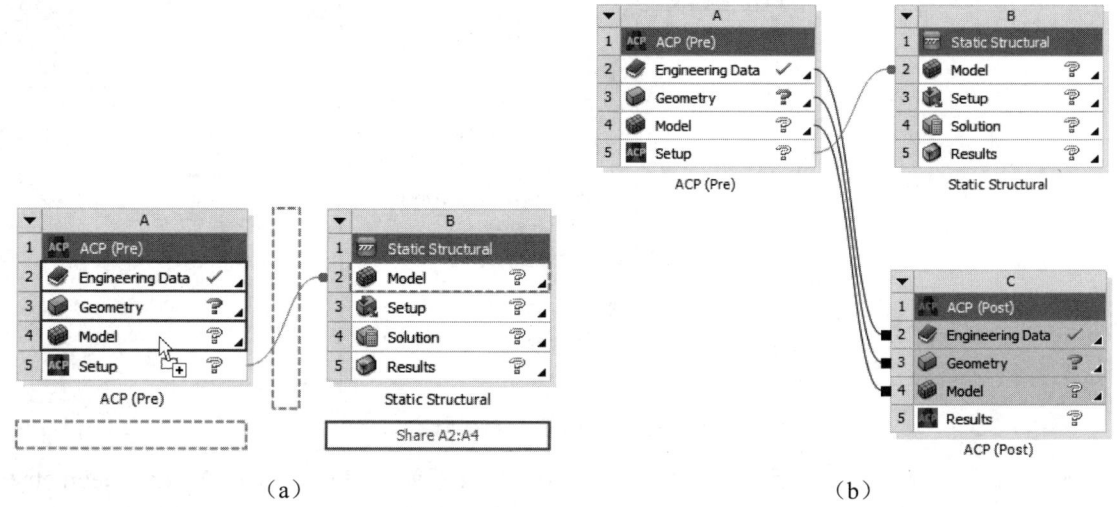

图 2-31　ACP 标准后处理流程

基于该分析流程,还可以拖放 Eigenvalue Buckling 或者 Model 到 Static Structural 的 Solution 上,实现复合材料产品的线性稳定性分析（特征值屈曲）或者预应力模态分析,如图 2-32 所示。

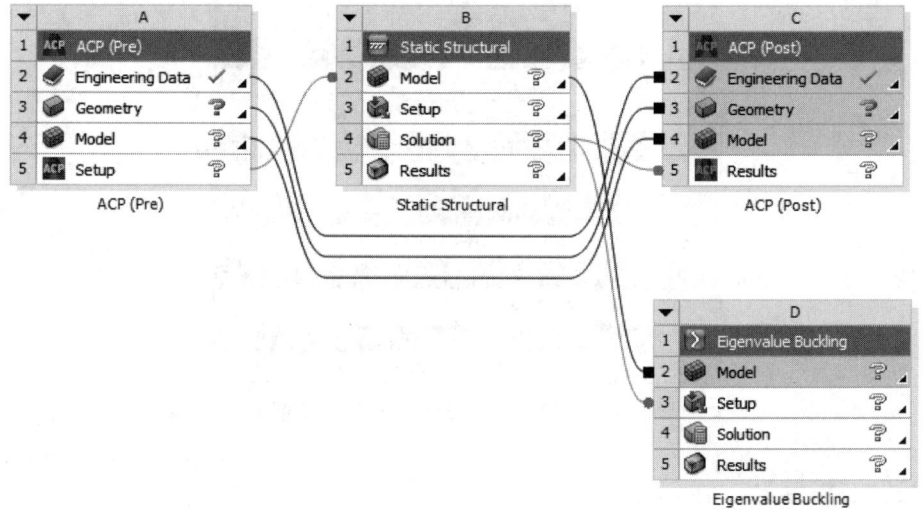

图 2-32　ACP 模块特征值屈曲/预应力模态分析流程

2.2.2　ACP 组件属性

本节介绍 ACP 在 Workbench 平台运行模式下的属性信息。组件属性通过项目概图界面右键单击组件元素的上下文菜单访问,如图 2-33 所示。

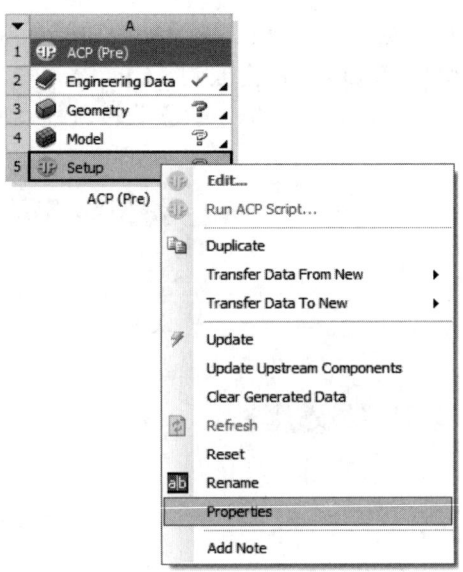

图 2-33　ACP 模块组件属性

ACP 分析系统的 Setup 元素的属性菜单，如图 2-34 所示。其中，Load Model Geometry 控制分析系统中的 Geometry 是否加载到 ACP 模块，选中该选项时加载模型几何；Editor Startup Timeout(s)为 ACP 模块启动错误的时间标准，当启动时在指定的时间内无法获取软件授权即认为无授权，这个值可以手动增大。

Properties of Schematic A5: Setup

	A	B
1	Property	Value
2	⊟ General	
3	Component ID	Setup
4	Directory Name	ACP-Pre
5	⊟ Notes	
6	Notes	
7	⊟ Used Licenses	
8	Last Update Used Licenses	
9	⊟ Geometry	
10	Load Model Geometry	☐
11	⊟ Process Management	
12	Editor Startup Timeout (s)	90

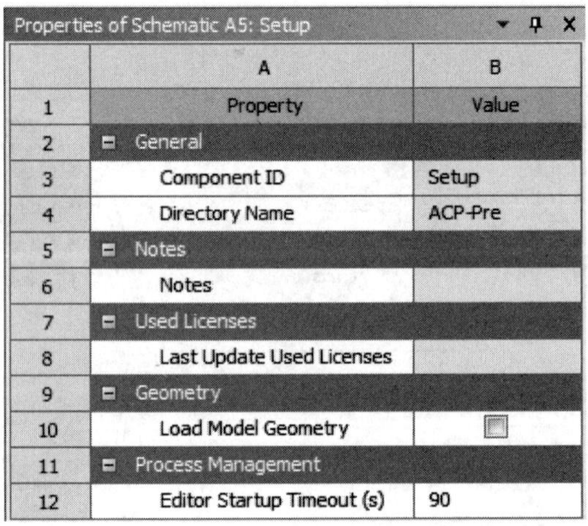

图 2-34　ACP 系统的 Setup 元素属性菜单

2.2.3　支持的分析类型

ACP（Pre）分析系统可以连接到以下 Mechanical 分析系统：结构静力分析 Static Structural；结构瞬态分析 Transcient Structural；稳态热分析 Steady-State Thermal；瞬态热分析 Transient Thermal；模态分析 Modal；谐响应分析 Harmonic Response；随机振动分析 Random Vibration；响应谱分析 Response Spectrum；特征值屈曲分析 Eigenvalue Buckling；显式动力学分析 Explicit（Workbench LS-DYNA）。

ACP（Post）分析系统不能后处理上述所有分析类型。支持的分析类型有：结构静力分析 Static Structural；结构瞬态分析 Transcient Structural；稳态热分析 Steady-State Thermal；瞬态热分析 Transient Thermal。

虽然 ACP 分析系统支持复合材料结构和热分析，但是结构分析和热分析中单元的自由度是不同的。热分析仅完全支持实体单元的工作流，对于壳元有一定的限制。壳元热分析的现实是铺层数，具体为：厚度方向温度线性分布 31 层；厚度方向温度二次分布 15 层。

2.2.4 多工况分析流程

多工况工作流程和标准工作流程相同。通常，共享数据的连接由 Workbench 自动完成。一些连接需要手动添加。例如，图 2-35 中分析系统 B 和 C 的 Solution 元素到 ACP（Post）分析系统 D 的 Results 元素间的连接。

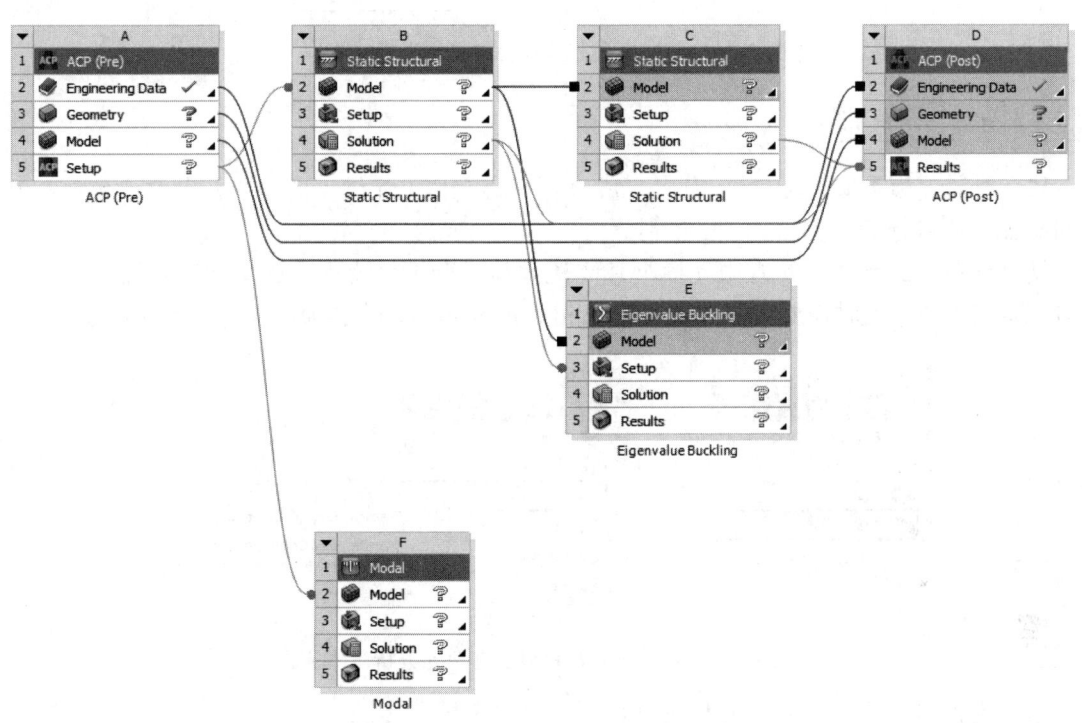

图 2-35　复合材料多工况分析工作流程

2.2.5 共享复合材料定义流程

ACP（Pre）的 Setup 可以将复合材料模型共享给多个工作流程，这意味着同一复合材料铺层定义可以给不同的几何和网格。这个功能有两个应用场景：一是实现基于同一复合材料铺层定义，研究不同几何的复合材料产品设计差异性；二是子模型分析技术。

在共享模型的应用中，两个分析 ACP（Pre）分析系统共享 Setup 元素。实现方法是拖放其中一个分析系统的 Setup 元素到另一个分析系统的 Setup 元素，如图 2-36 所示。ACP 将映射尽可能多的信息。因此，建议两个分析系统采用相同的 Engineering Data 和命名选择集 Named Selections 定义。

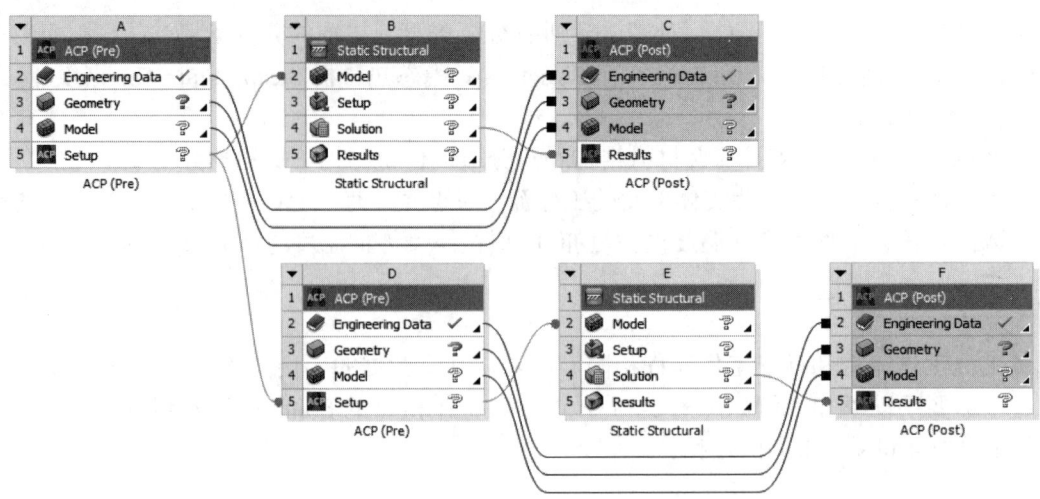

图 2-36　不同模型共享复合材料定义工作流程

2.2.6　实体单元建模流程

与壳单元建模类似，ACP 也可以完成复合材料实体单元模型的定义，并将实体网格共享给 Mechanical 进行后续分析。

复合材料产品实体单元有限元模型建立流程与标准工作流程中壳单元工作流程只有一个区别，即在传递数据时需要选择 Transfer Solid Composite Data 选项，如图 2-37 所示。

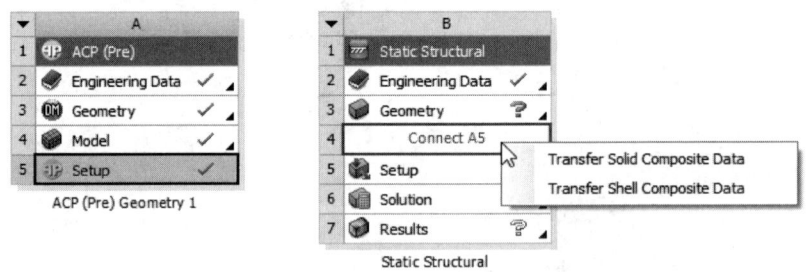

图 2-37　ACP 模块复合材料实体单元分析工作流程

ACP 有两种复合材料实体建模方法：

（1）壳元拉伸方法，基于壳参考面和复合材料定义采用拉伸算法得到复合材料实体单元。这一方法，实体单元完全由 ACP（Pre）生成。

（2）导入实体映射法，也称为导入实体模型，将 ACP（Pre）中进行的复合材料定义映射到导入的外部实体网格。

ACP（Pre）导入外部实体网格的方法是将 Mechanical 系统的 Model 元素连接到 ACP 的 Setup 元素，如图 2-38 所示。这个流程用于将复合材料定义信息映射到导入的实体网格。

第三方软件的实体网格也可以导入到 ACP（Pre）。此时，实体网格通过 External Model 组件系统导入，工作流程如图 2-39 所示。

注意：图 2-39 中 Mechanical Model B4 和 ACP Setup C5 间的连接仅传递壳网格；导入的实体网格仅能在 Mechanical 界面中通过 Composite Failure Tool 进行后处理。

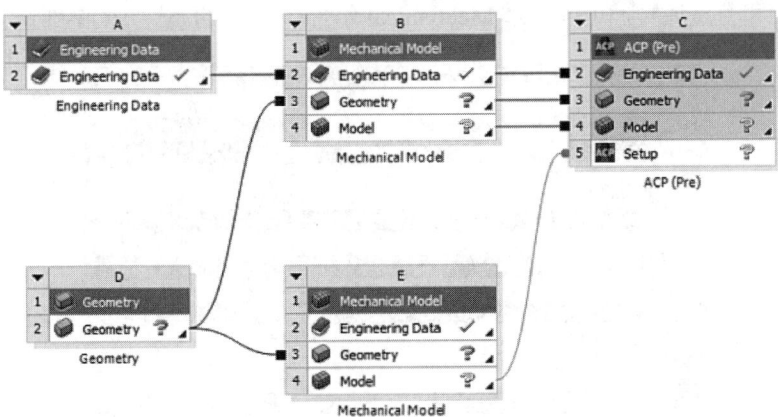

图 2-38　ACP 模块由 Mechanical 分析系统导入实体网格（E4 to C5）

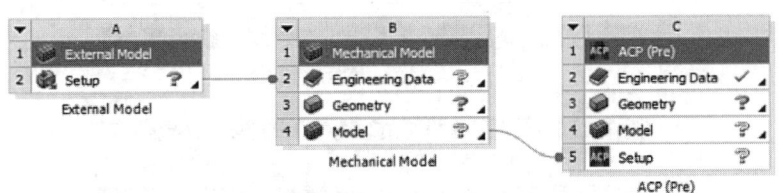

图 2-39　ACP 模块由第三方软件导入实体网格

2.2.7　模型装配工作流程

Mechanical 模块的网格可以从不同的组件中导入，实现将不同 ACP 模块定义的复合材料壳模型、实体单元模型，以及其他模块建立的非复合材料壳模型、实体单元模型进行组合，得到产品的装配体模型。需要注意的是：Mechanical 不允许节点或单元号重叠，因此，如果由不同的分析系统中导入的网格存在重叠的节点号或单元号，那么导入操作会失败。由上游 Mechanical Models 导入到下游的网格将被自动重新编号，以避免编号重叠。对于每一个分析系统，用户可以选择自动重新编号（默认）和手动重新编号。如果关闭自动重新编号，那么用户必须确保每一个网格节点或单元的编号唯一。复合材料与其他 Mechanical 零部件装配工作流程如图 2-40 所示。

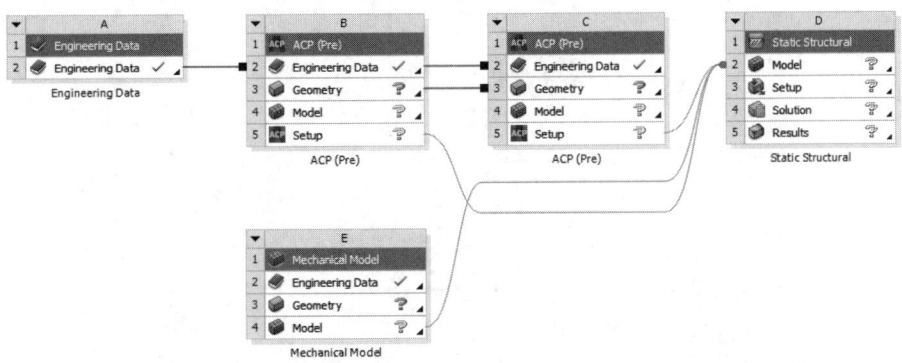

图 2-40　复合材料与其他 Mechanical 零部件装配工作流程

模型的单元和节点编号，可以通过 Mechanical 组件 Model 的属性进行控制，如图 2-41 所示。

Properties of Schematic D2: Model

	A	B
1	Property	Value
2	⊟ General	
3	Component ID	Model 1
4	Directory Name	SYS-1
5	⊟ Notes	
6	Notes	
7	⊟ Used Licenses	
8	Last Update Used Licenses	ANSYS Multiphysics
9	⊟ System Information	
10	Physics	Structural
11	Analysis	Static Structural
12	Solver	Mechanical APDL
13	⊟ Mesh	
14	Save Mesh Data In Separate File	☐
15	⊟ General Model Assembly Properties	
16	Length Unit	m
17	Object Renaming	Based on System Name
18	Group Objects By Source	☑
19	⊟ Transfer Settings for non-layered (Component ID: Model 5)	
20	Number of Copies	0
21	Renumber Mesh Nodes and Elements Automatically	☑
22	⊞ Rigid Transform	
29	⊟ Transfer Settings for Shell (Component ID: Setup 3)	
30	Renumber Mesh Nodes and Elements Automatically	☑
31	Transfer Type	Shell
32	⊟ Transfer Settings for Solid (Component ID: Setup)	
33	Renumber Mesh Nodes and Elements Automatically	☑
34	Transfer Type	Solid

图 2-41　模型装配时单元和节点编号控制

新建装配模型的具体步骤是：

（1）拖放 ACP（Pre）到项目概图。

（2）拖放 Mechanical 模块的分析组件到项目概图，建立 ACP（Pre）到 Mechanical 模块 Model 的连接。

（3）根据需要添加其他的 ACP（Pre）组件。

（4）拖放 Mechanical Model 组件到项目概图，建立非复合材料零件。建立该组件 Model 到下游 Mechanical 组件的 Model。

（5）双击下游 Mechanical 组件 Model，以进入装配模型界面。对于每一个上游的网格，将在特征树上分别建立 Geometry、Imported Plies 和 Named Selections 文件夹节点，如图 2-42 所示。

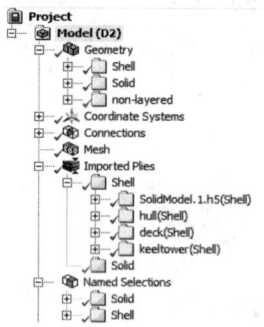

图 2-42　模型装配时 Mechanical 模块的特征树

（6）定义装配模型的载荷和约束，完成分析求解。只有下游分析系统的 Engineering Data 元素未被修改，才能建立与上游 ACP（Pre）的 Setup 元素或 Mechanical 的 Model 元素间的连接。

如果下游分析系统的 Engineering Data 元素被修改，例如创建或编辑现存材料属性，那么将不能创建数据传输。

（7）对于复合材料工作流程建立相应的 ACP（Post）组件，对复合材料零件进行后处理。对于非复合材料零件，直接在装配模型对应的组件中进行后处理。

2.3 独立运行模式

ACP 除了在 Workbench 平台模式运行之外，还可以脱离 ANSYS Workbench 独立运行。

2020R1 版引入新的序列化文件格式.ACPH5，改变了 ACP 处理文件的方式。导入的壳网格模型（例如，.cdb 文件）和几何模型文件不会被 ACP 模块打开项目文件或更新操作自动探测到。如果几何或网格模板有更新，那么用户必须手动更新导入的模型：

（1）参考面（壳网格）。通过"Model> Reload"操作进行 Reload。

（2）CAD 几何。单击对应对象属性对话框的"Refresh"按钮。

（3）导入实体模型（实体网格）。单击对应对象属性对话框的"Refresh"按钮。

ACP 模块的独立运行模式有 3 种情况：Windows 运行；Linux 运行；批处理和命令行。Windows 系统中 ACP 通过开始菜单"ANSYS 2020 R1\ACP"启动。Linux 系统中，通过"/ansys_inc/v201/ACP/ACP"启动 ACP 独立运行模式。批处理和命令行模式时，启动 ACP 的脚本为 ACP.exe [options] [FILE]，可用参数见表 2-1。

表 2-1　ACP 模块批处理和命令行参数

完整形式	短形式	功能描述
--version		显示程序版本号并退出
--help	-h	显示程序命令行选项并退出
--batch=BATCH_MODE	-b BATCH_MODE	批处理模式运行 ACP 模块： 0—批处理模式关闭； 1—Python 批处理模式； 2—图形用户界面批处理模式
--debug	-d	打开调试模式输出选项
--num-threads=NUM_THREADS	-t NUM_THREADS	最大使用线程数。=0 时使用最多线程
--logfile=LOGFILE	-o LOGFILE	指定 log 文件
--mode=MODE	-m MODE	指定启动模块：'pre'、'shared'、or 'post'
--workbench	-w	启动 Workbench 模式的 ACP
--port=PORT	-p PORT	指定远程访问服务端口号
[FILE]	[FILE]	指定运行文件名。 如果是 ACP 项目文件，则打开文件。 如果是 Python 脚本文件，则运行脚本

ACP 模块独立运行的具体步骤如下。

（1）在 Workbench 或者 Mechanical APDL 中生成包含载荷和边界的 ANSYS 输入文件，格式为：*.inp、*.dat、*.cdb。

Workbench 界面，在 Mechanical 模块中选择"Tools>Write Input File"写出*.dat 或*.inp 格式文件，如图 2-43 所示。

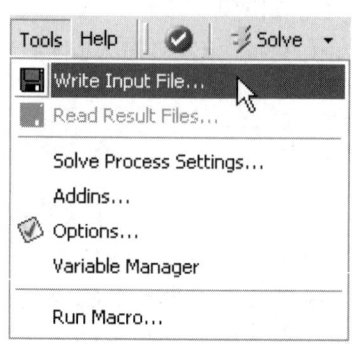

图 2-43 ANSYS Mechanical 模块写出求解器输入文件

另外，也可以通过在项目概图更新"Setup"状态实现。更新后项目目录"SYS-X/MECH"下会写成 ds.dat 文件，这个文件可以用于 ACP 前处理器中。

Mechanical APDL 界面，使用"CDWRITE"命令写出.cdb 文件，即"cdwrite,db,file,cdb"。

（2）启动 ACP。

（3）导入 ANSYS 模型到 ACP 模块。

ACP 支持.dat、.inp 和.cdb 文件格式。选择"File>Import Model"或者右键单击特征树中"Models"对象，选择"Import Model"，如图 2-44 所示。

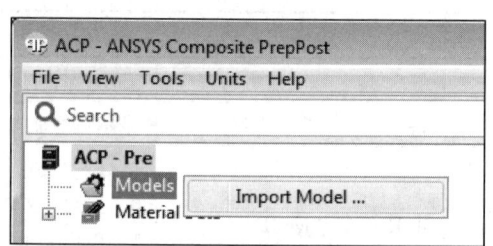

图 2-44 ACP Pre 模块导入 Mechanical 求解器输入文件

（4）由数据库导入或者自定义复合材料属性。

（5）新建铺层表。

（6）如果 ANSYS 模型或者铺层定义改变，那么更新 Update 模型。输入模型的任何改变需要重新进行 Reloaded。任何 ACP 定义的改变需要重新更新 Update 模型。

（7）通过"Solve Current Model"发送处理好的复合材料模型到 ANSYS 求解器，或者通过"Save Analysis Model"导出新的分析文件。

（8）切换 ACP Pre 和 ACP Post 模块（图 2-45）。

通过单击特征树上的父节点，进行 2 个模块间的切换。也可以通过右键单击上下文菜单选择"ACP Post"。

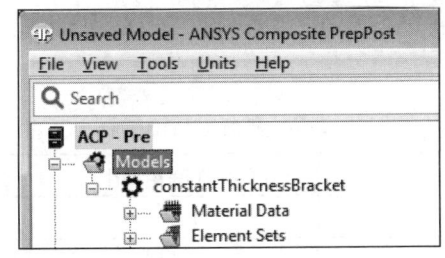

图 2-45　独立运行 ACP 模块前后处理功能切换

（9）导入计算结果。在 ACP Post 模块，导入计算结果文件进行复合材料强度评估。导入方式是通过右键单击特征树"Solution"对象来实现。

（10）进行复合材料分析结果后处理。使用"Definitions"定义用于后处理评估的物理量。将这些物理量在"Scene"场景窗口绘制到几何模型中，或者通过"Sampling points"选择具体铺层进行显示。

（11）通过"File"下拉菜单或者右键单击"Models"节点，保存复合材料模型。

可用看出，ACP 模块独立运行与在 Workbench 平台运行的区别在于一些由 Workbench 自动完成的功能需要手动完成。

2.4　入门练习

接下来通过两个入门练习，帮助读者快速熟悉 ACP 模块的使用过程。

2.4.1　练习 1

1．简介

练习的目标是：熟悉 ACP 模块中复合材料分析流程，包括由几何模型到后处理；建立复合材料夹层板，分析其在外载荷作用下的变形和应力。

练习研究的复合材料层合板几何尺寸为 300mm×300mm×16.6mm，如图 2-46 所示。边界条件是四边固定约束，载荷为 0.1MPa 压力。

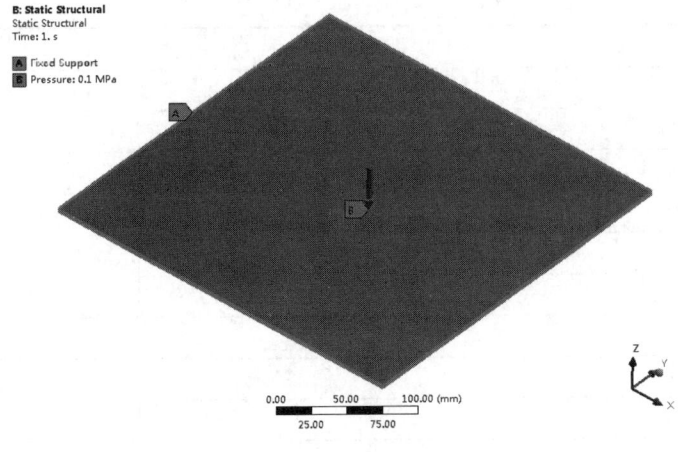

图 2-46　练习 1 模型

图 2-46 中复合材料矩形板的铺层表见表 2-2。其中，T700 单向带的材料属性见表 2-3；芯材的材料属性见表 2-4。

表 2-2 复合材料铺层表

序号	铺层	铺层角度/°	铺层厚度/mm
1	T700 单向带	-45	0.2
2	T700 单向带	45	0.2
3	T700 单向带	90	0.2
4	T700 单向带	-45	0.2
5	T700 单向带	45	0.2
6	芯材	0	15
7	T700 单向带	90	0.2
8	T700 单向带	90	0.2
9	T700 单向带	90	0.2

表 2-3 T700 单向带材料属性

属性名称	属性值	属性名称	属性值
弹性模量 X 方向（MPa）	1.15e5	X 方向拉伸强度（MPa）	1500
弹性模量 Y 方向（MPa）	6430	Y 方向拉伸强度（MPa）	30
弹性模量 Z 方向（MPa）	6430	Z 方向拉伸强度（MPa）	30
泊松比 XY 面	0.28	X 方向压缩强度（MPa）	-700
泊松比 YZ 面	0.34	Y 方向压缩强度（MPa）	-100
泊松比 XZ 面	0.28	Z 方向压缩强度（MPa）	-100
剪切模量 XY 面（MPa）	6000	XY 面剪切强度（MPa）	60
剪切模量 YZ 面（MPa）	6000	YZ 面剪切强度（MPa）	30
剪切模量 XZ 面（MPa）	6000	XZ 面剪切强度（MPa）	60

表 2-4 芯材材料属性

属性名称	属性值
弹性模量（MPa）	85
泊松比	0.3
X 方向拉伸强度（MPa）	1.6
Y 方向拉伸强度（MPa）	1.6
Z 方向拉伸强度（MPa）	1.6
X 方向压缩强度（MPa）	-1.1
Y 方向压缩强度（MPa）	-1.1
Z 方向压缩强度（MPa）	-1.1
XY 面剪切强度（MPa）	1.1
YZ 面剪切强度（MPa）	1.1
XZ 面剪切强度（MPa）	1.1

练习步骤包括：分析流程建立；材料属性添加；工具坐标系定义；方向选择集定义；铺层定义；载荷、边界条件及求解；结果后处理。在练习的最后增加了 ACP 模块单位制的说明。

2. Project 页分析流程建立

（1）启动 ANSYS Workbench，打开 Basic_Sandwich_Panel_FROM_START_2020R1.wbpz 存档文件，保存 Workbench 项目。

（2）拖放添加 Static Structural 组件到项目中，如图 2-47 所示。

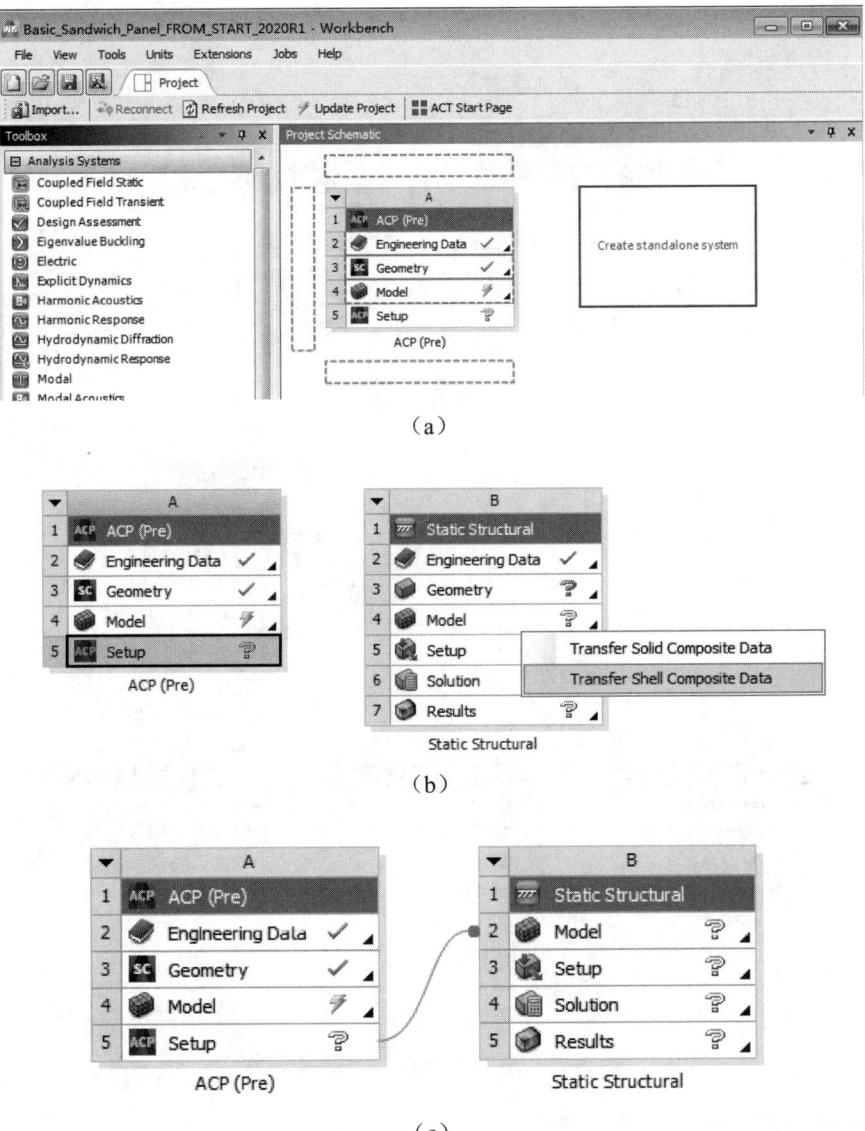

图 2-47　ACP（Pre）工作流建立

（3）拖放添加 ACP（Post）组件到 ACP（Pre）组件上，如图 2-48（a）、(b) 所示。

（4）连接 Static Structural 组件的 Solution 和 APC（Post）组件的 Result，如图 2-48（c）所示。

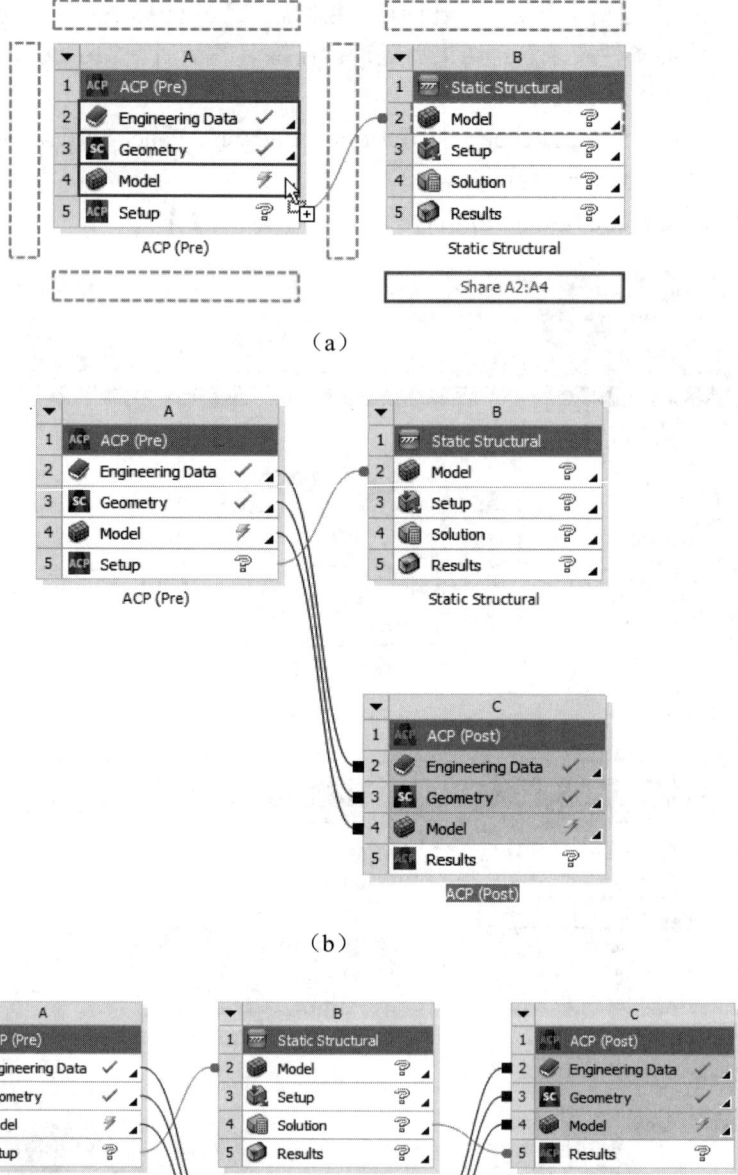

(a)

(b)

(c)

图 2-48　ACP（Post）工作流程建立

3. Engineering Data 材料属性添加

双击 ACP（Pre）流程的 Engineering Data，进入 Engineering Data 模块，定义复合材料属性。

注意：①复合材料的属性必须在 ANSYS Workbench 的 Engineering Data 元素定义。有两种定义方法：由材料库中导入；创建新材料。在这个例子中，用户创建新材料。②Engineer Data 模块包含 4 个子窗口，分别是：Outline、Properties、Table 和 Chart。如果某个窗口隐藏了，可以通过 View 下拉菜单，选择 Reset Workspace 功能，重置 4 个窗口。Outline 子窗口用于显示项目中定义的所有材料属性，默认仅有 Structural Steel 一个材料属性。Properties 窗口用于显示在 Outline 窗口选定材料的所有属性。Table 和 Chart 窗口分别以表格和曲线的形式，查看在 Properties 窗口中选择的具体属性值。

（1）新建名称为 UD_T700 的单向带材料。在 Outline 窗口，单击 Click here to add a new material，输入 UD_T700 作为新添加材料的名称。在界面左侧工具箱 Toolbox 的 Composite 下，拖放 Ply Type 到 Outline 窗口的 UD_T700 行上。类似地，将 Linear Elastic 下的 Orthotropic Elasticity，Strength 下的 Orthotropic Stress Limits 和 Tsai-Wu Constants 拖放到 UD_T700 行上。属性值按照图 2-49 进行设置。

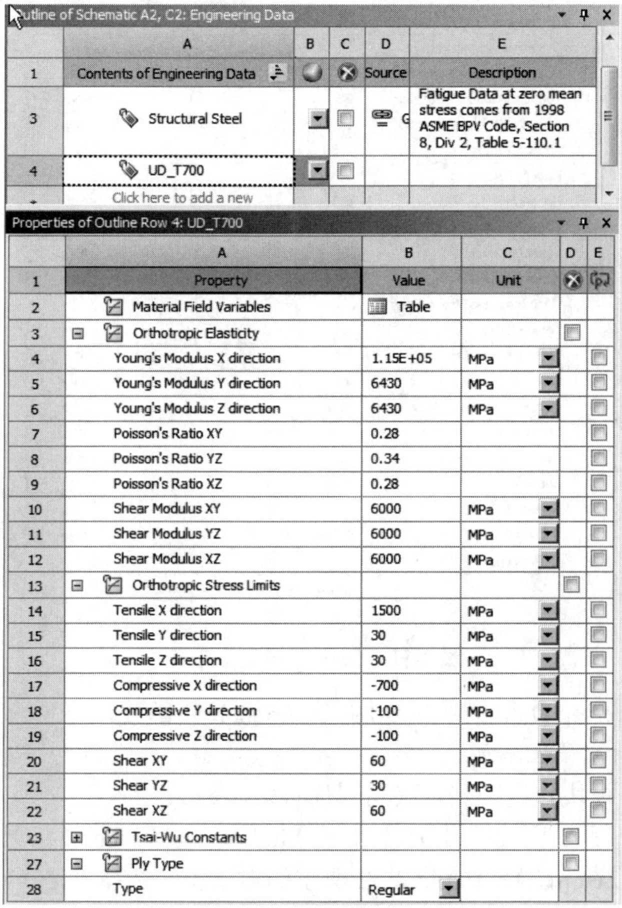

图 2-49　材料属性定义

（2）新建名称为 Corecell_A550 的芯材。

注意：取消选中的 Filter Engineering Data 可以显示工具箱中的所有材料属性类型，如图 2-50 所示。

图 2-50　材料属性定义界面属性过滤功能

芯材属性值如图 2-51 所示。

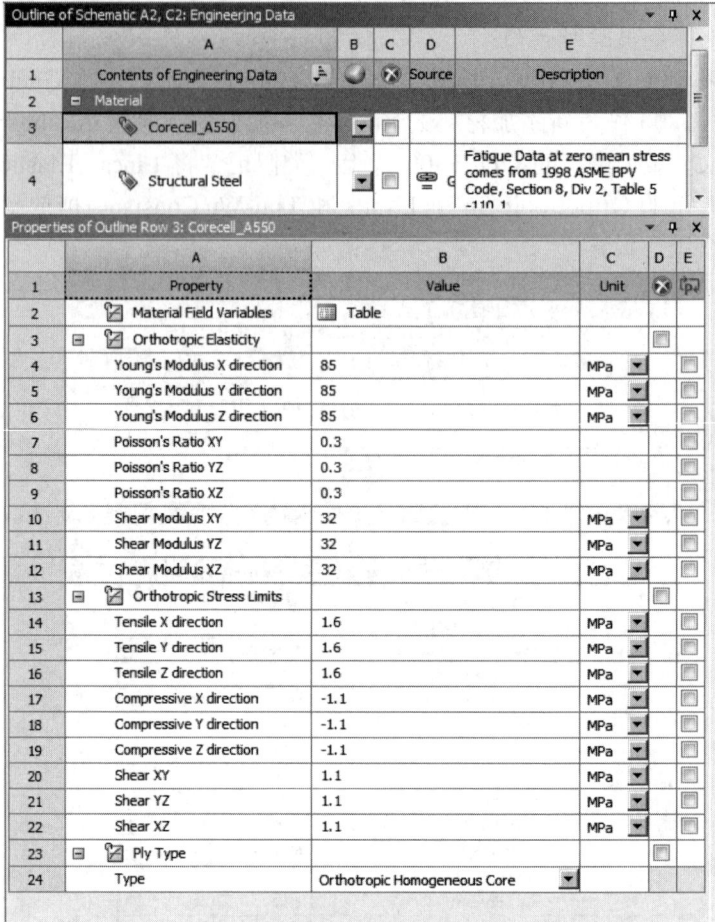

图 2-51　Core 材料属性定义

（3）关闭 Engineering Data 模块，返回 Workbench 项目页。

4. ACP（Pre）材料属性添加

进入 ACP（Pre）模块，进一步定义材料属性。

（1）右键单击流程 A［ACP（Pre）］中的 Model，选择 Update，更新流程 A 到 Model。然后，双击流程 A 的 Setup，弹出如图 2-52 所示的对话框，选择"是（Y）"，进入 ACP 模块，如图 2-53 所示。

注意：对话框的目的是提醒用户，上游的数据已经更新，是否要读入流程的当前节点。

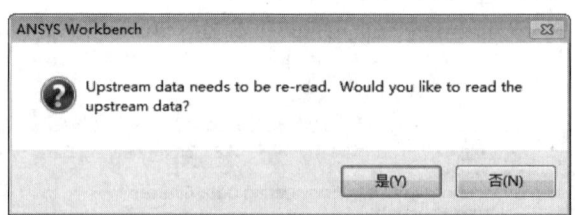

图 2-52　数据更新提示

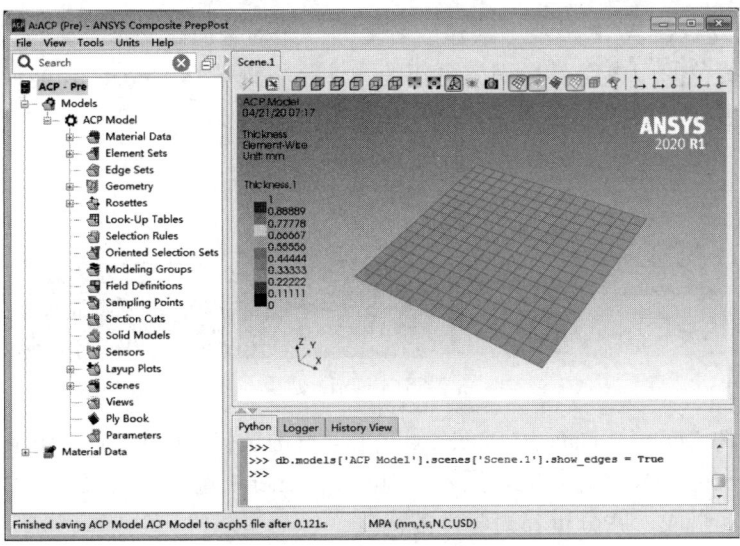

图 2-53　ACP 模块界面

（2）在特征树 Material Data 的 Fabric 节点，右键选择 Create Fabric 命令，如图 2-54 所示。新建两个 Fabric：0.2mm 厚的碳纤维单向带，命名为 UD_T700_200gsm；15mm 厚的泡沫芯，命名为 Core。Fabrics 包含两个要素：材料（在 Engineering Data 中添加）和厚度。Fabrics 的类型在 Engineering Data 中已经确定，包含单向带、织物、芯材等。

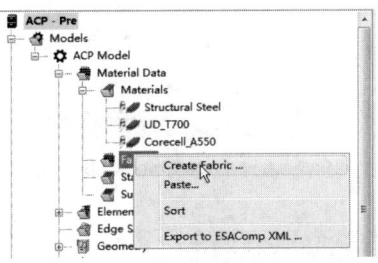

（a）选择 Create Fabric 命令

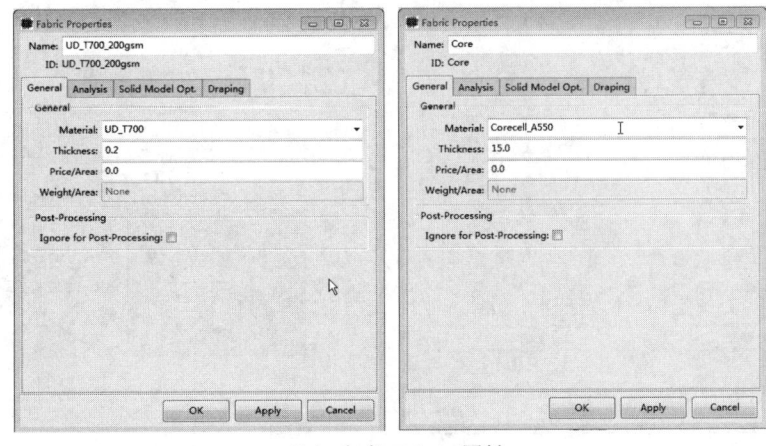

（b）定义 Fabric 属性

图 2-54　新建两个 Fabric

(3) 更新模型。在 ACP 模块中新建或者更改一个对象时，均需要更新模型。特征树中未更新的节点通过黄色的闪电符号标识。更新的方法是右键选择 Update 功能或者使用工具栏上的黄色闪电按钮更新，如图 2-55 所示。

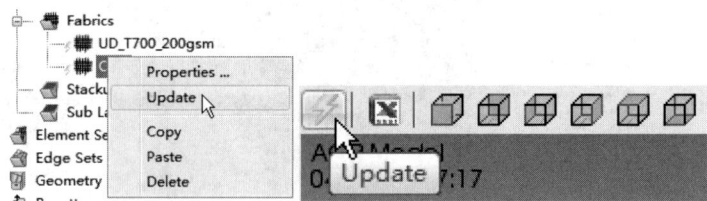

图 2-55　Fabric 更新

(4) 在特征树 Material Data 的 Stackups 节点，右键选择 Create Stackup 新建 1 个 Stackup，命名为 Biax_Carbon_UD，如图 2-56 所示。其中，General 选项卡定义其组成；Analysis 选项卡用于图形显示其组成，并分析其力学性能。

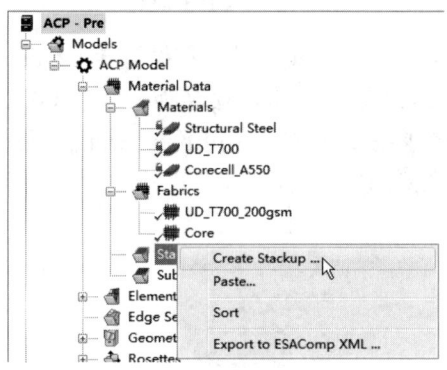

（a）选择 Create Stackup 命令

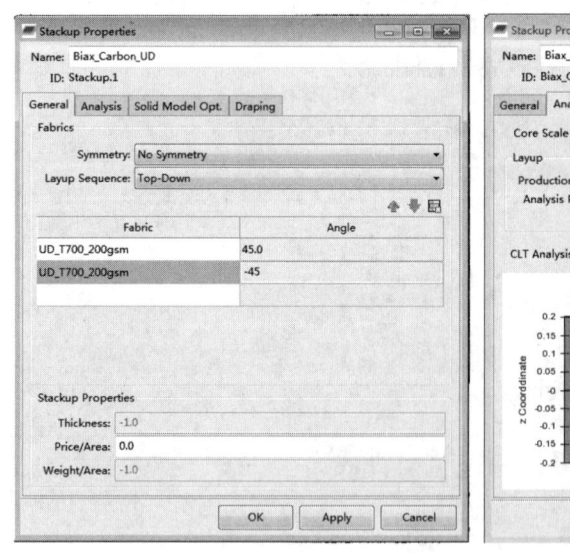 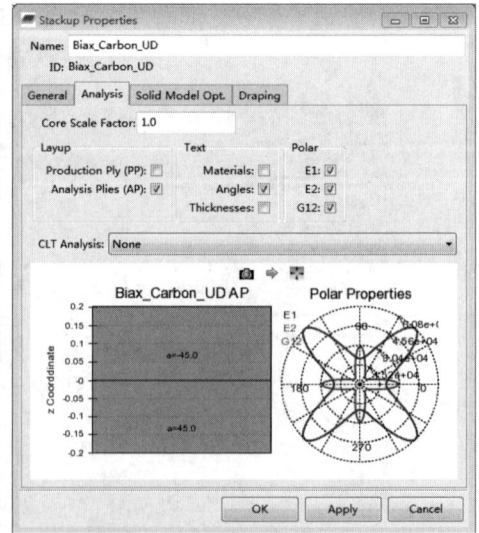

（b）定义 Stackup 属性

图 2-56　新建 1 个 Stackup

注意：Stackup 可以用于定义多轴布，或者由供应商定制多个织物组合产品。通过使用 Stackup 可以减少在产品建模中的需要铺敷的铺层数，这是因为在 ACP（Pre）中，整个 Stackup 在铺敷过程中作为一层来铺敷。

（5）在特征树 Material Data 的 Sub Laminates 节点，右键选择 Create Sub Laminate 新建 1 个 Sub Laminate，命名为 SubLaminate，如图 2-57 所示。

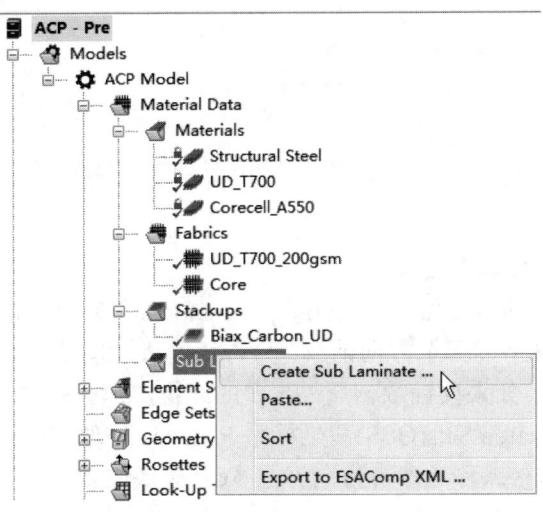

（a）选择 Create Sub Laminate 命令

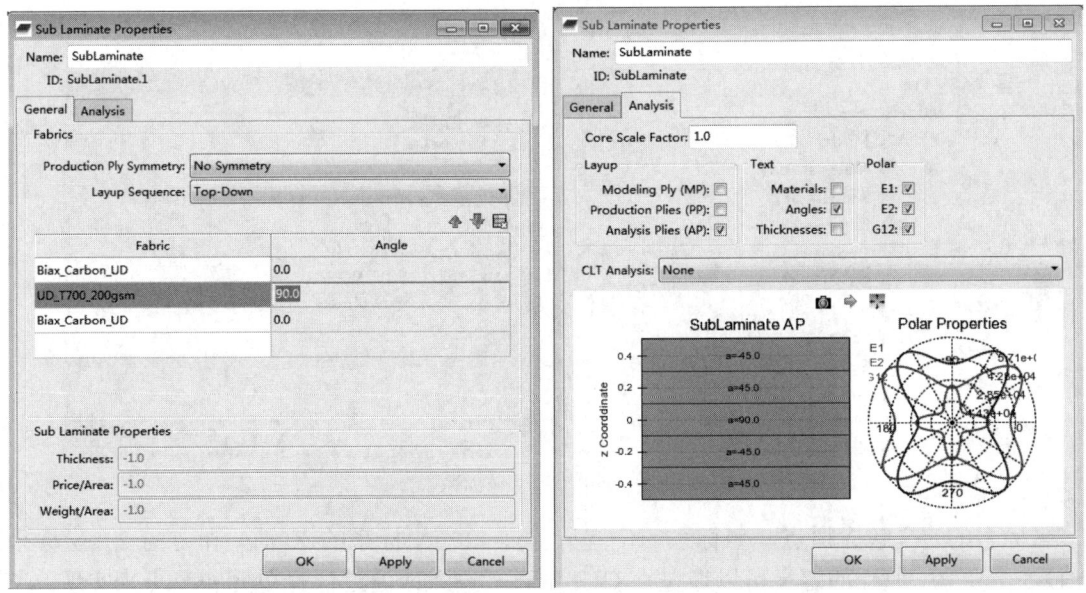

（b）定义 Sub Laminate 属性

图 2-57 新建 1 个 Sub Laminate

5. ACP（Pre）单元集查看

查看特征树 Element Sets 下的单元集。默认的单元集和 Mechanical 界面中的 Name Selection 对应。也可以在 ACP（Pre）界面特征树的 Element Sets 节点新建，如图 2-58 所示。

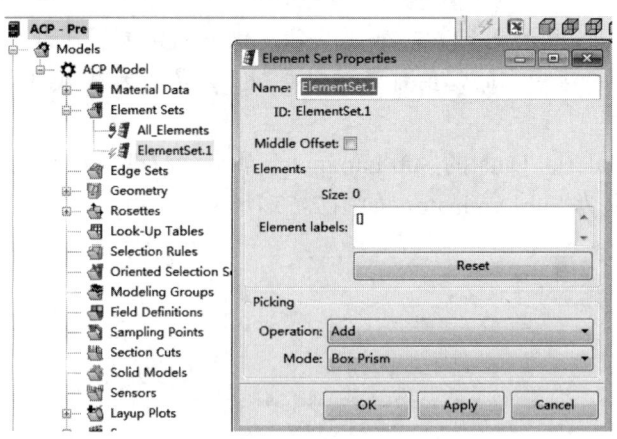

图 2-58　单元集检查

6. ACP（Pre）工具坐标系定义

复合材料模型定义的两个重要方面是方向 orientation 和参考方向 reference direction。方向定义了复合材料由参考网格的哪个方向铺放，另一种说法，即规定了模具表面的定位。参考方向定义了面内 0 度方向。如果要铺放一层 +45 度的织物，那么需要知道参考方向。ACP 使用方向选择集 Oriented Selection Sets(OSS) 和坐标系 Rosettes 处理方向和参考方向问题。

材料的 0°纤维方向（或称为参考方向）在 ACP 模块中使用工具坐标系 Rosettes 来定义。工具坐标系的 X 轴为纤维的 0°方向。

单击特征树 Rosettes 节点，右键选择 Create Rosette 使用默认设置新建 1 个坐标系，如图 2-59 所示。

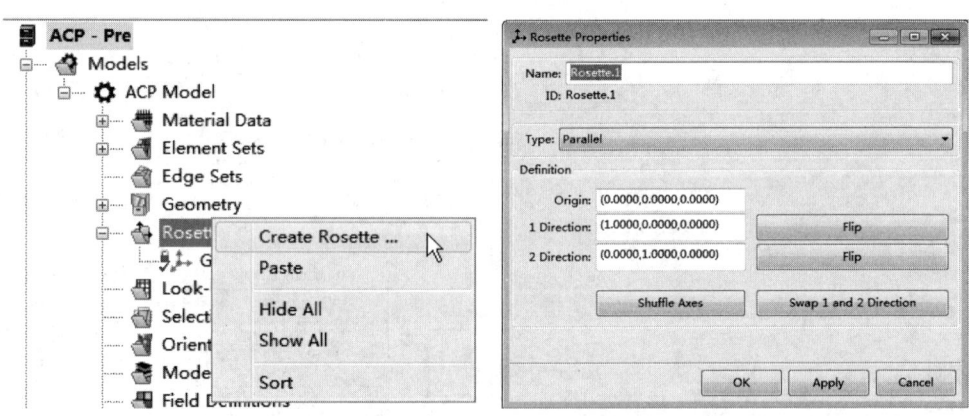

图 2-59　新建坐标系

坐标系的定义包含原点（坐标系的位置）、方向 1（坐标系的 X 轴）和方向 2（坐标系的 Y 轴）3 个要素。原点的定义可以通过在 GUI 中直接输入或通过选择单元和节点来实现。当用户选择模型中的单元或节点时，ACP 自动将单元中心或节点坐标输入到 GUI 中。当用户按住 Ctrl 键并选择两个单元时，ACP 自动将连接两个单元中心的方向向量输入到 GUI 中。

注意：ACP（Pre）的坐标系 Type 选项包含直角坐标系 Parallel、径向坐标系 Radial、圆柱坐标系 Cylindrical、球形坐标系 Spherical 和随边坐标系 Edge Wise。通过这些坐标系的使用，可以方便地定义复合材料的 0 度参考方向。

7. ACP（Pre）方向选择集定义

复合材料的铺层在 ACP 模块中使用方向选择集 Oriented Selection Sets 来定义。方向选择集包含 3 个要素：铺敷区域、铺敷方向和纤维参考方向。

注意：局部加强、渐变使用规则来实现，而不是建立多个铺敷区域；方向选择集的概念，与 ANSYS 中的单元法向、单元坐标系无关，这是 ACP 更加灵活易用的关键。

（1）单击特征树 Oriented Selection Sets 节点，右键选择 Create Oriented Selection Set 新建方向选择集（OSS），命名为 OSS_Plate，如图 2-60（a）所示。

（2）方向选择集的铺敷区域通过指定 Element Sets 来定义。左键单击 General 选项卡 Element Sets 右侧的空白区域，然后通过左键单击选择特征树 Element Sets 的子节点 All_Elements 完成定义，如图 2-60（b）所示。

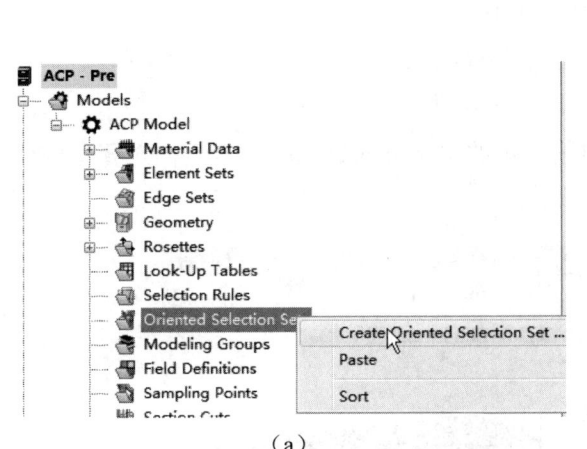
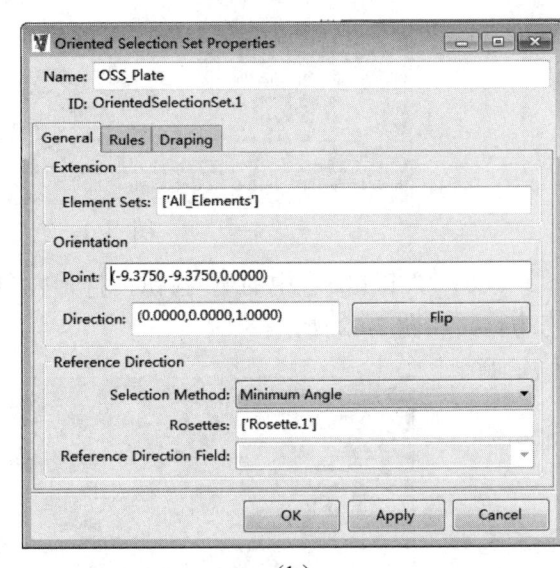

(a)　　　　　　　　　　　　　　　　　　(b)

图 2-60　新建并定义方向选择集

（3）方向选择集的铺敷方向是指铺层在模具表面的铺敷方向，方向可以指向单元的法向或者反方向。左键单击 General 选项卡 Point 右侧空白区域，然后在场景窗口单击铺敷区域中的任一单元，该单元的法向自动被添加到 General 选项卡 Direction 中，完成定义。

注意：如果想改变铺敷方向，通过 Flip 按钮实现。

（4）方向选择集的纤维参考方向用于将织物铺敷到方向选择集时指定织物角度，通过指定 Rosettes 来定义。左键单击 General 选项卡 Rosettes 右侧的空白区域，然后通过左键单击选择特征树 Rosettes 的子节点 Rosette.1 完成定义。

注意：方向选择集中的每一个单元将基于指定的 Rosette.1 独立确定自己的参考方向；复杂模型可以按住 Ctrl 键添加多个 Rosette，而且可以通过 Selection Method 指定不同的规则，确定复杂几何表面的参考方向。

（5）单击工具栏中的 按钮，打开方向选择集的铺敷方向显示，查看方向选择集的法向，如图 2-61 所示。

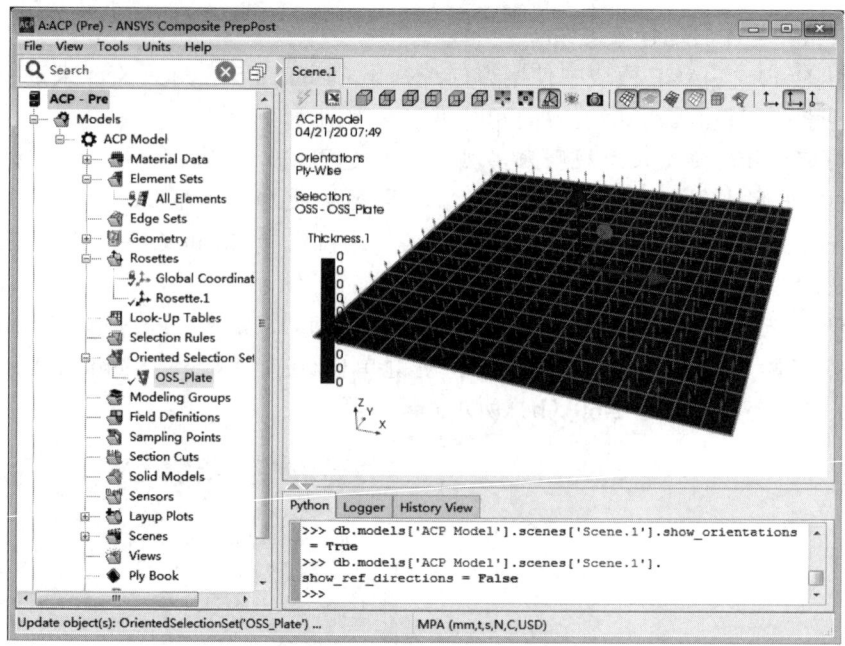

图 2-61　查看方向选择集法向

（6）单击工具栏中的 按钮，打开方向选择集的参考方向显示。查看方向选择集的参考方向，如图 2-62 所示。

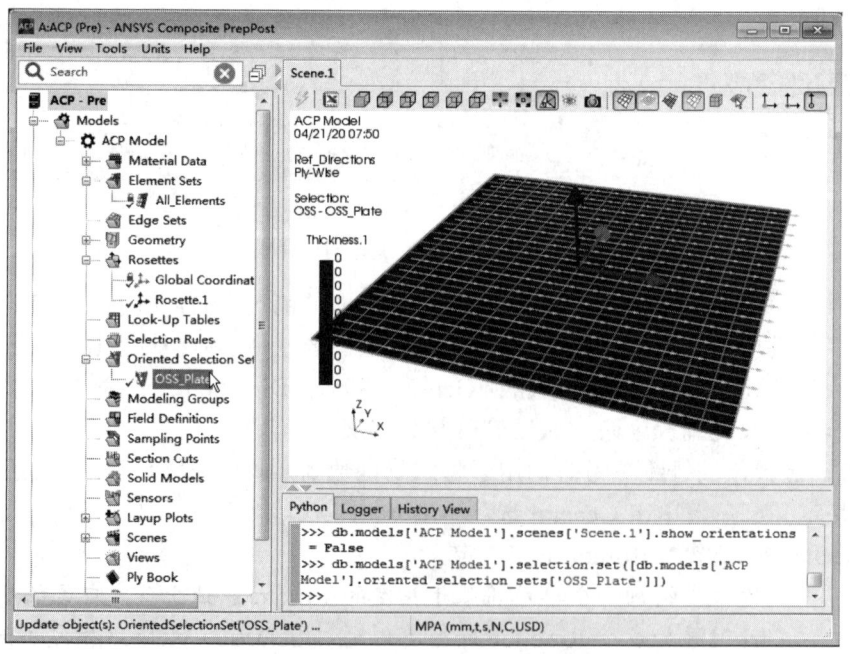

图 2-62　查看方向选择集的 0 度参考方向

8. ACP（Pre）铺层定义

接下来定义实际产品的铺层信息。

（1）首先定义铺层组。单击特征树 Modeling Groups 节点，右键选择 Create Modeling

Group,新建 3 个铺层组 Ply Group,名称分别为:sandwich_bottom、sandwich_core、sandwich_top,如图 2-63 所示。

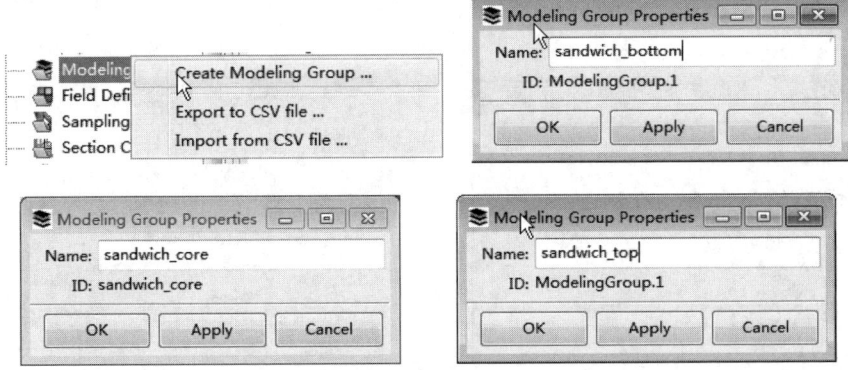

图 2-63　新建 3 个铺层组

(2)在 Modeling Ply Groups 的铺层组 sandwich_bottom 中新建第 1 个 Ply,并设置铺层信息。铺层包含 4 个基本要素:方向选择集、铺层材料、铺层角度、铺敷层数,如图 2-64 所示。

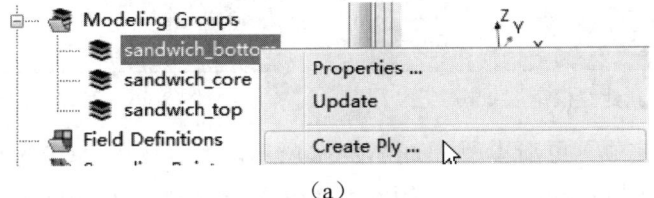

(a)

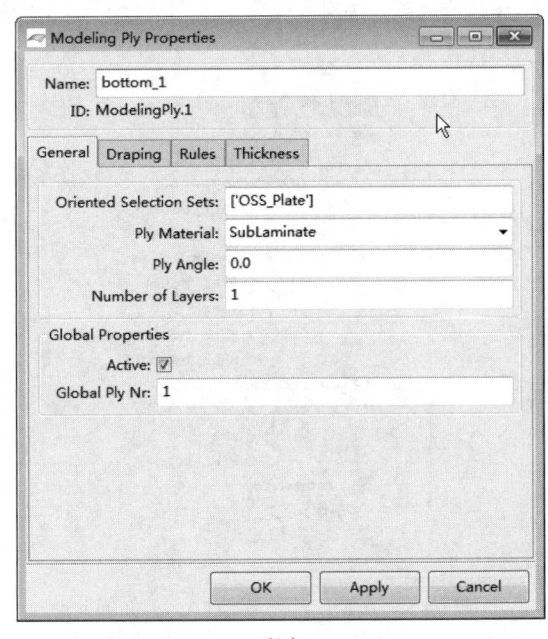

(b)

图 2-64　新建建模铺层 bottom_1

（3）在 Modeling Ply Groups 的铺层组 sandwich_core 中新建第 2 个 Ply，并设置铺层信息，如图 2-65 所示。

（4）在 Modeling Ply Groups 的铺层组 sandwich_top 中新建第 3 个 Ply，并设置铺层信息，如图 2-66 所示。

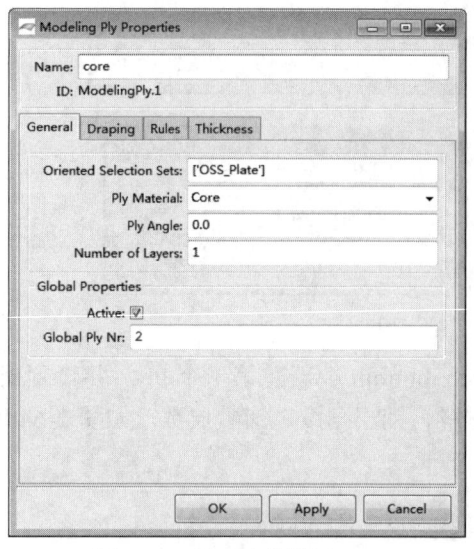
图 2-65　新建建模铺层 core

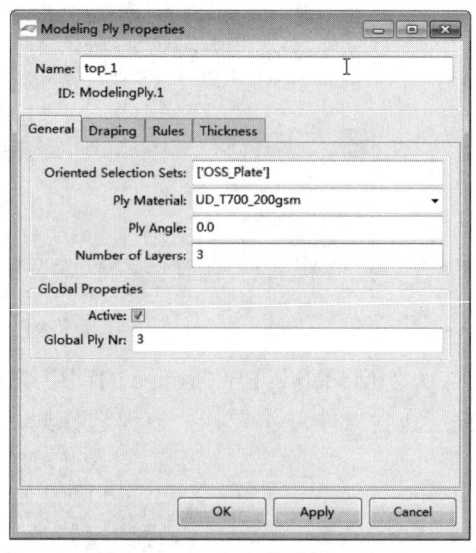
图 2-66　新建建模铺层 top_1

（5）铺层定义完成。更新模型，如图 2-67 所示。特征树中 ACP 模块定义的铺层包含 3 个层次：建模层 Modeling Plies、产品层 Production Plies 和分析层 Analysis Plies。建模层用于 ACP 模块定义铺敷材料、方向选择集；产品层描述了产品的制造信息；分析层用于有限元计算和后处理评价。

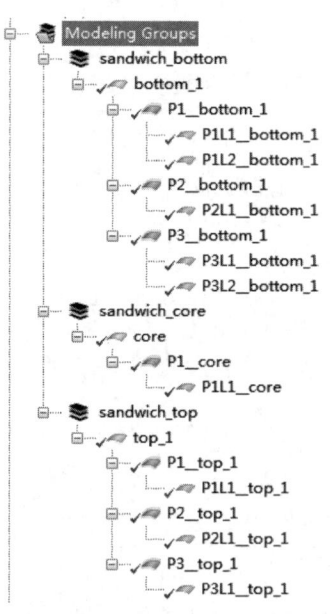
图 2-67　更新模型并检查已定义铺层

(6) 单击工具栏中的 按钮，打开方向纤维方向显示，查看铺层方向，如图 2-68 所示。

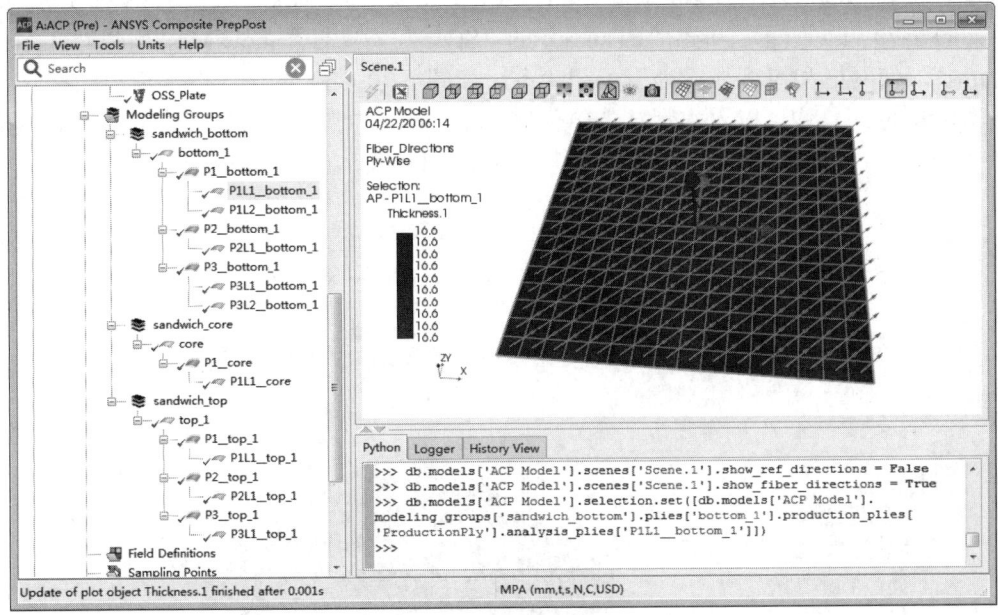

图 2-68　查看铺层方向

注意：可以同时查看多个方向，例如同时打开 和 按钮，可以同时查看纤维参考方向和铺敷方向。

(7) 另外，也可以通过在特征树 Layup Plots 的子节点 Angle.1，右键选择 Show 来打开纤维方向的云图显示，用来辅助查看铺层方向，如图 2-69 所示。

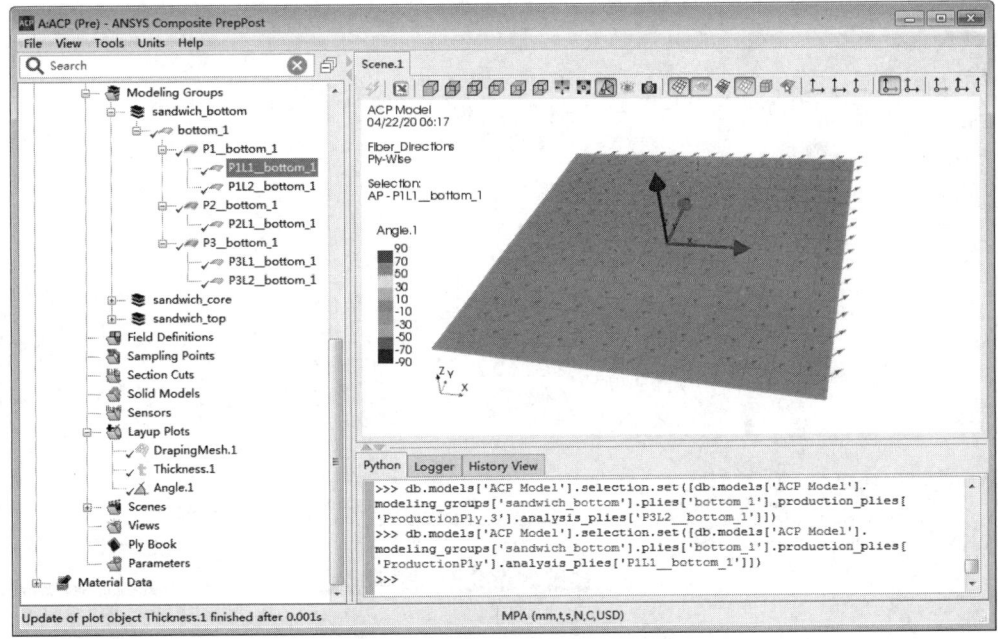

图 2-69　云图方式查看铺层方向

9. Mechanical 模块载荷、边界条件、求解及后处理

关闭并更新 ACP（Pre）模块，双击 Static Structural 流程的 Model，进入 ANSYS Mechanical 模块，如图 2-70（a）所示。单击"Display"的"Style"区域的"Show Mesh"和"Thick Shells and Beams"，使网格和厚度显示处于关闭状态，如图 2-70（b）所示。图形窗口的标尺和下方的当前激活单位制，均可以看出默认的单位制为 m 制。左键单击图形窗口下方当前单位制处的向上三角，选择 mm 制单位，则模型切换为 mm 制设置，如图 2-70（c）所示。

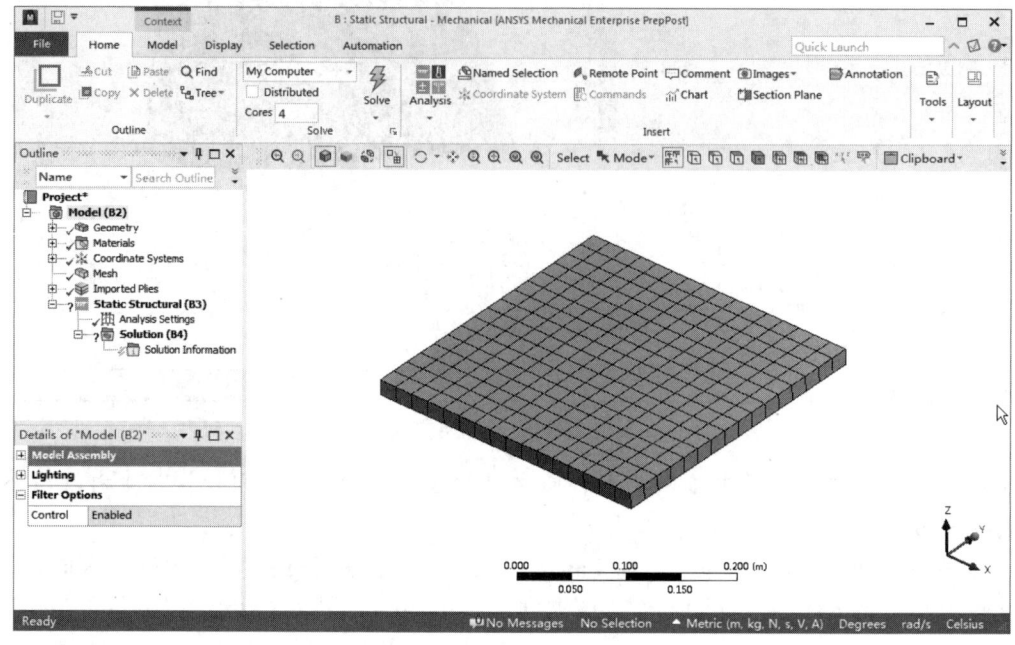

(a) 进入模块

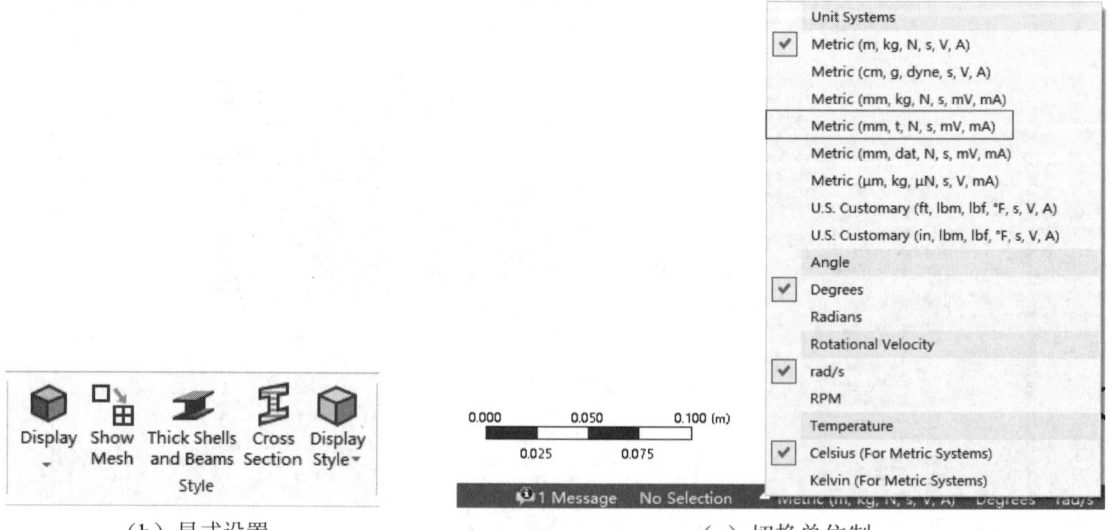

(b) 显式设置　　　　　　　　　　　　　(c) 切换单位制

图 2-70　ANSYS Mechanical 模块界面

（1）右键单击特征树的 Static Structural 节点插入 Fixed Support，定义矩形板四边固定约束，如图 2-71 所示。

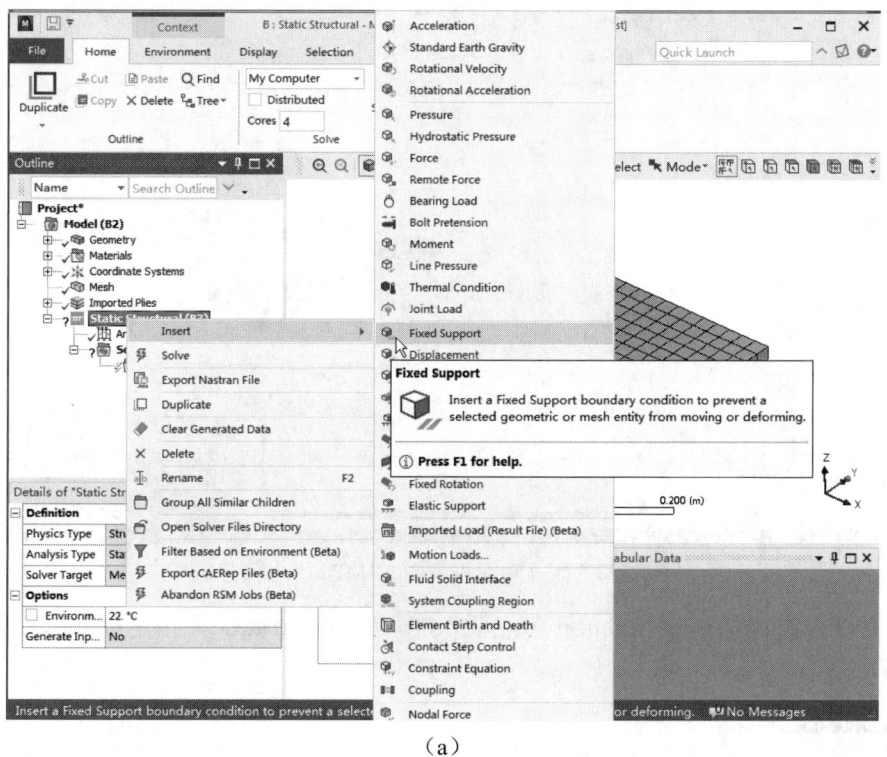

(a)

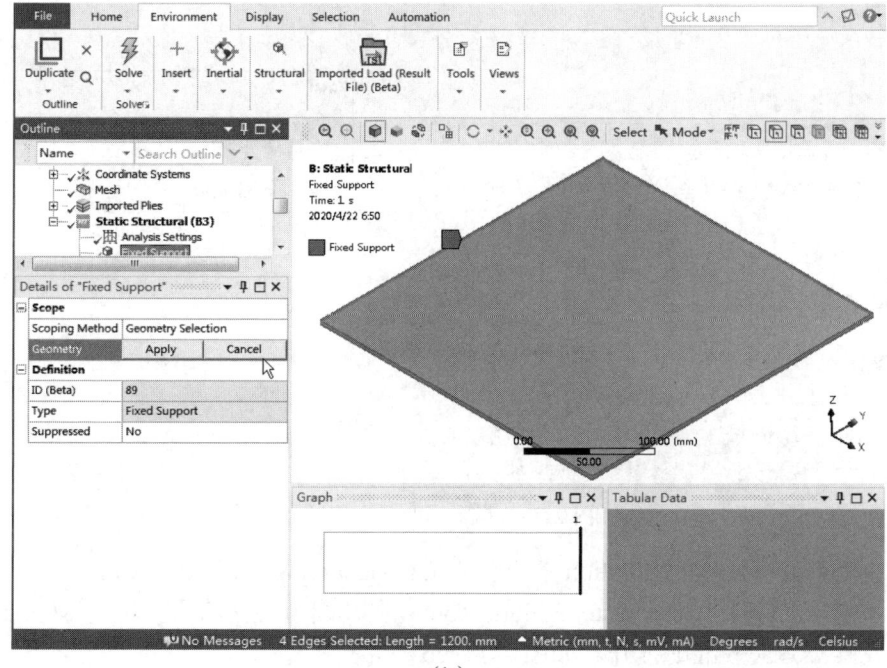

(b)

图 2-71　定义矩形板四边固定约束

（2）定义矩形板表面 0.1MPa 压力载荷，如图 2-72 所示。

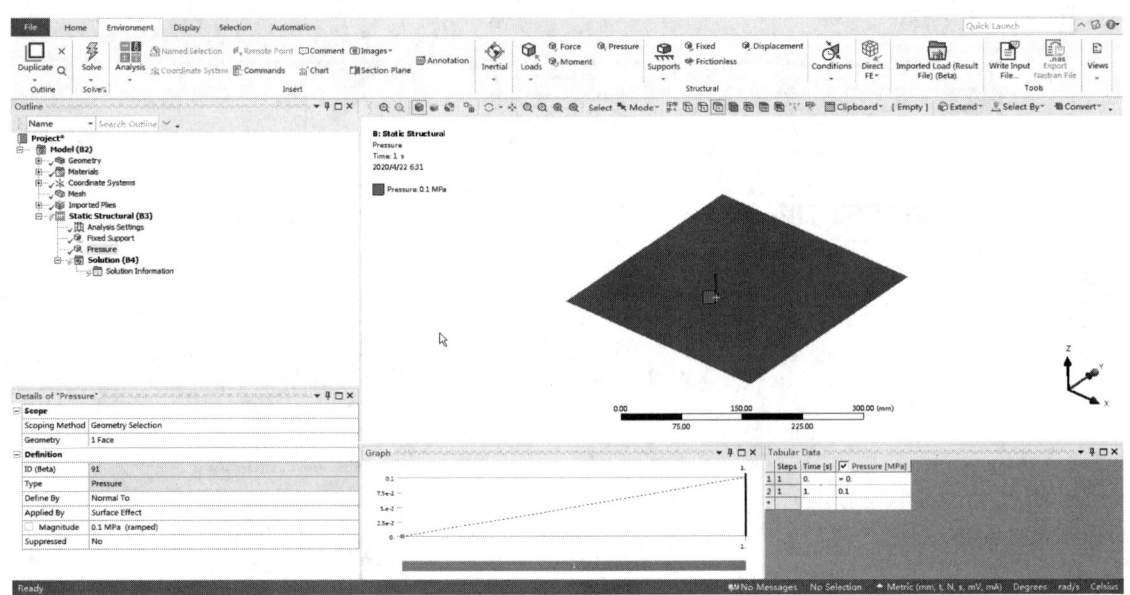

图 2-72　定义矩形板表面 0.1MPa 压力载荷

（3）右键单击特征树的 Solution 节点插入 Total Deformation，指定提取总位移解，如图 2-73 所示。

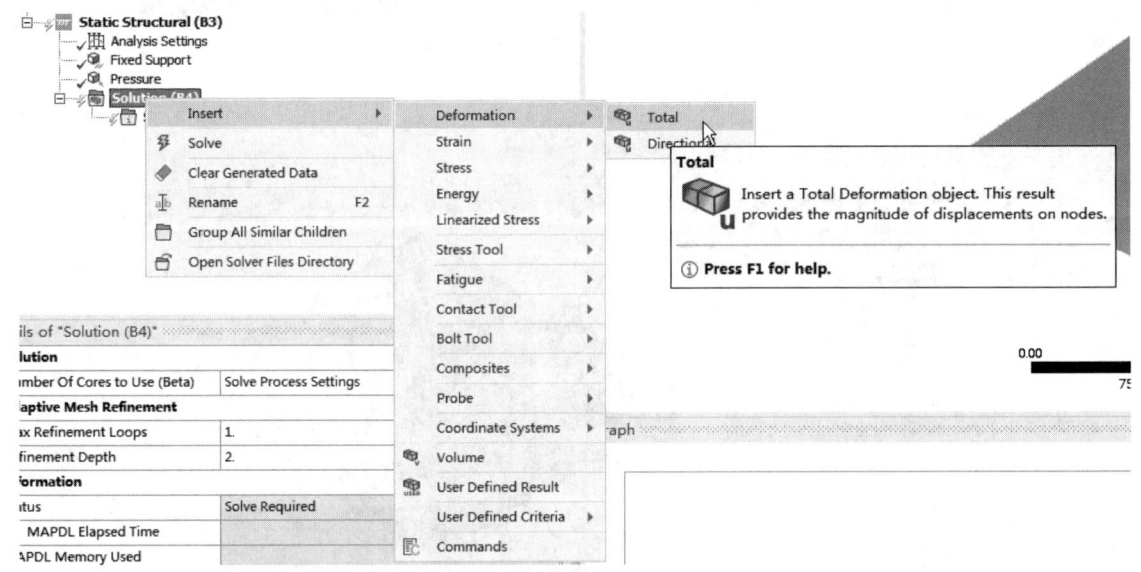

图 2-73　指定提取总位移解

（4）右键单击特征树的 Solution 节点插入 Composite Failure Tool，如图 2-74（a）所示。插入之后，单击特征树的 Composite Failure Tool，在其细节栏中将最大应力 Maximum Stress 和 Tsai-Wu（蔡吴）失效准则打开，如图 2-74（b）所示。

（a）

（b）

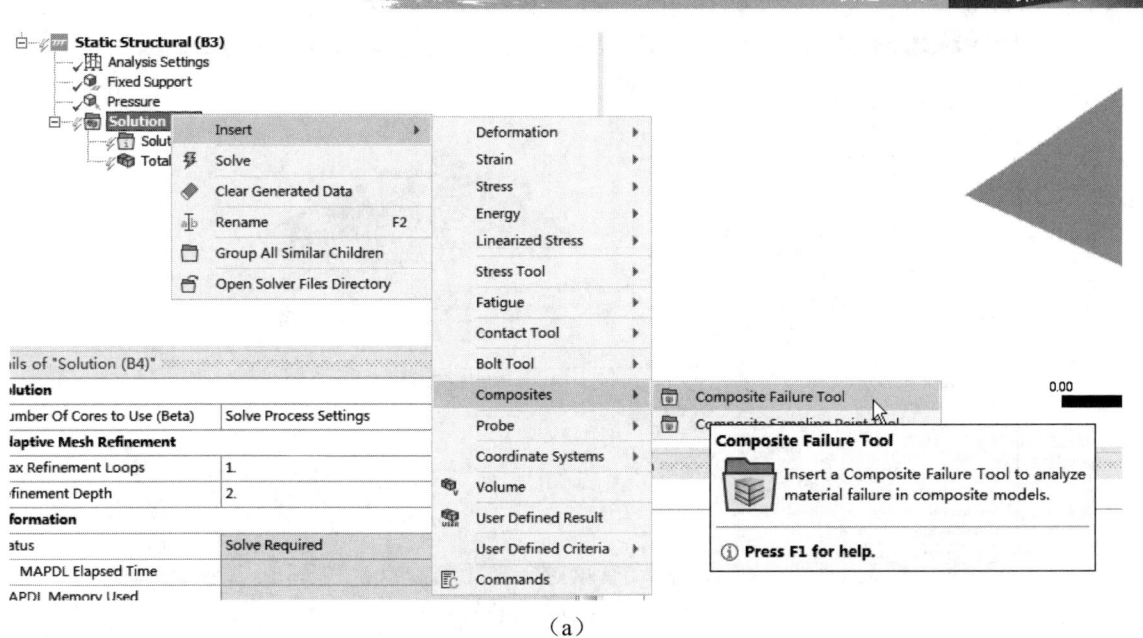

图 2-74　Mechanical 模块复合材料失效分析设置

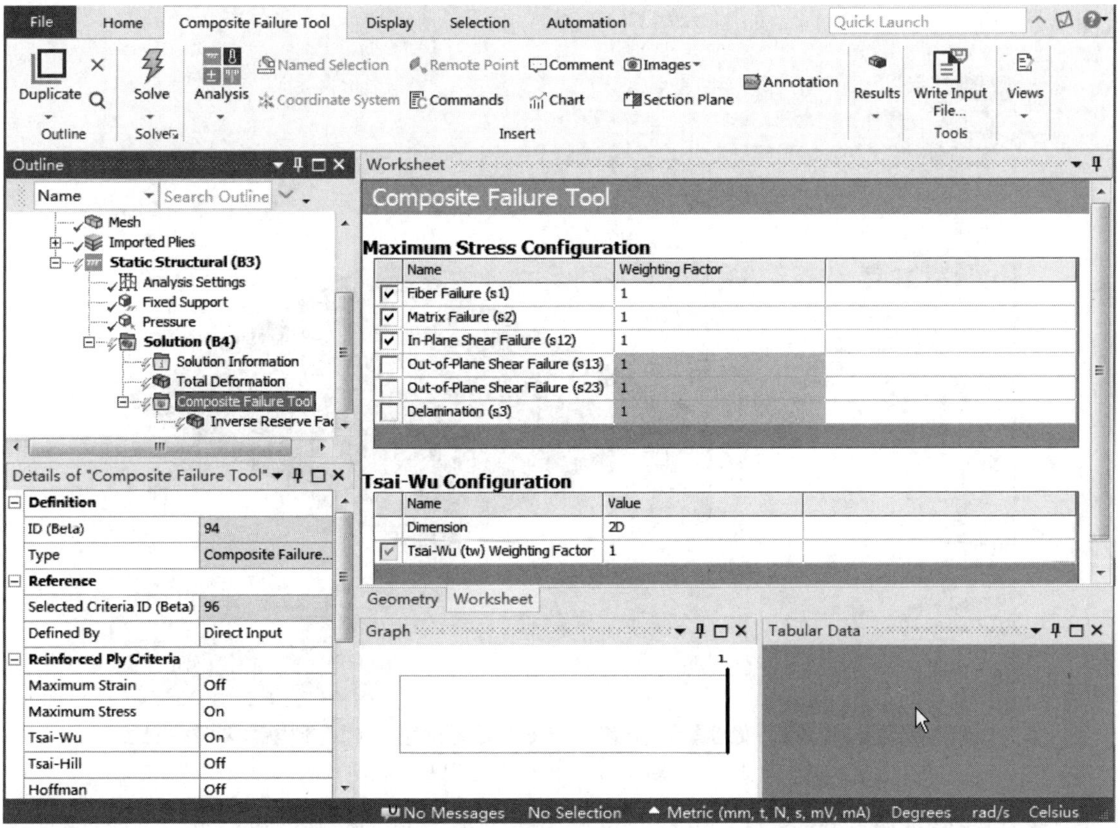

（5）右键单击特征树的 Solution 节点选择 Solve 完成求解，如图 2-75 所示。

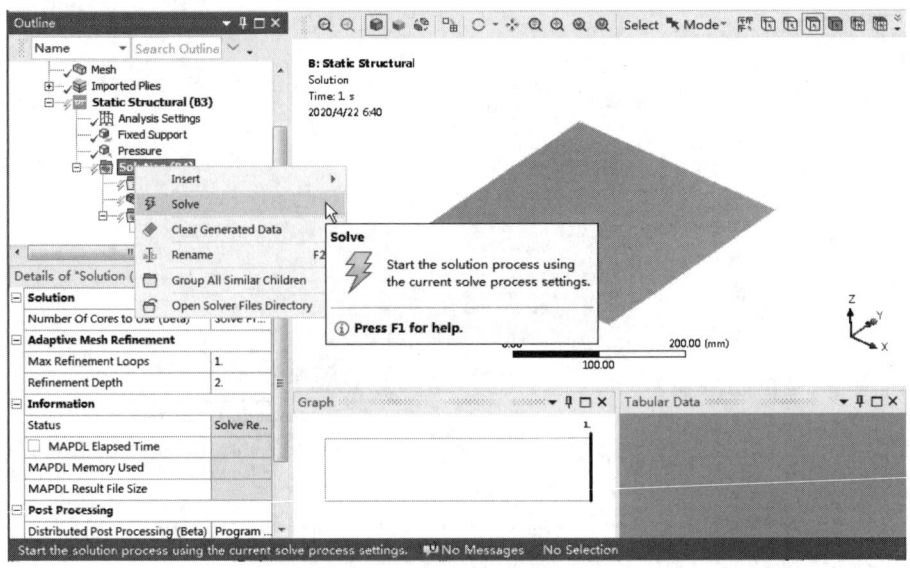

图 2-75 Mechanical 模块求解

（6）求解完成之后，单击特征树 Solution 节点下的 Total Deformation，计算的变形结果云图显示在右侧的图形窗口，如图 2-76 所示。

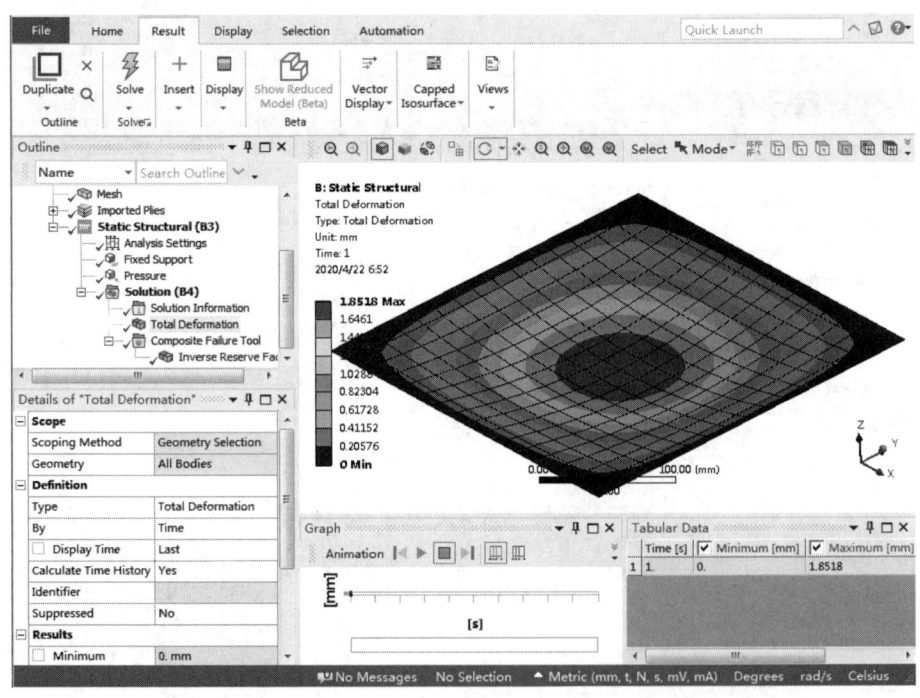

图 2-76 Mechanical 模块后处理变形云图

（7）单击特征树 Composite Failure Tool 节点下的损伤 Inverse Reserve Factor，计算的损伤结果云图显示在右侧的图形窗口，如图 2-77 所示。图中颜色用来区分损伤大小，深色区域损伤大，浅色区域损伤小；缩写代表损伤模式，tw 代表蔡吴准则，s2t 代表最大应力准则的横向拉伸失效。

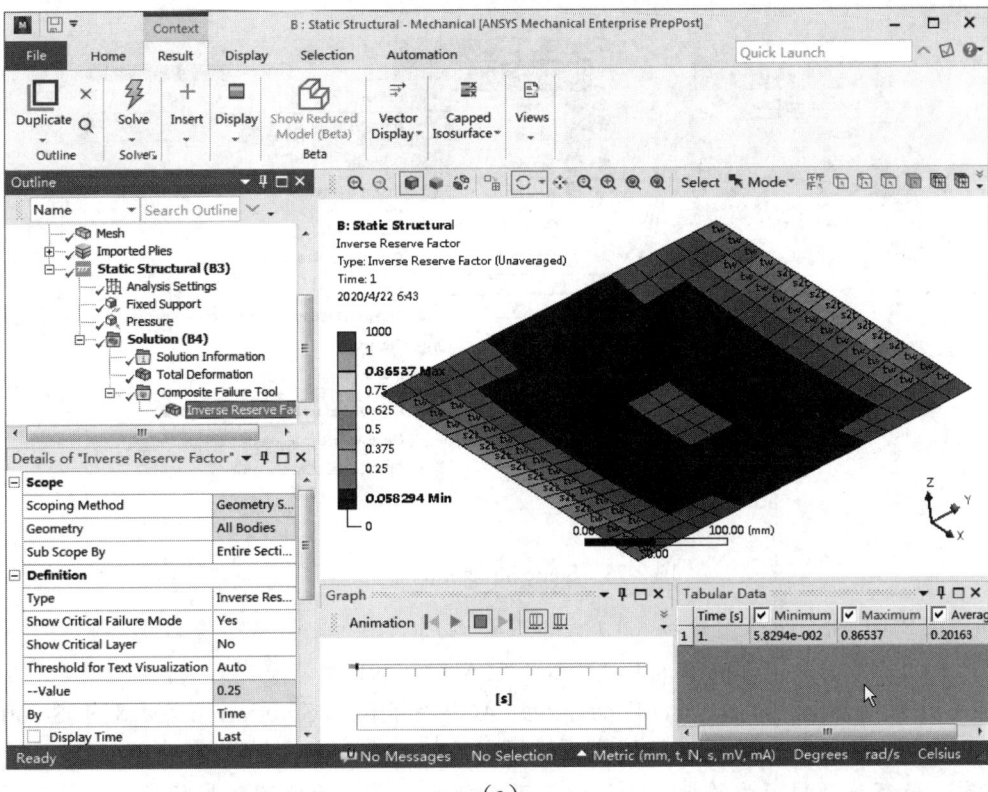

(a)

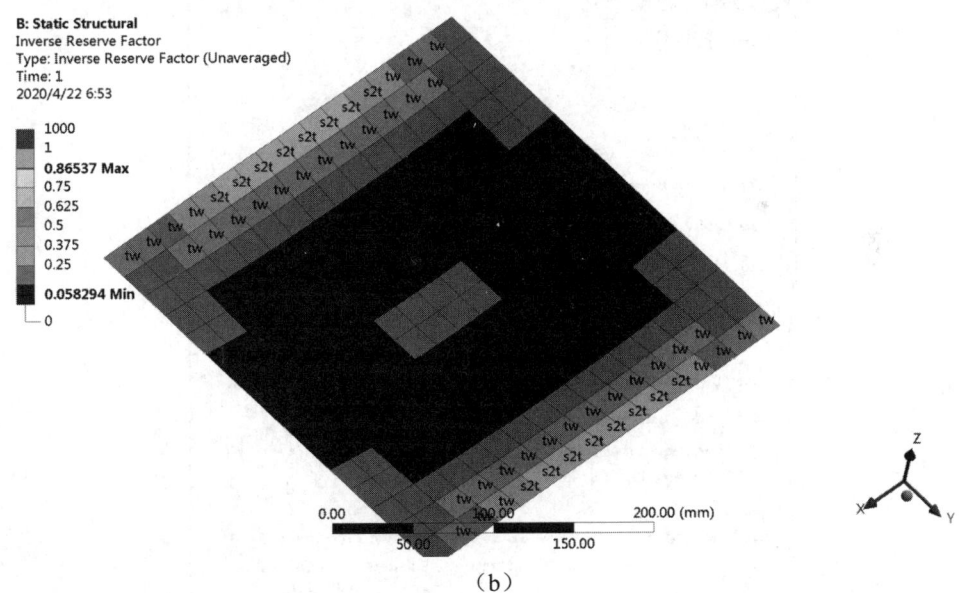

(b)

图 2-77　Mechanical 模块损伤云图

(8) 关闭 ANSYS Mechanical 模块。在 Workbench 项目页，更新 Static Structural 组件的 Results，如图 2-78 所示。

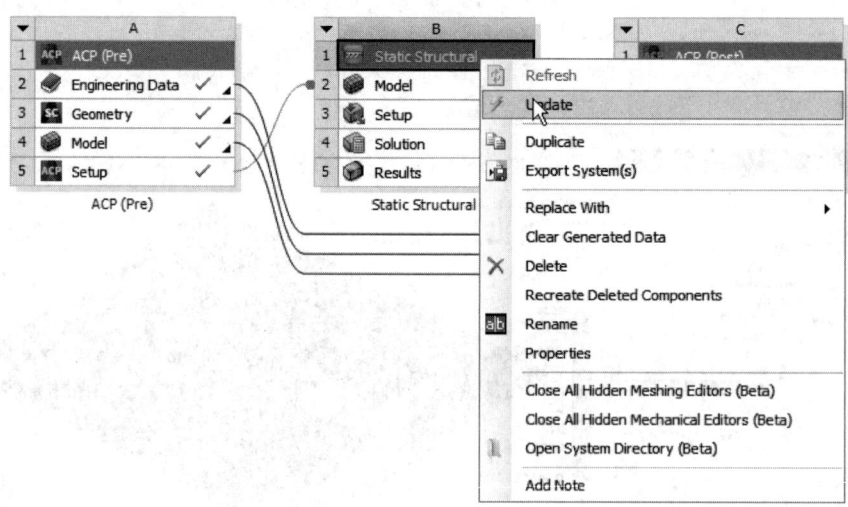

图 2-78　Static Structural 组件更新

10. ACP（Post）结果后处理（1）——变形云图

更新 ACP（Post）组件的 Result，并双击进入 ACP（Post）模块。

（1）计算结果已经从 .rst 文件自动导入到 ACP 特征树的 Solution 节点。双击 Solution 1，弹出 Solution Properties 对话框，可以查看结果文件的相应信息，如图 2-79 所示。

注意：当有多个载荷步的计算结果时，可以指定要进行后处理的载荷步。

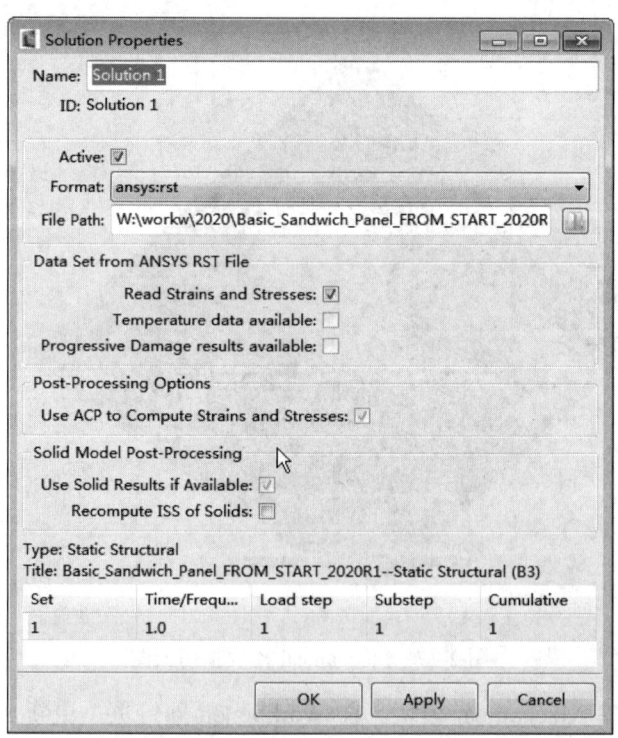

图 2-79　Solution Properties 窗口

（2）新建变形云图。右键单击 Solution 1 节点，选择 Create Deformation，定义云图细节信息，如图 2-80 所示。

（a）

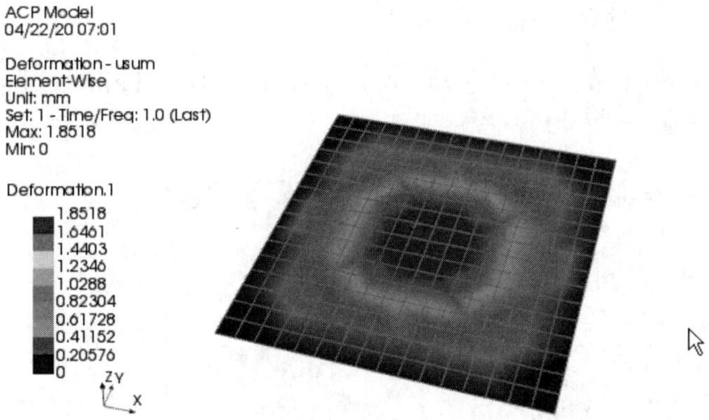

（b）

图 2-80　新建变形云图

（3）改变云图显示比例。单击工具栏中的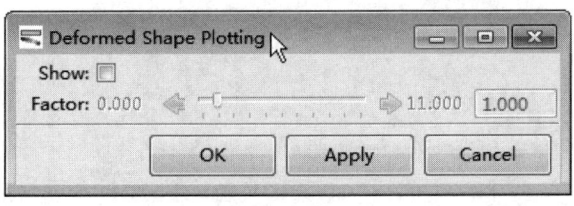按钮，弹出 Deformed Shape Plotting 对话框，设置变形云图的显示比例，如图 2-81 所示。

图 2-81　设置变形云图的显示比例

(4) 改变单元边和面的显示。单击 ![icon] 和 ![icon] 。

11. ACP（Post）结果后处理（2）——全局失效云图

新建根据组合失效准则显示的复合材料结构全局失效云图。

注意：材料的许用应力已经在 Engineering Data 模块中进行定义。

(1) 在特征树的 Definitions 节点右键选择 Create Failure Criteria，弹出 Failure Criteria Definition 对话框，按图 2-82 进行设置，并单击 OK 按钮确定。

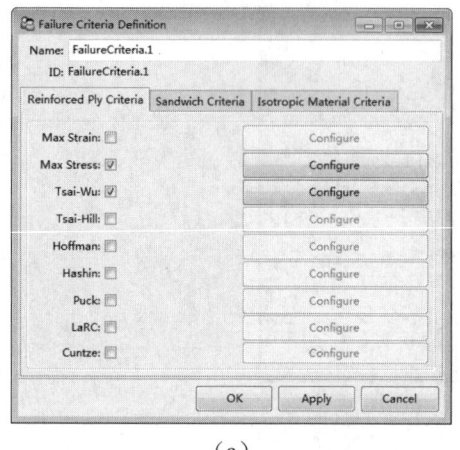
(a)

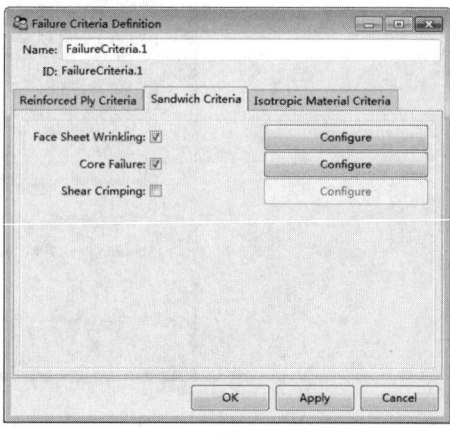
(b)

图 2-82　Failure Criteria Definition 窗口

(2) 在特征树的 Solution 1 节点右键选择 Create Failure。弹出 Failure 对话框，按图 2-83 进行设置，并单击 OK 按钮确定。

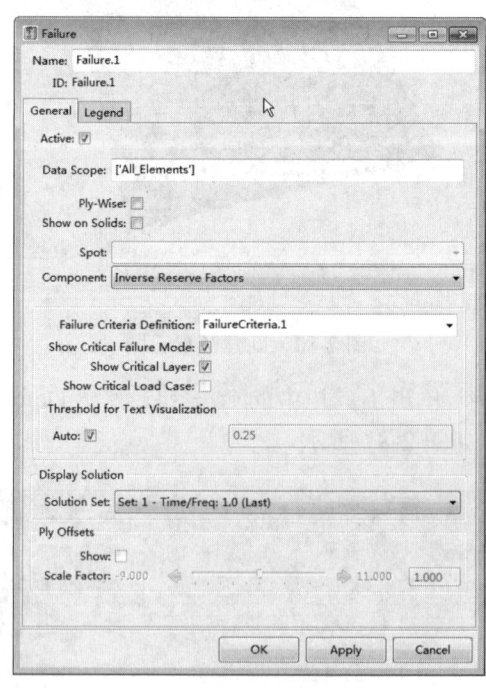

图 2-83　Failure 窗口

（3）将云图显示比例设置为 1.0，更新模型，查看全局失效云图，如图 2-84 所示。

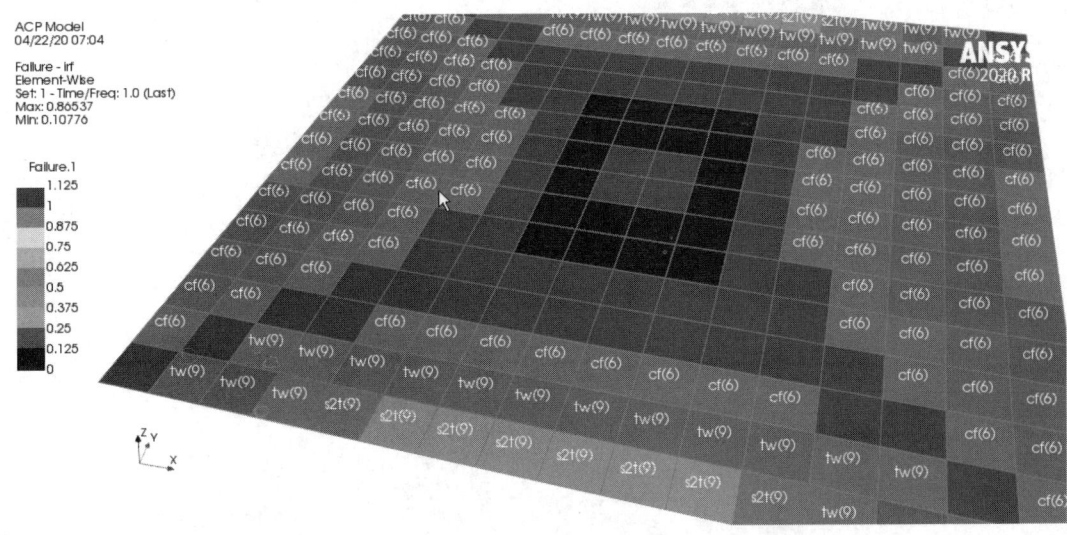

图 2-84　全局失效云图

全局失效云图给出了最大损伤 IRF，考虑了模型中所有铺层、所有选择的失效准则和所有积分点的计算结果。云图中的文字给出了每一个单元的关键层和关键失效模式。

12. ACP（Post）结果后处理（3）——细节计算结果

采用 Sampling Points 和 Ply-wise Plot 结合，用于研究模型细节处计算结果。

（1）在特征树 Sampling Points 节点右键选择 Creating Sampling Point。弹出 Sampling Point Properties 对话框，如图 2-85 所示。选择感兴趣的单元，完成 Sampling Point 的定义。

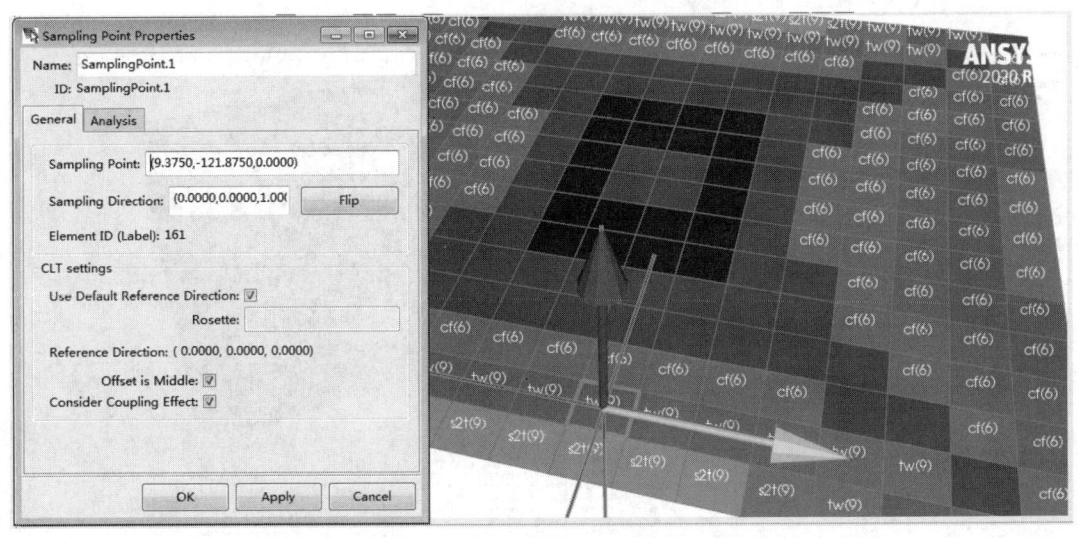

图 2-85　Sampling Point Properties 窗口

（2）在特征树的 Solution 1 节点右键选择 Create Stress。弹出 Stress 对话框，按图 2-86 进行设置，并单击 OK 按钮确定。

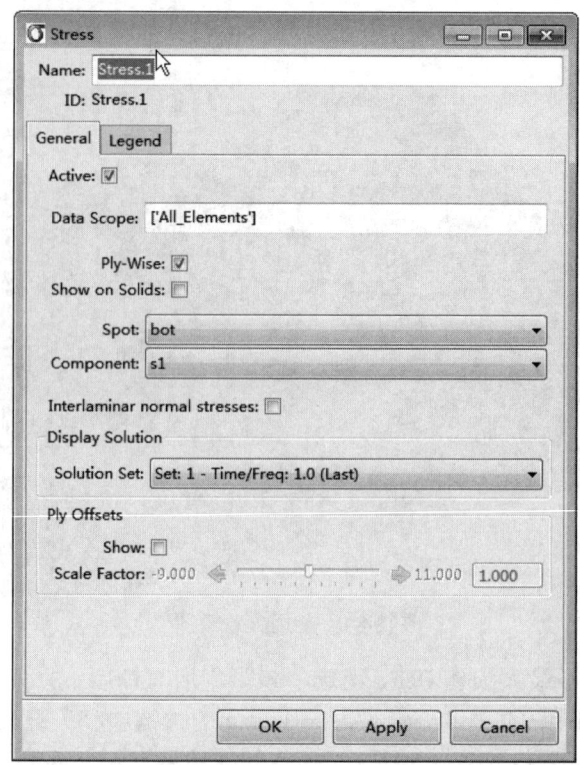

图 2-86 设置采样点方式云图显示控制

(3) 在特征树的 SamplingPoint.1 下,选择某一铺层,查看该层的计算结果,如图 2-87 所示。

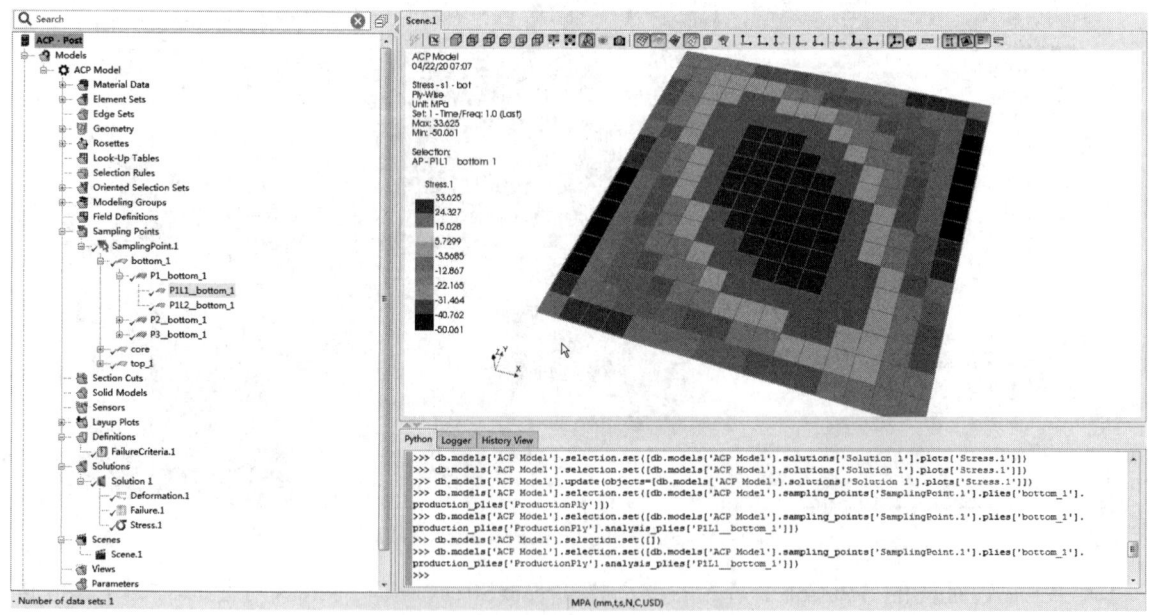

图 2-87 采样点模式显示单层结果

（4）通过查看 Sampling Point 的 Analysis 选项卡，设置并查看面内应力沿厚度方向的变化结果，如图 2-88 所示。

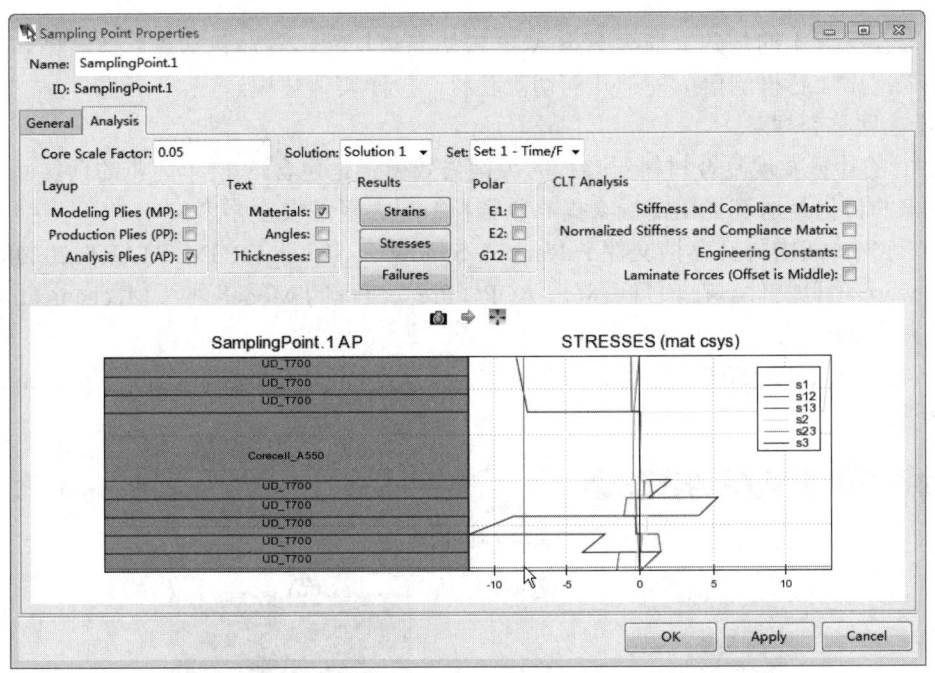

图 2-88　采样点模式查看面内应力沿厚度方向的变化结果

13．ACP 模块的单位制

（1）ACP 模块的单位制默认采用 CAD 模型的单位制。

（2）ACP 模块中的单位可以通过项目页中 Model 节点的输出单位来改变，如图 2-89 所示。

注意：Model 属性窗口通过选择项目页下拉菜单 View 的 Properties 显示或隐藏。

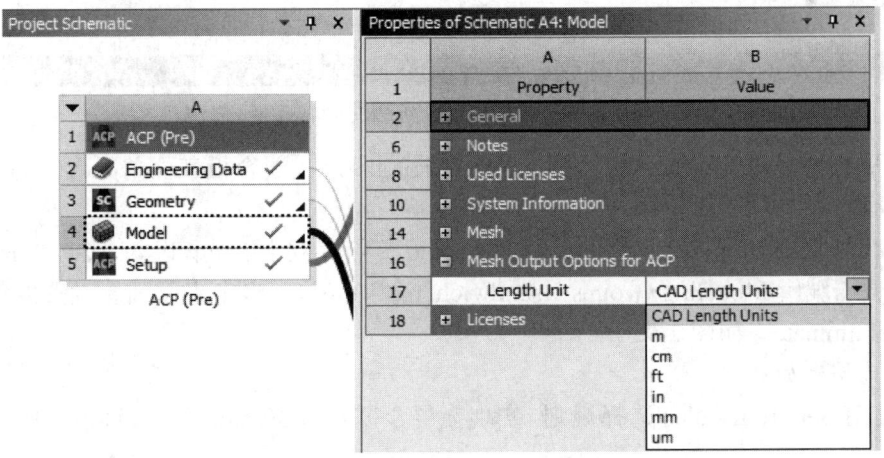

图 2-89　项目页设置 ACP 模块单位制

（3）进入 ACP 模块后，通过 ACP 模块的 Units 下拉菜单切换当前模型的单位制。

2.4.2 练习2

1. 简介

本练习在练习1的基础上继续熟悉ACP模块高级功能。具体包括：修改网格和铺层；定义局部加强；添加芯材倒角；外部几何切割芯材；拉伸实体建模。

2. 修改网格和铺层

练习1的计算发现复合材料层合板的关键失效模式是包含3层单向带的顶层面板基体失效。接下来的目标是通过优化铺层来提高复合材料层合板的安全裕度。

（1）首先，双击打开存档文件Advanced_Sandwich_Panel_FROM_START_2020R1.wbpz，并保存为.wbpj项目文件。在项目页双击ACP（Pre）流程的Model进入Mechanical界面。将单位制设置为mm制。

（2）将以（-150,-150,0）为起点的两条边定义为Named Selection，命名为taper_2_edges，如图2-90所示。

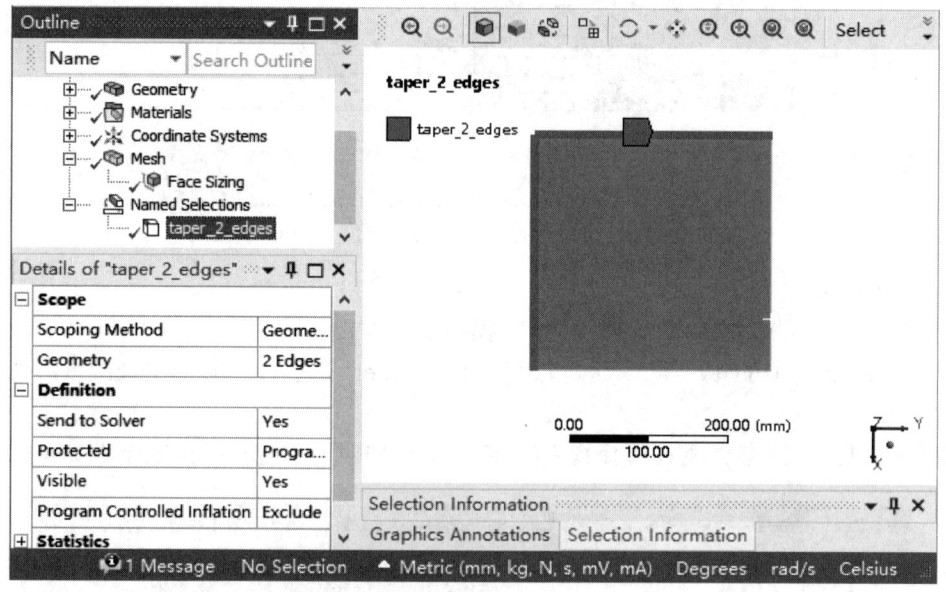

图2-90 新建包含2条边的命名选择

（3）更改特征树Meshing的子节点Face Sizing，定义层合板表面单元尺寸为10mm，如图2-91所示。

（4）在项目页更新ACP（Pre）流程的Setup节点，双击Setup进入ACP（Pre）界面。

（5）双击编辑Modeling Groups→sandwich_top→top_1。将上表面铺层设置成角度为0度的单层SubLaminate，如图2-92所示。

3. 定义局部加强

通过使用Selection Rules选择规则，实现在层合板4边30mm范围内铺敷单向带来加强层合板。

（1）新建Edge Set。在特征树的Edge Sets节点右键选择Create Edge Set，将所有边定义为一个Edge Set。命名为all_edges，如图2-93所示。

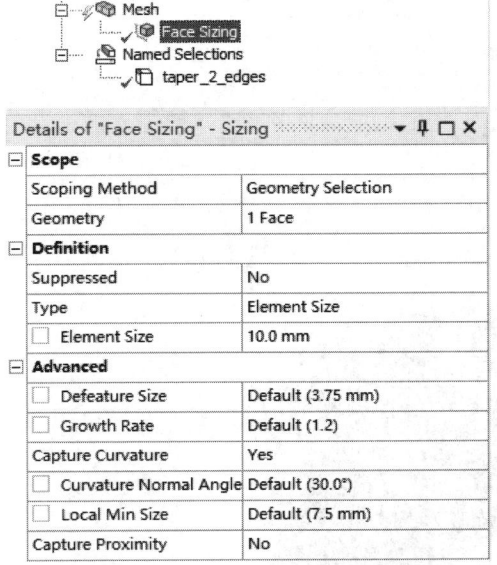

图 2-91 定义层合板表面单元尺寸

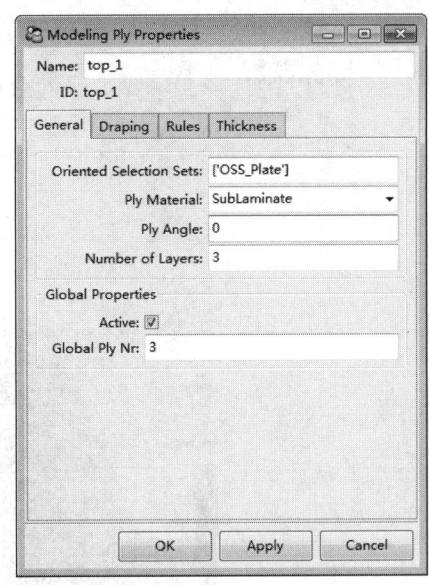

图 2-92 设置上表面铺层

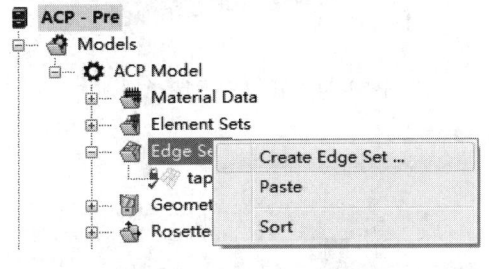

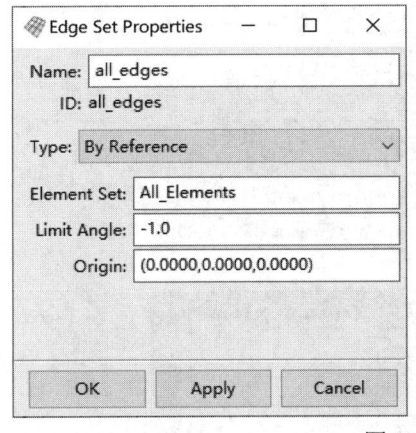

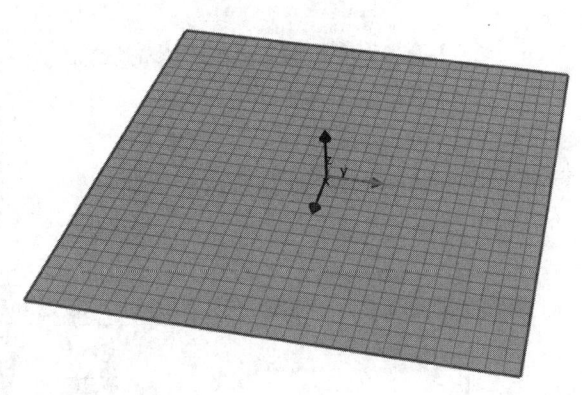

图 2-93 新建 Edge Set 节点集

（2）新建 Tube Selection Rule。在特征树的 Selection Rules 节点右键选择 Create Tube Selection Rule，新建名称为 TubeSelectionRule.1 的选择规则，如图 2-94 所示。

（3）在特征树 Modeling Groups 的 sandwich_top 节点，右键选择 Create Ply 新建 1 层增强铺层。铺敷材料为 UD_T700_200gsm，铺敷区域为 TubeSelectionRule.1 规则定义的四边 30mm 半径范围内。更新模型，可以查看铺敷区域，如图 2-95 所示。

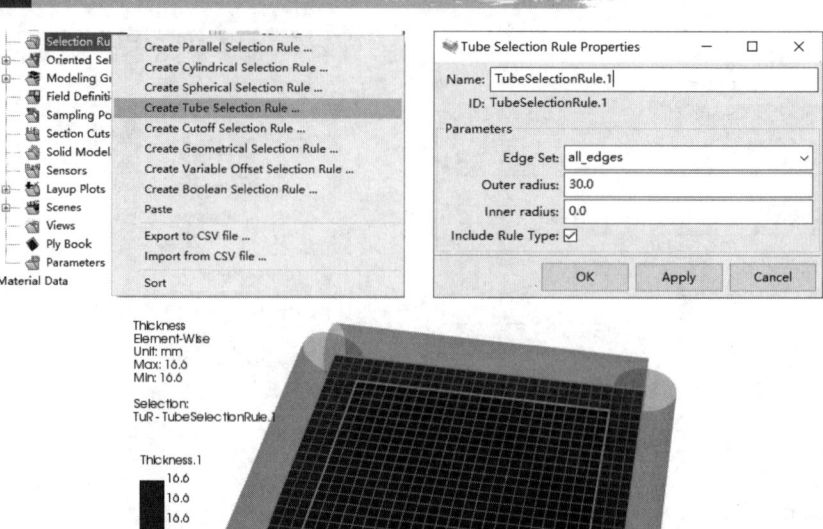

图 2-94　新建管道选择规则

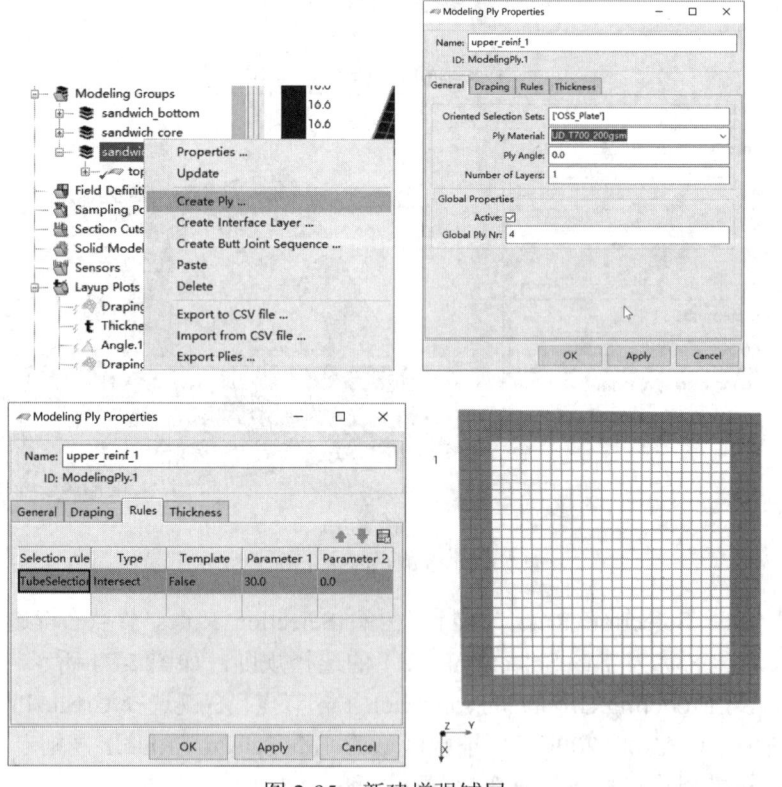

图 2-95　新建增强铺层

（4）在特征树 Layup Plots 的 Thickness.1 节点，右键选择 Show，场景窗口将显示层合板各个区域的厚度，如图 2-96 所示。

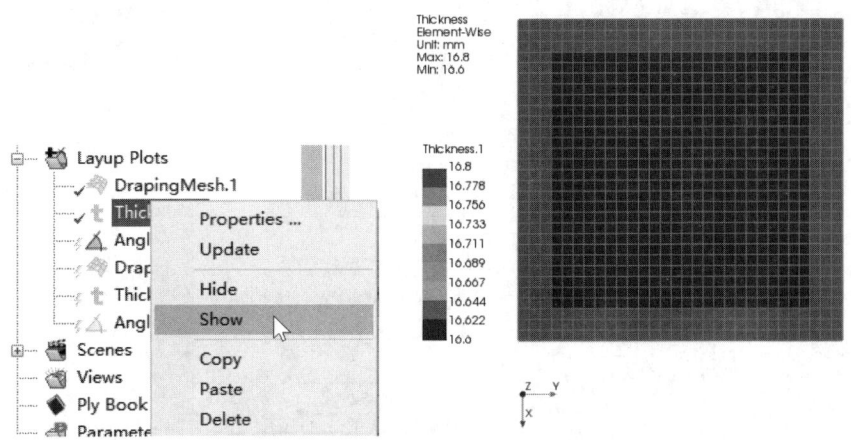

图 2-96　显示层合板各个区域的厚度

4．添加芯材倒角

通过 Taper Edges 功能，实现芯材边缘的 10 度倒角。选择 Modeling Groups 中 sandwich_core 节点下的建模铺层 Core，编辑 Core 的属性。选择 Thickness 选项卡，设置 taper_2_edges 作为倒角边，倒角角度设置为 10 度。更新模型，查看层合板各个区域的厚度，如图 2-97 所示。

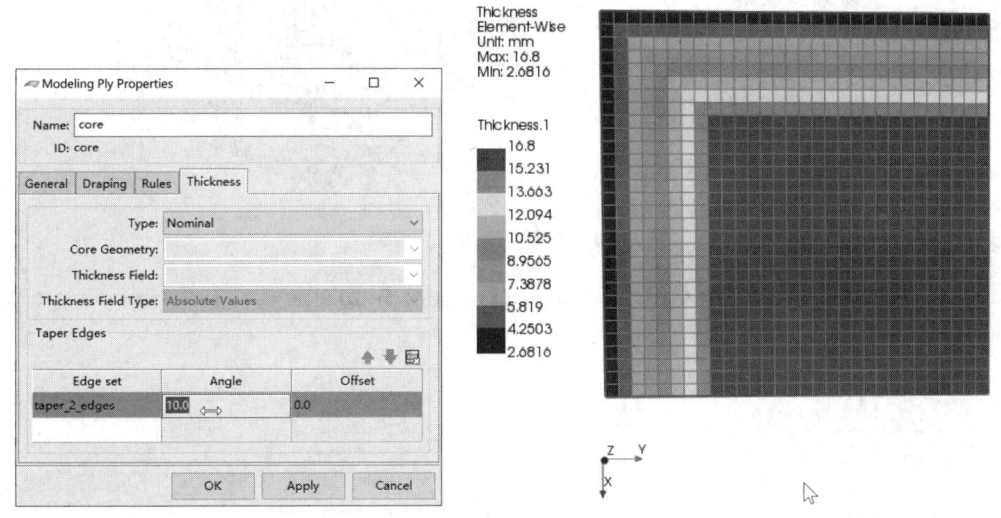

图 2-97　设置并检查芯材的倒角

5．外部几何切割芯材

通过导入外部几何模型文件来定义芯材厚度。

（1）项目页添加独立的 Geometry 流程，导入几何模型文件 Core_limit.stp（在练习目录下），建立 Geometry 和 ACP（Pre）的连接，如图 2-98（a）所示。右键单击 ACP（Pre）的 Setup，弹出上游数据更新提示窗口，选择"是（Y）"更新上游数据，如图 2-98（b）所示。

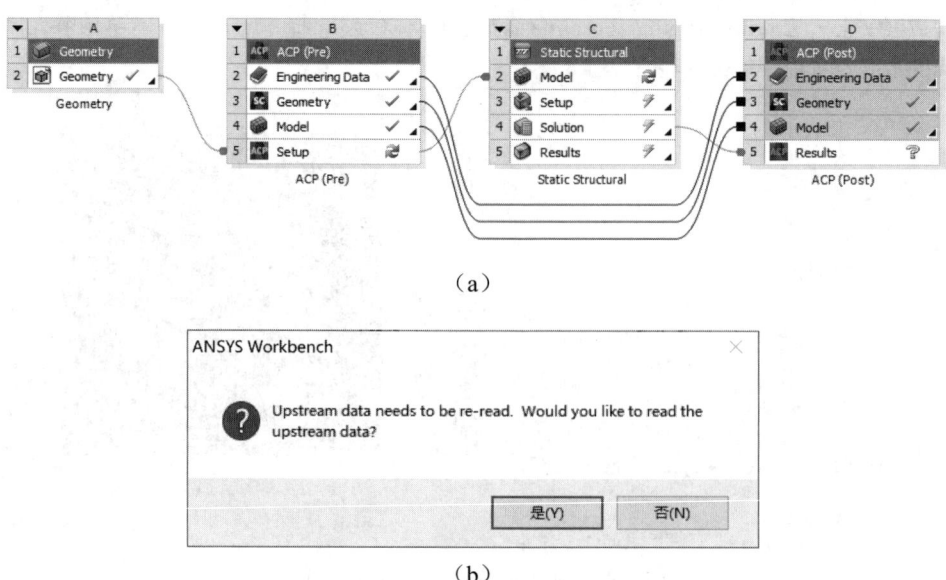

(a)

(b)

图 2-98　外部几何模型导入流程

（2）在特征树 Geometry 的 CAD Geometries 节点下，查看已经导入的几何模型，如图 2-99 所示。

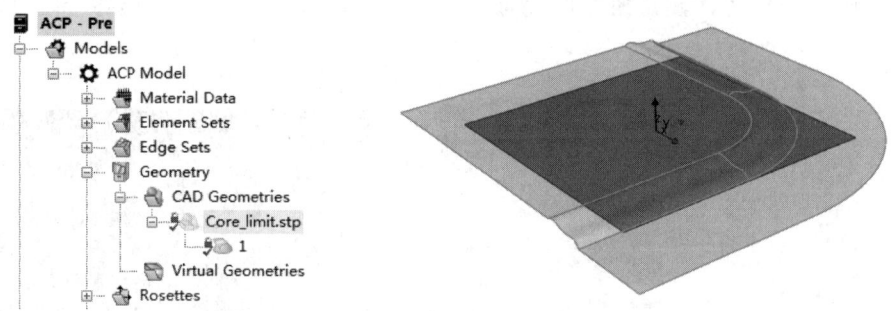

图 2-99　查看导入的几何模型

（3）在特征树 Geometry→CAD Geometries→Core_limit.stp→1，右键选择 Create Virtual Geometry，如图 2-100 所示。

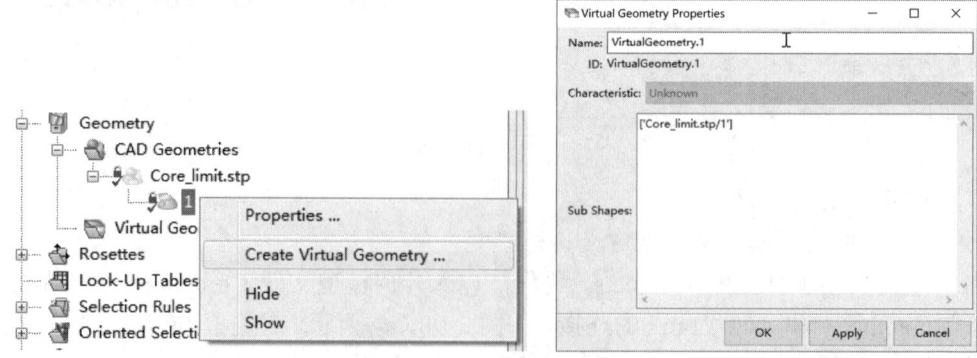

图 2-100　新建虚拟几何

(4)新建规则 Cutoff Selection Rule。在特征树 Selection Rules 节点右键选择 Create Cutoff Selection Rule,新建名称为 CoreLimitRule 的规则,如图 2-101 所示。

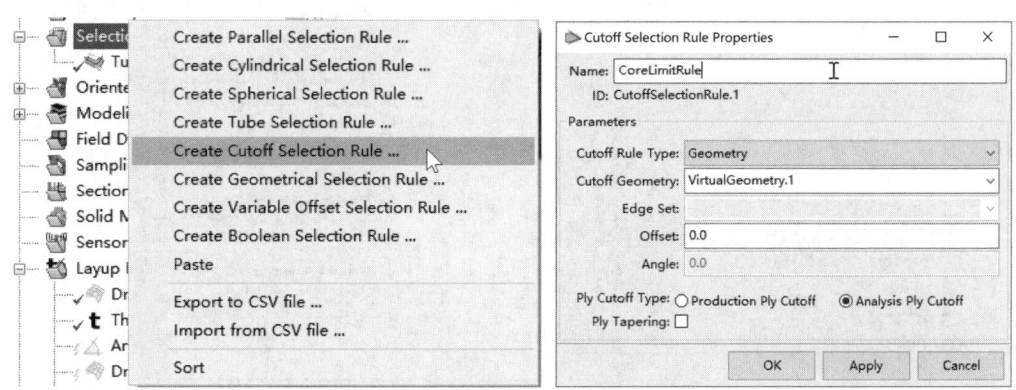

图 2-101　新建采用几何切割规则

选择 Modeling Groups→sandwich_core→core,编辑铺层 core 的属性。选择 Rules 选项卡,设置 Cutoff Selection Rule。更新模型,查看层合板各个区域的厚度,如图 2-102 所示。

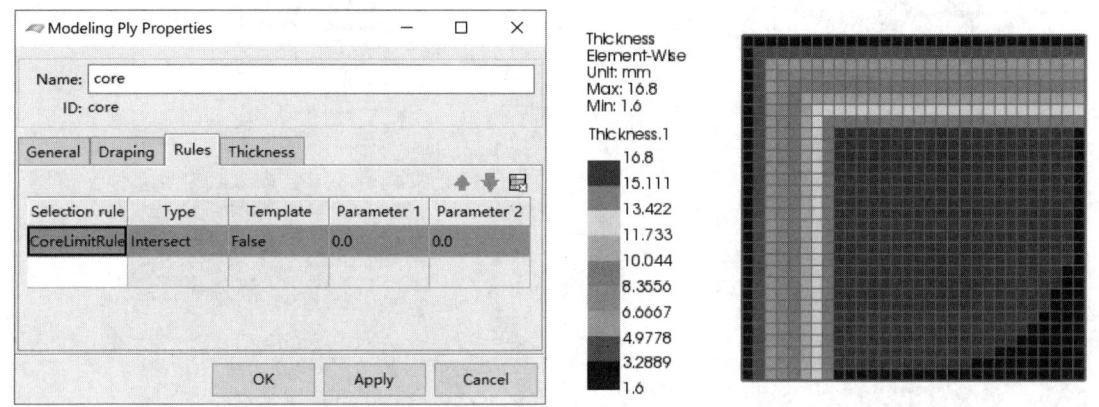

图 2-102　设置芯材切割选项并查看切割后芯材厚度云图

6. 拉伸实体建模

(1)在特征树 Solid Models 节点,右键选择 Create Solid Model,如图 2-103(a)所示。按照图 2-103(b),定义实体单元生成选项,并查看 Drop-Offs[图 2-103(c)]和 Export[图 2-103(d)]选项卡设置。更新创建的实体模型特征,程序提示删除了 17 个质量差的实体单元,如图 2-103(e)所示。更新后的结果,如图 2-103(f)所示。

(2)在项目页新建 Static Structural 流程,连接 ACP(Pre)的 Setup 和新建 Static Structural 流程的 Model,选择 Transfer Solid Composite Data,如图 2-104 所示。

(3)新建 ACP(Post)流程,与 ACP(Pre)流程 B 共享 B2 到 B4 数据,如图 2-105 所示。

(4)连接 Static Structural 流程 E 的 Solution 节点到 ACP(Post)流程 F 的 Results,如图 2-106 所示。

实体单元模型生成之后,可以对其进行载荷施加并求解。实体单元模型的计算结果同样在 ACP(Post)模块进行后处理。

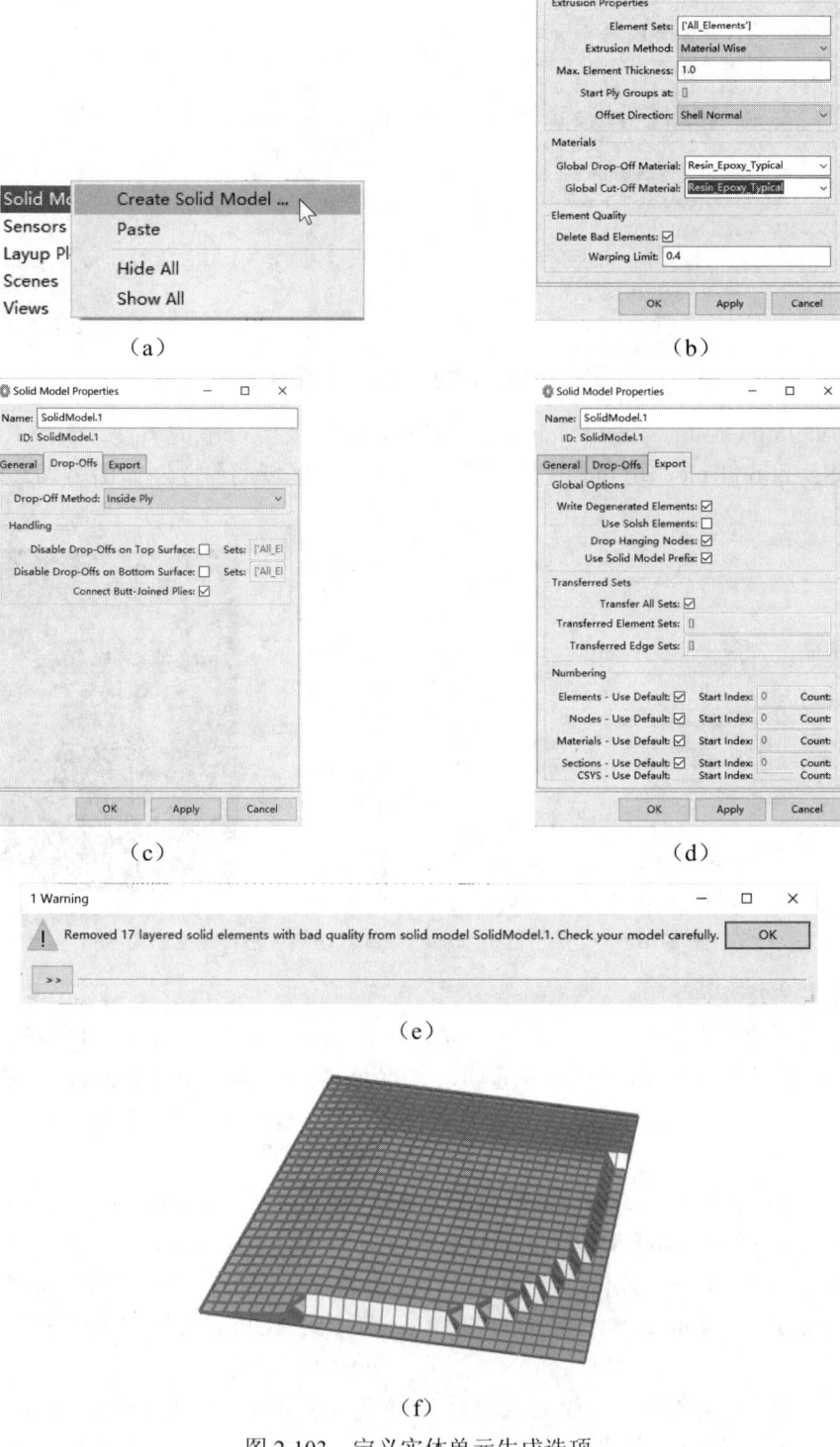

图 2-103 定义实体单元生成选项

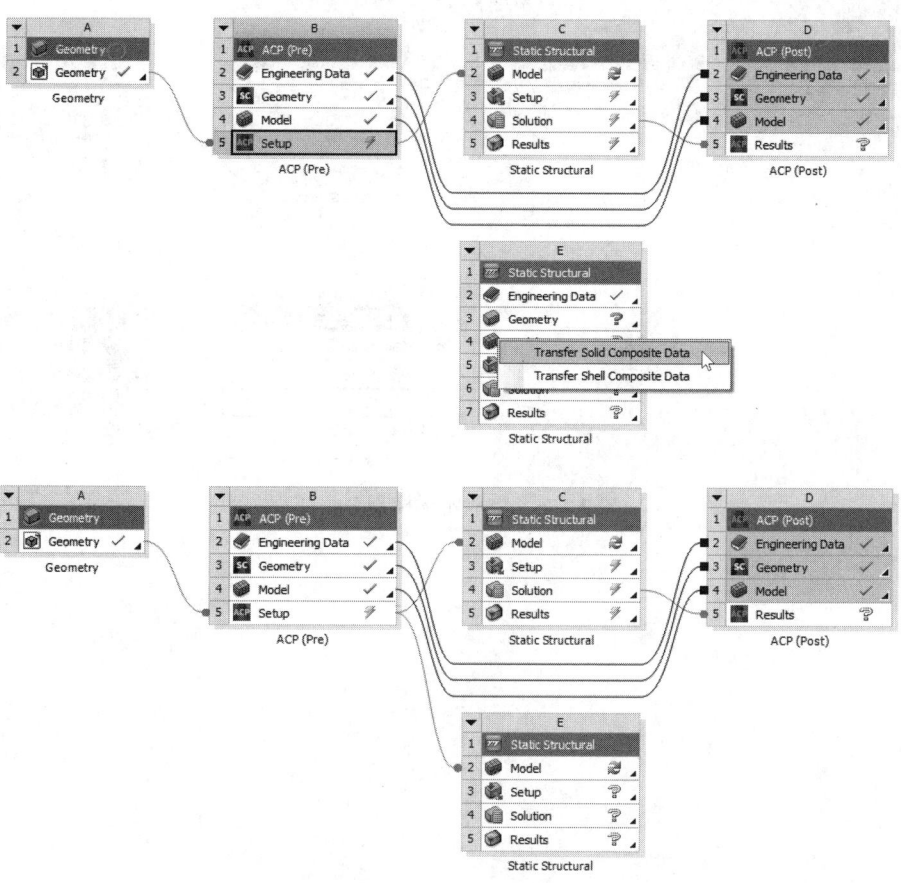

图 2-104　实体模型输出流程

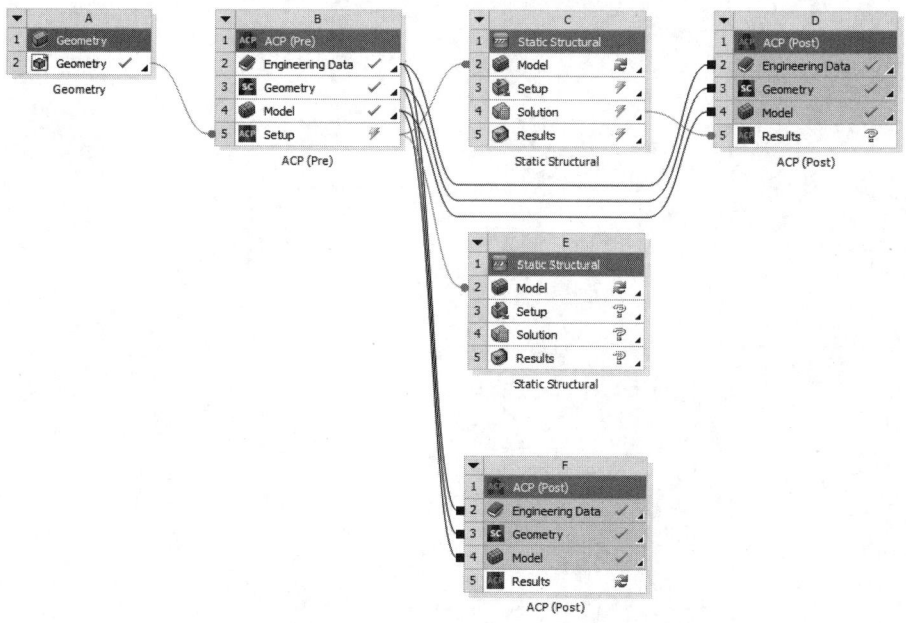

图 2-105　新建 ACP（Post）流程

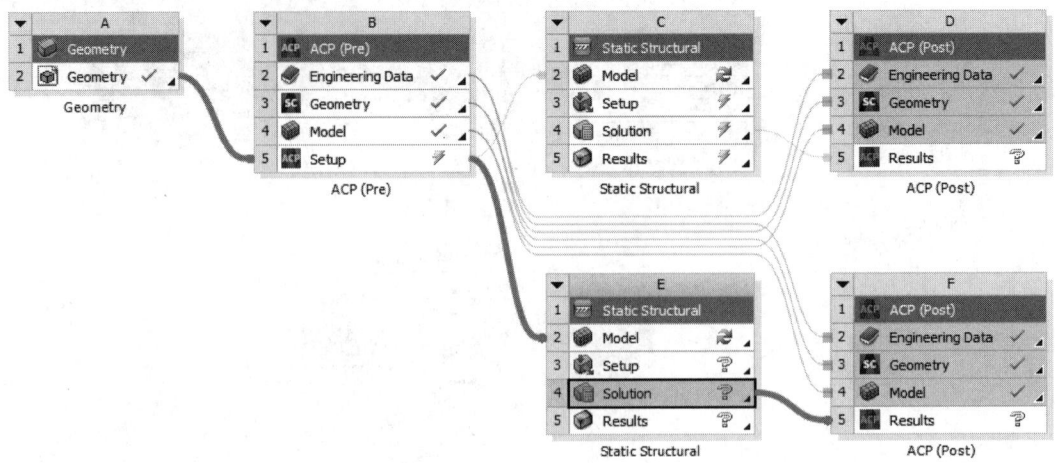

图 2-106　完成实体模型分析流程

第 3 章

用户手册

这一章是对 ACP 模块用户手册的翻译整理。包含 3 部分：详细功能，详细介绍程序特征树中各个节点的功能及应用场景；后处理，介绍 ACP 进行复合材料后处理的背景信息；程序接口，介绍 ACP 模块与其他程序的数据交换，包括 HDF5（通用复合材料数据格式）、Mechanical APDL、Excel、CSV、ESAComp、LS-DYNA 和 BECAS。

3.1 详细功能

3.1.1 模型（Model）

特征树中 Model 节点的右键菜单用于访问模型属性、存储选项和导入/导出接口选项。右键菜单在 Workbench 平台运行界面和独立运行界面是不同的，如图 3-1 所示。

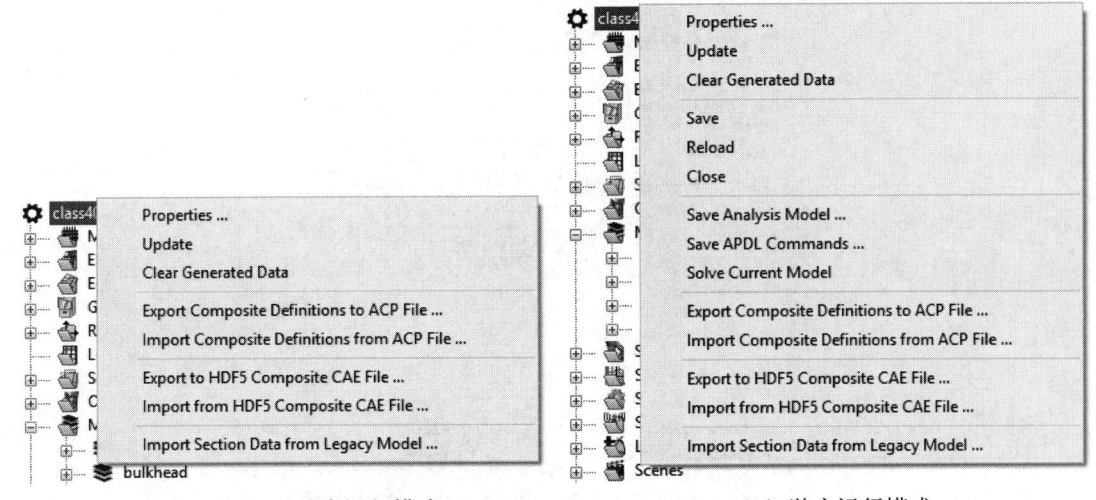

（a）Workbench 平台运行模式　　　　（b）独立运行模式

图 3-1　ACP Model 的上下文菜单

下面给出 Model 右键菜单的详细解释：
- Properties 用于显示 Model Properties 对话框，其中包含模型、输入文件、容差、单位制等信息。
- Update 用于更新整个模型。
- Clear Generated Data 用于清空前一次更新的结果并去掉缓冲数据。
- Save（仅在 ACP 独立运行模式下有该选项）用于保存选择的模型。
- Reload（仅在 ACP 独立运行模式下有该选项）用于重新读取输入文件到 ACP 模型文件，即恢复到上一次保存状态。
- Close（仅在 ACP 独立运行模式下有该选项）用于关闭选择的模型。
- Save Analysis Model（仅在 ACP 独立运行模式下有该选项）用于输出包含铺层信息的 ANSYS 输入文件。
- Save APDL Commands（仅在 ACP 独立运行模式下有该选项）用于将铺层定义信息保存为 APDL 命令宏，用于将模型中的各向同性材料单元修改为正交各向异性的层合单元。
- Solve Current Model 用于提交包含铺层信息的 ANSYS 输入文件给求解器。
- Export Composite Definitions to ACP File 输出铺层定义信息到另一个 ACP 文件。
- Import Composite Definitions from ACP File 由其他 ACP 文件导入铺层定义信息。
- Export to HDF5 Composite CAE File 输出带铺层信息的网格到.HDF5 文件。
- Import from HDF5 Composite CAE File 由.HDF5 文件导入带铺层信息的网格。
- Import Section Data from Legacy Model 由 Mechanical APDL 历史模型导入截面信息。

1. 模型属性通用选项卡

ACP 模块的模型属性窗口在独立运行界面和 Workbench 界面如图 3-2 所示。主要信息包含：ACP 模型文件路径、模型单位制、模型的总体尺寸和有限元模型信息。

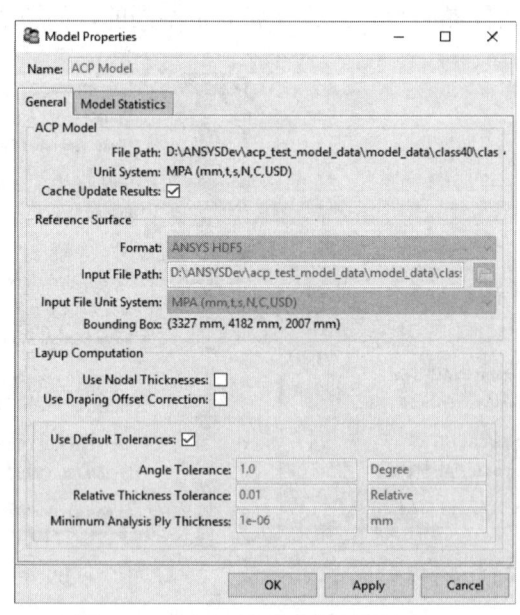

图 3-2　独立运行界面模型属性窗口

在 ACP 独立运行模式，Format、Input File Path 和 Input File Unit System 可以更改，用于控制导入的 ACP 中的壳参考面（壳网格）。Model Statistics 选项卡给出了模型的统计信息，如图 3-3 所示。其中包括材料、织物、方向选择集等统计信息。

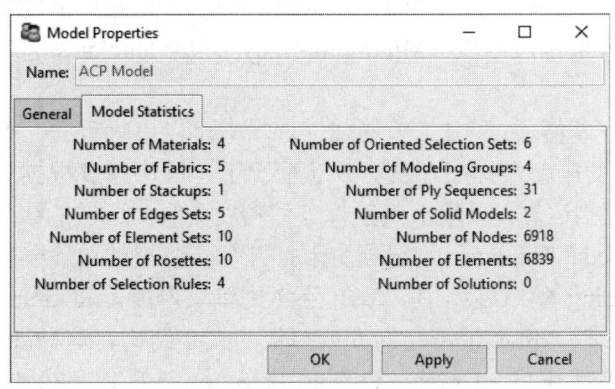

图 3-3　Workbench 界面模型属性窗口

（1）通用选项卡的 ACP Model 区。该区显示了 ACP 模型文件的路径和单位制。单位制可以在 ACP 的下拉菜单调整，当前的单位制在 ACP 窗口底部的状态栏显示。

该区的缓存更新结果（Cache Update Results）用于控制是否存储更新结果（例如，铺层延伸、分析铺层和实体模型等）到模型文件中。如果存储到模型文件中，那么能够提高再次打开模型文件的速度。如果希望减小.ACPH5 文件的大小，那么可以关闭此选项。

注意：这一功能关闭之后，每次打开 ACP 模型都会提示更新模型。

（2）参考表面（Reference Surface）。通用选项卡的参考表面区用于设置参考面文件的路径。

在 Workbench 界面，参考面自动传入 ACP 模块的 ANSYS HDF 格式。这种情况下，参考面的单位制是固定的。

在 ACP 独立运行界面，参考面的输入文件在此处设置。输入文件可以是.DAT（Workbench 生成的）、.INP 或.CDB（Mechanical APDL 界面使用 CDWRITE 命令生成）3 种格式。如果输入文件未指定单位制，那么可以在此指定。

在 ACP 独立运行界面，导入或导出.HDF 格式文件时，必须指定单位制。另外，与 ESAComp 交换材料数据时，也必须指定单位制。

该区的模型包络给出了参考面的 XYZ 空间尺寸。

（3）铺层计算（Layup Computation）。角度和相对厚度容差（Angle and Relative Thickness Tolerance）选项，是为了提高 ACP 运行效率而设置的。ACP 将复合材料定义信息转化为截面数据，使得 ANSYS Mechanical 能够识别。对于曲面或 draped 铺层，每一个单元的截面厚度和方向均会连续变化。如果不进行一定的简化，那么大量的信息将降低数据传输和求解的性能。因此，ACP 采取将一定容差范围内的单元进行分组的措施来避免性能的降低。

角度容差（Angle Tolerance）定义了相邻单元同一层的角度容差。相对厚度容差（Relative Thickness Tolerance）对总层厚和独立层厚起作用。对于同一截面定义的两个单元，每一层的角度和相对厚度容差必须在给定的容差范围内，芯材通常比织物的厚度大 10 倍以上。因此，厚度容差采用相对值而不是绝对值来定义。默认的容差远小于复合材料的制造容差，由此损失的精度可以忽略。

ACP 的切割操作可以将分析铺层切割为小于给定厚度的铺层。例如，如果一个切割几何与铺层厚度方向上中点相交，那么该分析铺层的厚度为给定厚度的一半。当切割发生在铺层边界时，由于 CAD 文件的几何容差，可能产生极薄的铺层。这些极薄的铺层，仅仅是数值误差引起。ACP 通过最小分析铺层厚度（Minimum Analysis Ply Thickness）选项来避免极薄铺层的出现。

上述的全局默认容差值通过 2.1.1 节的属性选项卡可以进行设置，但此处的优先级更高。

ACP 支持铺层的变厚度及铺层渐变。默认情况下，铺层厚度根据单元中心坐标确定。但是，对于铺层渐变和切割运算，采用节点坐标评估精度更高。这样能够使 ACP 模型精度更高。使用节点厚度（Use Nodal Thickness）选项用于打开基于节点的厚度确定选项。

默认情况下，draping 模拟过程中，ACP 不考虑铺层厚度，将 draping 网格铺放到参考面上。然而，对于厚层合板，例如带铺层渐变或掉层的夹心结构，这种 draping 方法将导致不准确的结果。此时，如果打开 Use Draping Offset Correction 选项，那么 draping 网格将依据选择层的偏移。这就实现了铺层厚度的考虑，使得 draping 模拟的精度更高。

（4）模型信息汇总（Model Summary）。该区显示了模型的全局信息，其中单元个数（Number of Elements）包含了层合壳和层合实体单元。

2. 模型属性求解选项卡

ACP 独立运行模式下，模型属性的第二个选项卡是求解选项卡 Solve。该选项卡用于定义求解的模型文件路径，以及求解器计算路径。求解器的求解状态信息以及输出文件信息也在该窗口中进行反馈，如图 3-4 所示。

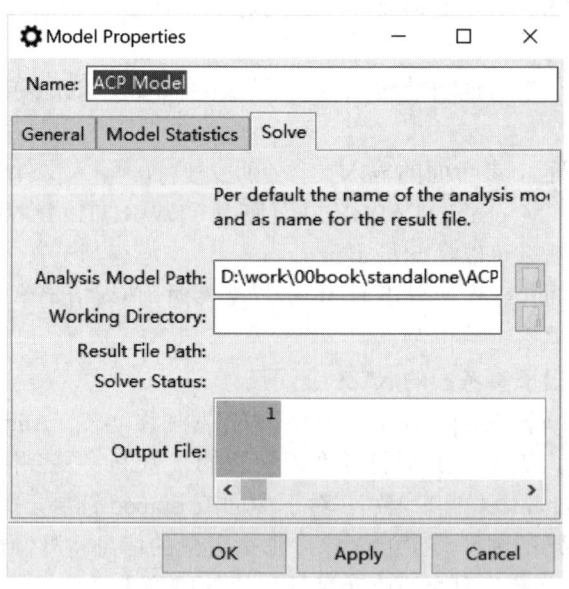

图 3-4　模型属性求解选项卡

3. 导入/导出. ACP 复合材料定义文件

Model 右键菜单 Import/Export of ACP Composite Definitions File 实现复合材料定义文件的导入/导出，如图 3-5、图 3-6 所示。

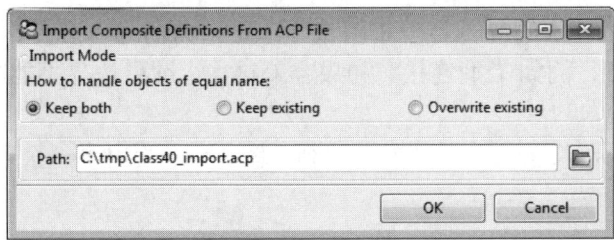

图 3-5　导入复合材料定义窗口

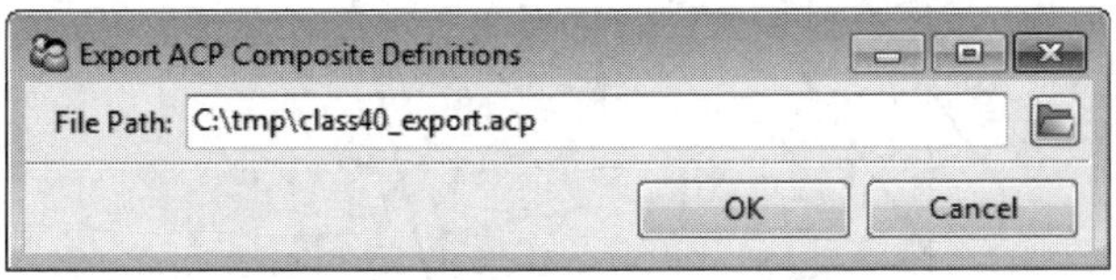

图 3-6　导出复合材料定义窗口

ACP 的复合材料定义文件包含了 ACP 模型的所有复合材料信息。该文件采用 ACP Python 脚本语言存储。导入过程中，程序会提示 ACP 如何处理相同名称的对象。

4. 导入/导出 HDF5 复合材料定义文件

HDF5 复合材料定义文件是不同 CAE 和 CAD 平台交换复合材料模型的通用中间格式。HDF5 格式的更多信息见 3.3.1 节。接下来，给出 HDF5 格式文件的导入和导出操作方法。

注意：程序导出铺层时不考虑织物的纤维角度属性。因此，如果织物纤维角度属性被激活，则导出的力学属性可能不准确。

ACP 模型导出 HDF5 格式的窗口如图 3-7 所示。HDF5 格式文件的扩展名为 .h5。

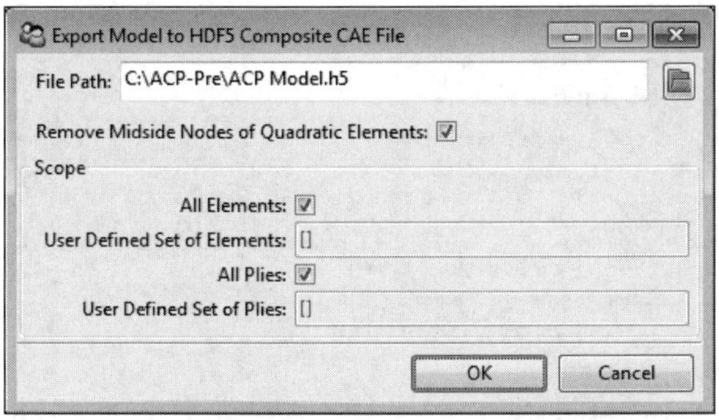

图 3-7　导出 HDF5 格式复合材料定义窗口

图 3-7 中，File Path 用于指定导出文件名和路径；Remove Midside Nodes of Quadratic Elements 在默认情况下，二次单元的中间节点不导出。Scope 区，All Elements 选项不选时，可以导出部分模型；User Defined Set of Elements 通过指定单元集或方向选择集，来限制导出的铺层范围；All Plies 默认所有铺层均导出，选项不选时可以指定导出的铺层范围；User Defined Set of Plies 用于指定导出的 Modeling Plies 或 Modeling Groups。

ACP 模块导入 HDF5 格式文件并将铺层信息映射到 ACP 模型中。如果来源 CAE 工具的参考面与 ACP 的不同，可能导致映射问题。例如，曲面上单元尺度的不同导致单元法向偏差，以及网格尺寸的变化导致的面内、面外节点位置的变化。

这些偏差可以通过合理的导入容差来解决。但是，大的导入容差也可能导致映射问题，特别是相交的网格模型，例如 T 型连接。如果容差过大，铺层边界不能准确复现来源 CAE 工具中的边界。

HDF5 格式文件的导入通过多个设置来控制，图 3-8 中给出了一个单元导入容差的说明。

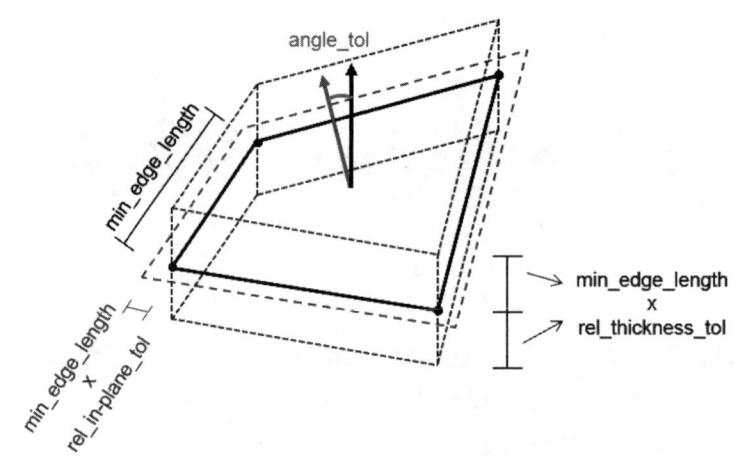

图 3-8　单个单元的容差设置策略

ACP 模型导入 HDF5 格式的窗口如图 3-9 所示。HDF5 格式文件的扩展名为.h5。

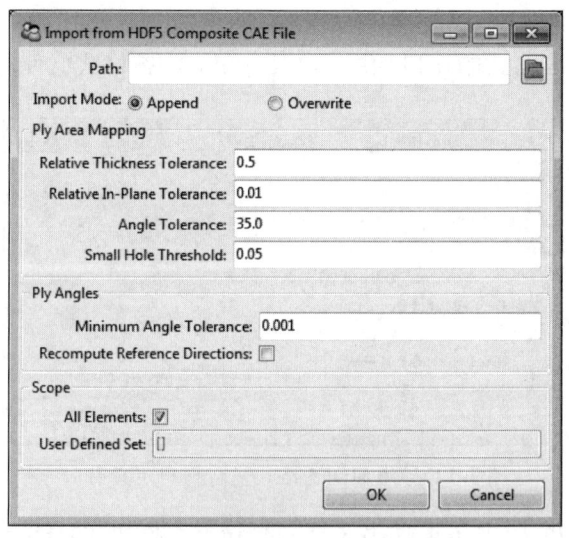

图 3-9　导入 HDF5 格式复合材料定义窗口

图 3-9 中，Path 用于指定导入文件名和路径。Import Mode 设置导入模式：Append 模式实现在现有模型基础上附加导入；Overwrite 模式则会替换现有的未锁定对象，新导入模型放置在现有铺层的顶部。Ply Area Mapping 区，有 4 个选项：Relative Thickness Tolerance（相对厚度容差），定义单元厚度方向相对于最小单元边长的映射容差；Relative In-Plane Tolerance（面内相对容差），定义单元面内相对于最小单元边长的映射容差；Angle Tolerance（角度容差）控制单元法向角度容差；Small Hole Threshold（小孔阈值），定义铺层或单元集中小于该阈值

乘以单元或铺层面积将被填充。Ply Angles 区有两个选项：Minimum Angle Tolerance（最小角度容差），控制导入铺层的修正角度表数据；Recompute Reference Directions（重计算参考方向），当该选项激活时，ACP 重新基于角度表数据计算参考方向。Scope 区，有两个选项：All Elements 选项，默认将.h5 文件中的铺层数据映射到 ACP 参考面上。如果取消 All Elements 选项，那么 User Defined Set 选项起作用，用户指定.h5 文件铺层数据映射到具体的单元集。

5. 由 Mechanical APDL 历史模型导入截面数据

Model 右键菜单 Import Section Data from Legacy Model 对应的窗口如图 3-10 所示，用于导入历史 Mechanical APDL 的复合材料壳模型，并将铺层信息转换为 ACP 复合材料定义。转换基于单元标签进行，即 ACP 模型和历史模型的网格要一一对应。

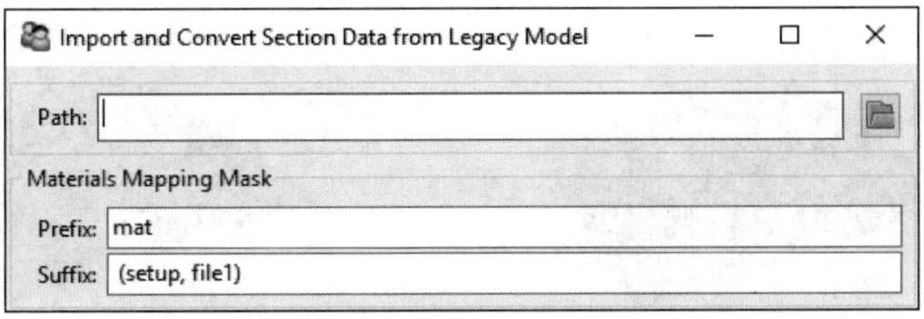

图 3-10 导入 Mechanical APDL 历史模型中的截面数据

窗口中 Path 参数用于定义要导入历史模型的文件路径。

注意：导入过程中 Workbench 项目不允许 ACP 在导入过程中添加材料数据到 Engineering Data，因此，需要提前在 Engineering 中创建或导入材料数据，以保障 ACP 正确解读历史模型中的截面数据。Workbench 项目页工具箱中的 External Model 组件可以方便地导入历史模型材料数据，但导入的材料数据 ID 会按照规则改变。

窗口中的 Materials Mapping Mask 区，有两个参数用来控制导入材料数据的名称规则。具体为：Prefix 指出 Workbench 历史模型材料 ID 前的字符串；Suffix 指出 Workbench 历史模型材料 ID 后的字符串。更进一步的解释见 3.3.3 节。

6. 单元基 vs 节点基厚度

默认情况下，ACP 使用单元基厚度，存储每一层和单元的厚度，即 ACP 模块中每一个单元的厚度是常数。这与 ANSYS 求解器的层合壳单元相符，因为层合壳单元不支持单元内部的变厚度。在应用基于几何或渐变边等几何特征时，ACP 默认使用单元基厚度在单元中心计算铺层厚度。另外，ACP 模块也提供节点基厚度选项，当启用节点基厚度选项时，ACP 将节点位置处的厚度作为单元基厚度的补充。这样做将损失一些性能，但带来了渐变厚度精度的提升。

单元基和节点基厚度解释的一个典型情况是铺层渐变，如图 3-11 所示。名义铺层覆盖整个平板。采用几何切割功能实现铺层渐变。图 3-11（a）采用单元基厚度计算右上角的两个标红色箭头的单元厚度为负值，程序将其忽略。图 3-11（b）采用节点基厚度计算，所有单元至少有一个节点厚度为正，图中蓝色箭头，此时 ACP 程序会给所有单元定义厚度。

图 3-11 中厚度定义的结果如图 3-12 所示。如果仅计算单元中心，那么图 3-12（a）中右上角的两个单元厚度为负，即铺层未铺敷。如果节点基厚度打开，那么图 3-12（b）中的所有单元均有铺层铺敷。此时，单元的厚度为节点基厚度的均值。

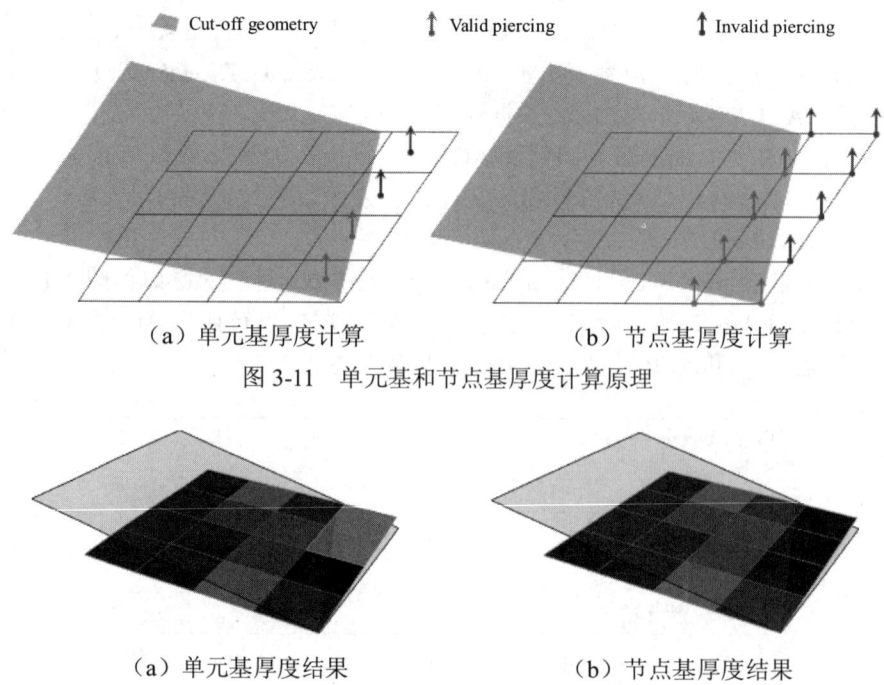

图 3-11 单元基和节点基厚度计算原理

图 3-12 单元基和节点基厚度计算结果

节点基厚度为壳模型的厚度定义带来了一定的益处，但也带来了一定的局限。当遇到将一个铺层映射到 T 型连接的 3 个单元时，节点基厚度无法正确计算。也就是说，铺层不能覆盖共享 1 条边线的 3 个单元。如图 3-13 中左侧 T 型方向选择集对应的铺层不支持节点基厚度。

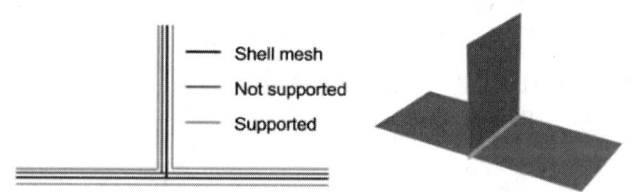

图 3-13 节点基厚度局限

节点基厚度的另一个益处体现在拉伸生成实体模型的情况。层合实体单元支持单元内的变厚度。图 3-14 给出了上述壳模型拉伸成实体单元的效果。对于单元基厚度，实体模型未覆盖整个区域。相比之下，节点基厚度的实体模型覆盖了整个区域，且更加准确地描述了单元内厚度的变化。

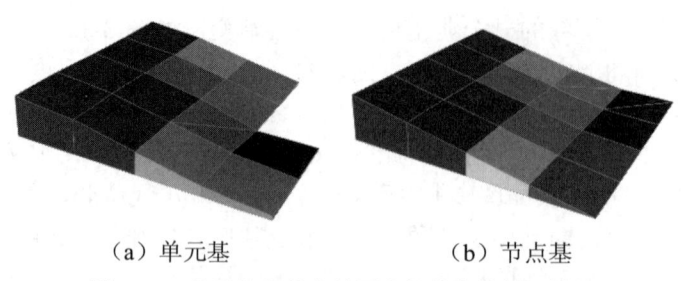

图 3-14 单元基和节点基厚度拉伸实体单元效果

采用节点基厚度，还有两个明显的益处，分别是：Tappered edge，采用节点基厚度能够准确表达 0 厚度的 Tappered edge，如图 3-15 所示；Cut-off selection rules with ply tapering，默认 tapering 采用单元基厚度拉伸时会引起波纹状网格，而节点基厚度则更光顺，如图 3-16 所示，未打开 snap-to 选项即实现了很好的光顺表面。

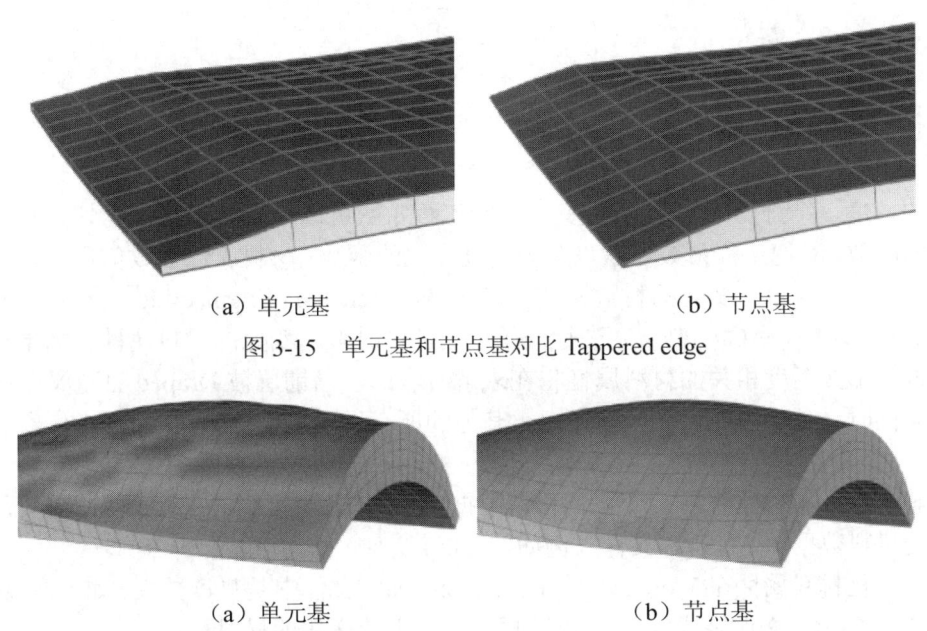

（a）单元基　　　　　　　　　（b）节点基

图 3-15　单元基和节点基对比 Tappered edge

（a）单元基　　　　　　　　　（b）节点基

图 3-16　单元基和节点基对比 Cut-off selection rules with ply tapering

3.1.2　材料数据（Material Data）

ACP 模块将材料分为 4 类：Material、Fabric、Stackup 和 Sub Laminate。Material 是 ACP 模块的材料属性库。Fabric 类是将 Materials 与给定厚度的铺层关联。Stackup 类是将 Fabric 组合成织物，例如[0 45 90]的组合。Sub Laminate 类用于将 Fabric 和 Stackup 组合成常用的层合板。

只有 Fabric 和 Material 完成定义，Stackup 或 Sub Laminate 才能进行定义。

1. 材料数据库 Materials

特征树上 Materials 数据库仅在 ACP 独立运行模式下能够进行编辑操作。而在 Workbench 下，材料数据的来源是 Workbench 的 Engineering Data。此时，在 Workbench 中 ACP 模块的数据库仅能进行浏览。

特征树 Materials 的右键菜单包含以下选项（图 3-17）：
- Create Material（仅支持 ACP 独立运行模式）用于打开 Material Properties 对话框以创建一个新的材料。
- Paste（仅支持 ACP 独立运行模式）用于将剪切板中的材料粘贴到材料数据库。
- Sort 用于将材料数据按照字母排序。
- Export 用于输出材料数据库中数据到.CSV 文件、ESAComp XML 文件，或 ANSYS Workbench XML 文件。

- Import（仅支持 ACP 独立运行模式）用于导入.CSV 或 ESAComp XML 文件。与 ESAComp 通过 ESAComp XML 文件交互数据的更多信息见 3.3.6 节。

图 3-17　ACP 独立运行模式 Material 类的右键菜单

材料的密度、纤维角度和应力-应变极限等工程常数可以设置为温度、剪切角和衰减因子等场变量的函数。其他工程常数可以设置为温度变化的函数。材料属性的数值通常按照材料对象的参考温度进行显示。变化的材料属性可以在 Workbench 的 Engineering Data 中进行编辑。

在 ACP 模块中，ACP（Post）进行失效准则评估时考虑变化的材料属性。如果求解中包含温度数据，那么温度相关的材料属性将在求解时考虑。当铺层被 Draped 且定义了剪切角相关的材料属性时，铺层的剪切效应被考虑。其他的所有场变量需要采用 Look-Up 表的形式进行定义。

在 Workbench 工作流程中，变化的材料数据与 ACP 进行交互。在 ACP 独立运行模式下，温度相关的材料数据由 ANSYS 文件（例如，.CDB 文件）中导入。

通用的变化材料属性在 Workbench Engineering Data 文件中是只读数据。如果在 ACP 模块中通过.CSV 或.XML 文件格式导入/导出数据，则不支持变化的材料数据。

Material Properties 材料属性对话框，如图 3-18 所示。其中包括：材料名称 Name；材料密度 ρ；铺层类型 Ply Type，控制适用的失效准则，以及拉伸实体网格的效果（例如，夹心结构的拉伸）；正交各向异性杨氏模量 E1、E2 和 E3 分别代表面内纤维方向、纤维垂向和面外方向；正交各向异性泊松比 v12、v13 和 v23 分别代表面内、纤维方向面外和纤维垂向面外；正交各向异性剪切模量 G12、G13 和 G23 分别代表面内、纤维方向面外和纤维垂向面外。其他的属性取决于当前激活的铺层类型。

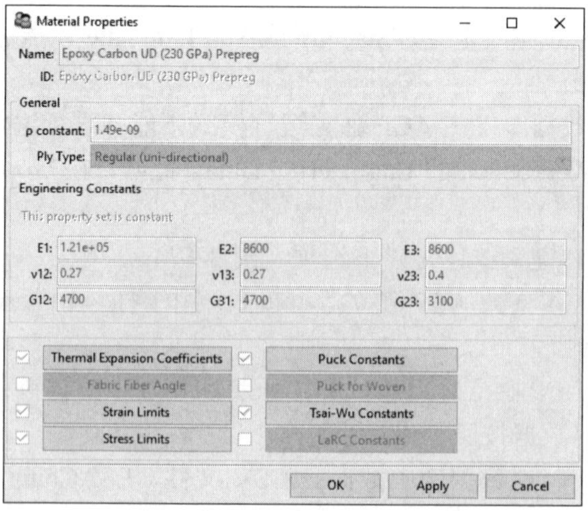

图 3-18　材料属性对话框

ACP 中铺层类型（图 3-19）包括：
- Adhesive 粘接胶，具有各项同性的力学属性和相应的失效准则。
- 蜂窝芯材 Honeycomb Core。
- 各向同性材料 Isotropic，采用 von Mises 准则。
- 各向同性均匀芯材 Isotropic Homogeneous Core。例如，各项同性的泡沫材料。虽然是各向同性芯材，但是需要定义正交各向异性的强度用于评估失效。
- 各向异性均匀芯材 Orthotropic Homogeneous Core。例如，具有正交各向异性属性的巴沙木。
- 单向带 Regular，即单向增强的材料。
- 未定义 Undefined，如果一个材料的类型为未知或未定义，那么铺层类型是未定义的。ACP 不对该材料进行后处理。
- 织物 Woven。

注意：Engineering Data 只能在 ACP（Pre）前处理中进行修改，在 ACP（Post）进行后处理时不能修改。

对于热应力分析，必须定义热膨胀系数和参考温度，如图 3-20 所示。其中：Reference Temperature（参考温度）即该温度下材料没有热应变；alpha X 为面内纤维方向热膨胀系数；alpha Y 为面内纤维垂向热膨胀系数；alpha Z 为面外热膨胀系数。

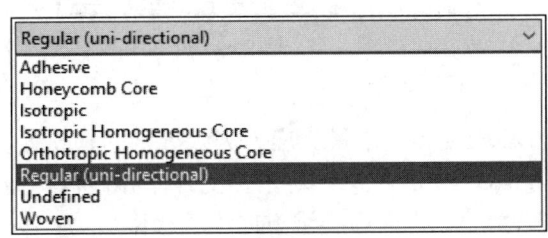

图 3-19 ACP 中的铺层类型

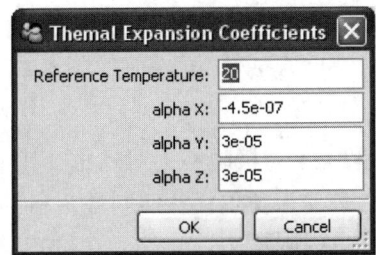

图 3-20 ACP 中材料热膨胀系数

如图 3-21 所示，Fabric Fiber Angle（织物纤维角度）指材料 1 方向和 Draped 纤维方向的夹角。如果未定义 Draping，那么 Draped 纤维方向与纤维方向重合。默认情况下，织物的纤维角度与材料 1 方向重合。ACP 中 45 度 Fabric 纤维角度的织物实例如图 3-22 所示。

图 3-21 ACP 中 Fabric 纤维角度

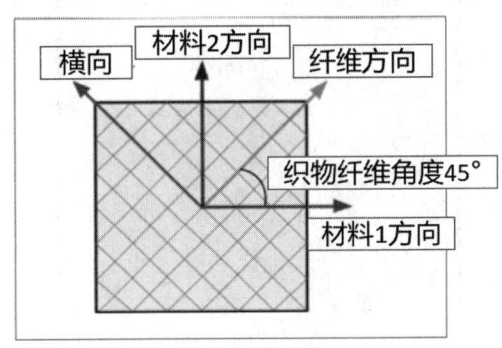

图 3-22 ACP 中 45 度 Fabric 纤维角度的织物实例

当织物纤维角度处于激活状态且非零时，用户需要根据材料方向定义材料属性，而不是织物方向。例如，E1 和 E2 分别指材料 1 和材料 2 方向的杨氏模量。然而，纤维方向在 ACP 中仍然是名义建模方向。用户可以通过高亮 Draped 纤维方向和材料 1 方向对比织物纤维角度。

图 3-23 为极限应变对话框。其中：各向异性极限应变用于最大应变失效准则的损伤计算，压应变必须为负值；各向同性材料的极限应变为 Von Mises 应变。对于正交各向异性材料需要定义 9 个极限应变，包括 5 个面内、4 个面外应变。eXc 为面内纤维方向压缩极限应变；eXt 为面内纤维方向拉伸极限应变；eYc 为面内纤维垂向压缩极限应变；eYt 为面内纤维垂向拉伸极限应变；eZc 为面外法向压缩极限应变；eZt 为面外法向拉伸极限应变；eSxy 为面内极限剪应变；eSxz 为纤维方向面外极限层间剪应变；eSyz 为纤维垂向面外极限层间剪应变。

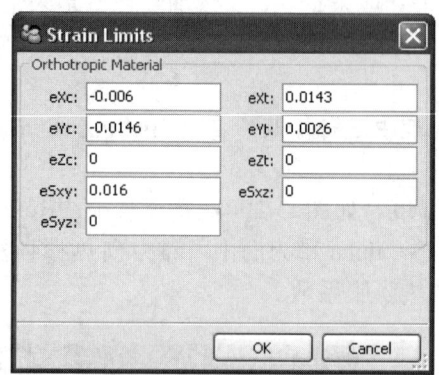
（a）各向异性

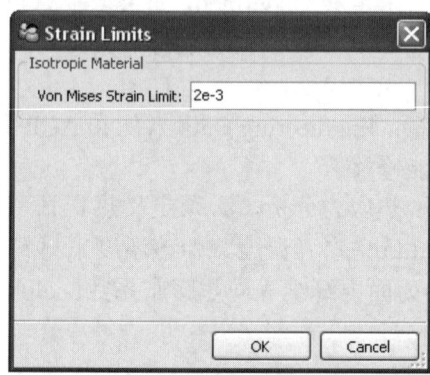
（b）各向同性

图 3-23　ACP 中材料的极限应变

图 3-24 为极限应力对话框。其中：各向异性极限应力用于最大应力失效准则的损伤计算，压应力必须为负值；各向同性材料的极限应力为 Von Mises 应力。对于正交各向异性材料需要定义 9 个极限应力，包括 5 个面内、4 个面外应力。Xc 为面内纤维方向压缩极限应力；Xt 为面内纤维方向拉伸极限应力；Yc 为面内纤维垂向压缩极限应力；Yt 为面内纤维垂向拉伸极限应力；Zc 为面外法向压缩极限应力；Zt 为面外法向拉伸极限应力；Sxy 为面内极限剪应力；Sxz 为纤维方向面外极限层间剪应力；Syz 为纤维垂向面外极限层间剪应力。

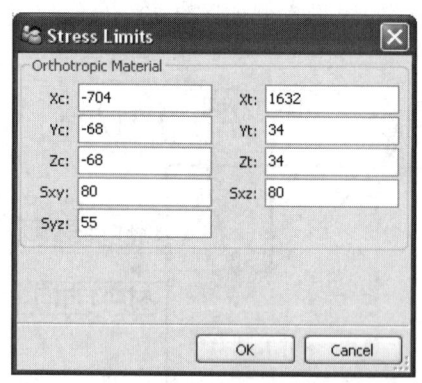
（a）各向异性

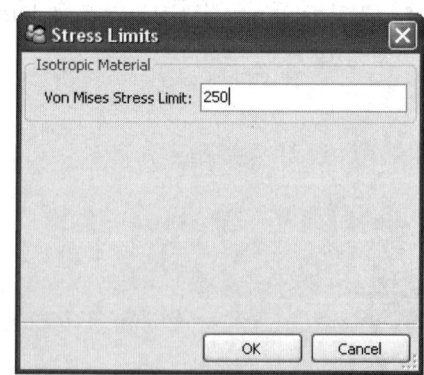
（b）各向同性

图 3-24　ACP 中材料的极限应力

图 3-25 为 Puck 失效准则参数，和材料类型相关。Material Classification 下拉菜单提供了预定义的 Puck 常数，也支持对其进行修改。其中：carbon 选项将设置碳纤材料默认的 Puck 常数；Glass 选项将设置玻纤材料默认的 Puck 常数；Material-specific 需要用户自定义 Puck 常数；Ignore Puck Criterion 不设置 Puck 常数。Puck 常数中：p21(+)为 XZ 方向拉伸倾角；p21(-)为 XZ 方向压缩倾角；p22(+)为 YZ 方向拉伸倾角；p22(-)为 YZ 方向压缩倾角；s 和 M 为衰减参数；Interface Weakening Factor 为界面弱化因子，对层间法向强度进行修正。

ACP 模块的 Puck for Woven 功能可以用于编织材料的 Puck 失效评估，如图 3-26 所示。ACP 中编织材料可以定义两个 UD 层。失效评估过程中，ACP 分别计算这两层材料的应力并进行失效评估。这两个 UD 层的铺层角度、工程常数、极限应力和 Puck 常数需要分别定义。

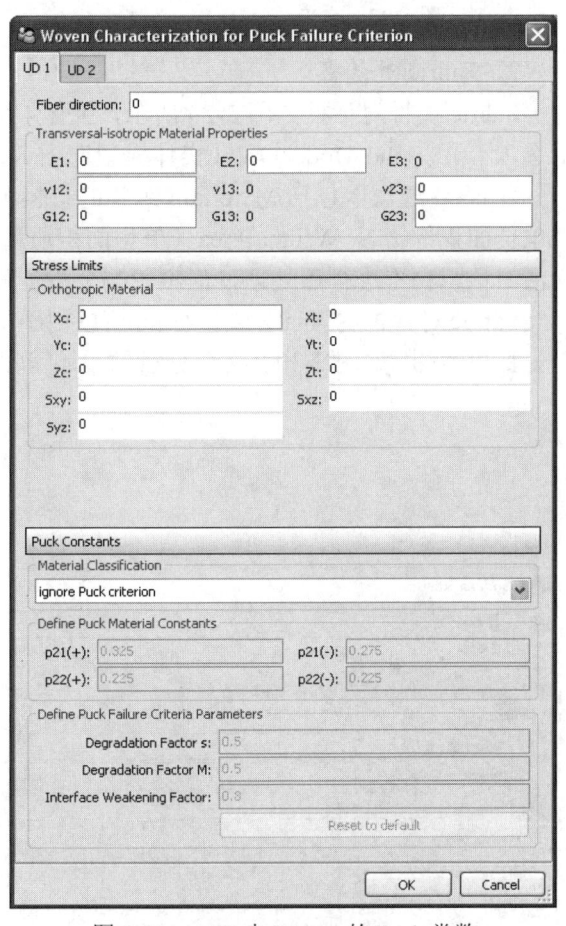

图 3-25　ACP 中 Puck 常数　　　　图 3-26　ACP 中 Woven 的 Puck 常数

注意：Puck for Woven 的设置不影响分析模型的计算，仅在后处理失效评估时起作用。

图 3-27 为 Tsai-Wu 常数。其中：$2F_{12}$=XY，默认值为-1；$2F_{13}$=XZ，默认值为-1；$2F_{23}$=YZ，默认值为-1。

图 3-28 为 LaRC 失效准则评估纤维和基体失效的参数。其中：Fracture Angle Under Compression 为 LaRC 纤维和基体失效使用的 α_0 值，默认为 53 度；Fracture Toughness Ratio 为 I 型和 II 型断裂韧性比例，用于纤维失效；Fracture Toughness Mode I 为 I 型断裂韧性；Fracture

Toughness Model II 为 II 型断裂韧性；Thin Ply Thickness Limit 为薄铺层厚度极限（Workbench 模式下默认为 0.7mm）。

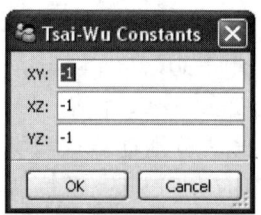

图 3-27　ACP 中 Tsai-Wu 常数

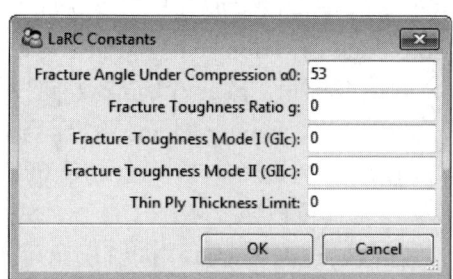

图 3-28　ACP 中 LaRC 常数

2. Fabric 对话框

Fabric 属性对话框如图 3-29 所示，包含 4 个选项卡：General（通用选项卡）；Analysis（分析选项卡）；Solid Model Opt（实体模型选项卡）；Draping（铺敷性分析选项卡）。

General 选项卡包括 Material（织物的材料种类）；Thickness（织物铺层的厚度）；Price/Area（单位面积价格）；Weight/Area（单位面积质量）；Ignore for Post-Processing（后处理选项），激活时该织物不进行后处理，但不影响分析计算。

Fabric 对话框的 Analysis 选项卡，可以用于根据经典层合板理论得到的织物 Polar Properties 极坐标属性图，如图 3-30 所示。分析结果还可以通过 ▣ 输出为图片，通过 ➡ 输出到 .csv 文件。

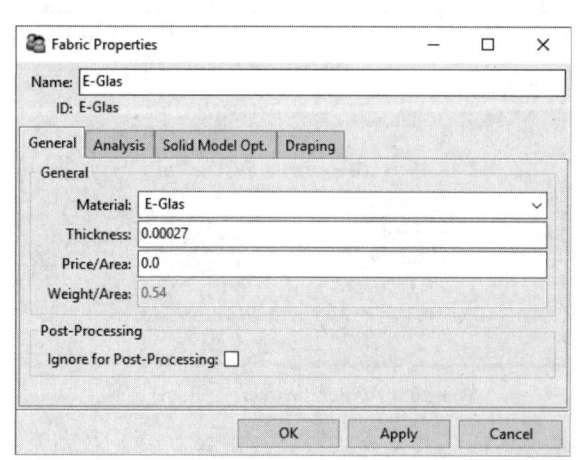

图 3-29　Fabric 定义对话框

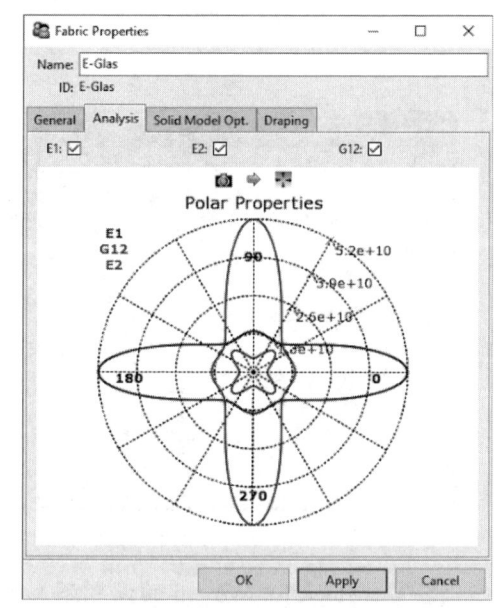

图 3-30　Fabric 定义对话框的 Analysis 选项卡

Solid Model Opt. 选项卡用于指定该织物铺层存在 Drop-Off 和 Cut-Off 时生成实体单元的材料，如图 3-31 所示。实体模型生成过程中，Drop-Off 和 Cut-Off 材料的处理由 Fabric 或 Stackup 定义、全局设置以及实体模型拉伸定义 3 个设置共同决定。

注意：Fabric 和 Stackup 的 Solid Model Opt. 选项卡的功能是一样的。

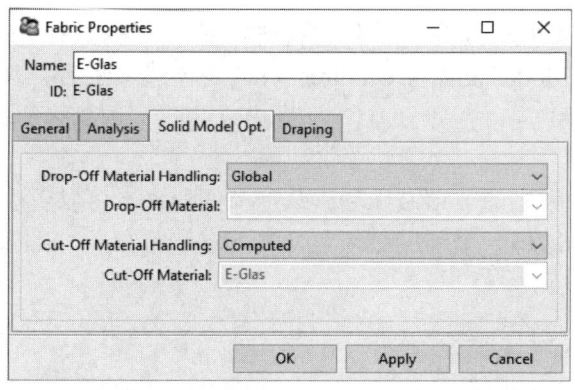

图 3-31　Fabric 定义对话框的 Solid Model Opt.选项卡

Solid Model Opt.具体的选项为：
- Drop-Off Material Handling，掉层材料处理。默认情况为 Global，ACP 根据 Solid Model Properties 设置的全局掉层材料进行处理。当选择 Custom 自定义时，由 Drop-off Material 下拉菜单选择该织物掉层时填充的材料。
- Drop-off Material，掉层材料下拉列表，当 Drop-off Material Handling 设置为 Custom 时激活。
- Cut-off Materal Handling，切割材料处理。默认 Computed 选项，Fabric 或 Stackup 材料用于分析铺层的拉伸。然而，当单元指向多个铺层时，将不考虑单个分析铺层，而使用全局设置。Global 选项，则以 Solid Model Properties 全局选项为准。Custom 选项，用户根据 Cut-off Material 下拉列表自定义切割材料。
- Cut-off Material，切割材料下拉列表，当 Cut-off Material Handling 设置为 Custom 时激活。

图 3-32 给出了 Fabric 的 Draping 铺敷性设置选项卡。如果在建模铺层中激活了 Draping 选项，那么织物的 Draping 选项卡将起作用。

注意：Fabric 和 Stackup 的 Draping 选项卡的功能是一样的。

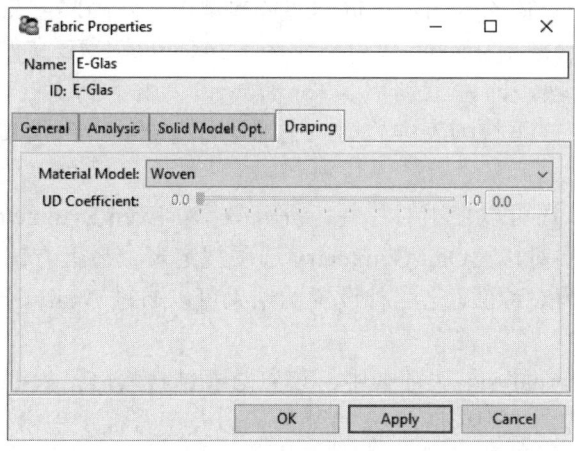

图 3-32　Fabric 定义对话框的 Draping 选项卡

Draping 选项卡有 2 个选项，Material Model 为 Draping 模拟中采用的材料模型，有 Woven

（默认）或 Unidirectional 两个选项。此处的材料模型与织物材料的 Ply Type 相互独立。UD Coefficient，当 Material Model 设置为 Unidirectional 时该选项激活。参数值在 0 和 1 之间，控制横向 Draping 的变形量。

3. Stackup 对话框

Stackup 是包含铺敷顺序的非褶皱织物。从产品的角度看可以看成一层。从分析角度看，包含多层。组成 Stackup 的每一个铺层必须包含 Fabric 和方向角。Stackup 的 General 属性对话框如图 3-33 所示。

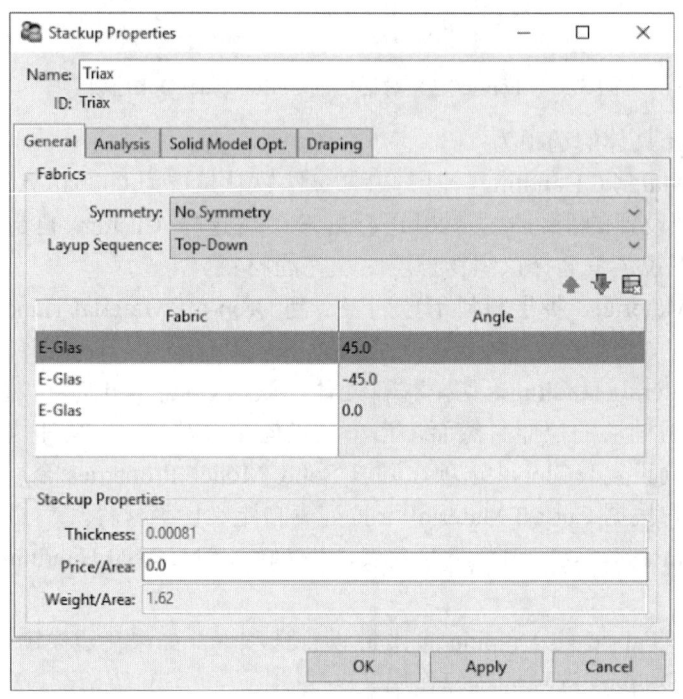

图 3-33　Stackup 的 General 属性对话框

Stackup 与单一铺层织物的区别是单价和实体模型选项。因此，在 Stackup 对话框中，可以重新定义单位面积的价格。Stackup 可以导出为 ESAComp XML 文件。

铺敷顺序有两个选项，即由上到下（Top-Down）、由下到上（Bottom-Up）。例如选择 Top-Down 选项时，图 3-33 下拉列表中的第一个铺层首先被铺敷到模具表面，其他铺层放在该铺层上面。

在定义 Stackup 时，还可以使用对称性，提高效率。Even Symmetry 选项规定对称轴在铺层表上方，表内所有铺层对称。Odd Symmetry 选项规定表中最上方铺层不参与对称。因此，表中最上方铺层的中面为对称面。这两种设置的结果可以通过 Analysis 选项卡检查，如图 3-34 所示。

在 Stackup 属性的 Analysis 选项卡中，可以查看铺敷顺序，根据经典层合板理论，计算 Stackup 的刚度/柔度矩阵，正则化刚度/柔度矩阵，以及层合板工程常数，如图 3-35 和图 3-36 所示。分析结果还可以通过 输出为图片，通过 输出到.csv 文件。可以对铺层分布使用鼠标进行平移和缩放，使用 恢复到合适的视图。

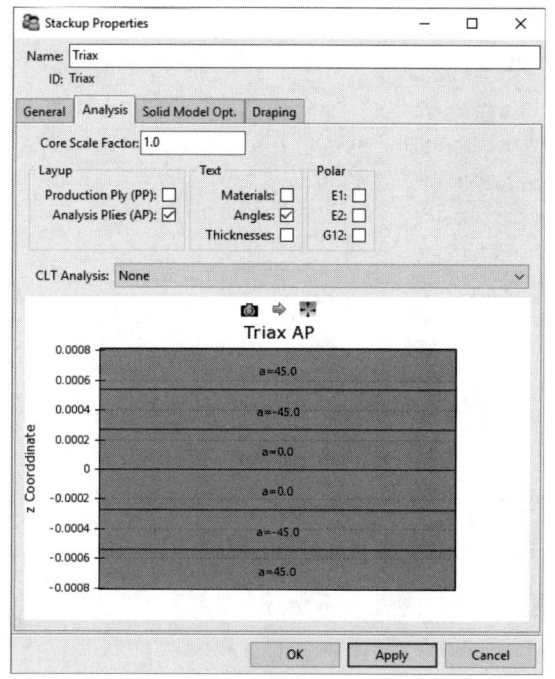
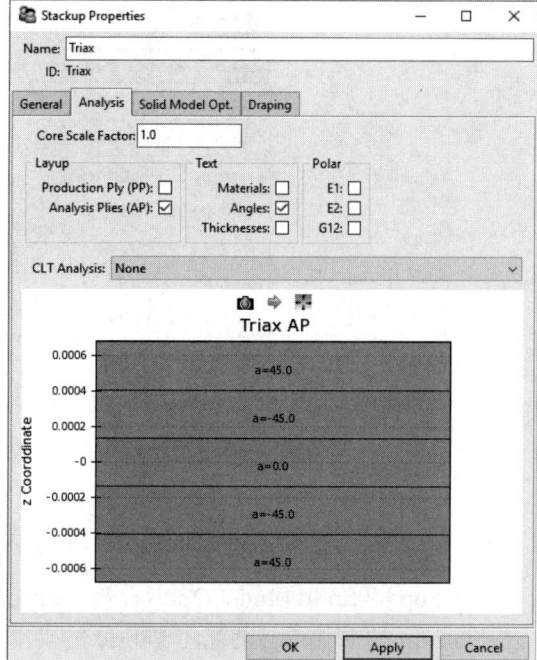

（a）Even 对称　　　　　　　　　　　　　　（b）Odd 对称

图 3-34　Stackup 的对称设置

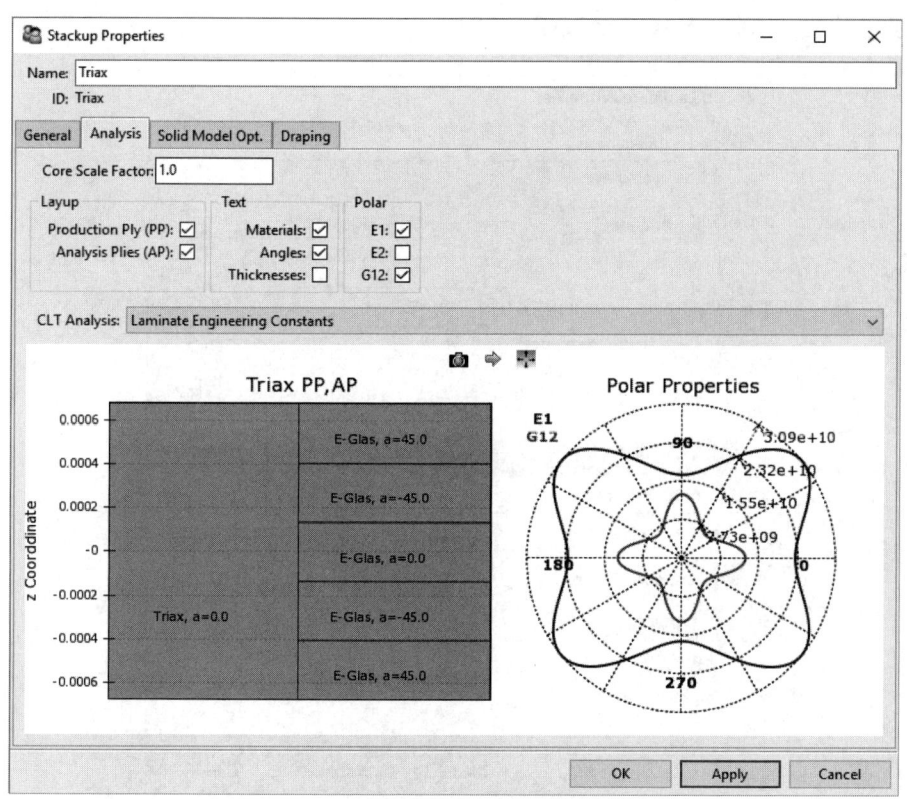

图 3-35　Stackup 的 Analysis 选项卡铺层信息和极坐标属性

Properties	
Flexural Laminate Shear Stiffness	1.31152e+10
Flexural Laminate Stiffness E1	1.49836e+10
Flexural Laminate Stiffness E2	1.47689e+10
Laminate Shear Stiffness	1.28228e+10
Laminate Stiffness E1	2.26953e+10
Laminate Stiffness E2	1.67163e+10
Out of Plane Shear G23	2.29488e+09
Out of Plane Shear G31	2.2895e+09
Shear Correction Factor k44 (G23)	0.655681
Shear Correction Factor k55 (G31)	0.654142

图 3-36 Stackup 的 Analysis 选项卡 CLT 分析层合板工程常数

Stackup 的 Solid Model Options 与 Fabric 的功能相同，这里不再赘述。

Stackup 的 Draping 设置与 Fabric 的功能相同，这里不再赘述。

4. Sub Laminate 对话框

Sub Laminate 由 Fabric 和 Stackup 按照一定的角度和顺序组成，用于后续产品铺层定义，提高效率。Sub Laminate 的 General 属性窗口如图 3-37 所示。与 Stackup 相同，可以选择铺层顺序、对称性以及导出到 ESAComp XML 文件。

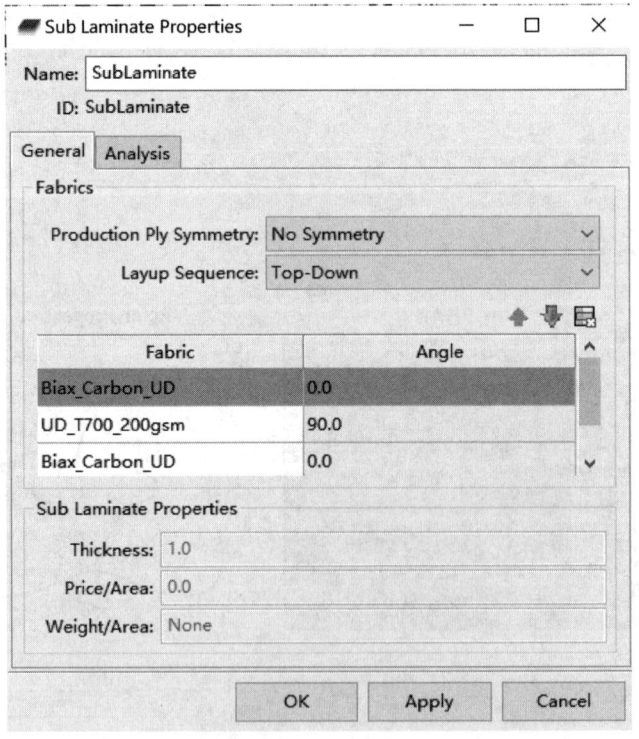

图 3-37 Sub Laminate 的 General 属性窗口

注意：如果在 Sub Laminate 的定义中使用了 Stackup 和 Symmetry，那么 Stackup 不会在铺层表中反向。例如，对于一个名为 S1 的 Stackup 铺层为[45,-45,0]，在 Sub Laminate 定义中使用 S1 偶数对称，即[S1]s，那么 Sub Laminate 的铺层顺序为[45,-45,0,45,-45,0]，而不是[45,-45,0,0,-45,45]。

3.1.3 单元和节点集（Element and Edge Sets）

ACP 模块通过单元集（Element Sets）和节点集（Edge Sets）对复合材料结构有限元模型进行控制，是铺层定义的基础。ACP 模块自动导入 Mechanical 界面定义的 Named Selections、Mechanical APDL 界面定义的 Components 单元集和节点集，导入的名字不变与原模块相同。

注意：Mechanical 中的单元集或节点集 Named Selection 更改时，必须更新模型，以使新的集合传递到 ACP 模块。

ACP 模块的单元集也可以通过手工选择具体的单元来定义。这类单元集与单元编号相关联，如果在原始模型进行网格重划分，那么单元集需要重新定义。通过单元集的右键菜单可以实现属性查看、更新、显示/隐藏、复制、粘贴、删除、输出单元集边界到 STEP/IGES 文件、单元集分割。

图 3-38 为单元集属性和右键菜单，单元集属性窗口包括以下选项：

- Middle Offset，中面选项。如果该选项被激活，那么铺层定义将在单元的中面。铺层定义不受影响，例如方向选择集的定义。Solid Model extrusion 和 Draping Offset Correction 不支持 Middle Offset 设置。检查 Middle Offset 的方法是使用 Section Cut 或 Sampling Point。
- Operation，操作选项，用于添加或去除列表中的单元。
- Mode，模式选项。定义鼠标拖曳选择的效果。Box on Surface 仅选择可见单元。Box Prism，选择框内所有单元，深度选择。Point，选择拾取位置的单元。

单元集的右键菜单具体功能为：

- Properties，打开单元集的属性窗口。
- Update，将改变更新到数据库。
- Hide/Show，隐藏或显示单元集，隐藏的单元集在 Scene 中不可见。
- Copy，复制选择的单元到剪切板。
- Paste，将剪切板中单元粘贴到单元集。
- Delete，删除选定的单元集。
- Export Boundaries，导出单元集的边线到 STEP 或 IGES 文件。
- Partition，利用几何分割单元集，例如，3 个单元共享一条边线的情况。

ACP 模块的节点集也可以通过手工选择具体的节点，或者通过参考已定义的单元集来定义。节点集属性窗口如图 3-39 所示。

Edge Set Type 定义了节点集的定义方式。包括：By Reference 方式，使用现有单元集来定义节点集，此时 Element Set 和 Limit angle 选项激活；By Nodes 方式，手动选择节点定义节点集。

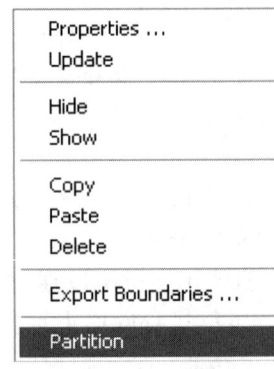

（a）属性　　　　　　　　　　　　　　　　（b）右键菜单

图 3-38　单元集属性和右键菜单

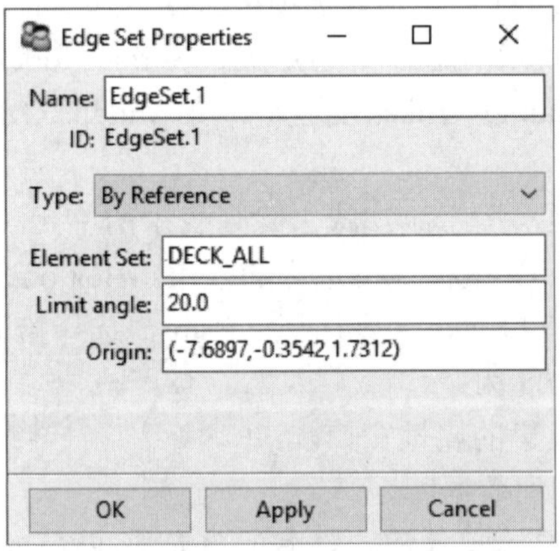

图 3-39　节点集属性

采用 By Reference 方式时，Element Set 定义节点集的基础单元集。Limit angle 节点集沿着指定的原点向两个方向延伸，直到相邻单元的夹角大于极限角。如果极限角为负值，那么选定单元集的整个边界作为节点集。Origin 定义节点集的起点。

3.1.4　几何（Geometry）

ACP 模块的 Geometry 用于复合材料前处理过程中定义复杂铺层。典型应用是：通过导入的几何文件定义变厚度芯材层；与 Cut-off Rules 联合使用，通过 CAD 表面模型控制铺敷区域；作为实体单元模型生成的拉伸向导、对齐的基准和切割的工具。

ACP 模块的 CAD 文件可以通过在 Workbench 项目页新建 Geometry 工作流与 ACP（Pre）工作流的连接，或者直接导入 IGES 或 STEP 格式的文件来新建。CAD 几何可以是表面、三维实体、装配体。ACP 模块 Geometry 子节点 Virtual Geometries 用于导入 CAD 模型的组织。后续基于几何模型应用都是采用 Virtual Geometries，而不是导入的 CAD Geometries，如图 3-40 所示。

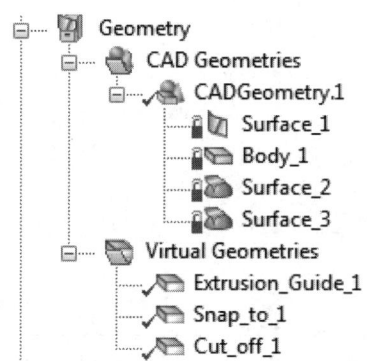

图 3-40 ACP 模块中的 CAD 几何和虚几何

ACP 模块有两种方式导入外部几何：
- 直接导入 ACP 模块。该选项直接导入 CAD 文件并放入 Workbench 项目文件夹的 user_files 目录。任何对原始几何的更改不会传递到 ACP 模块。
- Workbench 项目页选择 ACP 分析系统的 Setup 并选择 Load Model Properties 选项。该选项的优点是几何可以在 Workbench 的 DesignModeler 或 SpaceClaim 中进行更新。

无论采用哪种方式，当项目存档或恢复时，几何信息都是完整的。

注意：由 SpaceClaim 导入时，所有几何都会导入到 ACP。包括 Suppress for Physics 选项激活的几何体。

当 CAD 几何处于更新的状态时，导入的 CAD 几何处于显示状态。如果导入的 CAD 几何是一个装配体，那么特征树 CAD Geometry 下会有多个零件。不同类型零件的图标不同，包括：Face，单个面；Surface，单个面体；Solid，单个体；Compound，多个相互连接的面或体。

ACP 模块直接导入 CAD 几何的界面如图 3-41 所示。可以指定：
- Name，导入对象存储到数据库中的名称。
- External Path，导入几何文件的外部路径。
- Refresh，由外部路径重新加载文件，文件被指定复制到 Workbench 项目文件夹。
- Scale factor，缩放因子用于全局坐标系下缩放模型，实现 CAD 几何的单位制转换。
- Precision，导入几何的精度设置，影响相交及其他几何运算的结果。
- Offset，设置与 CAD 几何相关运算的捕捉容差值。
- Use Default Offset，使用默认偏置，布尔运算使用 10%平均单元尺寸。
- Visualization color，显示导入几何的颜色。
- Transparency，设置导入几何的透明度。

装配体应由一个.STP 文件导入，而不是包含链接的文件。

ACP 模块通过 Workbench 项目页导入 CAD 几何的界面如图 3-42 所示。相比于直接导入 CAD 模型，采用这种方式导入的 CAD 模型的优势是：单位自动转换到 ACP 模块的单位制；当 CAD 模型在 DesignModeler 或者 SpaceClaim 模块更新后，ACP 模块可以自动更新。

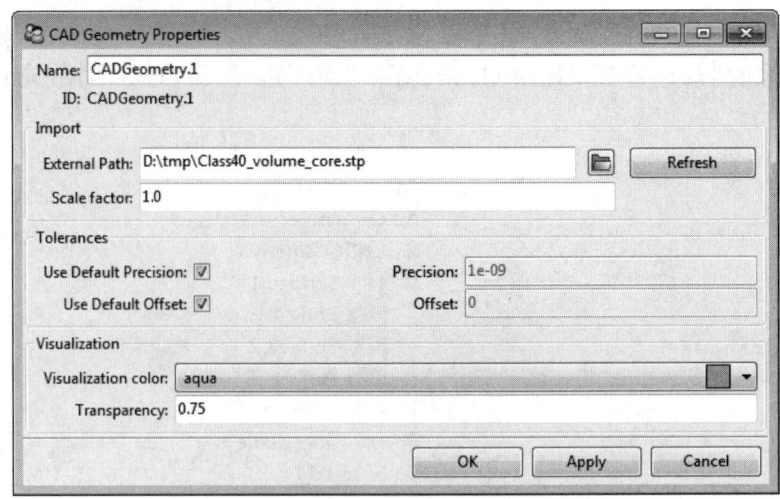

图 3-41　ACP 模块直接导入几何设置界面

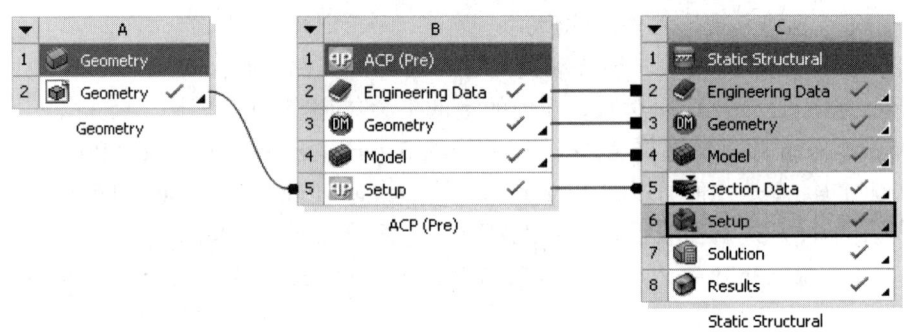

图 3-42　ACP 模块几何导入流程

Virtual Geometries 的定义有 3 种方式：

（1）直接由 CAD 模型的右键菜单，选择 Create new Virtual Geometry 进行新建，如图 3-43 所示。

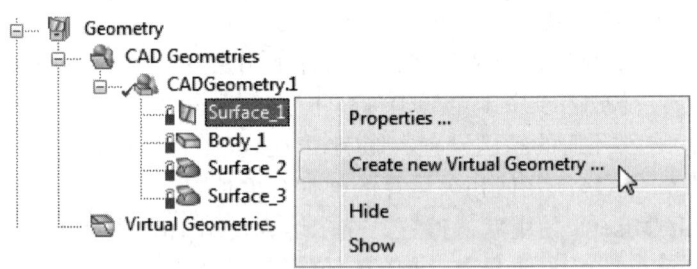

图 3-43　虚拟几何创建方式 1

（2）在 Virtual Geometry Properties 属性框打开时，在特征树中选择多个 CAD 模型，如图 3-44 所示。

（3）在 Virtual Geometry Properties 属性框打开时，在场景窗口选择多个面进行定义，如图 3-45 所示。

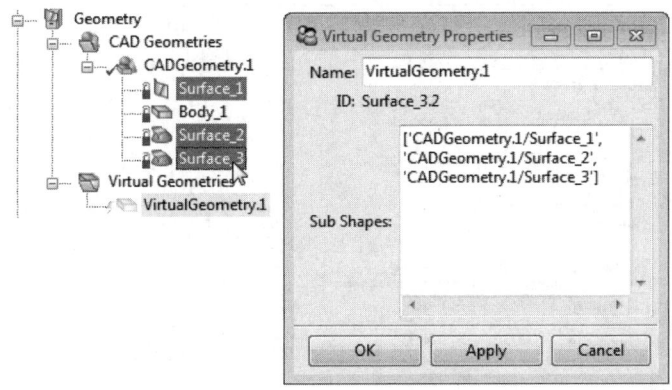

图 3-44　虚拟几何创建方式 2

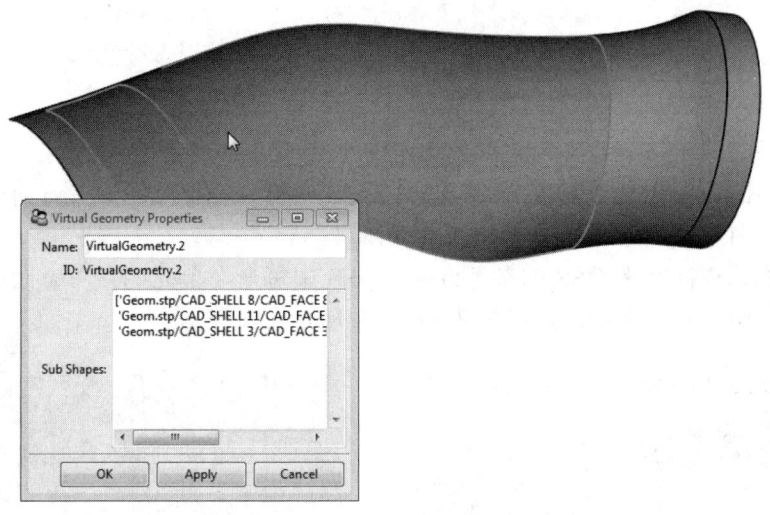

图 3-45　虚拟几何创建方式 3

3.1.5　坐标系（Rosettes）

ACP 模块中坐标系用于定义方向选择集的参考方向。Mechanical 模块定义的坐标系自动导入到 ACP 模块。ACP 模块中还可以手动定义新的坐标系。

ACP 模块中的坐标系包含 5 种：平行坐标系（Parallel）、径向坐标系（Radial）、圆柱坐标系（Cylindrical）、球坐标系（Spherical）和随边坐标系（Edge Wise）。

坐标系的定义包含原点（Origin）和两个方向向量（Direction），如图 3-46 所示。原点坐标通过选择单元、节点或者输入坐标值 3 种方式定义。选择单元时，原点坐标使用该单元的中心点坐标。方向向量的定义可以通过以下方式实现：选择某一个单元，此时，单元的法向作为方向向量；选择一个单元之后，按住键盘 Ctrl 键的同时，再选择一个单元，那么这两个单元中心的连线方向确定了一个方向向量；直接输入方向向量。

在方向选择集（OSS）定义过程中，可以选择多个坐标系。方向选择集的 Selection Method 控制坐标系起作用的方式。具体某一个单元的参考方向通过坐标系到该单元的投影来确定。不同的坐标系类型都可以确定单元的参考方向。

图 3-46 坐标系定义界面

平行坐标系类似于笛卡儿坐标系，其 X 轴作为单元集的参考方向。

径向坐标系的径向定义 OSS 的参考方向。OSS 中每一个单元的参考方向通过坐标系原点到该单元中心的向量来确定，如图 3-47（a）所示。

圆柱坐标系的周向定义 OSS 的参考方向。OSS 中每一个单元的参考方向由单元中心点按照右手定则确定切向向量来确定，如图 3-47（b）所示。

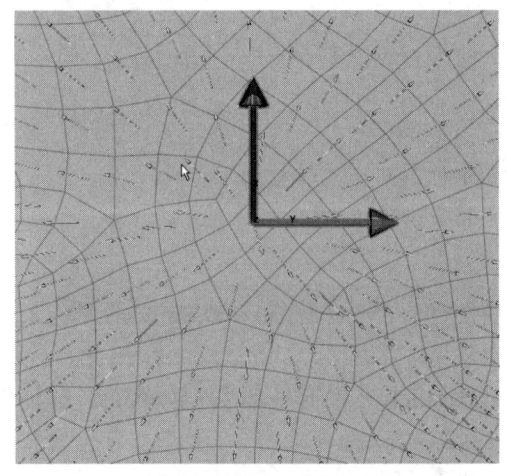 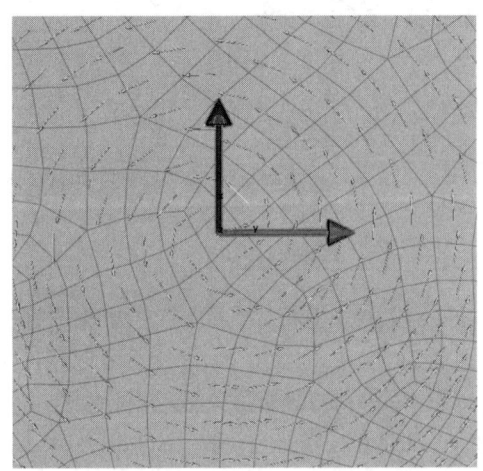

（a）采用径向坐标系定义的 OSS　　　　　　（b）采用圆柱坐标系定义的 OSS

图 3-47 坐标系的应用 1

采用球坐标系定义参考方向的 OSS 中，每一个单元的参考方向由该单元中心绕球坐标系 Z 轴的切向向量确定，如图 3-48（a）所示。

随边坐标系的定义需要通过节点集来实现。参考方向通过坐标系的 X 方向和节点集路径的投影确定。OSS 中每一个单元的参考方向通过距离该单元中心最近的边的方向来确定，如图 3-48（b）所示。

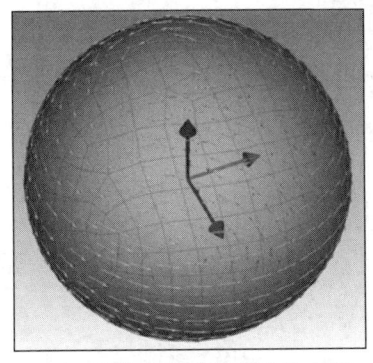
（a）采用球坐标系定义的 OSS

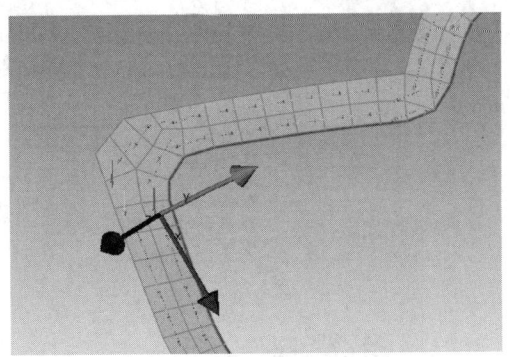
（b）采用随边坐标系定义的 OSS

图 3-48　坐标系的应用 2

3.1.6　插值表（Look-up Tables）

ACP 模块中插值表用于通过表格定义铺层厚度、选择规则和场变量定义等。插值表中包含了指定三维空间或沿着某一方向点的标量或向量值。插值表有一维线性插值（1D）和三维空间插值（3D）两种。

插值表至少包含一列位置信息。插值表可以通过.xls 或.CSV 文件导入和导出。

注意：插值表的行不能在 ACP 的图形用户界面进行添加或去除，只能改变单元格中的数值。以下 3 种方式可以去编辑插值表：

- 使用 Excel 链接进行，Windows 系统中的最方便的编辑方式。
- 使用.CSV 文件，Linux 系统下比较方便的编辑方式。
- 使用 ACP 模块的 Python 脚本接口，插值表数据编辑的第 3 种方式。

1. Excel 链接

以 3D 插值表为例，设置如图 3-49 所示。

（1）在特征树右键单击 Look-Up Tables 节点，并在右键菜单中选择 Create 3D Look-Up Table，如图 3-49（a）所示。

（2）包含 x、y、z 三列位置信息的新 3D 插值表如图 3-49（b）所示。

（3）右键单击新插值表，右键菜单选择 Create Direction Colums，创建方向列，如图 3-49（c）所示。

（4）新的插值表新增了 3 列用于定义向量的分量，如图 3-49（d）所示。

（5）使用 Excel 填充插值表，确认数据最后为 END DATA 和 END TABLE 行，如图 3-49（e）所示。

（6）使用 ACP 模块的 Excel Link 导入和导出插值表数据，如图 3-49（f）所示。

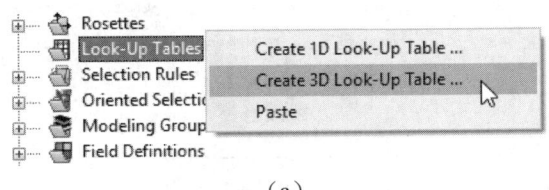

（a）

图 3-49　使用 Excel Link 的 3D 插值表定义

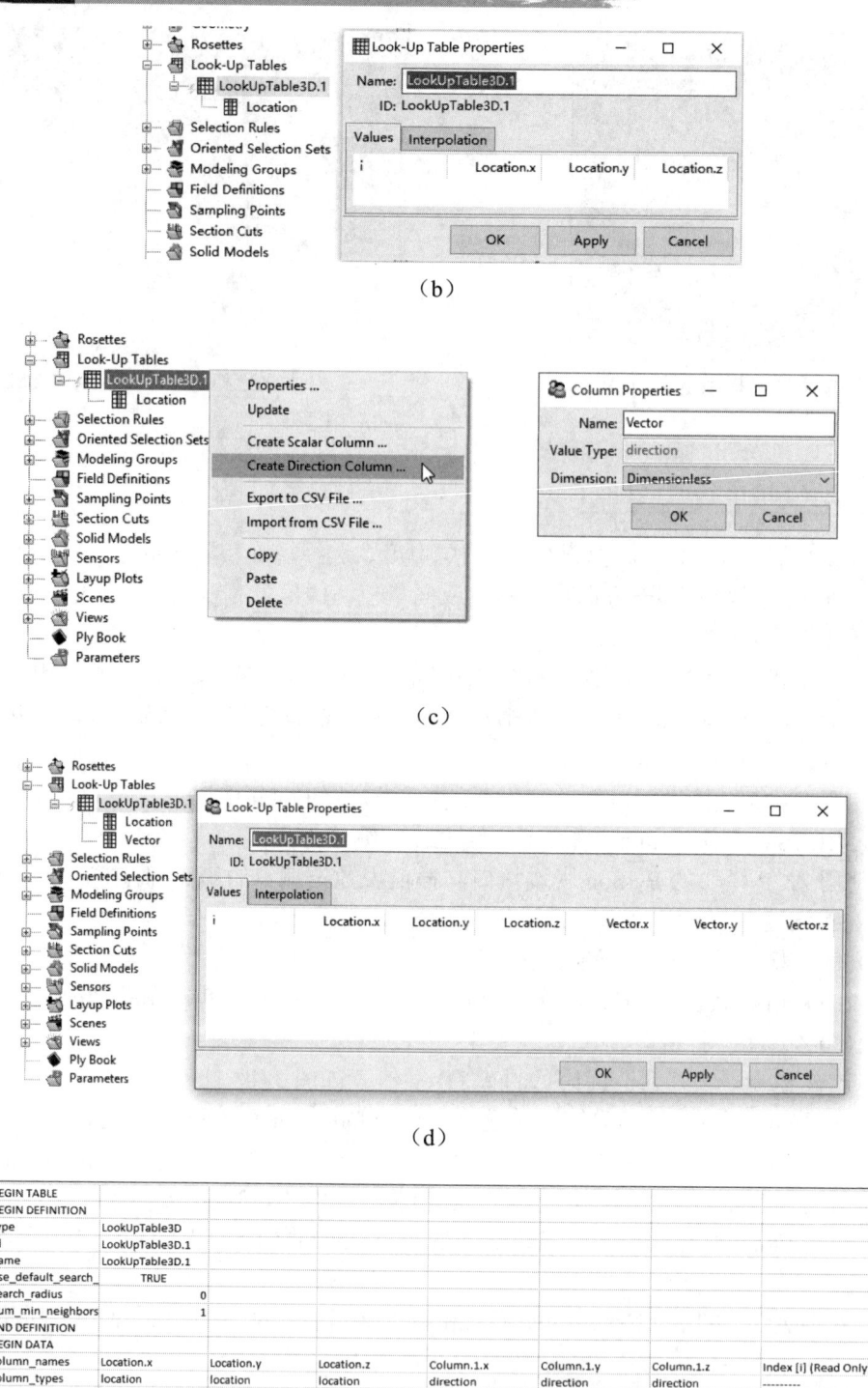

图 3-49　使用 Excel Link 的 3D 插值表定义（续）

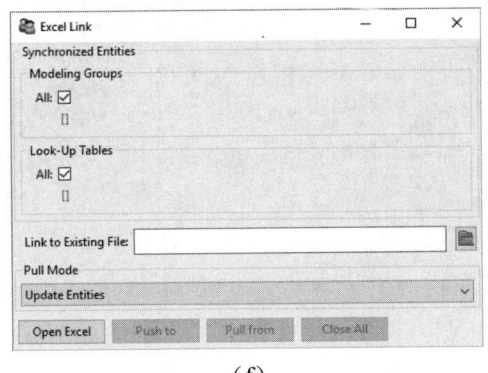

(f)

图 3-49 使用 Excel Link 的 3D 插值表定义（续）

2. CSV 文件

使用.CSV 文件创建插值表的流程与 Excel Link 创建插值表的流程相同，都是创建插值表、添加列、导出到 CSV、填充数据并最后导入 ACP。

以 1D 插值表为例，步骤如图 3-50 所示。

（1）在特征树右键单击 Look-Up Tables 节点，并在右键菜单中选择 Create 1D Look-Up Table，如图 3-50（a）所示。

（2）包含 1 列位置信息的新 1D 插值表，需要指定原点和方向，如图 3-50（b）所示。

（3）右键单击新插值表，右键菜单选择 Create Scalar Colums，创建标量列，如图 3-50（c）所示。

（4）右键单击插值表，右键菜单选择 Export to CSV File，将空的插值表导入到.CSV 文件，如图 3-50（d）所示。

（5）使用编辑器或表格程序填充插值表，如图 3-50（e）和图 3-50（f）所示。

（6）在 ACP 模块中右键单击插值表，右键菜单选择 Import from CSV File，将填充完成的插值表由.CSV 文件导入，如图 3-50（g）所示。

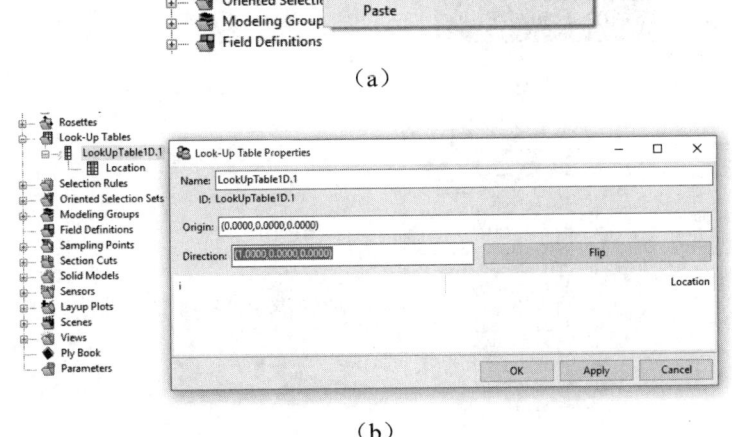

图 3-50 使用.CSV 文件的 1D 插值表定义

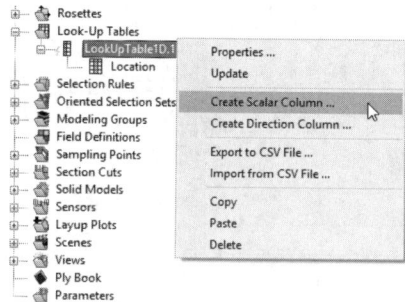
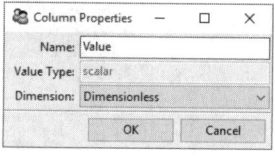

（c）

（d）

（e）

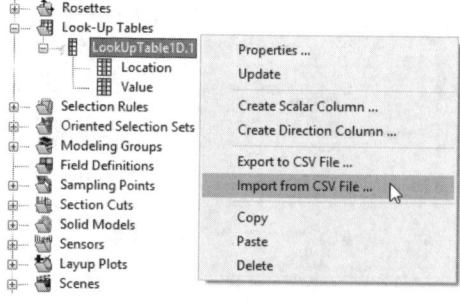

（f）

（g）

图 3-50　使用 .CSV 文件的 1D 插值表定义（续）

3. Python 脚本

以 1D 插值表定义为例，Python 脚本为：

```
table = db.active_model.create_lookup_table1d(name='LookUpTable1D.1')
table.origin=(0.0, 0.0, 0.0)
table.direction=(1.0, 0.0, 0.0)
table.create_column(name='Value', type='scalar')
table.dimensions=['length', 'dimensionless']
table.columns['Location'].values = [0., 1., 2., 3.]
table.columns['Value'].values = [0., 1., 2., 3.]
```

4. 1D 插值表

1D 插值表用于定义标量或向量在某一方向上的变化。例如，方向选择集参考方向、Draping 角度、铺层厚度。

1D 插值表包括原点、方向向量和至少 1 列沿给定方向变化的量。位置点可以按照任意顺序定义。ACP 会自动对数据进行排序。同时，可以通过相同的位置点来实现阶跃函数的定义。ACP 将定义的物理量的值线性插值到单元中心。ACP 的 1D 插值表使用标量积将单元中心与插值表原点间的向量投影到插值表方向向量上，并插值对应点的物理量数值，原理如图 3-51 所示。

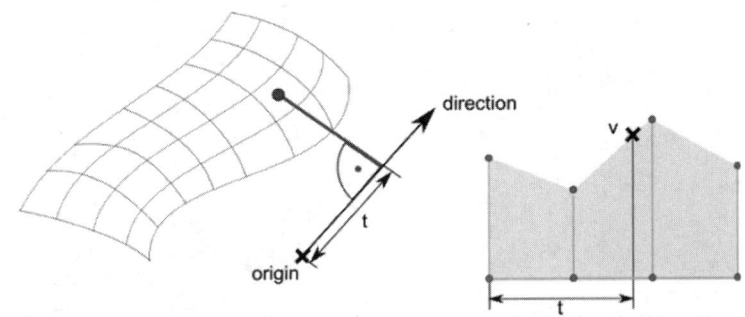

图 3-51 1D 插值表函数示意图

5. 3D 插值表

3D 插值表的用途与 1D 插值表相同，其属性对话框如图 3-52 所示。插值表中的数值通过内插或外插的方法映射到单元中心位置。插值算法为 Shepard 法，也称为三维反距离加权插值。插值选项卡有两个控制参数。默认情况下 ACP 自动确定插值半径，最少插值点为 1。3D 插值表属性对话框如图 3-52 所示。

Interpolation 选项卡的两个插值参数含义是：

- Search Radius，如果单元的中心包含在搜索半径范围内，那么才进行插值。
- Min.Number of Interpolation Points，如果搜索半径范围内无单元，那么 Search Radius 会自动增加以确保在搜索半径范围内至少有一个插值点。

注意：如果 3D 插值表中包含无实际意义的数值，例如 NAN 或空格，那么这些位置会在插值算法执行之后自动更新。

6. 列属性

插值表的数据列量纲必须被正确设置，以便 ACP 能够正确地进行单位转换。列属性可以通过特征树对应列的右键菜单进行编辑，如图 3-53 所示。

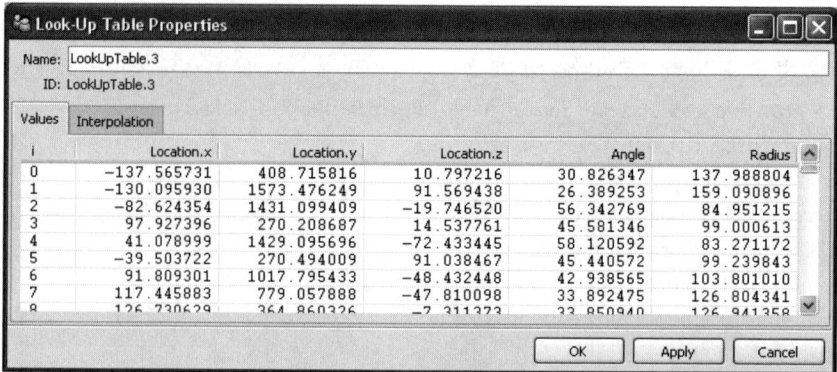

(a)

(b)

图 3-52 3D 插值表属性对话框

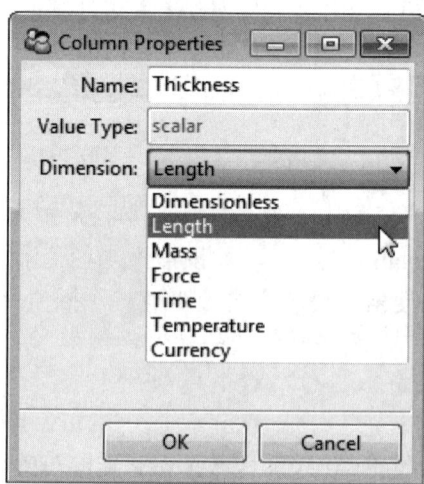

图 3-53 插值表列属性对话框

3.1.7 选择规则（Selection Rules）

选择规则用于根据几何运算选择单元，定义结构的局部加强（patches）或错层（staggering）。选择规则与方向选择集和铺层组一起使用可以定义任意形状的铺层。铺层的最终铺敷区域是方向选择集和选择规则的交集。

多个选择规则可以组合使用，此时它们按照定义的先后顺序起作用。如果不同选择规则之间没有交集，那么将选不到任何单元。

.CSV 文件可以用于新建和编辑选择规则，并在不同项目中进行共享。

注意：目前变化切割选择规则和布尔运算选择规则不支持 CSV 接口。

如图 3-54 所示，选择规则包含 6 大类：①基础选择规则，包括平行选择规则（Parallel Selection Rule）、圆柱选择规则（Cylindrical Selection Rule）、球形选择规则（Spherical Selection Rule）；②管道选择规则（Tube Selection Rule）；③切割选择规则（Cutoff Selection Rule）；④几何选择规则（Geometrical Selection Rule）；⑤变量偏移选择规则（Variable Offset Selection Rule）；⑥布尔运算选择规则（Boolean Selection Rule）。

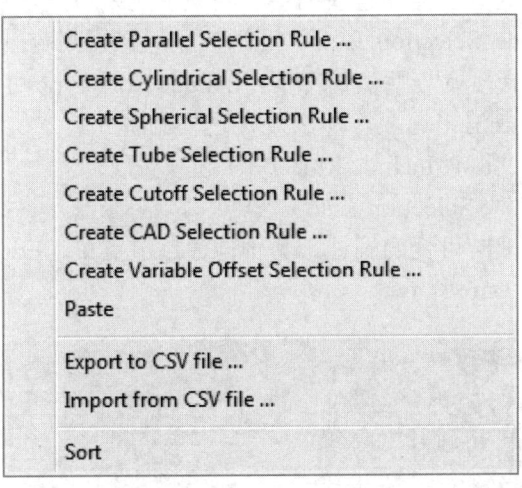

图 3-54　ACP 模块的选择规则

1．基础选择规则（Basic Selection Rule）

平行平面（Parallel）、圆柱面（Cylindrical）、球面（Spherical）3 个选择规则通过少量参数定义几何形状进行单元选择。

平行平面通过原点、法向量和两个距离（由原点沿法向量的偏移距离）来定义，如图 3-55 所示。圆柱面通过原点、轴向向量和半径来定义，圆柱面高度为无穷大。球面通过球心和半径来定义。

基于坐标系的选择规则（Selection Rule Based on Rosettes），即平行、圆柱和球形选择规则，默认是基于总体坐标系，但是也可以基于局部坐标系来定义。使用局部坐标系定义的方法是，取消 Use Global Coordinate System 选项，并从下拉菜单中选择具体的坐标系。当一个坐标系被选中之后，选择规则的原点和方向即根据该坐标系确定。

注意：选择规则的局部坐标系仅支持笛卡儿坐标系。

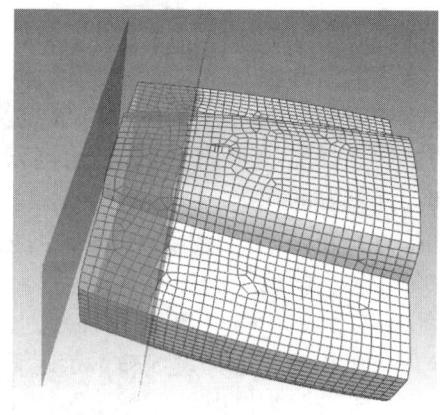

图 3-55　平行选择规则

相对选择规则（Relative Selection Rule），选择规则不仅可以在绝对坐标系起作用，还可以采用相对坐标系。此时，选择规则的参数规定了相对于建模铺层尺寸的相对尺寸。使用时要注意显示的视图是相对于全局几何尺寸的示意图，即这个视图并不代表根据建模铺层确定的最终铺层形状。铺层的最终形状通过选择建模铺层并高亮单元来检查。

包含选择规则（Include Selection Rule）用于控制选择规则范围内或外的单元，适用于所有几何选择规则和管道选择规则。默认情况下，Include Rule Type 处于激活状态，表示规则之内的单元定义铺层。如果取消该选项，那么规则之外的单元将定义铺层。带孔铺层可以通过 Cylindrical Selection Rule 并取消 Include Rule Type 选项实现。

2. 管道选择规则（Tube Selection Rule）

管道选择规则是一个轴向可变的圆柱，其轴向通过节点集（Edge Set）来定义，半径参数定义了圆柱的直径，如图 3-56 所示。

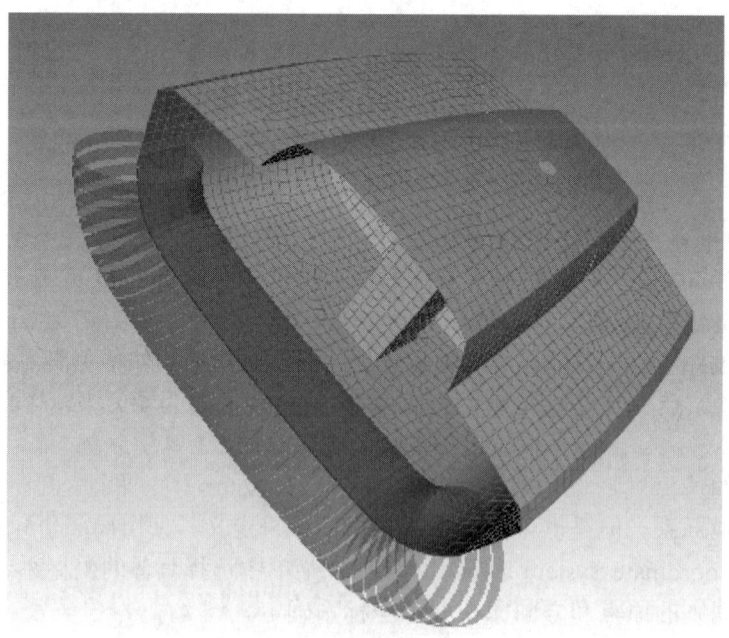

图 3-56　管道选择规则实例

3. 切割选择规则（Cutoff Selection Rule）

切割选择规则用于切割复合材料铺层。与其他选择规则的区别在于，切割选择规则不仅控制铺敷区域，而且对铺层进行面外切割，即厚度方向切割。切割选择规则可以通过 CAD 几何或倒角来定义。采用 CAD 几何切割铺层时，考虑铺层厚度，用 CAD 模型与铺层的交界进行切割。一个典型应用是风电叶片后缘梁的定义。倒角选择规则通过模型边界（节点集）和倒角角度来定义。

切割选择规则仅对分析铺层组（Analysis Ply）起作用。对产品铺层组（Production Ply）和铺层组（Modeling Ply）不起作用。切割选择规则类似于机械加工中的铣削操作。切割选择规则的属性定义窗口如图 3-57 所示。

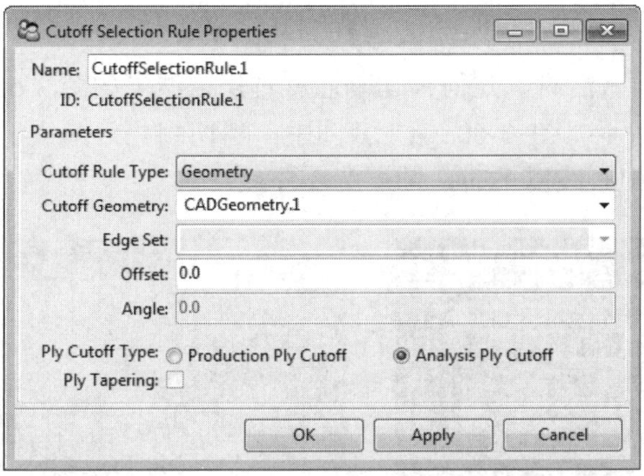

图 3-57　切割选择规则的属性定义窗口

Name 属性定义选择规则的名称；Cutoff Rule Type 定义规则的类型；Cutoff Geometry 定义规则采用的几何模型；Offset 定义 CAD/倒角偏移量，即 CAD 模型或倒角和铺层的交界面可以定义偏移量，偏移的方向通过方向选择集的法向来定义；Edge Set 定义倒角切割的节点集；Angle 定义倒角切割角度；Ply Cutoff Type 指定切割选择规则的应用范围是产品铺层还是独立的分析铺层；Ply Tapering 仅在 Ply Cutoff Type 设置为切割独立分析铺层时可用，用于切割选择规则的精度控制。

（1）几何切割（Geometry Cutoff Selection Rule）。ACP 确定铺层中每一个铺层（包括偏移）相对于导入表面的位置。导入 CAD 几何切割铺层有两种选项：选项一，遵循导入几何表面，铺层厚度渐变，如图 3-58 所示；选项二，将铺层厚度分成最大厚度或者零厚度，铺层组中单元不连续变化。这两个选项通过 Cutoff Selection Rule Properties 对话框的 Ply Tapering 选项控制。

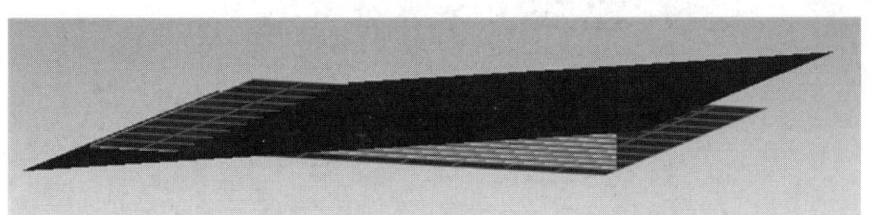

图 3-58　倒角切割激活时后缘铺层（Ply Tapering 选项激活）

选项一时，如果铺层和几何相交，那么铺层被切割以符合外部几何。

选项二时，铺层离散切割，没有渐变厚度。如果铺层与几何的交线小于铺层厚度的一半，那么该铺层厚度为 0，即不铺敷。如果大于铺层厚度的一半，那么铺层厚度为完整厚度。

为进一步解释这一概念，观察图 3-59 中的铺层截面。图中将几何切割选择规则应用到芯材铺层中。图中给出了用于切割规则的几何模型截面以及用虚线表示的芯材中心线。

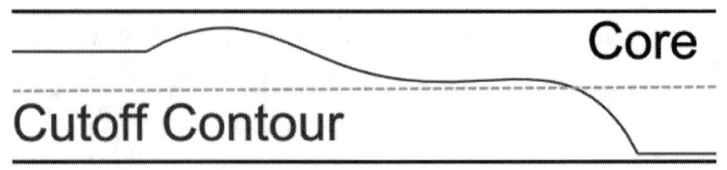

图 3-59　切割几何体的截面图

当 Ply Tapering 选项激活时，几何体切割芯材铺层，结果如图 3-60（b）所示云图。反之，结果如云图 3-60（a）所示。图 3-60（a）云图中，当切割几何体位于芯材中心线时，铺层为完整厚度，而位于芯材中心线以下时，铺层为零厚度。

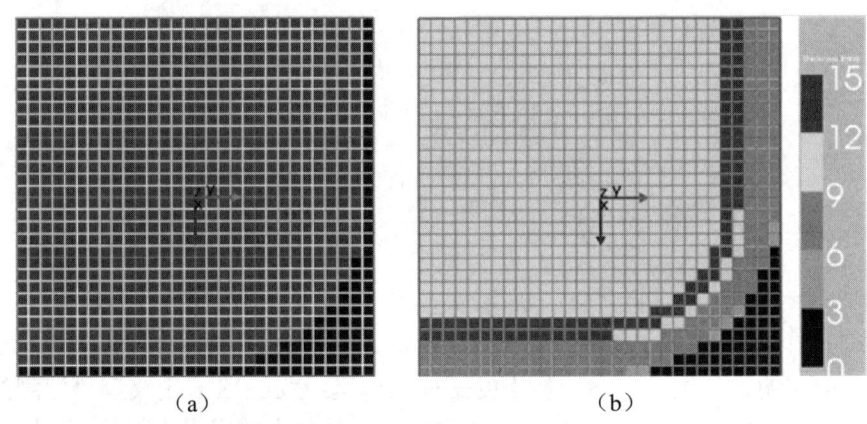

图 3-60　渐变切割选项关闭和渐变切割选项打开时的芯材厚度

（2）倒角切割（Taper Cutoff Selection Rule）。切割选择规则的第二种实现方式是通过定义倒角进行切割，倒角通过节点集和倒角角度来定义，如图 3-61 所示。采用该规则时，节点集附近的网格需要足够密，以实现良好的切割过渡。

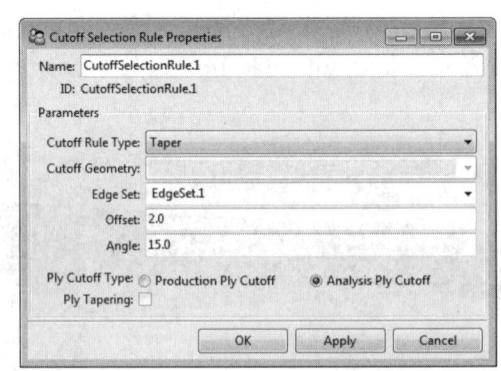

图 3-61　倒角切割选择规则的定义

默认情况下，ACP 在单元中心进行切割规则的计算。如果单元中心位置的铺层厚度为负值，那么该层织物不在此单元上进行铺敷。这在某些区域精度可能不足，此时可以使用节点厚度选项，此时模型更加精确。

　　（3）切割选择规则实例。以包含 3 层 Fabric 的 Stackup 为例，图 3-62～图 3-64 分别给出了不同选项时的切割效果，台阶状线代表最终铺层厚度。

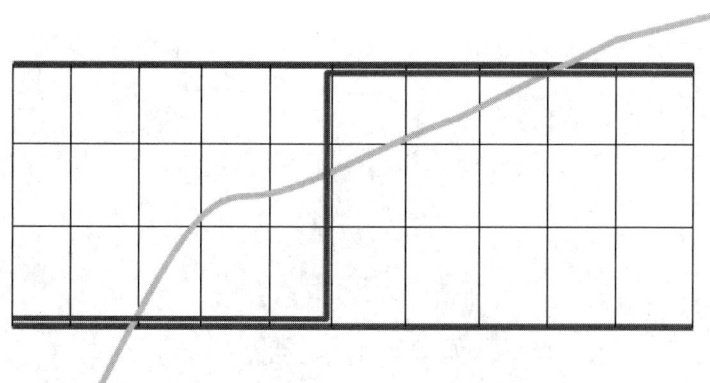

图 3-62　切割选择规则应用于产品铺层组

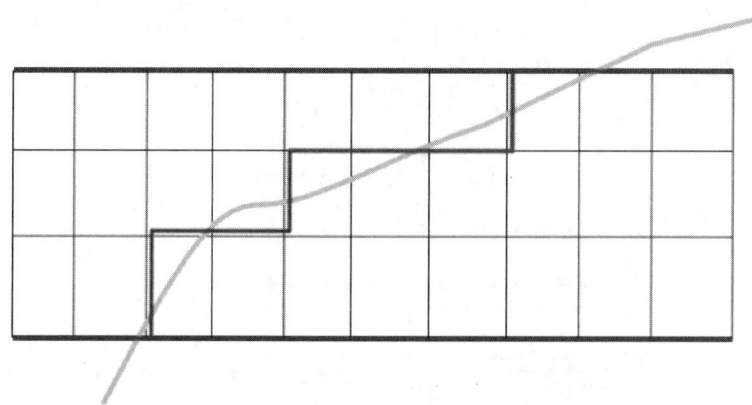

图 3-63　切割选择规则应用于分析铺层组

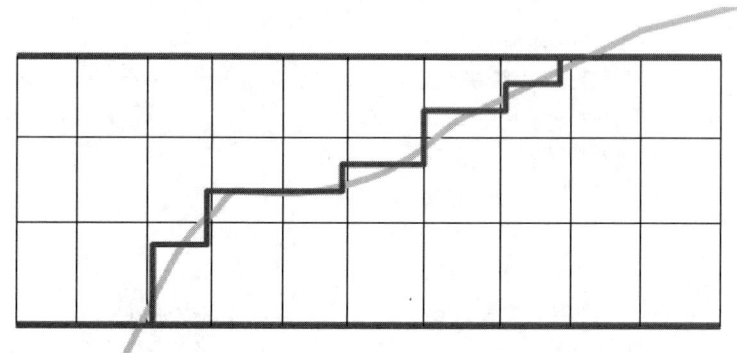

图 3-64　渐变切割选择规则打开时的分析铺层组

4. 几何选择规则（Geometrical Selection Rule）

几何选择规则用于根据CAD表面或实体来定义建模铺层或方向选择集的范围。位于体积包络内的单元将被选择，体积包络根据CAD实体的尺寸或者CAD表面与捕获容差的组合来确定。

图3-65给出了采用CAD平面结合相对较高的正负捕获容差设置选择出的曲面网格中的铺敷区域。

图 3-65　几何选择规则示例

几何选择规则的属性窗口如图3-66所示。

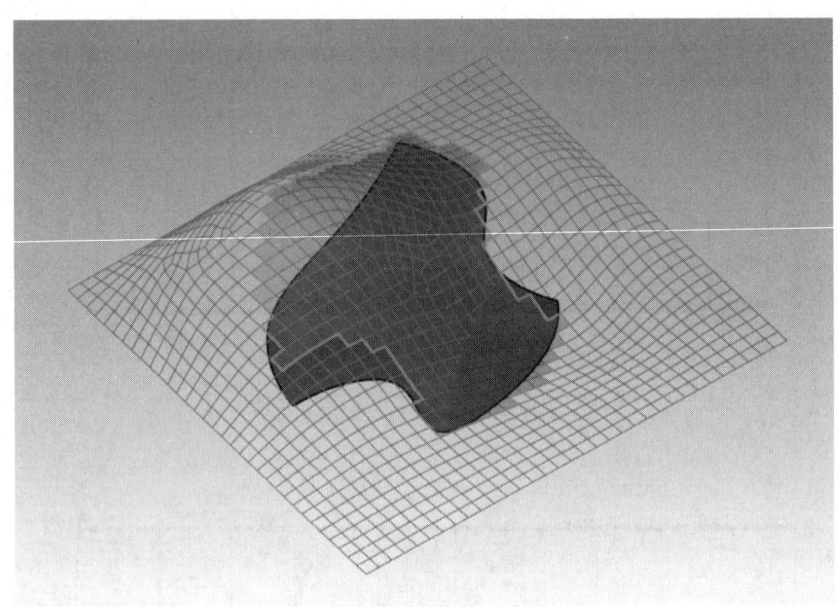

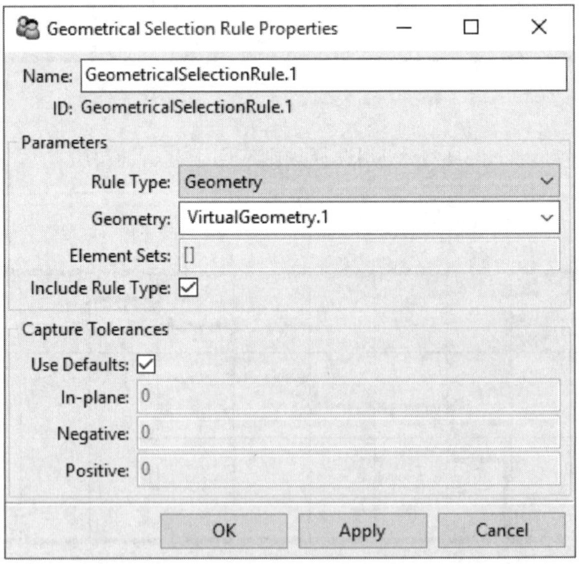

图 3-66　几何选择规则属性

几何选择规则窗口包含的设置：
- Rule Type 设置是否采用单元集的几何来定义规则，默认为 Geometry，可以选择为 Element Sets。
- Geometry 选项用于定义选择的虚拟几何（仅在 Rule Type 为 Geometry 时起作用）。
- Element Sets 指定单元集用于规则的实现（仅在 Rule Type 为 Element Set 时起作用）。
- Include Rule Type 指定包含还是去除规则选定的单元。
- Capture Tolerances 用于指定如何根据 CAD 表面得到体积包络，参数的示例如图 3-67 所示。不适用于实体几何。In-plane 可以扩大表面影响的范围，或解决相邻表面缝隙问题。Negative 表示捕捉容差与表面法向相反。Positive 表示捕捉容差与表面法向相同。

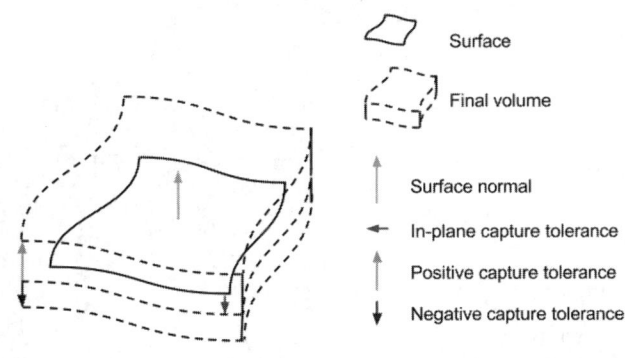

图 3-67　捕获容差

5. 变量偏移选择规则（Variable Offset Selection Rule）

变量偏移选择规则通过将节点集和 1D 插值表组合，实现不同位置不同偏移量。如果单元的中心在节点集偏移范围之内，那么该单元将被选中。偏移量基于位置的线性插值计算。这就像一个高级的变外径管道选择规则。

插值表的数据有两种解读方式：默认情况下，每一个偏移可以映射到一个方向向量；另一种方式是偏移量映射到节点集长度。

规则不称为变半径规则的原因是能够实现曲面单元集的偏移定义。偏移量首先根据节点集附近单元的半径确定。然后 Offset 修正将根据表面的曲率进行修正。

变量偏移选择规则不支持模板模式，但是也可以实现铺层的渐变。除了偏移之外，还可以定义 1D 插值表实现倒角。Ply Tapering 倒角用于多个建模铺层共享一个变量偏移准则的情况。此时，第一个使用规则的建模铺层按照初始区域进行铺敷。后续铺层将基于倒角实现渐变。倒角对偏移边起作用，而不是节点集。

注意：倒角角度的应用可以用于减小、固定或增加后续铺层的铺敷区域。复杂的贴补可以通过该规则实现。

变量偏移选择规则（图 3-68）包含以下参数：
- Edge Set 指定偏移的基准节点集。
- Offsets 指定包含不同位置偏移量的 1D 插值表。
- Angles（可选参数）配合偏移量插值表，指定不同位置倒角角度。仅当同一个规则应用于多个建模铺层时起作用。不影响首个建模铺层。基于指定位置的角度，后续铺层的铺敷区域会做相应调整。当角度为 90 度时，后续铺层不变化。当角度小于 90 度时，后续铺层随着层数的增加铺敷区域减小。当角度大于 90 度时，后续铺层随着层数的增加铺敷区域增大。
- Include Rule Type 用于反选选到的单元。
- Offset Correction 选项下的 Use Offset Correction，打开偏移修正选项后，偏移量的计算基于选定单元集曲面的本地弧长去测量；Element Set，指定偏移修正参考的单元集，可以指定非铺敷的单元集。偏移修正示意如图 3-69 所示。

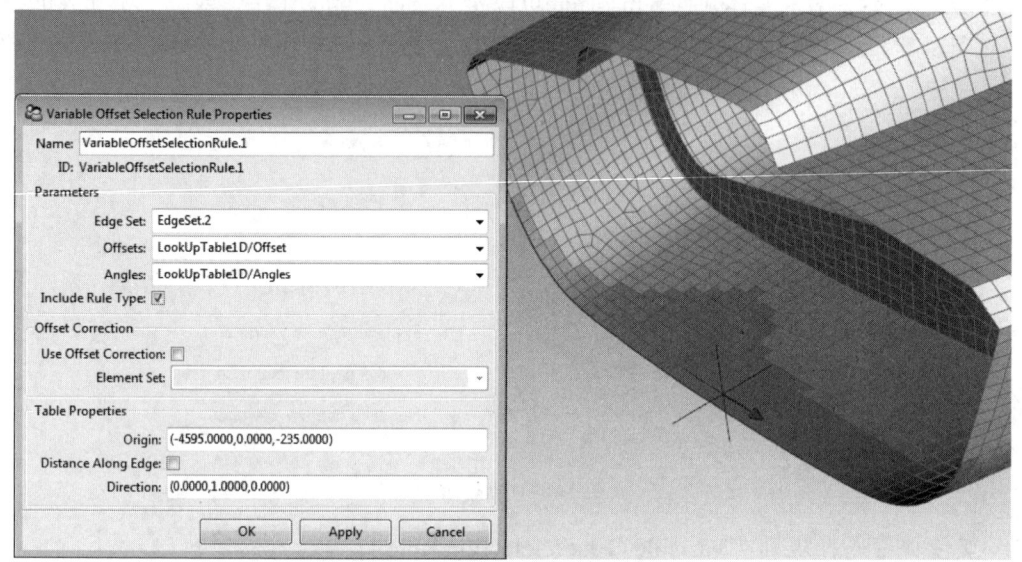

图 3-68　变量偏移选择规则示例图

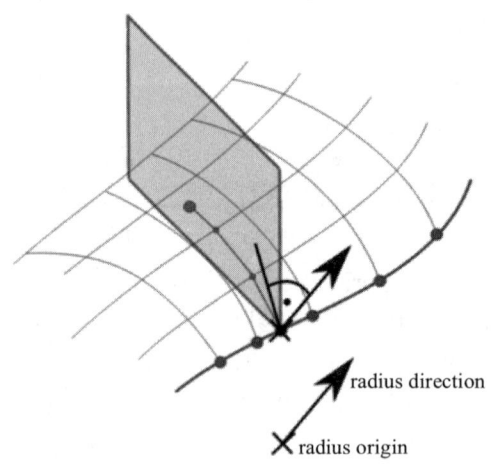

图 3-69　变量偏移选择规则偏移修正示意图

表属性包含 3 个参数：
- Origin，用于替换 1D 插值表定义的原点。
- Direction，用于替换 1D 插值表的方向定义。

- Distance Along Edge，激活时，1D 插值表数据被映射到给定节点集数据。此时，原点用于确定节点集的起点和终点。映射由距离原点最近的位置开始。插值表中的零位置与选择集的起点位置重合。

变量偏移选择规则沿向量偏移映射示意图如图 3-70 所示。

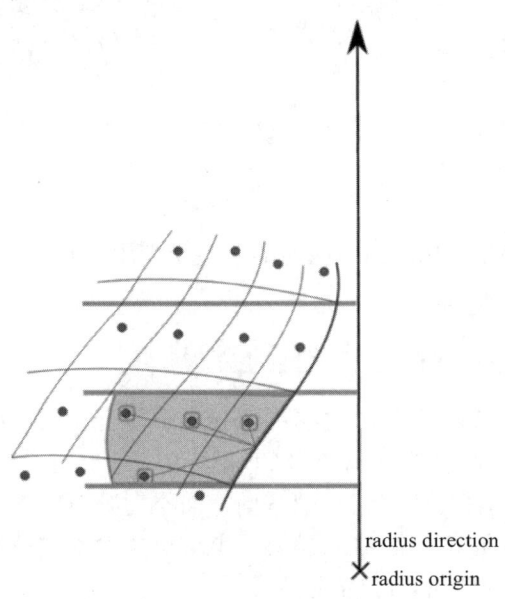

图 3-70　变量偏移选择规则沿向量偏移映射示意图

6. 布尔运算选择规则（Boolean Selection Rule）

布尔运算选择规则可以组合其他规则，支持 Intersect（相交）、Add（添加）、Remove（去除）。该规则按顺序执行，因此，第一个选项选择 Add 没有意义。布尔运算选择规则对话框和布尔运算类型分别如图 3-71 和图 3-72 所示。

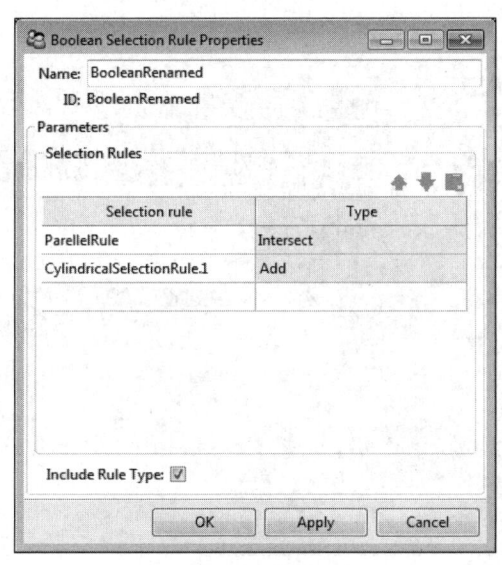

图 3-71　布尔运算选择规则对话框

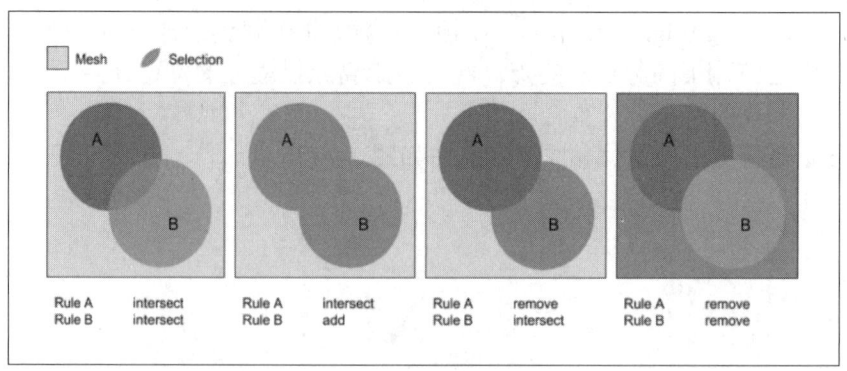

图 3-72 布尔运算类型

布尔运算规则的限制是：Boolean 规则不能混合使用，且不能与 Cutoff 规则一起使用；CSV 接口不支持 Boolean 规则。

3.1.8 方向选择集（Oriented Selection Sets，OSS）

方向选择集是带有方向定义的单元集，是 ACP 中复合材料建模的关键概念之一。

OSS 是复合材料铺层定义的基础。在 ACP 模块中，铺层定义到 OSS，而不是单元集。OSS 使得 ACP 模块根据方向选择集来确定铺敷法向，而不考虑 ANSYS Mechanical 模块中定义的壳单元法向。壳单元的界面偏移由 ACP 模块写出求解器输入文件时计算得出。

OSS 包含了复合材料定义的重要信息：
- Area，设置铺敷位置。
- Orientation，设置铺敷方向。
- Reference direction，设置 0 度参考方向，基于该单元集的铺层角度均以此为基准。

OSS 的大小可以进一步通过 3.1.7 节的选择规则来控制，也可以通过 Draping 算法去调整参考方向。图 3-73 给出了选择一个网格并控制铺敷方向朝外的方向点实例。切面实体显示出铺层是朝外铺敷的。

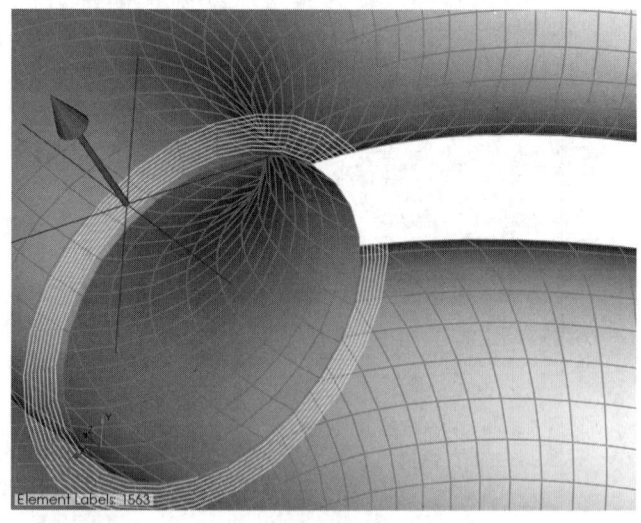

图 3-73 方向选择集定义实例

OSS 属性对话框如图 3-74 所示。

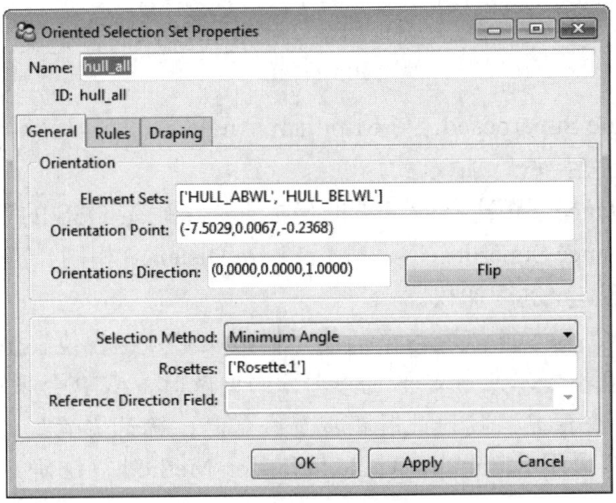

图 3-74　方向选择集属性定义窗口

1. 通用选项卡（General）

图 3-74 中方向选择集的选项分别为：

- Name，设置 OSS 的名称。
- Element Sets，用于设置包含到方向选择集中的单元。
- Orientation Point，定义偏移方向的参考点。该点应尽量靠近参考面，否则会导致偏移方向映射错误。
- Orientations Direction，定义参考点出发的法向向量，使用 Flip 按钮调整法向向量的正负方向。
- Reference Direction 通过 Selection Method、Rosettes 和 Reference Direction Field 三个选项定义方向选择集的 0 度参考方向。Selection Method 设置了多个坐标系同时起作用时的映射算法；Rosettes 可以选择多个坐标系；Reference Direction Field 用于 3D 插值表方式定义方向向量，仅适用于表值法。

OSS 的参考方向可以通过坐标系或插值表来定义。只要有一个坐标系，就可以定义参考方向。但是，多个坐标系一起可以使用更复杂的算法实现参考方向的定义。此时，必须设置图 3-75 中给出的 Selection Method 中提供的插值算法。

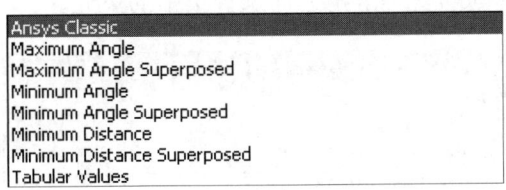

图 3-75　多个坐标系确定参考方向的算法

图 3-75 中各个选项的意义是：

- Ansys Classic，采用 Mechanical ANSYS 算法将坐标系投影到单元上。
- Maximum Angle，坐标系 Z 轴与单元方向角度最大时，定义 OSS 的参考方向。

- Maximum Angle Superposed，与 Maximum Angle 相同，但是对选定的多个坐标系基于最大角度方向差异进行加权。
- Minimum Angle，坐标系 Z 轴与单元方向角度最小时，定义 OSS 的参考方向，默认设置。
- Minimum Angle Superposed，与 Minimum Angle 相同，但是对选定的多个坐标系基于最小角度方向差异进行加权。
- Minimum Distance，距离单元最近的坐标系用于确定 OSS 的参考方向。
- Minimum Distance Superposed，与 Minimum Distance 相同，但是对选定的多个坐标系基于最小距离差异进行加权。
- Tabular Values，基于插值表数据插值。插值表必须包含位置值和方向列。

注意： 当 ACP 采用指定算法确定单元参考方向失败时，ACP 会采用其他算法进行单元参考方向确定，并给出警告信息。建议此时根据警告信息，确认影响到的方向选择集。

图 3-76 给出了一个采用 Minimum Angle Selection Method 算法确定参考方向的 T 型连接实例。

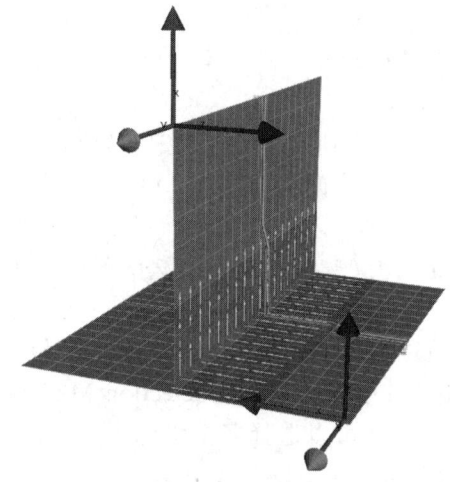

图 3-76　通过两个坐标系和最小角度选择方法定义方向选择集的参考方向

2. 选择规则选项卡（Rules）

方向选择集可以和一个或多个选择规则组合使用。如图 3-77 中，在 General 选项卡中定义的 Element Sets 和选择规则的交集确定方向选择集中的单元。

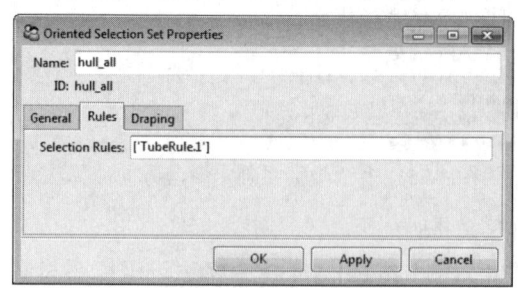

图 3-77　方向选择集的选择规则选项卡

3. 铺敷性选项卡（Draping）

方向选择集可以定义 Draping 设置。当选项激活时，方向选择集的参考方向和关联的建模铺层使用 Draped 纤维参考方向。其优先级低于在 Modeling ply 定义 Draping 的优先级。Draping Offset Correction 对方向选择集没有影响。

方向选择集的内部 Draping 算法参数如图 3-78 所示。

- Seed Point，指定 Draping 计算的起点。
- Auto Draping Direction，采用方向选择集的参考方向。
- Draping Direction，设置 Draping 算法的主 Draping 方向。此时，辅助 Draping 方向垂直于该方向。
- Mesh Size，定义 Draping 网格大小。如果该值为负，那么 ACP 使用默认网格大小。
- Material Model，指定 Draping 模拟的材料模型，有 Woven（默认）和 Unidirectional 两个选项。
- UD Coefficient，仅当 Material Model 为 Unidirectional 选项时该属性激活。采用 0~1 之间的参数控制 Draping 方向垂向的变形量。

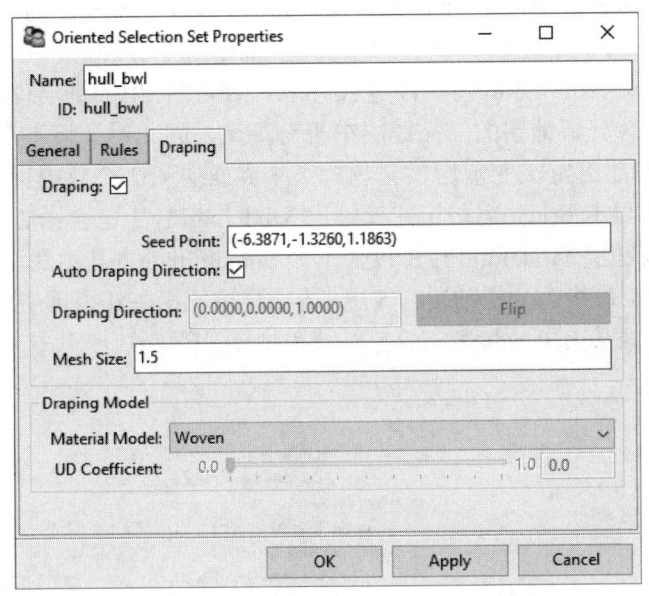

图 3-78　方向选择集的 Draping 属性定义

3.1.9 铺层组（Modeling Groups）

铺层组用于定义复合材料产品的铺敷信息。在 ACP 模块中铺层组定义的基础是方向选择集和材料（Fabric、Stackup 或 Sub Laminate）。

铺层组对铺敷顺序和铺层定义没有影响，但是有助于复合材料产品的定义、组织铺层定义信息。例如，将船体、甲板和舱壁分别定义为一个铺层组，使得船的复合材料铺层定义更加清晰。

铺层组中可以像生产过程一样新建铺层，第一层也是最先铺敷的铺层。每一个铺层通过方向选择集、材料、几何选择规则、可制造性分析设置和倒角设置等信息定义。

铺层组也可以定义界面层，用于在 Mechanical 模块中进行复合材料实体单元模型的断裂力学分析。界面层是铺敷过程中的单独一层，用于分析预制裂纹的扩展。裂纹几何拓扑通过在 ACP 模块中定义界面层，然后在 Mechanical 模块中定义断裂力学参数来实现。界面层输出的单元类型是 INTER204 或 INTER205，在 Mechanical 模块中，可以通过 Cohesive Zone Model（CZM）或 Virtual Crack Closure Technique（VCCT）两种方法进行复合材料分层及裂纹扩展分析。界面层也可以用于定义两层之间的接触区域。更多信息请参考 ANSYS 帮助手册中的 Mechanical User's Guide> Delamination and Contact Debonding 相关内容。

铺层定义的另外两种方式是：使用 Excel Link interface 实时交互定义（参考本书）；使用.CSV 格式文件导入/导出。

1. 铺层组结构

ACP 模块的铺层组节点，包含 3 级：

（1）Modeling Ply（Ply）建模铺层，是 ACP 模块建立复合材料铺层的层级，其他 2 层自动根据该层信息生成。

（2）Production Ply（PP）产品铺层，根据建模铺层定义中的 Material 和 Number of Layers 确定。一个 Fabric 和 Stackup 均为一个产品铺层，而一个 Sub Laminate 通常包含多个产品铺层。另外，Number of Layers 大于 1 时，也会产生多个产品铺层。

（3）Analysis Ply（AP）分析铺层，是 ANSYS 求解器使用的铺层信息。一个 Fabric 称为一个分析铺层。不包含分析铺层的产品铺层中没有单元，因此对计算不产生影响。

图 3-79 给出了铺层组定义的示例，其包含 1 个界面层和 3 个建模铺层。第一个建模铺层 ModelingPly 1 包含 1 层 Fabric。第二层建模铺层 ModelingPly 2 包含由 2 层 Fabric 组成的 1 个 Stackup。第三层建模铺层 ModelingPly 3 包含 1 个 Sublaminate，其由 3 个产品铺层（Stackup，Fabric，Stackup）组成，最终的分析铺层有 5 层。界面层位于第 1 建模铺层和第 2 建模铺层之间。

注意：在特征树铺层选中的情况下，可以使用键盘"["和"]"快速在上下铺层直接切换。

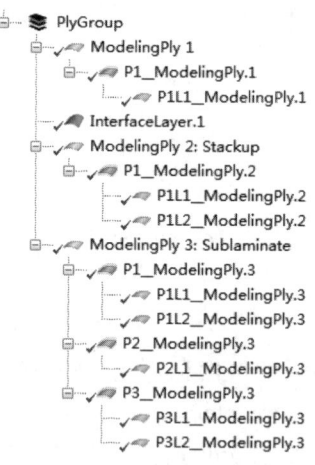

图 3-79 铺层定义特征树

2. 铺层组根节点右键菜单

特征树铺层组根节点的右键菜单如图 3-80 所示。包含 3 个选项：Create Modeling Group 用于在根节点下新建铺层组；Export to CSV file 用于将所有铺层信息导出到.CSV 文件；Import from CSV file 由.CSV 文件导入铺层信息。

图 3-80　特征树铺层组根节点右键菜单

3. 铺层组右键菜单

铺层组节点右键菜单如图 3-81 所示。包含以下选项：Properties 显示属性对话框；Update，更新模型到选定层；Create Ply 新建一个新的建模铺层；Create Interface Layer 新建一个新的界面层；Create Butt Joint Sequence，创建并定义对接连接顺序；Paste 由剪切板粘贴铺层到该铺层组；Delete 删除该铺层组；Export to CSV file 用于将铺层组的信息导出到.CSV 文件；Import from CSV file 由.CSV 文件导入铺层组信息；Export Plies 将铺层几何导出到.STP、STL 或.IGES 格式文件中（参考本书）。

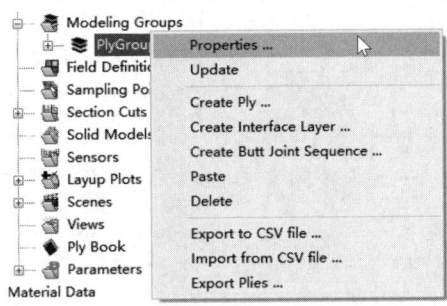

图 3-81　独立铺层组右键菜单

4. 建模铺层

铺层组右键菜单 CreatePly 可以添加建模铺层。建模铺层属性窗口如图 3-82 所示，其中包含了以下信息：Name，建模铺层的名称；Oriented Selection Sets 定义铺层偏移和材料参考方向；Ply Material 定义铺层材料；Ply Angle 定义纤维相对于参考方向的角度；Number of Layers 定义铺层层数；Active 控制铺层是否输出给求解器；Global Ply Nr 定义总体铺层顺序。默认新的建模铺层在所在铺层组最后建模铺层的后面添加。

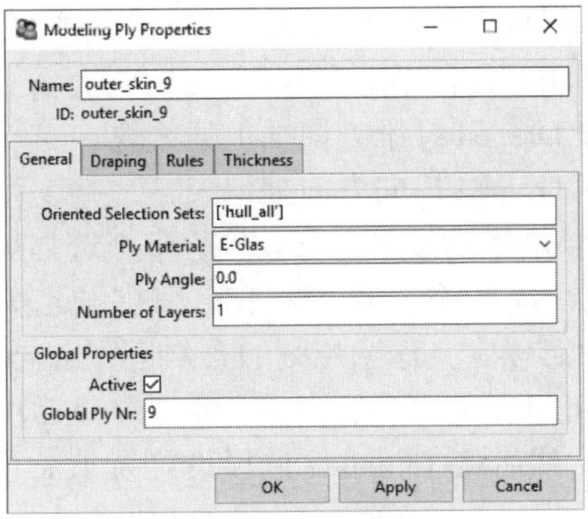

图 3-82　建模铺层属性窗口

ACP 模块可以在铺层定义过程中进行材料的可制造性分析。这一功能通过建模铺层的 Draping 选项卡控制，默认是不考虑材料可制造性分析的。有两种方式考虑可制造性分析：Internal Draping 最终纤维方向由 ACP 模块的 Draping 算法确定；Tabular Values 最终纤维方向由插值表读入。

注意：Draping 也可以定义到方向选择集上。如果已经定义到方向选择集上，那么与之相关的所有铺层均受影响。这样可以减少 Draping 模拟的计算量。如果基于 Draped OSS 定义的建模铺层上采用 Internal Draping 算法，那么其优先级高于 OSS 的 Draping 算法，程序会对其进行独立的 Draping 模拟。

图 3-83 给出了两种 Draping 算法的设置。

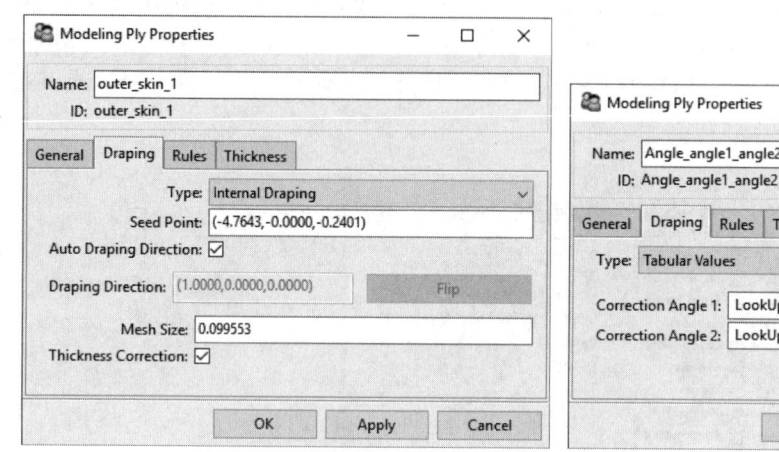
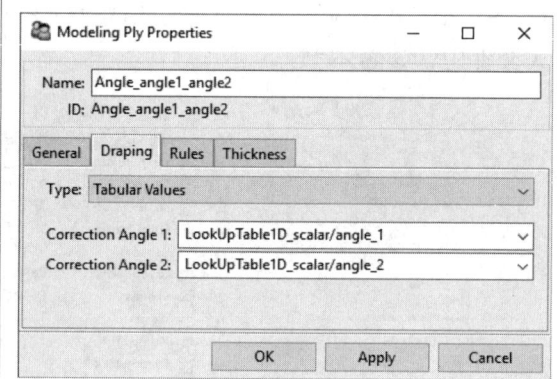

（a）内部方法　　　　　　　　　　　（b）插值表方法

图 3-83　建模铺层 Draping 选项卡

图 3-83（a）为 Internal Draping 算法，包含以下参数：
- Seed Point，定义 Draping 模拟的起点。
- Draping Direction，定义 Draping 过程的主方向。辅助方向与其垂直。Auto Draping Direction 使用产品铺层的纤维方向。
- Mesh Size，定义 Draping 网格的大小。如果定义的值为负值，那么 ACP 使用默认网格大小。
- Thickness Correction，基于 draping 过程剪切计算结果对厚度进行修正。

图 3-83（b）为插值表算法，包含以下参数：

Correction Angle 1，设置 Draped 纤维方向插值插值表。

Correction Angle 2，设置 Draped 横向方向插值表。

与方向选择集的定义类似，建模铺层也可以包含多个选择规则。方向选择集和所有激活规则的交集确定了铺层的铺敷区域。每一个规则有一个布尔运算类型（intersect 相交、add 添加、remove 去除），使得用户可以定义任意规则的布尔运算组合。

另外，选择规则的参数可以在建模铺层中重新定义，这常用于大量铺层的渐变定义，此时只需要定义一个选择规则，然后将 Template 选项设置为 True 即可，如图 3-84 所示。

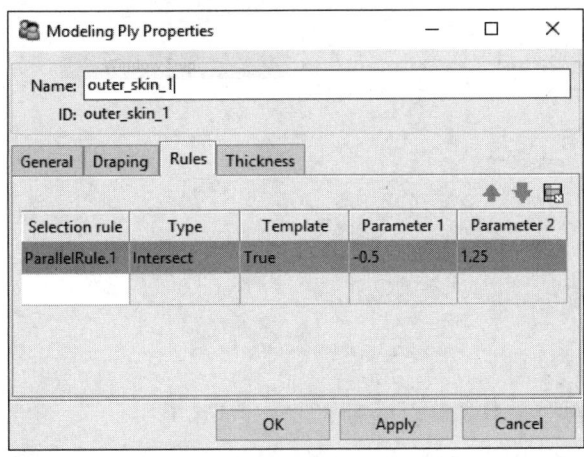

图 3-84　建模铺层规则选项卡

ACP 模块中选择规则作为模板使用时的参数列表见表 3-1。

表 3-1　选择规则模板参数

Rule Type	Parameter 1	Parameter 2
Parallel Selection Rule 平行选择规则	Lower Limit 下限	Upper Limit 上限
Tube Selection Rule 管道选择规则	Outer Radius 外径	Inner Radius 内径
Cylindrical Selection Rule 圆柱选择规则	Radius 半径	-
Spherical Selection Rule 球形选择规则	Radius 半径	-
Cutoff Selection Rule 切割选择规则	-	-
Geometrical Selection Rule 几何选择规则	In-plane capture tolerance	-
Variable Offset Selection Rule 变量偏移选择规则	-	-
Boolean Selection Rule 布尔运算选择规则	-	-

建模铺层属性窗口的厚度选项卡如图 3-85 所示。对于织物铺层的厚度也可以采用 CAD 几何或插值表来定义。具体选项是：建模铺层的 Thickness 选项卡中，Type 指定厚度定义的 3 种方法。第一种，Nominal 法，名义厚度，即织物厚度定义，为默认情况。第二种，From Geometry 法，基于 CAD Geometry 定义厚度，适用于铺层厚度非常复杂的铺层。ACP 由 CAD 几何中为每个单元采样并映射厚度。铺层厚度基于单元法向确定，如图 3-86 所示。第三种方法，From Table 法，铺层厚度值由一个数据表中插值得到。ACP 为每个单元插值得到厚度。每一个数据点包含全局坐标和厚度值。数据表中的值可以用作绝对值和相对值。

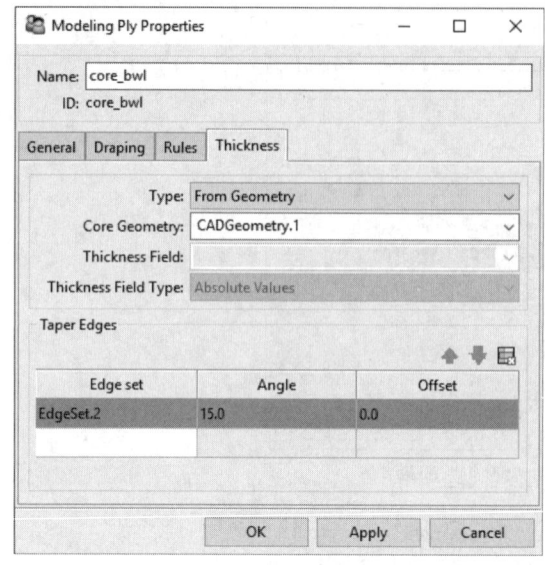

（a）选项卡　　　　　　　　　　　　　　（b）厚度定义选项

图 3-85　建模铺层厚度选项卡

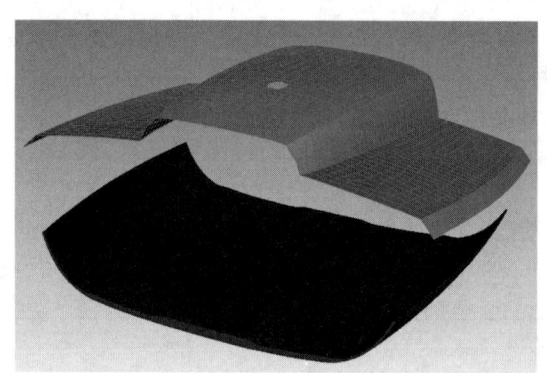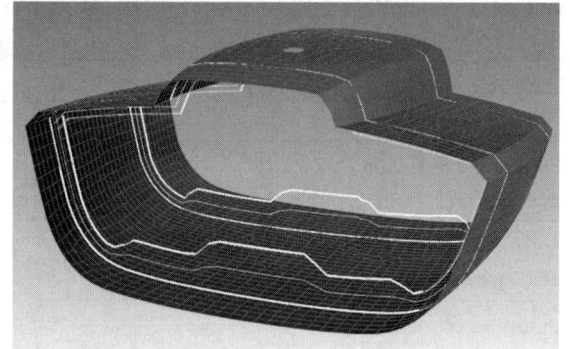

图 3-86　由 CAD 文件定义铺层厚度

建模铺层属性窗口的 Thickness 选项卡中：Core Geometry 用于指定 CAD 几何；Thickness Field 用于指定数据表；Thickness Field Type 厚度场表格有两种类型，Absolute Values 指插值表中给定的为厚度绝对值，Relative Scaling Values 指插值表中给定的为厚度相对值。

建模铺层属性窗口的 Thickness 选项卡中 Taper Edges 用于给选定的节点集添加倒角过渡控制，常用于芯材铺层的边界倒角定义。Taper Edges 选项允许定义倒角和相对于边的偏移量。例如，图 3-87（b）给出了图 3-87（a）设置的 15 度渐变。对于指定的边界，铺层厚度由零逐渐增加。

默认情况下，ACP 在单元中心计算铺层倒角。如果单元中心处的铺层厚度值为负，那么此单元将不进行铺敷。有些情况下，这种方法不够准确，打开 Nodal Thickness 是一个更好的选择，模型将更精确。

注意：Taper Edges 选项是为了单一铺层倒角设计的，例如芯材。如果应用于多个建模铺层，那么倒角之后的厚度会叠加，具体参考 4.3 节。

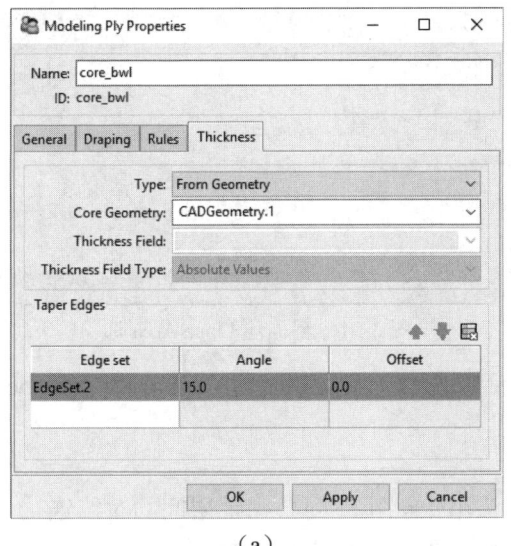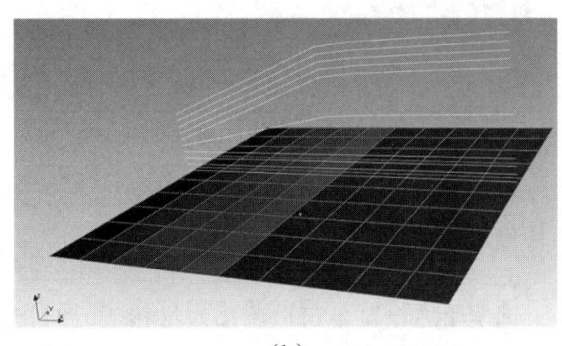

图 3-87 建模铺层倒角选项

建模铺层的右键菜单如图 3-88 所示。包含以下功能：Properties 显示建模铺层属性窗口；Update 更新建模铺层；Active/Inactive 激活或抑制选定的铺层，被抑制的铺层将不输出给求解器；Create Ply Before 在选定的铺层前新建铺层；Create Ply After 在选定的铺层后新建铺层；Reorder 移动选定的铺层；Copy 将选定铺层复制到剪切板；Paste 将剪切板中铺层粘贴到模型中；Paste Before 将剪切板中铺层粘贴到选定铺层之前；Paste After 将剪切板中铺层粘贴到选定铺层之后；Delete 删除选定铺层；Export Ply 输出铺层边界到几何文件，如图 3-89 所示。

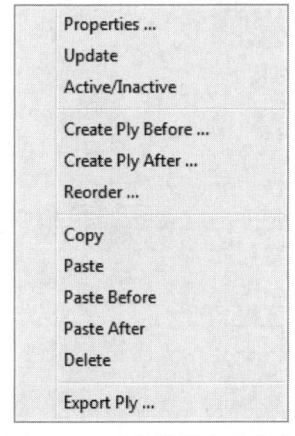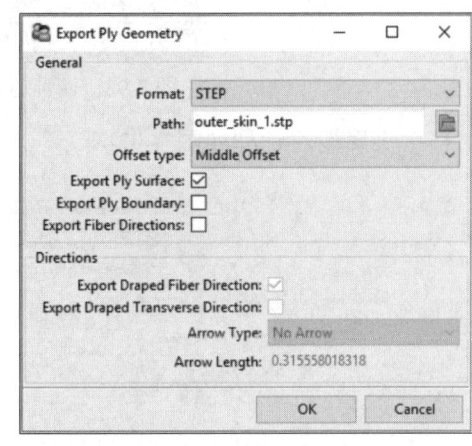

图 3-88 建模铺层右键菜单　　　　　图 3-89 导出铺层几何

5. 界面层

铺层组右键菜单可以添加界面层。界面层用于实体单元模型的复合材料脱胶、分层分析，壳单元复合材料模型忽略界面层。界面层的定义窗口如图 3-90 和图 3-91 所示。

界面层的定义需要两个方向选择集。

- General 选项卡中的方向选择集定义了裂纹可能扩展区域。
- Open Area 选项卡中的方向选择集定义了初始张开区域。

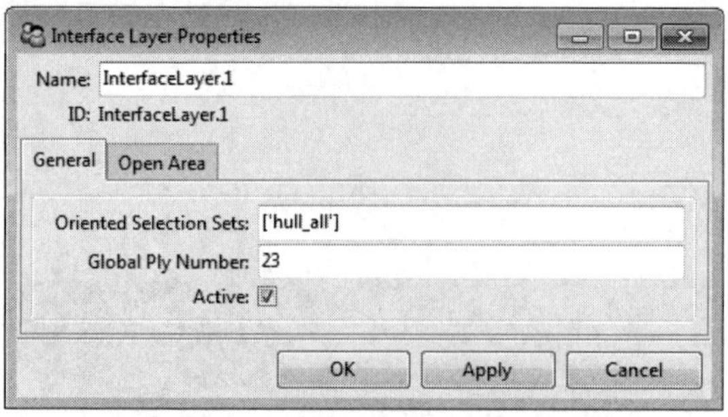

图 3-90　界面层通用属性 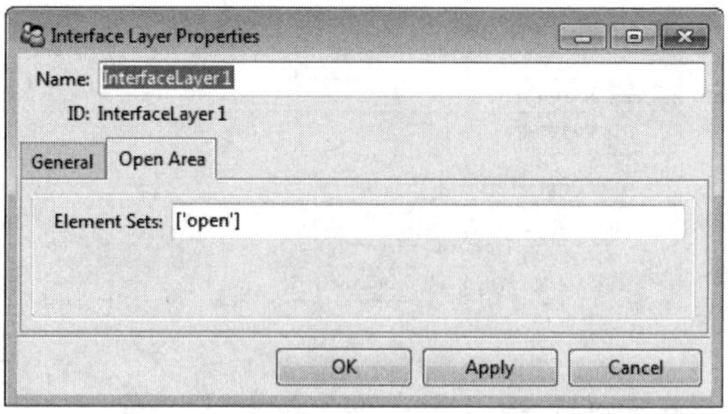　　　　　　图 3-91　界面层 Open Area 选项

界面层可以通过通用选项卡的复选框进行激活或抑制。也可以通过 Global Ply Number 改变其总体编号。

6. 对接接头

铺层组右键菜单可以添加对接接头。对接接头用于创建不同建模铺层间的对接连接。对接接头由主铺层和从铺层组成。当被选择的铺层连接时，ACP 的对接接头对象自动生成对接连接（图 3-92 下部）而不是掉层（图 3-92 上部）。

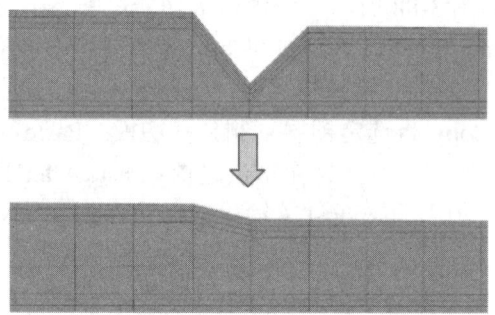

图 3-92　两种芯材过渡铺层掉层及对接

对接接头属性对话框如图 3-93 所示。

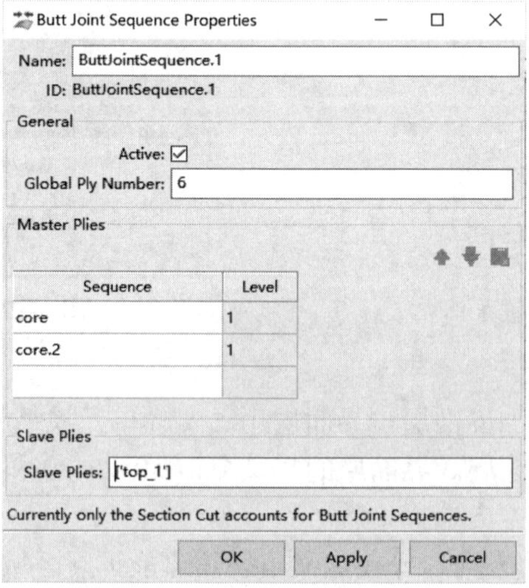

图 3-93　对接接头属性窗口

图 3-93 中对接接头顺序属性窗口包含以下选项：

Active，用于激活或抑制对接接头顺序。

Global Ply Number，定义全局铺层序号。默认，会在现有铺层序号的基础上加 1。

Master Plies，按照顺序将主铺层的厚度过渡到对接接头的其他铺层。主铺层可以是建模铺层或铺层组。Level 列指定了对接接头的优先级。具有较低级别的主铺层厚度主导连接厚度。不同序列间厚度的差异在较高级别的铺层中实现渐变，如图 3-94（a）所示。

Slave Plies，副铺层仅根据主铺层进行厚度渐变，而在副铺层之间不进行渐变，仅处理为掉层，如图 3-94（b）所示。

大多数情况下，用户可以定义不带副铺层的对接接头顺序。有一种情况是需要定义副铺层的情况，即图 3-94（c）中的圆柱表面。

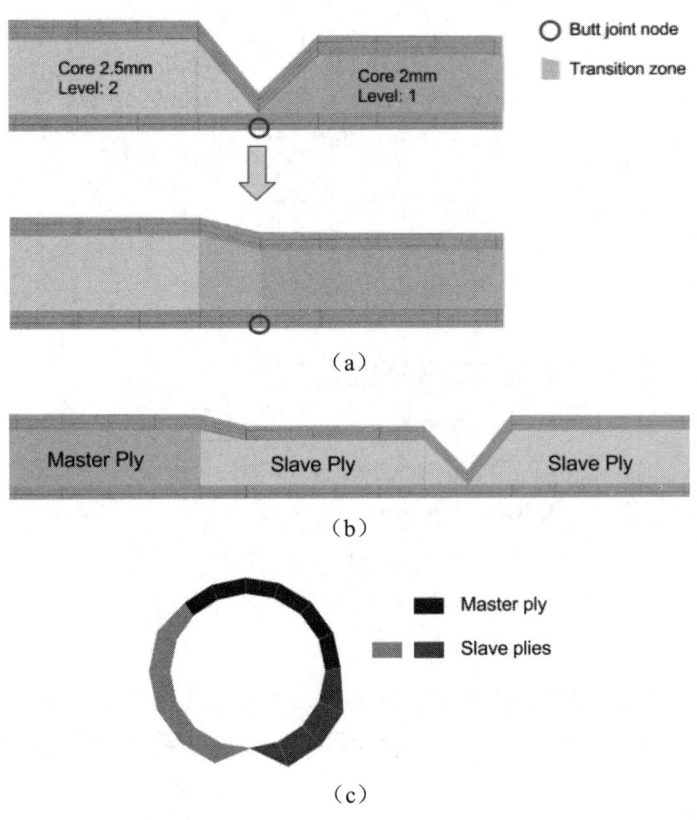

图 3-94 对接属性窗口

在使用对接接头顺序时需要注意以下问题：

（1）一个建模铺层仅用于一个对接接头顺序。

（2）对接接头顺序不影响壳模型，仅在 Section Cuts 中使用。

（3）实体模型拉伸不考虑对接接头。

（4）对接接头顺序仅能够与更低全局铺层号的建模铺层连接。

如果一个对接接头顺序处在第一和最后一个铺层间，那么对接接头不自动更新，如图 3-95（a）所示。

如果对接接头包含大量铺层，那么铺层组很容易使用，如图 3-95（b）所示。

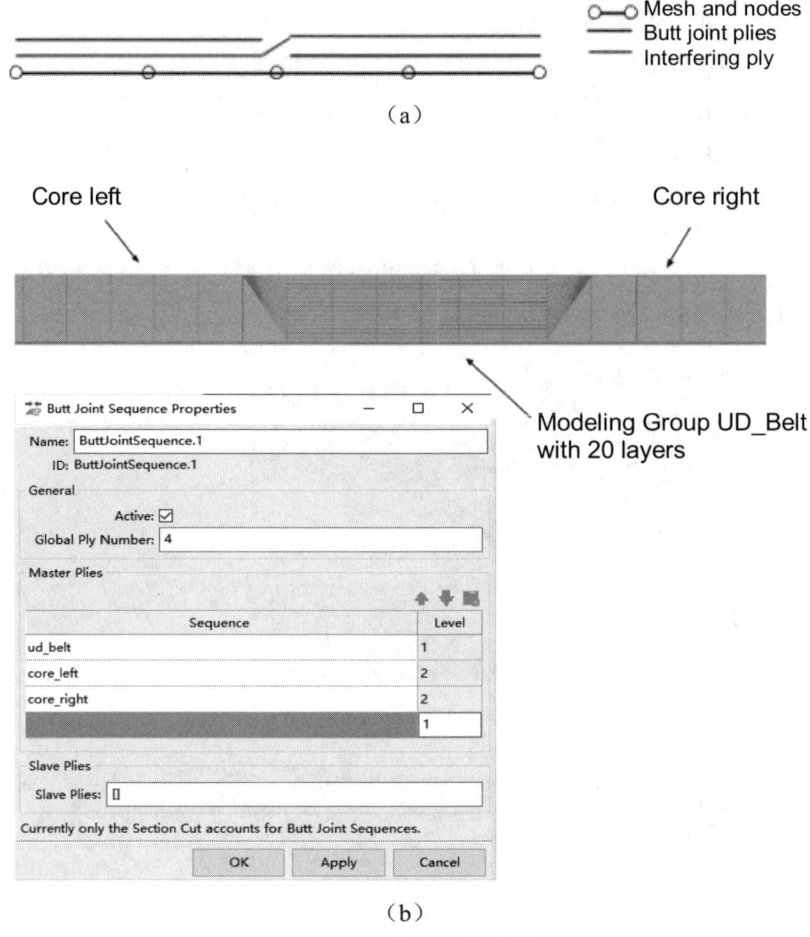

图 3-95　对接接头注意及局限

7. 产品铺层

产品铺层的右键菜单如图 3-96 所示。Properties 用于显示产品铺层属性窗口，该窗口仅能查看，不能编辑。当 Draping 选项激活时，Export Flat wrap 用于输出生产过程使用的 .DXF、.IGES 或 .STP。Export Ply 用于输出铺层。

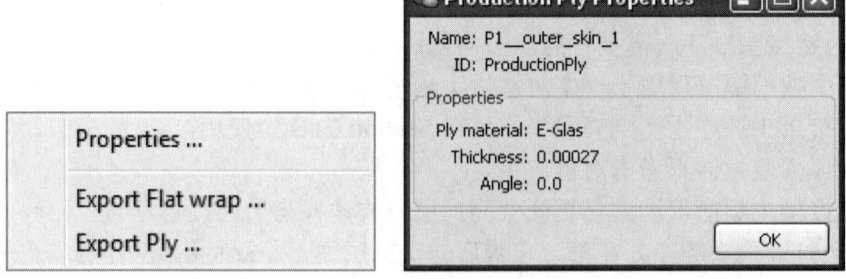

图 3-96　产品铺层属性窗口

8. 分析铺层

分析铺层的右键菜单如图 3-97 所示。Properties 用于显示分析铺层属性窗口，该窗口仅能查看，不能编辑。Export Ply 用于输出铺层。

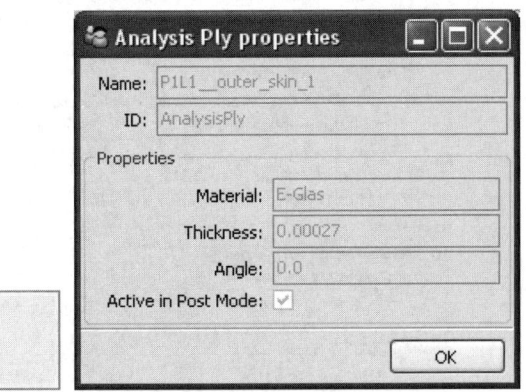

图 3-97　分析铺层属性窗口

9. CSV 文件定义铺层

ACP 模块的 CSV 接口可以实现在 Excel 或 OpenOffice 软件中编辑铺层，有助于高效编辑大量铺层参数。

导出的包含铺层信息的.CSV 文件用于给 CAD 软件反馈铺层信息、修改铺层信息。

修改的铺层信息可以导入到 ACP 模块，此时有 3 个选项，如图 3-98 所示。其中：Update Layup 在读取时，更新现有铺层定义，其他铺层信息根据 CSV 数据进行生成或删除；Update Properties Only 仅更新铺层的属性信息；Recreate Layup 将删除现有铺层，根据 CSV 数据新建所有铺层。

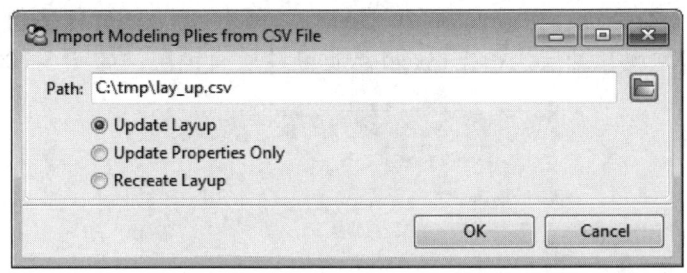

图 3-98　导入.CSV 文件中铺层信息

10. 导出铺层几何

导出铺层几何窗口如图 3-99 所示，用于导出包含铺层几何和纤维方向的 CAD 格式文件，该文件可以用于 CAD 软件检测装配干涉、CNC 编程或将纤维方向映射到模具表面。导出的表面和边界可以带有偏移量，方便不同软件间空间位置的转换。

具体设置：Format 控制输出的几何文件格式（STEP 或 IGES）；Path 指定文件名和路径；Ply Level 仅在铺层组级的右键菜单中出现，Modeling Ply Wise 输出该组下的所有建模铺层，Production Ply Wise 输出每个产品铺层，Analysis Ply Wise 输出每个分析铺层；Offset type 指定铺层几何相对于方向选择集的空间位置，默认是中面输出，可以指定顶面、底面或不偏移输出；

Export Ply Surface 输出为壳体曲面；Export Ply Contour 输出铺层边线；Export Fiber Directions 将纤维方向输出为向量。

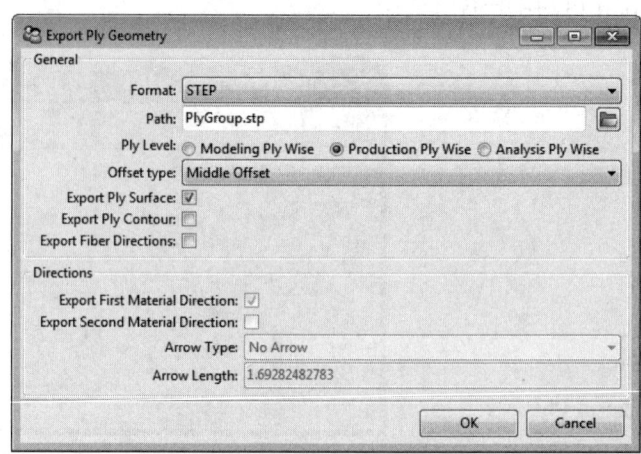

图 3-99　导出铺层几何窗口

11. Excel 实时交互

Excel 实时交互是指 ACP 模块可以和 Excel 之间通过推送和取回功能实时交互铺层信息，实现采用 Excel 定义、修改和保存铺层定义信息。所有铺层信息或指定的铺层组信息在 ACP 模块和 Excel 之间实时同步。ACP 模块可以与新的或现有的 Excel 表格进行信息交互。与现有表格交互用于恢复之前的铺层定义信息。

Excel 实时交互窗口主要功能包括：Open Excel 新建或打开现有 Excel 文件；Push to 用于将铺层信息由 ACP 同步到 Excel；Pull from 用于将铺层信息由 Excel 读取并更新到 ACP。由 Excel 读入铺层定义信息时，有 3 个选项：Update Layup 在读取时，更新现有铺层定义，其他铺层信息根据 Excel 数据进行生成或删除；Update Properties Only 仅更新铺层的属性信息；Recreate Layup 将删除现有铺层，根据 Excel 数据新建所有铺层，如图 3-100 所示。

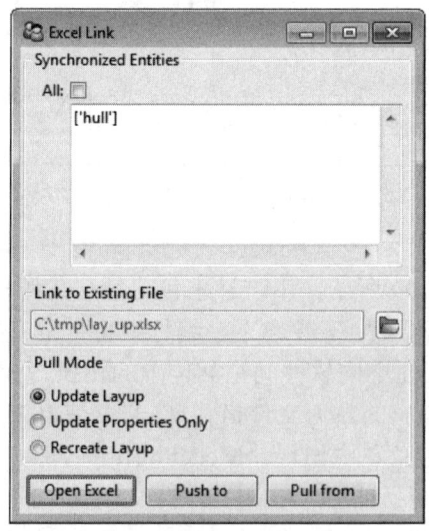

图 3-100　Excel 链接对话框

打开 Excel 窗口的界面如图 3-101 所示。ACP 模块中每一个铺层组在 Excel 中都有对应的定义信息。

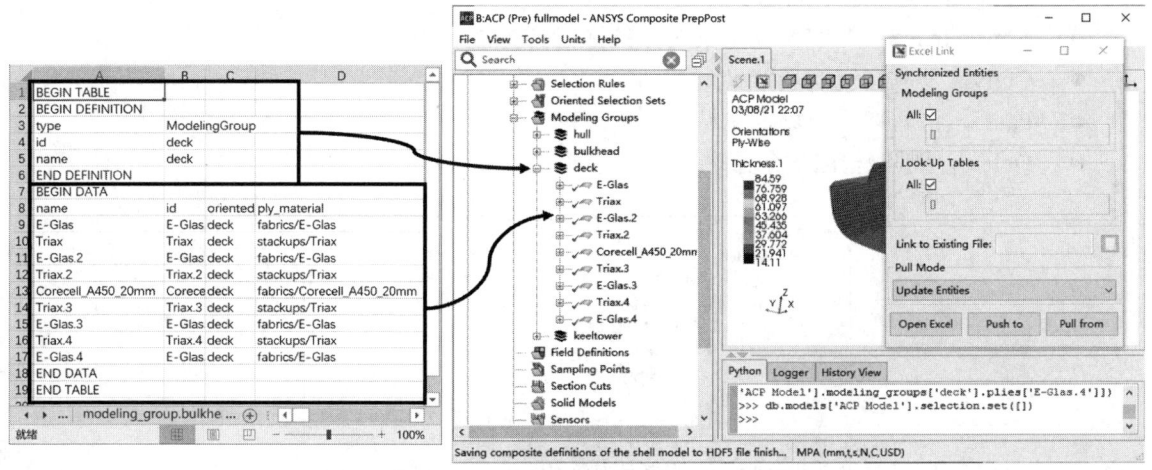

图 3-101　Excel 实时交互功能

3.1.10　场定义（Field Definitions）

在变材料数据的工作流中，使用场定义对象实现整个有限元模型的局部材料属性插值。场定义对象可以应用于单元集、方向选择集和建模铺层。

如果场变量定义到了单元集或方向选择集上，那么单元集或方向选择集相关的铺层均受影响。如果场变量定义到了建模铺层上，仅相关的分析铺层受影响。因此，可以实现铺层级和单元级的场变量应用。未被场变量覆盖的有限元模型，使用材料默认属性。

为了方便地检查场定义对象的影响，可以查看场变量云图。

特征树场变量定义的右键菜单，如图 3-102 所示。Create Field Definition 用于新建场变量对象；Paste 用于粘贴场变量对象；Sort 用于排序场变量对象。

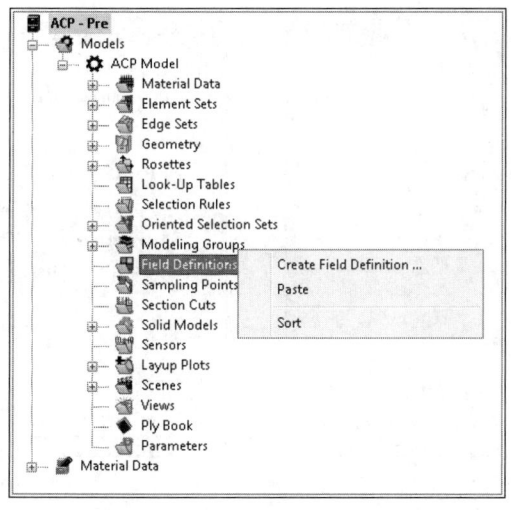

图 3-102　场变量定义右键菜单

图 3-103 给出了场定义对象的右键菜单。包含以下选项：
- Properties，显示选定场定义的属性窗口。
- Update，更新选定的场变量定义。
- Active/Inactive，切换场定义对象的激活或抑制状态。
- Copy，复制选定的场定义到剪切板。
- Paste，将剪切板中场定义粘贴到特征树。
- Delete，删除选定的场定义。

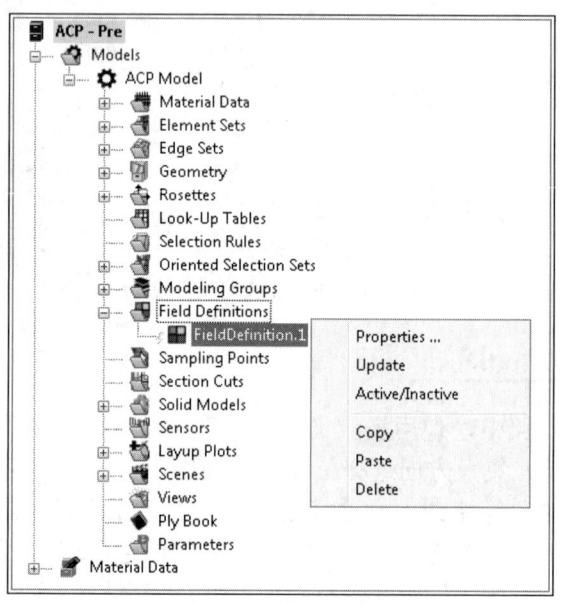

图 3-103 场定义对象属性窗口

图 3-104 给出了场变量控制有限元模型变材料数据的两种方式：单元级场定义如图 3-104（a）所示；铺层级场定义如图 3-104（b）所示。

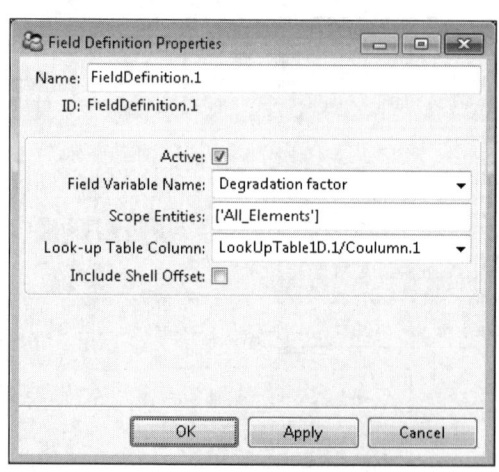 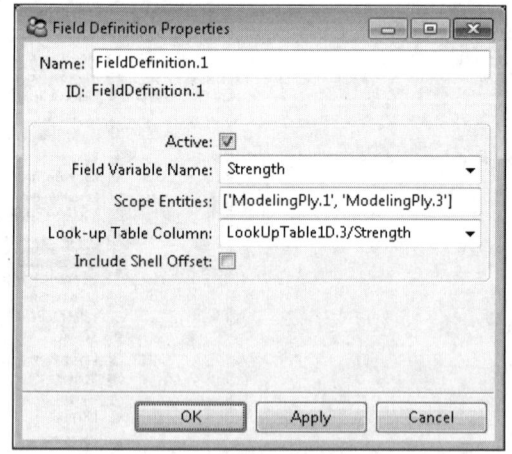

（a）单元级场定义　　　　　　　　　　（b）铺层级场定义

图 3-104 场定义属性窗口

场定义属性窗口的含义分别是：
- Name，指定场定义的名称。
- Active，控制分析求解时是否考虑该场变量。抑制时不考虑，激活时考虑。
- Field Variable Name，提供了 Engineering Data 中定义的场变量列表。
- Scope Entities，指定场变量应用到的单元或铺层。
- Look-up Table Column，选定用于场变量插值的 LookUp 表。
- Include Shell Offset，指定分析铺层在插值过程中是否考虑壳偏移。

3.1.11 采样点（Sampling Points）

采样点功能包括：在后处理模块中查看铺层相关结果；铺层截面图；厚度方向后处理图；以及层合板工程常数计算。

ACP 模块根据给定坐标选择最近的单元以确定样本点，具体设置界面如图 3-105 所示。其中：Sampling Point 指定总体坐标系下的坐标值（可以通过在图形窗口选择单元或节点来定义），最近的单元将作为样本点；Sampling Direction 定义了采样点的法向；Element ID（Label）显示单元编号。

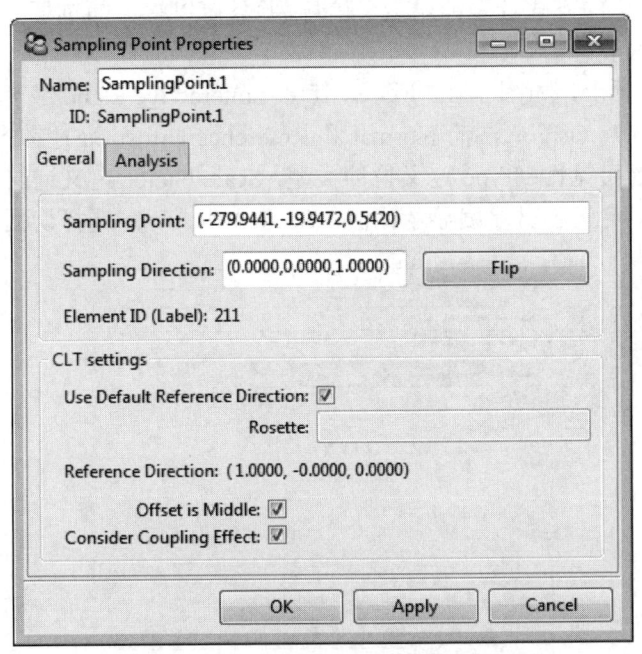

图 3-105　采样点属性定义窗口通用选项卡

采样点的分析选项卡如图 3-106 所示。该选项卡提供了深入的后处理功能，包括：铺层及其铺敷顺序可视化、基于经典层合板理论计算层合板极坐标系下的属性和层合板刚度、应力应变和失效准则 2D 图。

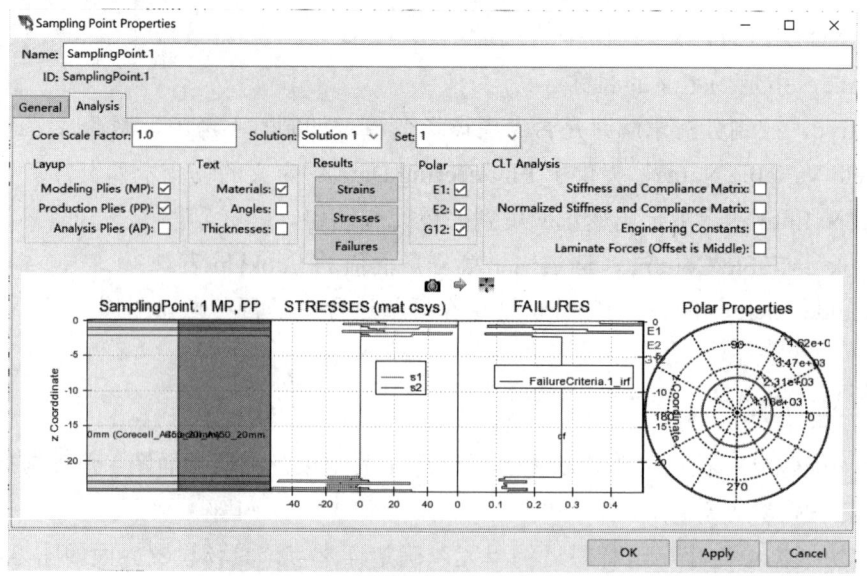

图 3-106　采样点属性窗口分析选项卡

3.1.12　切面（Section Cuts）

切面用于以可视化的方式查看铺层定义信息，并且可以将截面铺层信息导出到 Mechanical APDL 模块或 BECAS 软件。

切面定义通用选项卡，如图 3-107 所示。其中：Interactive Plane 激活时，直接在视图窗口定义切面，反之通过原点 Origin、法向 Normal 和 Reference Direction 1 三个选项定义切面；Show Plane 用于控制切面的可见性；Type 定义拉伸类型；Scale Factor 定义铺层拉伸过程中偏移的比例；Core Scale Factor 定义芯材厚度显示比例；Section Cut Type 选择切面显示铺层种类。

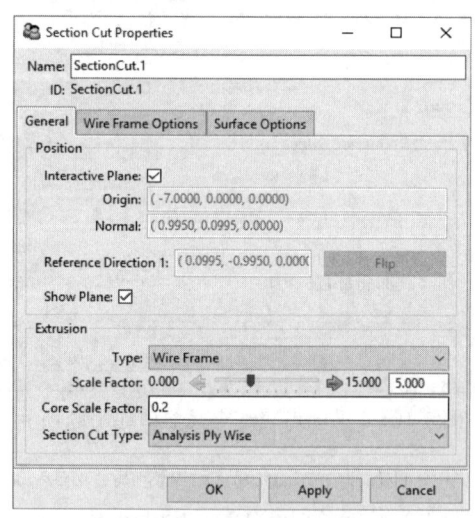

图 3-107　切面定义通用选项卡

Extrusion Type 有 3 种类型：线框模式、面法向模式和面扫掠模式。

Extrusion Type 定义为线框模式时，铺层切面如图 3-108 所示。图中的线表示铺层的中面。

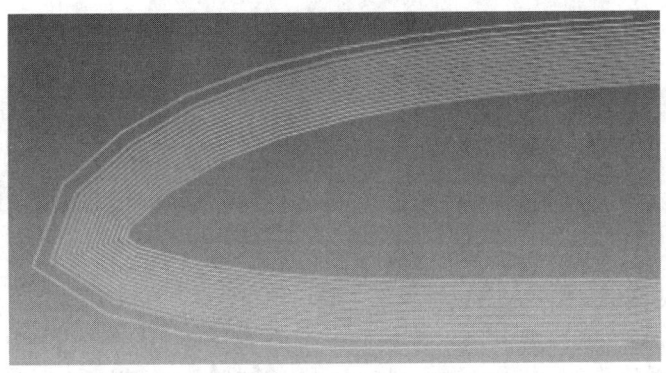

图 3-108　线框模式切面（铺层中面用线表示）

面截面切割可以生成连续的 2D 网格用于分析。因此，铺层边界的掉层默认是生成的（类似于实体模型拉伸）。如果这不能代表实际结构，那么可以使用对接接头顺序功能去调节相邻铺层的连续性和掉层行为。面切割的 Surface Normal 选项，指拉伸沿参考面的法向进行，拉伸过程中方向不变。面切割的 Surface Sweep Based 选项，指拉伸时会根据单元面法向（图 3-109）的插值进行调整，插值基于插值表进行，控制参数为搜索半径和插值点个数。通常情况下，基于扫掠的算法更加适用于带尖角的厚板，而对于 T 形连接精度降低。从图 3-110 中可以清楚地看出面法向［图 3-110（a）］和面扫掠［图 3-110（b）］两个面截面切割选项的区别。

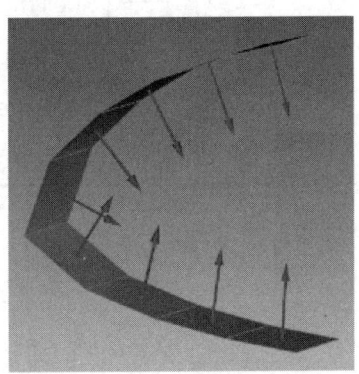

图 3-109　单元面法向

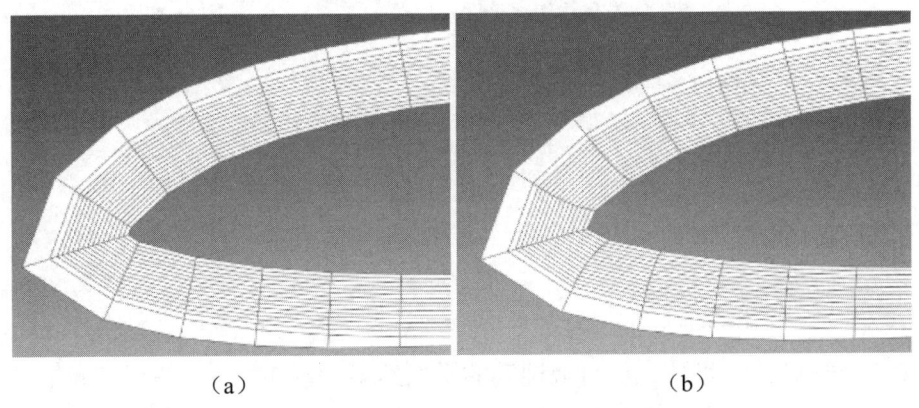

（a）　　　　　　　　　　　　（b）

图 3-110　面法向拉伸和基于面扫掠拉伸

切面功能还可以用于显示铺层角度等信息,如图 3-111 所示。

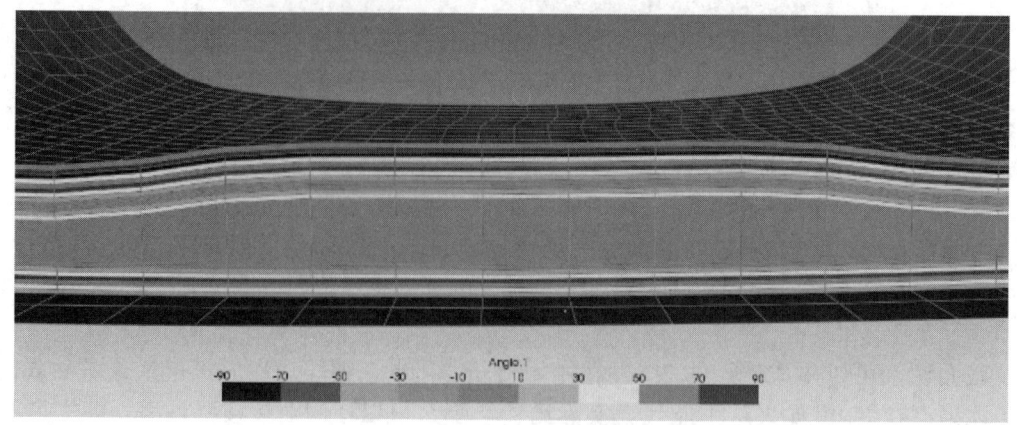

图 3-111 带铺层角度信息的切面图

对于覆盖在 3 个组件上的铺层不能被拉伸,因此要和生成过程一样,合理设计 T 形连接的铺层,如图 3-112 所示。

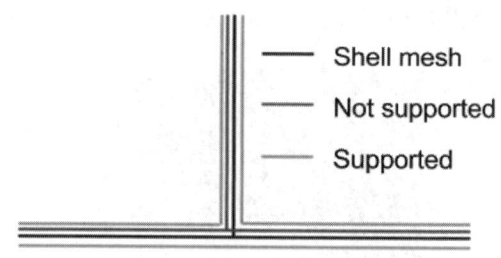

图 3-112 T 形连接的铺层定义

切面可以两种方式输出,如图 3-113 所示。分别是:becas:in 格式,包含了 2D 网格、材料和单元方向;mapdl.cdb 格式支持 2D 网格和命名选择,可以用于填充芯材。

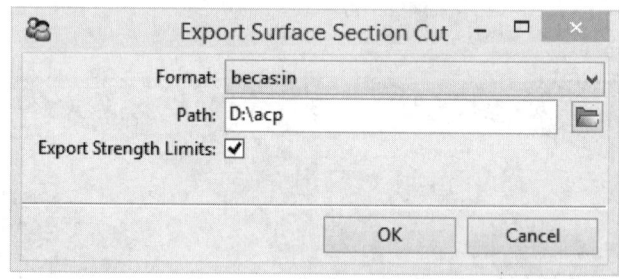

图 3-113 切面输出选项卡

3.1.13 传感器(Sensors)

传感器用于评估产品零件、材料或铺层的全局结果,包括价格、重量、重心、覆盖区域面积、产品铺层面积等,界面如图 3-114 所示。

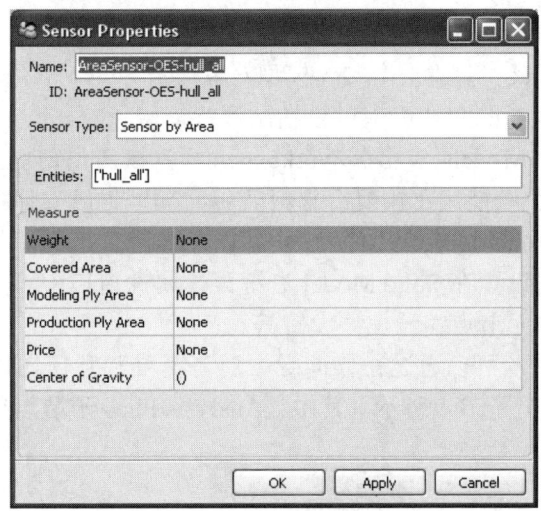

图 3-114　传感器定义窗口

传感器定义窗口的选项包括：
- Name，指定传感器名称。
- Sensor Type，定义评估类型。Sensor by Area 选择一个或多个单元集或方向选择集。Sensor by Material，选择 Fabric、Stackup 或 Sublaminate 用于评估。如果选择了织物 Fabric，那么 Sublaminate 中包含的该织物信息也将被评估，而 Stackup 中的该织物信息不被评估。Sensor by Modeling Ply，指定要评估的一个或多个铺层。Sensor by Solid Model，选择一个或多个用于评估的实体模型，此时仅计算重量和重心。
- Entities，通过在特征树中单击对象以选中。
- Measure，显示不同量的结果。Weight 为选定对象重量。Covered Area 为选定单元集、方向选择集或模具表面面积。Modeling Ply Area 为选定建模铺层的表面积。Production Ply Area 为选定对象产品铺层的表面积。Price 为选定复合材料对象的价格，材料单价信息在 Material Data> Fabrics 或 Material Data>Stackup 中定义。Center of Gravity 为选定对象的重心。

3.1.14　实体模型（Solid Models）

图 3-115 给出了 ACP 中的两种类型实体模型：第一种，拉伸实体模型，是根据壳网格和复合材料定义信息采用拉伸算法生成的；第二种，导入实体模型，是将复合材料定义信息映射到导入的实体网格上生成的。

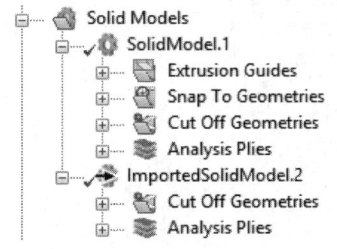

图 3-115　特征树中的实体模型特征

特征树 Solid Models 节点的右键菜单包含以下操作：
- Create Solid Model，新建一个实体模型对象。
- Paste，将剪切板中的实体模型对象粘贴到特征树。

注意：Imported Solid Models 只能在 Workbench 项目概图中创建。

ACP 模块的实体模型功能用于由复合材料壳单元模型生成实体单元模型。实体模型可以在 Workbench 中或 Workbench 外使用。

拉伸实体模型生成的设置在 Solid Model 右键菜单属性窗口中。其中包含拉伸的单元、拉伸方法、掉层处理以及单元节点编号偏移设置等。

实体模型生成过程中，可以通过拉伸向导、对齐基准和几何切割等工具控制最终实体单元形状，如图 3-116 中各个子节点所示。其中，Analysis Plies 子节点显示了用于生成实体模型的分析铺层。

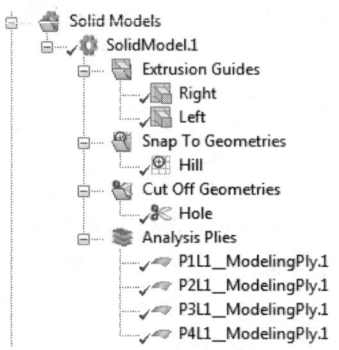

图 3-116　特征树中的实体模型特征详细展开

接下来，详细介绍在 ACP 模块新建拉伸实体模型的方法。

1. 属性窗口

实体模型属性对话框包含 3 个选项卡：General（通用选项卡）；Drop-Offs；Export（输出选项卡），如图 3-117 所示。

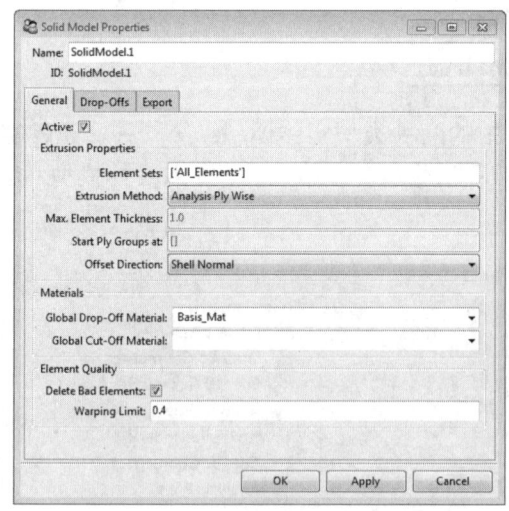

图 3-117　实体模型属性对话框

General 通用选项卡包含以下具体信息：

（1）Element Set 单元集指定将要拉伸成实体单元的单元区域。采用中面偏移选项的单元集不支持实体模型拉伸操作。只有不采用该选项的铺层信息，才能得到正确的实体模型位置。

（2）Extrusion Properties 根据不同的准则，不同的方式合并铺层。

Extrusion Method 可以指定 7 种拉伸方法，如图 3-118 所示，具体地：Analysis Ply Wise 将每一个分析铺层拉伸成一层实体单元；Material Wise 将采用同种材料的连续铺层拉伸成一层实体单元，如果有必要可以指定最大单元厚度；Modeling Ply Wise 将每一个建模铺层拉伸成一层实体单元；Monolithic 将所有铺层拉伸成一层实体单元；Production Ply Wise 将每一个产品铺层拉伸成一层实体单元；Specify Thickness 按照指定的厚度将铺层拉伸成实体单元；User Defined 功能与 Specify Thickness 功能相同；Sandwich Wise 将芯材两侧的铺层、芯材分别拉伸成一个实体单元层，整个三明治结构共 3 层实体单元。

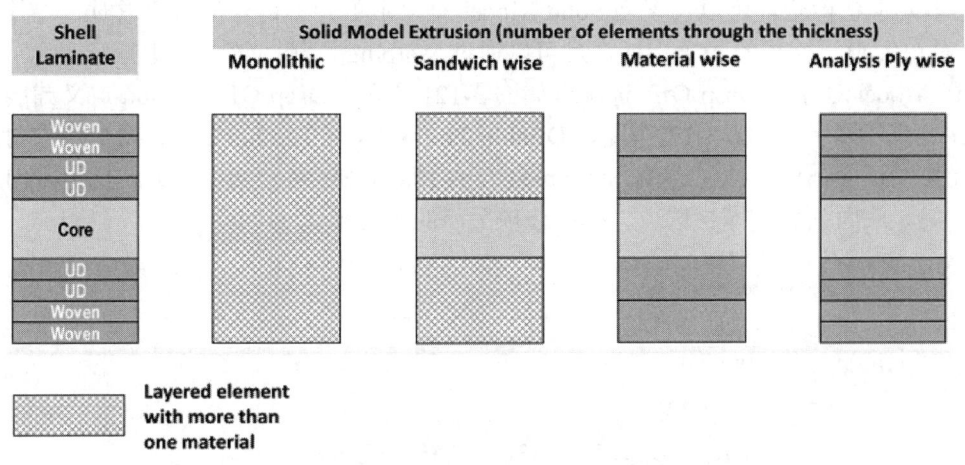

图 3-118　实体单元拉伸方法示意图

Max Element Thickness 拉伸出的实体单元厚度大于该值时将被平分成多层，使得实体单元厚度小于该值。

Start Ply Groups at 仅在 User Defined 选项激活时，该选项指定起始拉伸铺层。

Offset Direction 有 2 种设置：Shell Normal 设置时整个拉伸过程不改变实体单元法向，以壳单元法向为准；Surface Normal 设置时随着新生成实体单元的法向改变下一层实体单元拉伸方向。法向示意图和拉伸效果分别如图 3-119 和图 3-120 所示。

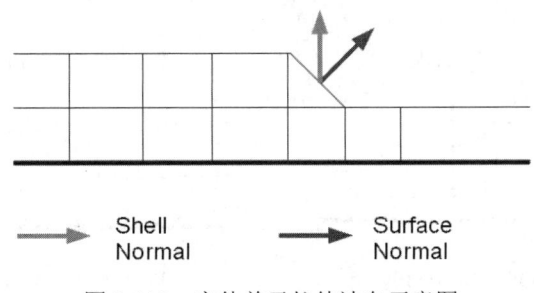

图 3-119　实体单元拉伸法向示意图

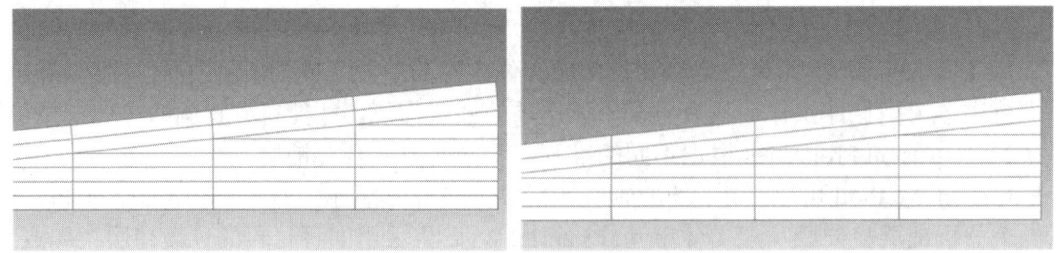

图 3-120　不同法向设置拉伸实体模型对比

（3）Drop-Offs and Cut-Offs 控制拉伸成实体单元时的错层和切割处单元材料属性设置。当 Fabric 和 Stackups 的材料处理设置成 Global 时，Global Drop-Off Material 指定的材料属性将赋予错层单元，Global Cut-Off Material 指定的材料属性将赋予切断单元。

（4）Element Quality 控制 ACP 模块对生成的实体单元进行质量检查，类似于 Mechanical APDL 的单元形状检查。可以设置当 Solid Model 对象中单元不符合形状要求时，将其删除。Warping 是单元形状检查的一项指标，且可以通过 Warping 因子对该指标进行修改。

Solid Model 对象的 Drop-Offs 选项卡如图 3-121 所示。Drop-Off Method 定义铺层在铺敷区域边界内或外掉层，如图 3-122 所示。Disable Drop-Offs on Top Surface 关闭指定方向选择集（或单元集）顶面铺层的掉层选项。Disable Drop-Offs on Bottom Surface 关闭指定方向选择集（或单元集）底面铺层的掉层选项。掉层选项关闭的示意如图 3-123 所示。

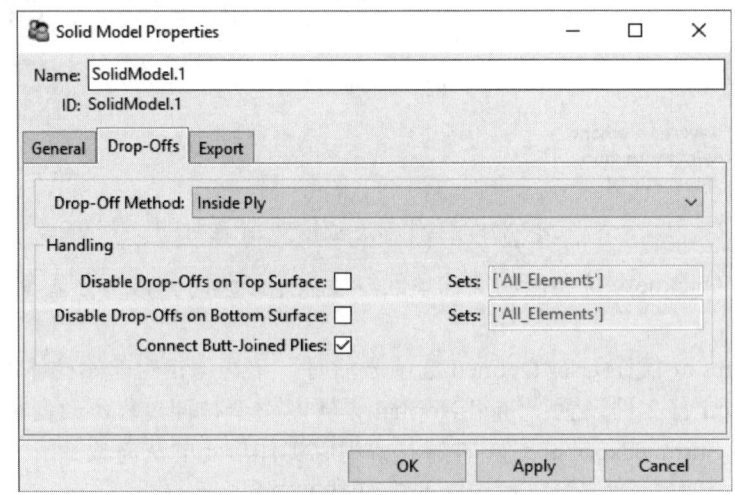

图 3-121　实体模型属性窗口 Drop-Offs 选项卡

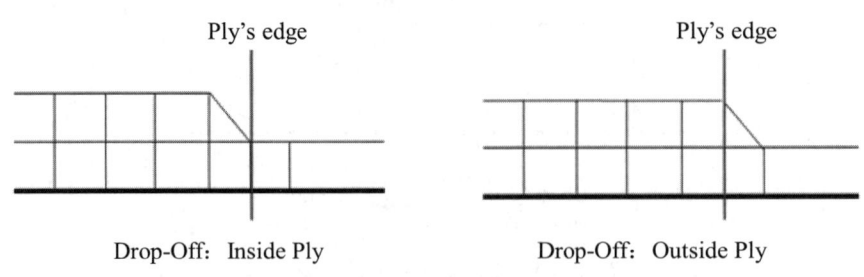

图 3-122　铺层 Drop-Off 选项的影响

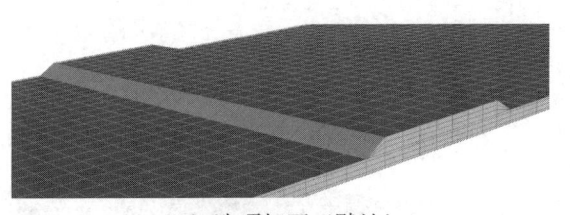

（a）选项打开（默认）　　　　　　　（b）选项关闭（选择复选框）

图 3-123　Drop-Offs 选项打开和关闭的影响

Connect Butt-Joined Plies 连接对接铺层选项用于连接同一个铺层组内相邻铺层，避免在铺敷区域边界六面体单元退化为棱柱单元，默认激活状态。如果该选项关闭，那么铺层边界将以掉层的方式结束。

以等厚度拉伸的三明治结构为例，连接对接铺层如图 3-124 所示。

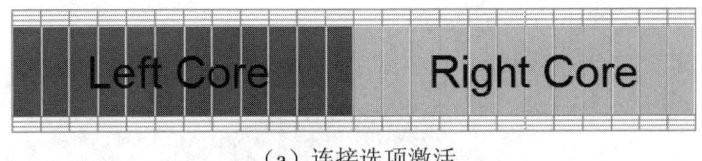

（a）连接选项激活

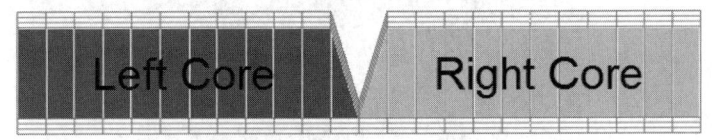

（b）连接选项关闭

图 3-124　对接铺层的连接

实体模型属性窗口的 Export 选项卡如图 3-125 所示。

图 3-125　实体模型属性窗口 Export 选项卡

Write Degenerated Elements 指定是否输出掉层和切割实体单元，是否输出的效果如图 3-126 所示。关闭该选项后，网格中带孔将不能导入 Mechanical 模块，因此，在 Workbench 工作流中需要打开该选项。

(a) 输出　　　　　　　　　　　　　　(b) 不输出

图 3-126　掉层单元选项

Use Solsh Elements，指定生成的实体单元为 SOLSH190 单元。

Drop Hanging Nodes，默认打开，自动去除悬空节点，将对应单元边界变为线性单元。不与任何单元相连的悬空节点会导致结果位移场的不连续，这通常在带中间节点的六面体、四面体和棱柱单元连接时出现。例如，图 3-127 中带中间节点六面体单元顶部是一个带中间节点四面体单元，在四面体边线的小方框位置即存在 1 个悬空节点。

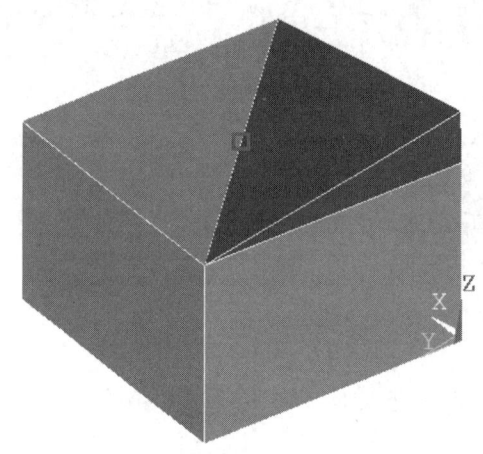

图 3-127　六面体单元顶部的 10 节点四面体单元

Use Solid Model Prefix，控制实体单元模型组件的名称前缀，使其名称前面为定义的实体模型对象名称。如果实体模型对象名称为 BULKHEAD，那么单元集的 APDL 脚本为：CMBLOCK,BULKHEAD_P9L1_Plies_Top, ELEM, 600! users element component definition。

Transferred Sets，用于控制集合数据由 ACP 模块传递到 Mechanical 模块。Transfer All Sets 设置实现所有单元和节点集均传入 Mechanical 模块。Transferred Element Sets 指定需要传递的单元集，单元集变为两个独立的单元组，后缀分别为*_TOP 和*_BOT，前者与原单元集重合，后者在拉伸路径结束位置。Transferred Edge Sets 指定需要传递的节点集。传递到 Mechanical 模块的集合数据转换为 Named Selections，如图 3-128 方框中所示。

默认情况下，Workbench 项目中 ACP 模块自动对生成的单元和节点进行编号。当有多个实体模型对象时，以及不同的 ACP 模型和 Mechanical 模型进行组合装配时，ACP 模块自动对对象进行重新编号。

自动重新编号选项可以在 ACP（Pre）模块的 Setup 属性窗口进行关闭，如图 3-129 所示。当关闭自动重新编号选项号，可以对对象编号手工指定偏移量。

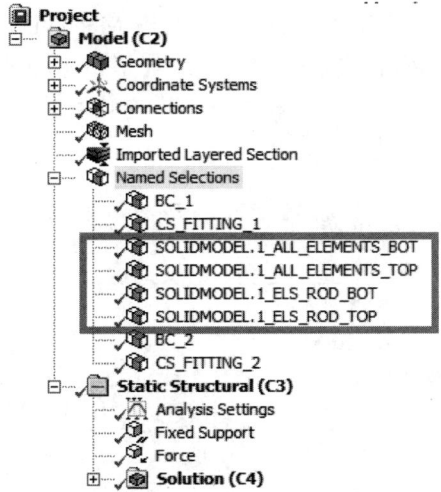

图 3-128 传递单元集到 ANSYS Mechanical 模块

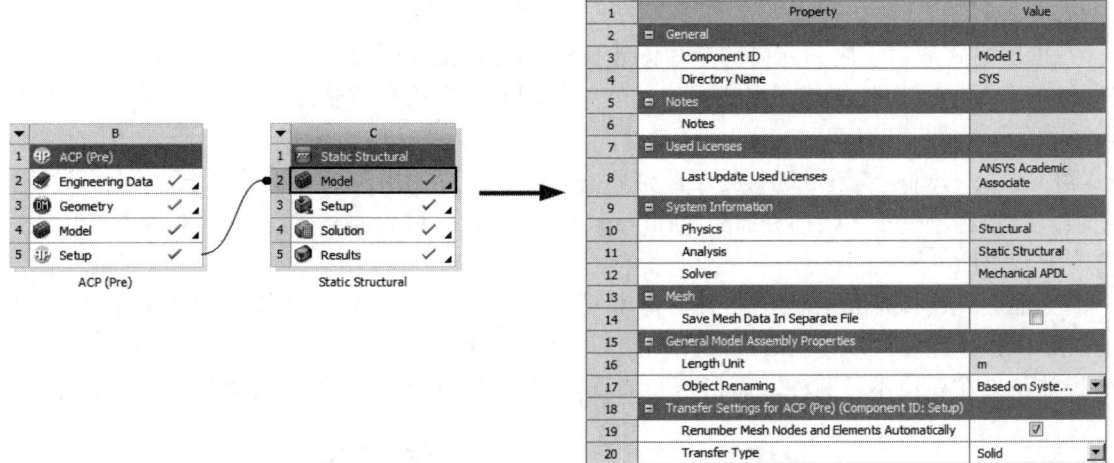

图 3-129 项目概图中 ACP（Pre）模块的 Setup 属性定义

Solid Model 的右键菜单 Export Solid Model 用于导出实体模型或其表面，如图 3-130 所示。

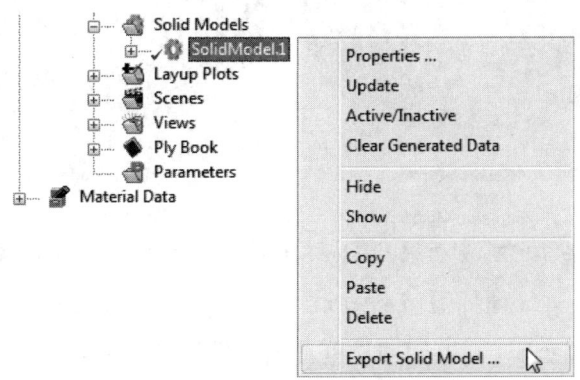

图 3-130 Solid Model 对象右键菜单导出实体模型

导出的实体模型表面可以为 STEP、IGES、STL 或 Mechanical APDL（CDB）格式，如图 3-131 所示。用于建立实体模型相邻的结构的几何或翼型结构的填充材料。因为是基于网格建立的表面，所以采用 STL 格式并在逆向工程工具中重构几何的效果是更好的。ANSYS 产品中的 SpaceClaim 包含逆向工程相关功能。

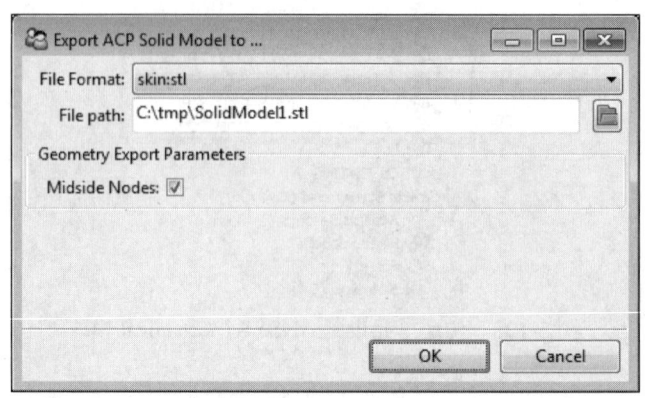

图 3-131　Solid Model 对象右键菜单导出实体模型表面

CDB 格式适用于脱离几何的模型创建。Solid Model 对象自身可以输出为 CDB 格式。默认情况下，CDB 文件的单元形状检查功能是关闭的，且用户需要检查文件中的材料属性和网格单位的一致性。

Midside Nodes 如果可选且处于激活状态，二次单元的中间节点将被写出。反之，仅输出角点。这个选项仅适用于 skin:stp、skin:iges 和 skin:stl 三种表面格式。

2. 拉伸向导

当曲面几何或厚层合板拉伸为实体模型时，边界可能方向不是所需的方向。此时，可以通过指定拉伸向导，以使生成的单元在期望的方向。例如，图 3-132 中，默认情况下，带孔球面拉伸结果在孔边不是圆柱，而指定孔边垂直方向拉伸向导后，拉伸结果在孔边为圆柱。

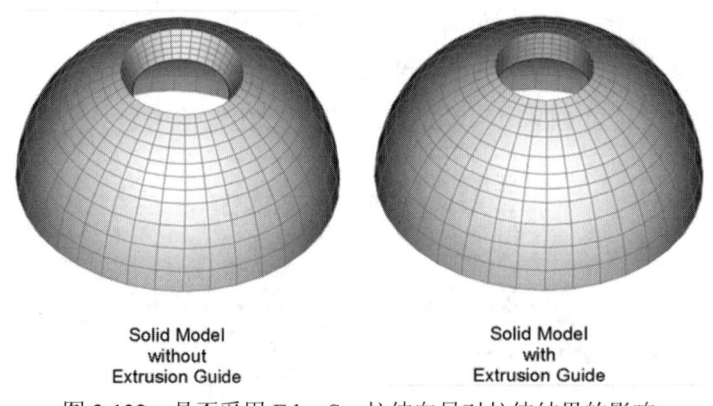

图 3-132　是否采用 Edge Set 拉伸向导对拉伸结果的影响

ACP 模块中拉伸向导的属性窗口如图 3-133 所示。一个拉伸操作可以指定多条拉伸向导。拉伸操作受拉伸边界 Edge Set 和方向向量或几何拉伸向导控制，且考虑曲率修正。具体地：
- Edge Set 用于指定拉伸向导作用的边界。

- Type 指定拉伸向导的 3 种类型：Direction，定义节点集拉伸的方向向量，默认情况下采用节点集法向，也可以手动输入；Geometry 由 CAD 文件的几何定义方向；Free，不指定拉伸路径，但可以指定曲率修正。
- Radius 控制网格自适应的范围。
- Depth 控制网格自适应的深度。
- Use curvature correction 控制拉伸过程的曲率修正，以得到光滑的拉伸表面。

可以通过在特征树 Extrusion Guides 的右键菜单改变拉伸向导的顺序，这对于多条拉伸向导拉伸的最终效果有重要影响，如图 3-134 所示。

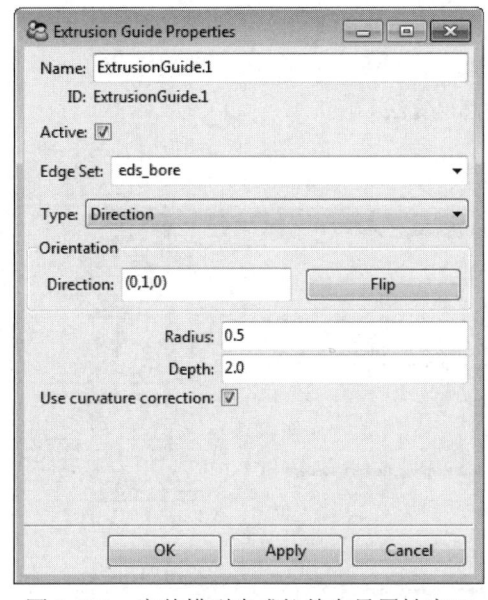

图 3-133　实体模型生成拉伸向导属性窗口

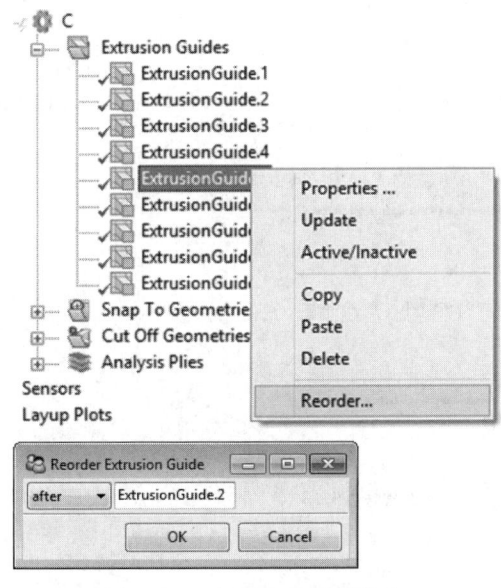

图 3-134　拉伸向导重新排序

ACP 模块基于壳网格生成实体模型的默认方向是壳单元的法向。2D 壳网格作为 3D 实体单元的基础，拉伸的结果可以包含一层或多层实体单元。拉伸向导仅影响拉伸单元的边界。拉伸边界首先按照单元法向拉伸，然后移动到拉伸向导目标面。

网格自适应用于控制拉伸向导对整个网格的影响。网格自适应的算法如图 3-135 所示，该算法将内部节点位移与拉伸向导自由面上节点位移相关联。公式为

$$m_i = m_0 \cdot \left[1 - \left(\frac{d_i}{\text{Radius}} \right)^{\text{Depth}} \right]$$

式中，Radius 指以 Edge Set 节点为中心，以指定半径范围内的单元受到网格自适应算法的影响；Depth 定义了网格自适应的程度；m_i 为网格自适应时第 i 个壳单元内部节点的面内移动距离；m_0 为自由面上节点到拉伸向导面上的距离；d_i 为第 i 个壳单元内部节点与拉伸向导节点间的距离。

图 3-136 给出了不同参数时网格自适应的结果。图中节点集的位置用左下角的圆来表示。网格自适应算法仅对 Radius 半径内的壳表面节点起作用。

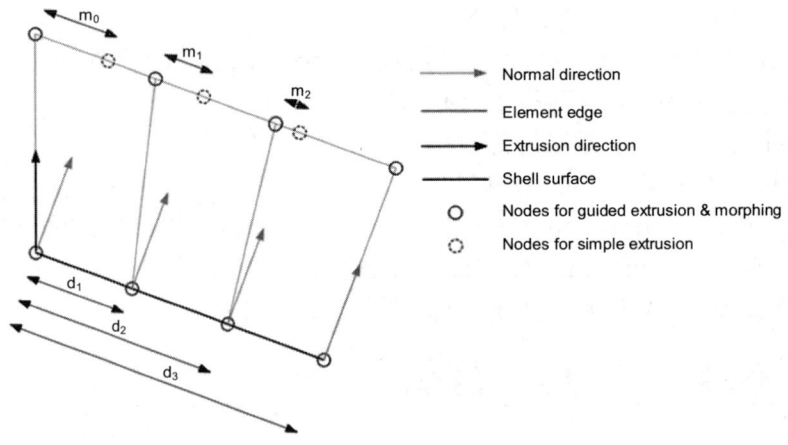

图 3-135　网格自适应算法

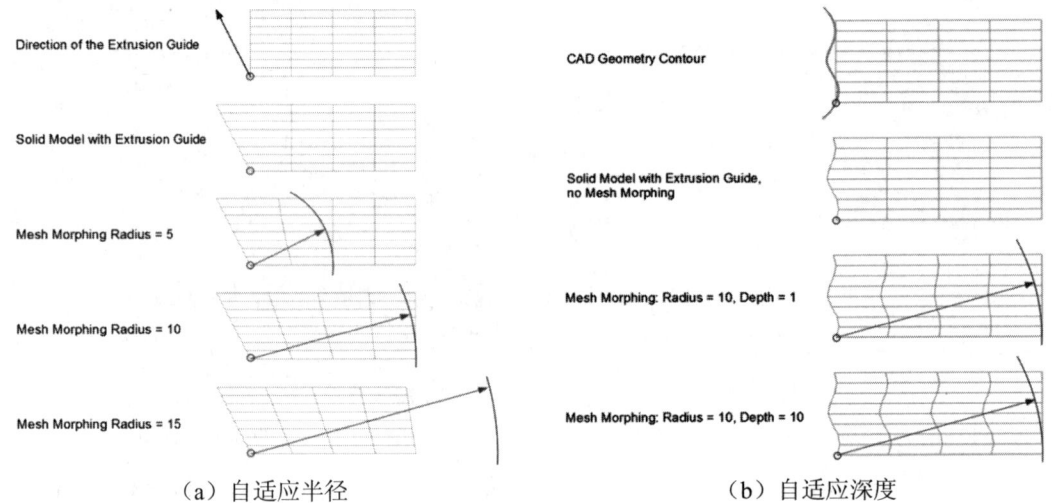

（a）自适应半径　　　　　　　　　　（b）自适应深度

图 3-136　网格自适应参数影响结果

3. 对齐基准

对齐基准用于根据导入的 CAD 模型来修正拉伸的实体单元模型，设置窗口如图 3-137 所示。通过拉伸或压缩生成的实体单元表面使其与导入的 CAD 几何模型对齐。同一个拉伸操作可以指定多个对齐基准。

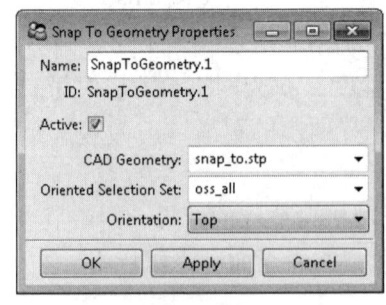

图 3-137　实体模型生成对齐基准属性窗口

对齐基准仅对选定方向选择集的指定面（顶面或底面）起作用。方向选择集的顶面或底面由其法向量决定。厚度方向上所有单元的高度均匀改变。

图 3-138 和图 3-139 分别给出了是否考虑对齐基准拉伸出的实体单元模型。两图中实体单元模型由 2 个方向相反的方向选择集生成。图 3-139（a）中法向朝上的方向选择集以导入的 CAD 表面对齐。图 3-139（b）中法向朝下的方向选择集以导入的 CAD 表面对齐。

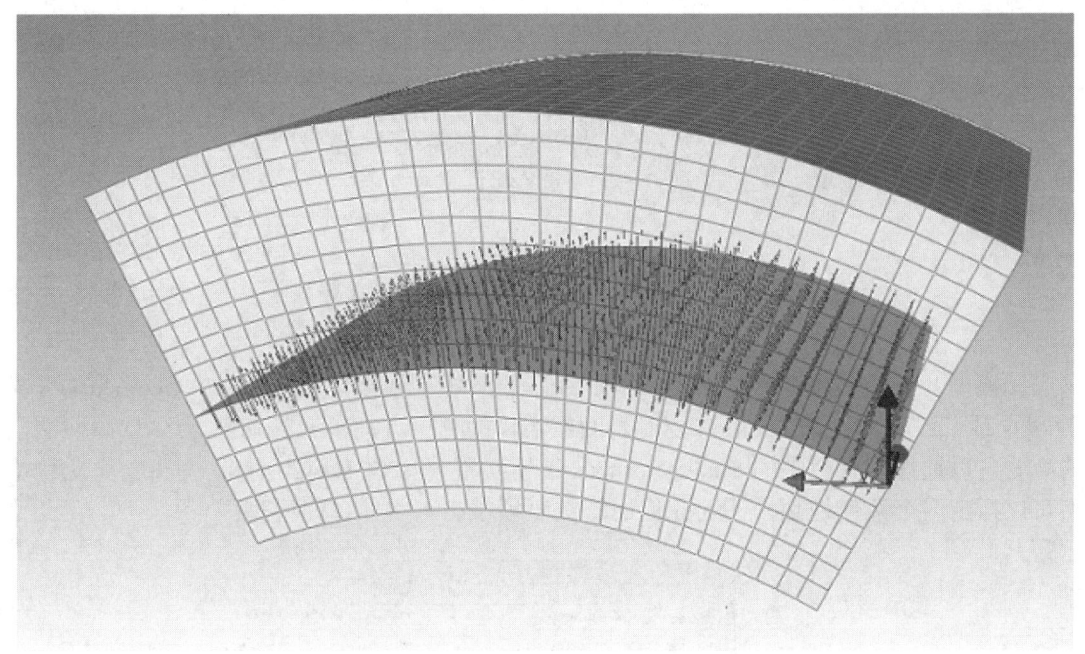

图 3-138　没有对齐基准控制的拉伸效果

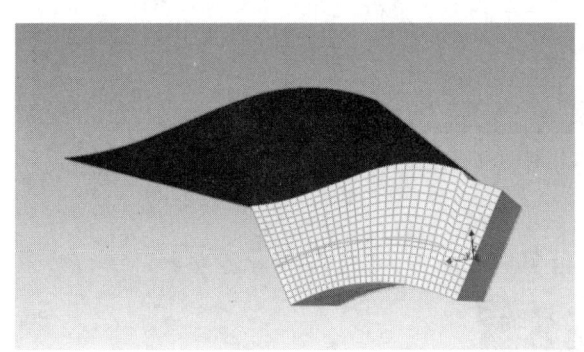 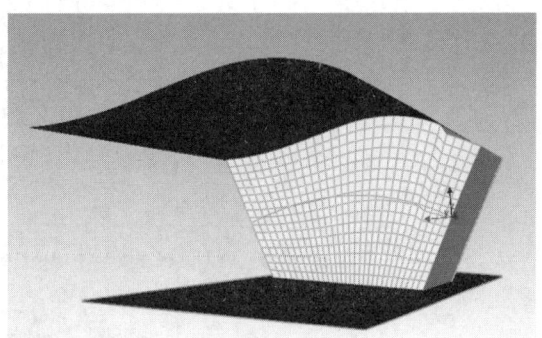

（a）顶面对齐到几何　　　　　　　　　　（b）顶面底面均对齐到几何

图 3-139　对齐基准拉伸效果

注意：对齐基准操作在拉伸向导操作之后进行，即拉伸向导方向的节点在对齐基准操作时可能被调整。

4. 几何切割

ACP 模块实体模型生成过程中，几何切割功能用于使用 CAD 模型来切割生成的实体单元，类似于复合材料结构固化之后的机械加工。几何切割示例如图 3-140 所示。

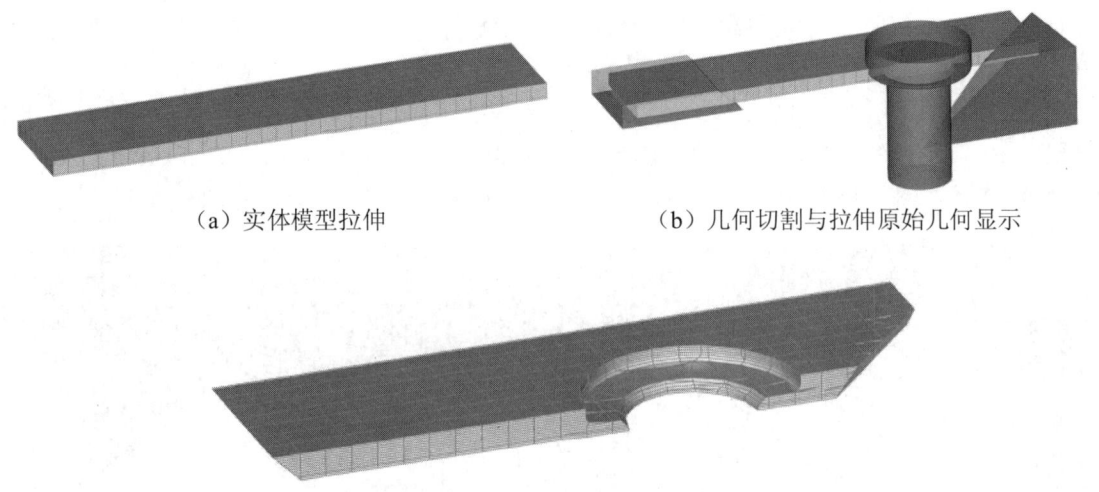

（a）实体模型拉伸　　　　　　　　（b）几何切割与拉伸原始几何显示

（c）几何切割结果

图 3-140　几何切割示意图

实体模型几何切割属性窗口如图 3-141 所示。其中：用于切割的 CAD Geometry 可以是 CAD 表面或三维实体；Orientation 控制表面或实体的哪个方向单元被切除。CAD 表面法向向量的查看可以通过工具栏中的 Show Normals 按钮实现，如图 3-142 所示。对于一个实体单元模型可以指定多个几何切割，不同几何切割按照顺序切割实体单元模型。

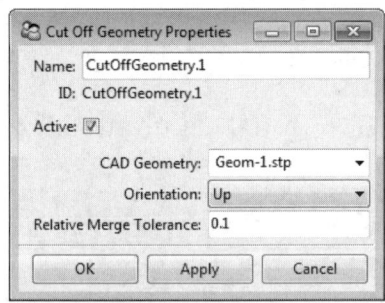

图 3-141　实体模型几何切割属性窗口

图 3-142　几何切割法向向量显示

几何切割之后的实体单元模型会出现求解器不能处理的单元形状，因此 ACP 模块自动将其分解成棱柱或四面体单元，如图 3-143 所示。

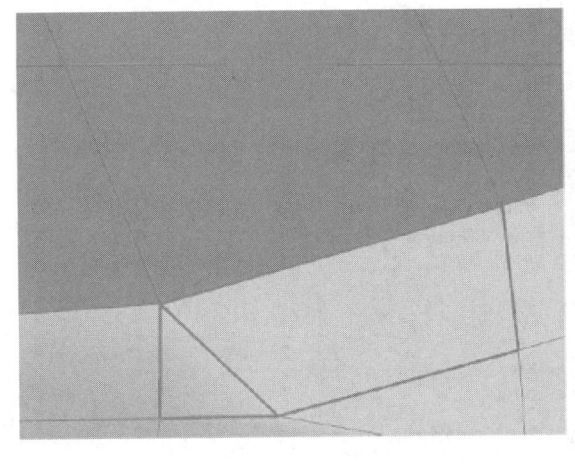

（a）退化六面体单元　　　　　　　　（b）退化六面体单元分解之后退化为四面体

图 3-143　退化六面体单元的分解

5. 材料处理

分析铺层的材料处理按照 3.1.2 中织物实体模型选项进行。

下面的内容是当多个不同材料的铺层在一个 Drop-Off 或 Cut-Off 实体单元中组合时采取的处理方法。这两种情况采用相同的原则进行处理：如果至少有一层铺层材料处理选项设置为 Global，那么该模型将使用整体模型的设置；如果所有铺层的材料处理选项设置为 Custom 并且指定为同一种材料，那么模型将采用该材料；任何其他情况，均采用总体的材料处理设置。

6. 保存更新

ACP 模块将实体单元模型保存在.H5 文件。ACP（Pre）组件的更新操作将自动检查铺层定义信息是否改变。如果铺层定义信息有变化，则实体模型将随之更新。

7. 节点基厚度

默认情况下，导入实体模型和拉伸实体模型均使用单元基厚度，即单元中心厚度。在此基础上，计算节点厚度。如果打开节点基厚度选项，那么能够改善模型精度，具体参考 3.1.1 节。

8. 导入实体模型

Imported Solid Model 用于将 ACP（Pre）中的复合材料定义信息映射到外部导入的实体网格上。当 ACP（Pre）采用拉伸、对齐和几何切割等操作仍然不能得到高质量的网格时，可以采用该方法，导入外部网格。这种情况下，实现了实体模型网格划分和铺层定义信息的分离。

目前，映射算法支持线性、二次的棱柱和六面体单元。退化单元（四面体、金字塔）仅填充各向同性材料。映射完成之后的实体模型用于后续的实体模型工作流。结构单元输出为层合实体单元、实体壳单元和各向同性单元。导入实体模型的节点和单元集会以 Named Selection 的方式传输给下游的分析流程。

特征树中导入实体模型的下一级节点 Cut-off Geometries 可以用来调整导入实体模型的形状，调整的原理与 ACP 中的标准实体模型相同。Analysis Plies 节点显示出铺层映射的相关铺层。Cut-off 在映射算法之后运行，是对完成映射网格的进一步细化，因此，结构化的网格对于大多数情况更加容易实现。

导入实体模型对象的右键菜单如图 3-144 所示。

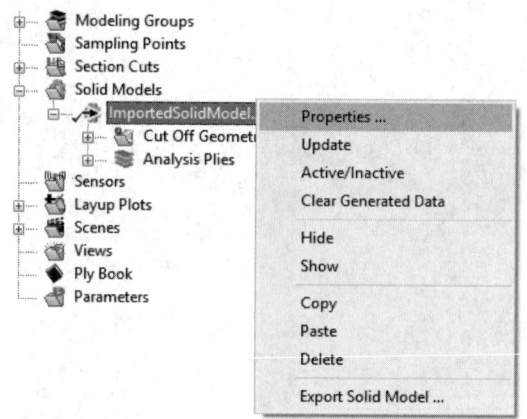

图 3-144　导入实体模型对象的右键菜单

其属性对话框的通用选项卡如图 3-145 所示。

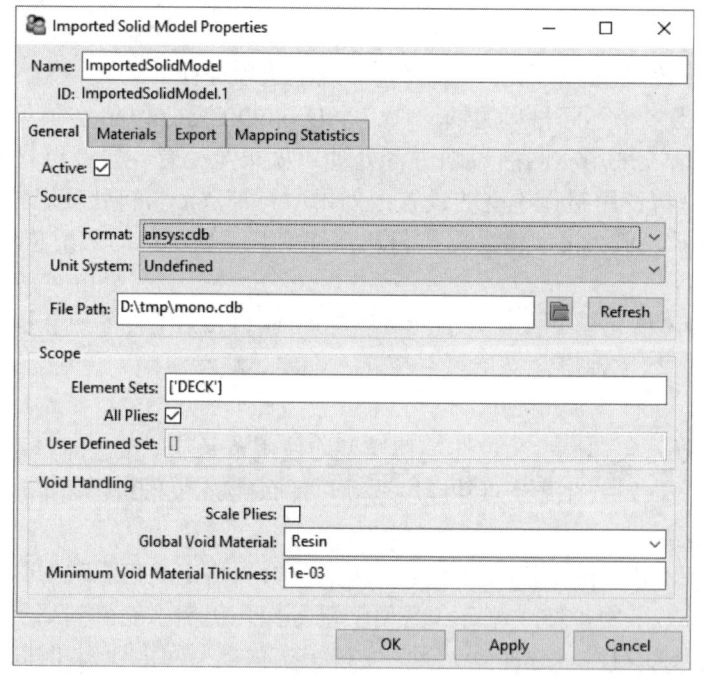

图 3-145　导入实体模型对象属性窗口通用选项卡

其中各项的含义分别是：
- Format，指定了导入文件的格式。在 Workbench 中，实体网格通过 Mechanical Model 导入，ACP 自动完成格式、单位和文件路径属性的填充，因此，以只读方式显示。如果独立运行 ACP，可以在 ACP（Pre）中导入 ANSYS CDB 文件，此时需要用户指定体网格的单位制。

- Unit System，指定了导入的外部实体网格的单位制。
- File Path，指定了导入外部实体网格文件所在路径。
- Element Sets，指定要映射到实体网格的壳模型、铺层定义和 3D 描述。选择一个或多个单元集来定义关注的区域。中面偏移的单元集不支持。
- All Plies，默认情况下，将映射选定单元的所有铺层属性到实体模型网格。如果取消复选框，那么需要用户定义映射的铺层。
- User Defined Set，指定要映射到实体网格上的建模铺层或铺层组。
- Scale Plies，当映射的铺层厚度和层合单元的几何厚度由于掉层、数值误差等原因不同时，选中该选项后，ACP 会修正映射的铺层厚度以匹配几何，如图 3-146 所示。匹配的过程是逐个单元进行的，而不是全局匹配。
- Global Void Material，替换 Scale Plies 的一个方法是使用指定材料填充空隙。此时，需要取消 Scale Plies 并定义一个空隙材料。因为面内材料方向不能设置，所以建议使用各向同性材料填充。注意：带填充材料的单元可以通过导入实体模型对象的 Analysis Plies 节点的 void_<material id>来访问。层合实体单元采用空隙材料填充的示例，如图 3-147 所示。
- Minimum Void Material Thickness，当模型为曲面时，由于掉层、壳和实体网格之间差异等原因引起空隙,这些空隙的处理可以通过指定足够小的 Minimum Void Material Thickness 值来改善。如果空隙的厚度小于该值，那么空隙不填充。此时，程序会根据铺层厚度放大铺层厚度来填充空隙，如图 3-148 所示。

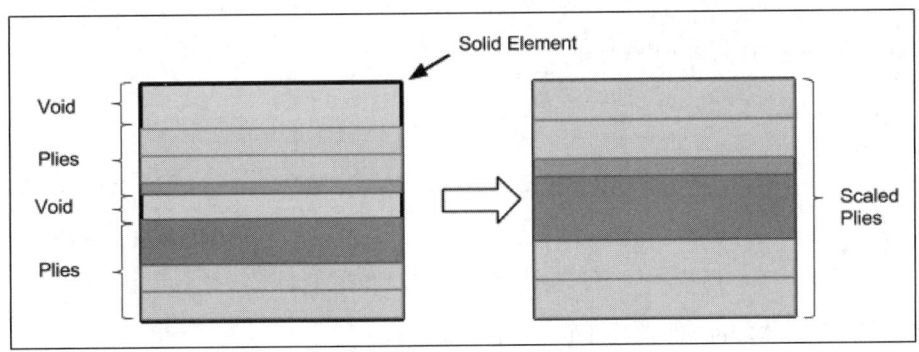

图 3-146　导入实体模型对象 Scale Plies 功能

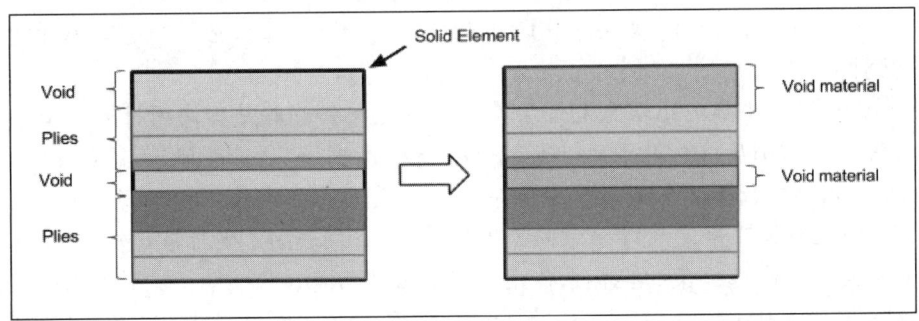

图 3-147　导入实体模型对象空隙填充功能（空隙大于 Minimum Void Material Thickness）

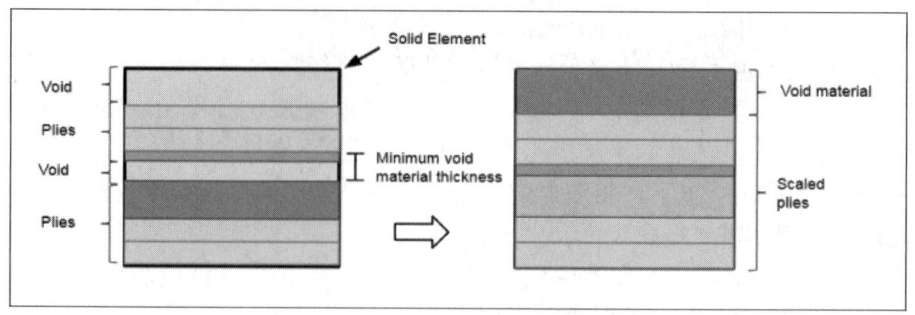

图 3-148　导入实体模型对象空隙填充功能（空隙小于 Minimum Void Material Thickness）

导入实体模型的 Materials 选项卡，如图 3-149 所示，用于空隙或切割单元的材料处理。如果铺层信息不与所有导入的实体模型相交，或实体模型包含退化单元，那么实体单元将没有铺层信息。这些单元要么删除，要么使用各向同性均匀材料填充。通过几何切割调整的单元材料也可以通过该选项卡进行设置。

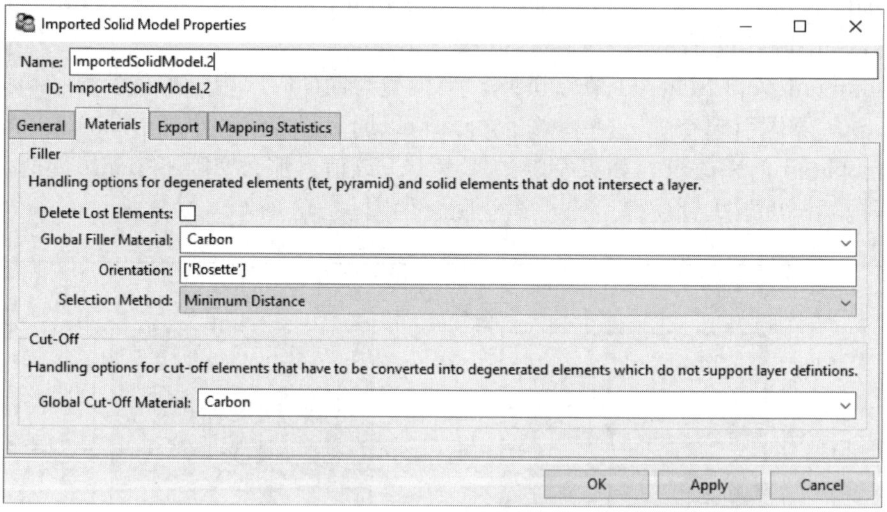

图 3-149　导入实体模型对象属性窗口材料选项卡

导入实体模型的 Materials 选项卡的具体功能是：
- Delete Lost Elements，用于控制无铺层信息的实体单元是删除还是保留。

注意：映射算法忽略四面体或金字塔单元，认为是无铺层信息单元。

- Global Filler Material，如果不删除无铺层信息单元，那么必须给这些单元定义一种材料属性。

注意：ACP 将这些单元处理为无铺层单元。填充材料可以是各向同性或正交各向异性。带填充材料信息的无铺层信息单元可以通过分析铺层的 filler_<material id>访问。

- Orientation，选择一个或多个坐标系来定向丢失的单元。

注意：材料坐标系用来定义纤维方向（坐标系 x 轴），法向（坐标系 z 轴）。这和方向选择集的坐标系不同，方向选择集的坐标系仅用于定义参考方向。

- Selection Method，支持 Minimum Distance 和 Minimum Distance Superposed 两种，功能与方向选择集参考方向的确定方法相同。

导入实体单元对象的 Export 选项卡，用于导出标准实体模型的部分。

导入实体单元对象的 Mapping Statistics 选项卡，如图 3-150 所示。选项卡包含铺层映射结果的基本信息，具体包括：总质量、体积、树脂体积含量等。铺层级数据表显示每一个分析铺层的体积，以及与壳模型铺层定义的差异。如果差异为正，那么实体网格的铺层体积较大。反之，实体网格铺层体积较小。

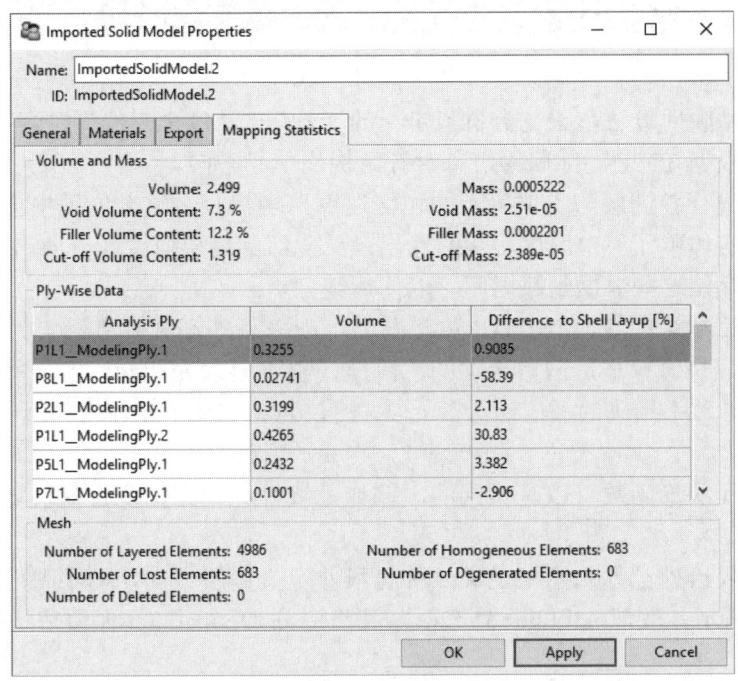

图 3-150　导入实体模型对象属性窗口映射统计选项卡

ACP 提供了一些选项用于检查映射铺层质量。

- 使用工具栏的 Orientation Visualizations 选项，同时确保实体单元显示打开，如图 3-151 所示。

（a）Orientation Visualizations 选项　　　　　（b）实体单元显示选项

图 3-151　导入实体模型映射质量检查

- 使用 Thickness Plot 在实体单元模型上显示铺层级厚度，也可以选择组件选项 Relative Thickness Correction 来绘制铺层缩放因子。
- 使用 Layup Mapping Plot 绘制壳和实体单元的铺层级体积含量差异和法向偏差。
- 使用 Mapping Statistics 检查映射基本信息。

全局模型属性 Minimum Analysis Ply Thickness 对铺层的影响是当映射铺层厚度大于该值时，将其映射到实体单元上。

映射算法沿着壳网格的表面法向计算铺层厚度。因为导入实体模型不支持拉伸向导功能，所以在曲面的自由边处会引起问题。

复合材料壳模型忽略了掉层单元，这会导致实体模型的空隙，如图 3-152 所示。如果掉层引起的实体模型空隙很矮，那么可以忽略。反之，则需要调整倒角尺寸或调整导入实体模型的空隙处理。

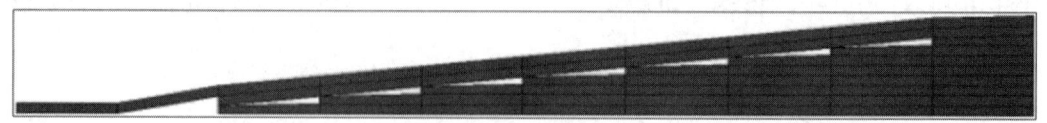

图 3-152　实体模型空隙

导入实体模型映射算法基于复合材料定义的 3D 信息，包含 3 部分内容：
- 首先，根据 3D 的局部偏移信息对齐结构化单元方向。
- 然后，进行各铺层与实体单元的相交运算。当然，在这个过程中会检查壳铺层是否在一个实体单元层中。这一步的输出是单元级的铺层厚度和方向。
- 最后，存储这些数据到数据库，以便后续分析。

注意：相交运算是在实体单元的中心进行的，即一个单元内部铺层厚度是常数。

通常情况下，映射算法是网格无关的，因此，也不要求壳和导入实体网格重合。然而，网格过大差异将导致不精确的插值结果。所以，建议壳和实体单元使用相似的单元尺寸，特别是在曲面区域。

壳和实体单元的形函数可以是不同的。例如，线性壳单元的复合材料定义信息可以映射到二次实体网格。

用户也可以仅给外部导入网格定义一种材料并定义铺层方向，而不映射铺层信息。实现方法如图 3-153 所示，取消 All Plies 复选框，并将 User Defined Set 保留空状态。

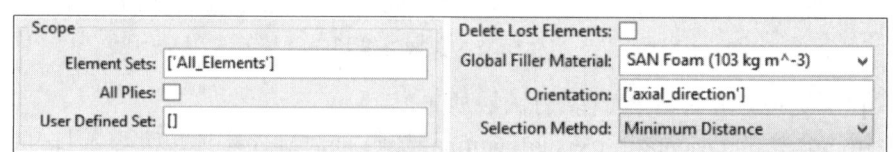

图 3-153　导入实体模型仅定义材料及方向

导入实体模型映射算法在铺层收缩为一个小吸管情况下精度损伤较大，如图 3-154 左侧图片中最内侧铺层所示。此时，使用更多的中等厚度铺层替换该厚铺层更加合理。

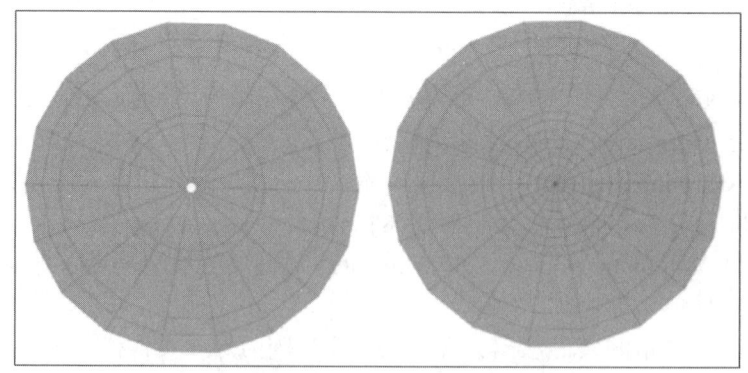

图 3-154　管型导入实体模型最内部铺层的处理

导入实体模型的复合材料失效定义仅能在 Mechanical 模块的 Composite Failure Tool 进行，而不能在 ACP（Post）模块进行。另外，因为铺敷顺序信息不能保存到映射的实体模型上，所以 Wrinkling 和 Shear Crimping 失效准则不能使用。

3.1.15　铺层图（Layup Plots）

ACP 模块支持 8 种方式显示铺层图，分别是：厚度图、铺层角度图、可制造性分析网格图、插值表图、场定义图、铺层映射图、材料图和自定义图。

特征树 Layup Plots 节点的右键菜单包含以下选项：
- Create Thickness，创建单元或铺层厚度显示图。
- Create Layup Angle，创建铺层角度图，包括纤维或剪切角等。
- Create Draping Mesh and Flatwrap，创建 Draping 网格和展开图。
- Create Scalar Look-up Table，创建标量插值表和插值图。
- Create Field Definition，创建场定义数据图。
- Create Layup Mapping，创建铺层映射设计图。
- Create Material，创建材料图。
- Create User-Defined，创建自定义数据图。

创建完成的每一个 Layup Plot 对象包含以下属性：
- Properties，显示视图对话框。
- Update，更新选择的视图。
- Copy，复制选择的视图到剪切板。
- Paste，将剪切板的视图粘贴到特征树。
- Delete，删除选定的视图。
- Hide，隐藏选定的视图。
- Show，显示选定的视图。

所有的视图均可以通过 scope 来控制显示部分或全部单元的结果。默认情况下，Layup Plots 节点下已经建立了厚度和角度视图。

视图的属性窗口有两个选项卡：General（通用选项卡），控制视图基本设置；Legend（图例选项卡），图例选项取消默认的复选框之后，可以自定义图例。以厚度视图为例，如图 3-155 所示。

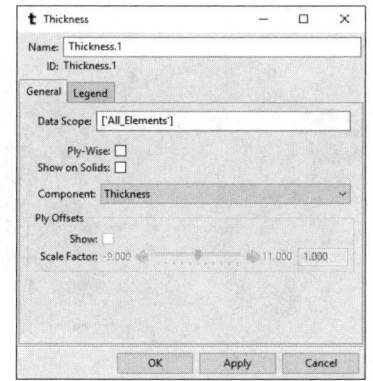
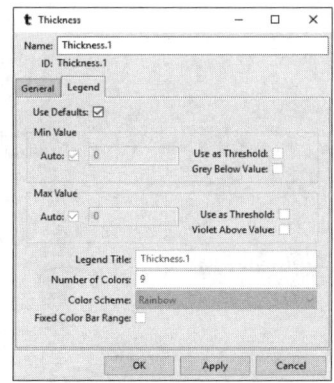

图 3-155　Layup Plots 对象的属性窗口

大多数 Layup Plots 对象的 General 选项卡包含以下内容：
- Name，视图的名称。
- Data Scope，确定视图的显示范围，可以为单元集、方向选择集、建模铺层和采样点。一个采样点的数据覆盖与采样点相交的所有铺层。
- Ply-Wise，激活铺层级视图显示。厚度和角度尽在选中铺层时显示。角度图的默认设置为铺层级显示。需要显示的铺层可以在建模铺层、采样点或实体模型处选中。
- Show on Solids，仅用于实体单元模型视图控制，将结果显示在实体单元选项。
- Component，允许用户选择分量。
- Ply Offsets，仅适用于角度视图，控制角度显示在偏移之后的位置，还是在参考面位置。
- 大多数 Layup Plots 对象的 Legend 选项卡包含以下内容：
- Use Defaults，使用默认图例。如果要关闭默认图例，那么需要把复选框取消选择。
- Min Value，定义图例第 1 个数值标签。关闭 Auto，可以手动指定。
- Max Value，定义图例最后 1 个数值标签。关闭 Auto，可以手动指定。
- Use as Threshold，打开之后，最大值和最小值标签分别变为倒数第 2 个和正数第 2 个标签，如图 3-156 所示。

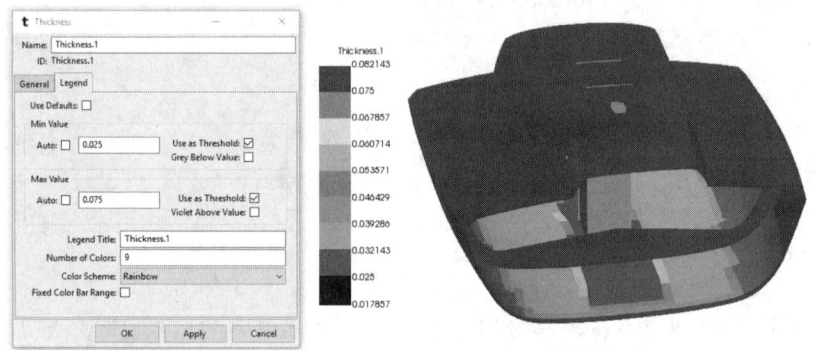

图 3-156　Layup Plots 对象厚度视图打开最小、最大值的 Use as Threshold 选项

- Grey Below Value，小于最小值的颜色设置为灰色，如图 3-157 所示。
- Violet Above Value，大于最大值后显示为紫罗兰色，如图 3-157 所示。

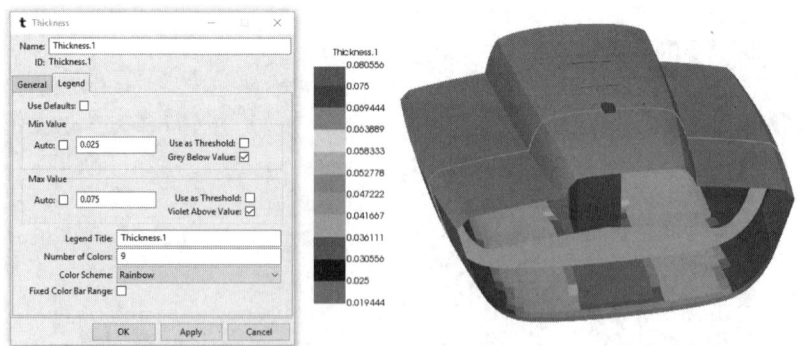

图 3-157　Layup Plots 对象厚度视图打开 Grey Below Value 和 Violet Above Value 选项

- Legend Title，指定图例上方标题，默认为视图的名字。
- Number of Colors，设置图例中颜色个数。
- Color Scheme，设置预定义的配色方案。
- Fixed Color Bar Range，激活该选项后，用户切换铺层时，图例颜色条将不发生变化。

1. 厚度图

厚度图用于显示整个铺层厚度或者单一铺层厚度，如图 3-158 所示。厚度图有 2 个分量：Thickness 显示单元或铺层厚度；Relative Thickness Correction，显示由于 Draping 或铺层映射引起的厚度修正。

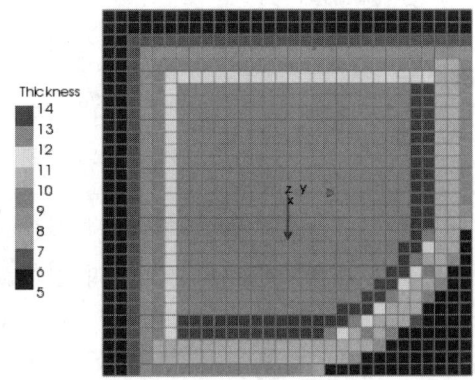

图 3-158　铺层厚度图

2. 角度图

角度图是一个纯的铺层级视图，用于显示某一铺层的铺层角，例如图 3-159 中显示的 Draped 铺层剪切角，包含 3 个分量：Design Angle，即纤维方向与参考方向的夹角；Draped Fiber Angle，即 Draped 纤维方向与参考方向的夹角；Draped Shear Angle，为 Draping 引起的局部铺层剪切角；Draped Transverse Fiber Angle，即 Draped 横向和参考方向的夹角。

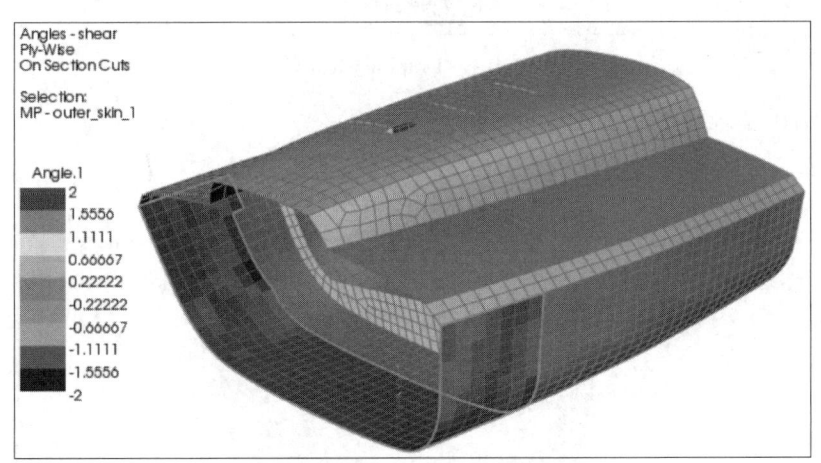

图 3-159　铺层角度图

3. Draping 网格图

Draping 网格图（可制造性分析图），用于查看铺敷网格图、查看网格中的最大扭曲位置以及对应的铺敷展开图。

Draping 网格图的通用选项卡，如图 3-160 所示，包含以下选项：
- Show Draping Mesh，显示 Draping Mesh 图的开关。最大扭曲位置的 Draping 网格图的红色区域。如果模型属性激活了 Use Draping Offset Correction 选项，那么相对选定铺层底面的偏移显示到图形中。
- Show Flatwrap，显示 ACP 进行 Draping 模拟的展开图。

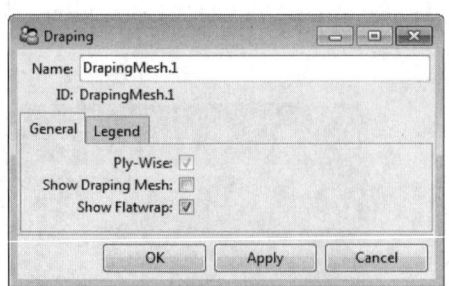

图 3-160　可制造性分析网格图属性窗口

Draping 图显示每个单元的平均剪切角（扭曲角）。角度的单位为度，是网格 4 个角与 90 度偏差绝对值的均值。如果偏差为 0 度，那么单元没有扭曲。

图 3-161 给出了 Draping 网格图。

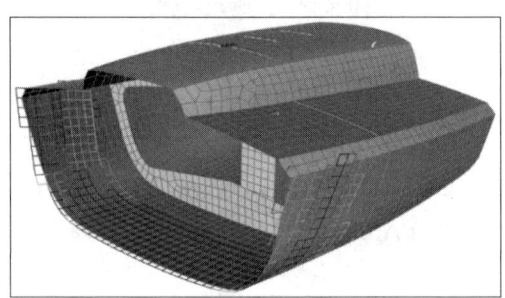

图 3-161　Draping Mesh 图

图 3-162 给出了半球形状的 Draping 图。

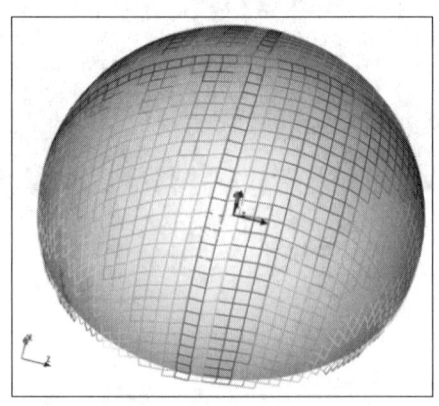

图 3-162　半球 Draping Mesh 图

图 3-163 给出了选定铺层的平面展开图。

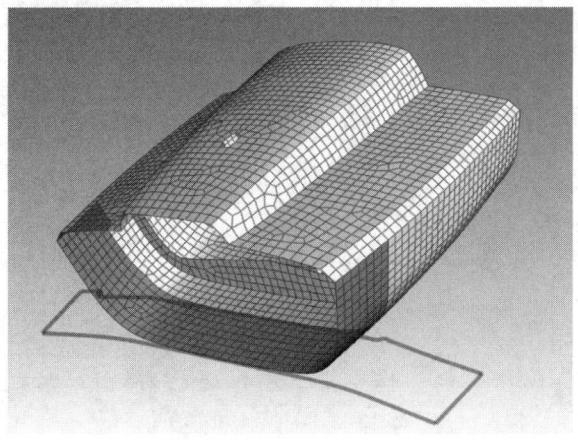

图 3-163 可制造性分析网格图铺敷展开图

4. 插值表图

插值表图用于查看插值结果和插值表的一致性。标量数据列可以用于定义厚度、角度或衰减因子等。插值表属性窗口如图 3-164 所示，显示球形支撑点的一维插值表图如图 3-165 所示。

插值表图的通用选项卡，包含以下选项：

- Look-up Table Column，选择要绘制的插值表列数据。
- Supporting Points，显示所绘制插值表数据的支点。
- Show Labels，显示插值表行指数标签。
- Scale Factor，支撑点显示尺寸的大小调节。

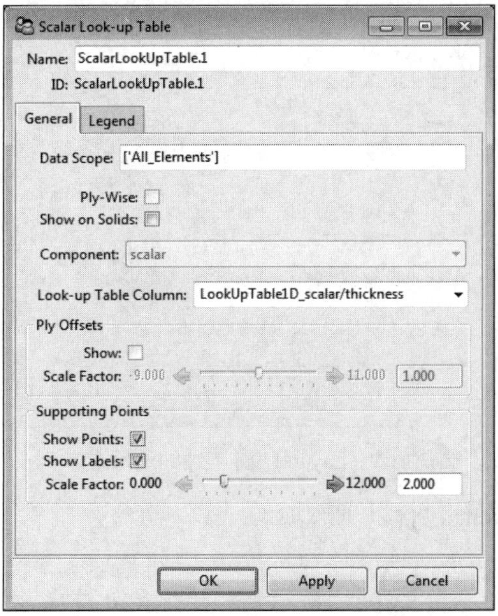

图 3-164 插值表属性窗口

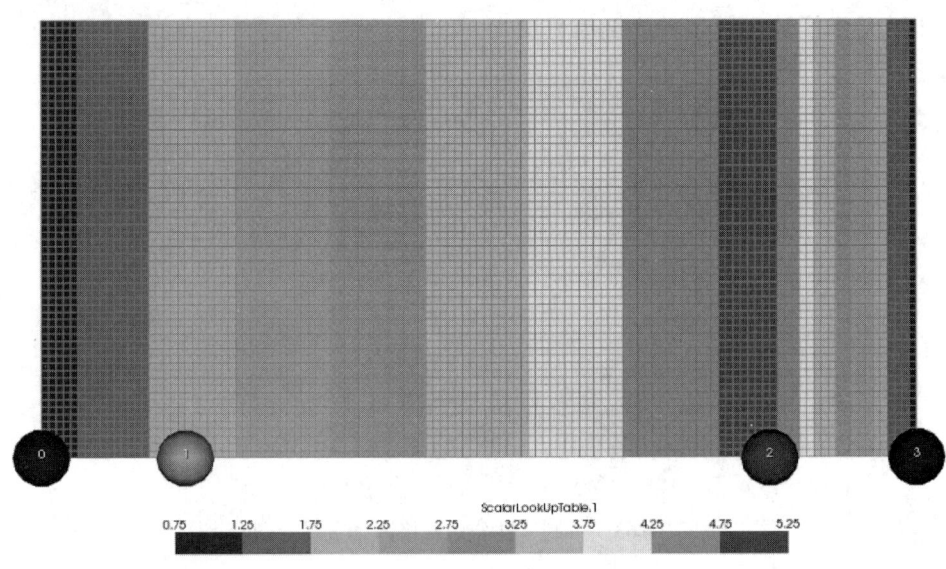

图 3-165　显示球形支撑点的一维插值表图

5. 场定义图

场定义图用于可视化场定义效果,仅应用于铺层级显示。该视图的通用选项卡为场变量名,用户可在下拉列表中选择要显示的场变量。

6. 铺层映射图

铺层映射图用于显示复合材料定义信息向实体网格铺层映射的结果,以检查映射的质量。因此,仅接受导入的实体模型和属性 Show on Solids 激活的情形。

铺层映射图的通用选项卡,如图 3-166 所示。

图 3-166　Layup 映射属性的通用选项卡

通用选项卡的 Component 包含以下选项:

- Volume Content,显示了铺层体积含量。
- Deviation in Normal Direction,显示壳和实体单元法向差异。如果铺层级选项关闭,那么显示单元的平均法向偏差,如图 3-167 所示。

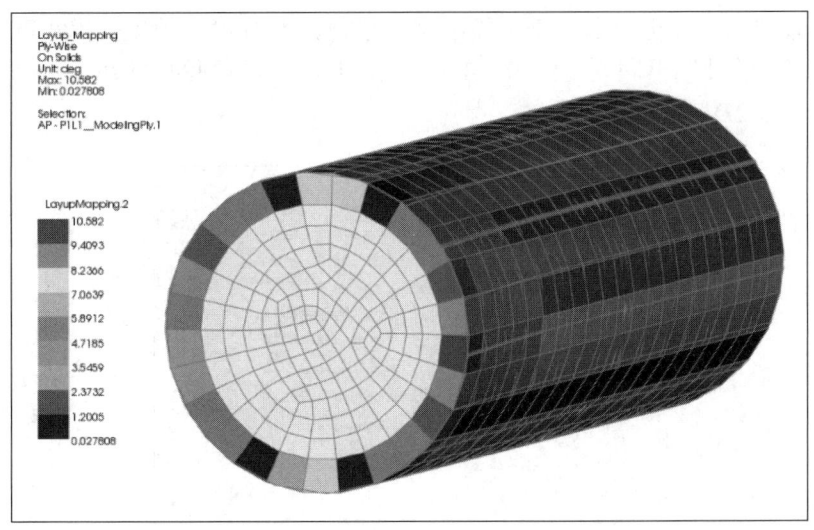

图 3-167　壳单元和层合实体单元法向偏差

7. 材料图

Material Plot 用于显示铺层级变化的材料属性,参考 Solution Plots 部分。

8. 自定义图

User-Defined 图允许用户指定任意标量图,参考 Solution Plots 部分。

3.1.16　失效准则定义(Definitions)

失效准则用于评估复合材料结构的强度。ACP 模块的失效准则定义功能支持多种失效准则以及它们的组合,用于绘制失效云图或样本点失效图。

通过 Definitions 右键菜单,选择 Create Failure Criteria,弹出 Failure Criteria Definition 对话框,完成失效准则定义,如图 3-168 所示。

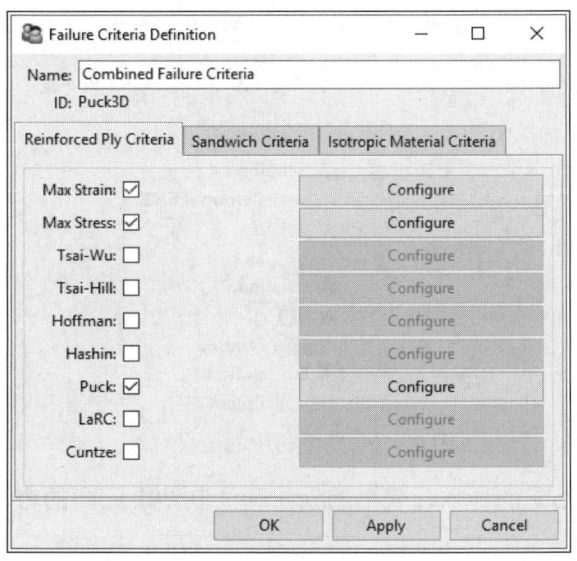

图 3-168　失效准则定义界面

每一个失效准则定义可以是多个失效准则的组合，而且每一种失效模式可以单独指定权重，以实现不同失效准则不同安全因子。部分失效准则具有不同的复杂度，例如，图3-169中Puck准则有简化、2D或3D选项。

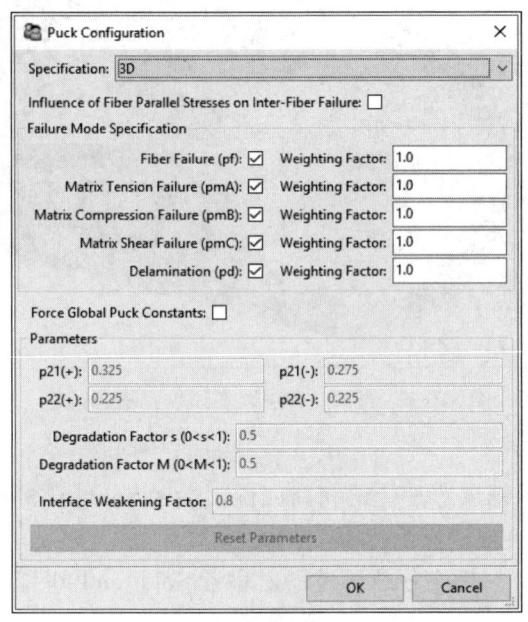

图3-169　Puck失效准则设置界面

3.1.17　结果集（Solutions）

ACP模块中结果集（Solutions）仅在ACP（Post）界面中出现，用于查看不同工况下的结构变形、应力、应变、温度和失效指标云图，如图3-170所示。结果集的子节点是由结果文件中导入的不同工况结果，也可以将不同工况的计算结果显示到一张包络图（Envelope Solution）中。将多个分析系统的结果进行组合的办法是首先在Workbench项目概图中将对应分析系统的Solution连接到ACP（Post）模板，并保持更新的状态。

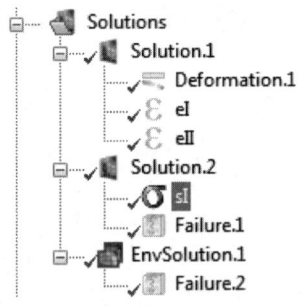

图3-170　特征树中的结果对象

接下来，详细介绍结果的导入、包络的创建和绘制结果云图的方法。

1. 结果对象

结果对象控制ACP（Post）导入结果文件的状态，每一个对象对应一个.RST结果文件。

其属性通过结果对象的右键菜单进行设置。每一个结果对象可以插入多个结果云图，每个云图单独设置载荷步信息。

在 Workbench 工作模式下，ACP（Post）模块会自动新建结果对象。同时，还可以通过结果集的右键菜单选择 Import Results 导入新的结果文件对象。结果对象的右键菜单不仅能够新建变形、应力、失效准则等云图，而且可以新建渐进损伤结果云图。

结果对象的右键菜单包含以下选项：

- Properties，显示结果对象属性对话框。
- Update，更新指定的结果对象并重新加载结果。
- Reload，重新加载结果文件。
- Delete，删除选定的结果对象。
- Export Results，导出选定单元集、方向选择集或建模铺层对应实体或壳元的变形、应力、应变、失效结果、渐进损伤等到.CSV 文件。
- Create Deformation，创建选定结果的变形云图。
- Create Strain，创建选定结果的应变云图。
- Create Stress，创建选定结果的应力云图。
- Create Failure，基于失效定义创建失效云图。
- Create Temperature，创建温度云图。
- Create Progress Damage，创建渐进损伤云图。
- Paste，将剪切板中云图对象粘贴到选定对象。

结果对象的属性窗口，如图 3-171 所示。

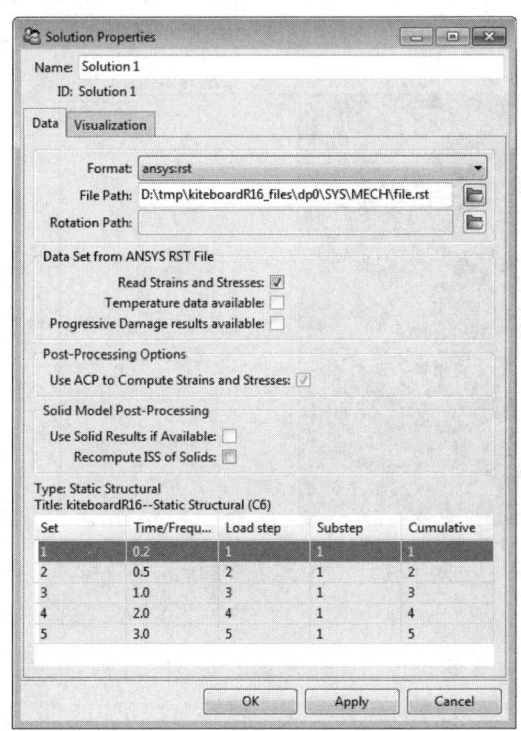

图 3-171　结果对象的属性窗口

结果对象的属性窗口包含以下选项：

Name，指定结果对象的名称。

Format，指定导入结果文件的格式。.RST 文件包含所有的结果信息。另一种是导入 Mechanical APDL 通过 PRNSOL 命令写出的包含变形和转角结果的文件。

File Path，指定导入.RST 文件的路径，或指定导入变形结果文件的路径。

Rotation Path，用于导入变形和转角结果文件时，指定转角结果的文件路径。

Read Strains and Stresses 控制 ACP 模块是否导入.RST 文件中的应力和应变。如果不导入，那么 Use ACP to Compute Strains and Stresses 选项自动激活，此时，ACP 模块可以根据导入的位移和转角信息计算应力和应变。当多个载荷步或载荷子步结果存在时，程序会要求选择导入具体的结果几何。因为计算过程需要更多的计算机资源，所以建议仅在线性分析时使用该功能。

Temperature data available，选项激活时，表示要读入包含温度场数据的结果文件。导入之后，可以对温度场数据进行可视化，温度相关材料数据可以用于应力和应变分析。

Use Solid Results if Available，选项激活时，如果.RST 文件中包含实体单元，那么其结果将被映射到参考壳单元上，隐藏实体单元，壳单元上将显示实体单元的结果。后处理可以在壳模型或实体模型上进行。

Recompute ISS of Solids，选项激活时，ACP 模块重新计算实体单元的层间剪应力，与 Mechanical APDL 的对比如图 3-172 所示。其计算算法是：首先，对厚度方向所有实体单元的剪力求和；然后，采用铺层基的方法计算层间剪应力。需要注意的是，在重新计算过程中，不考虑表面的非零边界和载荷。

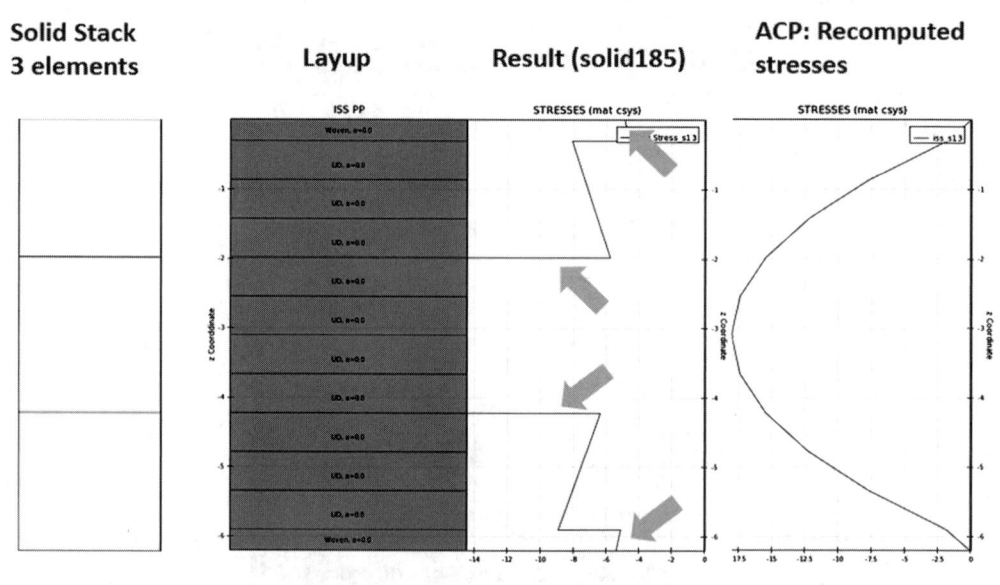

图 3-172　实体单元层间剪应力计算

2. 包络结果

结果集中可以新建包络结果对象，其属性窗口如图 3-173 所示。包络结果对象可以综合考虑多工况的失效结果，确定最危险的载荷工况。属性窗口可以定义包络名称，选择参与包络的结果集合。

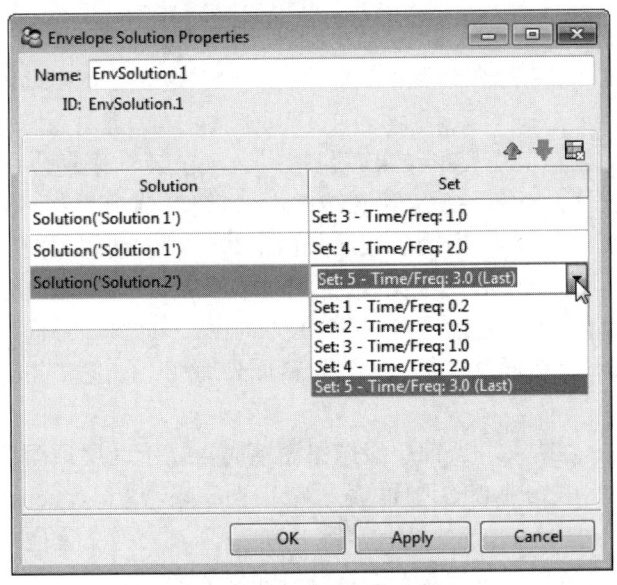

图 3-173　结果集的选择

3. 结果云图

结果对象的云图功能包括通用云图设置；不匹配可视化；变形图；应变图；应力图；失效模式图；温度图；渐进损伤图；材料图；用户定义图。在 ACP（Post）模块中，可以对所有分析结果进行可视化。

所有云图结果的通用选项是类似的。通过云图对象的属性窗口进行设置。云图对象的属性窗口包含两个选项卡，分别是：General（通用选项卡）；Legend（图例选项卡）。通用选项卡用来指定需要显示结果的组件或几何，可以是模型的一部分。图例选项卡控制云图的显示格式。

云图对象通用选项卡包含以下内容：

- Name，云图名称。
- Data Scope，定义显示对象。可以为单元集、方向选择集、建模铺层或采样点。
- Ply-wise，激活铺层级结果显示。结果云图仅在选定一具体铺层时显示。角度云图仅支持铺层级结果显示。指定铺层可以通过铺层组、采样点或实体模型分析铺层 3 种方式进行。
- Show on Solids，实体单元结果显示到实体单元上。
- Component，选定视图的分量控制。例如，usum 和位移，s12 面内剪切应力，IRF 损伤等。
- Show on Section Cuts，仅适用于角度云图，将铺层角度信息以颜色的方式显示在切面图上。
- Ply Offsets，仅适用于角度云图，将铺层角度信息在其实际位置进行显示。
- Spot，显示厚度方向结果处理的位置，可以为 top（顶面）、mid（中面）或 bottom（底面）。
- Solution Set，指定显示的结果信息时刻。

结果云图属性窗口的 Legend（图例选项卡）用于控制标题、标签和图例范围。

注意：失效云图显示积分点结果。应力和应变图显示单元中心结果。因此，仅能在 ACP 中显示应力和应变均值，而不能在云图中显示积分点值。这会导致失效图和应力应变图的细微差异。

Deformation Plot，显示节点变形结果。包括：ux，在 X 向平动位移；uy，在 Y 向平动位移；uz，在 Z 向平动位移；rotx，绕 X 轴旋转；roty，绕 Y 轴旋转；rotz，绕 Z 轴旋转。

Strain Plot，显示应变结果。当铺层级结果激活时，显示铺层顶面、底面或中面结果。当铺层级结果抑制时，显示单元中心的顶面、底面或中面结果。这和 Mechanical 应用的 Elemental Mean 显示选项对应。具体分量包括：1，材料 1 方向；2，材料 2 方向；3，材料面外法方向；12，材料面内剪切；13，材料面外剪切；23，材料面外剪切；I，第 1 主方向；II，第 2 主方向；III，第 3 主方向。

Stress Plot，显示应力结果。当铺层级结果激活时，显示铺层顶面、底面或中面结果。当铺层级结果抑制时，显示单元中心的顶面、底面或中面结果。这和 Mechanical 应用的 Elemental Mean 显示选项对应。具体分量包括：1，材料 1 方向；2，材料 2 方向；3，材料面外法方向；12，材料面内剪切；13，材料面外剪切；23，材料面外剪切；I，第 1 主方向；II，第 2 主方向；III，第 3 主方向。

失效模式图用于显示失效指标。具体显示模式包括：铺层级失效模式显示，显示选定分析铺层的关键失效模式；单元级失效模式显示，显示选定单元所有铺层所有失效准则的失效模式，这是查看全局最危险位置的方法。

每一个已定义失效准则的计算在单元的所有积分点进行。与应力应变结果云图的平均解不同。

失效云图中可以显示 3 类失效指标。可以激活文本标签显示出最关键的失效模式所在层和失效准则。对于包络的结果云图，还可以显示具体的工况号。显示失效指标的场景视图如图 3-174 所示。

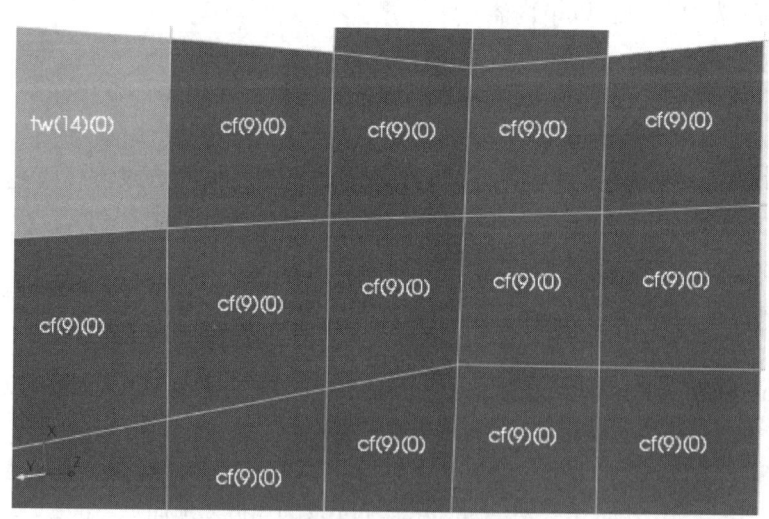

图 3-174　显示失效指标的场景视图

失效模式图中可以选择的失效指标为：Inverse Reserve Factors 损伤；Margins of Safety 安全裕度；Reserve Factors 安全因子。

失效模式图属性的其他选项包括：Failure Criteria Definition，通过下拉菜单选择已定义的失效准则；Show Critical Failure Mode，显示关键失效模式的标签；Show Critical Layer，显示关键失效模式所在层；Show Critical Load Case，显示关键失效模式对应的工况；Threshold for Text Visualization，设置失效指标显示的阈值，过小的阈值导致显示资源过多消耗。

注意：关键层标签指单元参考面由第 1 层开始往上数。夹心结构皱褶评估对整个结构进行，不能指定层，此时层标签为 0。关键工况指标由 0 开始。包络解中，第 n 个结果显示的标签为 n-1。

Temperature Plot 温度结果云图，显示实体单元上的温度场信息。

Progressive Damage Plot 渐进损伤结果云图，显示渐进损伤结果。损伤状态包括：无损伤、一些损伤或完全损伤。损伤标量给出纤维或基体刚度的衰减情况。变化范围是：0 表示无损伤、无刚度衰减；1 表示完全损伤，刚度 100%衰减；中间状态是部分损伤，刚度按照指定的衰减系数衰减。

注意：损伤单元的失效分析无意义。

损伤云图的分量包括：Damage Status（损伤状态），0 无损伤，1 损伤，2 完全损伤；Fiber Tensile Damage Variable（FT，纤维拉伸损伤变量）；Fiber Compressive Damage Variable（FC，纤维压缩损伤变量）；Matrix Tensile Damage Variable（MT，基体拉伸损伤变量）；Matrix Compressive Damage Variable（MC，基体压缩损伤变量）；Shear Damage Variable（剪切损伤变量）。

Material Plot 材料云图用于对铺层级变化的材料属性进行可视化。默认情况下，所有场变量用于计算选定的材料属性。然而，也可以抑制部分变量，来观察选定材料受某个因素的影响程度。计算过程中，抑制变量固定为其默认值。材料云图通用属性对话框如图 3-175 所示。

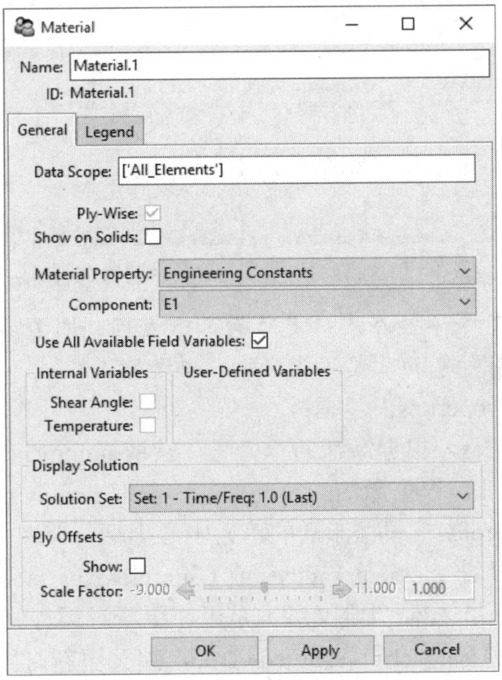

图 3-175 材料云图通用属性对话框

材料视图可以进行剪切角、温度和自定义场定义的显示。其通用选项卡包含以下选项：

- Material Property，显示支持的材料属性列表，包括工程常数、密度、应变和应力极限。
- Component，列出材料属性的分量，例如，正交各向异性弹性模量、泊松比和剪切模量。
- Use All Available Field Variables，默认情况下，程序使用所有场变量计算选定的材料属性。
- Internal Variables，如果关闭了 Use All Available Field Variables 选项，那么可以选择剪切角或温度变量。
- User-Defined Variable，如果关闭了 Use All Available Field Variables 选项，那么可以选择通过场定义定义的特定场变量。

User-Defined Plot（用户定义视图对象），用于绘制采用 Python 列表或 numpy.ndarray 定义的标量数据，以及一系列字符串形式定义的文本标签。在视图完成加载之后，用户可以查询激活的单元编号、标签和单元中心坐标。用户定义视图可以以铺层图或结果图的形式创建。视图通过 Python 接口来定义。Python 代码放置在用户对象视图属性窗口的脚本选项卡，如图 3-176 所示。这确保模型更新的时候视图随之更新。另外，视图定义脚本也可以通过 Python shell 运行。

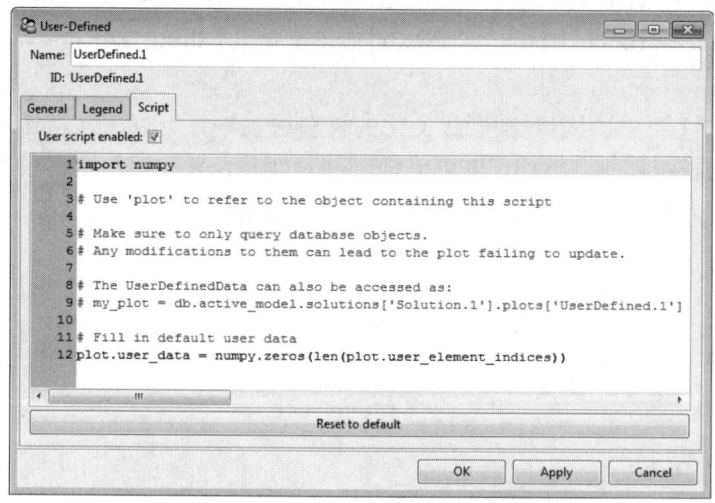

图 3-176　材料云图用户定义云图属性脚本

注意：model.update()命令不能在用户定义脚本中运行。因为该命令会导致模型更新死循环，所有用户定义脚本之前对象的改变不能在脚本中进行。

Python User Interface Properties，包括：

- User_element_indices，根据激活的单元号，获取 numpy.ndarray。
- User_element_labels，根据激活的单元标签，获取 numpy.ndarray。
- User_element_centroids，根据激活的单元中心坐标，获取 numpy.ndarray。
- User_data，按照 User_element_indices 或 User_element_labels 的顺序，获取用户数据。
- User_script_enabled，控制自定义脚本是否在更新时运行。
- User_script，如果 User_script_enabled=True，那么更新时脚本运行。
- User_text，访问视图的用户定义文本。

接下来，给出几个脚本云图示例。示例基于安装文件中附带的 class40.wbpz。每一个例子包含两个脚本。第一个脚本用来设置用户定义视图。第二个脚本插入到用户定义视图的脚本窗口。视图数据适用对象不能通过视图的脚本窗口设置，因为不支持模型更新。

这个项目包含一个 E_Glass_shear_dependent。这个材料包含在 B5（ACP）中。

示例脚本功能是创建高级材料视图。材料视图可以用于绘制变化的材料数据。在示例代码中，将实现采用用户定义的标签显示变化的材料视图。这个例子绘制了有效弹性模量随剪切角变化的云图。

例 1　绘制材料属性分布云图。

下面的脚本必须在 B5 的图形用户界面运行。

```
# get active model
model = db.active_model
# get angle plot
ap = model.layup_plots['Angle.1']
# set the angle plot to display the draped shear angle
ap.component = 'shear'
# set the plot data scope to modeling ply 'outer_skin_1' which uses a draping simulation
scope = model.modeling_groups['hull'].plies['outer_skin_1']
ap.data_scope = scope
# update the model
model.update()
# create a user defined lay-up plot
up = model.layup_plots.create_user_defined_plot(name = 'myplot')
# apply the same scope as before
up.data_scope = scope
# enable the script field
up.user_script_enabled = True
up.show_user_text = True
```

下面的脚本放置到 UserDefinedPlot 对象的 myplot 脚本选项卡。

```
# get active model, angle plot and data scope
model = db.active_model
ap = model.layup_plots['Angle.1']
scope = model.modeling_groups['hull'].plies['outer_skin_1']
plot.data_scope = [scope]
# get a list of the shear angles of the selected modeling ply
shear_angles = ap.get_data(visible = ap.data_scope, selected = scope)
# get the shear dependent material
mat = model.material_data.materials['E-Glas_shear-dependant']
moduli = []
# loop thru list of shear angles and determine the corresponding
# elastic modulus in 1 direction
for i in shear_angles[0]:
    moduli.append(round(mat['engineering_constants'].query('E1', {'Shear Angle' : i}),3))
# set the plot to display the list of moduli
plot.user_data = moduli
```

```
# set the user text to display the corresponding shear value as string, rounded to 2 digits
import functools
plot.user_text = list(map(str, map(functools.partial(round, ndigits = 2), shear_angles[-1])))
# add formatting to the plot
plot.color_table.use_defaults = False
plot.color_table.description = 'E_1 [MPa] with shear angle labels'
```

脚本运行的结果如图 3-177 所示。

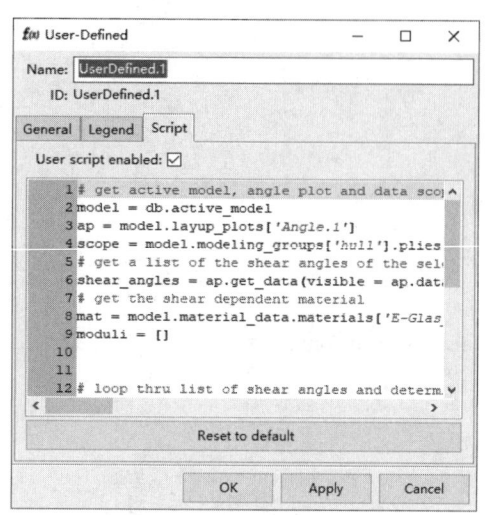
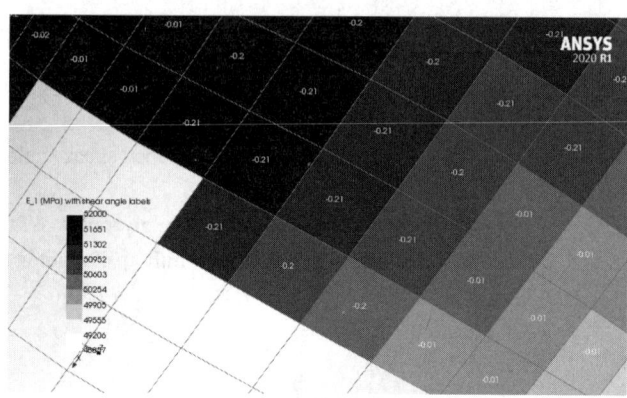

（a）脚本选项卡　　　　　　　　　　　　　（b）脚本运行结果

图 3-177　［例 1］自定义脚本实现变化的材料数据云图

例 2　绘制合成剪应力云图。示例给出绘制合成剪应力损伤云图的代码。下面脚本需要在 E5 中运行。

```
# get active model
model = db.active_model
# set data scope to element set
scope = model.element_sets['HULL_BELWL']
# create a stress plot for out-of-plane shear stress s13
sp = model.solutions['Solution 1'].plots.create_stress_plot()
sp.data_scope = scope
sp.component = 's13'
# create a second stress plot for out-of-plane shear stress s23
sp1 = model.solutions['Solution 1'].plots.create_stress_plot()
sp1.data_scope = scope
sp1.component = 's23'
# update the model, to make stress data available
model.update()
# create user defined solution plot
up = model.solutions['Solution 1'].plots.create_user_defined_plot(name = 'myplot.1')
# apply the same data scope as before
up.data_scope = scope
up.user_script_enabled = True
```

下面的脚本放置到 UserDefinedPlot 对象的 myplot 脚本选项卡。

```python
# import numpy extentsion for mathematical operations
import numpy
# get active model, set data scope as before and select core layer
model = db.active_model
scope = model.element_sets['HULL_BELWL']
ply=model.modeling_groups['hull'].plies['core_bwl'].production_plies['ProductionPly.9'].analysis_plies['P1L1__core_bwl']

# retrieve references to stress plots created before
sp = model.solutions['Solution 1'].plots['Stress.1']
sp1 = model.solutions['Solution 1'].plots['Stress.2']

# get list of s13 and s23 stresses
s13 = sp.get_data(visible = sp.data_scope, selected = ply)[0]
s23 = sp1.get_data(visible = sp1.data_scope, selected = ply)[0]

# take the sqrt of the sum of squares
combined = numpy.sqrt(numpy.power(s13,2) + numpy.power(s23,2))
# define a stress limit
slimit = 1.1

# calculate the inverse reserve factors (irfs)
irf = combined / slimit

# set the plot to display the list of irfs
plot.user_data = irf
# add formatting to the plot
plot.color_table.use_defaults = False
plot.color_table.description = 'irf_plot'
```

脚本运行的结果如图 3-178 所示。

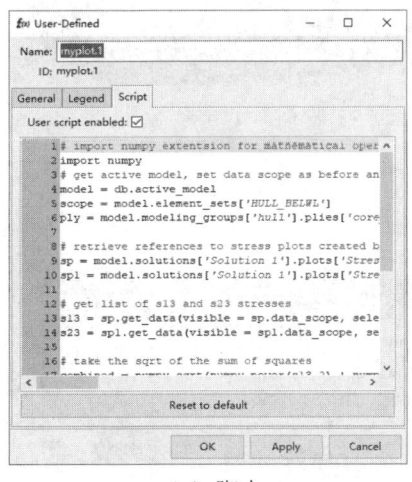

（a）脚本

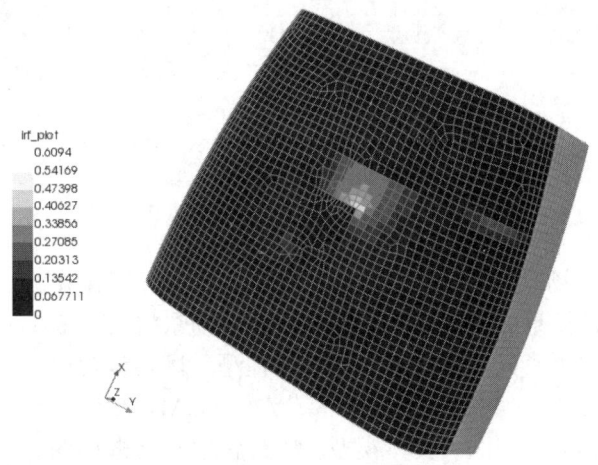

（b）脚本运行结果

图 3-178 用户自定义合成剪应力损伤云图

例3 实体模型网格选择和查询。示例给出绘制合成剪应力损伤云图的代码。下面脚本需要在 B5 中运行。

```
# get active model
model = db.active_model
# set data scope to element set 'BULKHEAD_ALL'
scope = model.element_sets['BULKHEAD_ALL']
# create a user defined lay-up plot and apply the data scope set before
up = model.layup_plots.create_user_defined_plot(name = 'myplot.2')
up.data_scope = scope
# enable the script field
up.user_script_enabled = True
# activate the solid model display option
up.show_on_solids = True
```

下面的脚本放置到 UserDefinedPlot 对象 myplot.2 的脚本选项卡。

```
# get active model
model = db.active_model
# select all elements attached to 'SolidModel.1'
model.select_elements('sel0', attached_to=model.solid_models['SolidModel.1'])
# retrieve the element type numbers for the selected elements using a mesh query
data = model.mesh_query(selection='sel0', name='etypes', position='centroid')
# set the plot to display the element type number on the solid elements
plot.user_data = data.astype(float)
```

脚本运行的结果如图 3-179 所示。

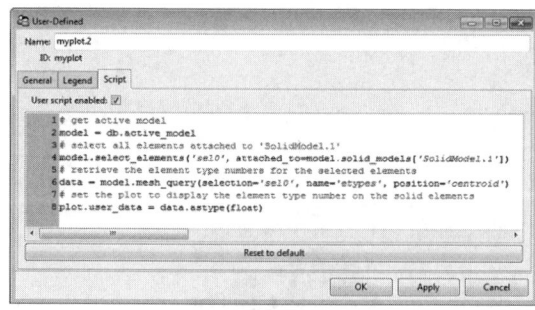
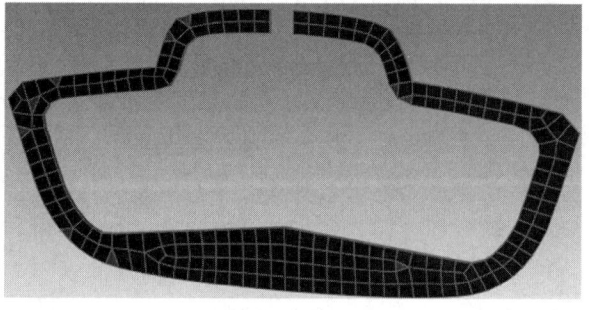

（a）脚本 　　　　　　　　　　　　（b）脚本运行结果

图 3-179　场景属性对话框

3.1.18　场景（Scenes）

场景是用于复合材料模型显示的可视化窗口。场景可以新建和编辑，新建的场景将显示模型中所有的单元、切面和实体模型。场景包含以下可视化信息：单元集、节点集、CAD 几何、坐标系、切面、实体模型。场景属性对话框如图 3-180 所示。

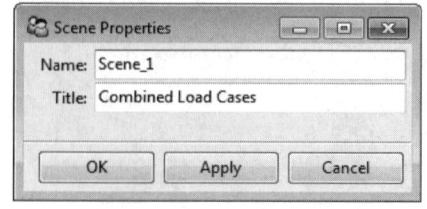

图 3-180　场景属性对话框

3.1.19 视图（Views）

视图功能用于保存特定的视角。当用户选择某一视角时，激活的场景将按照该视角自动更新图形窗口。这一功能可以实现快速定位局部模型、控制铺层书每一章节视角。视图属性对话框如图 3-181 所示。

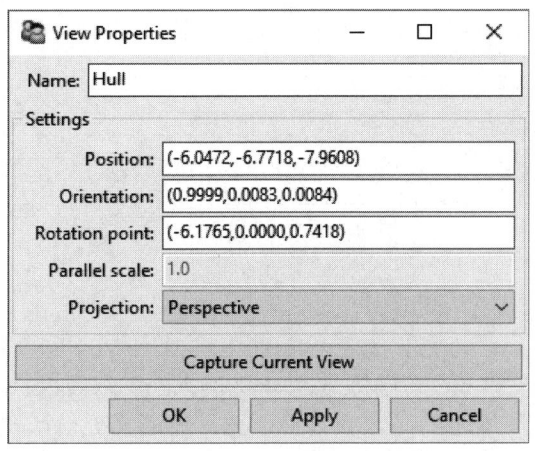

图 3-181　视图属性对话框

3.1.20 铺层书（Ply Book）

ACP 模块的铺层书功能用于创建包含材料、铺敷方向、角度等信息的铺层书，辅助产品的生产。

特征树 Ply Book 节点的右键菜单如图 3-182 所示。

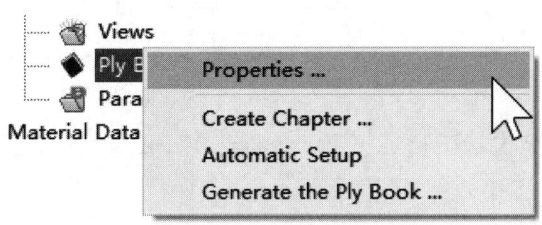

图 3-182　Ply Book 节点的右键菜单

Create Chapter 用于在铺层书中新建一章。一章由名称、铺层组和视图组成。

Automatic Setup 自动完成整个铺层书的定义，将特征树每一个铺层组定义为一章。自动生成的章节名称和视图可以修改。

Generate the Ply Book 用于将设置好的 Ply Book 输出为.HTML、.PDF、.odt 或.txt 格式文档。铺层书的典型页如图 3-183 所示。

outer_skin_9

- Ply Group Name: hull (hull)
- Modeling Ply Name: outer_skin_9 (outer_skin_9)
- Ply Name: P1__outer_skin_9 (ProductionPly.8)
- Orientation: 0.0
- Material: E-Glas

Parameter	Value
Thickness	0.27
Area	18116375.4818
Cost	0.0
Weight	4891421.38007

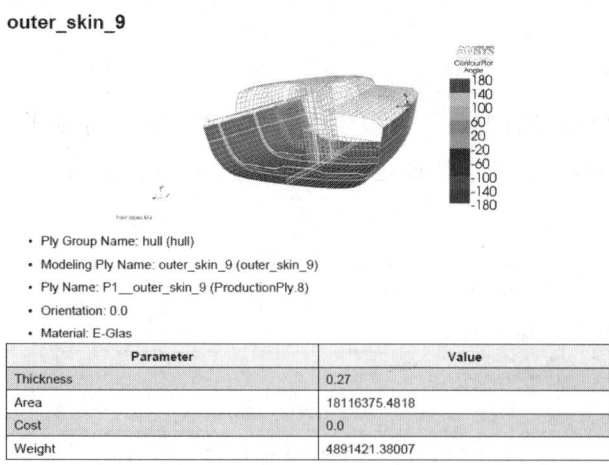

图 3-183　铺层书

3.1.21　参数化（Parameters）

参数化功能实现 ACP 模块的参数与 Workbench 项目参数之间的连接。通过参数化功能能够进行复合材料产品设计过程中的参数敏感性研究，确定关键设计变量，优化产品设计。参数化复合材料分析流程如图 3-184 所示。

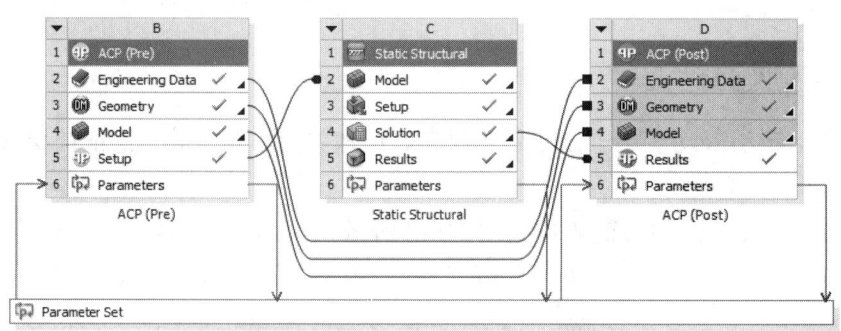

图 3-184　参数化复合材料分析流程

参数的新建通过 ACP 模块中特征树 Parameter 的右键菜单选择 Create Parameter 来实现。参数定义界面如图 3-185 所示。

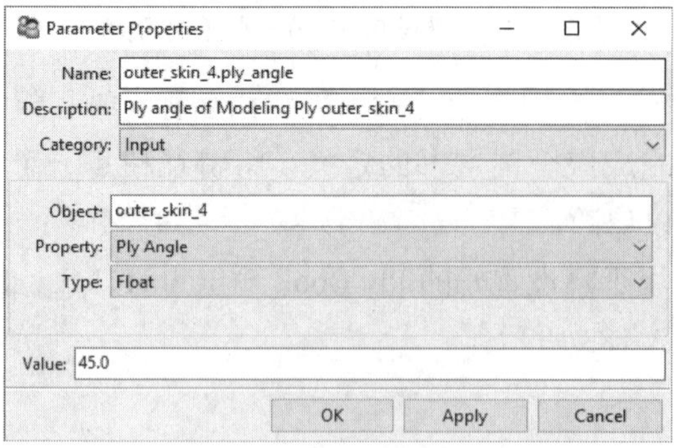

图 3-185　参数定义界面

参数定义属性对话框，包含以下选项：
- Category，参数包含 3 类：Input，参数值由 Workbench 参数管理器指定；Output，参数值由 ACP 模块得到，输出给 Workbench 参数管理器；Expression Output，参数值由 ACP 脚本文件计算得到，输出给 Workbench 参数管理器。
- Object，指定用于参数定义的特征树节点。
- Property，指定用于参数定义的特征树节点的属性。
- Type，指定参数类型，包括：Bool 布尔型（真或假）；Float 实数型；Int 整型；None，默认类型，当多个选项可行时；字符串类型。
- Value，参数的当前值。根据参数类型是输入或输出进行修改。

注意：
- ACP 分析系统不自动转换 Parameter Manager 中的参数单位。所以用户必须确认 ACP 参数和 ACP 分析系统单位的一致性。
- 对于链接到 ACP（Post）的 ACP（Pre）参数，如果在 ACP（Pre）中把对象重命名，那么 ACP（Post）中的参数将失效。此时需要根据新的对象名称重新定义参数。

脚本形式表达式输出需要对 ACP Python 脚本接口有基本的理解。

参数属性对话框显示一个 Source 选项，用于输入 Python 脚本。存储在 ACP 数据库中的不同信息可以通过脚本进行访问。运行的脚本以全局变量 return_value 返回值，并定义为参数。

图 3-186 给出了一个简单的表达式输出实例，实现了将激活云图中的最大损伤值提取给参数 return_value。

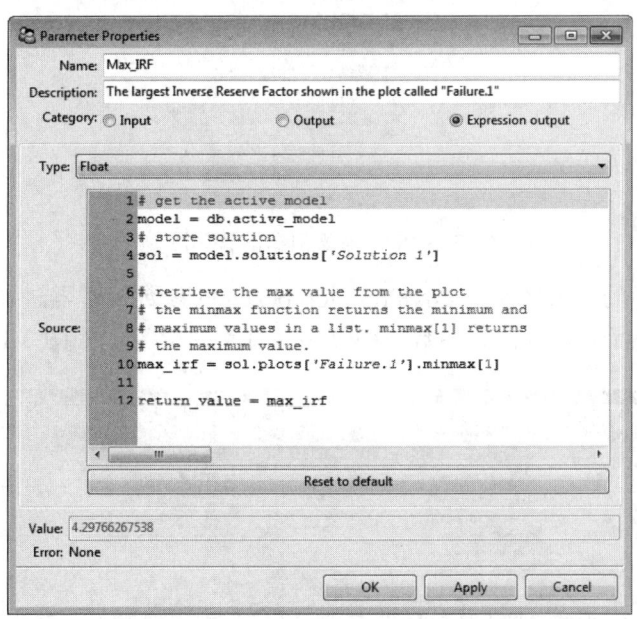

图 3-186 简单表达式输出参数对象

Kiteboard 模型最大厚度复杂表达式输出，实现脚本如下：

# Get active model
model = db.active_model

```
# Create new selection of all elements attached to a specific ply
modeling_ply = model.modeling_groups['Core'].plies['mp_4']
model.select_elements(selection='sel0',op='new',attached_to=[modeling_ply])

# Get total thickness of the first entity of selection sel0
thicknesses = list(model.mesh_query(name='thickness',position='centroid',selection='sel0', entities=[modeling_ply])[0])

# Get maximum thickness
max_thickness = max(thicknesses)

# Pass the found maximum thickness as the script's result.
return_value = max_thickness
```

ACP 模块的输入参数可以是铺层状态（激活或抑制，激活时该铺层有效，抑制时不参与计算）、铺层编号、织物角度、织物厚度、铺层数量、织物材料、铺敷性系数、选择规则状态（激活或抑制，激活时该规则有效，抑制时无效）、规则的上下限值、是否为相对规则等。输出参数主要基于后处理需求，例如面积、建模铺层面积、价格、产品铺层面积、质量、安全系数和自定义表达式输出（参考本书 6.7 节复合材料模型参数化练习）等。参数对象的管理图如图 3-187 所示。

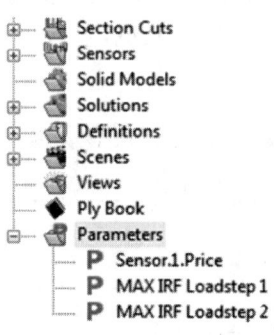

图 3-187 参数对象的管理图

ACP 模块中定义的参数统一由 ANSYS Workbench 的参数管理器进行管理。基于参数化的复合材料模型可以进行优化设计。参数化模型多设计点研究界面如图 3-188 所示。

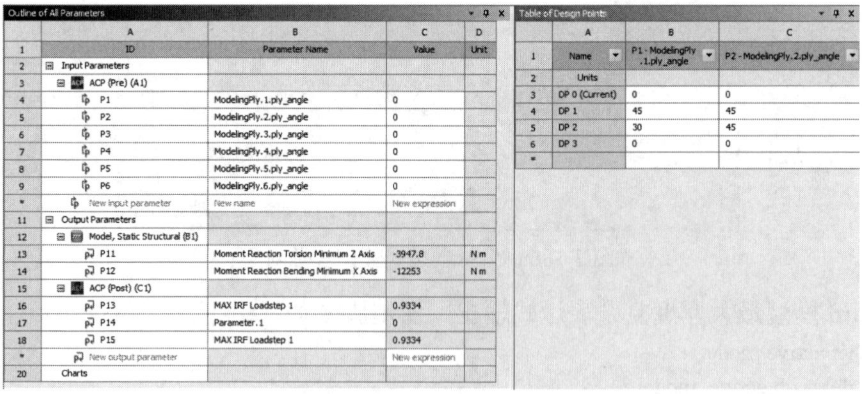

图 3-188 参数化模型多设计点研究界面

3.1.22 材料库（Material Databank）

用户可以建立自己的材料库，用于不同的设计分析项目。数据库可以存储在网络服务器上与其他用户实现共享。

ACP 材料库的结构和 Model 中的 Material Data 完全相同，存储格式为.acpMcd。材料数据可以在项目和材料库之间进行复制。项目和材料库的单位可以不同，单位转换自动进行。

材料库的默认安装位置为 ANSYS_INSTALL_DIR\v201\ACP\databases。

3.2 后处理

这一节将介绍 ACP 后处理的相关背景信息，具体包括：失效准则；失效指标；主应力和主应变；损伤线性化；复合材料实体单元后处理；掉层和切割单元后处理；自定义失效准则；以及 ACP 后处理功能的局限和建议。

3.2.1 失效准则

ACP 模块支持的所有失效准则和失效模式云图中采用的缩写如下：

物理量术语：应变，e=strain；应力，s=stress；1=材料 1 方向；2=材料 2 方向；3=面外法向，12=面内剪应力，13and23=面外剪应力；I=第一主应力；II=第二主应力；III=第三主应力；t=拉应力；c=压应力。

失效准则：

- 最大应变准则：e1t，e1c，e2t，e2c，e12。
- 最大应力准则：s1t，s1c，s2t，s2c,s3t，s3c，s12，s23，s13。
- Tsai-Wu 2D 和 3D：tw。
- Tsai-Hill 2D 和 3D：th。
- Hashin：hf（纤维失效 fiber failure），hm（基体失效 matrix failure），hd（分层失效 delamination failure）。
- Puck（包含 3 种，即简化 simplified，2D 和 3D Puck）：pf（纤维 fiber failure），pmA（基体拉伸失效 matrix tension failure），pmB（基体压缩失效 matrix compression failure），pmC（基体剪切失效 matrix shear failure），pd（基体分层失效 delamination）。
- LaRC 2D 和 3D：lft3（纤维拉伸失效 fiber tension failure），lfc4（横向压缩载荷作用下纤维压缩失效 fiber compression failure under transverse compression），lfc6（横向拉伸载荷作用下纤维压缩失效 fiber compression failure under transverse tension），lmt1（基体拉伸失效 matrix tension failure），lmc2/5（基体压缩失效 matrix compression failure）。
- Cuntze 2D 和 3D：cft（纤维拉伸失效 fiber tension failure），cfc（纤维压缩失效 fiber compression failure），cmA（基体拉伸失效 matrix tension failur），cmB（基体压缩失效 matrix compression failure），cmC（基体楔形失效 matrix wedge shape failure）。

Sandwich failure criteria 夹芯结构失效准则：
- 起皱失效（Wrinkling）：wb（底面起皱 wrinkling bottom face），wt（顶面起皱 wrinkling top face）。
- 芯材失效（Core Failure）：cf。
- 剪切压皱失效准则（Shear Crimping Failure Criteria）：sc。

Von Mises 各向同性失效准则：vMe（应变 strain）和 vMs（应力 stress）。

权重因子（Weighting Factor）：每一失效模式损伤值（Inverse Reserve Factor）在输出时均会乘以对应的权重因子。

权重因子为 1：没有安全系数。权重因子为 2，安全系数为 2。

3.2.2 失效指标

ACP 模块支持 3 种失效指标：

RF，即安全系数（Reserve Factor/ Safety Factor）。载荷乘以安全系数 RF 等于失效载荷。RF<1 时结构失效。

IRF，即损伤（Inverse Reserve Factor），是安全系数的倒数。IRF=1/RF。载荷除以损伤 IRF 等于失效载荷。IRF>1 时结构失效。

MoS，即安全裕度（Margin of Safety）。MoS=1/IRF-1=RF-1。MoS<0 时结构失效。

3.2.3 主应力和主应变

ACP 模块仅评估第一主应变（eI）和第二主应变（eII）。主应力和主应变按照降序排列。

3.2.4 损伤线性化

失效准则函数给出了失效的包络，其输出为损伤。损伤是载荷相对于损伤包络的函数。ACP（Post）计算的损伤 IRF 值与 Mechanical APDL 不同，这是因为 ACP（Post）的损伤是线性化后结果。

对于无二次项的失效准则，例如最大应变和最大应力，Mechanical APDL 的损伤值与 ACP（Post）非常接近。然而，对于含二次项的失效准则，ACP 的损伤会归一化，因此与 Mechanical APDL 不同。因为损伤的归一化，两倍的载荷增加不会导致 4 倍的损伤增加。

失效的确定不会由于线性化处理而改变，这是因为 $\sqrt{1}=1$。然而，大于 1 的损伤数值在 ACP（Post）和 Mechanical APDL 中是不同的。

一些失效准则的函数（例如，Puck，LaRC 等）在 ACP（Post）和 Mechanical APDL 中是不同的。

3.2.5 复合材料实体单元后处理

ACP 既支持壳单元的失效评价，也支持实体单元的失效评价。壳和实体单元失效分析的理论是一致的，包括夹心结构的褶皱失效。ACP（Pre）模块生成的复合材料实体零件，在 ACP（Post）中可以采用两种方式进行失效评价。

两种方式的区别在于是否打开 Show on Solids 选项，如图 3-189 所示。

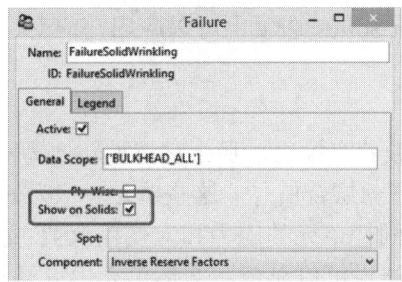

图 3-189　实体单元后处理设置

打开 Show on Solids 选项时，失效准则值和失效模式显示在实体单元上。这种方法能够给出结构的整体安全性，但是可能错过最危险失效层。这是因为与各向同性材料失效发生在表面不同的是，复合材料结构的最先失效点可能在内部的铺层。

关闭 Show on Solids 选项时，最小失效准则值和失效模式投影到壳网格上。这种方法能够给出结构最危险的铺层和失效模式。

图 3-190 给出了 2 种选项的区别。图 3-190（a）打开选项，图 3-190（b）关闭选项。图 3-190（a）显得更加安全，但两个图的全局失效准则值是相同的。

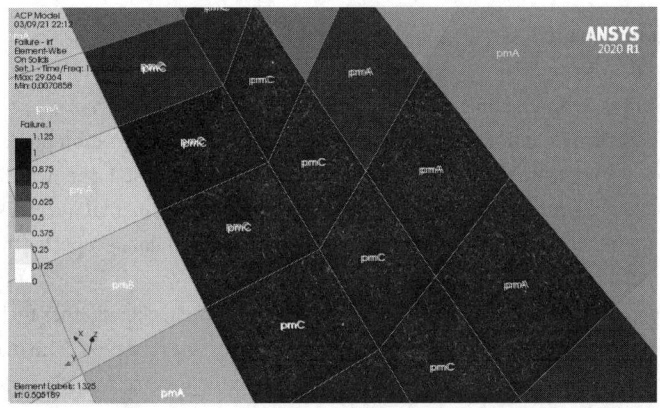

（a）选项打开

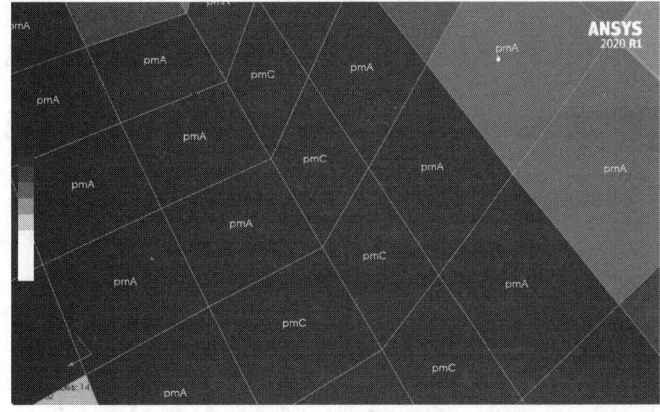

（b）选项关闭

图 3-190　实体单元后处理中的 Show on Solids 选项影响

除失效云图之外，Show on Solids 选项也可以应用在应变、应力和渐进损伤云图显示中。

3.2.6 掉层和切割单元后处理

如果一个层合单元被切割或者有掉层，那么它将被转换为一个或多个均匀单元。这样，这些掉层和被切割的单元不保存任何层合信息。这些单元表示为一个各项同性或各项异性材料。

在 ACP（Post）中，各向同性单元的应力和应变由.RST 文件读取。对各向同性和层合单元的失效评估是相同的。失效结果可以显示在实体单元中，并且最大损伤映射到壳网格上。

3.2.7 自定义失效准则

用户定义视图（User-defined plots）和 Python Scripting Interface 可以用于自定义失效准则及其显式。接下来，给出一个自定义失效准则评估的实例。

在已经导入 Solution 的 ACP（Post）模块，运行下面脚本，实现各向同性和蜂窝芯材的失效评估。首先，复制脚本到文本编辑器中，保存为.py 格式的文件。然后，通过 File>Run Script 运行。

$$f = \frac{|\tau_{23}|}{Q} + \frac{|\tau_{13}|}{R}$$

```
# Background Information
########################
# This script serves as an example on how to evaluate custom failure criteria
# The failure criteria evaluation is based on stresses or strains at integration point level
# The script shows how stresses at integration point level are accessed. It is worth noting that stress
# and strain plots shown in the scene or the sampling point are elemental averages
# The script requires two inputs: the name of an element set as a data scope for the evaluation as
# well as the name of the attached solution
# The script loops through all analysis plies of the model and checks whether there is core material
# For plies containing core material the s13 and s23 stresses are retrieved. The maximum stress per
# element across its integration points is used to calculate the inverse reserve factor (IRF)
###############################
element_set_name = 'All_Elements'
solution_name = 'Solution.1'
# Start of Script
# NO INPUT NECESSARY!
#####################
# Loading Python modules
import numpy
import os
import logging
# initialize logger
log = logging.getLogger(__name__)
# num_ip dictionary maps the element type to the number of integration points
num_ip = {125: 1, 128: 3, 123: 1, 124: 4, 126: 4}
# get active ACP model and update it
model = db.active_model
```

```
model.update()
# Define Data Scopes
####################
element_set = model.element_sets.get(element_set_name)
if element_set is None: log.error("element set %s not found!" % element_set_name)
elem_scope = [element_set]
model.select_elements(selection='sel0', op='new', attached_to=element_set)
labels = model.mesh_query(name='labels', position='centroid', selection='sel0')
# create a dictionary that maps element labels to element indices
label2index_map = {}
for i, v in enumerate(labels):
    label2index_map[v] = i
# results array initialization with -1. This means areas that do not contain core can be shown in grey in the plots
irf = numpy.ones(len(labels)) * -1
# Create shear stress plot
##########################
solution = model.solutions[solution_name]
if solution is None: log.error("solution %s not found!" % solution_name)
# Within the script, the stress plots are only used to retrieve element labels of an analysis ply.
# They can also be used to retrieve stress values at averaged at element level.
s13_plot = solution.plots.create_stress_plot(
name='s13_plywise',
ply_wise=True,
solution_set=-1,
active=True,
component='s13',
show_ply_offsets=False,
ply_offset_scale_factor=1.0,
spot='bot',
interlaminar_normal_stresses=False,
show_on_solids=False,
data_scope=[element_set])
s13_plot.update()
s23_plot = solution.plots.create_stress_plot(
name='s23_plywise',
ply_wise=True,
solution_set=-1,
active=True,
component='s23',
show_ply_offsets=False,
ply_offset_scale_factor=1.0,
spot='bot',
interlaminar_normal_stresses=False,
show_on_solids=False,
data_scope=[element_set])
```

```python
s23_plot.update()
# Loop thru all analysis plies
###############################
# Loop thru Modeling Groups
for mg_name in model.modeling_groups.keys():
    mg = model.modeling_groups[mg_name]
    # Loop thru Modeling Plies
    for mp_name in mg.plies:
        mp = mg.plies[mp_name]
        # Loop thru Production Plies
        for pp in mp.production_plies.values():
            # Loop thru Production Plies
            for ap in pp.analysis_plies.values():
                material = ap.ply_material.material
                is_core = False
                # Check if the analysis ply material is a core material
                if material.ply_type.find('core') > -1 or material.ply_type.find('honeycomb') > -1:
                    is_core = True
                log.info("evaluate core failure for analysis ply %s of type %s" % (ap.id, material.ply_type))
                # Get stresses and eval irf
                ###########################
                # Common analysis ply properties
                ap_elem_labels = s13_plot.get_element_labels(visible=s13_plot.data_scope, selected=[ap])
                ap_material = model.material_data.materials[ap.material.name]
                ap_s13_stress_limit = ap_material['stress_limits'].get('Sxz')
                ap_s23_stress_limit = ap_material['stress_limits'].get('Syz')
                model.select_elements(selection='sel0', op='new', labels=[int(v) for v in ap_elem_labels])
                etypes = model.mesh_query(name='etypes', selection='sel0', position='centroid')
                # ip-wise stresses for bot, mid and top
                for spot in ['bot', 'mid', 'top']:
                    s13 = solution.query(
                        definition='stresses',
                        position='integration_point',
                        component='s13',
                        selection='sel0',
                        entity=ap,
                        spot=spot)
                    s23 = solution.query(
                        definition='stresses',
                        position='integration_point',
                        component='s23',
                        selection='sel0',
                        entity=ap,
                        spot=spot)
                    ap_irf_absolute = numpy.absolute(s13 / ap_s13_stress_limit) + numpy.absolute(
                        s23 / ap_s23_stress_limit)
```

```
# need to check whether both element labels arrays are the same
if len(s13) != len(s23): log.error("s13 and s23 are of different shape!")
index = 0
for i, et in enumerate(etypes):
    elem_irf_max = -1.
    for n in range(0, num_ip[et]):
        elem_irf_max = max(elem_irf_max, ap_irf_absolute[index])
        index += 1
    # insert results into the global irf results array
    global_index = label2index_map[ap_elem_labels[i]]
    irf[global_index] = max(irf[global_index], elem_irf_max)
# Delete shear stress plots
del (solution.plots[s13_plot.name])
del (solution.plots[s23_plot.name])
# Create user defined plot for IRFs
###################################
plot_name = "Core Shear Failure"
# User defined plot basic settings
udp = solution.plots.create_user_defined_plot(name=plot_name)
udp.user_script_enabled = False
udp.user_script = ""
udp.show_ply_offsets = False
udp.ply_offset_scale_factor = 1.0
udp.show_on_solids = False
udp.data_scope = [element_set]
# plot color settings
udp.color_table.use_defaults = False
udp.color_table.auto_lower_value = False
udp.color_table.auto_upper_value = False
udp.color_table.upper_value_as_threshold = True
udp.color_table.grey_values_below = True
udp.color_table.lower_value = 0.0
udp.color_table.upper_value = 1.0
# load irf data in plot
udp.user_data = irf
udp.update()
# End of script
log.info("End of script")
```

3.2.8 局限和建议

ACP 后处理功能的局限是其不支持线性三角形壳单元的层间剪切评估。如果需要对其进行评估，可以在 ANSYS Mechanical 中进行。

默认情况下，ANSYS 的.RST 文件包含应力和应变。ACP 可以不使用该文件中的应力和应变，而是根据该文件中的位移和转角数据计算应力和应变并进行评估。因为 ACP 计算过程中不考虑非线性，所以应力和应变的结果可能与 ANSYS Mechanical 的结果有偏差。通常情况下，建议使用.RST 文件中包含应力和应变数据。

ACP 提供一种壳单元法向应力的计算方法。因为这个方法需要使用壳单元的曲率数据，所以，当关注壳单元层间法向应力时，建议使用二次壳单元，即带中间节点的壳单元。相比于线性单元只能根据相邻单元确定其曲率，二次壳单元自身带有曲率信息，因此结果更为准确。另外，这一算法不能考虑边缘效应或面外载荷引起的层间法向应力。

3.3 程序接口

这一节将系统介绍 ACP 和其他程序的数据交互方式，即程序接口，具体为：HDF5 复合材料 CAE 格式；Mechanical APDL 网格模型；Mechanical APDL 复合材料模型；Excel 表格数据；CSV 格式；ESAComp；LS-DYNA；BECAS。

3.3.1 HDF5 复合材料 CAE 格式

HDF5 复合材料 CAE 格式是不同 CAE 和 CAD 软件之间精确交换复合材料信息的通用中间格式。HDF5 是一种开放的，广泛使用的二进制文件格式。

导出 HDF5 格式文件时，ACP 提取模型中铺层信息写入 HDF5 格式文件。具体地，ACP 将铺层厚度信息导出到.H5 文件，而不是 taper 定义。.H5 文件中包含的具体信息有：铺层材料，覆盖区域，尺寸，厚度分布，参考方向以及铺层顺序。参考表面信息不包含在.H5 文件中。该文件可以导入到 Fibersim 等软件中，进行复合材料产品的进一步设计和管理。

导入 HDF5 格式文件时，ACP 模块将 HDF5 格式文件中的铺层信息映射到当前的参考壳表面。铺层材料信息转换到 Material Data 对象。方向选择集基于铺层覆盖区域定义。厚度分布和参考方向存储在 Look-Up 表中。导入之后，在 ACP 模块中进行后续复合材料的仿真分析。

3.3.2 Mechanical APDL 网格模型

Mechanical APDL 网格模型是指导入 Mechanical APDL 写出的包含壳网格的.cdb 文件。

如果 Mechanical APDL 网格模型文件用于独立启动的 ACP 模块，那么 Mechanical APDL 的单元需要进行相应的设置。

ACP 模块支持的单元类型包括：SHELL181、SHELL281、SOLID185、SOLID186。

ACP（Post）模块对这些单元进行后处理，可以通过两种方式实现：

（1）PRNSOL 文件格式，典型命令如下：

/format,10,G25,15,1000,1000
prnsol,u
prnsol,rot

（2）RST 结果文件。其中：SHELL181/ SHELL281 单元的 Keyopt（8）=2，即 All layers+Middle；SOLID185/SOLID186 单元的 Keyopt（3）=1，即 Layered Solid；SOLSH190 的 Keyopt（8）=1；ERESX,NO 命令控制积分点的结果复制到节点。

3.3.3 Mechanical APDL 复合材料模型

Mechanical APDL 界面采用 Section 定义的复合材料信息，即 Mechanical APDL 复合材料

模型，可以导入到 ACP 模块。导入之后，Mechanical APDL 中的铺层数据转换为 ACP 中的复合材料定义，即：坐标系，方向选择集合建模铺层。转换后的模型可以在 Workbench 中进行后续分析。

导入的方法根据 ACP 是否使用 Mechanical APDL 模型网格而不同。

1. 使用 Mechanical APDL 模型相同网格

这种情况下，单元的法向相同，仅历史模型的截面定义根据单元的标签映射到 ACP 中。Workbench 项目中导入历史模型的步骤（图 3-191）是：

（1）添加 External Model 组件到项目概图页中，并导入历史模型文件。
（2）添加新的 ACP（Pre）分析系统到 Workbench 项目页中。
（3）连接 External Model 组件到 ACP（Pre）组件的 Engineering Data 元素，即 A2-B2。
（4）连接 External Model 组件到 ACP（Pre）组件的 Model 元素，即 A2-B3。
（5）更新 ACP（Pre）的 Setup。然后启动 ACP。
（6）检查 ACP 模块的单位制，确认当前的单位制和历史模型单位制相同。
（7）右键单击 ACP 模块，特征树的 Model 节点，选择 Import Section Data from Legacy Model。选择和 External Model 导入相同的历史模型。检查材料映射标识。

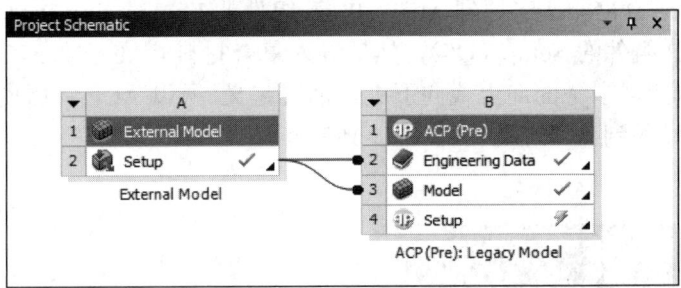

图 3-191　Workbench 导入相同网格历史模型流程

注意：
- Engineering Data 重命名历史模型的材料数据。前缀和后缀的标识使得历史材料数据和 WB 材料 ID 一一对应。
- 因为映射基于单元标签，建议分别导入历史模型数据，之后在 Workbench 中的下游 Mechanical 分析系统中进行装配。

ACP 独立运行模式导入历史模型，步骤为：

（1）启动 ACP。
（2）右键单击特征树 Model 节点或通过主菜单 File 下拉菜单选择 Import Model，在 Import Model 窗口选择 Convert Section Data 复选框。
（3）单击 OK，完成历史模型导入。

2. 使用 Mechanical APDL 模型不同网格

如果基于不同的网格，那么只能通过复合材料 CAE 格式.H5 文件转换，如图 3-192 所示。Workbench 中的具体步骤为：

（1）采用和相同网格一样的方法，首先导入历史模型。
（2）更新 ACP 模块的 Setup（B4）并导出铺层定义到 HDF5 格式文件。

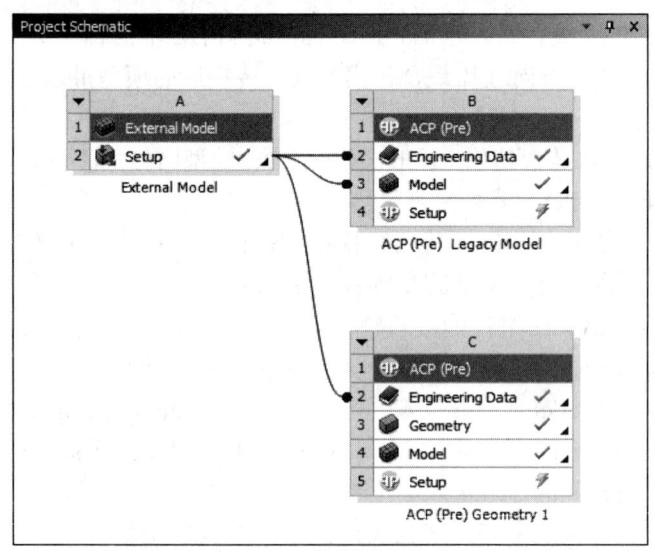

图 3-192　Workbench 导入不同网格历史模型流程

（3）创建 ACP（Pre）分析组件（C），历史模型铺层将映射到该组件中。

（4）连接 External Model 组件到 ACP（Pre）组件的 Engineering Data 元素，即 A2-C2。

（5）打开 ACP 组件的 Setup（C5），然后导入复合材料 CAE 文件.H5。

因为 ACP 仅支持从参考面向上或向下进行铺层定义，所以 ACP 将历史模型中与参考面相交的铺层分为 2 层导入到 ACP 模块，如图 3-193 所示。

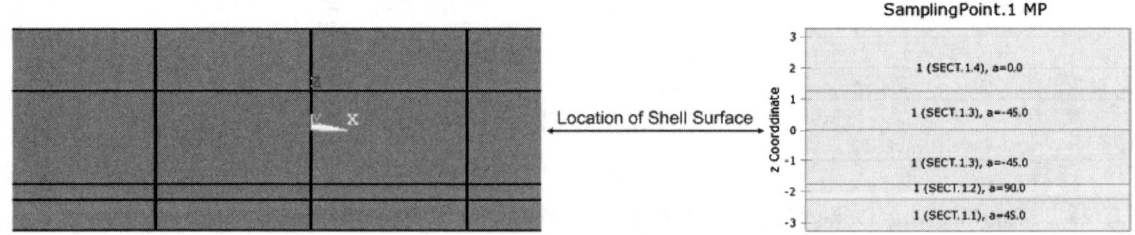

图 3-193　当历史模型铺层与壳参考面相交时历史模型 4 层铺层转换为 5 层 ACP 模型

当前版本的 ACP 仅支持 Mechanical APDL 的壳模型。

3.3.4　Excel 表格数据

块定义以值为 BEGIN TABLE 的单元格开始，以值为 END TABLE 的单元格结束。单元格在工作表的 A 列。块定义用于识别表格数据的类型。当前支持 ModelingGroup、LookUpTable3D 和 LookUpTable1D 三种类型。

子块中不支持空行。子块之间的空行被忽略。由 ACP 模块读入时，现有单元格的格式不变。数据块中未定义的部分不与 ACP 模块同步。隐藏的单元格会与 ACP 模块同步，如图 3-194 所示。

如图 3-195 中 LookUp 表格数据中的 Index 列，用户在列名称的文本字符串上加入"（Read Only）"，ACP 读取表格数据时忽略该列数据。

BEGIN TABLE				
BEGIN DEFINITION				
type	ModelingGroup			
id	hull			
name	hull			
END DEFINITION				
BEGIN DATA				
name	id	oriented_selection_set_1_id	ply_material	ply_angle ...
outer_skin_1	outer_skin_1	hull_all	fabrics/E-Glas	0
outer_skin_2	outer_skin_3	hull_all	fabrics/E-Glas	-45
core_bwl	core_bwl	hull_bwl	fabrics/Corecell_A550_25mm	0
END DATA				
END TABLE				

（a）单个 ModelingGroup 的块定义

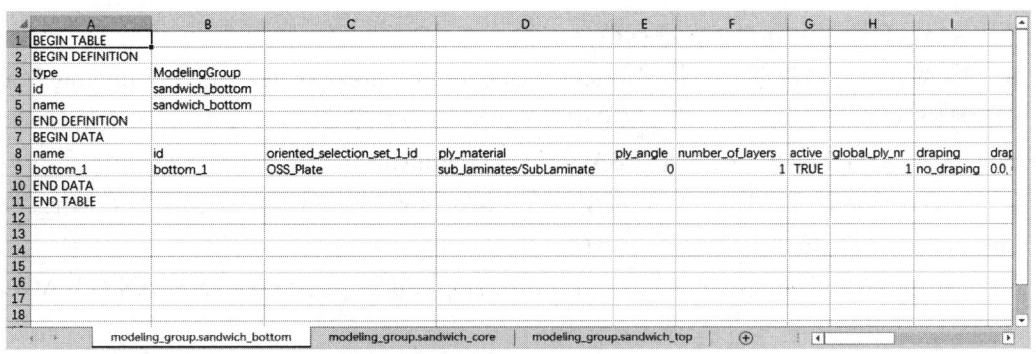

（b）不同的 ModelingGroup 位于不同的工作表

图 3-194 ModelingGroup 的 Excel 表格数据格式

BEGIN TABLE			
BEGIN DEFINITION			
type	LookUpTable1D		
id	LookUpTable1D.1		
name	LookUpTable1D.1		
origin	0.0, 0.0, 0.0		
direction	1.0, 0.0, 0.0		
END DEFINITION			
BEGIN DATA			
column_names	Location	Value	Index [i] (Read Only)
column_types	location	scalar	---------
dimensions	length	dimensionless	---------
values	0	0	0
	1	1	1
	2	2	2
	3	3	3
	4	4	4
	5	5	5
END DATA			
END TABLE			

图 3-195 LookUp Table 的 Excel 表格数据格式

对其他对象的参考，例如铺层材料、方向选择集等，通过对象 Id 实现。对于铺层材料，材料类型和材料 ID 通过在两者之间加入斜杠进行了组合，例如 Fabrics/E-Glass。对于角度和厚度数据，lookup 表的列名称和 ID 必须提供，例如 LookUpTable.1/Angle。

与 Excel 的数据交换通过 Excel 的 COM 接口实现，用于连接到 Excel 的标识是 Excel.Application。

与 Excel 数据交换的具体操作见图形用户界面的 2.1.4 节。

3.3.5　CSV 格式

CSV 格式文件可以用来导入和导出 ACP 模块的材料、Look-up 表、选择规则定义和铺层信息，以实现大量铺层的快速定义。

.CSV 格式中的复合材料定义信息与 Excel 格式中的关键字相同。

3.3.6　ESAComp

通过 XML 文件与 ESAComp 进行数据交换。

ACP 模块中的材料数据，包括 Fabrics、Stackups 和 Sublaminates，以及 Sampling Points，可以导出到 ESAComp 的 XML 文件。ACP 中的 Fabric 对应 ESAComp 的 Ply。ACP 中的 Stackups、Sublaminates 和 Sampling Points 对应 ESAComp 的 Laminates。

为保障 ESAComp 正确导入 ACP 模型，在 ESAComp 导入时需要注意导入的单位制。

ESAComp 中可以通过两种格式导出铺层信息：

（1）Script 脚本格式（建议采用）。在 ESAComp 主菜单选择 FE Export/ANSYS ACP，导出的脚本文件自动保存成 ACP 格式。

（2）XML 格式。在 ESAComp 的 File 下拉菜单导出。在 ACP 模块的特征树 Material 对象导入该 XML 格式。

3.3.7　LS–DYNA

ACP 与 LS-DYNA 交换数据的方法有 3 种：

（1）Workbench LS-DYNA（扩展库）。建议采用这个技术路线，能够将 Workbench 中的模型，包括复合材料定义，输出到 LS-DYNA 模型。

（2）LS-DYNA 接口（ACP 附加模块）。允许用户为 LS-DYNA 网格/模型定义复合材料铺层信息。

（3）LS-DYNA 实体单元模型（ACP 附加模块）。允许用户输出实体单元的.K 文件。

3.3.8　BECAS

ACP 可以导出切面的 2D 网格给截面分析工具 BECAS，实现将 ACP 的壳单元模型转换为梁单元模型。

2D 网格包含了材料和铺层方向的线性单元。因此，几何和材料间的耦合关系能够正确考虑。

2D 网格也可以导出到 Mechanical APDL。此时，铺层信息不传递到 Mechanical APDL，仅传递了网格。

导出切面网格的更多信息参考 3.1.12 节。

第 4 章 复合材料建模

在系统掌握了前一章软件知识之后，这一章将给出工程中常见复合材料结构的建模方法。具体包括：T 型接头建模；局部加强建模；边倒角和错层；变厚度芯材；可制造性分析；铺层书生成；拉伸实体建模；复合材料可视化；复合材料失效准则；模型单元选择；变材料数据。

4.1 T 型接头建模

复合材料 T 型接头用于将附属结构粘接到主结构上。例如，带加强梁的船体。ACP 模块的方向选择集能够以直观的方式定义复杂 T 型接头铺层。

如图 4-1 所示，T 型接头的铺层可以分成几个部分：基板（蒙皮）、加强梁（框架）、粘接加强铺层、覆盖铺层。

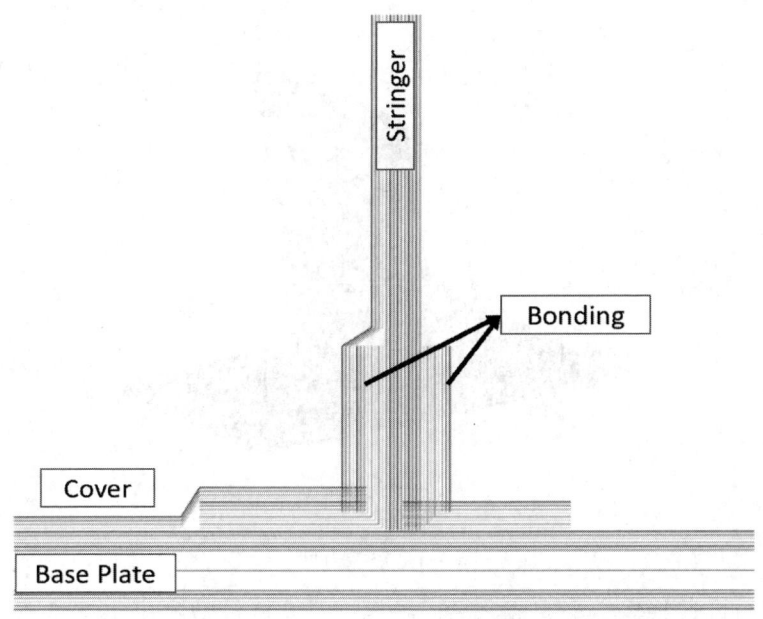

图 4-1　T 型接头铺层信息

T型接头的建模方法是：首先，建立不同区域的方向选择集；然后，将建模铺层的方向选择集和铺敷顺序进行关联，实现T型接头模型的建立。

基板、纵梁和粘接加强铺层方向选择集分别如图4-2（a）至图4-2（c）所示。

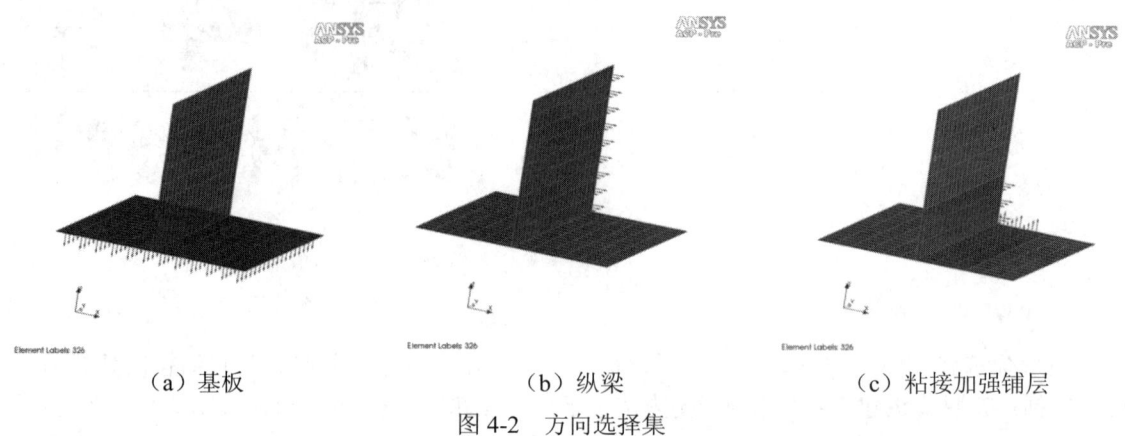

（a）基板　　　　　　　　　（b）纵梁　　　　　　　　　（c）粘接加强铺层

图4-2　方向选择集

图4-2中，第1个方向选择集为基板，铺敷方向为由上而下。第2个方向选择集为纵梁，铺敷方向为总体坐标系x轴。方向选择集允许为1个单元定义多个铺敷方向，且能够互相重叠且有不同的方向。第3个方向选择集为粘接加强铺层。此处，不同区域粘接加强铺层单元有不同的铺敷方向，每个单元的方向通过方向选择集相关联的多个坐标系和规则来确定。

方向选择集不仅确定了不同区域的铺敷方向，同时也确定了复杂形状的纤维0度参考方向。图4-3中，选择的2个坐标系用于确定粘接补强铺层的0度参考方向。

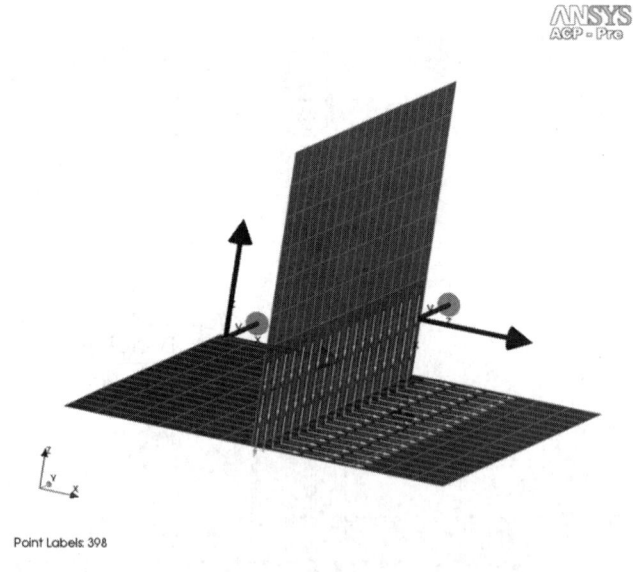

图4-3　参考方向

所有区域的方向选择集定义完成之后，按照产品实际铺敷顺序定义建模铺层，得到产品铺层组。

图 4-4 按照顺序给出了基板、加强梁、左侧粘接加强铺层、右侧粘接加强铺层和覆盖铺层的定义过程。因为铺层顺序对最后产品壳单元截面的偏移有重要影响，所以要严格按照该顺序完成 T 型接头的铺层定义。

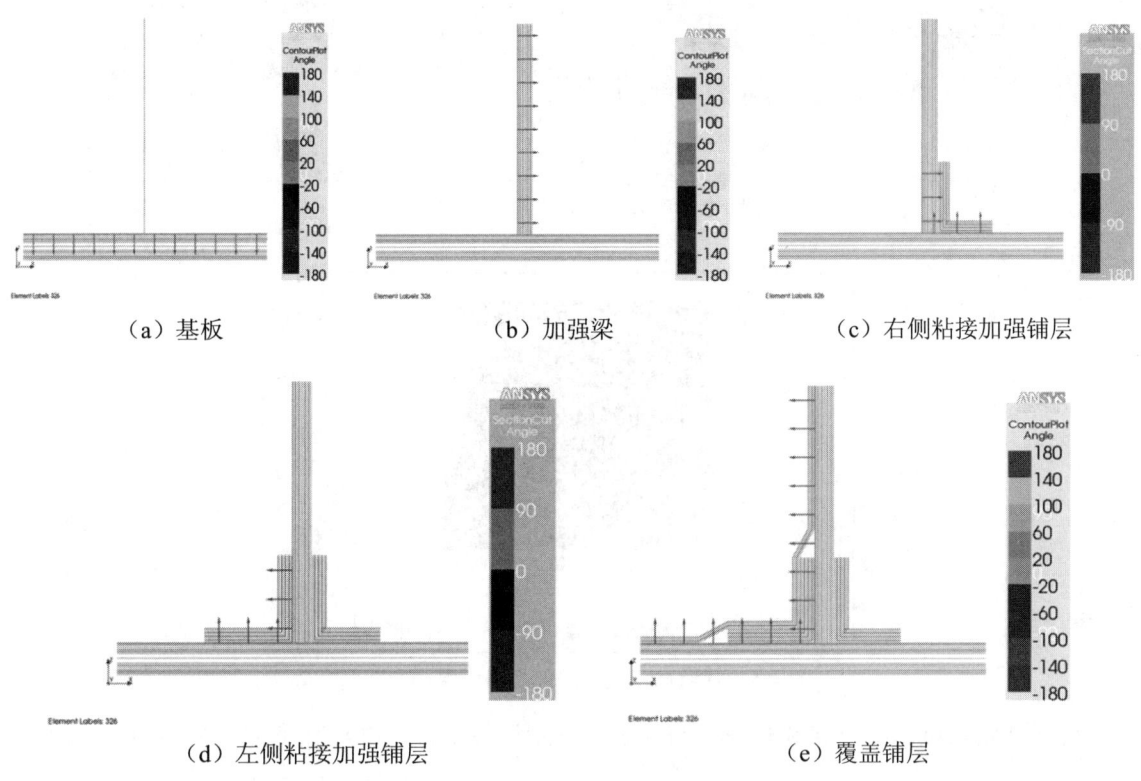

图 4-4　T 型接头建模铺层的定义

4.2　局部加强建模

复合材料结构边缘、开孔或加载部位通常存在高应力，所以需要采用局部加强措施以避免失效的发生。ACP 模块提供了多种局部加强方法。选择规则是常用的对选定区域局部加强的方法。加强区域的大小由方向选择集和选择规则的交集确定。

入门练习 2 使用了平行选择规则和管道选择规则进行局部加强。入门练习 2 中给出了采用管道加强指定边缘的操作步骤：

（1）定义单元集的边缘节点集。

（2）基于选定的节点集，新建管道选择规则，并指定规则的内外径。

（3）新建建模铺层并使用规则，如图 4-5 所示。

采用管道加强的铺层厚度云图如图 4-6 所示。另一方面，可以为每一个铺层指定选择规则的参数，使不同的铺层采用不同的加强参数，以实现铺层的渐变。

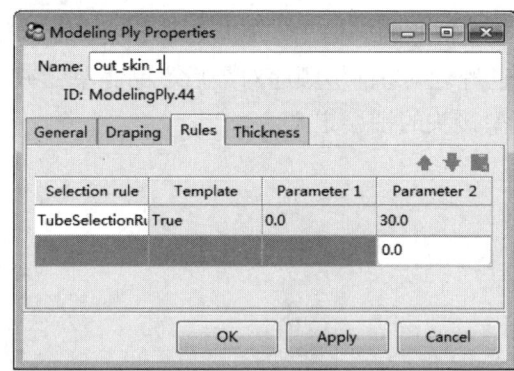

图 4-5　管道选择规则进行局部加强

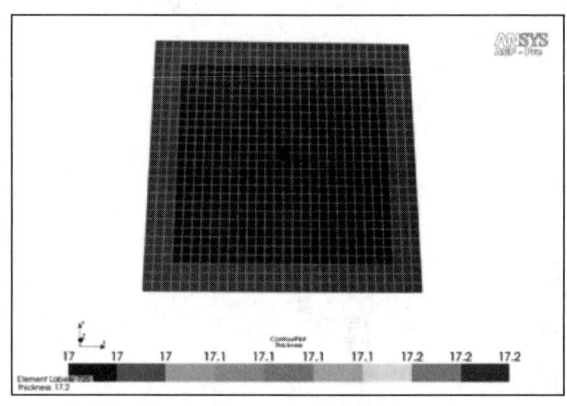

图 4-6　管道选择规则局部加强铺层厚度云图

选择规则也可以与方向选择集、其他选择规则进行组合，以建立更加复杂的形状的铺层。

4.3　边倒角和错层

ACP 模块可以方便地定义铺层的边倒角和错层。

4.3.1　边倒角

复合材料芯材铺层的厚度通常远大于单轴或多轴织物的厚度。这就要求芯材的边界必须要进行倒角以降低应力集中并方便制造。在 ACP 中给铺层边加倒角后，程序会自动将倒角后的芯材厚度映射到有限元模型。

边倒角选项应用于建模铺层，实现根据虚拟渐变平面计算铺层厚度。其定义包含 3 个参数：渐变边、渐变角度、渐变偏移量。边倒角的最终效果受网格粗细的影响。

图 4-7 给出了简单边倒角参数的示意图。图中节点集（edge set）定义了壳网格的边界，沿着该边界进行倒角。图中倒角边偏移（taper edge offset）指定了边界的法向偏移距离，形成了一个平行于参考面的偏移平面。图中倒角角度（taper edge angle）定义了偏移平面与倒角平面之间的角度。如果图中的节点集为曲线，那么渐变平面将随着曲线的变化而调整。渐变偏移的方向为方向选择集的正向。根据网格和应用的不同，可以指定负的偏移量。

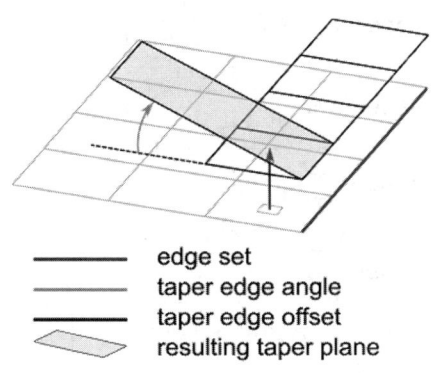

图 4-7 边倒角参数示意图

在 2.4.2 节，快速入门练习 2 中定义了沿着 2 个边的倒角。具体步骤为：

（1）定义一个节点集。练习中的节点集是通过 Mechanical 模块中的 Named Selection 定义的。

（2）打开建模铺层属性对话框的 Thickness 选项卡。

（3）选定节点集并定义倒角角度。

边倒角效果图如图 4-8 所示。

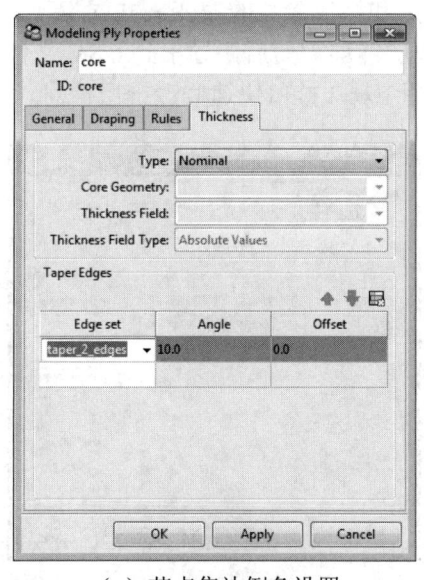
（a）节点集边倒角设置

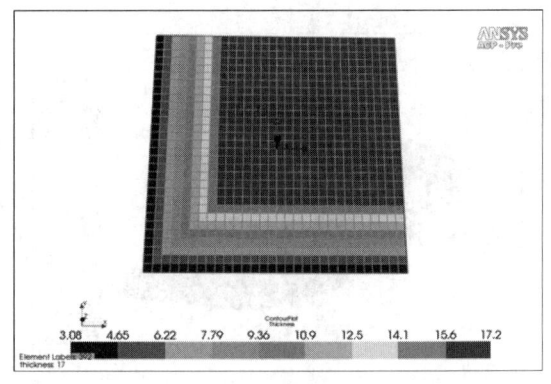
（b）设置效果

图 4-8 入门练习 2 边倒角效果图

虽然铺层倒角的功能主要是单层倒角，例如芯材的倒角，但是也可以用于多层倒角。图 4-9 给出了多个建模铺层采用相同倒角角度设置时的铺层最终效果。图中中间一列为铺层实际效果，而右侧为 ACP 模块切面视图显示的效果。因为不同层之间倒角角度会叠加，导致在边缘的倒角角度会大于定义的单层倒角角度，所以在使用时要小心使用，并注意网格尺寸大小对倒角效果的影响。相比之下，选择规则（Selection Rule）更适合于定义多层倒角，例如，风电叶片的后缘梁弦向倒角。

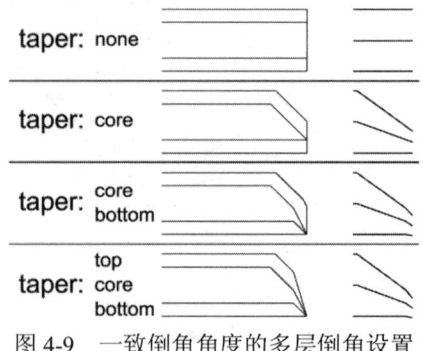

图 4-9　一致倒角角度的多层倒角设置

4.3.2　错层

错层的一种实现方式是使用切割选择规则。该规则不局限于一个边而是可以通过导入的 CAD Geometry 进行切割。图 4-10（a）基于导入的几何文件对铺层进行切割，同时可以考虑偏移量。这实现了层合板的总厚度符合 3D 几何外形。

错层的另一种实现方式是使用模板选择规则。建模铺层的模板选择规则允许基于一个选择规则定义不同的铺层尺寸，具体的设置在建模铺层的属性对话框中进行。图 4-10（b）使用规则模板快速定义铺层，例如，风力发电机叶片包含上百层相似铺层，仅在轴向尺寸上存在差异。这些铺层通过 1 个方向选择集、1 个平行选择规则和模板参数的改变来共同实现。模板参数修改的快捷方法是：首先，在图形用户界面定义一层铺层，然后，导出到 CSV 文件进行编辑得到所有铺层，最后，导回到 ACP 中。或者是使用 Excel 接口快速修改铺层信息。

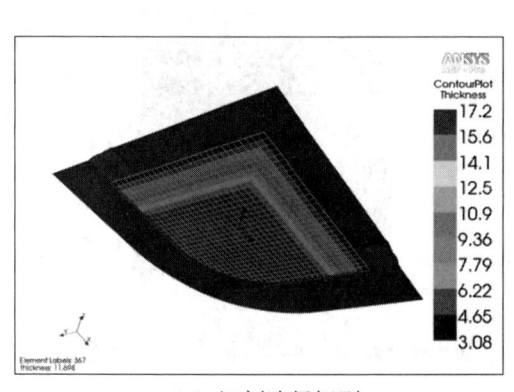

（a）切割选择规则

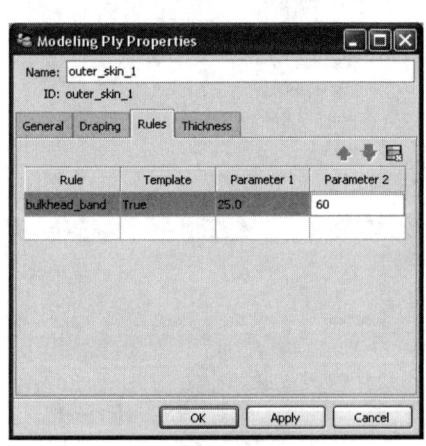

（b）规则模板

图 4-10　错层定义的实现

4.4　变厚度芯材

通常复合材料产品中，三明治结构的面板或单独铺层是常厚度的，而芯材由于方便采用 CNC 进行加工是变厚度的。

ACP 模块有 3 种方式定义变厚度芯材：实体几何；插值表；几何切割规则。

4.4.1 实体几何

采用外部导入的几何文件定义变厚度芯材,如图 4-11 所示。首先,在 CAD 软件中建立芯材的 3D 实体模型或封闭壳模型。然后,将其直接导入或通过 Workbench 导入到 ACP 模块。最后,在建模铺层属性对话框的 Thickness 选项卡中,将厚度定义由 Nominal 改为 From Geometry。ACP 模块将基于导入的几何在法向上为每个单元计算芯材厚度,而芯材 Fabric 的定义将被替换。这个方法在 6.9 节 Class40 的例子中得到了应用。

(a)导入的几何模型

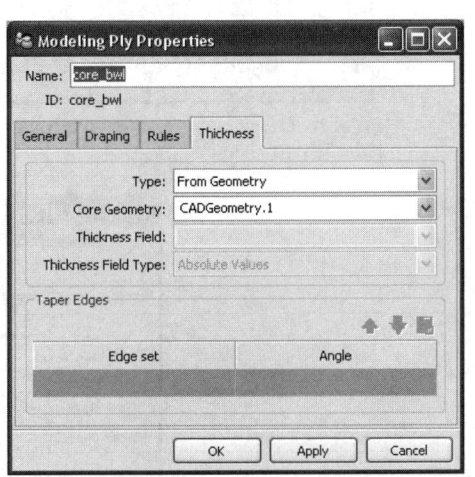
(b)设置 From Geometry 厚度选项

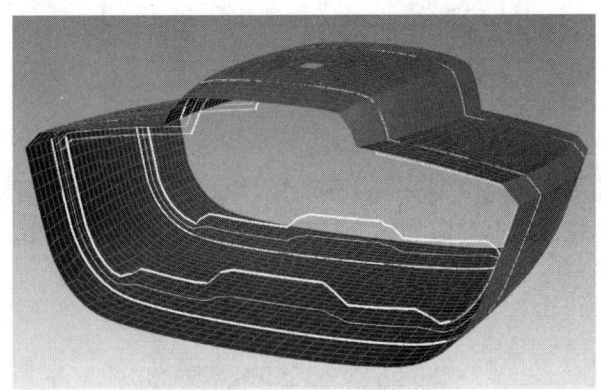
(c)变厚度芯材切面视图

图 4-11 实体几何定义变厚度芯材

4.4.2 插值表

变厚度芯材也可以通过插值表的方式实现。插值表可以定义厚度、角度和方向的空间场变量,之后 ACP 的 3D 映射算法为每个单元进行插值得到场变量值。

首先,用户定义包含一些支撑点的芯材厚度场变量,如图 4-12 所示。然后,在芯材铺层定义属性窗口的 Thickness 选项卡中进行设置,将场变量作为厚度选项,如图 4-13 所示。

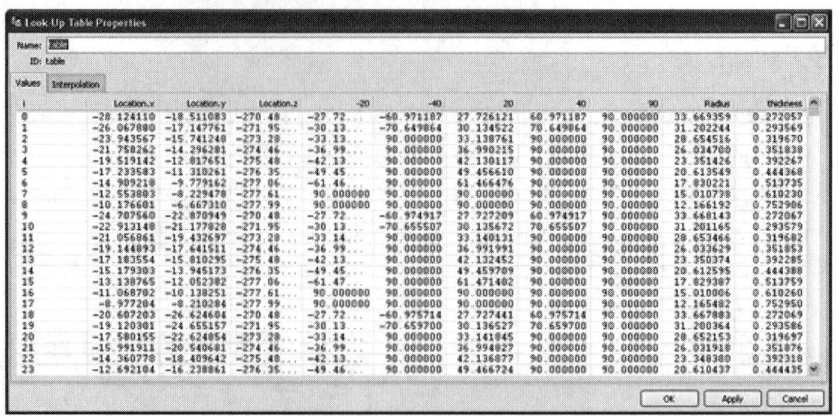

图 4-12 变厚度芯材插值表

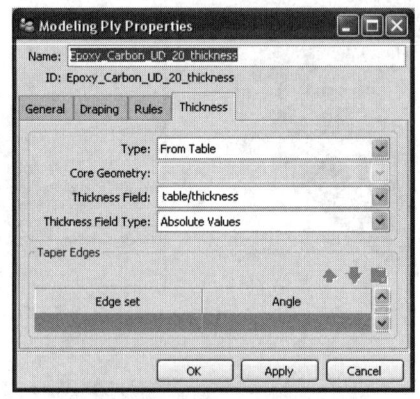

图 4-13 插值表指定芯材厚度设置

4.4.3 几何切割规则

定义变厚度芯材的另一种方式是采用几何切割规则，如图 4-14 所示。需要注意：即使几何切割规则仅应用于芯材，其也会影响整个铺层。如果底面铺层厚度改变，那么导入的几何将在一个新的高度切割铺层。一些情况下，可以定义铺层厚度极限。例如，在叶片尾缘定义厚度极限。

图 4-14 变厚度铺层切面视图和厚度云图

采用几何切割规则时，可以通过选择规则的 Ply Tapering 选项控制芯材的厚度：精确切割，按照导入几何与铺层交集；离散切割，导入几何分 2 个区域，一个区域采用名义厚度另一个区域厚度为 0。

采用几何切割选择规则定义变厚度芯材时需要注意底下铺层变化对最终切割效果的影响。图 4-15 给出了入门练习 2 中采用几何切割选择规则定义变厚度芯材的实例。

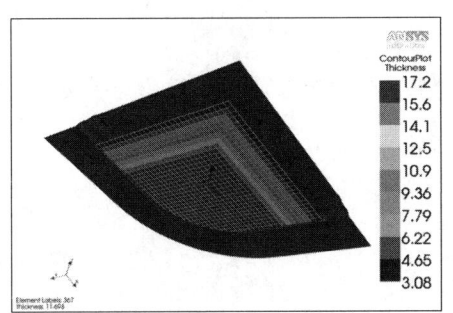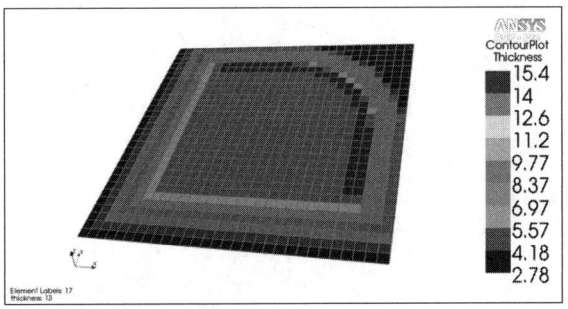

图 4-15　几何切割规则定义变厚度芯材

4.4.4　常规应用

上述的 3 种变厚度芯材定义方法也可以在单轴布或多轴织物中应用，而不仅限于芯材。方法的选择取决于制造工艺。插值表的方法适用于缠绕工艺，而 CAD 几何适用于 CNC 加工工艺。几何切割规则通常用于尖倒角区域，例如风电叶片后缘。

4.5　可制造性分析

双曲面复合材料结构进行铺敷时其纤维方向会发生改变，进而与理论纤维方向不同，此时，纤维方向改变对结构的力学性能影响不能忽略。因此，了解铺敷过程中纤维方向的改变程度，以及是否在产品设计中进行考虑，对产品设计有着重要的意义。

ACP 模块提供 Draping 分析功能，用于复合材料结构的可制造性分析，评估铺敷过程可能的纤维方向改变。Draping 模拟的结果可以进行查看，并对后续分析产生影响，同时 ACP 模块的 Draping 算法还可以输出产品铺层的展开图，用于生产过程中的剪裁下料，如图 4-16 所示。

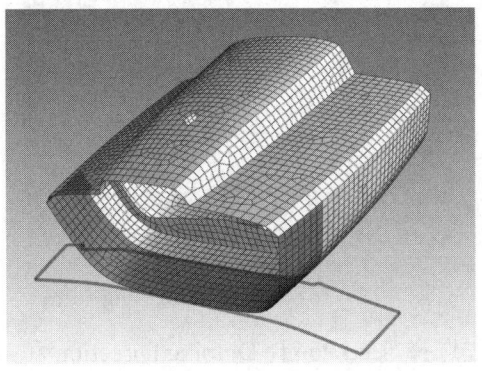

图 4-16　Draping 算法输出产品铺层展开图

4.5.1 内部 Draping 算法

ACP 模块的 Draping 算法请参考 ANSYS 软件帮助手册 ANSYS Composite PrepPost User's Guide→Theory Documentation→Draping Simulation 中相关内容。Draping 策略示意图如图 4-17 所示。

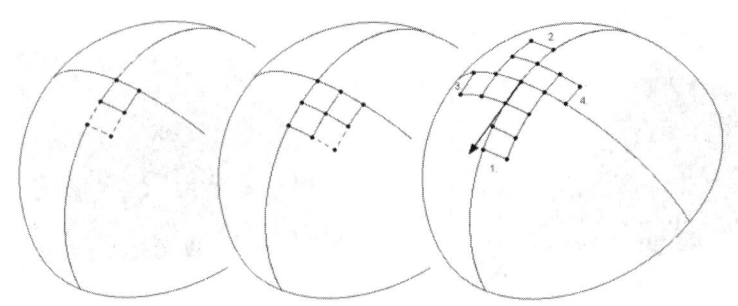

图 4-17　Draping 策略示意图

通常情况下，Draping 的结果与制造工艺的相关性非常大。在 ACP 模块中，工艺相关参数在 Draping 算法设置中进行定义。包含 3 个主要设置：Seed Point、Draping Direction 和 Draping Mesh。

Seed Point 指铺层铺敷到模具上的起点。在这个位置，纤维方向不变，draped 纤维方向和理论纤维方向相同。这个起点对 Draped 纤维角有重要影响。例如，一个半球形状，Seed Point 在极点时最大 Draped 纤维角度远小于 Seed Point 在赤道时的角度。

指定起点之后，Draping Direction 给出了铺层在模具上的铺敷方向。Draping 算法首先沿着 Draping Direction 方向进行，然后是正交方向，最后是 45 度方向。

在 Draping 算法中，Draping Mesh 用于评估最小剪切能耗散。其尺寸的大小与有限元模型无关，但其对计算精度和成本有着类似的影响。显示剪切能的 Draping 网格如图 4-18 所示。

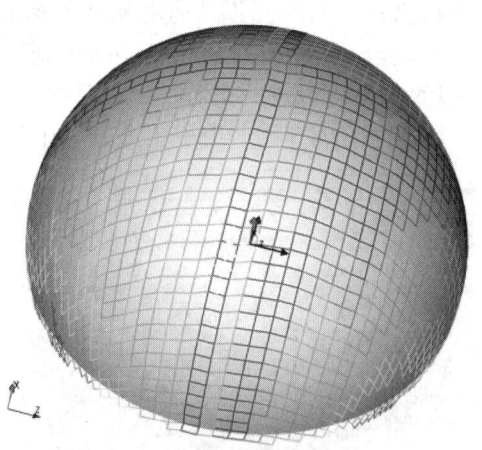

图 4-18　显示剪切能的 Draping 网格

在 Draping 过程中，通过选择 Seed Point、Draping Direction 和 Draping Mesh 尺寸进行优化。Draping 计算可以对方向选择集进行。如果在方向选择集上激活了 Draping，那么所有与之相关的建模铺层的参考方向均受到影响，如图 4-19 所示。此时，如果建模铺层也打开了 Draping 定义，那么建模铺层的优先级高于方向选择集的设置。

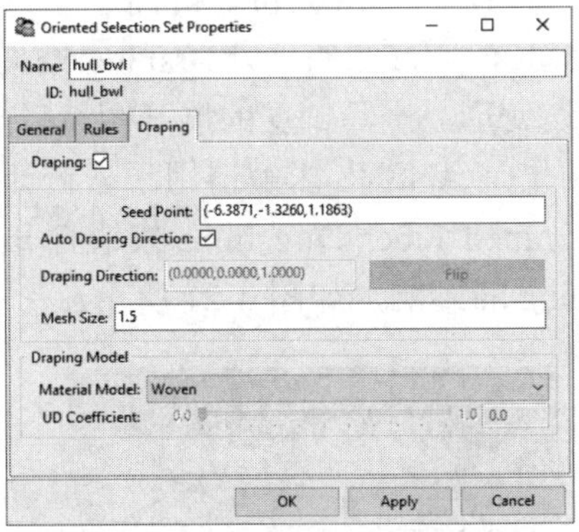

图 4-19　方向选择集的 Draping 选项卡

和方向选择集 Draping 定义相同，建模铺层的 Draping 定义也是通过定义 Seed Point 来实现。Mesh Size 和 Draping Direction 有默认值。

默认情况下，Draping 模拟过程中，Draping 网格基于参考面进行，而不考虑铺层厚度。如果模型属性 Use Draping Offset Correction 打开，那么 Draping 网格将基于选定铺层的底面铺层进行，即考虑了已铺敷铺层厚度对参考面的影响。

Internal Draping 算法的另一个功能是 Thickness Correction。由于剪切变形，铺层的纤维方向和厚度将发生变化。这一变化可以通过激活 Thickness Correction 选项加以考虑。

4.5.2　用户自定义 Draping 数据

ACP 支持用户自定义 Draping 结果，将外部 Draped 纤维方向以插值表的形式导入。

如图 4-20 所示，第一个角度 Correction Angle 1 定义了材料参考方向的修正，在分析计算中考虑。第二个角度 Correction Angle 2 用于织物材料 2 方向的角度。在 ACP 中，任何计算均不使用第二个角度。

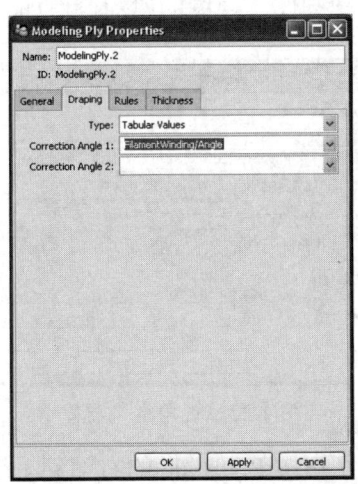

图 4-20　采用插值表定义 Draping

4.5.3 Draping 结果的可视化

ACP 模块 Draping 结果可以在产品铺层和分析铺层上进行查看。Draping 的展开图和 Draping 网格可以通过 Draping Mesh Plot 来查看。Draping 结果的云图显示每一个单元的平均剪切角，值为零时代表没有剪切变形。产品铺层的展开图可以导出为.dxf 格式文件。

Draping 得到的纤维方向结果是 ANSYS 求解器用于分析计算的纤维方向。Draped 纤维方向可以通过工具栏中的 Show Draped Fiber Directions 按钮打开。将其与 Show Fiber Direction 按钮联合使用，可以检查 Draping 的影响，如图 4-21 所示。

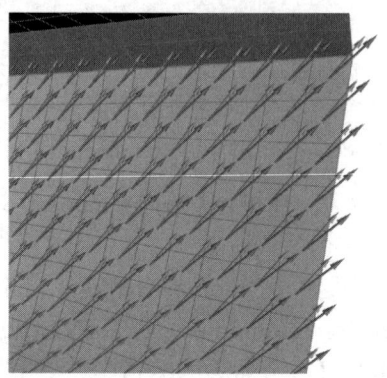

图 4-21 Draping 前后纤维方向的查看

4.6 铺层书生成

自动生成的铺层书可以用于向项目组成员（设计师、工艺师等）发布复合材料产品定义信息。

铺层书包含不同的章节。自动设置时，每一个 Modeling Group 放入一章。每一章可以定义自己的独立视图，以便更加准确地展示相应铺层信息。所以，生成铺层书之前，首先通过工具栏按钮或者特征树右键菜单新建视图。视图的属性窗口如图 4-22 所示。

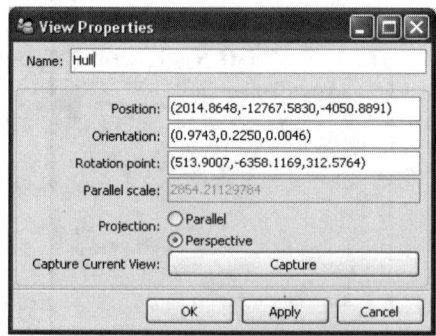

图 4-22 视角定义窗口

如图 4-23 所示，首先通过特征树中 Ply Book 的右键菜单选择 Automatic Setup 建立新的一章，或者选择 Create Chapter 自定义一章，然后选择 Generate the Ply Book 生成铺层书。铺层书可以输出为.html、.pdf、.odt 或.txt 格式。铺层书中图片的大小在场景的属性中进行设置。图 4-24 给出了铺层书中产品铺层的描述示例。

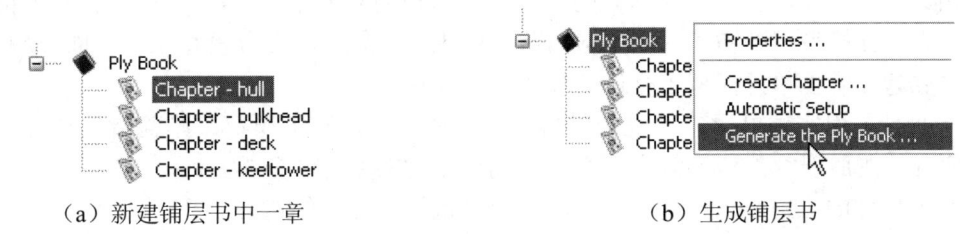

(a) 新建铺层书中一章　　　　　　　　(b) 生成铺层书

图 4-23　铺层书的定义和生成

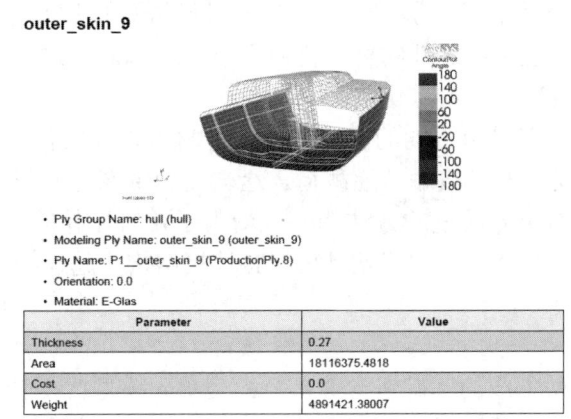

图 4-24　铺层书中产品铺层的描述

4.7　拉伸实体建模

本节给出拉伸实体建模的使用场景和使用方法，而不对导入实体建模功能进行描述。

对于厚壁复合材料结构，采用壳单元进行仿真计算会有较大误差，因此，需要采用三维实体单元建立这类结构的有限元模型。ACP 能够根据复合材料壳单元铺层信息拉伸生成三维实体模型，其中的铺层倒角、错层等都能进行考虑。除此之外，ACP 模块还可以定义拉伸方向、边界曲线和几何切割等。

通常情况下，建议使用拉伸实体建模，这是因为拉伸方法得到的实体模型与壳模型一一对应。如果拉伸方法不能成功实施，那么导入实体模型是另一个选择。例如，复合材料弹簧或涡轮叶片建立的全截面复合材料模型。

接下来将通过以下方面对拉伸实体建模进行介绍：使用场景、功能用法、生成原则、掉层和切割、工作流程、应用技巧、已知局限。

4.7.1　使用场景

从仿真分析的角度看，结构和载荷的类型和形式决定了壳单元或实体单元的选取。同一个结构，采用实体单元的计算量要远大于壳单元，因此，一个比较经济的做法是：首先，采用壳单元分析整个结构；然后，建立局部复合材料结构实体单元模型，并将整体壳单元的分析结果映射到局部实体单元模型中，进行子模型仿真。

相比于壳单元，实体单元计算的复合材料面外响应更加准确。ACP 模块的独特功能是能够基于壳单元模型得到初步的三维应力状态结果。如果壳单元分析结果中，面外应力很重要，那么需要建立实体单元模型进行进一步的分析计算。

下面是采用实体单元建立复合材料结构模型的典型应用场景：厚壁结构分析；三维应力状态研究；脱胶研究；边缘效应研究；三明治结构的稳定性分析。

对于具体的应用没有强制的要求，完全取决于设计师的选择。

4.7.2 功能用法

ACP 模块的实体建模功能设计初衷是建立复合材料结构的分析模型。

在实际使用时有两种选择：零件实体建模后在 Workbench 中进行装配；直接在 ACP 流程中建立装配体模型。这两种方法各有优劣。

优先选择的方法是分别采用不同的流程生成复合材料零件实体模型，然后在 Workbench 分析流程中对其进行装配，通过接触传递载荷。这与实际生产时的理念相同。

对于整个装配体一次拉伸成型的方法，不仅受限于几何拓扑的复杂度，也会由于掉层引起刚度衰减。换个角度，这个方法的好处是可以将连接结构一起建模。

4.7.3 生成原则

ACP 模块中实体模型生成的基础包含 2 部分：壳单元模型；复合材料铺层定义信息。

实体模型生成功能的选项用于控制厚度方向单元的划分、铺层的错层和切割。具体实体模型的细致程度需要由分析者来确定。

ACP 模块中实体模型生成还有一些选项帮助控制生成模型的质量：铺层倒角、铺层错层、拉伸向导、捕捉到几何体、几何切割等。其中的几何切割类似于复合材料结构初始成型之后的机械加工。

ACP 模块中的几何操作（拉伸向导、捕捉几何体和切割几何）有利于基于壳单元生成需要的实体单元有限元模型。这些几何操作按照先后顺序作用到拉伸生成的初始实体模型上，因此，建议在进行切割几何操作之前，把拉伸向导、捕捉几何体操作全部定义完成。

虽然几何切割给实体建模提供了极大的方便，但是也引入了退化单元。这些退化单元模拟层合复合材料的能力有一点局限。

实体建模的详细说明，请参考用户手册部分的 3.1.14 节。

4.7.4 掉层和切割

ACP 模块的复合材料铺层定义信息中不包含掉层和切割实体单元的材料属性，因此，用户必须为这些单元指定一种材料。

掉层单元在零件内部铺层边界处新建。当铺层终止时，ACP 模块生成一个棱柱单元，其材料可以指定为铺层材料、树脂材料或不生成该单元。

切割实体单元是使用几何体切割六面体网格时生成的，通常为棱柱或四面体单元，其材料同样可以指定为不同的材料。

采用几何切割生成复合材料结构为建立复杂复合材料产品模型提供了可能，但也带来了新的问题。因为几何切割生成的实体单元不包含铺层信息，所以必须谨慎解释这些区域的计算结果。

掉层和切割实体单元均会导致复合材料产品的刚度突变，进而导致应力峰值出现和高的损伤值。二者的应力和应变后处理请参考本书 3.2.6 节中关于掉层和切割单元后处理的内容。

4.7.5　工作流程

复合材料实体单元有限元模型可以方便地在 ACP（Pre）中生成，生成的实体模型可以连接到后续的分析流程，如图 4-25 所示。图中一个 ACP（Pre）分析系统可以同时输出壳和实体复合材料模型。

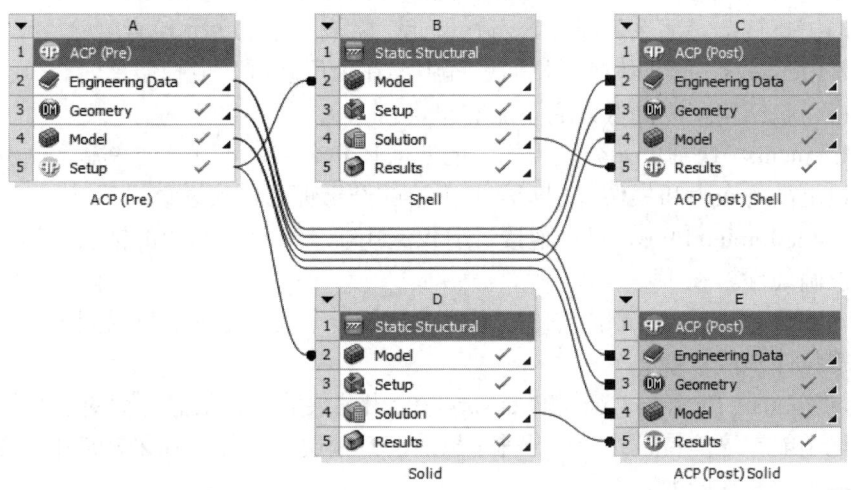

图 4-25　复合材料实体模型分析流程

需要对包含复合材料零件的装配体进行力学分析时，可以采用图 4-26 中的流程。装配体中不同的零部件通过接触传递载荷。Mechanical 模块的 Composite Failure Tool 可以对整个装配体或部分模型进行后处理分析。ACP（Post）支持更多的复合材料后处理功能，但一个限制是 ACP（Post）不能同时对整个装配体结构进行后处理。

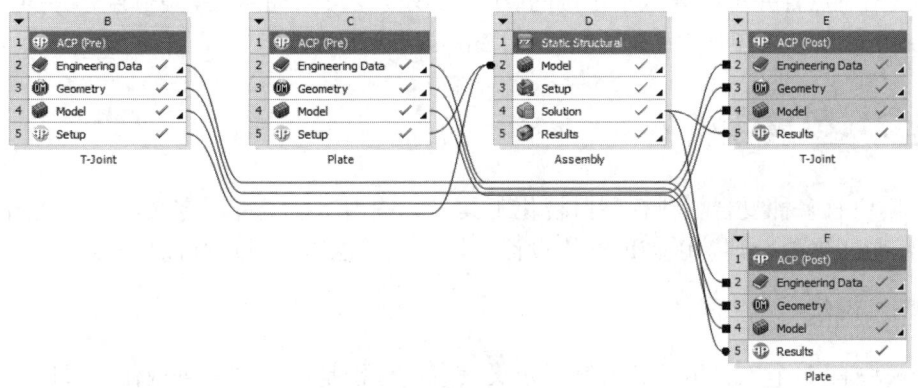

图 4-26　实体单元模型装配流程

4.7.6 应用技巧

通常情况下，实体建模远比壳模型复杂，这是因为结构的形状和网格对实体建模过程有重要影响。遵循复合材料结构设计原则进行设计，将有助于实体建模的实现。复合材料设计过程中尽可能减少形状突变和尖角。

4.7.7 已知局限

清楚实体建模的局限有助于建立更好的实体模型。认真思考模型的网格尺寸、拉伸方法和几何运算有助于更好的建模。例如，由内而外的拉伸操作更容易实现。

实体建模的局限包括：

Mesh Extrusion，指实体模型基于壳几何拉伸得到。随着拉伸的进行，壳网格可能过度扭曲。如果结构拓扑复杂，那么可能导致病态单元，将被后续的单元检查删除。

Drop-Off Elements，指实体模型拉伸过程中会在掉层区域形成掉层单元。掉层单元引起的厚度变化，将引起结构刚度降低，而不能被忽略。

Cut-off Elements，切割单元分割为均匀的四面体和金字塔单元。这些单元会引起结构刚度的突变，导致更高的应力和损伤。切割单元附近的结果评估需要谨慎进行。

Connect Butt-Jointed Plies，对接连接目前仅应用于一个铺层组内的铺层之间。因此，一些掉层将不能正确处理。

Solid Model Extrusion Offset，实体模型拉伸基于一个壳参考面和铺层定义信息。基于相对参考面偏移的拉伸不能实现。

Sampling Points，Section Cuts 和 Sensors，给出铺层的各种信息。而对于几何运算导致的实体模型变化不能在这些特征中反映出来。虽然切割铺层仍然显示在采样点中，这些铺层在后处理时显示零应力和零应变。

Recomputation of ISS，层间剪应力的重新计算仅对层合单元进行，而掉层和切割单元仅保留.RST 文件中的层间剪应力。

Cutting Operations Effect on Interface Layer，与切割几何相交的界面单元将被删除，且不会根据相邻顶底面单元的形状进行更新。

Node Merge Operations on Composite Solid Model Assemblies，在 Mechanical 中进行的复合材料实体单元节点合并可能导致不正确的 ACP（Post）变形云图结果。当节点合并操作执行后，应激活 Solution 属性窗口的 Read Strains and Stresses 选项。

4.8 复合材料可视化

ACP 模块有多种复合材料模型可视化工具，一些用于检查铺层定义，另一些用于提取铺层应力、应变和失效准则，以辅助结构设计。接下来对这些工具进行简单介绍。

4.8.1 模型可视化

ACP 模块有 2 个工具用于查看铺层定义信息，分别是：①方向可视化，通过场景操作界面的工具按钮查看铺层的方向信息；②切面视图，查看整个复合材料结构的铺层信息，如图

4-27 所示。

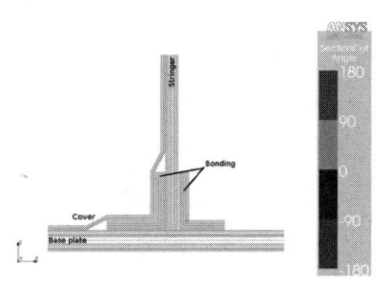
（a）T 型接头切面视图

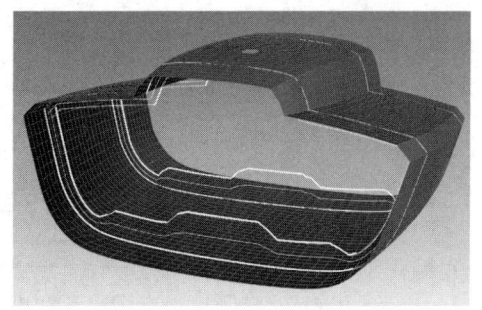
（b）船体舱段切面视图

图 4-27 复合材料模型可视化

4.8.2 结果可视化

ACP 模块中包含多个用于仿真结果可视化的功能，如变形、失效准则、单层结果等，详细操作请参考本书第 2.4.1 节入门练习 1 的后处理部分。

结构的变形通过指定具体解的变形进行可视化。变形的显示比例可以通过 Solution 的属性窗口进行设置，如图 4-28 所示。

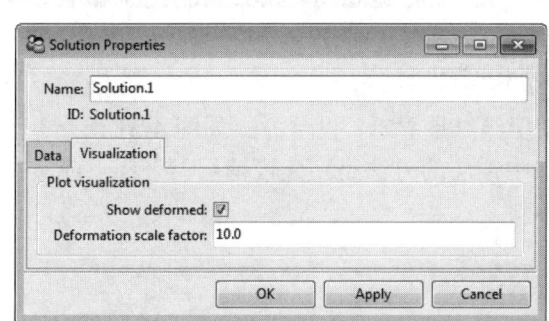
（a）激活变形后形状显示

（b）打开 usum 选项

图 4-28 复合材料变形结果可视化

失效云图用于显示指定失效准则定义下的安全因子、损伤和安全裕度的云图，如图 4-29、图 4-30 所示。将所有单元、所有层进行安全因子计算并将结果投影到参考面上进行显示。失效结果包络图的计算方法相同，是包含了所指定工况失效因子的包络结果。另一方面，安全因子也可以按照铺层进行显示。

在创建失效云图前必须定义一个失效准则。失效云图可以在标准 solution 对象或包络 solution 对象上插入。同时，关键失效模式、失效层和失效工况可以显示在模型中。

复合材料设计过程中每一层的结构响应是设计师关注的核心问题。铺层级信息在 ACP 中的作用就是辅助工程师确定最危险铺层并对其优化设计。

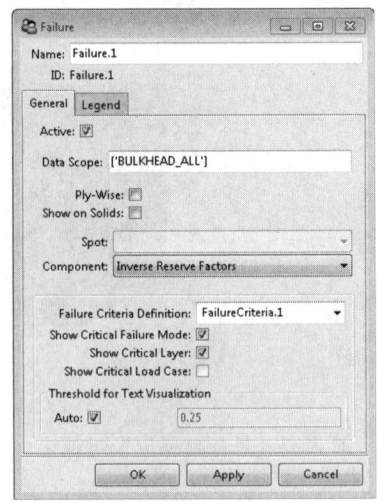

图 4-29 带失效模式和关键层信息的失效云图设置

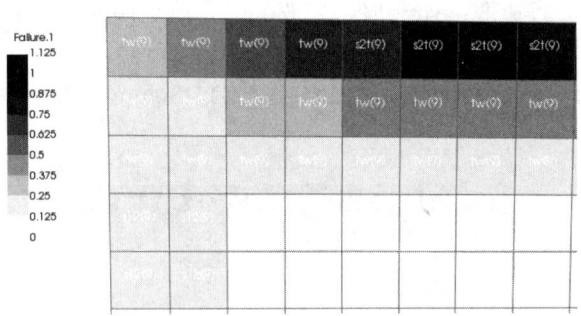
（a）入门练习 1 带文本标识的损伤云图

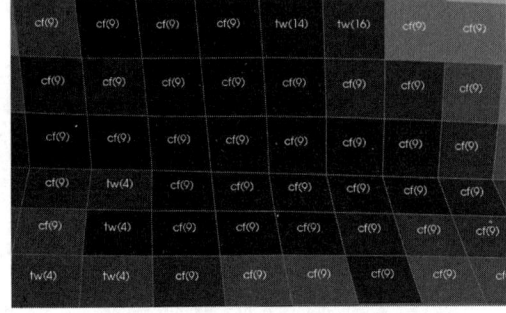
（b）Class40 实例局部危险区域放大

图 4-30 损伤结果可视化

除变形云图外的所有结果云图均可以采用铺层级结果显示，设置方式如图 4-31 所示。仅铺层被选中时，结果才显示，如图 4-32 所示。选中铺层的方法是：建模铺层、采样点或实体模型分析铺层。

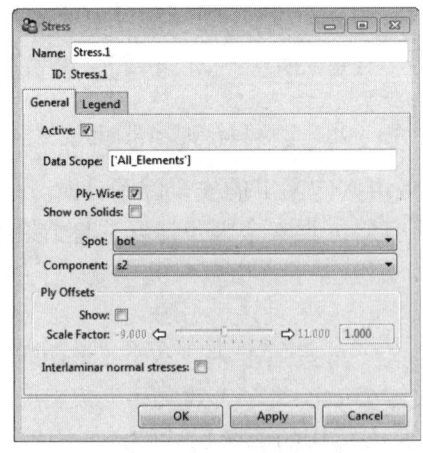

图 4-31 铺层级结果显示设置

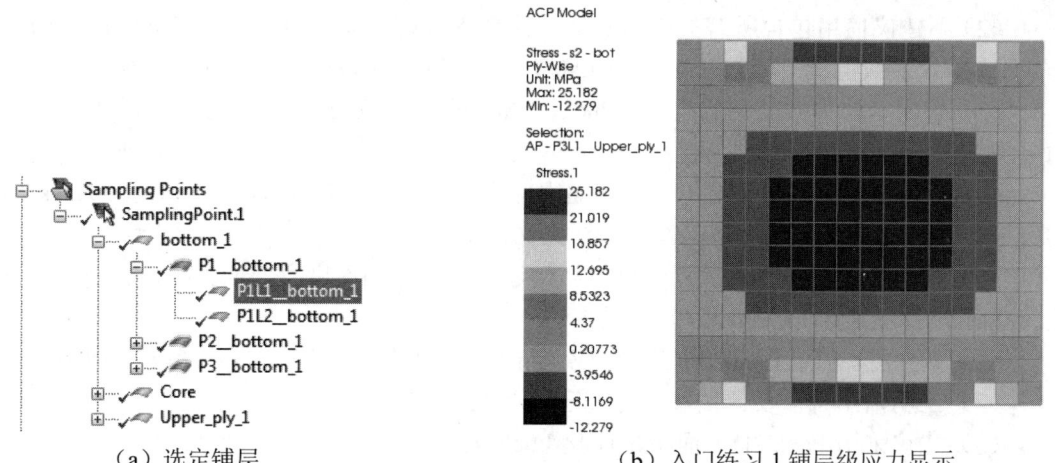

(a) 选定铺层　　　　　　　　　(b) 入门练习 1 铺层级应力显示

图 4-32　铺层级结果可视化

采样点是在铺层级分析结果的另一种方式。通过在模型中选定一个关注的单元进行细节分析，采样点可以显示失效准则、应力、应变沿厚度方向的分布，如图 4-33 所示。

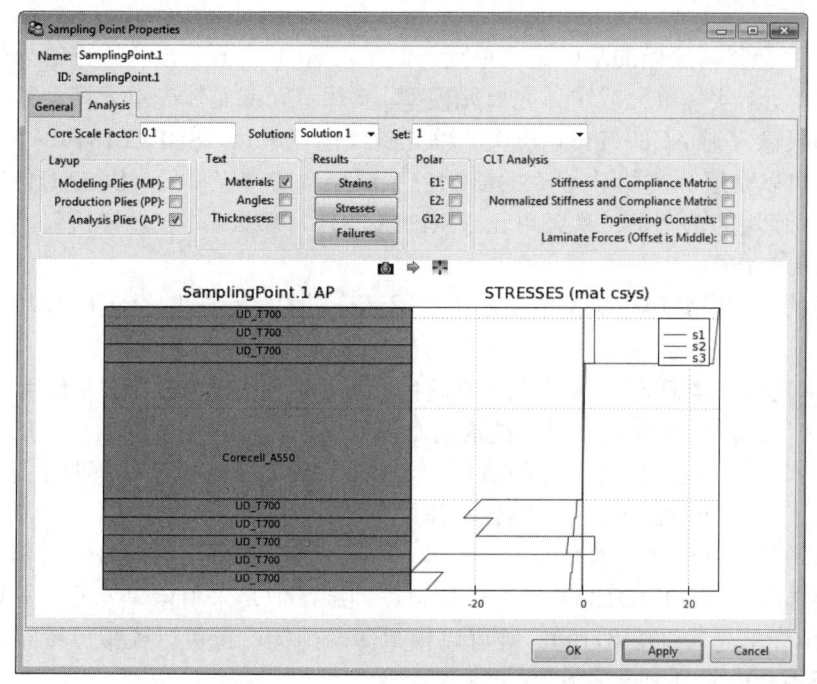

图 4-33　选定采样点的应力分析

4.9　复合材料失效准则

ACP（Post）模块提供了一系列用于复合材料评估的失效准则。其中包括传统的失效准则和最近的先进失效准则。这里给出选用失效准则的一般原则：

（1）建议采用区分失效模式的失效准则，例如，区分纤维和基体失效的失效准则。

（2）不建议使用包含所有失效信息的二次失效准则，例如，Tsai-Wu、Tsai-Hill 或 Hoffman 失效准则。大多数情况下，这些失效准则的精度低于其他失效准则，而且给出的失效信息最少。

（3）采用多个失效准则的组合（Puck、Max Stress 和 LaRC）比单独使用任何一个失效准则更加保守。

（4）一般情况下，要采用包含所有面内应力（s1，s2，s12）和面外层间剪应力（s13，s23）的失效准则，这些结果都存储在壳模型结果文件中。

（5）曲率变化缓慢的薄壁复合材料结构通常可以忽略厚度方向应力（s3）。如果该应力不能忽略时，那么需要使用 Puck 3D 失效准则。

（6）如果需要得到更加准确的面外应力结果，那么需要使用三维实体单元，而不是壳单元。

（7）三明治结构需要评估其褶皱和芯材失效。

（8）建议采用 Puck 2D，而不是简化 Puck 失效准则。

4.10　模型单元选择

本节给出复合材料工程问题中壳、实体和实体壳单元的选择原则及在 ACP 模块中的实现方法。

ACP 模块复合材料建模的基础是壳单元，但是由 ACP（Pre）模块输出给求解器的有限元模型可以是壳单元、实体单元或实体壳单元模型。实体单元或实体壳单元模型是输入壳单元拉伸的产物。如果输入到 ACP（Pre）模块的单元是线性壳单元（SHELL181），那么由 ACP 模块生成的单元可以是层合实体单元（SOLID185）或层合实体壳单元（SOLSH190）。如果输入到 ACP（Pre）模块的单元是二次壳单元（SHELL281），那么由 ACP 模块仅能生成二次层合实体单元（SOLID186）。

工程问题的几何模型和载荷类型决定了有限元分析的单元选取，ACP 模块中单元选择的一般规则是：

（1）壳单元用于薄壁或中厚复合材料结构的有限元建模，模拟弯曲载荷作用下的结构变形。

（2）实体单元用于厚壁复合材料结构的有限元模型。随着厚度的增加，层合板面外应力越来越大，实体单元适用于面外应力的捕捉。实体单元的一个缺点是在弯曲主导的问题中，单元过于刚硬，计算得到的变形小于实际载荷作用下结构的变形，这一现象称为剪切自锁。线性实体单元可以通过增强应变技术减弱这一现象，但有些情况下采用这一技术时仍然会出现自锁现象。二次实体单元（SOLID186）没有剪切自锁问题，但是采用该单元的计算量较大。

（3）实体壳单元（SOLSH190）既可以模拟薄壁结构，也可以模拟厚壁结构，准确计算面外应力，而不会出现剪切自锁现象。

如果想进一步了解 Mechanical 求解器中单元的相关信息，请参考 *Mechanical APDL Theory Reference* 中的单元库 Element Library 一章。

4.11　变材料数据

Workbench 的复合材料建模支持复合材料力学性能随场变量的变化而变化。这些改善模型精度的功能包括：ACP（Pre）中定义的温度、Draping 定义的剪切角、Engineering Data 中定义的性能衰减。用户可以根据需要定义场变量。

力学性能和场变量间的关系在 Engineering Data 中定义。支持随场变量变化的力学性能包括：各向同性弹性（Isotropic elasticity）；正交各向异性弹性（Orthotropic elasticity）；正交各向异性极限应力（Orthotropic stress limits）；正交各向异性极限应变（Orthotropic strain limits）。

插值策略用来根据模型中局部单元的场变量来确定局部单元的有效性能。只要在 Engineering Data 中定义了场变量相关力学性能，在后续复合材料分析和后处理中就会考虑。

剪切角在 ACP（Pre）的 Draping 模拟中定义。温度在 Structural、Transient Thermal 或 External Data 分析系统中计算或定义。其他场变量均可以在 ACP（Pre）或 External Data 分析系统中定义。

变化的材料数据同时支持壳单元和实体单元。

使用变材料数据分析的一个实例见 5.3 节。

4.11.1 场变量定义

ACP 的插值表功能用于任意场变量的定义。插值表的列数据可以和场变量相关联。基于有限元模型和插值表的数据插值得到有限元模型的本地数据。而且，用户可以指定插值对整体或部分模型进行。场定义可以对下列对象或其组合使用：单元集、方向选择集、建模铺层。

单元集或方向选择集的场定义将影响与之相关的所有铺层。相比之下，建模铺层仅对特定层的单元起作用。对于未被场变量覆盖的单元和铺层将采用变量的默认值。

总而言之，场定义可以应用于整个有限元模型或部分有限元模型，甚至仅对部分层起作用。

4.11.2 剪切角度

任意形状表面的铺敷会引起布层的局部剪切变形。这一变形将会引起假设力学性能和实际力学性能的偏差。

为了反映由于布层剪切变形引起的力学性能变化，ACP（Pre）提供了一个 Draping 模拟工具。基于 Engineering Data 中给定的剪切相关材料性能，ACP（Pre）可以对单独铺层或方向选择集进行 Draping 模拟，下游分析将考虑 Draped 纤维方向对力学性能的影响。

Draping 剪切角的定义为：|draped 横向角度-Draped 纤维角度|-90。其中，Draped 纤维角度和 draped 横向角度均是相对于参考方向。所以，0 度剪切角意味着对应位置无剪切变形。

4.11.3 衰减因子

复合材料零件可能由于制造或运行过程产生的缺陷引起局部力学性能的衰减。例如，空隙、干纱、纤维角度偏差和富树脂。如果能够准确定义这些缺陷，那么可以通过衰减因子对其建模。当材料无损伤时，衰减因子为 1。当材料完全损坏时，衰减因子为 0。

首先，在 Engineering Data 定义材料的衰减力学性能。然后，在 ACP（Pre）中通过场定义对象定义衰减因子场。如果在 Engineering Data 中定义了衰减因子，那么可以在场定义属性窗口的下拉菜单选择场变量的名称，如图 4-34 所示。场定义的适用范围通过 Scope Entities 定义。当 ACP 更新时，由插值表插值得到本地衰减因子。

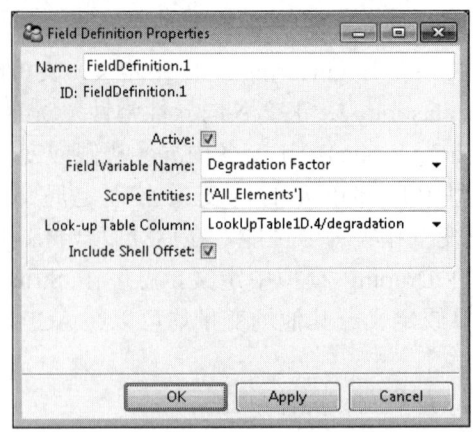

图 4-34 衰减因子场定义的属性窗口

4.11.4 自定义场

Engineering Data 模块默认允许用户定义以 9 个预置标量场为自变量的各向同性弹性、正交各向异性弹性、应力和应变极限函数。如果需要，用户可以添加自定义场变量。

ACP 模块中，自定义场变量的定义要根据 Field Definition Object Properties 来实现。

Workbench 界面的 External Data 组件可以用于定义自定义场变量。需要注意的是：该组件不允许定义铺层级的场定义。

4.11.5 插值算法

变材料数据的插值算法可以在 Workbench 的 Engineering Data 模块控制。默认为线性多变量插值算法，可以选择 Nearest Neighbor 或 Radial Basis 算法，如图 4-35 所示。

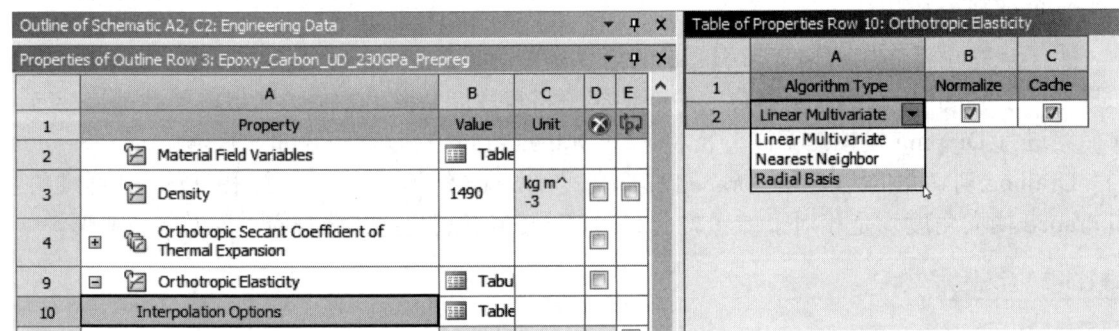

图 4-35 场变量插值算法设置

第 5 章 典型应用

本章给出了 ACP 模块的 5 个典型应用场景，分别是复合材料壳模型分析；拉伸实体模型分析；变材料数据分析；导入实体模型分析；材料产品一体化设计。本章侧重于技术路线和思路介绍，不对操作步骤进行详细展开。

5.1 复合材料壳模型分析

复合材料壳模型分析是 ACP 模块最常用的应用场景。接下来，将介绍从零开始进行复合材料壳模型分析的技术路线。

5.1.1 前处理

前处理部分包含以下 7 个步骤。

1. Workbench 集成

ACP 模块集成在 Workbench 环境中，是 Workbench 工具箱中的两个附加组件系统：ACP（Pre）和 ACP（Post）。这两个组件系统实现 ACP 模块和 Mechanical 模块在 Workbench 中传递复合材料定义信息。目前，ACP 模块已经完全集成到 ANSYS Workbench 的数据结构中，统一进行更新和刷新。

用户通过更新或刷新将上游数据的变化传递给 ACP 组件。更新图标用来检查每一个组件的更新状态。

2. 添加 ACP 组件到项目概图

这两个组件和 Workbench 项目概图中的其他组件操作方式相同。通过拖放的方式将 Workbench 工具箱中的 ACP（Pre）和 ACP（Post）添加到项目概图，如图 5-1 所示。

3. Engineering Data

安装 ACP 模块后，Engineering Data 的材料数据库中增加了一个 Composite Materials 数据库目录，给出了典型的复合材料性能数据，如图 5-2 所示。例如，单向和编织碳玻纤，芯材材料等。Workbench 平台模式 ACP 工作流中，材料性能只能在 Engineering Data 中定义，而不是在 ACP（Pre）中定义。

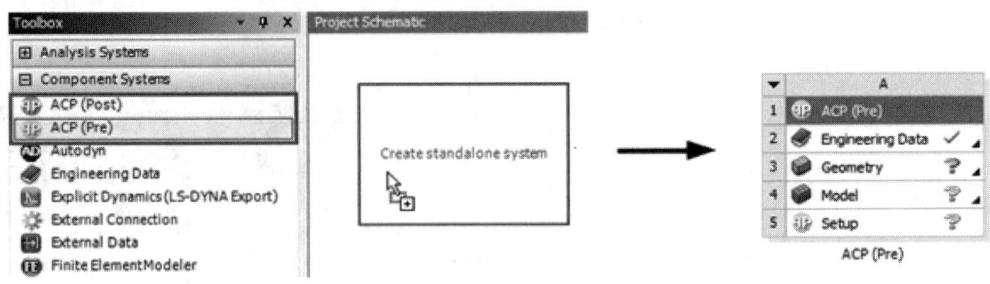

图 5-1　添加 ACP 组件到项目概图

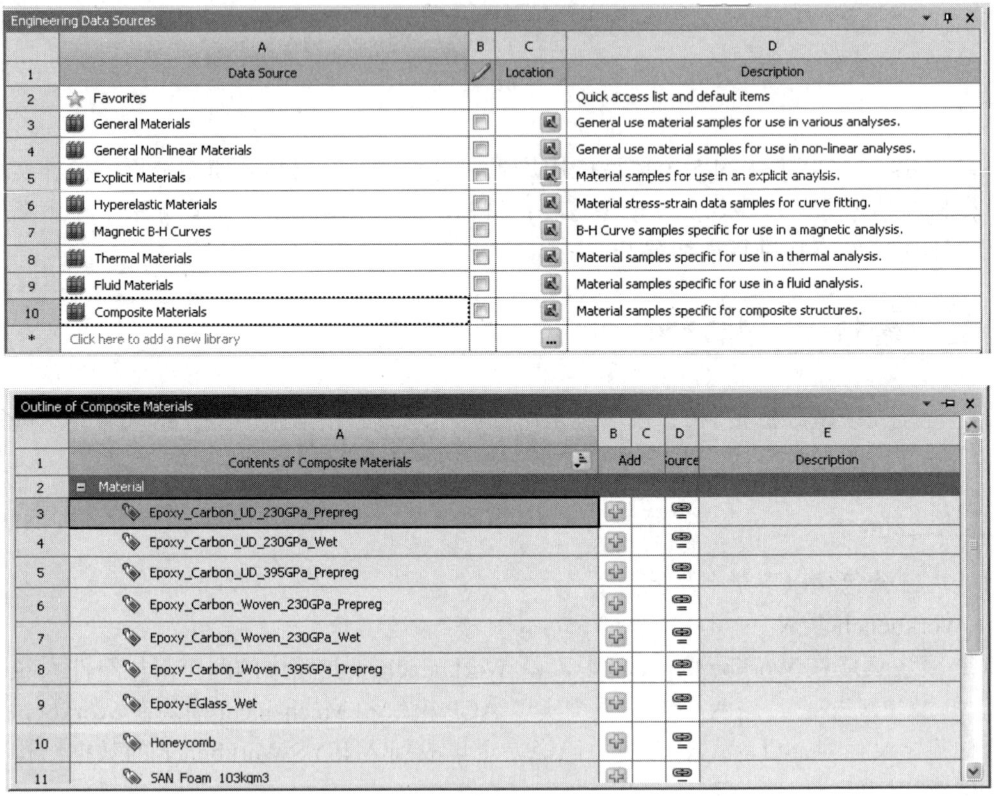

图 5-2　增加的 Composite Materials 数据库目录

4. Properties

为了满足 ACP 的需求，Workbench 添加了一些 ACP 专用的属性类型，如图 5-3 中高亮部分所示。

这些专用属性包括：

Ply Type，铺层类型，区分芯材、单向布或多轴织物。

Strengths，强度属性，具体有正交各向异性应力极限、正交各向异性应变极限、各向同性应变极限。

Composite Failure Parameters，复合材料失效参数，具体有蔡吴常数、Puck 常数、LaRc03/04 常数、附加 Puck 常数、织物 Puck 定义。

更多的信息，请参考本书用户手册的 3.1.2 节。

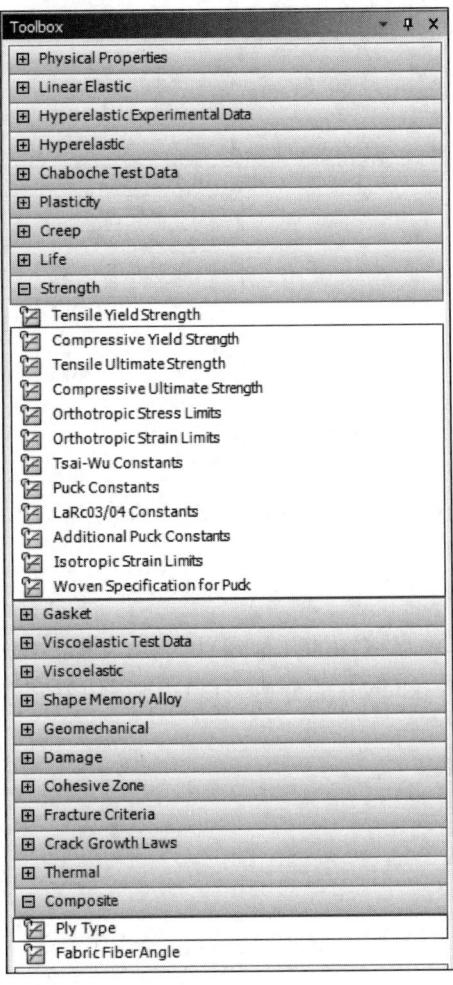

图 5-3 一些 ACP 专用的属性类型

5. Geometry and Units

ACP 模块需要一个壳几何来建立复合材料模型。这个壳几何可以在 ANSYS Design Modeler 建立或 CAD 文件中导入。

ACP 模块的单位制与 Mechanical 应用的单元制无关。传输数据过程中，Workbench 自动完成二者的单位转换。ACP 模块的当前单位制显示在 ACP 窗口底部的状态栏。

6. Named Selections and Elements/Edge Sets

Design Modeler 或 Mechanical 中的体、面和边命名选择分别以单元集和节点集的形式传递到 ACP 模块。用于后续复合材料建模。

7. Starting and Running ACP

首先，需要在 Workbench 项目概图中建立一个 ACP（Pre）组件系统。然后，采用下面 3 种方式之一运行 ACP（Pre）模块：双击组件系统的 Setup，在 Setup 右键菜单中选择 Edit 或在 Setup 右键菜单选择运行 Python 脚本，如图 5-4 所示。接着，在 ACP（Pre）模块完成复合材料定义。最后，用户返回到 Workbench 项目概图继续后续的流程。ACP 数据会随着 Workbench 项目的保存或者任一组件中 Save Project 命令的运行而保存。

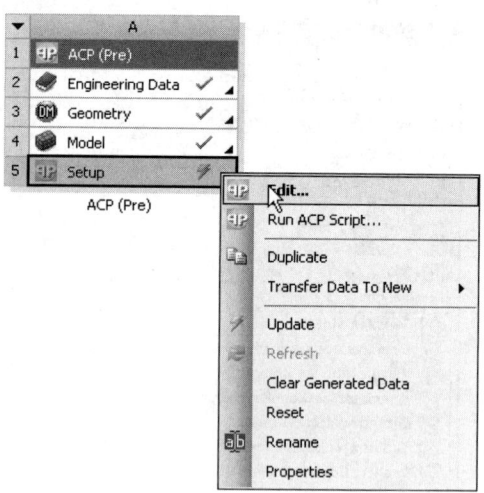

图 5-4　运行 ACP（Pre）模块的方式之一

5.1.2　分析求解

ACP 组件和 Workbench 项目概图的其他组件一样，通过拖放操作或右键菜单传递数据，具体操作如图 5-5 所示。在 Workbench 的分析系统中进行边界和载荷的定义，并最终完成求解。

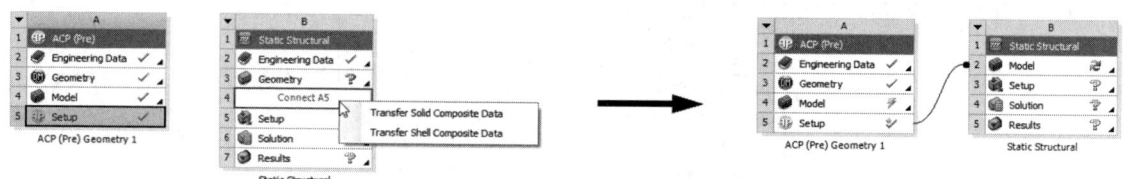

图 5-5　ACP 组件传递数据操作示意

5.1.3　后处理

添加 ACP（Post）组件到项目概图中，进行复合材料壳和实体分析结果的后处理。ACP（Post）组件可以连接到一个或多个结果。ACP（Post）和 ACP（Pre）连接之后，ACP（Pre）中的 Engineering Data、Geometry 以及复合材料定义信息均传递到 ACP（Post）组件。

首先，拖放 ACP（Post）组件到 ACP（Pre）的 Model，如图 5-6 所示。

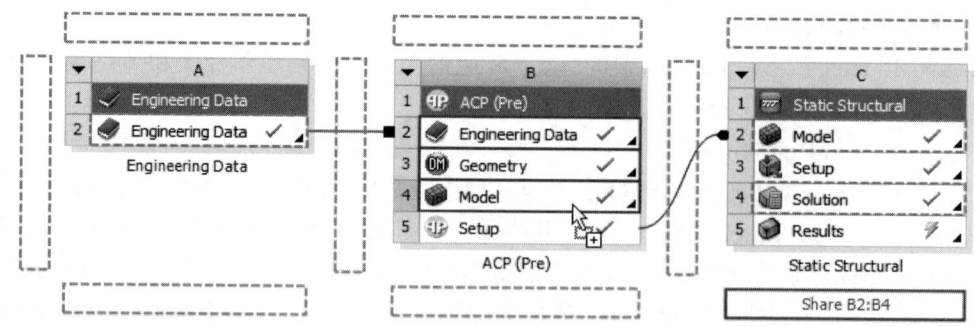

图 5-6　拖放 ACP（Post）组件到 ACP（Pre）的 Model

接着，拖放 Mechanical 分析系统的 Solution 到 ACP（Post）的 Results，实现将一个或多个结果连接到 ACP（Post）组件。这样就完成了 ACP（Post）进行复合材料壳模型后处理的准备工作，如图 5-7 所示。

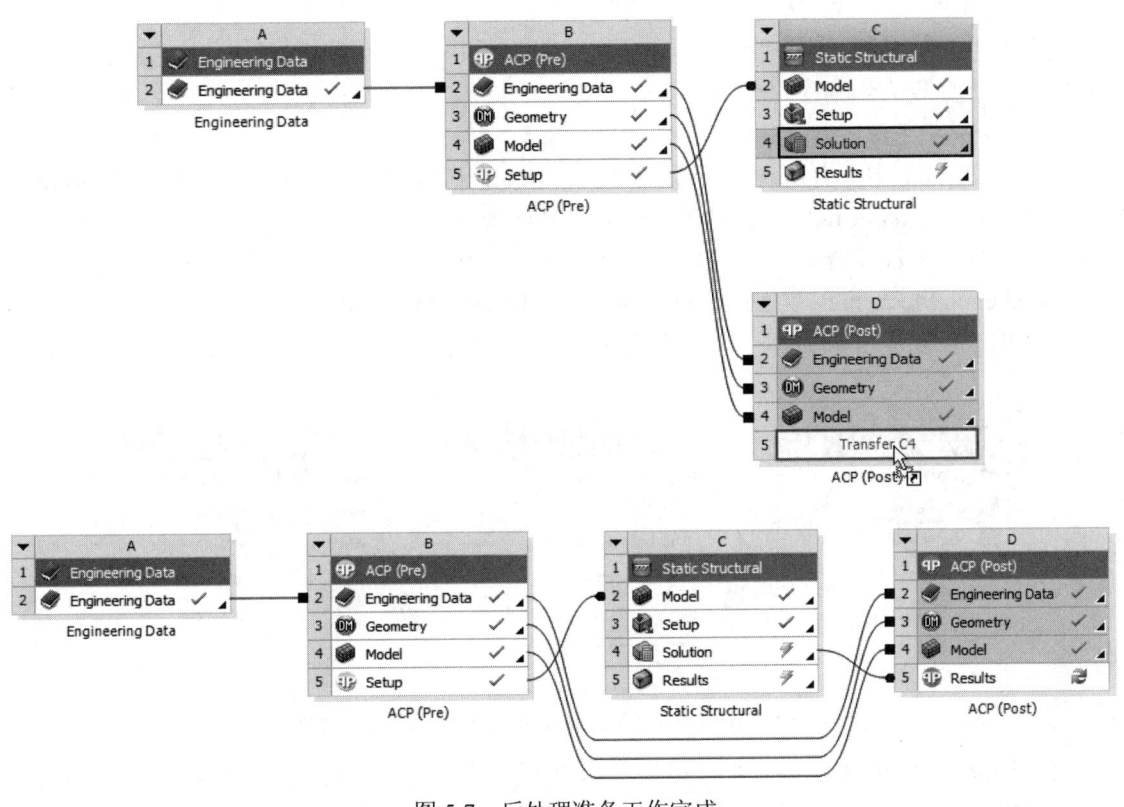

图 5-7　后处理准备工作完成

5.2　拉伸实体模型分析

对于厚壁复合材料，壳元给出的分析结果误差较大。这种情况下，需要采用实体单元对复合材料进行建模。ACP 的一个特色功能是基于壳单元的复合材料定义信息，拉伸生成复合材料实体模型。

本节中将给出建立拉伸实体模型分析的工作流程，与壳模型明显的区别将作为重点描述。

5.2.1　前处理

前处理部分包含以下步骤：添加 ACP 组件到项目概图；定义材料属性；导入或生成几何；打开模型定义命名选择并生成网格；打开 ACP（Pre），定义织物、坐标系和方向选择集、建模铺层和实体模型。其中只有实体建模部分和壳模型分析不同。

拉伸实体建模只能在 ACP 模块中通过 Solid Model 特征实现。具体参考本书 3.1.14 节。

ACP 中完成的实体模型输出必须设置节点和单元编号的偏移量防止多个模型中的编号冲突。而且，建议采用全局掉层材料的均匀掉层单元。

单元集和节点集以命名选择的形式在 ACP（Pre）和 Static Structural 组件之间传递。这有助于边界条件的定义。

5.2.2 分析求解

此部分包括：选择分析系统；零件装配流程；打开分析系统定义分析设置及边界条件；计算求解。在此仅介绍前 2 个部分。

1. 选择分析系统

在 Workbench 中，有两种分析系统可以进行复合材料实体模型分析，分别是 Workbench Mechanical 和 Mechanical APDL（也称为 ANSYS 经典界面）。这两种分析系统的模拟能力是一致的，但是用户界面差异很大。另外，复合材料实体模型也可以导出给第三方程序进行处理。

Workbench Mechanical 方法中，复合材料实体模型在 Mechanical 以一个已划分网格体的形式存在。用户可以像常规实体一样定义载荷、边界和连接。典型的工作流程如图 5-8 所示。

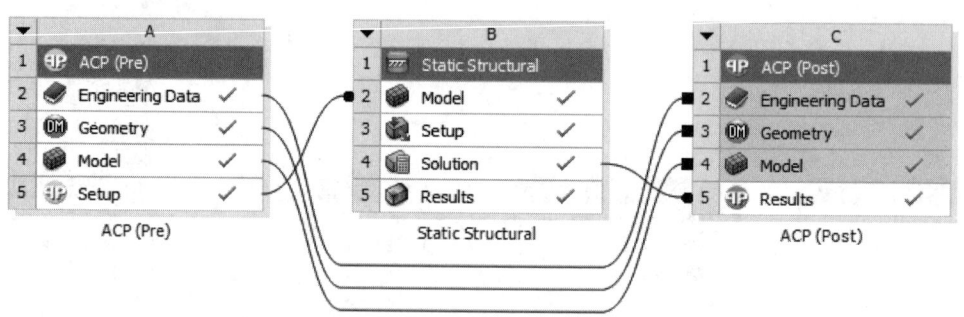

图 5-8　Workbench Mechanical 方法的典型工作流程

Mechanical APDL 方法中，复合材料实体模型在 Mechanical APDL 以网格的形式存在。用户通过 APDL 脚本在单元或节点上定义边界条件和载荷。典型的工作流程如图 5-9 所示。

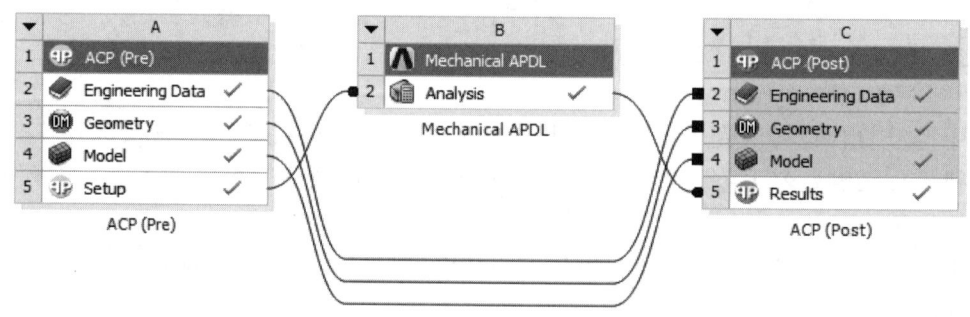

图 5-9　Mechanical APDL 方法的典型工作流程

2. 零件装配流程

ANSYS 实体模型的工作流允许用户将多个 ACP 前处理组件生成的复合材料实体零件在一个分析系统中进行装配。连接过程可以用 Workbench Mechanical 和 Mechanical APDL 的例子进行说明。

Workbench Mechanical 方法中，典型工作流程如图 5-10 所示，实现实体零件（流程 B）和金属零件（流程 F）在流程 C 上的装配。

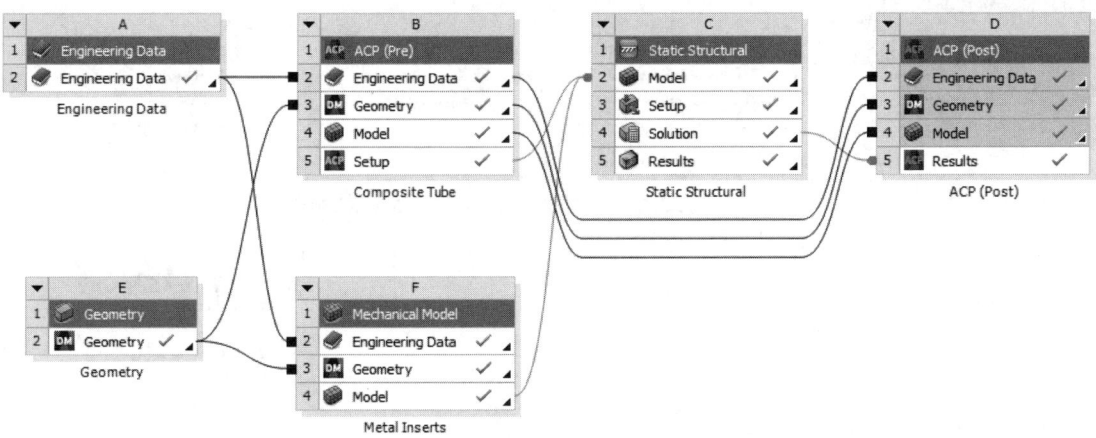

图 5-10　Workbench Mechanical 方法中零件装配典型工作流程

这个例子中，几何包含一个壳和 2 个金属件。ACP（Pre）的 B5 和 Static Structural 的 C2 间的连接仅传递复合材料实体模型。Mechanical Model 的 F4 和 Static Structural 的 C2 间的连接仅传递处于激活状态的实体，在 Mechanical Model 组件 F 的 Model 中抑制壳几何，如图 5-11（a）所示。Static Structural 组件 C 中只包含 3 个实体。在这 3 个实体上进行连接、边界和其他前处理定义，如图 5-11（b）所示。求解完成后，在 Mechanical 中对金属件进行后处理，在 ACP（Post）的（D5）中对复合材料进行后处理。

（a）Metal Inserts 的 Mechanical 模块

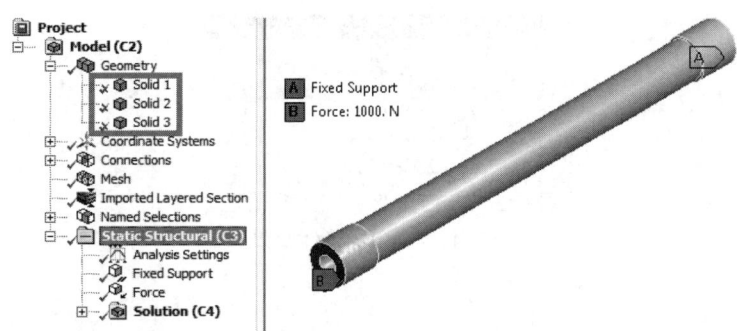

（b）装配 Composite Tube 和 Metal Inserts 之后的流程 C 的 Mechanical 模块

图 5-11　复合材料管与金属置入物装配流程的 Mechanical 模块

采用 Mechanical APDL 方法的一个实例是平板和 T 型连接，工作流程如图 5-12 所示。

注意：多个 Model 连接到 Mechanical APDL 时，需要首先进行 ACP（Pre）的连接；如果待连接的分析系统均是 ACP（Pre），那么可以不分先后。

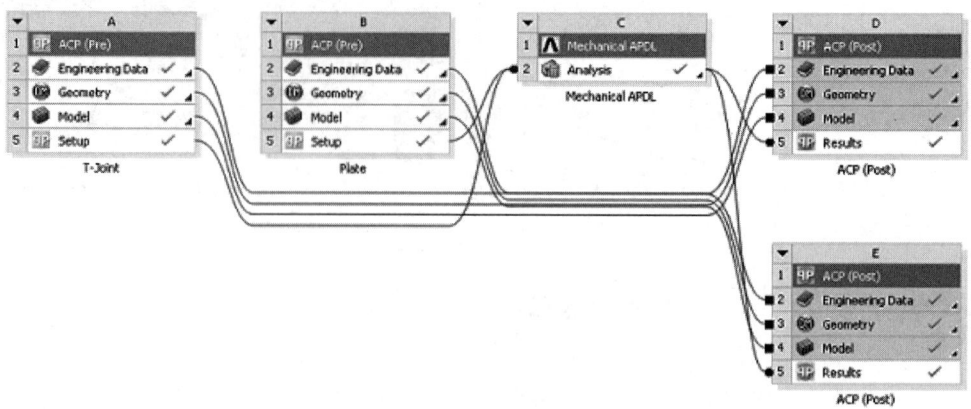

图 5-12　平板和 T 型连接工作流程图

Mechanical APDL 组件的边界、载荷和其他前处理定义可以通过宏文件的形式连接到 Mechanical APDL。这些宏文件在 Workbench 更新时被自动执行。宏文件的添加方法是在组件右键菜单中选择 Add Input File…进行添加，如图 5-13 所示。

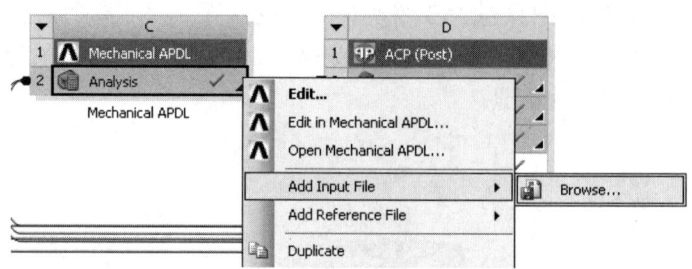

图 5-13　宏文件的添加方法

检查 Mechanical APDL 组件的 C2 的 Outline，确认组件中的运行顺序，如图 5-14 所示。宏文件应在 Solid Model 的 Process Setup 运行之后执行。

Outline of Schematic C2: Analysis

	A	B
1		Step
2	Launch ANSYS	1
3	Process "Setup"	2
4	Process "Setup"	3
5	Process "run_T_joint.mac"	4

图 5-14　Outline 组件窗口

5.2.3　后处理

后处理部分包括：装配体后处理；复合材料零件后处理。

装配体后处理需要在 Workbench Mechanical 模块或 Mechanical APDL 中进行，而不能在 ACP（Post）模块进行。

ACP（Post）用于复合材料零件的后处理，将实体模型的结果映射到对应的壳表面，以免模型内部损伤被忽略。

5.3 变材料数据分析

本节以一个赛车部件为对象，说明 ACP 模块中变材料数据的应用路线，如图 5-15 所示。所谓变材料数据是指由 Draping 模拟和温度场对材料性能的影响，模型中每个点的 Draping 结果和温度不同，导致每个点的材料性能需要单独确定。

图 5-15 变材料数据分析示例

参考文件为 ch5\ Race_Car_Nose_2019R1.wbpz。

注意：如果该文档打开后更新失败，那么需要打开 ACP（Pre）模块，查看具体原因。如果原因是 "Draping of Modeling Ply XX could not be updated. Please check the settings and ply topology"，那么可以在铺层组中找到对应铺层，并将其 Draping 设置暂时改为 No Draping。

项目完整工作流程如图 5-16 所示。图中，External Data 分析组件 D 的 Setup 定义了 Fluent 模拟得到的部件表面气动压力。External Data 分析组件 E 的 Setup 定义了温度场。ACP（Pre）分析组件 A 定义了复合材料铺层、Draping 模拟和未完全固化场。Static Structural 分析系统 B 模拟了气动压力和温度共同作用下部件的力学行为。ACP（Post）分析组件 C 包含了复合材料部件失效分析内容。

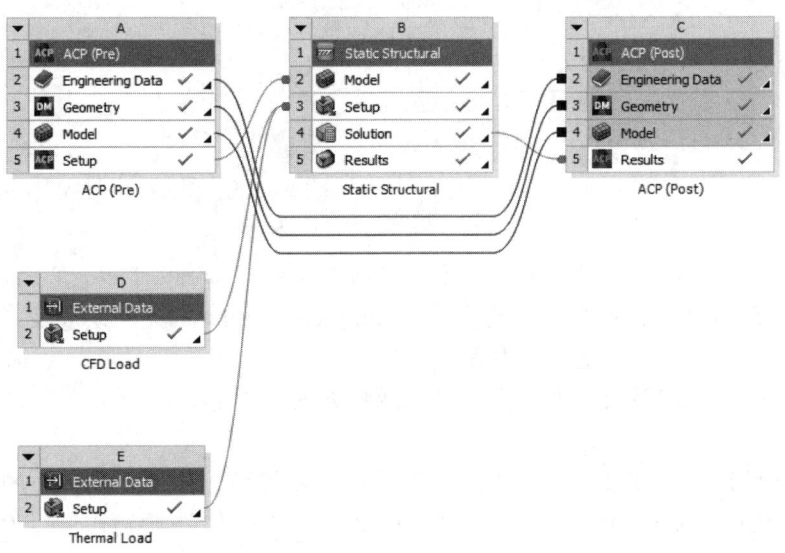

图 5-16 变材料数据分析应用的 Workbench 项目概图

5.3.1 场变量参数

Engineering Data 模块用来定义复合材料变化数据。材料的密度、弹性参数、应力极限和应变极限 4 个属性可以定义为最多 9 个场变量的函数。

工具箱中的场变量只有在这 4 个属性被选中时才出现，且每个属性的默认场变量不同。例如，Epoxy_Carbon_Woven_230GPa_Prepreg 材料，密度属性已经定义了温度场变量，可以在工具箱中通过双击的方式添加频率、坐标、剪切角等场变量；弹性属性已经定义了温度、剪切角和固化度 3 个场变量，还可以新建频率和衰减因子场变量，如图 5-17 所示。

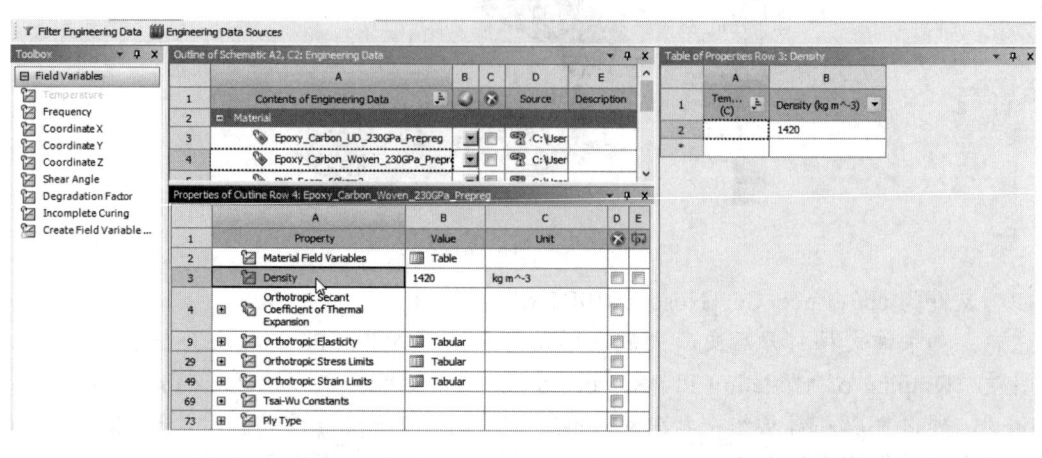

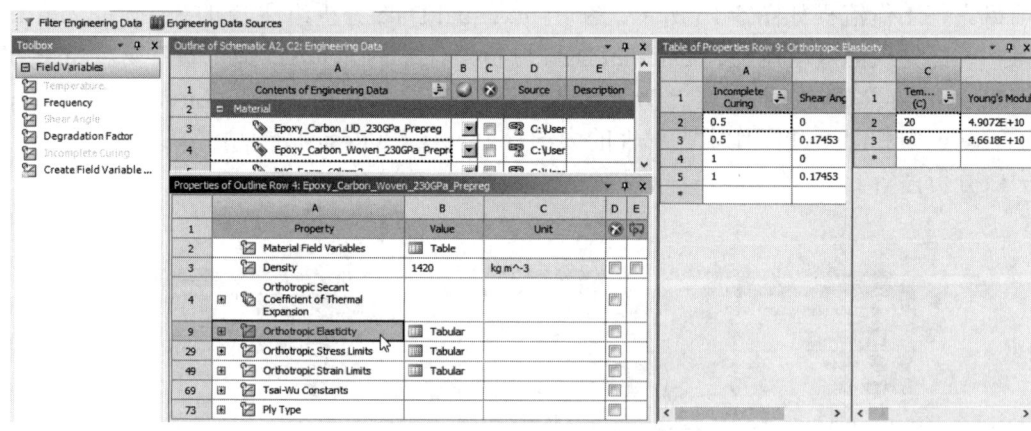

图 5-17 场变量参数设置

当预置场变量不满足要求时，用户也可以根据需要双击 Create Field Variable 新建该属性的场变量，如图 5-18 所示。例如，新建名为 Incomplete Curing 的无量纲场变量。场变量类型非常多，包括时间、频率、温度、应力等。

场变量数据的定义有手动、CSV 文件导入两种方式。使用 CSV 接口导入场变量材料数据如图 5-19 所示。

在有限元计算和后处理过程中，程序会根据这些表的数据插值得到本地的材料性能，如图 5-20 所示。当选定场变量的属性时，其单位、默认数据、上下限可以进行设置。默认数据用于模型中未明确定义的场变量数据。

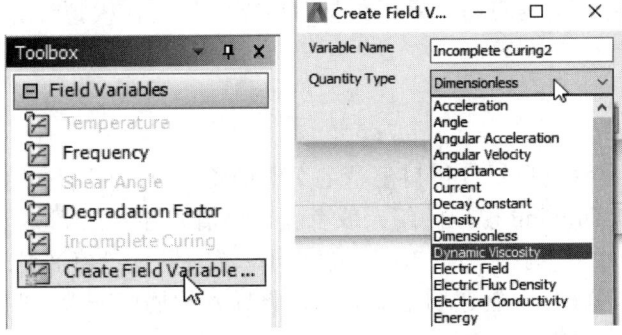

图 5-18 Engineering Data 中的预定义和用户自定义场变量

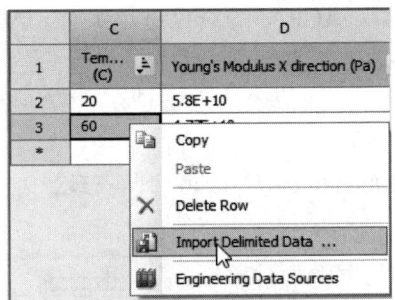

图 5-19 使用 CSV 接口导入场变量材料数据

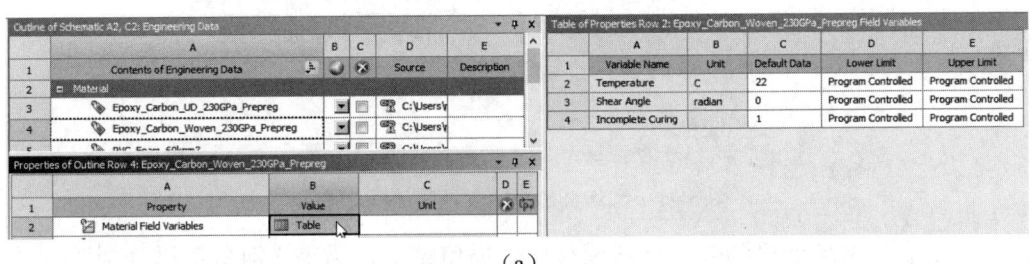

图 5-20 场变量插值选项

在这里，用户定义了完整的场变量相关材料数据，但是在模拟计算时，程序可以仅用其中的一部分。

5.3.2 插值表填充

ACP（Pre）提供了为完整复合材料模型定义剪切角、衰减因子和用户自定义场变量的功能。剪切角可以是 ACP Draping 模拟的结果或者通过插值表导入。衰减因子和用户定义场变量可以定义给壳或实体单元。例如，用户将不同空间位置的场变量值通过.CSV 文件导入为 3D 插值表。通过在 ACP（Pre）中创建场定义对象，将导入的插值表数据赋予场变量，并将其赋予部分模型，甚至是一层铺层。

ACP 模块的插值表功能可以方便地定义标量场变量。激活 3D 插值表的方法是将其与 Engineering Data 中定义的场变量、ACP 中的对象进行组合。ACP 中的对象包括单元集、方向选择集和建模铺层。

例如，激活固化度场变量的 3D 插值表的方法是在 ACP（Pre）中新建 Field。将其定义为独立的场定义对象，如图 5-21 所示。

注意：必须保持插值表和 Mechanical 激活单位制一致。

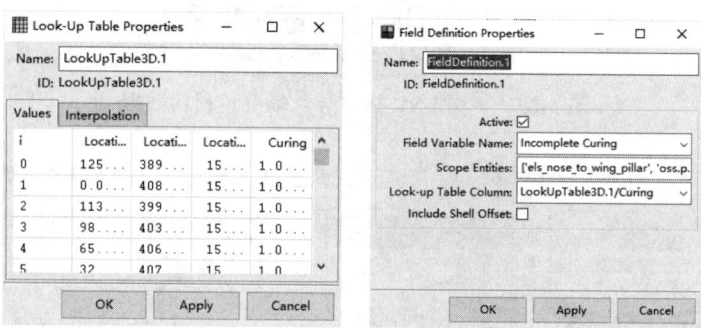

图 5-21 激活插值表定义铺层级固化度

使用插值表定义场变量到复合材料模型中，插值结果、场定义对象可以分别通过插值表云图和场定义图进行查看。图 5-22 给出了赛车部件的固化度云图。需要注意的是场定义云图只能铺层级显示，需要在特征树中选择某一分析铺层，才能查看该铺层的场定义云图。

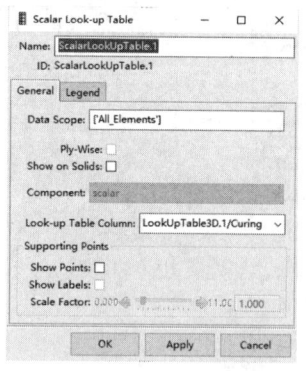

（a）插值表云图设置

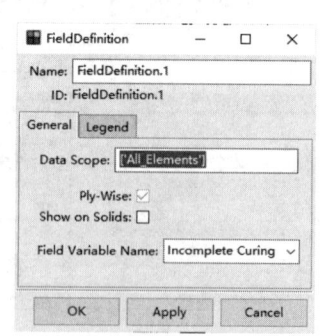

（b）场定义云图设置

图 5-22 固化度云图

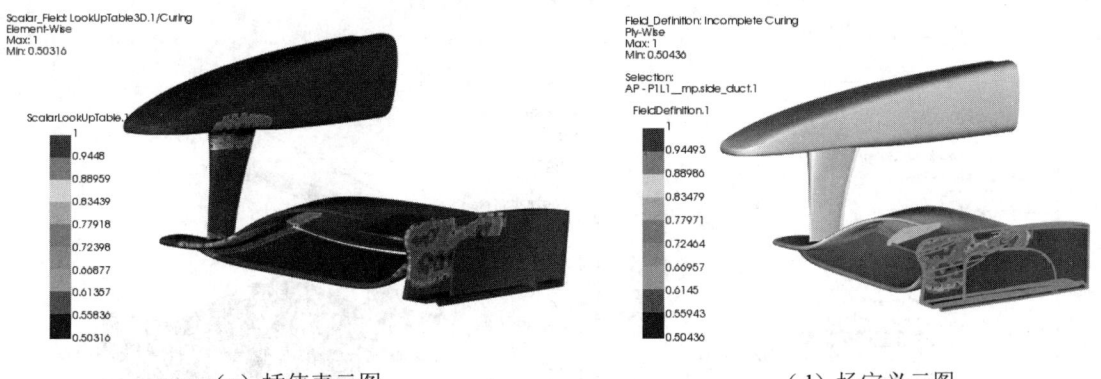

（c）插值表云图　　　　　　　　　　　　（d）场定义云图

图 5-22　固化度云图（续）

ACP 模块中，还可以根据需要查看 Draping 模拟的结果。本应用中 F1 车翼的铺层分别放在多个不同的铺层组中。Draping 模拟可以对不同的铺层进行，模拟的剪切角结果在后续分析和后处理时自动考虑。通过选择 Draping 的铺层，可以在 Layup 图中查看剪切角。剪切角的单位是度。例如，wing_3 铺层组中的 mp.wing_3.1_pressure 铺层，设置 Seed Point 之后，选择分析铺层 P1L1_mp.wing_3.1_pressure，查看 Draping 网格、剪切角和展开图，如图 5-23 所示。

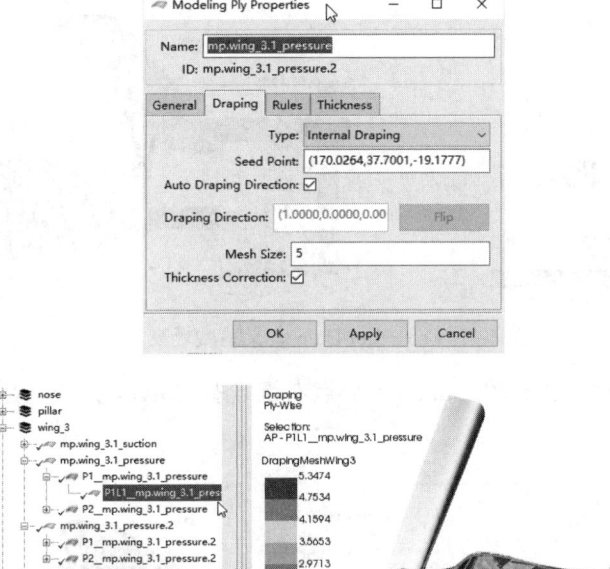

图 5-23　Draping 结果云图

5.3.3　分析求解

分析求解在 Mechanical 模块中进行，其中包括由 External Data 中导入的压力和温度。

（1）定义压力场。切换到 WireFrame 渲染模式，单击 Imported Pressure，查看导入的压力载荷云图,如图 5-24 所示。

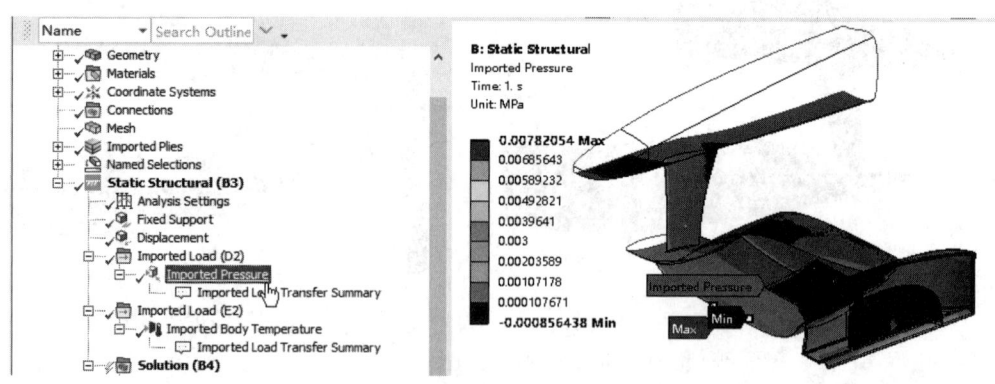

图 5-24　定义压力场

(2)定义温度场。Mechanical 模块通过温度场变量定义热载荷有 3 种方式:瞬态热分析;Workbench 的 External Data 组件;直接在 Mechanical 中定义环境和零件温度。单击 Imported Body Temperature 查看导入的温度场,温度场载荷作用在有限元模型的节点上,如图 5-25 所示。

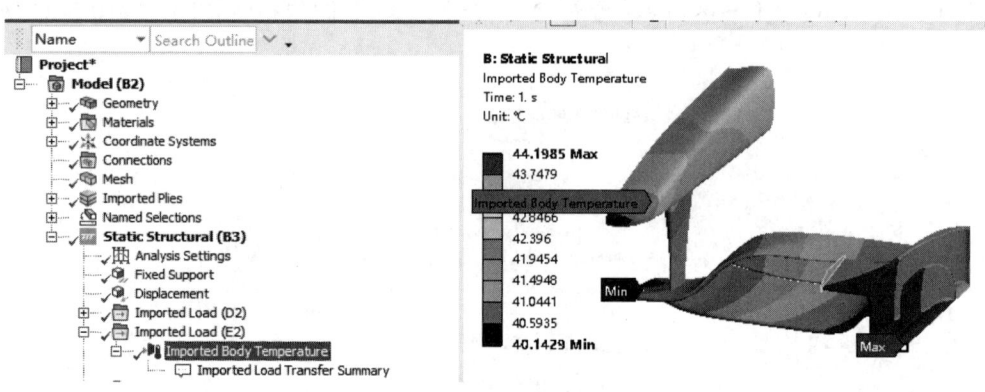

图 5-25　External Data 定义温度场变量

(3)求解并查看变形云图。在 Solution 节点右键选择 Solve,完成之后查看总体变形云图,如图 5-26 所示。

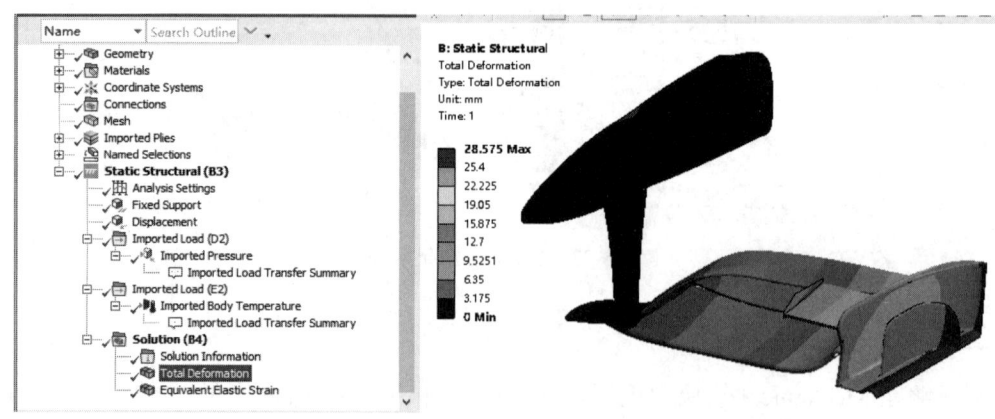

图 5-26　求解设置及查看总体变形云图

5.3.4 变化数据影响

Engineering Data 模块中定义的随场变量变化的应力应变极限,在 ACP(Post)或 Mechanical 模块进行失效准则评估时可以考虑进来。采用最大应力、Hashin、面板褶皱和芯材失效准则进行组合损伤评估,是否考虑变化数据时,赛车部件的损伤相差超过 18%。

5.4 导入实体模型分析

ACP 模块不仅可以通过拉伸实体建模的方式建立复合材料实体模型,也可以通过将复合材料定义信息映射到外部导入实体网格上建立复合材料实体模型。

本节将给出映射复合材料信息到导入实体网格的工作流程。该流程大多数过程与0节中 ACP 拉伸实体建模相同。二者的区别主要有:后者的网格是由 Mechanical Model 导入,而不是在 ACP(Pre)中生成;后者的后处理仅能在 Mechanical 模块通过 composite failure tool 工具进行。

映射复合材料实体模型分析流程包含以下步骤:

(1) Pre-Processing,前处理在 ACP(Pre)模块中定义复合材料信息。

(2) Mapping of the composite Definition,复合材料定义信息的映射导入外部体网格并配置 Imported Solid Model 对象。

(3) Analysis,将复合材料实体模型传入下游分析流程进行求解计算。

(4) Post-Processing,在 Mechanical 模块中进行复合材料失效结果分析。

接下来,以全截面复合材料弹簧(图 5-27)的建模分析为例,说明映射复合材料实体模型分析的技术路线,重点说明导入实体网格、铺层映射、结果后处理 3 个技术点。该应用的参考文件为 ch5\composite_spring.zip。

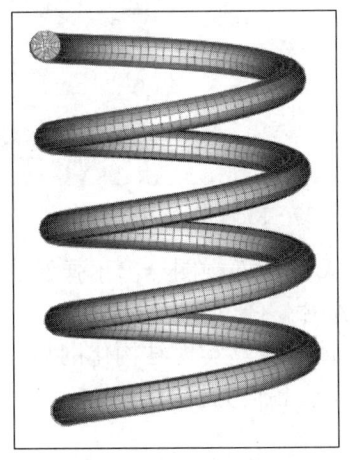

图 5-27 全截面(实心)复合材料弹簧

5.4.1 导入实体网格

完整 Workbench 工作流程如图 5-28 所示。流程中几何由分析组件 E 的 Geometry 模块导入到分析组件 B 和 C。几何模型包含了：分析组件 B 中使用的复合材料定义的模具壳几何；分析组件 F 中使用的复合材料弹簧实体几何。

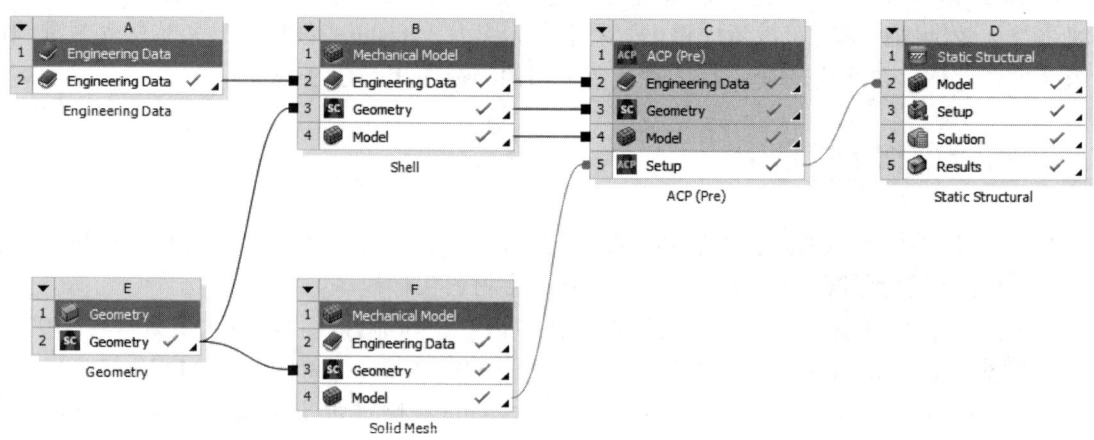

图 5-28　映射复合材料实体建模实例全流程

分析流程 F 的 Mechanical 模块中，仅使用弹簧的 3D 几何，因此将模具壳表面几何进行抑制，如图 5-29 所示。

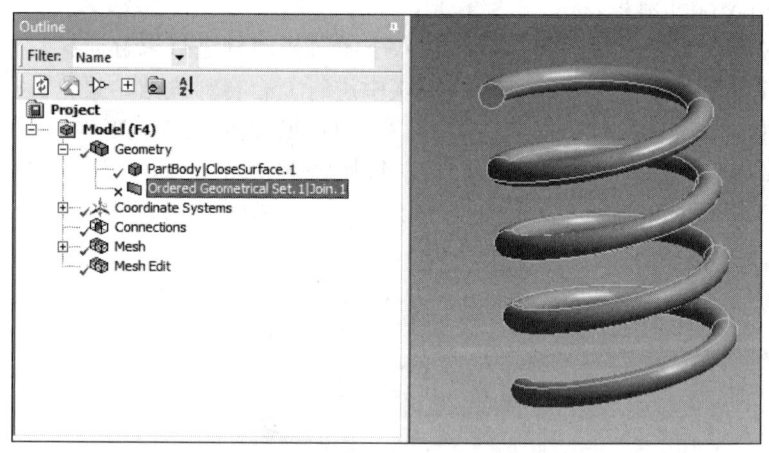

图 5-29　Mechanical 模块抑制壳几何

如图 5-30 所示，复合材料弹簧的截面视图给出了弹簧的铺层信息，包含 3 个截面：45 度铺层，芯材铺层和截面中心的纤维棒。

ACP（Pre）模块的铺层映射算法能够实现结构化网格（六面体单元）的映射，以及退化网格（四面体和金字塔单元）的正交各向异性材料填充。因此，需要在 ACP（Pre）中映射铺层信息的网格应为结构化网格。

本应用中 45 度铺层和芯材铺层需要采用结构化网格。结构化网格的划分可以采用 Inflation 和 Sweep Method 实现，如图 5-31 所示。膨胀网格特征允许用户定义膨胀层总厚度，间接定义了填充物的半径。采用这种方法划分得到的填充物网格不是严格的结构化网格，但这没有影响。因为，我们采用 Imported Solid Model 特征的填充选项定义其材料和方向。

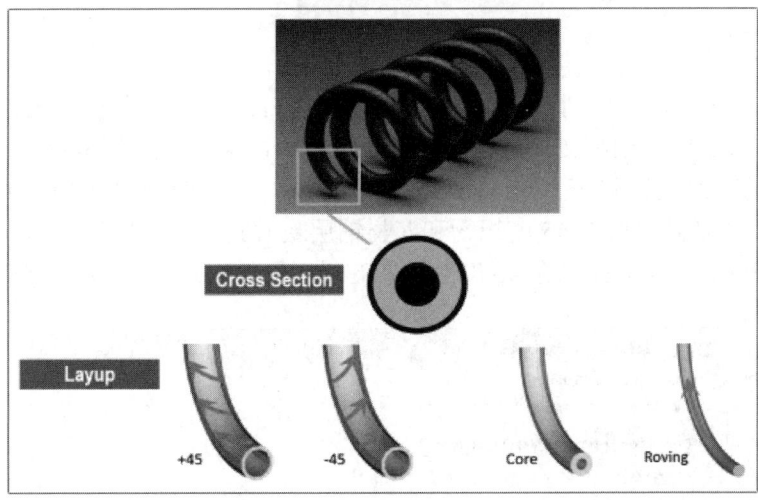

图 5-30　复合材料弹簧铺层结构

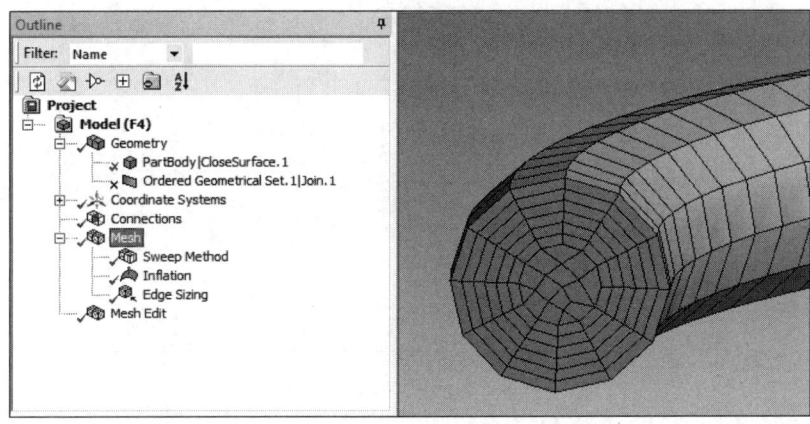

图 5-31　复合材料弹簧边界层实体网格

接下来，实体网格由 Mechanical Model 分析组件 F4 传递到 ACP（Pre）分析组件 C5，如图 5-32 所示。

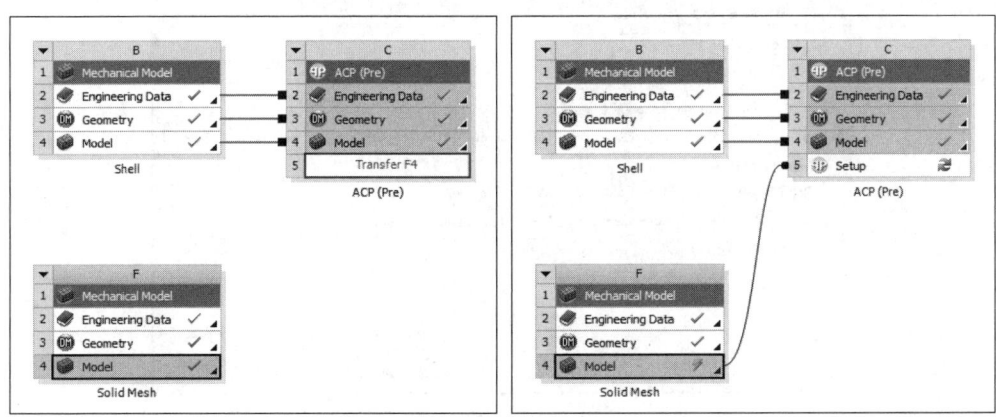

图 5-32　弹簧实体网格导入 ACP（Pre）

5.4.2 铺层映射

当 Mechanical Model 连接到 ACP 的 Setup 后，ACP（Pre）自动生成一个 Imported Solid Model 对象。对象的格式、单位制和文件路径自动设置，不允许修改，如图 5-33 所示。

首先，铺层映射的区域必须定义为单元集或铺层。本例选择了所有单元，即单元集 All_Elements。如上所述，仅将 45 度织物和芯材铺层映射到导入的外部实体网格。因此，取消属性卡的"All Plies"，并选择包含 45 度织物和芯材铺层的铺层组"Laminate"。

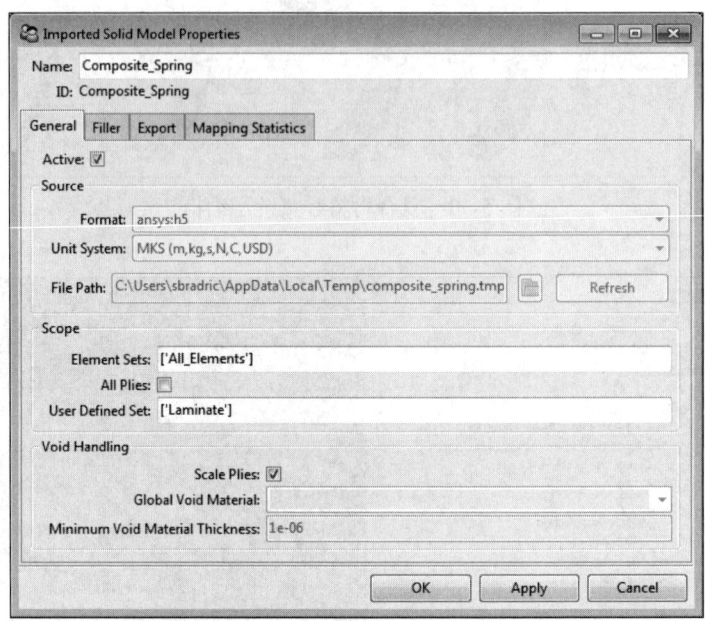

图 5-33　导入实体模型通用属性设置

剩下的实体单元通过碳粗纱填充，方向通过随边坐标系定义，如图 5-34 所示。映射的结果如图 5-35 和图 5-36 所示。前者给出了实体单元的 45 度织物和芯材铺层。后者给出了填充单元及其方向。

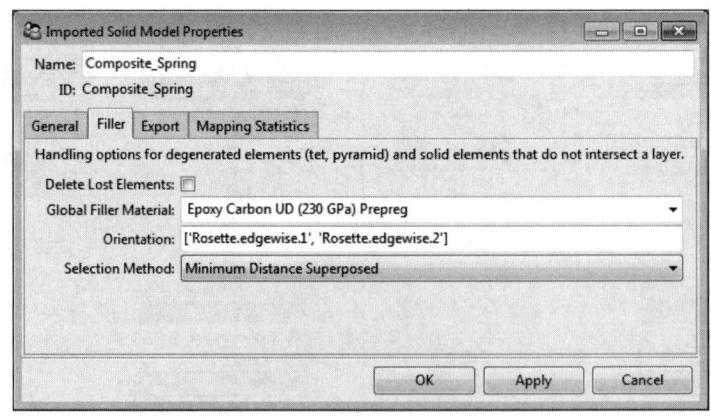

图 5-34　导入实体模型属性 Filler 选项卡设置

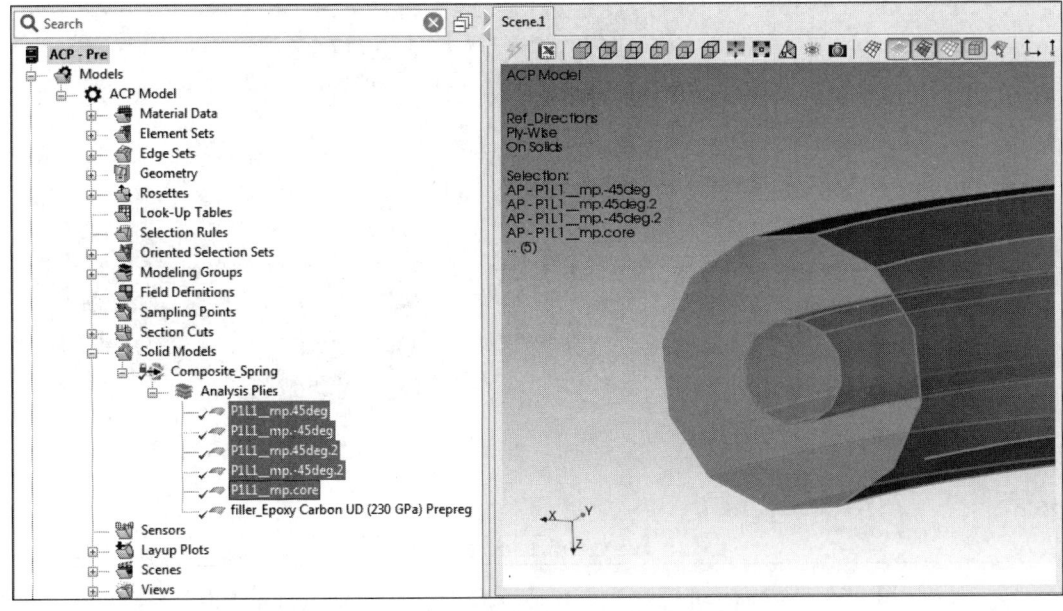

图 5-35　选择并查看 45 度织物和芯材铺层

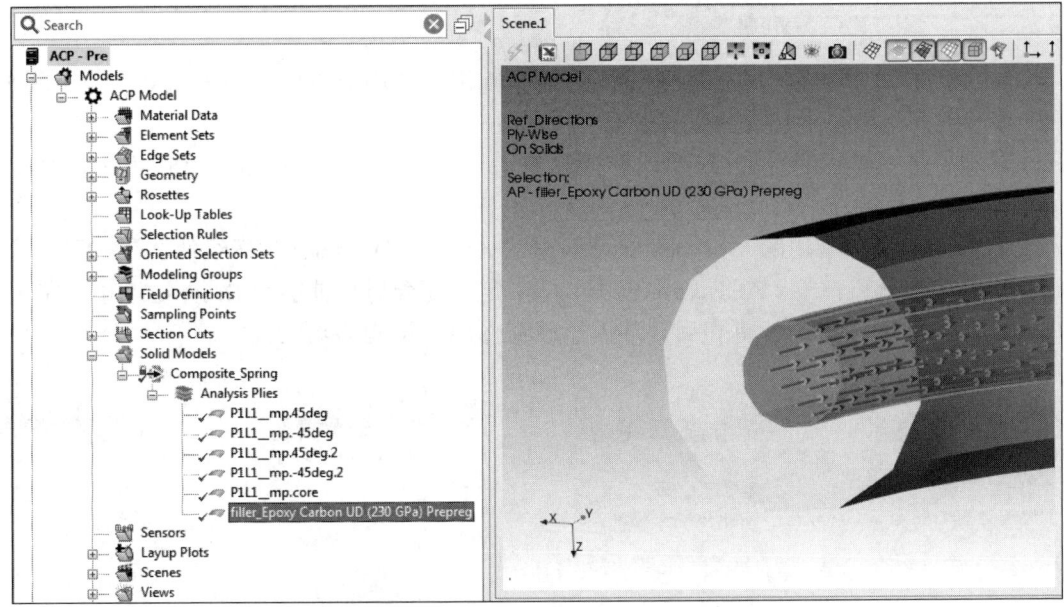

图 5-36　选择并查看填充单元和方向

5.4.3　结果后处理

映射后的复合材料实体模型传递到结构分析系统中进行弹簧的非线性压缩模拟。映射复合材料实体网格的计算结果仅能在 Mechanical 模块中进行后处理。通过 Composite Failure Tool 工具的最大应力、Puck 和芯材剪切失效准则，进行织物、单向布和芯材的失效分析，如图 5-37 所示。

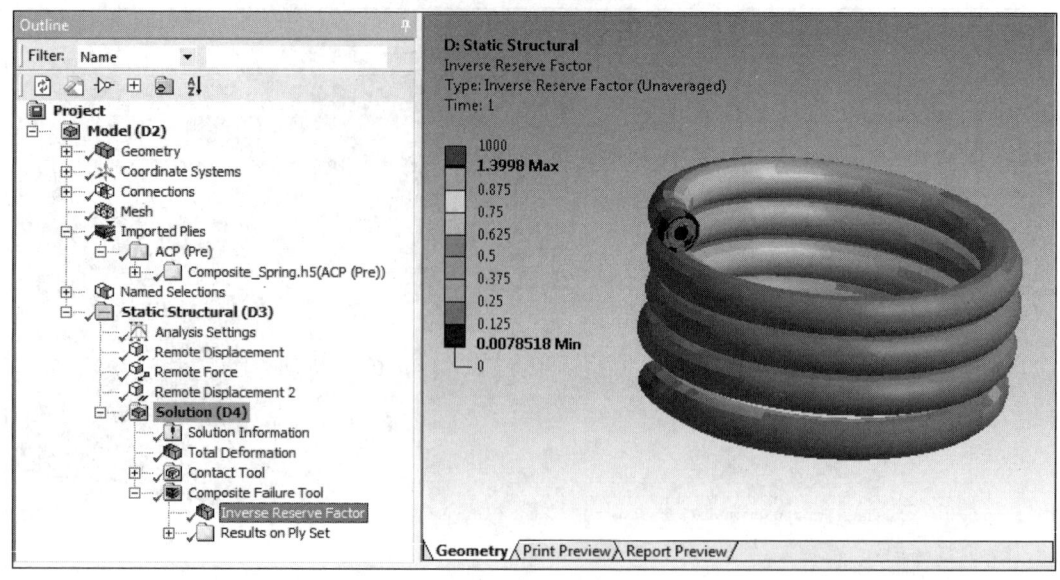

图 5-37　Mechanical 模块中复合材料失效分析工具显示单元最大损伤

5.5　材料产品一体化设计

本节给出了一个材料产品一体化设计的工作流程。工作流程以一个半球复合材料模型为对象，参考文件为 ch5\shear_dependent_half_sphere.zip。

该流程中在 Material Designer 模块中计算剪切相关材料性能，在 ACP 模块中进行 Draping 模拟得到模型剪切角场变量。

图 5-38 给出了该应用的 Workbench 流程图。Material Designer 分析组件 A 和 B 分别计算了 UD 和 Woven 材料性能。ACP（Pre）组件 C 中定义复合材料铺层和 Draping 选项。在 Static Structural 分析系统 D 中，计算和后处理内压载荷作用下结构的响应。

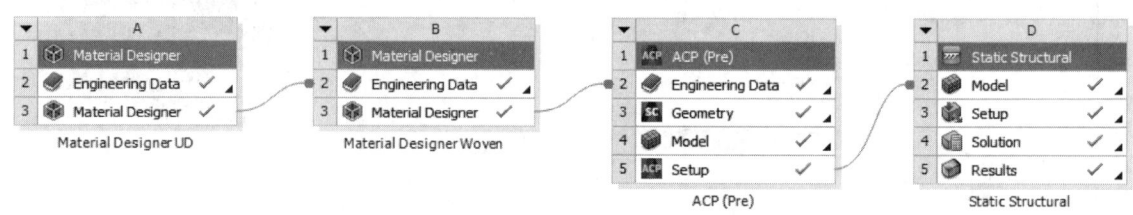

图 5-38　材料产品一体化设计流程

5.5.1　Material Designer 模块

Material Designer 模块是 ANSYS 产品中复合材料细观模拟的专用工具。根据 ANSYS 帮助文档 Material Designer 模块中 Woven Composite Tutorial，得到碳纤维环氧织物的材料性能。特别地，代表性单元体的材料方向与纱线平分线进行了对齐，使得均匀材料在存在剪切变形时仍然为正交各向异性，如图 5-39 所示。

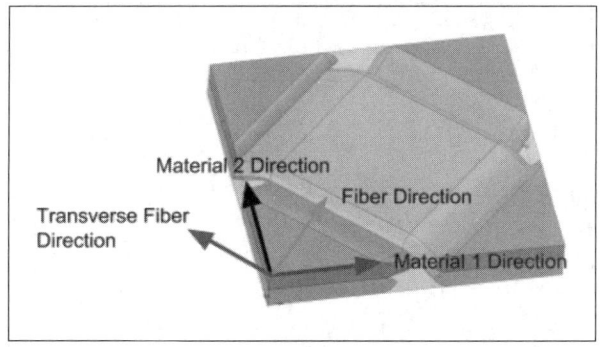

图 5-39　Material Designer 中建立的织物代表性体积单元

在 Material Designer 分析组件 B 中，进行了两个分析：一个是常材料分析；一个是变化材料性能分析，变量剪切角的变化范围是-30 度到 30 度。

5.5.2　Engineering Data 模块

Material Designer 分析组件 B 的分析结果传递到 ACP（Pre）分析组件 C 的 Engineering Data，如图 5-40 所示。

Outline of Schematic C2: Engineering Data

	A	B	C
1	Contents of Engineering Data		
2	Material		
3	Epoxy/Carbon Woven		
4	Variable Plain woven Matrix/Epoxy Carbon UD		
*	Click here to add a new material		

图 5-40　ACP 分析系统 Engineering Data 组件材料性能

图 5-40 中，Epoxy/Carbon Woven 为常材料属性织物，其纤维角为 45 度；Variable Plain woven Matrix/Epoxy Carbon UD 是随剪切角变化的材料性能，织物纤维方向随剪切角的变化关系如图 5-41 所示。

Table of Properties Row 25: Fabric Fiber Angle

	A	B
1	Shear Angle (degree)	Fabric Fiber Angle (degree)
2	-30	60
3	-15	52.5
4	0	45
5	15	37.5
6	30	30

图 5-41　织物纤维方向随剪切角的变化关系

5.5.3　ACP 模块

1. 纤维和材料 1 方向

ACP 模块中，采用变化材料性能织物定义一铺层，铺层角度为 0 度，如图 5-42 所示。

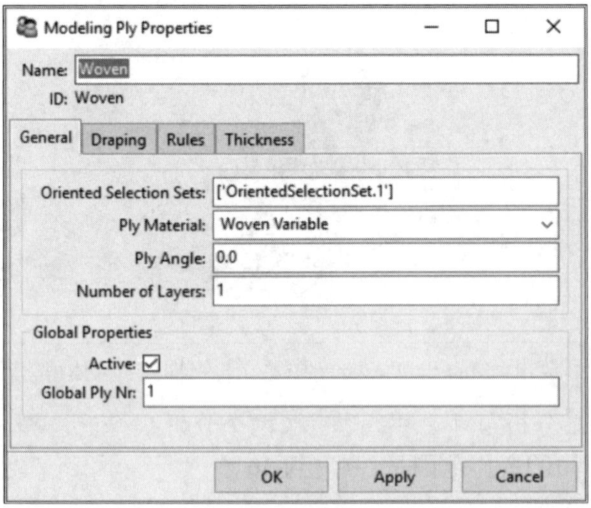

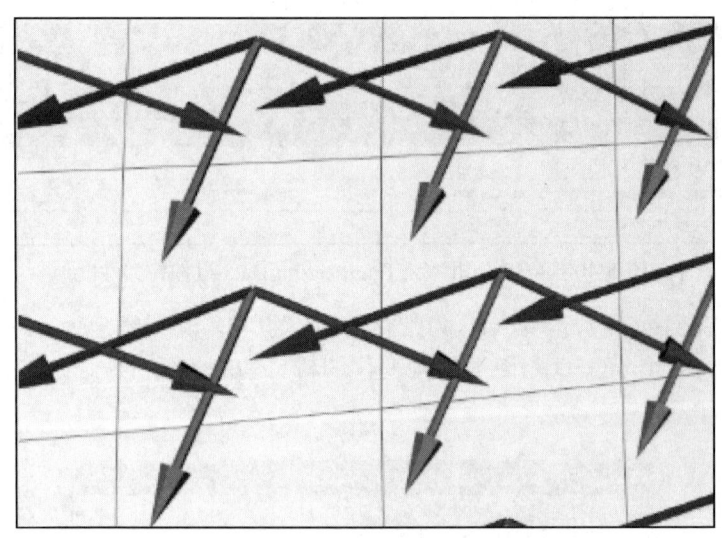

图 5-42 铺层定义

纤维织物角度属性的影响可以通过高亮对比铺层方向和材料 1 方向进行查看，如图 5-43 所示。

图 5-43 纤维方向、横向和材料 1 方向查看

材料 1 方向为材料属性的对应方向。而 ACP（Pre）中建模方向为纤维方向，即铺层角度定义的是纤维方向和参考方向的夹角。

2. Draping 模拟

剪切角可以由 ACP 的 Draping 模拟中获得。在建模铺层属性对话框中，用户可以打开 Draping 选项卡，将 Draping 类型设置为 Internal Draping，如图 5-44 所示。图 5-45 给出了 Draping 模拟的结果，图 5-45（a）为 Draping 网格；图 5-45（b）为以 Angle Plot 方式显式的 Draped 剪切角。

同时，用户可以将 Draped 纤维方向、横向和材料 1 方向同时进行显示，评估 Draping 剪切的影响，如图 5-46 所示。

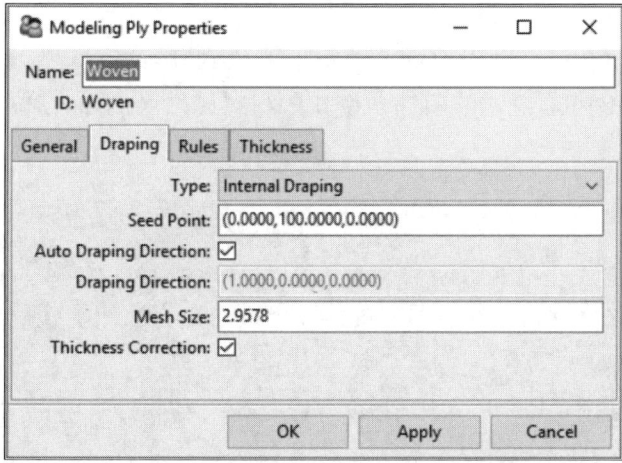

图 5-44 建模铺层 Draping 定义

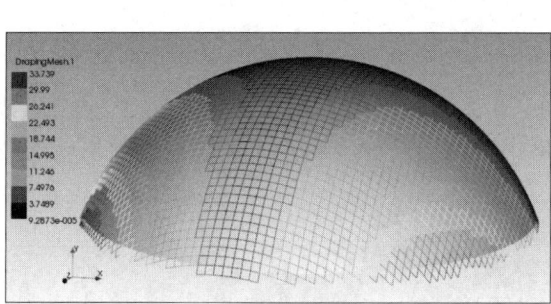

（a）Draping Mesh

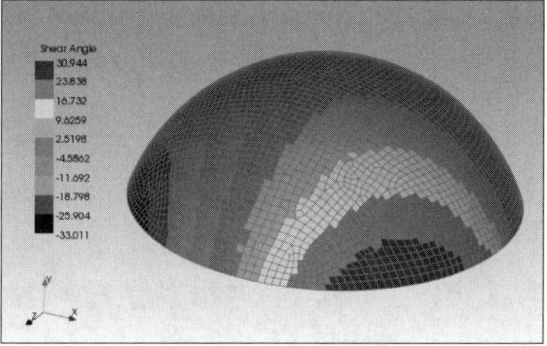

（b）Draping Angle

图 5-45 ACP 模块中 Draping 结果的查看

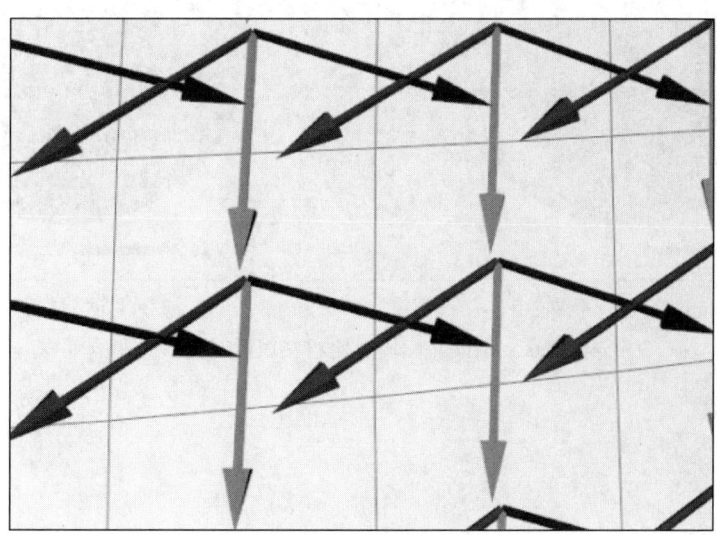

图 5-46 Draped 纤维方向、横向和材料 1 方向查看

3. 剪切相关材料属性云图

程序在后续的分析和后处理中自动考虑 Draping 模拟结果对材料属性的影响。在 ACP 中，用户通过 Material Plot 绘制随剪切角变化的材料属性（例如，弹性模量）云图，如图 5-47 所示。

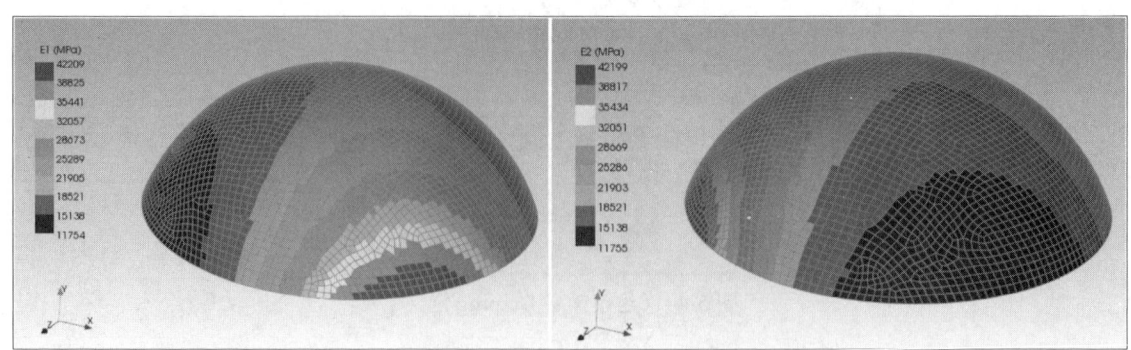

图 5-47　ACP 模块中查看剪切相关材料属性云图

5.5.4　Mechanical 分析计算

完成定义的复合材料模型在下游的结构分析系统中进行均匀压力载荷作用下的响应计算。图 5-48 给出了是否考虑剪切角影响的结构最大变形。可以看出，不考虑剪切角影响时变形低估了 30% 以上。

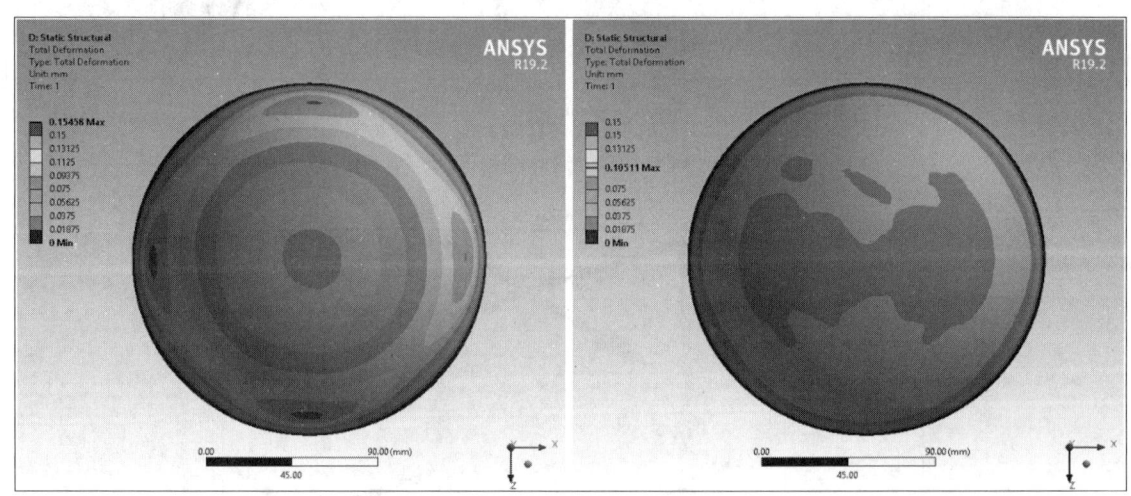

（a）变化材料属性　　　　　　　　（b）均匀材料属性

图 5-48　Mechanical 模块对比材料属性对变形的影响

第6章 应用案例

本章将给出 12 个 ACP 模块应用案例。具体为：冲浪板静力分析；T 型接头铺层定义；选择规则使用；实体模型装配；拉伸实体建模；导入实体建模；复合材料模型参数化；ACP 脚本应用；复合材料子模型应用；铺敷性分析；渐进损伤模拟；分层脱胶模拟。

6.1 冲浪板静力分析

6.1.1 案例简介

案例目标：建立复合材料冲浪板模型，完成静强度分析；掌握复合材料建模—求解—后处理完整流程；掌握简单几何变厚度芯材的建模方法。

案例研究对象如图 6-1 所示，长约 1.4m，宽约 0.4m。忽略冲浪板的曲率变化。结构铺层见表 6-1。

图 6-1 冲浪板案例

表 6-1 结构铺层

序号	铺层	铺层角度/°	铺层厚度/mm
1	碳纤维增强环氧树脂双轴织物	-45	0.2
2	碳纤维增强环氧树脂双轴织物	0	0.2
3	碳纤维增强环氧树脂双轴织物	45	0.2

续表

序号	铺层	铺层角度/°	铺层厚度/mm
4	芯材	0	变厚度，通过 CAD 文件导入
5	碳纤维增强环氧树脂双轴织物	-45	0.2
6	碳纤维增强环氧树脂双轴织物	0	0.2
7	碳纤维增强环氧树脂双轴织物	45	0.2

6.1.2 案例实现

1. 分析流程建立

（1）启动 Workbench，以 kiteboard 为项目名称进行保存，并拖放 ACP（Pre）流程到项目页，如图 6-2 所示。

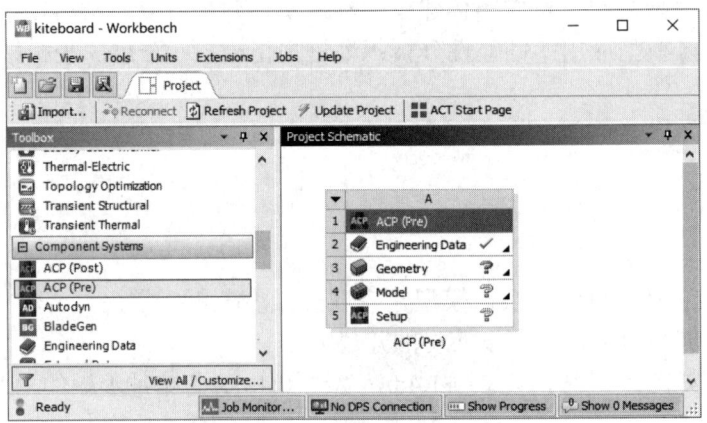

图 6-2 拖放 ACP（Pre）流程到项目页

（2）单击 ACP（Pre）流程的 Geometry，右键选择 Import Geometry→Browse，弹出文件选择对话框，如图 6-3 所示。找到并选择练习输入文件 KITE_BOARD.x_t。

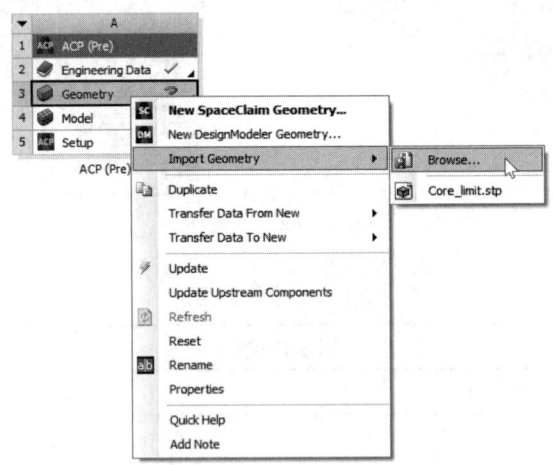

图 6-3 文件选择对话框

(3)右键单击 Geometry，选择 Edit Geometry in DesignModeler 命令，进入 DesignModeler 界面，如图 6-4 所示。在 Unit 下拉菜单选择毫米单位制。选择工具栏 Generate 按钮生成模型。

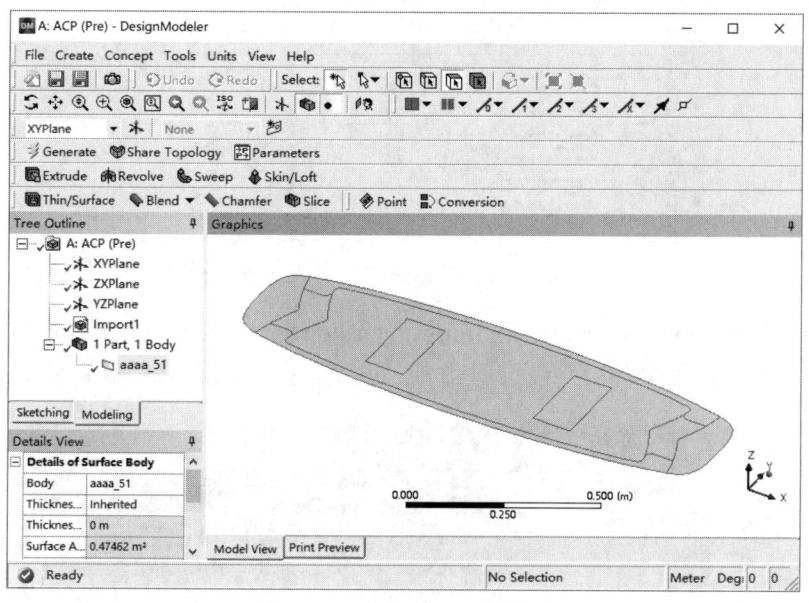

图 6-4　DesignModeler 界面

(4)特征树最下方零件列表处，包含 1 个单体零件。冲浪板不同区域通过体上的印记面来区分。关闭 Geometry 模块窗口，回到项目页。

2. 材料属性添加（1）

(1)双击 A2 进入 Engineering Data 界面。新建名为 Epoxy Carbon 的材料，将工具箱 Linear Elastic 下的 Orthotropic Elasticity 拖放到新材料名称上，如图 6-5 所示。

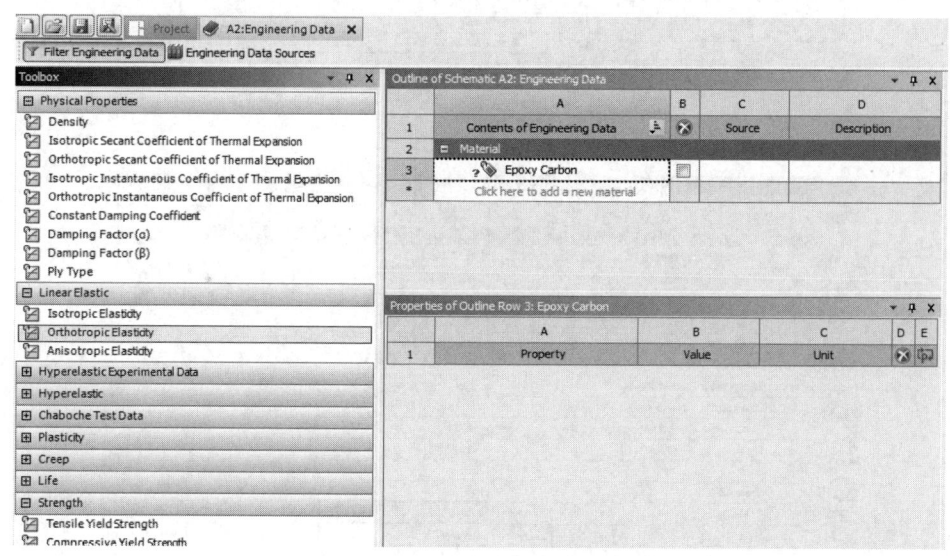

图 6-5　新建 Epoxy Carbon 材料界面

(2)定义 Epoxy Carbon 正交各向异性材料属性，界面如图 6-6 所示。

Properties of Outline Row 3: Epoxy Carbon

	A	B	C	D	E
1	Property	Value	Unit		
2	Material Field Variables	Table			
3	Orthotropic Elasticity				
4	Young's Modulus X direction	61340	MPa		
5	Young's Modulus Y direction	61340	MPa		
6	Young's Modulus Z direction	6900	MPa		
7	Poisson's Ratio XY	0.04			
8	Poisson's Ratio YZ	0.3			
9	Poisson's Ratio XZ	0.3			
10	Shear Modulus XY	3300	MPa		
11	Shear Modulus YZ	2700	MPa		
12	Shear Modulus XZ	2700	MPa		

图 6-6　定义 Epoxy Carbon 正交各向异性材料属性

（3）将 Ply Type、Orthotropic Stress Limits 和 Orthotropic Strain Limits 拖放到 Epoxy Carbon 上，指定其材料类型、正交各向异性许用应力、正交各向异性许用应变，如图 6-7 所示。

（a）

Properties of Outline Row 3: Epoxy Carbon

	A	B	C	D	E
1	Property	Value	Unit		
2	Material Field Variables	Table			
3	Orthotropic Elasticity				
13	Orthotropic Stress Limits				
14	Tensile X direction	805	MPa		
15	Tensile Y direction	805	MPa		
16	Tensile Z direction	50	MPa		
17	Compressive X direction	-509	MPa		
18	Compressive Y direction	-509	MPa		
19	Compressive Z direction	-170	MPa		
20	Shear XY	125	MPa		
21	Shear YZ	65	MPa		
22	Shear XZ	65	MPa		
23	Ply Type				
24	Type	Regular			

（b）

图 6-7　拖放模块并指定材料类型及应力、应变

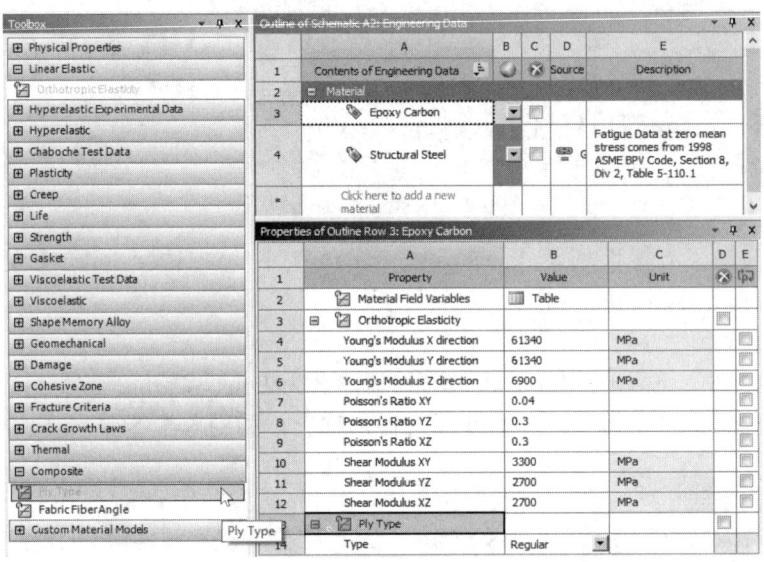

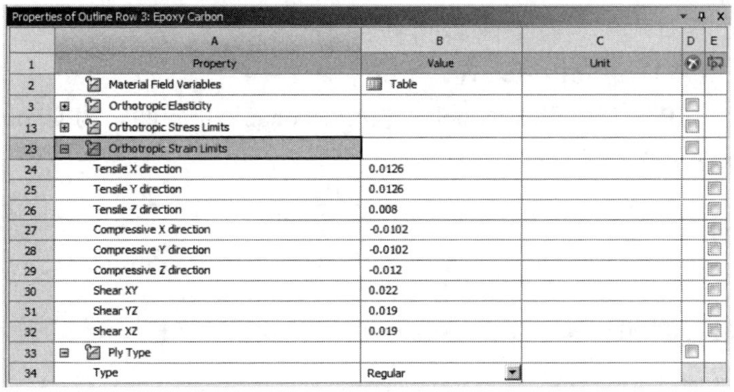

Properties of Outline Row 3: Epoxy Carbon

	A	B	C	D	E
1	Property	Value	Unit		
2	Material Field Variables	Table			
3	Orthotropic Elasticity				
13	Orthotropic Stress Limits				
23	Orthotropic Strain Limits				
24	Tensile X direction	0.0126			
25	Tensile Y direction	0.0126			
26	Tensile Z direction	0.008			
27	Compressive X direction	-0.0102			
28	Compressive Y direction	-0.0102			
29	Compressive Z direction	-0.012			
30	Shear XY	0.022			
31	Shear YZ	0.019			
32	Shear XZ	0.019			
33	Ply Type				
34	Type	Regular			

（c）

图 6-7 拖放模块并指定材料类型及应力、应变（续）

（4）定义 Puck 准则常数。将工具箱 Strength 下的 Puck Constants 拖放到 Epoxy Carbon 上，选择 Carbon 作为材料分类，得到默认的 Puck 准则常数，如图 6-8 所示。

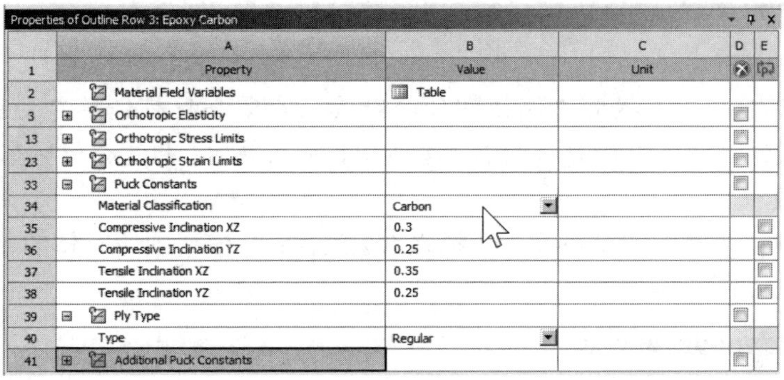

Properties of Outline Row 3: Epoxy Carbon

	A	B	C	D	E
1	Property	Value	Unit		
2	Material Field Variables	Table			
3	Orthotropic Elasticity				
13	Orthotropic Stress Limits				
23	Orthotropic Strain Limits				
33	Puck Constants				
34	Material Classification	Carbon			
35	Compressive Inclination XZ	0.3			
36	Compressive Inclination YZ	0.25			
37	Tensile Inclination XZ	0.35			
38	Tensile Inclination YZ	0.25			
39	Ply Type				
40	Type	Regular			
41	Additional Puck Constants				

图 6-8 定义 Puck 准则常数

（5）定义芯材材料属性。新建名为 Core 的材料，按照表 6-2 定义其材料属性。芯材材料是各向同性，但为了方便后处理失效评价，将其定义为正交各向异性，铺层种类为正交各向异性均匀芯材 Orthotropic Homogeneous Core。关闭 Engineering Data 界面，返回项目页。

表 6-2 定义材料属性

属性名称	属性值	属性名称	属性值
弹性模量 X 方向（MPa）	60	X 方向拉伸强度（MPa）	0
弹性模量 Y 方向（MPa）	60	Y 方向拉伸强度（MPa）	0
弹性模量 Z 方向（MPa）	60	Z 方向拉伸强度（MPa）	1.1
泊松比 XY 面	0.35	X 方向压缩强度（MPa）	0
泊松比 YZ 面	0.35	Y 方向压缩强度（MPa）	0
泊松比 XZ 面	0.35	Z 方向压缩强度（MPa）	0
剪切模量 XY 面（MPa）	23	XY 面剪切强度（MPa）	0
剪切模量 YZ 面（MPa）	23	YZ 面剪切强度（MPa）	0.8
剪切模量 XZ 面（MPa）	23	XZ 面剪切强度（MPa）	0.8

3. Mechanical 界面几何和网格设置

进入 Mechanical 界面完成相应设置。

(1) 双击 ACP（Pre）流程的 Model，进入 Mechanical 界面。为 Geometry 节点下的体指定厚度为 1mm，如图 6-9 所示。

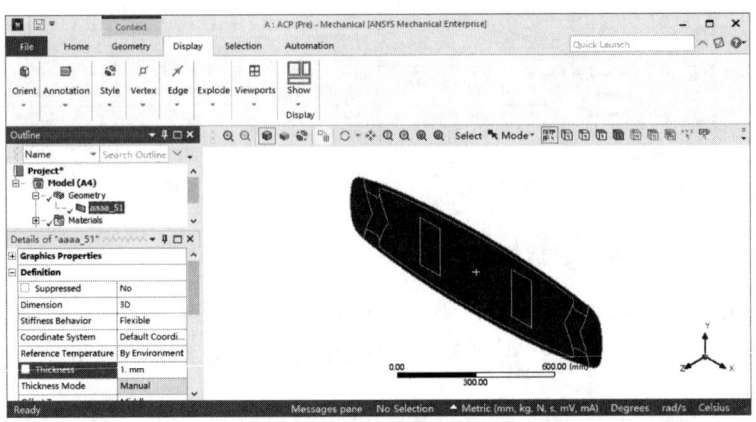

图 6-9　指定体厚度

注意：这个厚度值只是为了分析流程能够继续，在复合材料铺层定义完成之后，将被自动替换；当一个装配体中既包含复合材料，也包含其他材料时，非复合材料零部件的材料属性，必须在此处准确定义。

(2) 划分网格。在特征树 Mesh 节点插入 Sizing，指定模型中所有体的单元尺寸为 10mm，如图 6-10 所示。

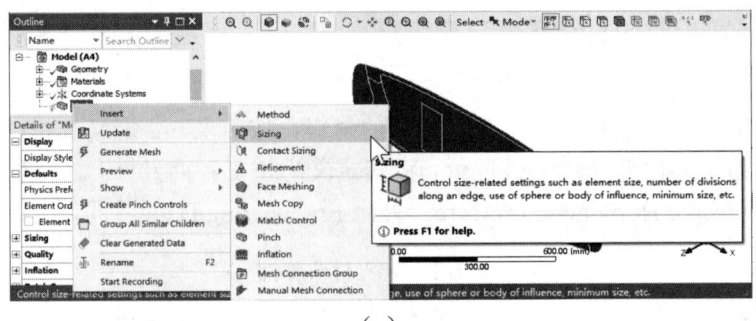

(a)

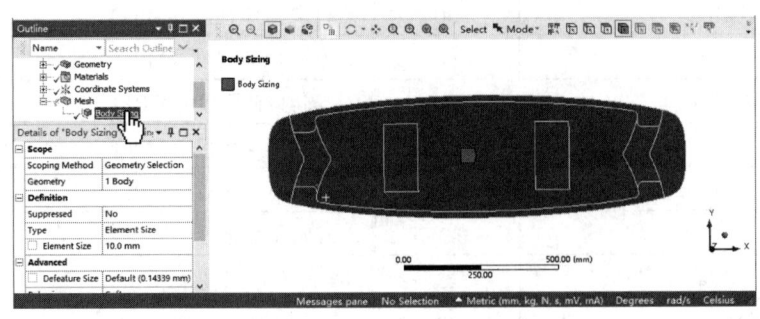

(b)

图 6-10　划分网格

（3）关闭 Mechanical 界面，回到项目页，更新 ACP（Pre）分析组件的 Model。

4. 材料属性添加（2）

（1）双击 ACP（Pre）的 Setup，进入 ACP（Pre）前处理界面，如图 6-11 所示，选择 mm 单位制。

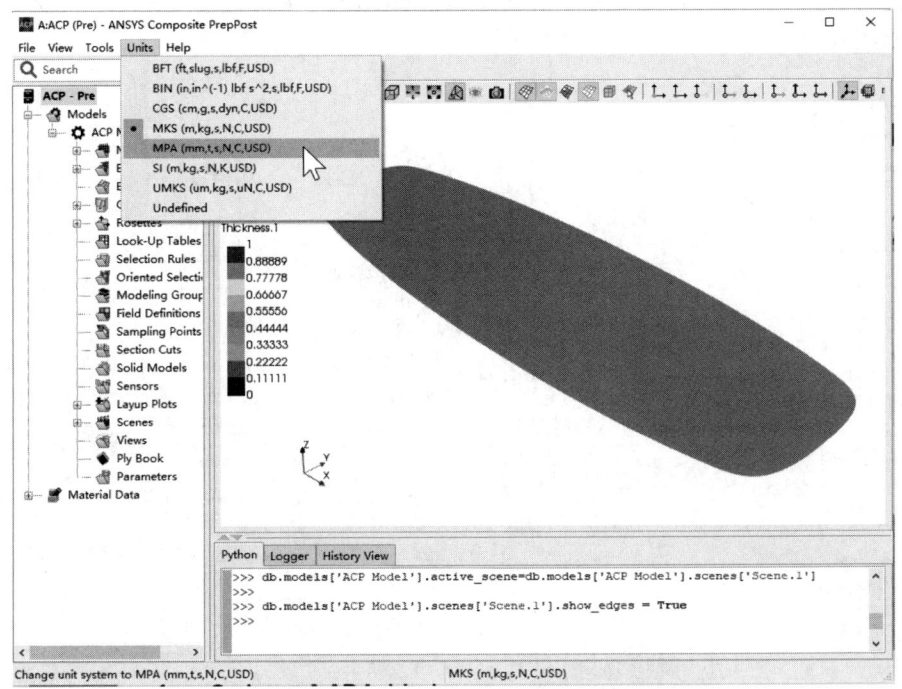

图 6-11　ACP（Pre）前处理界面

（2）在特征树 Material Data 的 Fabrics，右键选择 Create Fabric。定义厚度为 0.2mm，名称为 Fabric.woven 的碳纤维单向带，如图 6-12 所示。

（3）在特征树 Material Data 的 Fabrics，右键选择 Create Fabric。定义厚度为 15.2mm，名称为 Fabric.Core.15.2mm 的芯材，如图 6-13 所示。芯材的厚度值在后续会被导入的几何体所替代。

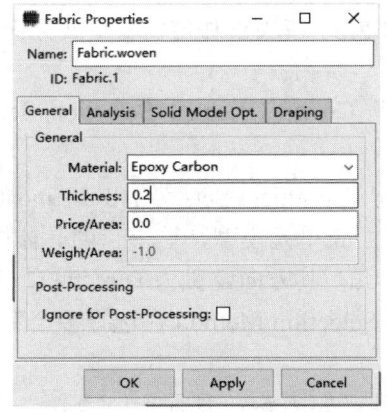

图 6-12　定义碳纤维单向带

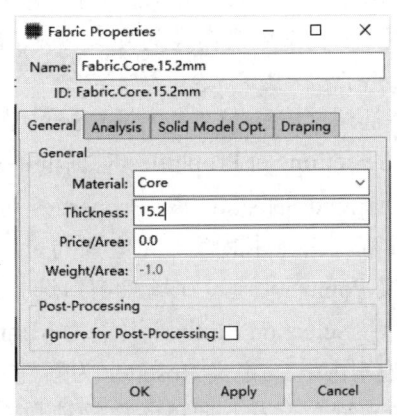

图 6-13　定义厚度为 15.2mm 的芯材

（4）在特征树 Material Data 的 Stackups，右键选择 Create Stackup。定义包含 3 层 Fabric.woven，铺层角分别为-45度、0度和45度，名称为 Stackup.-45.0.45 的 3 层织物，如图 6-14 所示。

5. 工具坐标系定义

在特征树 Rosettes 节点，右键选择 Create Rosette 新建一个直角坐标系。坐标系类型选为 Parallel，如图 6-15 所示。

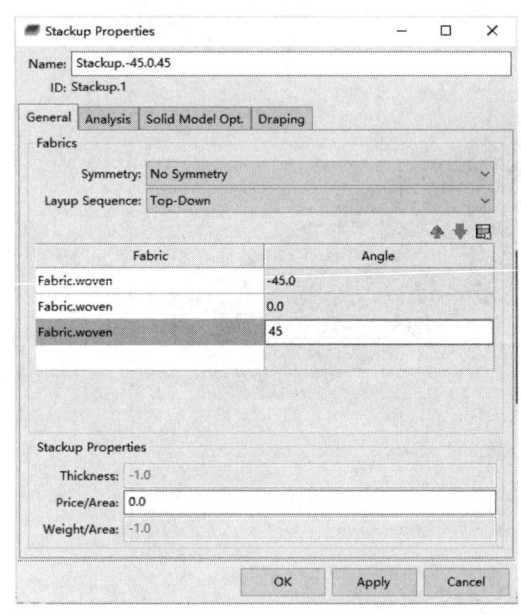

图 6-14　定义 3 层织物　　　　　　　图 6-15　新建一个直角坐标系

坐标系原点定义有两种方式：①在 Origin 右侧直接输入坐标；②左键单击 Origin 右侧的坐标输入区域，然后在图形窗口选择节点或者单元，程序自动将节点坐标或者单元中心点坐标提取，作为新建坐标系的原点。

坐标系 X 轴 Direction 1 和 Y 轴 Direction 2 需要通过向量来定义。向量的定义同样有两种方式：①输入向量；②左键单击 Direction 1 右侧的向量输入区域，然后在图形窗口按住键盘 Ctrl 键选择 2 个单元（节点），程序自动将两个单元连线方向作为方向向量。

注意：坐标系方向向量的定义方法，适用于 ACP（Pre）模块中任何需要定义方向的情形。

6. 方向选择集定义

在特征树 Oriented Selection Sets 节点，右键选择 Create Oriented Selection Set，弹出 Oriented Selection Set Properties 对话框，如图 6-16 所示。

在 Oriented Selection Set Properties 对话框中：①定义 Element Sets 为 All_Elements；②通过在场景窗口选择冲浪板中间位置的 1 个点（对于平面壳单元模型，这个点的具体位置不重要），定义 Point；③通过在场景窗口选择冲浪板 1 个单元，其方向定义为 Direction，作为铺敷方向；④将 Selection Method 设置为 Minimum Angle（Selection Method 在选择多个 Rosette 时起到重要作用）；⑤定义 Rosettes 为新建立的 Rosette.1。

更新模型，查看方向单元集的铺敷方向和参考方向，如图 6-17 所示。

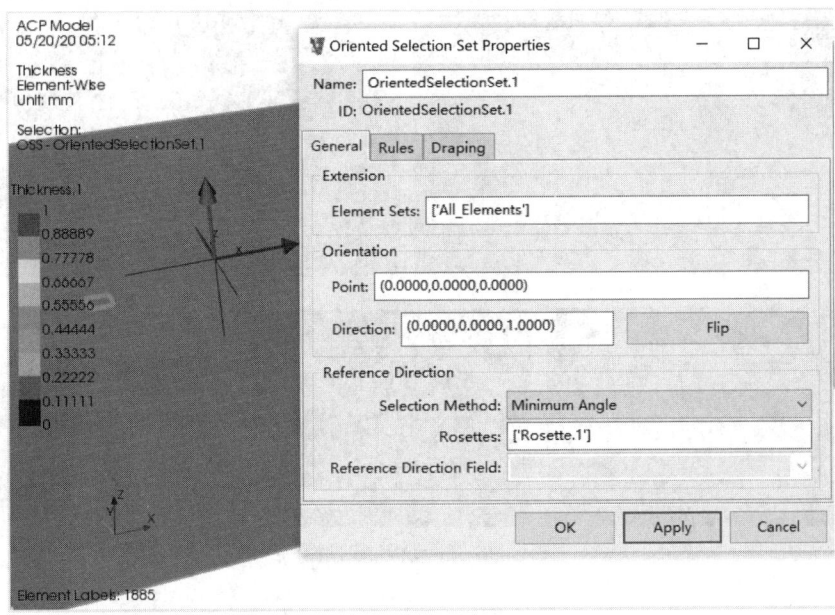

图 6-16　Oriented Selection Set Properties 对话框

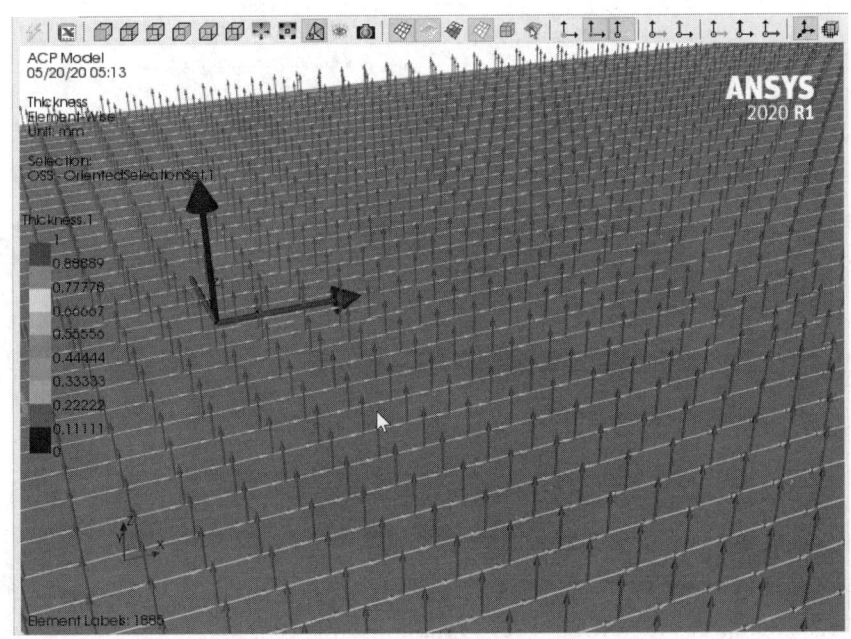

图 6-17　方向单元集的铺敷方向和参考方向

7. 铺层定义及查看

ACP 模块中，铺层定义和实际制造过程相同。像在模具上铺敷一样，将铺层按顺序铺敷到壳网格上。图 6-18 所示为冲浪板制造过程。

（1）新建 3 轴布铺层。在特征树 Modeling Groups 节点，右键选择 Create Modeling Groups，新建名称为 PlyGroup.1 的铺层组。在特征树 PlyGroup.1，右键选择 Create Ply，弹出 Modeling Ply Properties 对话框。按照图 6-19 定义 3 轴布铺层属性。

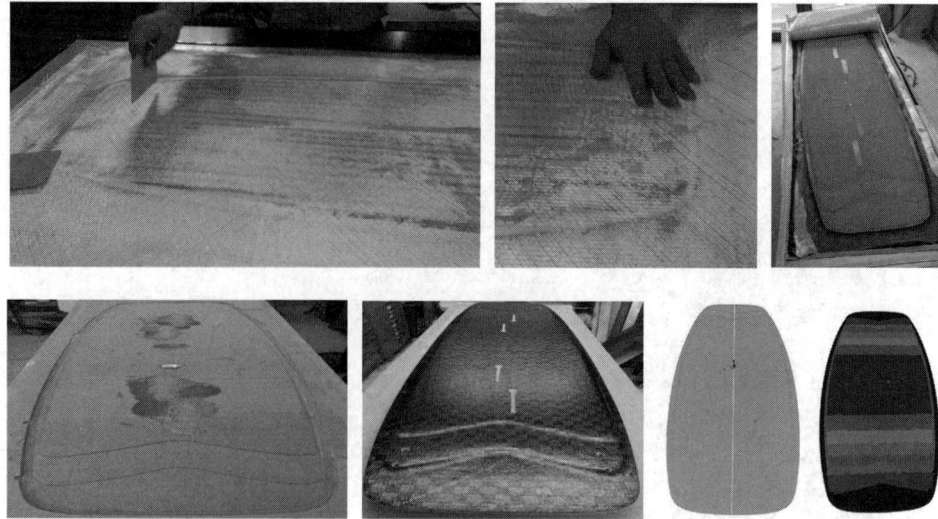

图 6-18 冲浪板制造过程

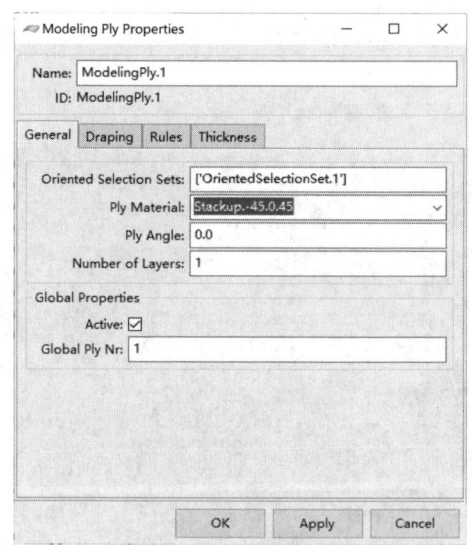

图 6-19 定义 3 轴布铺层属性

（2）导入 CAD 文件，定义芯材厚度，3 个具体操作步骤如下。

1）在项目页添加 Geometry 流程，导入 kiteboard_core.stp 文件。连接 Geometry 到 ACP（Pre）的 Setup，并双击 Setup 进入到 ACP（Pre）界面，如图 6-20 所示。

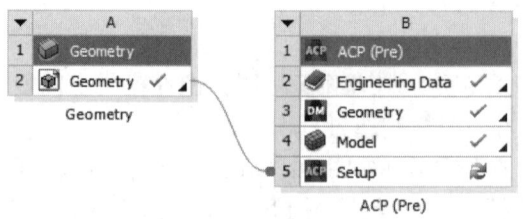

图 6-20 连接 Geometry 到 ACP（Pre）

2）在特征树 Geometry 的 Virtual Geometries，右键选择 Create Virtual Geometry 新建芯材厚度几何，选择导入的几何文件，如图 6-21 所示。通过右键 Show 选项，查看导入的几何文件，如图 6-22 所示。查看之后，选择 Hide 隐藏几何文件。

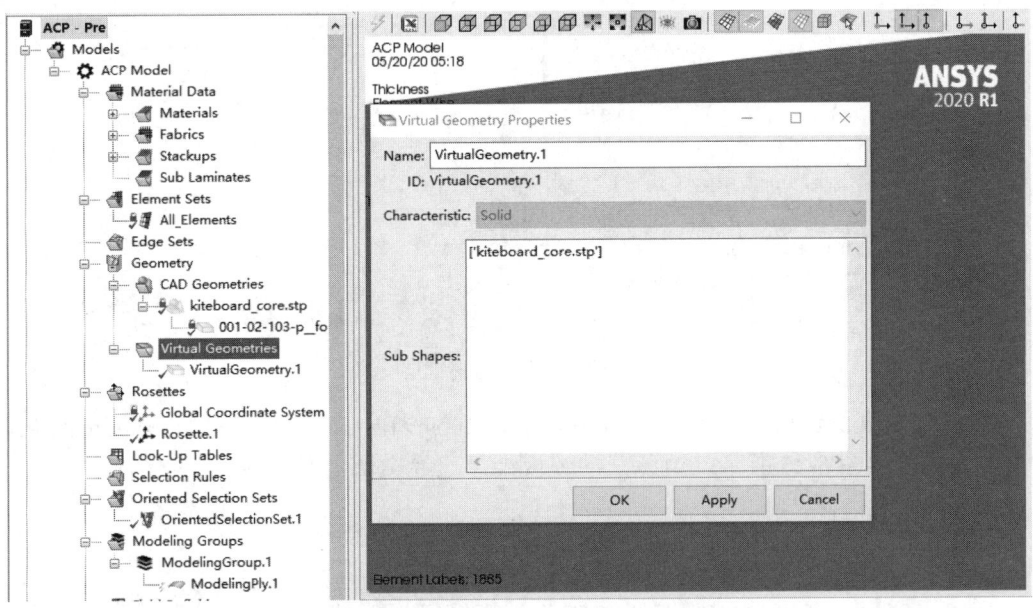

图 6-21　选择导入的几何文件

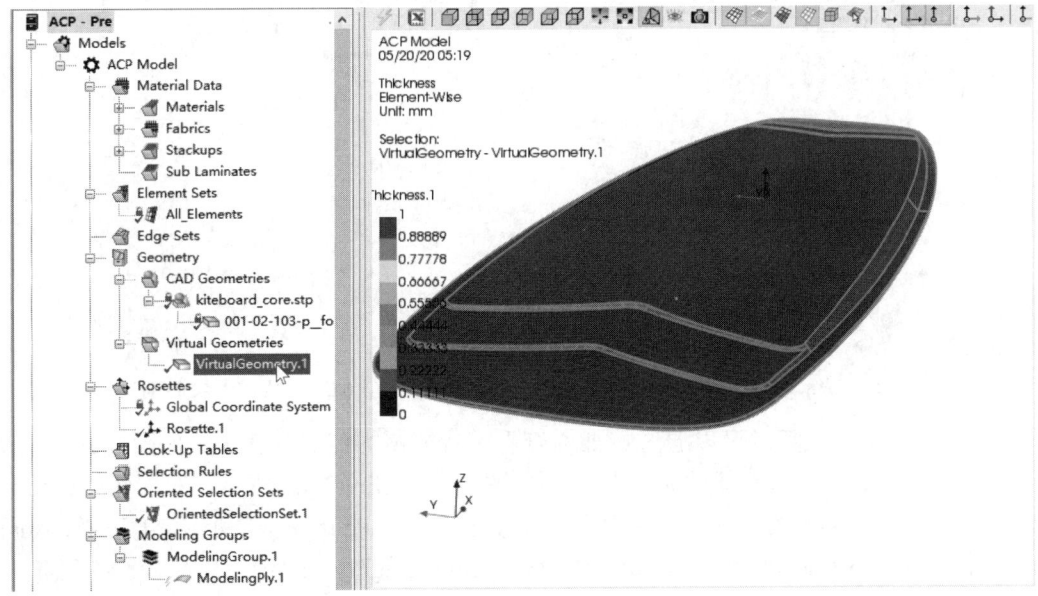

图 6-22　查看导入的几何文件

3）在特征树 Modeling Groups→PlyGroup.1→ModelingPly.1 节点，右键选择 Create Ply After，新建芯材铺层，如图 6-23 所示。在 Modeling Ply Properties 对话框的 Thickness 选项卡中，厚度类型选择 From Geometry，Core Geometry 选项选择 VirtualGeometry.1，如图 6-24 所示。

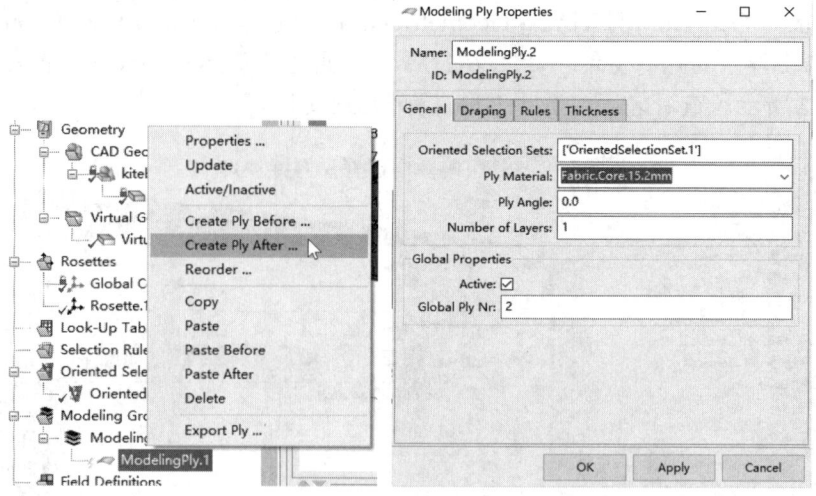

图 6-23 新建芯材铺层

（3）新建上表面铺层。在特征树 Modeling Groups→PlyGroup.1，右键选择 Create Ply，新建 3 轴布铺层，如图 6-25 所示。至此，冲浪板铺层已经全部定义完成。

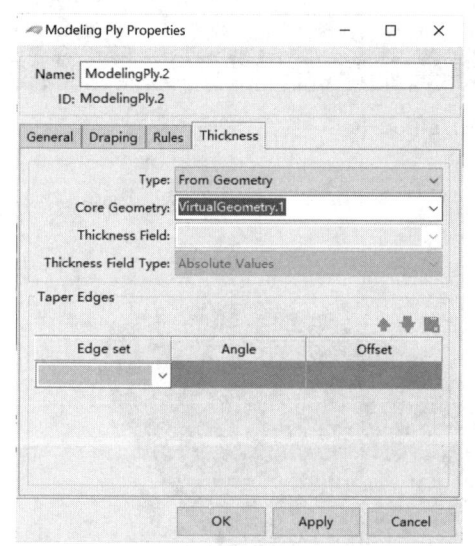

图 6-24 Thickness 选项卡

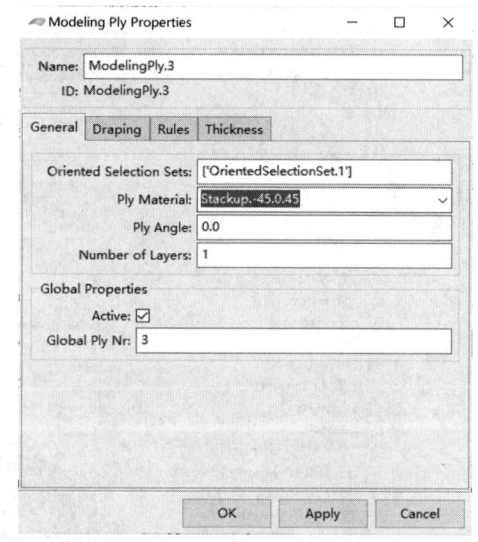

图 6-25 新建上表面铺层

（4）完成铺层定义后，可以通过特征树查看。特征树的铺层分 3 级，如图 6-26 所示。第一级，Modeling Ply，是 ACP 模块建模使用，如图中 ModelingPly.1 所示；第二级，Production Plies，为生产用，Stackup 的定义在该级体现，如图中 P1_ModelingPly.1 所示；第三级，Analysis Plies，为求解器计算和后处理使用，如图中 P1L1_ModelingPly.1 所示。

（5）使用 Section Cuts 查看铺层。在特征树 Section Cuts 节点，右键选择 Create Section Cut，打开 Section Cut Properties 对话框。取消选择 Interactive Plane 的复选框。输入原点（0,0,0）和法向向量（0,1,0）。将 Section Cut Type 设置为 Modeling Ply Wise，如图 6-27 所示。

注意：芯材和铺层厚度显示可以通过缩放因子设置；多个 Section Cut 可以同时显示；Section Cut 的隐藏和显示通过右键菜单控制。

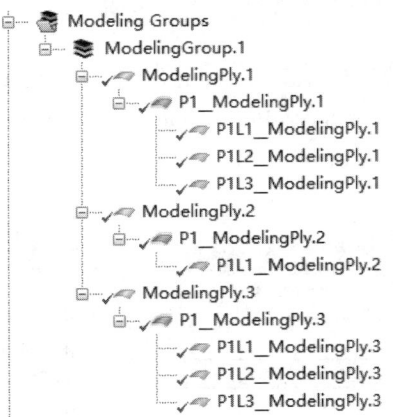

图 6-26 特征树的铺层分级

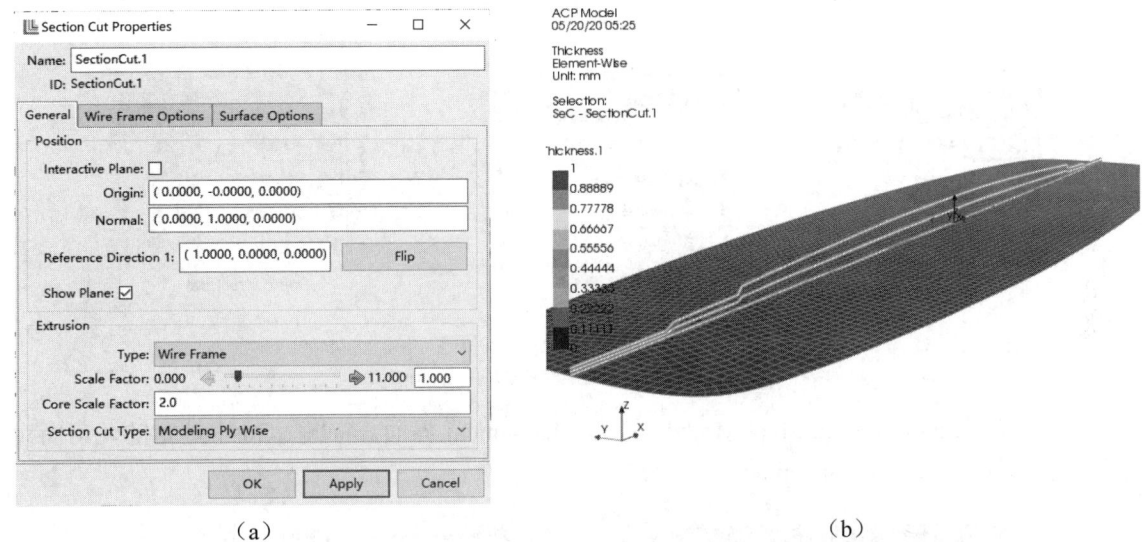

(a)　　　　　　　　　　　　　　(b)

图 6-27 使用 Section Cuts 查看铺层

(6) 通过 检查具体铺层的纤维方向和参考方向,如图 6-28 所示。

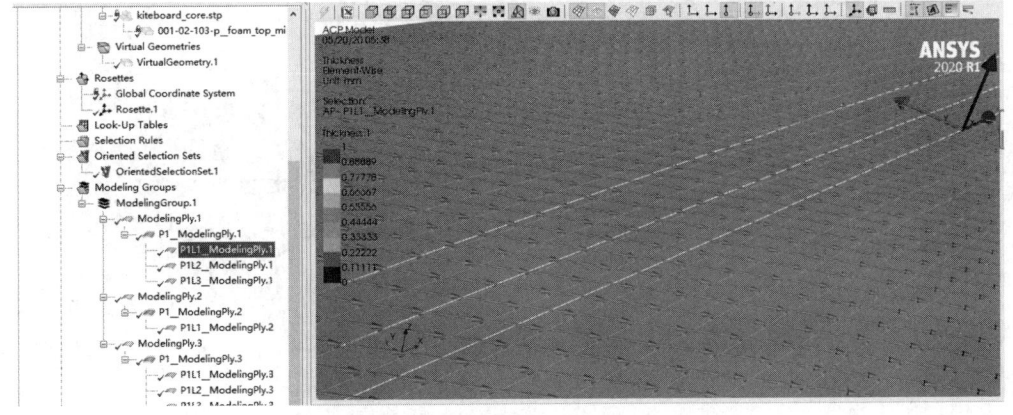

图 6-28 检查具体铺层的纤维方向和参考方向

8. 载荷、边界条件和求解

（1）关闭 ACP（Pre）前处理模块界面，回到项目页，建立 Static Structural 分析流程。连接 ACP（Pre）的 Setup 和 Static Structural 的 Model，选择 Transfer Shell Composite Data，如图 6-29 所示，更新 ACP（Pre）的 Setup。

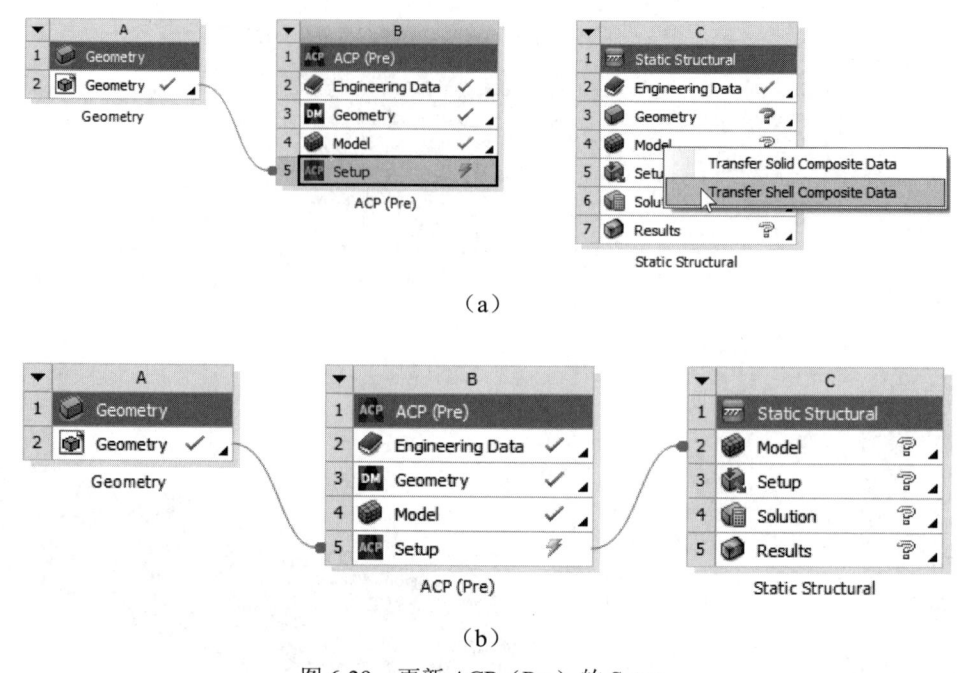

图 6-29　更新 ACP（Pre）的 Setup

（2）双击 Static Structural 的 Model，进入 Mechanical 界面。将图 6-30 中选定的几何面定义为命名选择，名称为 rear_binder。

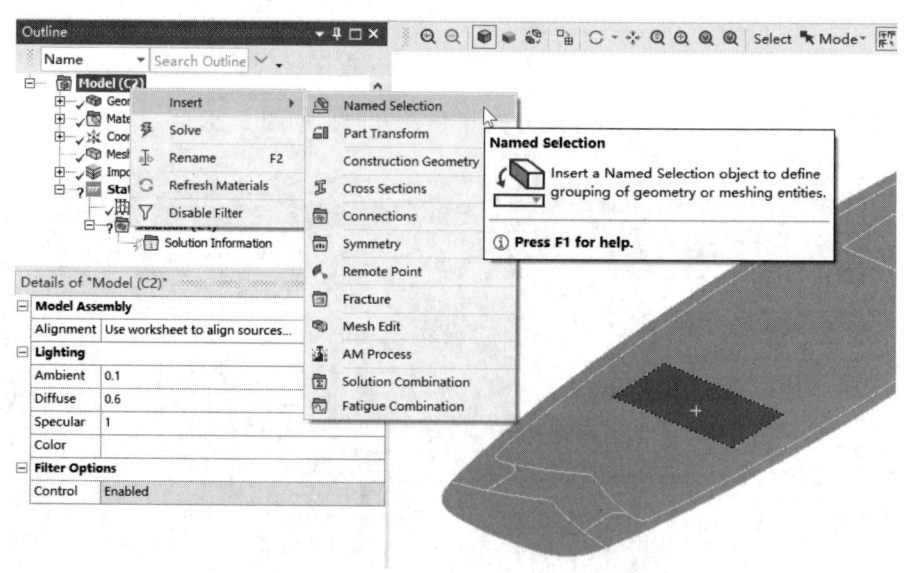

图 6-30　定义几何面

(3)以 rear_binder 命名选择为基础,定义 Remote Point 远端点,如图 6-31 所示。

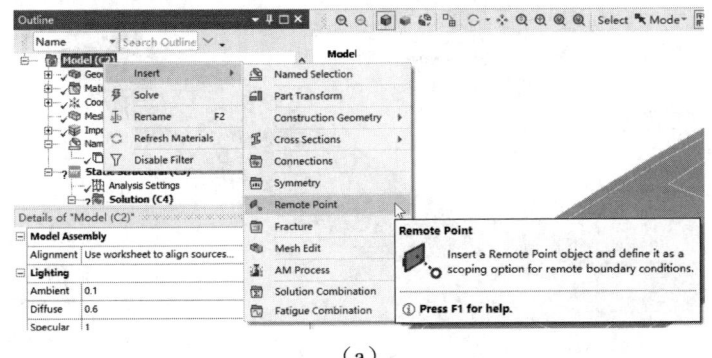

(a)

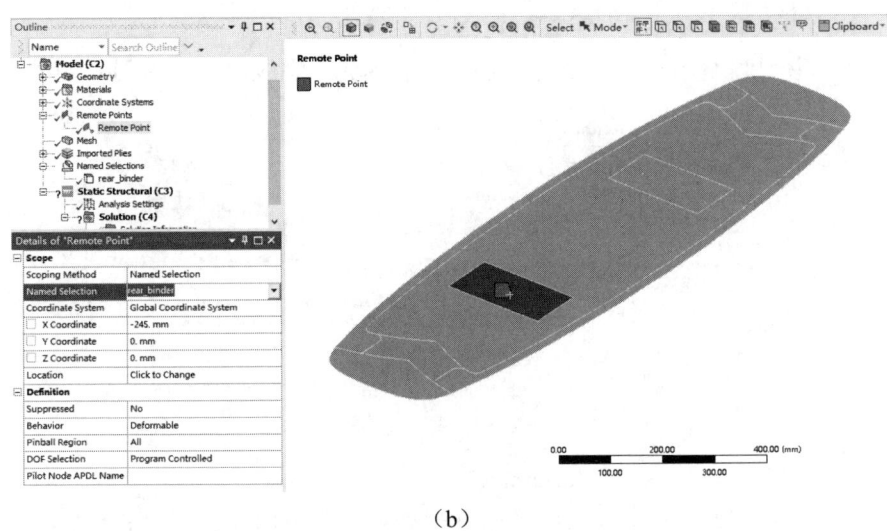

(b)

图 6-31　定义 Remote Point 远端点

(4)定义约束和载荷。约束为 Remote Displacement,载荷为 105kg,1 个加速度作用下的竖直方向载荷,大小为 1029N,如图 6-32 所示。

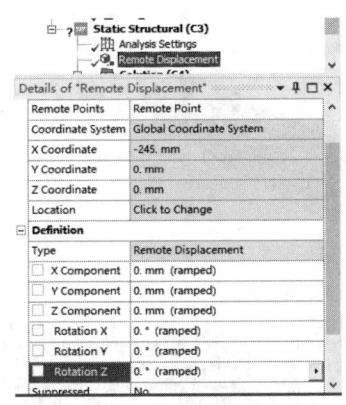

(a)定义 Remote Displacement

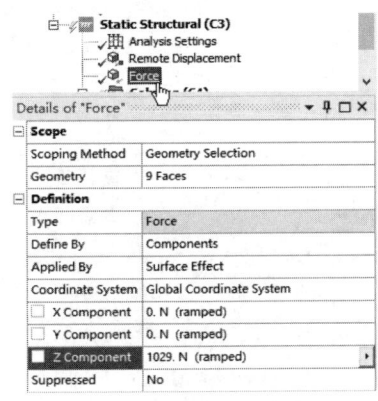

(b)定义 Force 载荷

图 6-32　冲浪板约束和载荷

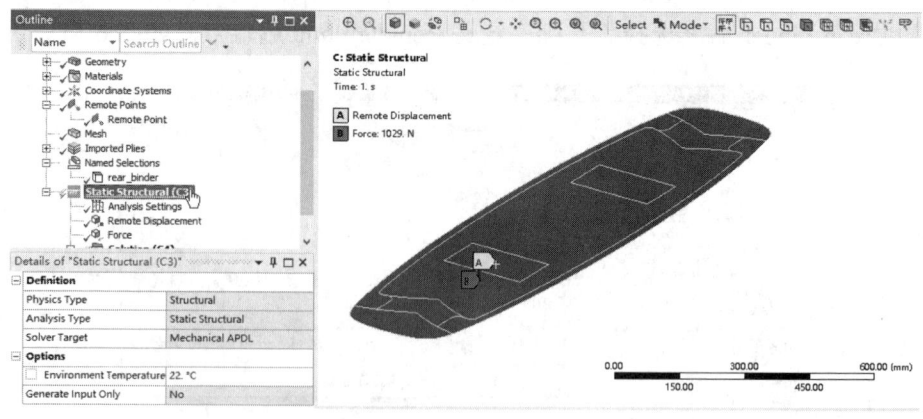

(c)检查定义的结果

图 6-32 冲浪板约束和载荷（续）

（5）求解。在特征树 Solution 节点，右键选择 Solve 完成求解，如图 6-33 所示。

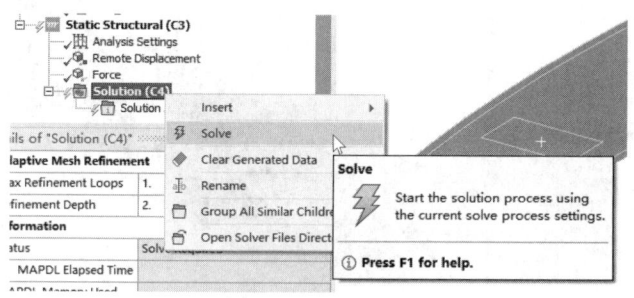

图 6-33 完成求解

9. 结果后处理（1）-ANSYS Mechanical

整体计算结果既可以在 Mechanical 界面进行查看，也可以在 ACP（Post）界面查看。

（1）在特征树 Solution 节点，右键选择 Insert→Deformation→Total，指定提取模型的整体变形云图。在特征树 Solution 节点，右键选择 Evaluate All Results 提取结果。选择特征树 Total Deformation，查看变形云图，如图 6-34 所示。

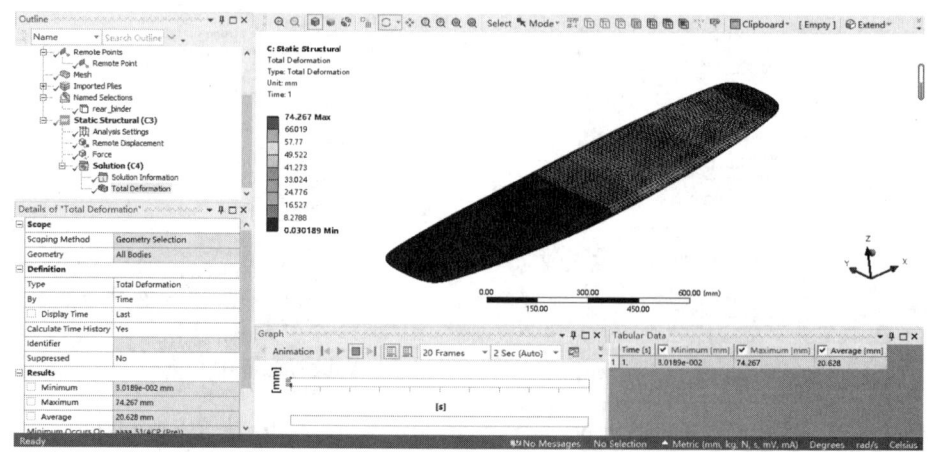

图 6-34 指定并查看变形云图

(2)在特征树 Solution 节点，右键选择 Insert→Composite→Composite Failure Tool，指定提取模型复合材料失效结果。在特征树 Composite Failure Tool 节点的细节栏，打开 Maximum Stress 和 Core Failure 失效准则选项。在 Worksheet 页，勾选最大应力失效准则的：面外剪切损伤 s13 和 s23，法向剥离选项 s3。芯材失效准则采用默认设置，设置结果如图 6-35 所示。

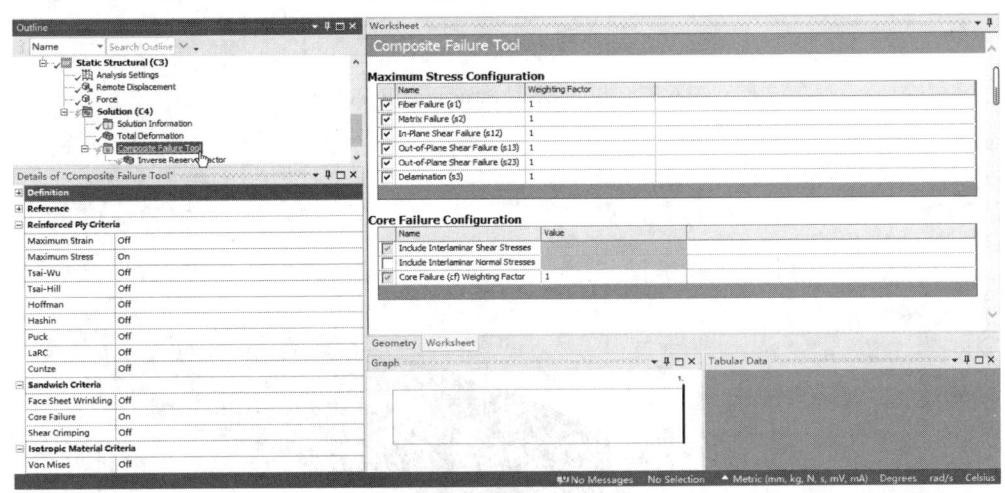

图 6-35 设置芯材失效准则

(3)在特征树 Inverse Reserve Factor 节点，右键选择 Evaluate All Results，得到如图 6-36 所示的损伤云图。

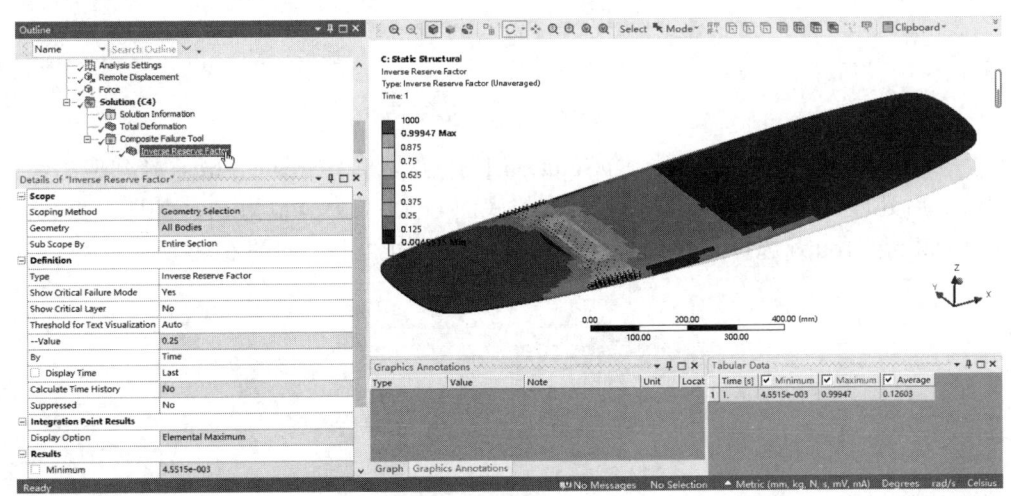

图 6-36 损伤云图

10. 结果后处理（2）-ACP（Post）

进入 ACP（Post）界面，进行后处理。

(1)拖放添加 ACP（Post）组件到 ACP（Pre）组件的 Model 上。连接 Static Structural 组件的 Solution 和 APC（Post）组件的 Results。更新 Static Structural 的 Results，如图 6-37 所示。

(2)双击 ACP（Post）组件的 Results，更新特征树 Solutions 的 Solution.1 节点，并右键单击该节点，选择 Create Deformation 新建变形结果，如图 6-38 所示。

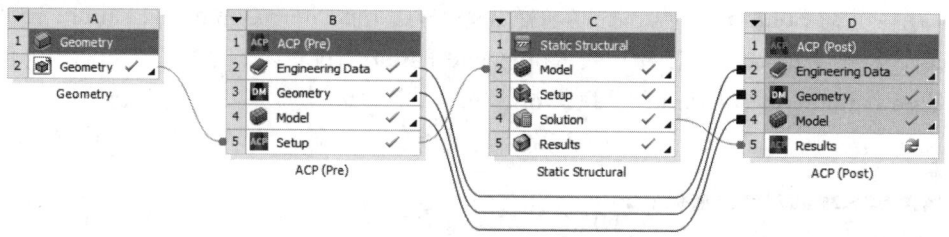

图 6-37 更新 Static Structural 的 Results

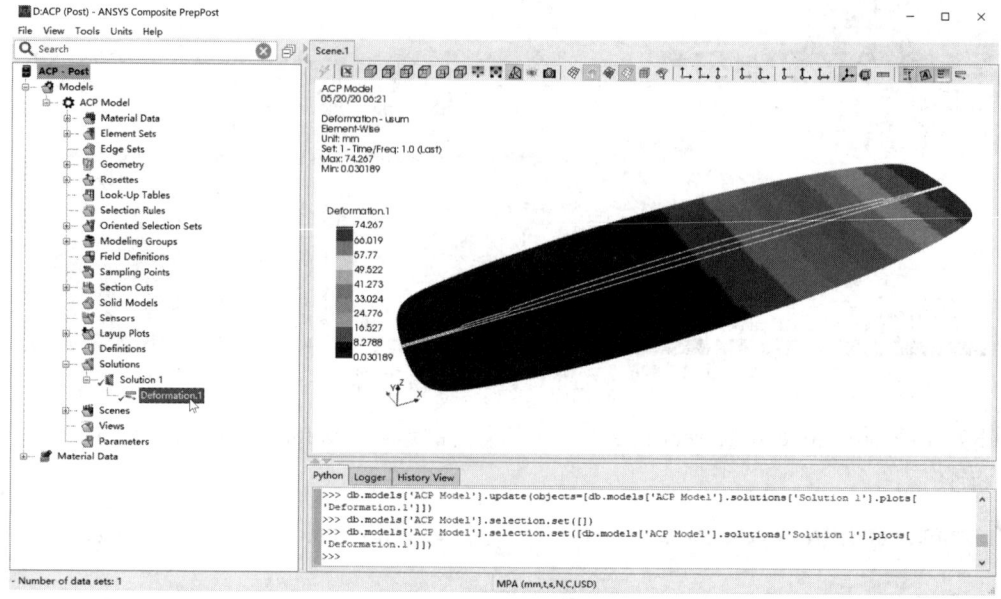

图 6-38 新建变形结果

（3）右键单击特征树 Solutions 的 Solution.1 节点，选择 Create Stress 新建应力结果，勾选 Ply-Wise 后处理、结果提取位置设置为层的底面 bot、应力分量为 s1，如图 6-39 所示。在特征树 Modeling Groups 选择具体铺层，查看该铺层应力结果，如图 6-40 所示。

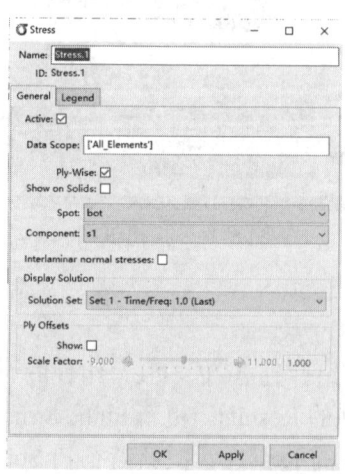

图 6-39 新建应力结果

应用案例 第 6 章

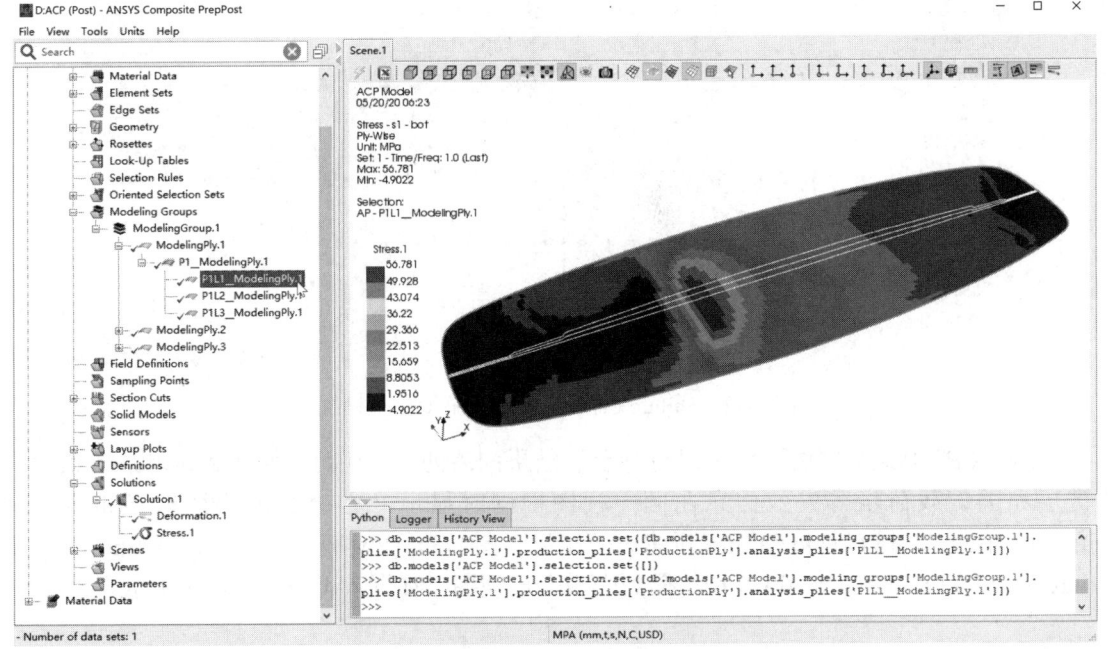

图 6-40 查看铺层应力结果

（4）改变应力结果设置，提取 s1 应力，位置为铺层顶面 top。在图形窗口中单击某一个单元，该单元的应力结果显示在云图的左下角，如图 6-41 所示。

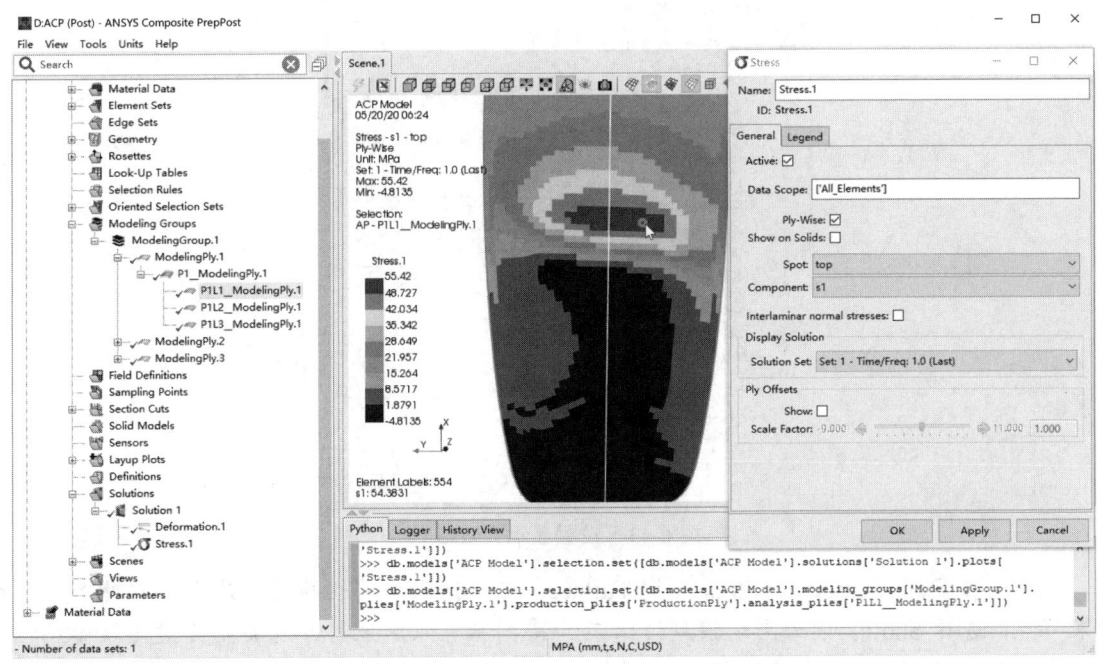

图 6-41 改变应力结果设置及应力结果显示

（5）在特征树的 Definitions 节点右键选择 Create Failure Criteria。弹出 Failure Criteria Definition 对话框，按图 6-42 进行设置，并单击 OK 按钮确定。

265

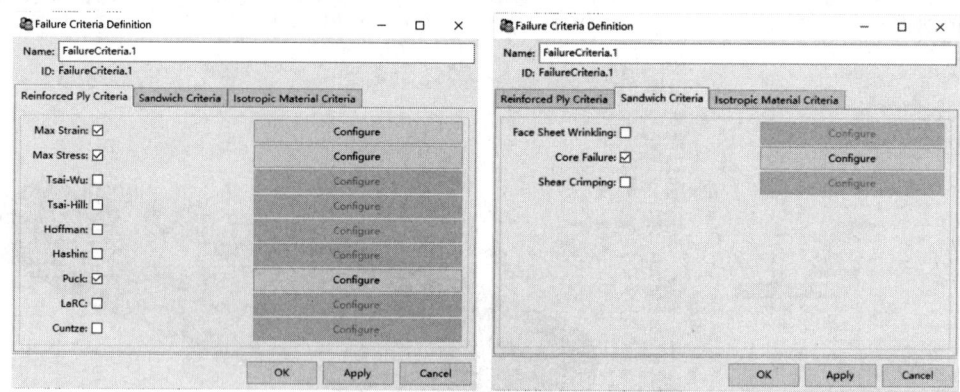

图 6-42 Failure Criteria Definition 对话框设置

（6）ACP（Post）模块不仅可以进行单层结果的后处理，还可以将失效准则、失效模式、关键层和关键载荷步等失效信息在同一视图中同时显示。右键单击特征树 Solutions 的 Solution.1 节点，选择 Create Failure 新建失效结果云图，取消 Ply-Wise 选项，选择 Show Critical Failure Mode 和 Show Critical Layer，得到失效全局视图，如图 6-43 和图 6-44 所示。

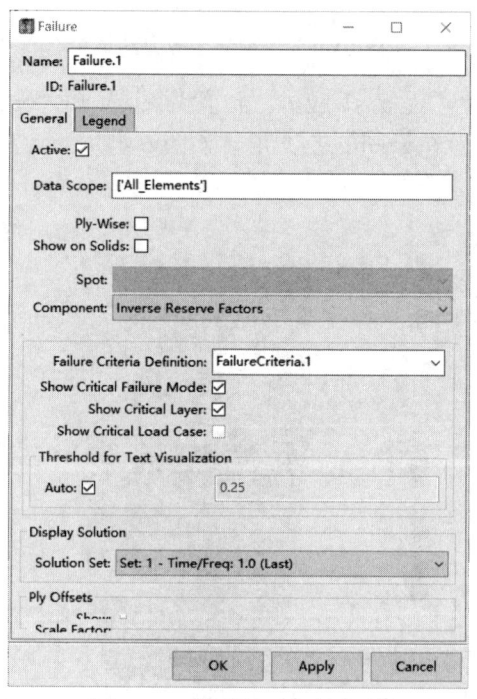

图 6-43 设置显示失效信息

注意：在 Deformation.1、Stress.1 和 Failure.1 三个结果之间切换的方法是，右键单击待看结果节点，选择 Show，则云图切换到该结果；图标可以用来打开或关闭关键失效模式的显示，在显示完整模型时，打开关键失效模式显示会降低图形显示效率。

（7）Failure.1 属性的 Legend 选项卡，有 3 种方式控制云图的梯度：①默认设置，最小值为 0，最大值为 1.125（大于该值均显示为红色）；②自动设置，最大、最小值以实际计算结果来显示；③自定义设置，按照用户指定的最大值和最小值进行显示。最终设置如图 6-45 所示。

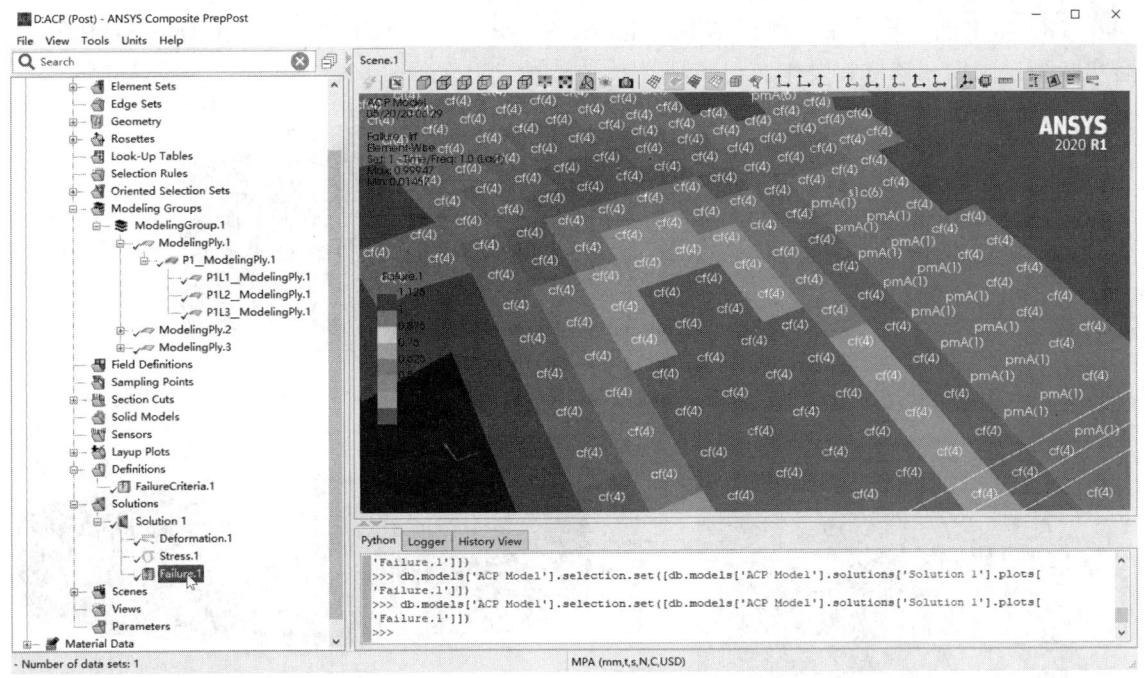

图 6-44 失效全局视图

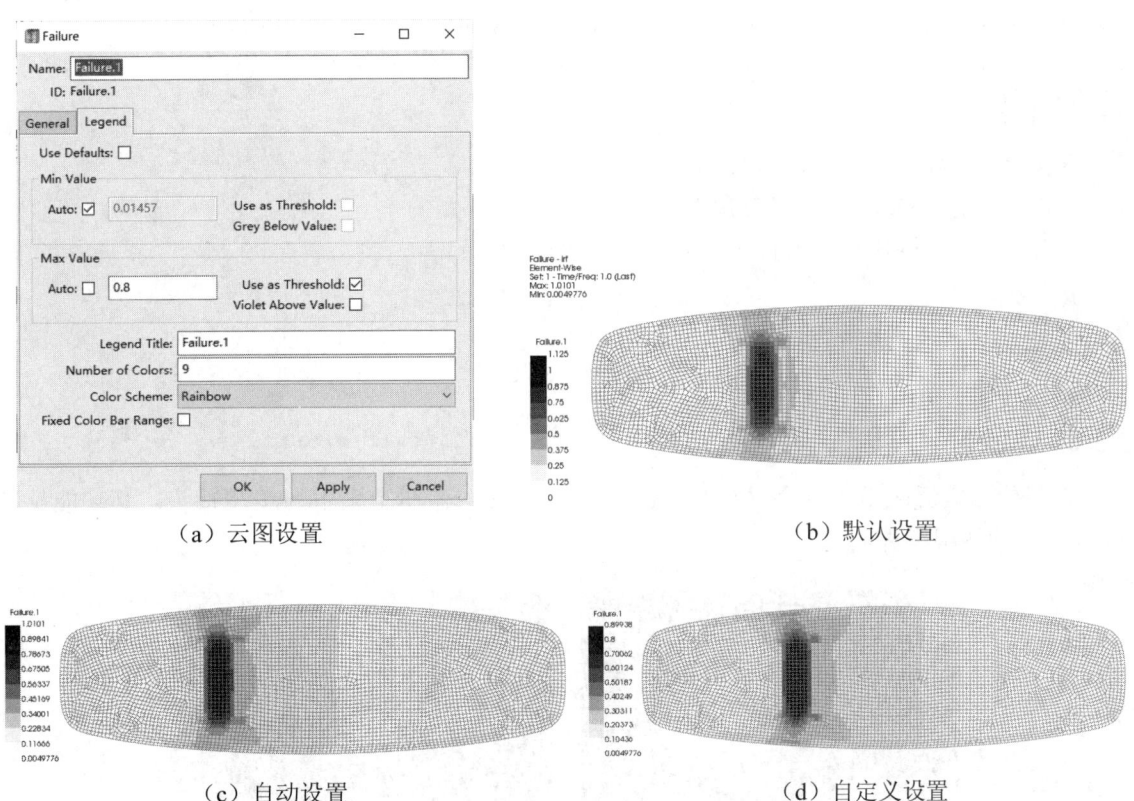

(a) 云图设置　　(b) 默认设置

(c) 自动设置　　(d) 自定义设置

图 6-45 Legend 选项卡设置

（8）ACP 的分析结果与测试结果对比，如图 6-46 所示。ACP 计算最大损伤在芯材区域，而实际测试同样在该位置发生芯材破坏。

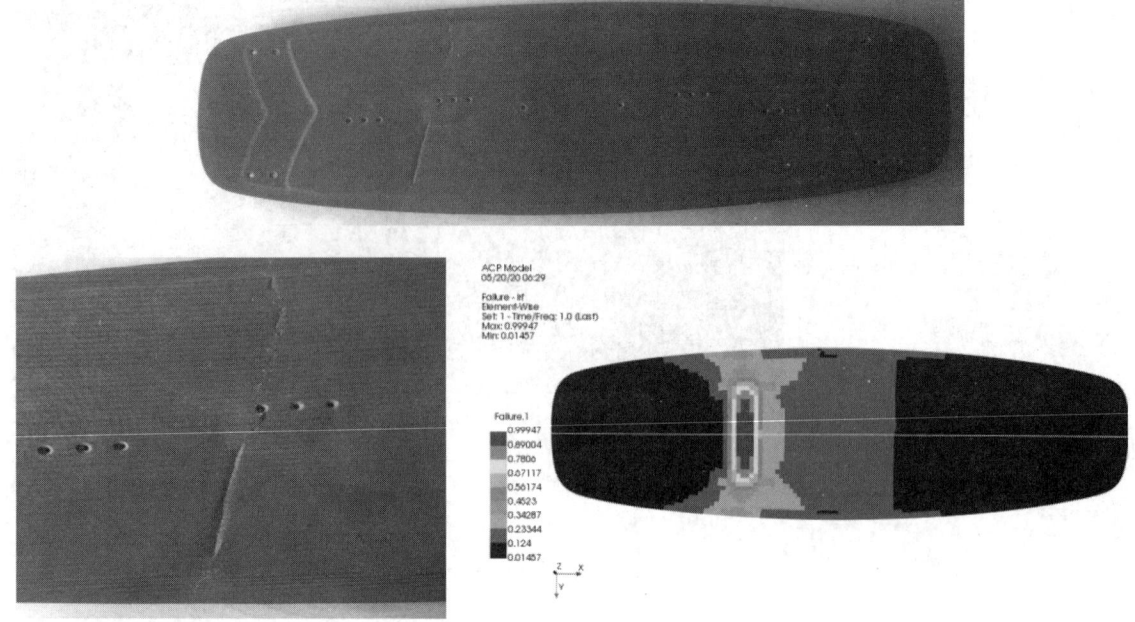

图 6-46　冲击测试结果与分析结果对比

6.1.3　案例小结

通过本案例，应掌握以下知识点：
（1）使用 CAD 文件定义变厚度芯材。
（2）复合材料建模－求解－后处理完整流程。

6.2　T 型接头铺层定义

6.2.1　案例简介

T 型接头广泛应用于复合材料结构件，图 6-47 为一游艇上采用的 T 型接头。其功能是以 90 度角连接两根零件。

图 6-47　GER-72 游艇的 T 型接头

本案例的目标是建立复合材料 T 型接头的模型（图 6-48）。通过该案例熟悉 ACP 模块中装配的建模方法，重点功能是 ACP 模块的方向选择集、选择规则和坐标系。

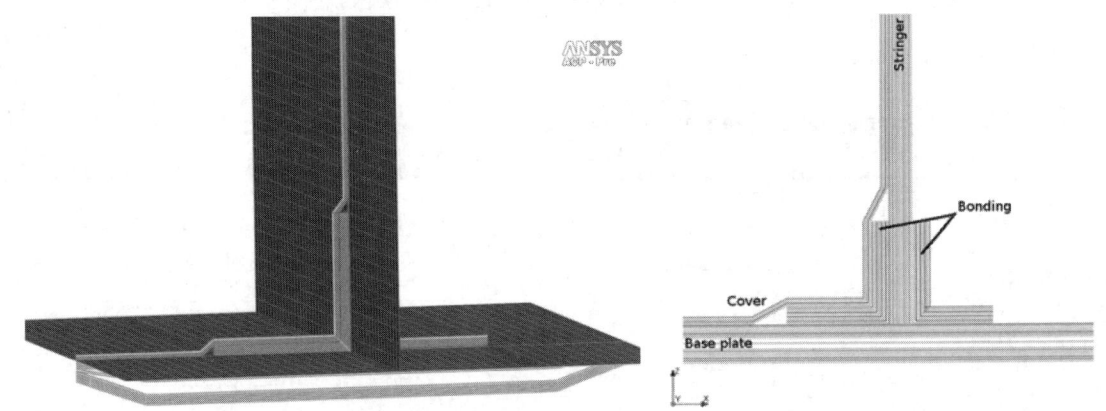

图 6-48　T 型接头的模型

T 型接头的铺层见表 6-3。

表 6-3　T 型接头的铺层

序号	零件	铺层角度/°	铺层厚度/mm	材料
1	基础夹芯板	[90, 0, +45, -45, 90, 0]	0.1	UD
2	基础夹芯板	0	10	Honeycomb core
3	基础夹芯板	[90, 0, +45, -45, 90, 0]	0.1	UD
4	纵梁	$[0,90]_5$	0.1	UD
5	粘接加强层	$[+45,-45]_4$	0.1	UD
6	覆盖层	[+45, -45, 0, 90]	0.1	UD

6.2.2　案例实现

1. 恢复存档并查看基础数据

（1）启动 Workbench，打开存档文件：T_Joint_FROM_START_2020R1.wbpz，保存为项目文件。T_Joint 模块与 ACP（Pre）的连接如图 6-49 所示。

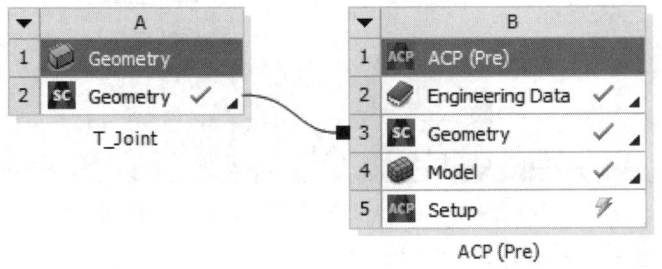

图 6-49　T_Joint 模块与 ACP（Pre）的连接

（2）进入 Engineering Data 模块，查看材料属性。项目共定义了 2 个材料，这 2 个材料均取自材料库中，名字分别为 Epoxy_Carbon_UD_395 GPa_Prepreg 和 Honeycomb，分别应用于铺层和蜂窝芯材，如图 6-50 所示。关闭 Engineering Data 模块，回到项目页。

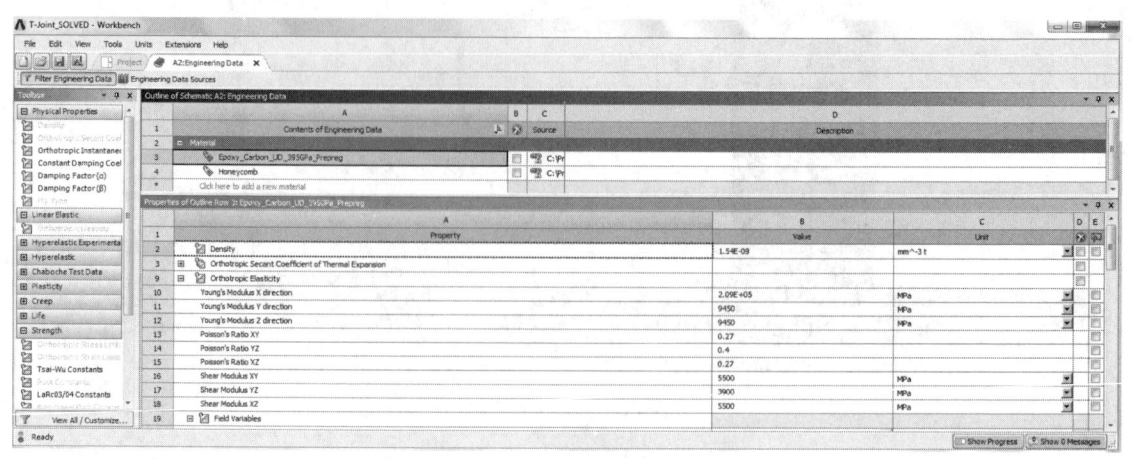

图 6-50　查看材料属性

（3）进入 ANSYS Mechanical 界面，查看 T 型接头的网格划分和命名选择的定义。模型共包含 7 个命名选择，分别是：Plate1、Plate2、Plate3、Plate4、Joint1、Joint2 和 Tapering，如图 6-51 所示。关闭 ANSYS Mechanical 模块，返回项目页。

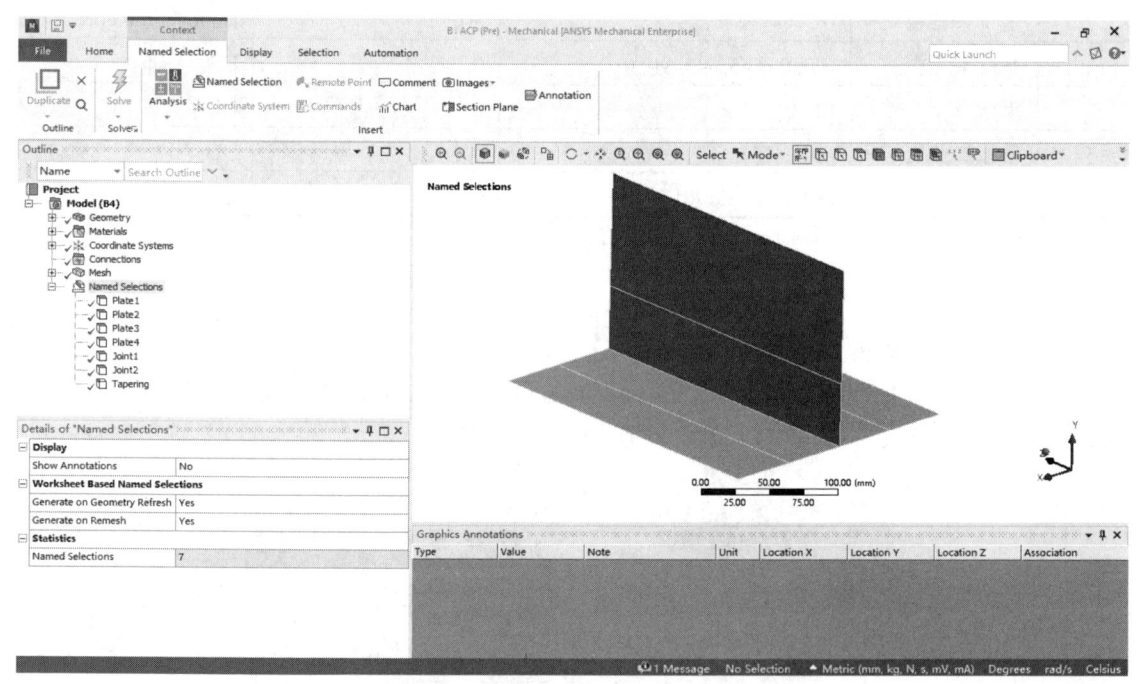

图 6-51　查看 T 型接头的网格划分和命名选择的定义

2. T 型接头铺层定义 5 个步骤

T 型接头铺层定义 5 个步骤如图 6-52 所示，详述如下。

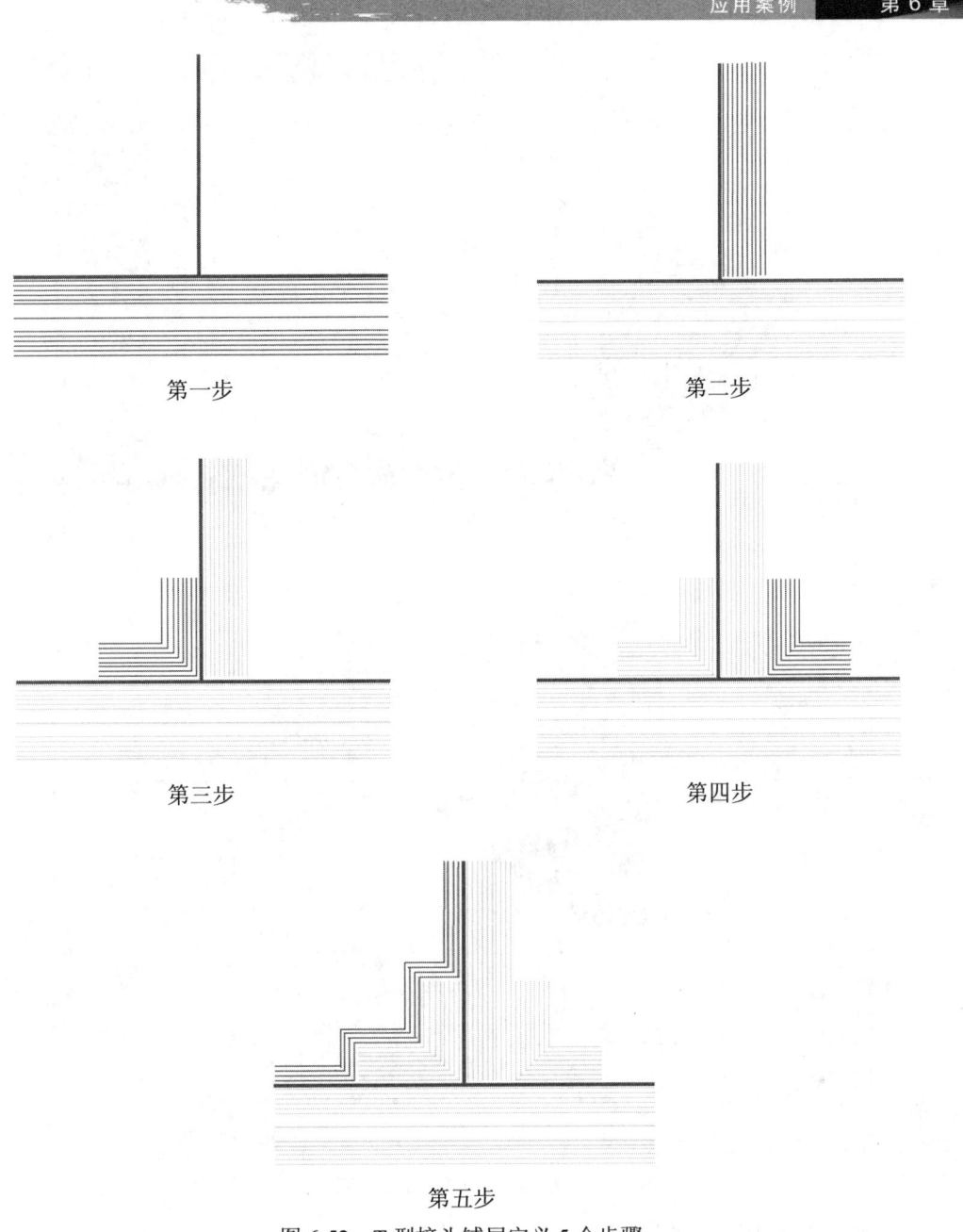

第一步　　　　　　　　　　　　　　第二步

第三步　　　　　　　　　　　　　　第四步

第五步

图 6-52　T 型接头铺层定义 5 个步骤

第一步，基板铺层定义。

（1）新建名为 Rosette.1 的直角坐标系。其原点在基础夹芯板上。方向如图 6-53 所示，方向的定义通过手动输入向量或选择单元/节点方式定义。

（2）新建方向选择集，名为 oss_base_plate。Element Sets 选项选择 Plate1、Plate2、Plate3 和 Plate4（按住 Ctrl 键多选）。任意选择单元集中的单元定义方向点，查看方向选择集方向，确保朝向基板下方（如果不朝下，使用 Flip 按钮进行反向操作）。Rosettes 选择 Rosette.1，如图 6-54 所示。

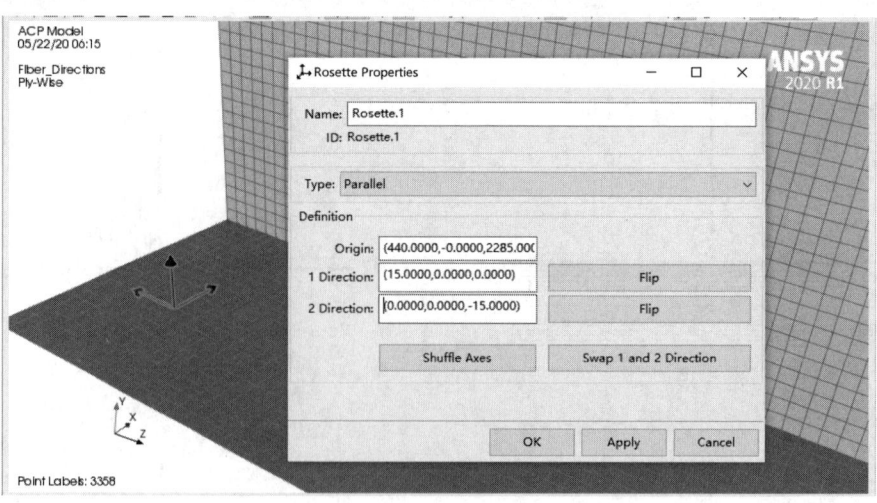

图 6-53 新建名为 Rosette.1 的直角坐标系

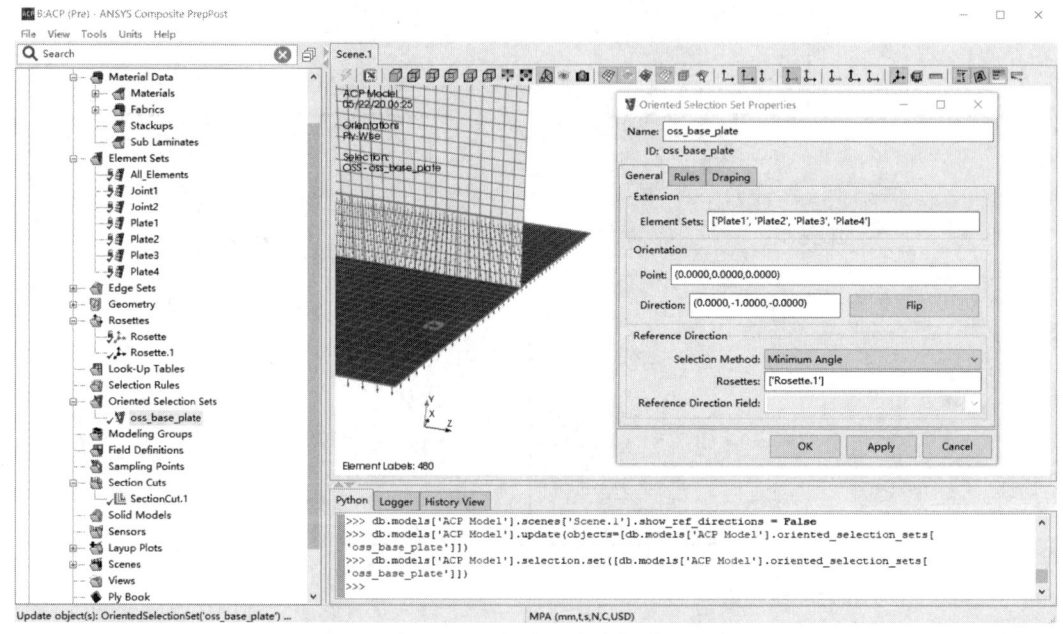

图 6-54 新建方向选择集

（3）新建基板碳纤维铺层组。基于方向选择集 oss_base_plate 和 Epoxy_Carbon_UD_395GPa_Prepreg 织物定义 1 层铺层。复制并粘贴该铺层 5 次。依次修改建模铺层 ModelingPly.1，ModelingPly.2，……，ModelingPly.6 的铺层角度为 90°、0°、45°、-45°、90°和 0°，如图 6-55 所示。

注意：另一种快速改变铺层信息的方法是使用 Excel Link 功能。首先，选择铺层组 Base_Plate，并单击 Excel Link 图标，打开 Excel Link 属性窗口。其次，选择属性窗口的 Open Excel 按钮，打开 Excel，如图 6-56（a）所示。然后，在 Excel 中编辑铺层角度，如图 6-56（c）所示。最后，单击 Excel Link 属性窗口的 Pull from 按钮将改变的铺层信息读取到 ACP 中，并单击 Excel Link 属性窗口的 Close all 按钮关闭 Excel 连接，如图 6-56（b）所示。

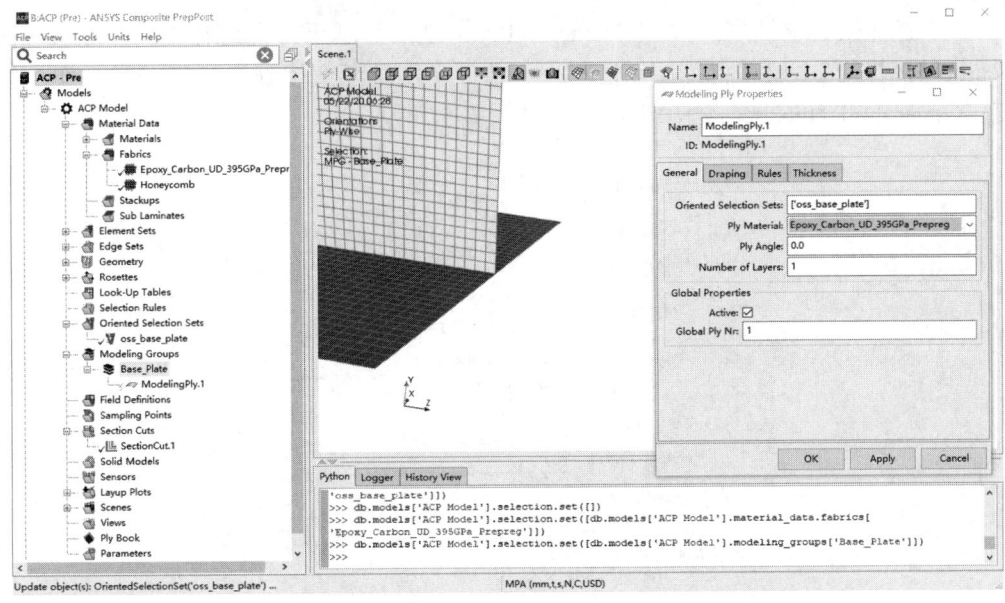

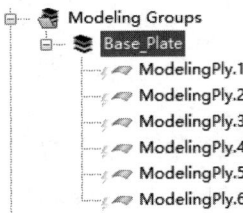

图 6-55　新建基板碳纤维铺层组

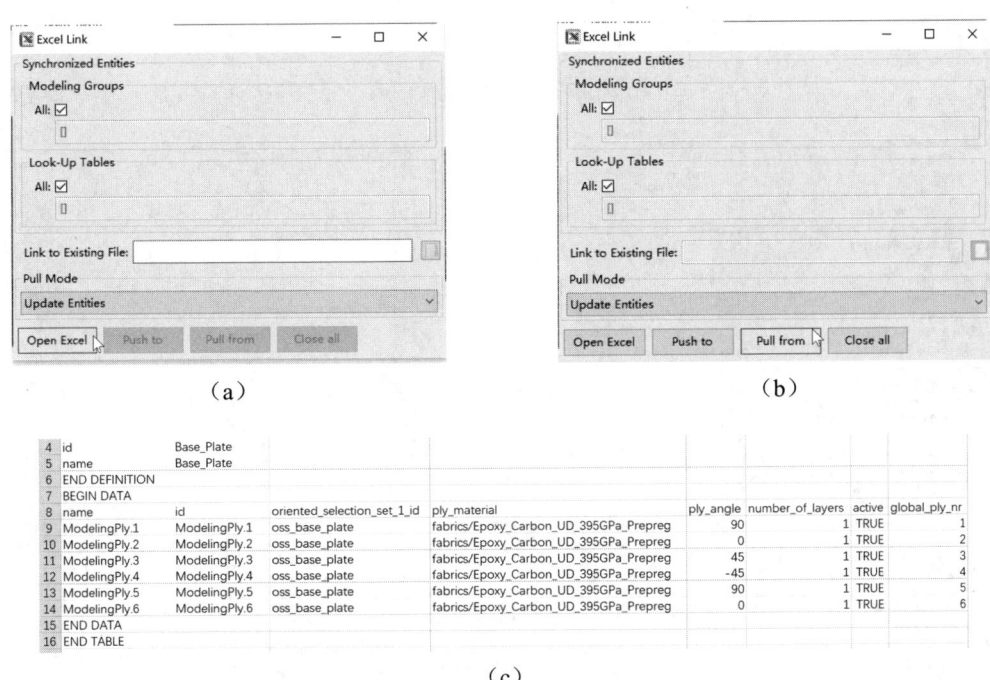

图 6-56　用 Excel Link 功能改变铺层信息

（4）新建基板芯材铺层组。在 ModelingPly.6 之后，基于方向选择集 oss_base_plate 和 Honeycomb 材料定义 1 层芯材铺层。芯材厚度选项卡倒角渐变控制为在 Tapering 节点集的 20 度渐变。General 和 Thickness 选项卡的设置如图 6-57 所示。

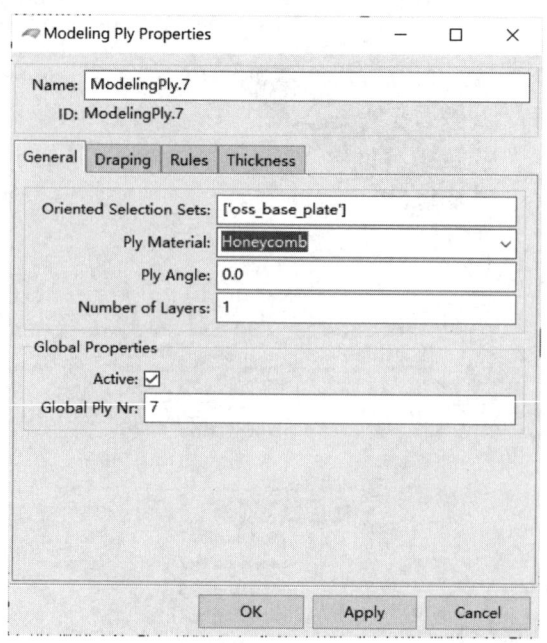

图 6-57　General 和 Thickness 选项卡的设置

（5）使用切面 SectionCut.1 查看基板已定义铺层，如图 6-58 所示。

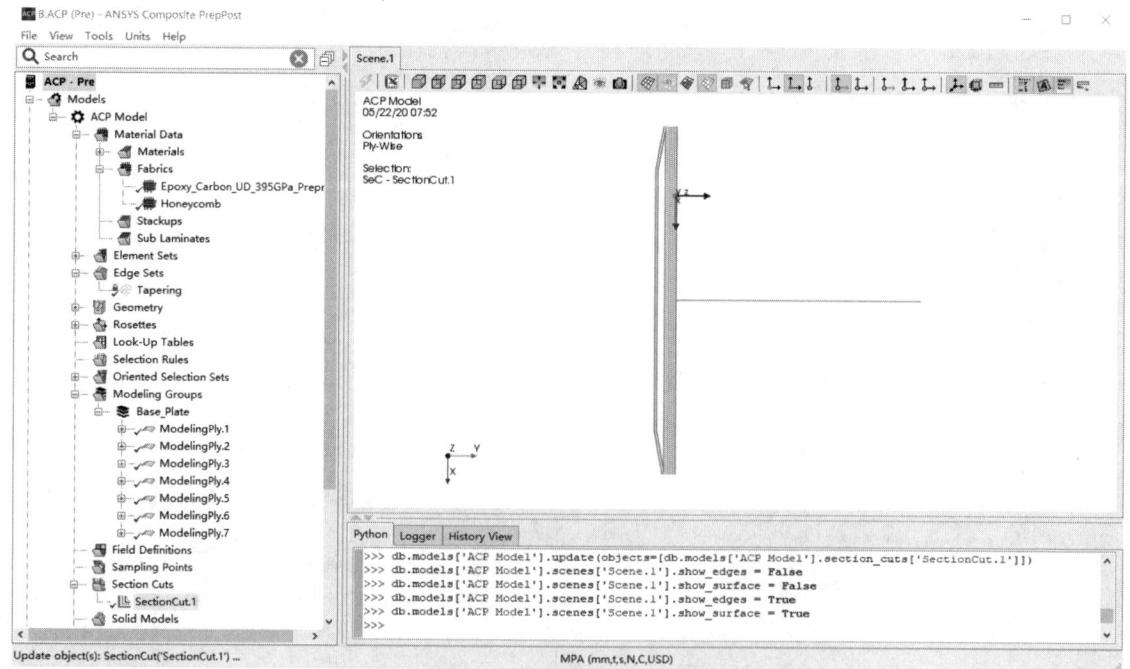

图 6-58　查看基板已定义铺层

(6) 继续定义基板铺层。复制基板铺层组中的 ModelingPly.1, 粘贴到基板铺层组中 6 次,并依次修改铺层角度为 0°、90°、-45°、45°、0°、90°, 结果如图 6-59 所示。

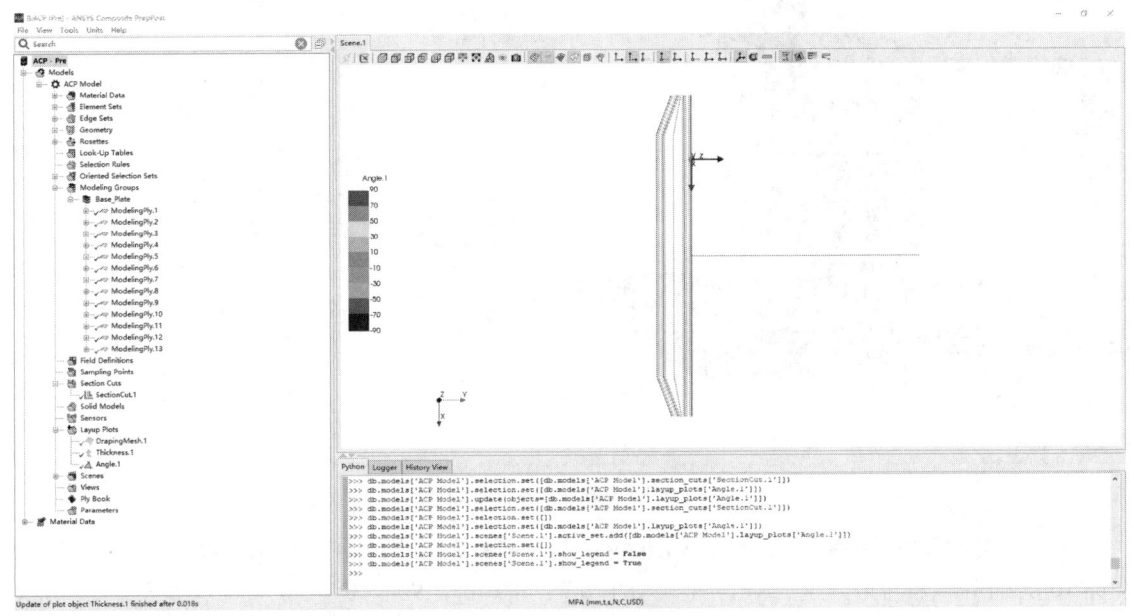

图 6-59 定义基板铺层

第二步,纵梁铺层定义。

(1) 按照图 6-60 设置,新建工具坐标系 Rosette.2。

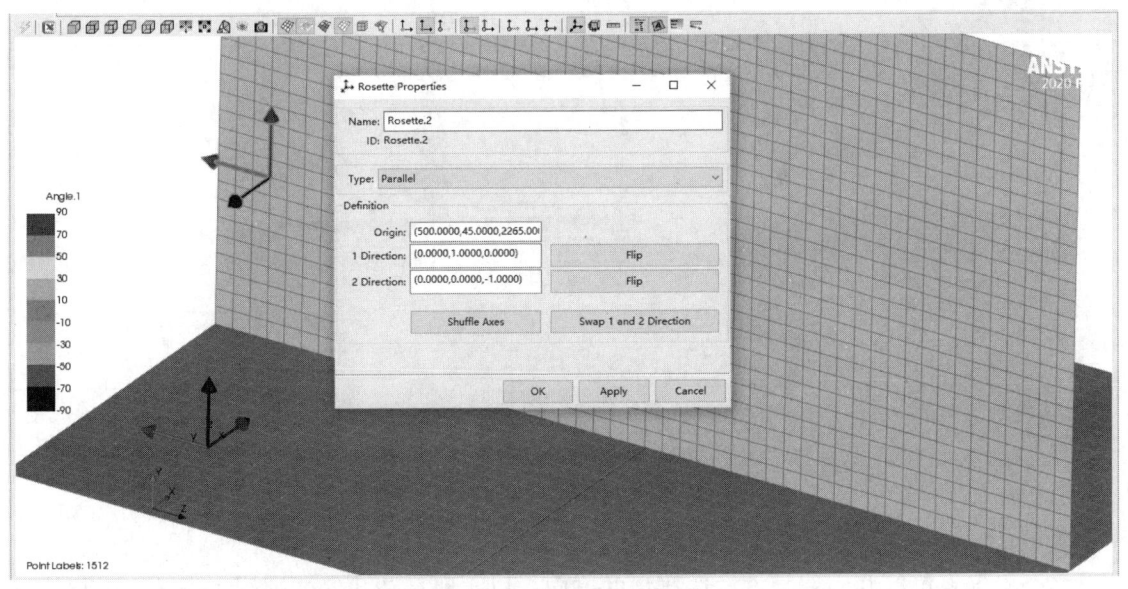

图 6-60 新建工具坐标系

(2) 新建方向选择集,命名为 oss_stringer。Element Sets 选项选择单元集 Joint1 和 Joint2。定义方向点和方向向量。Rosettes 选项选择工具坐标系 Rosette.2, 如图 6-61 所示。

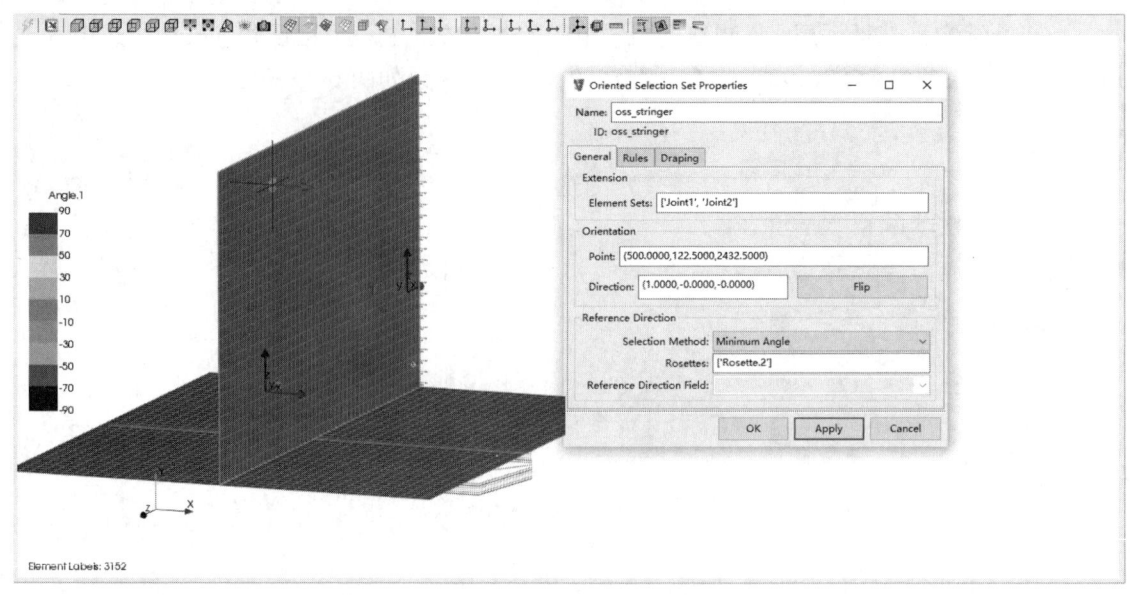

图 6-61 新建方向选择集

（3）新建纵梁铺层组，命名为 Stringer。基于方向选择集 oss_stringer 和碳纤维单向带，添加 10 层铺层，方向角分别为 0°，90°，0°，90°，0°，0°，90°，0°，90°，0°，如图 6-62 所示。

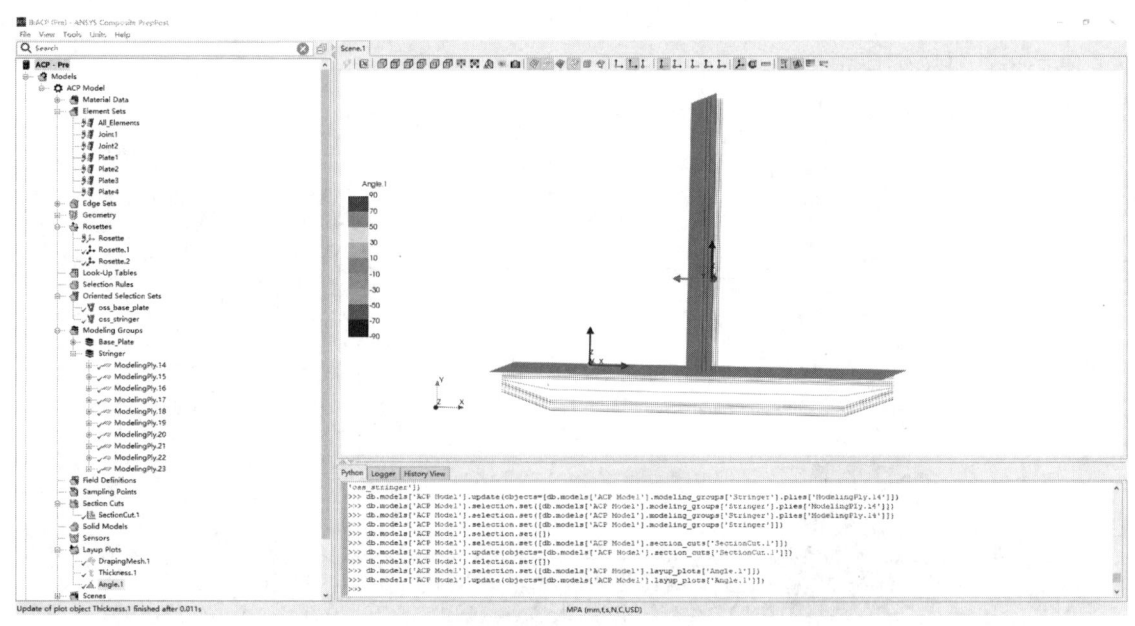

图 6-62 新建纵梁铺层组

第三步，粘接加强铺层定义。

多个坐标系可以共同控制方向选择集的方向，以实现复杂几何或铺层 Draping 引起的方向改变。方向选择集属性窗口的选择方法即通过单元铺敷方向和坐标系 Z 轴方向的夹角来确定多个坐标系和铺层方向间的关系。当方向选择集中某一个单元的坐标系确定之后，该坐标系的 X 轴作为该单元的参考方向，如图 6-63 所示。

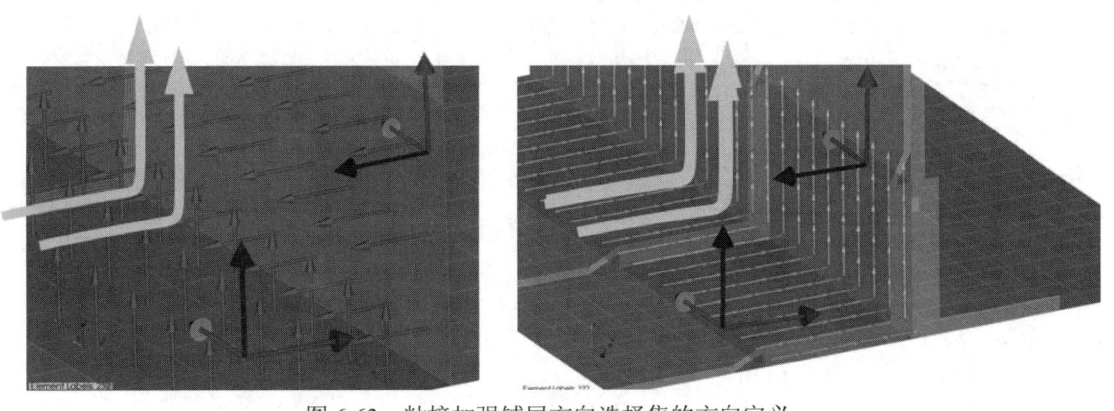

图 6-63 粘接加强铺层方向选择集的方向定义

粘接加强铺层方向选择集的定义中选择方法的使用非常重要，接下来使用最小/最大角选择方法定义粘接加强铺层的方向选择集。

（1）新建粘接加强铺层方向选择集，命名为 oss_bonding_left。Element Sets 选择 Joint1、Plate2。选择方向点和方向向量。Rosettes 选项选择 Rosette.1，Rosette.2。Selection Method 选项选择 Minimum Angle，如图 6-64 所示。

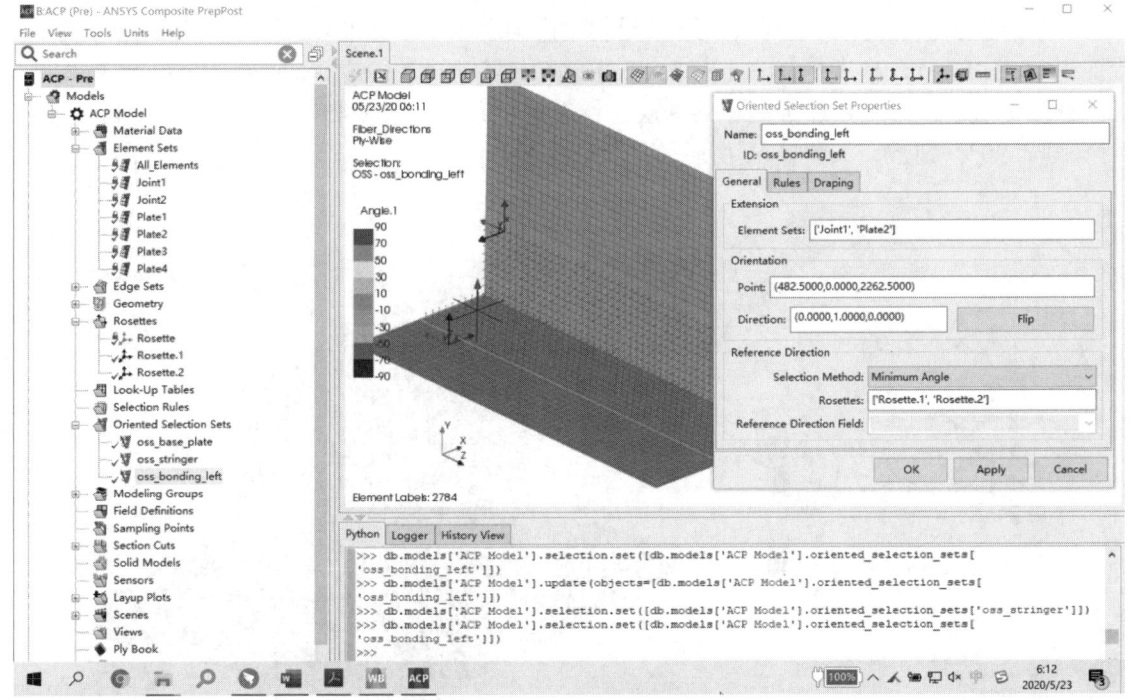

图 6-64 新建粘接加强铺层方向选择集

（2）新建粘接加强铺层组 Bonding_Left，并新建 2 层粘接加强铺层。2 层铺层的方向角分别为 45°和-45°，织物为 Epoxy_Carbon_UD_395GPa_Prepreg，铺敷区域为 oss_bonding_left，如图 6-65 所示。

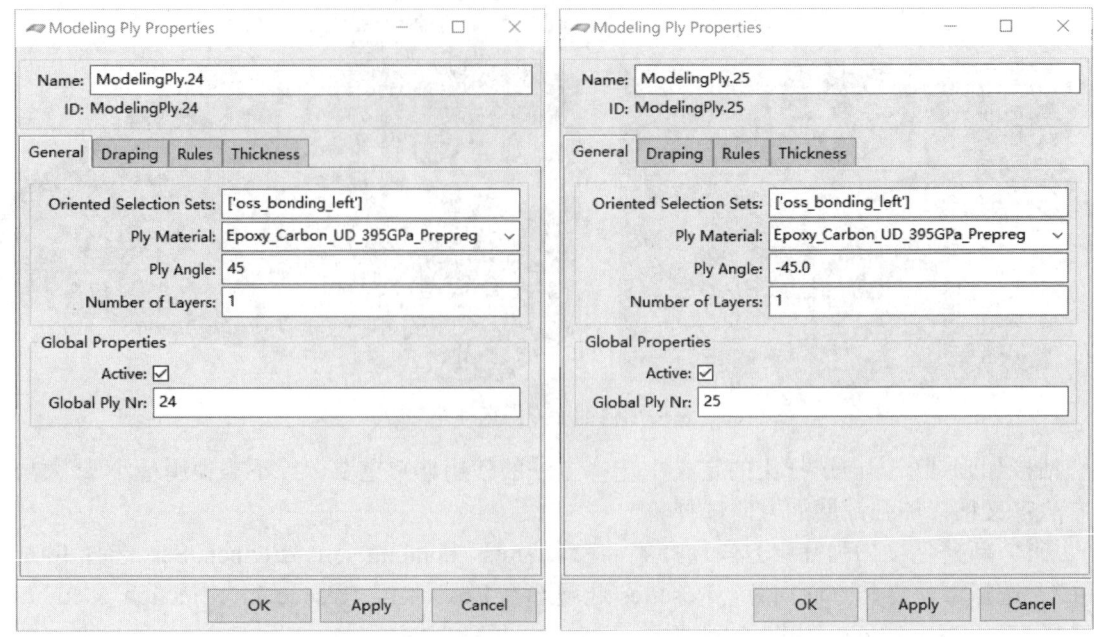

图 6-65 新建 2 层粘接加强铺层

（3）通过复制方式新建其余铺层。复制建模铺层 ModelingPly.24 和 ModelingPly.25。在特征树 ModelingPly.25 节点右键选择 Paste after，将复制的 2 层铺层粘贴到 Bonding_Left 铺层组。粘贴 3 次之后，粘接加强铺层共 8 层，修改铺层角，实现（45°，-45°，45°，-45°，45°，-45°，0°，90°）铺敷，如图 6-66 所示。

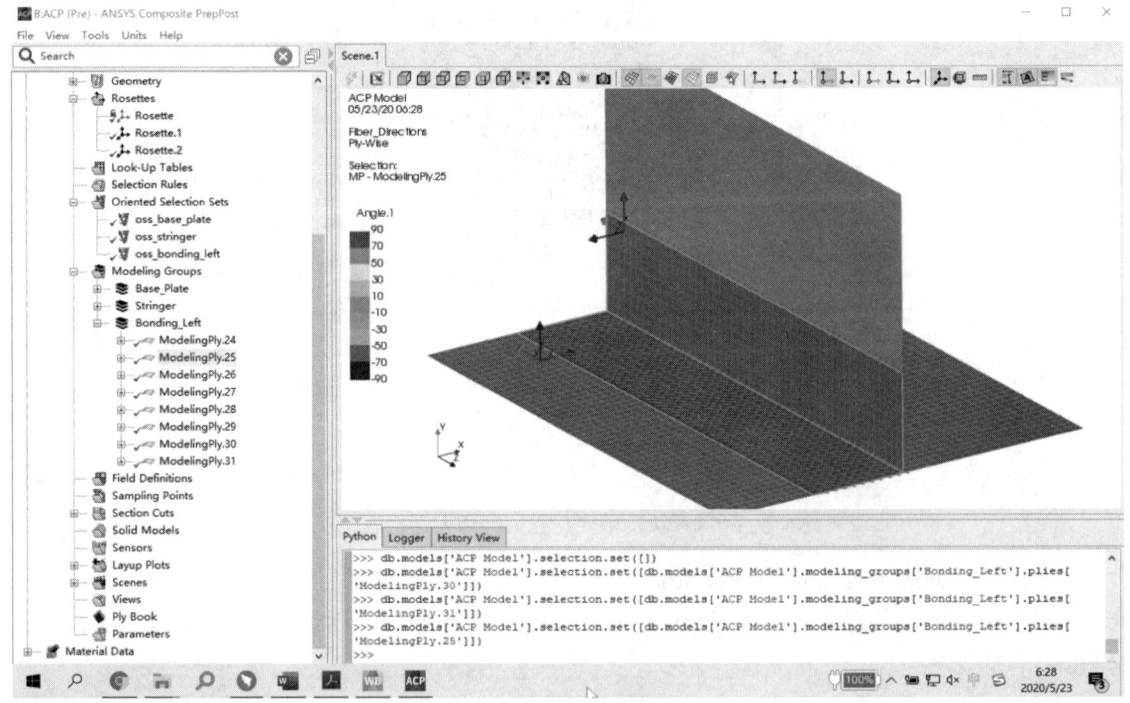

图 6-66 通过复制方式新建其余铺层

第四步，粘接加强铺层定义。

（1）新建工具坐标系，命名为 Rosette.3，如图 6-67 所示。

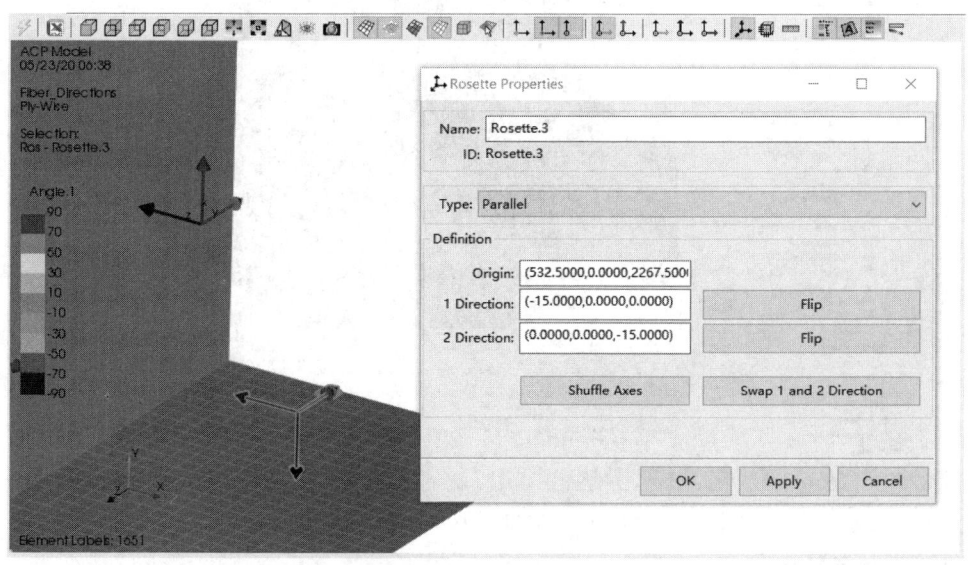

图 6-67　新建工具坐标系

（2）新建粘接加强铺层方向选择集，命名为 oss_bonding_right。Element Sets 选择 Joint1、Plate3。选择方向点和方向向量。Rosettes 选项选择 Rosette.2，Rosette.3。Selection Method 选项选择 Maximum Angle，如图 6-68 所示。

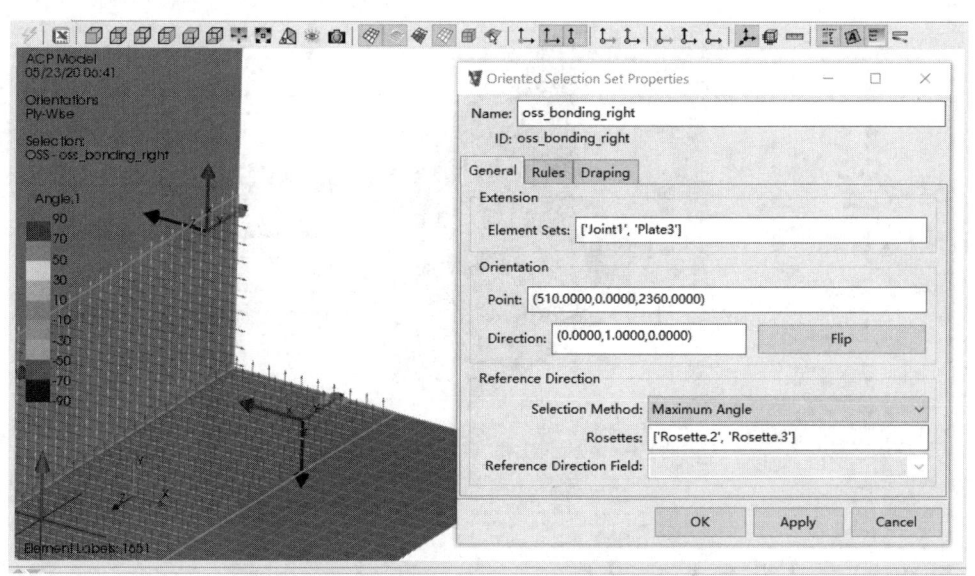

图 6-68　新建粘接加强铺层方向选择集

（3）新建粘接加强铺层组 Bonding_right，并新建 8 层粘接加强铺层。织物为 Epoxy_Carbon_UD_395GPa_Prepreg，铺敷区域为 oss_bonding_right。铺层角度依次为 45°，-45°，45°，-45°，45°，-45°，0°，90°，如图 6-69 所示。

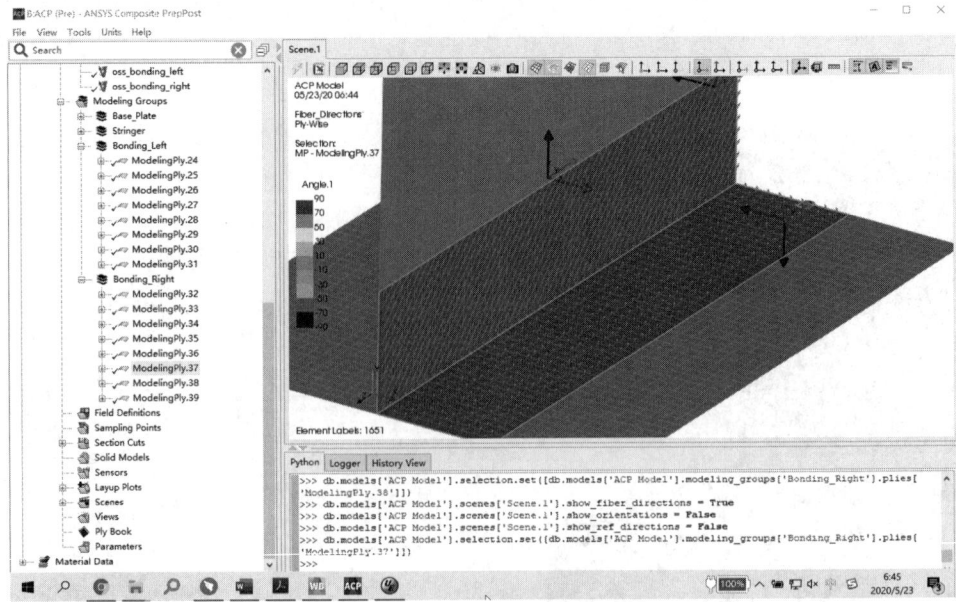

图 6-69　新建粘胶加强铺层组

第五步，覆盖铺层定义。

（1）新建方向选择集，命名为 oss_cover。Element Sets 选择 Joint1、Joint2、Plate1 和 Plate2。选择方向点和方向向量。Rosettes 选项选择 Rosette.1，Rosette.2。Selection Method 选项选择 Minimum Angle，如图 6-70 所示。

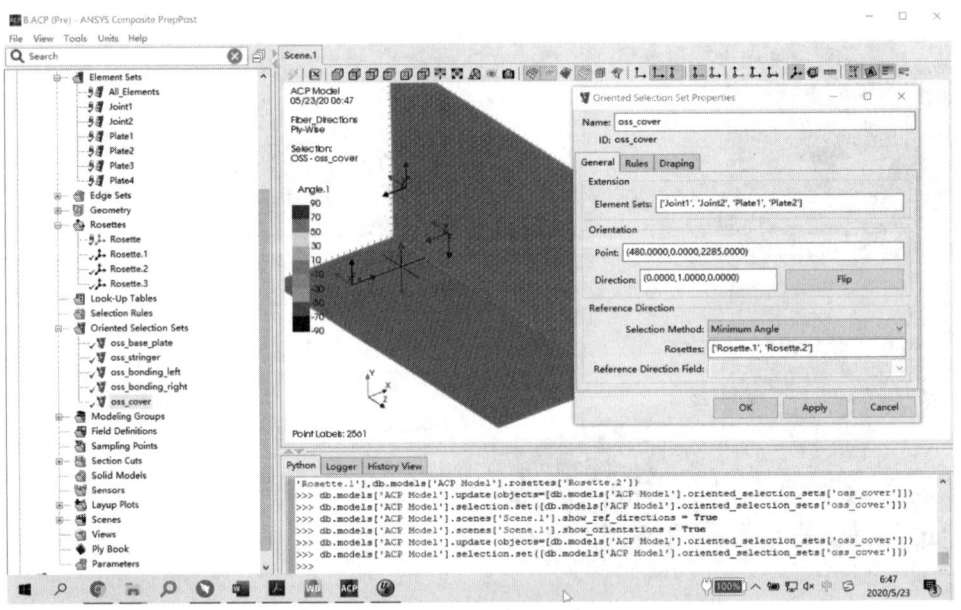

图 6-70　新建方向选择集

（2）新建覆盖铺层组，命名为 Cover，并新建 4 层覆盖铺层。织物为 Epoxy_Carbon_UD_395GPa_Prepreg，铺敷区域为 oss_cover。铺层角度依次为 45°，-45°，0°，90°，如图 6-71 所示。

应用案例 第 6 章

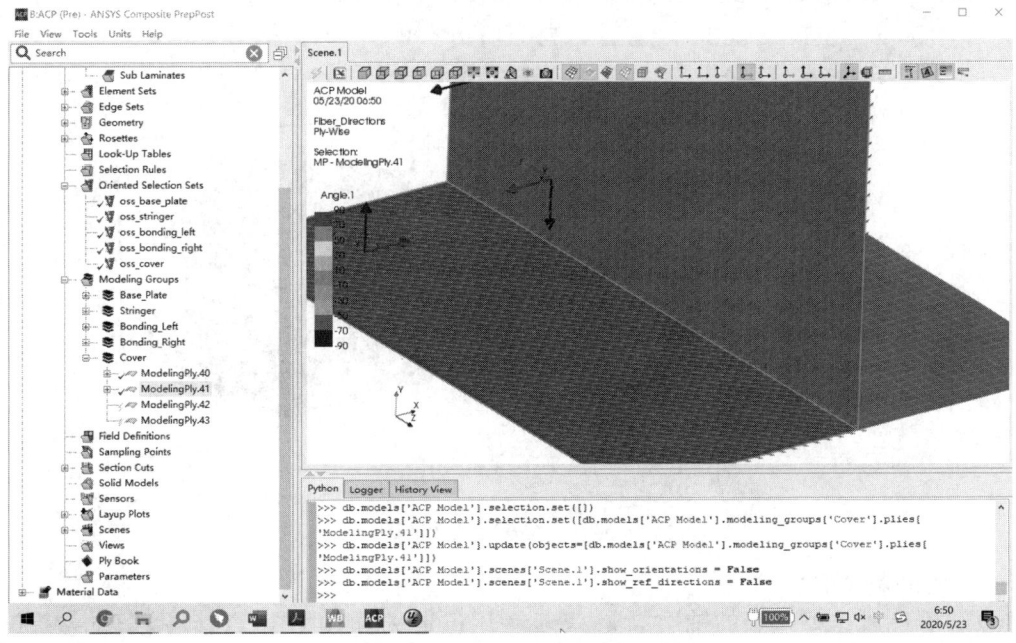

图 6-71 新建覆盖铺层组

3. 材料属性添加（新建织物）

（1）定义 0.1mm 厚的 Epoxy_Carbon_UD_395GPa_Prepreg 碳纤维铺层，如图 6-72（a）所示。

（2）定义厚度为 10mm 的 Honeycomb 蜂窝芯材，如图 6-72（b）所示。

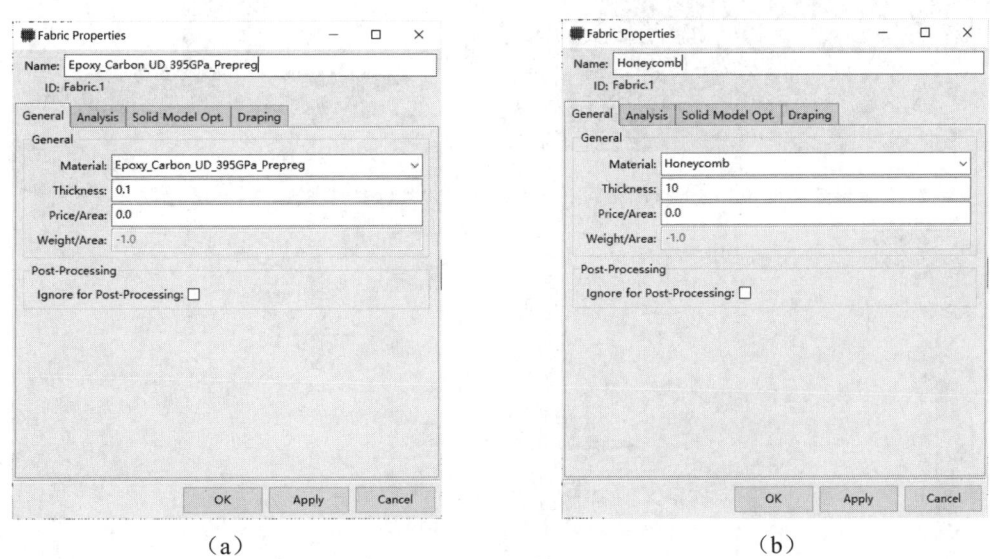

（a）　　　　　　　　　　　　　　（b）

图 6-72 材料属性添加对话框

4. 切面图新建

为方便后续步骤查看铺层定义信息，按照图 6-73 设置定义切面图。其中：芯材缩放因子为 0.1；其他铺层缩放因子为 10。

281

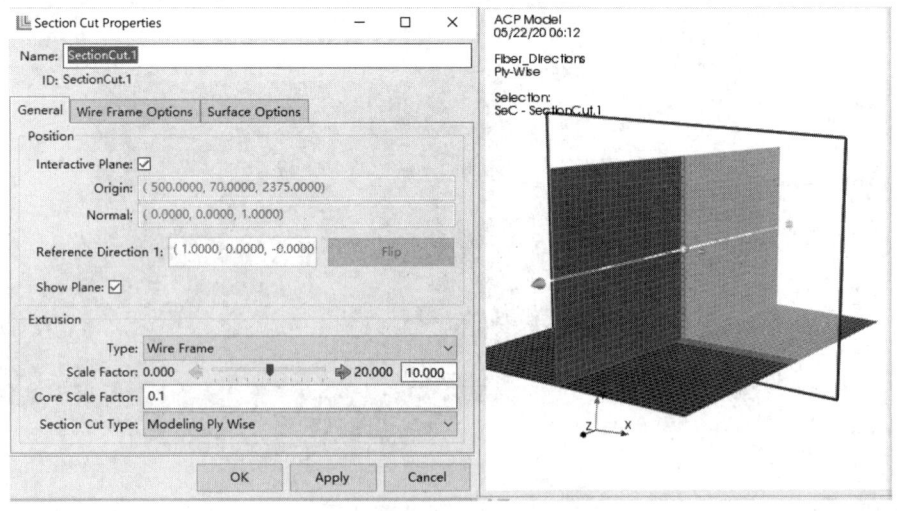

图 6-73　设置定义切面图

5. 可视化查看铺层

上文已经完成 T 型接头的铺层定义,最后使用已定义的切面图,查看定义好的接头铺层,如图 6-74 所示。

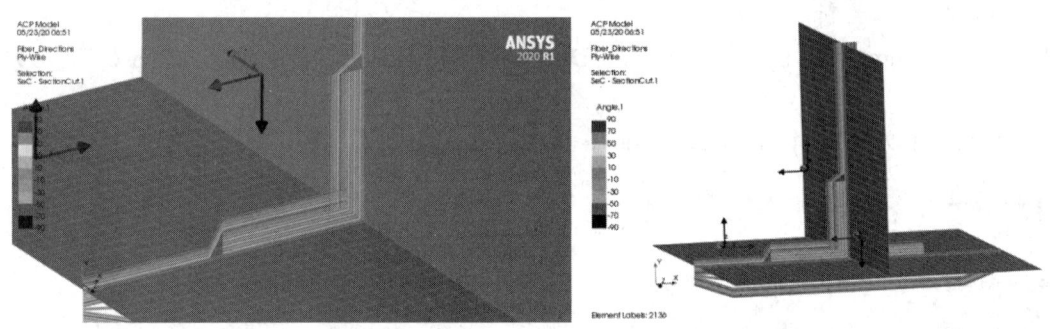

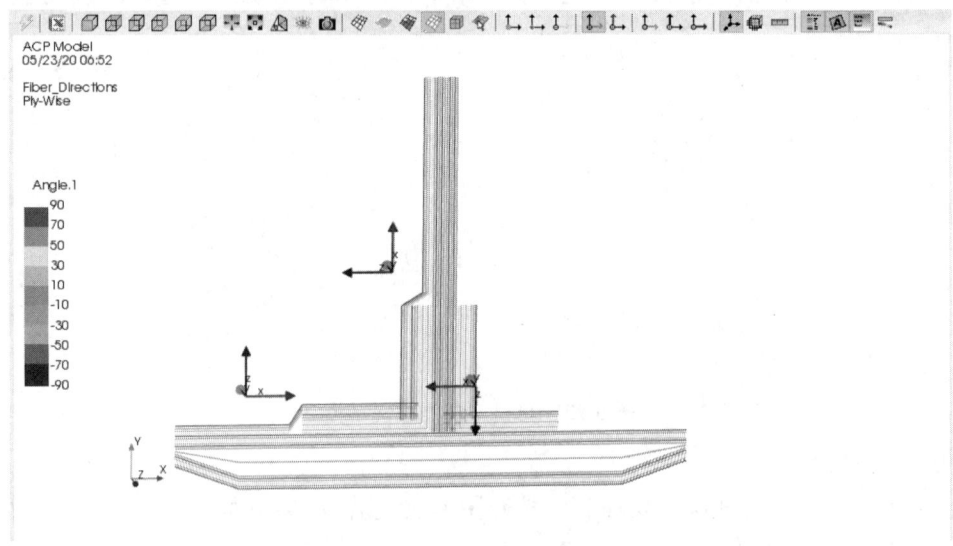

图 6-74　查看定义好的接头铺层

6.2.3 案例小结

T 型接头的建模方法也适用于其他接头模型的建立，如图 6-75 所示。

图 6-75 其他接头模型的建立

ACP 模块铺层参考方向和铺敷方向的定义是复合材料建模的基础。通过这个案例，用户应掌握：

（1）采用多个坐标系建立方向选择集。
（2）基于同一个表面朝不同方法铺敷。
（3）铺敷方向与壳单元法向无关。
（4）用户可以按照生产的步骤进行铺层定义，而不需要考虑偏移量。

6.3 选择规则使用

6.3.1 案例简介

ACP 模块中方向选择集的覆盖区域可以由 Mechanical 模块的命名选择来定义。此时通过改变复合材料铺敷区域来改进产品设计，需要更改 Mechanical 模块中的命名选择来实现。因为命名选择是基于几何和面的印记来实现的，所以这种方式的缺点是效率低，对于复杂曲面模型甚至不能实现。

ACP 模块的选择规则功能提供了一种新的解决方案，使得在不改变几何或命名选择定义的前提下，在单元集内部进行网格筛选。选择规则可以应用到方向选择集或单一建模铺层中。ACP 的选择功能可以很方便地应用到风电叶片类结构铺层的定义中，如图 6-76 所示。

图 6-76 风电叶片类结构铺层示意

案例以船体的舱段为研究对象，通过选择规则的使用，对舱段的局部进行加强，如图 6-77 所示。练习中用到的选择规则包括：平行选择规则、随边管道选择规则；选择规则模板等。

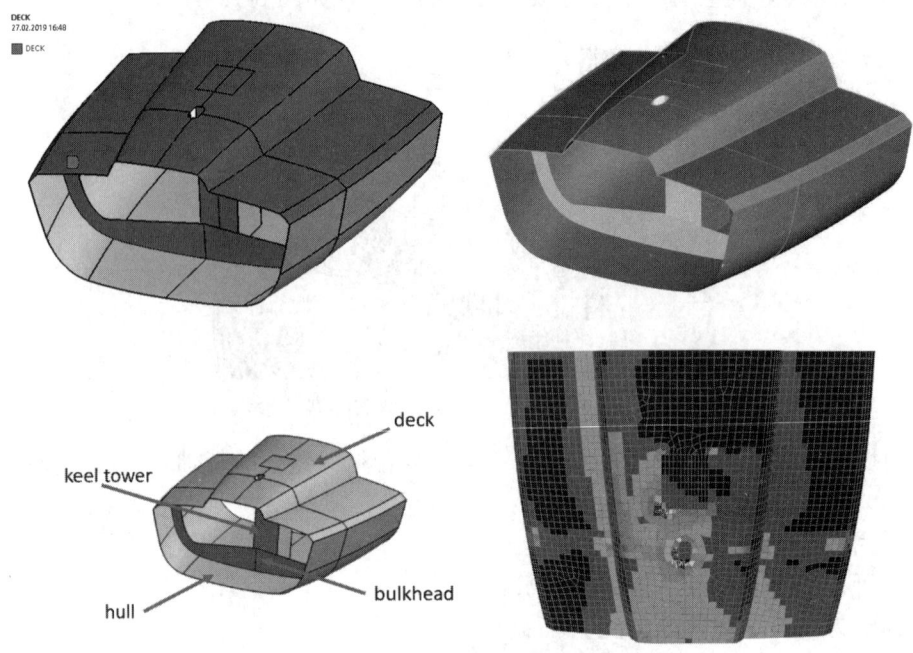

图 6-77 案例所用的船体舱段示意

6.3.2 案例实现

1. 恢复存档并查看基础数据

（1）启动 Workbench，打开存档文件：Class40_FROM_START_2020R1.wbpz，保存为项目文件，更新项目流程，如图 6-78 所示。

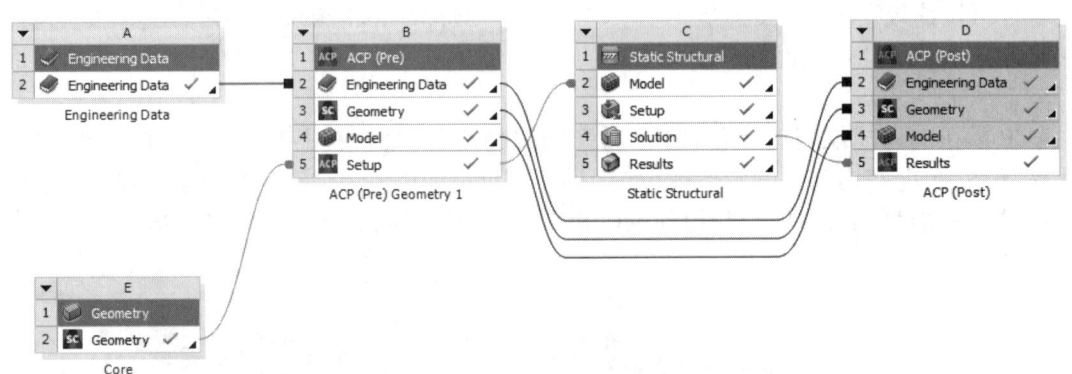

图 6-78 打开存档文件

（2）查看当前设计的危险区域及失效模式。右键单击 ACP（Post）分析流程的 Result，选择 Edit 进入 ACP（Post）模块。流程中已经定义了一个失效云图，单击特征树的 Failure.1 节点，查看舱段损伤分布云图，可以看出最大损伤在顶部 deck 的中心附近，如图 6-79 所示。

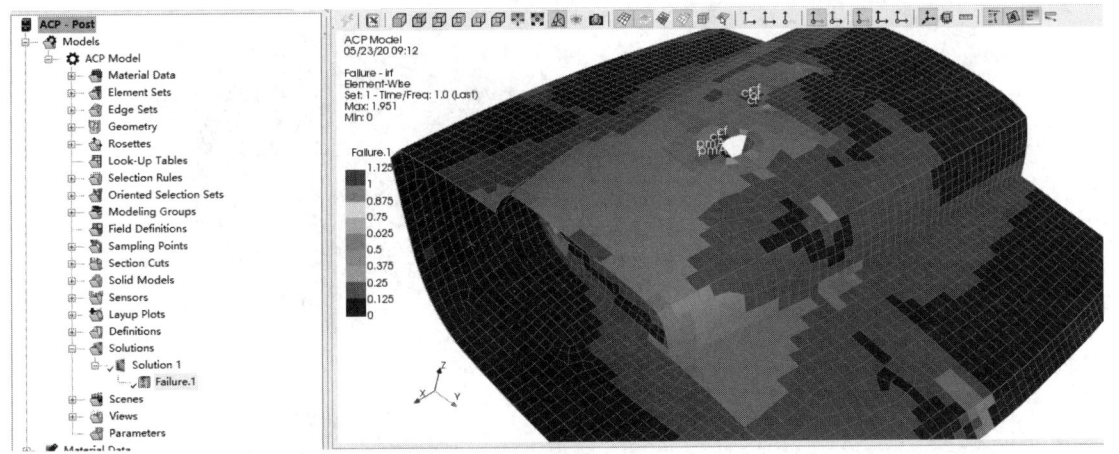

图 6-79 查看舱段损伤分布云图

（3）查看最大损伤区域的详细结果。特征树 Sampling Points 下的 SamplingPoint.1 是基于最大损伤区的一个单元创建的。切换到 SamplingPoint.1 的 Analysis 选项卡，单击 Apply 按钮，查看该单元各层损伤，如图 6-80 所示。可以看出，仅芯材的损伤大于 1。

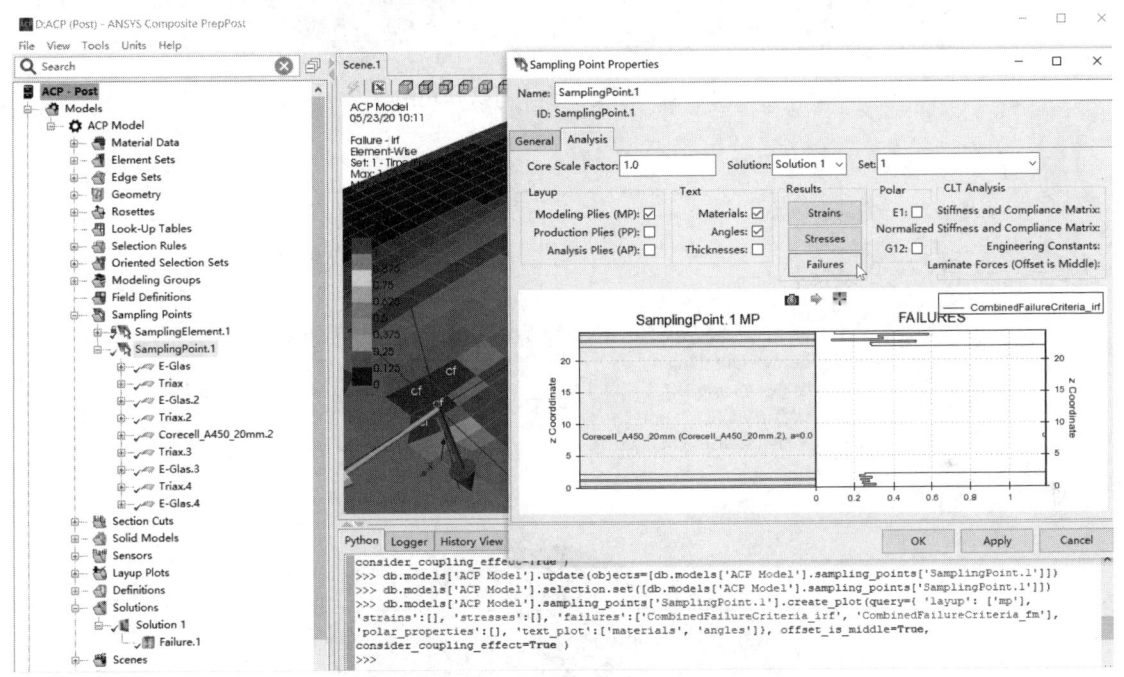

图 6-80 查看最大损伤区域的详细结果

（4）基于上述结果，接下来回到 ACP（Pre）模块，对结构进行加强。

2. 布尔运算选择规则去除部分芯材

（1）从 Workbench 项目页，打开 ACP（Pre）模块。

（2）新建 2 个平行选择规则，如图 6-81 所示。

（3）基于新建的 2 个平行选择规则，采用相交运算，新建 1 个布尔运算选择规则，如图 6-82（a）所示，规则用于去掉 deck 上 keel tower 附近的芯材，如图 6-82（b）所示。

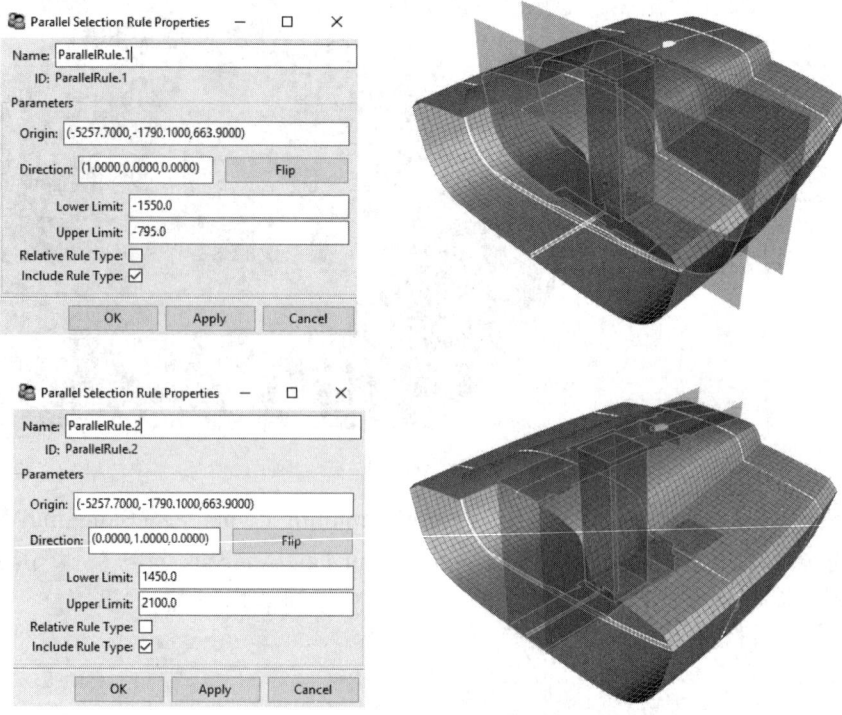

图 6-81　新建 2 个平行选择规则

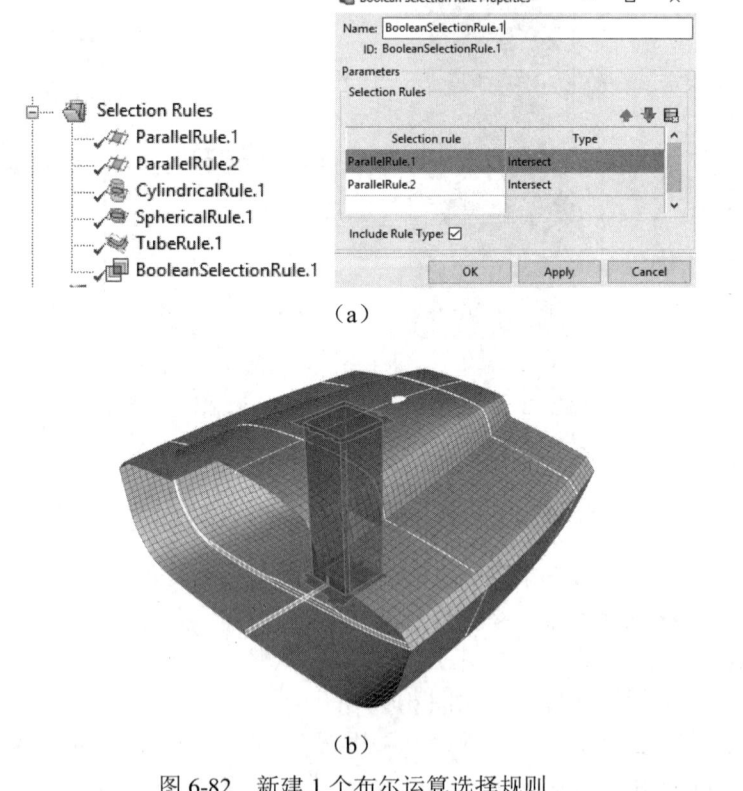

(a)

(b)

图 6-82　新建 1 个布尔运算选择规则

(4) 双击 deck 铺层组中的芯材铺层，切换到 Rules 选项卡。添加布尔运算规则，类型选为 Remove。单击 Apply 按钮，完成芯材的更改，如图 6-83 所示。

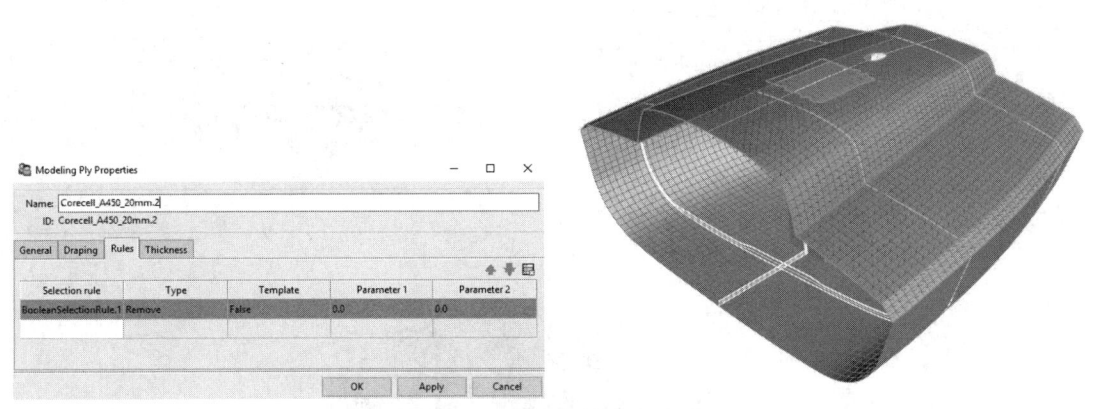

图 6-83　完成芯材更改设置

(5) 更新 Workbench 项目，进入 ACP（Post）。选择图中单元作为 SamplingPoint.1 的位置，并在 Analysis 选项卡查看其厚度方向的损伤，如图 6-84 所示。可以看出，内表面蒙皮损伤大于 1，损伤模式为 puckA 失效。

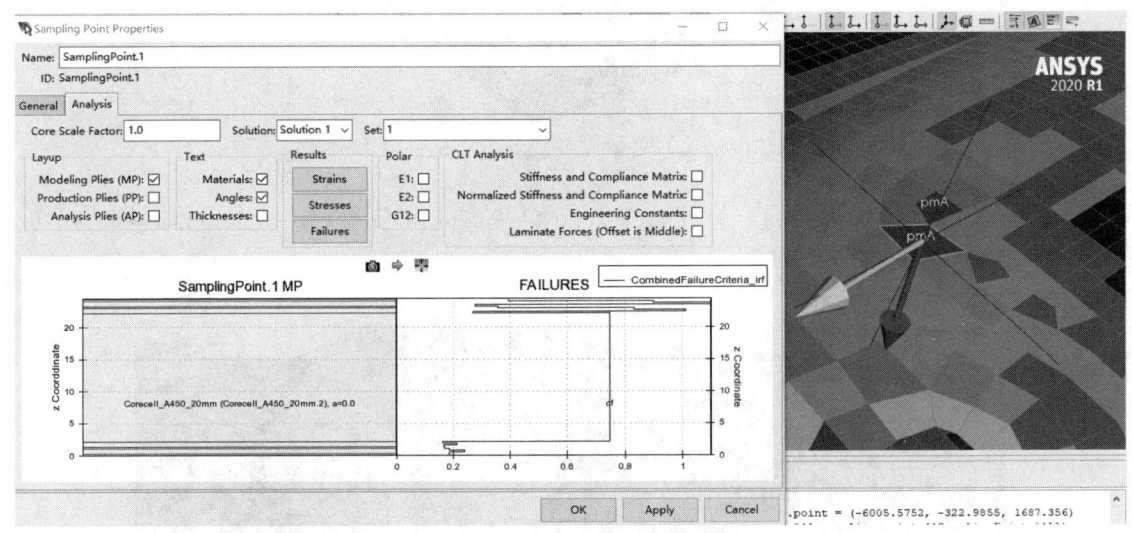

图 6-84　查看厚度方向的损伤

3. 局部补强减小结构损伤

(1) 在 deck 铺层组中 Triax.4 层后增加一层铺层。该层基于 deck 方向选择集，织物为 Triax，方向为 90 度。规则选项卡中添加 2 个平行规则，类型为 Intersect，并将这 2 个规则作为模板使用，按照图 6-85 更改规则的范围。

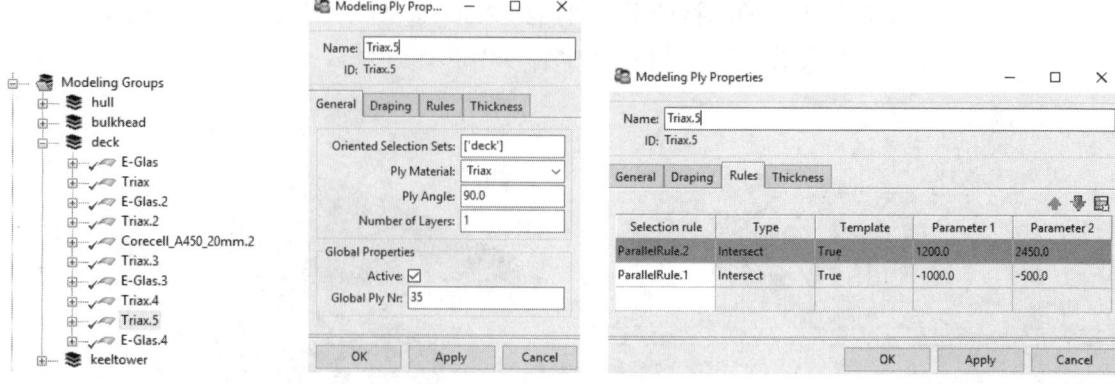

图 6-85 局部补强设置

（2）更新 Workbench 项目，打开 ACP（Post）模块。可以看出，补强后该区域的损伤小于 1，如图 6-86 所示。

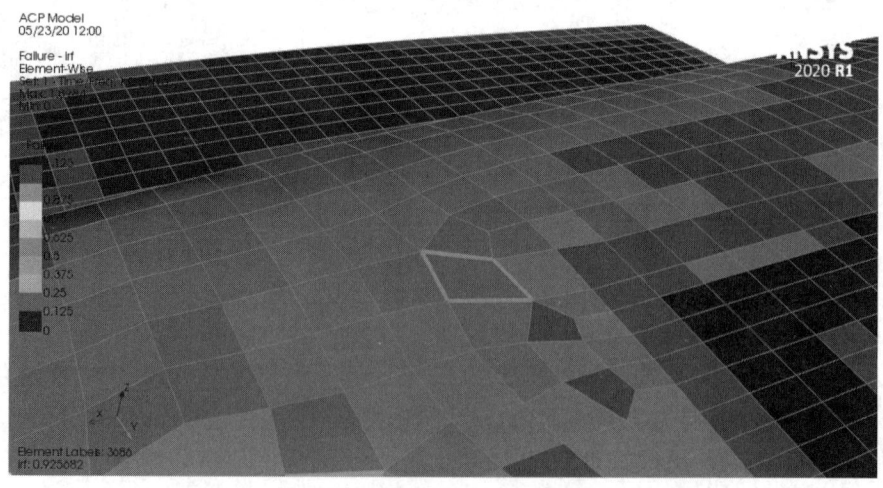

图 6-86 补强后的损伤图

6.3.3 案例小结

通过本案例，应掌握以下内容：
（1）ACP 模块能够独立于几何，对结构进行局部处理。
（2）规则可以用于铺层和方向选择集。
（3）不同的选择规则可以通过布尔运算组合。
（4）选择规则可以作为模板使用。
（5）通过迭代改变复合材料结构设计的过程。
（6）通过采样点进行细节失效分析的过程。

6.4 实体模型装配

6.4.1 案例简介

本案例中，将创建双弯曲拉伸试件的实体有限元模型（图 6-87）。对于厚复合材料结构，壳单元的平面应力假设不再成立，此时必须使用实体单元以得到更加准确的解。

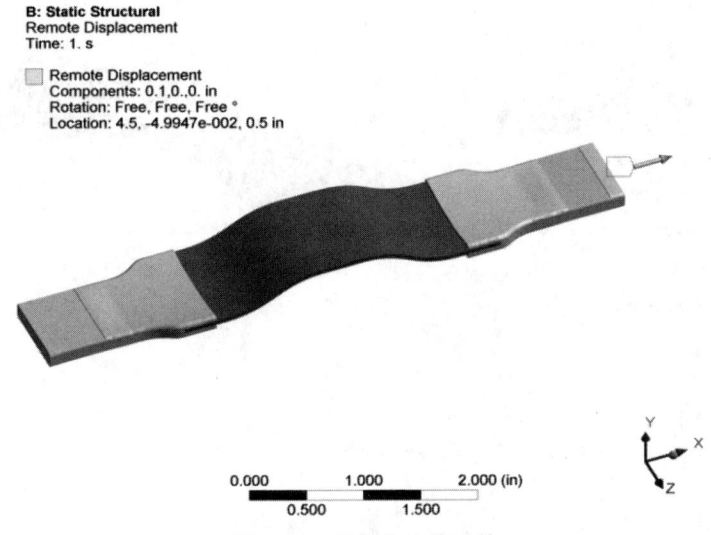

图 6-87 双弯曲拉伸试件

本案例的目标是通过复合材料零件与金属零件装配模型，熟悉复合材料实体单元建模及分析流程，并对比 3D 应力状态下 2D 和 3D 失效准则的差异。

复合材料件的铺层信息为[0, 0, -30, +30, 0, 0]对称铺敷 UD 布。

6.4.2 案例实现

1. 恢复存档并查看模型

（1）启动 Workbench，打开存档文件：Solid_Modeling_FROM_START_2020R1.wbpz，保存为项目文件，如图 6-88 所示。

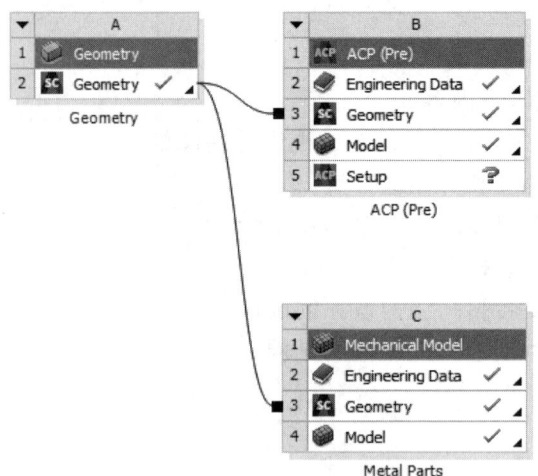

图 6-88　打开存档文件

（2）查看模型。模型中包含两个分析流程。流程 B 是 ACP（Pre）模块，用于建立复合材料零件，如图 6-89（a）所示；流程 C 是 Mechanical 模块，用于建立金属零件模型，如图 6-89（b）所示。在复合材料零件的实体单元模型生成之后，两个流程的零件将进行装配。

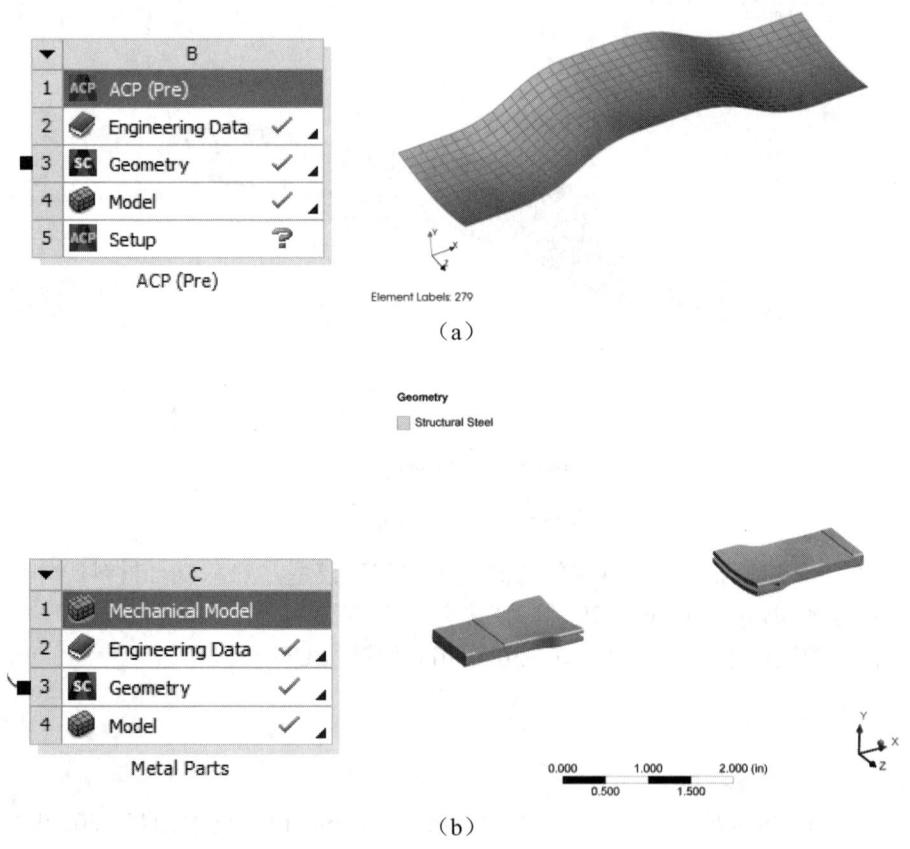

图 6-89　案例模型

2. 使用拉伸向导生成实体单元模型

（1）编辑 ACP（Pre）流程的 Setup，进入 ACP（Pre）模块。切换为 mm 单位制。

（2）新建织物材料，命名为 Epoxy_Carbon_Woven_395GPa_Prepreg，厚度为 0.232mm，如图 6-90 所示。

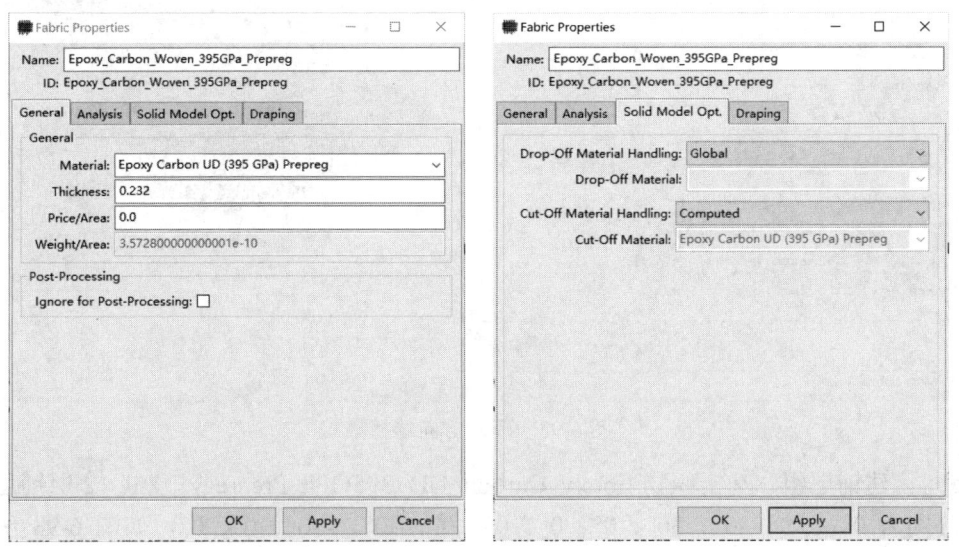

图 6-90　新建织物材料

（3）新建工具坐标系，命名为 Rosette.EdgeWise。Edge Set 选项选择 Edge1，如图 6-91 所示。该坐标系将用于定义方向选择集的参考方向。

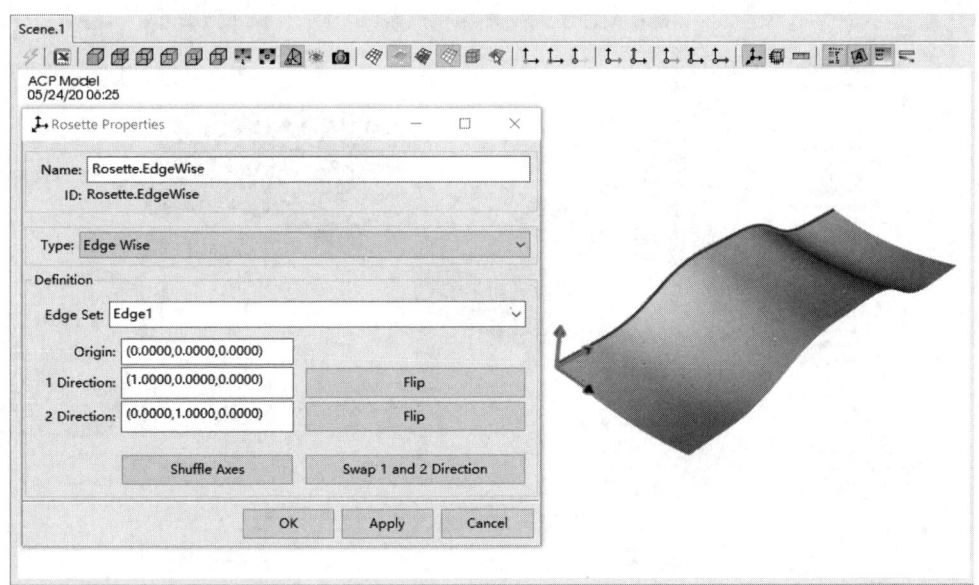

图 6-91　新建工具坐标系

（4）新建方向选择集，命名为 OrientedSelectionSet.1。Element Sets 选项选择 All_Elements。按图 6-92 定义方向点和方向向量。Rosettes 选项选择 Rosette.EdgeWise。

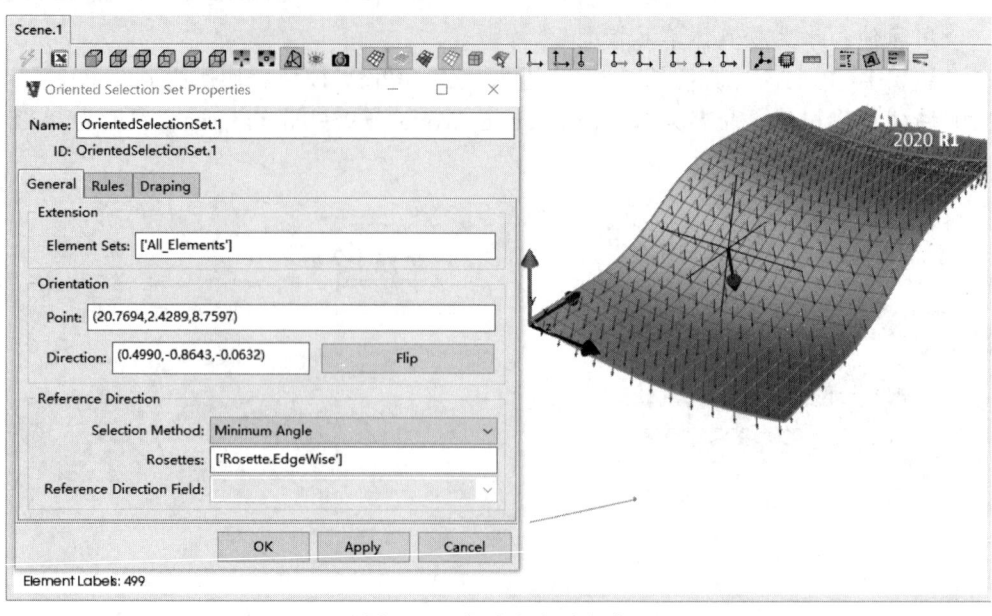

图 6-92　新建方向选择集

（5）新建铺层组。基于织物 Epoxy_Carbon_UD_395GPa_Prepreg，建立 12 层铺层，纤维方向角分别为 0°、0°、-30°、30°、0°、0°、0°、0°、30°、-30°、0°、0°，如图 6-93 所示。至此，复合材料壳模型的铺层信息已经定义完成，接下来将使用导入的 CAD 文件作为拉伸向导拉伸生成复合材料实体单元模型。

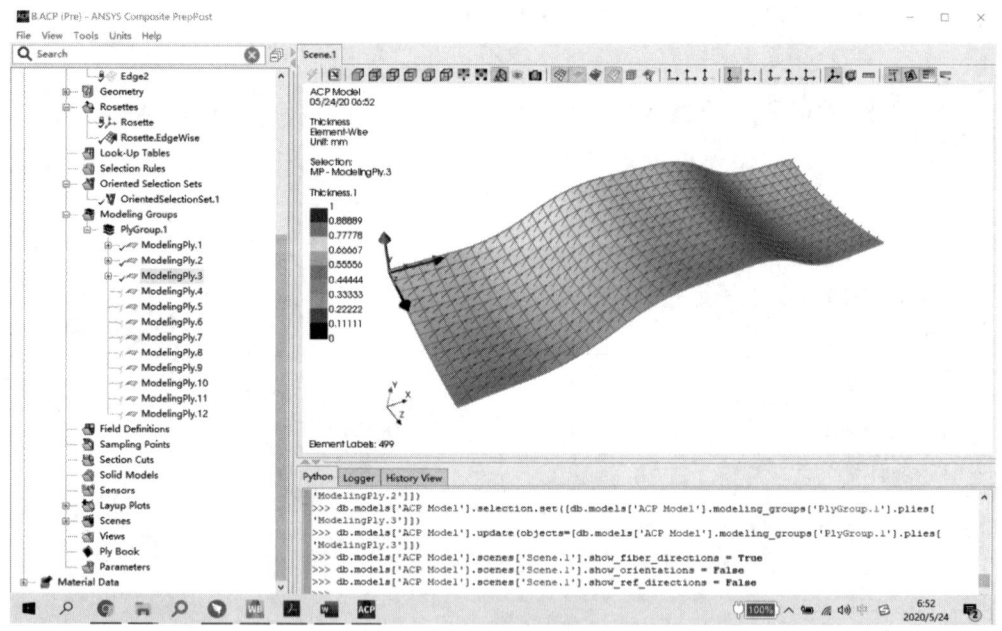

图 6-93　新建铺层组

（6）建立 CAD 模型导入流程。首先，插入 Geometry 组件；然后，连接 Geometry 到 ACP（Pre）流程的 Setup，如图 6-94 所示。

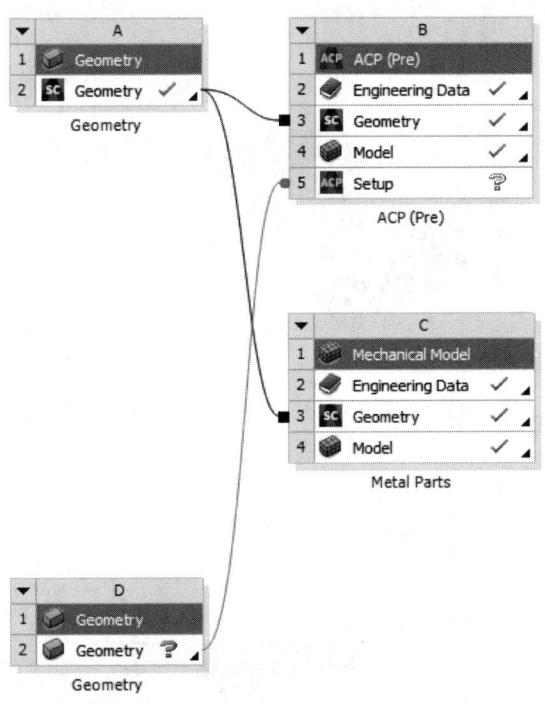

图 6-94　建立 CAD 模型导入流程

（7）导入练习目录下的 CAD 文件 extrusion_guide.stp，并更新 ACP（Pre）工作流，如图 6-95 所示。

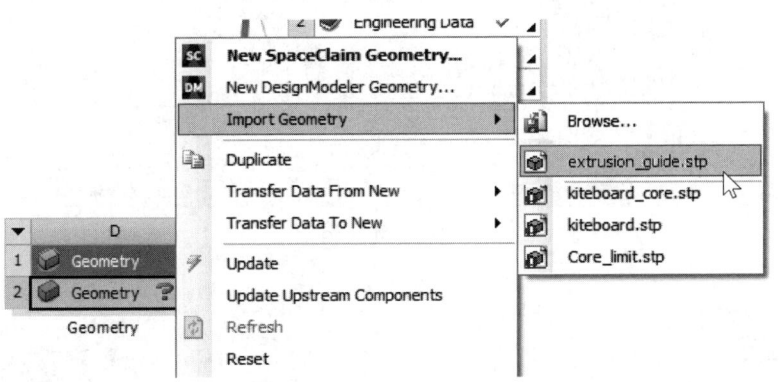

图 6-95　导入 CAD 文件

（8）进入 ACP（Pre）模块，在特征树 Geometry 分支查看已导入的 CAD 文件。基于该文件新建一个虚几何体，Sub Shapes 选项选择 extrusion_guide.stp，如图 6-96 所示。

（9）新建实体模型。实体模型的设置为：Element Sets 选项选择 All_Elements；拉伸方法选项选择 Analysis Ply Wise。单击 Apply 按钮，查看拉伸效果，如图 6-97 所示。

（10）新建实体模型拉伸向导。拉伸向导 1 的名称为 ExtrusionGuide.1，Edge Set 选项选择 Edge1，向导类型选择 Geometry，CAD Geometry 选项选择 VirtualGeometry.1，如图 6-98（a）所示。拉伸向导 2 的定义与向导 1 类似，区别仅在于 Edge Set 选项选择 Edge2，如图 6-98（b）所示。

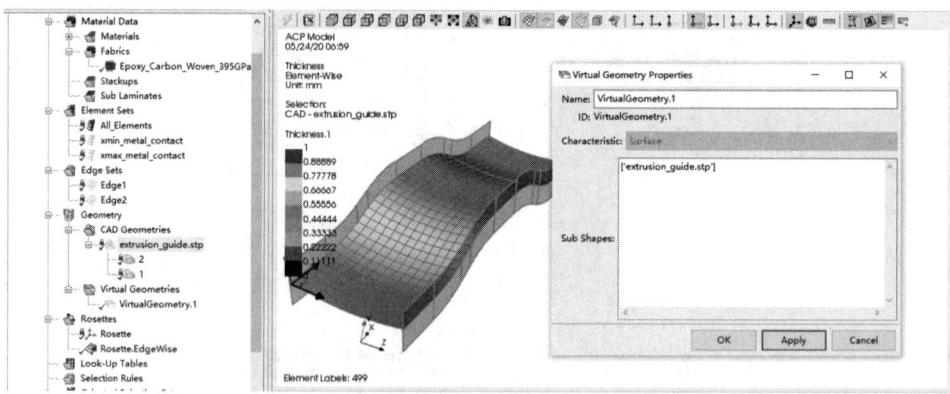

图 6-96 查看 CAD 文件并新建一个虚几何体

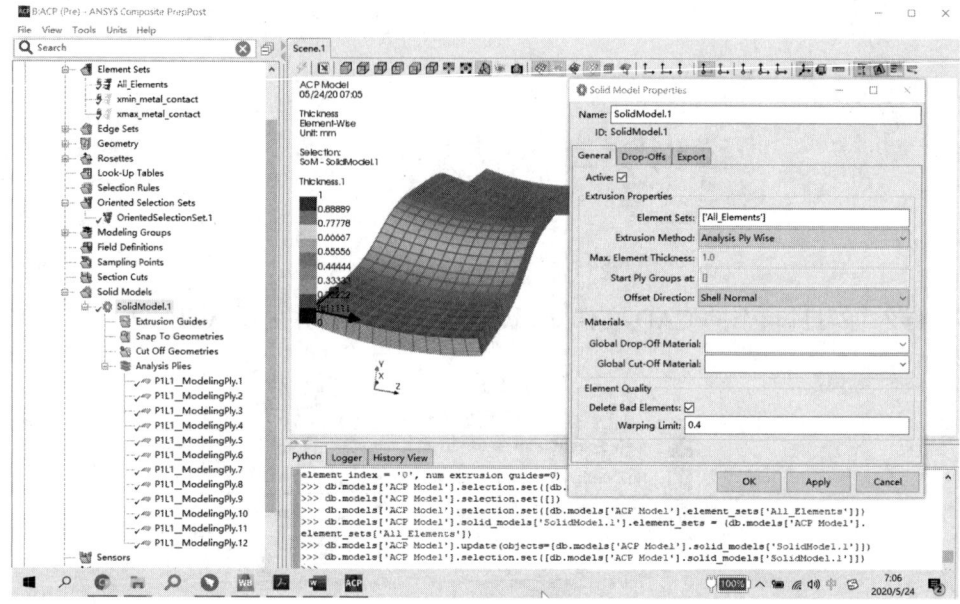

图 6-97 新建实体模型

（a） （b）

图 6-98 新建实体模型拉伸向导

（11）更新特征树实体模型节点，并显示 VirtualGeometry.1，检查使用拉伸向导后的实体单元模型，如图 6-99 所示。

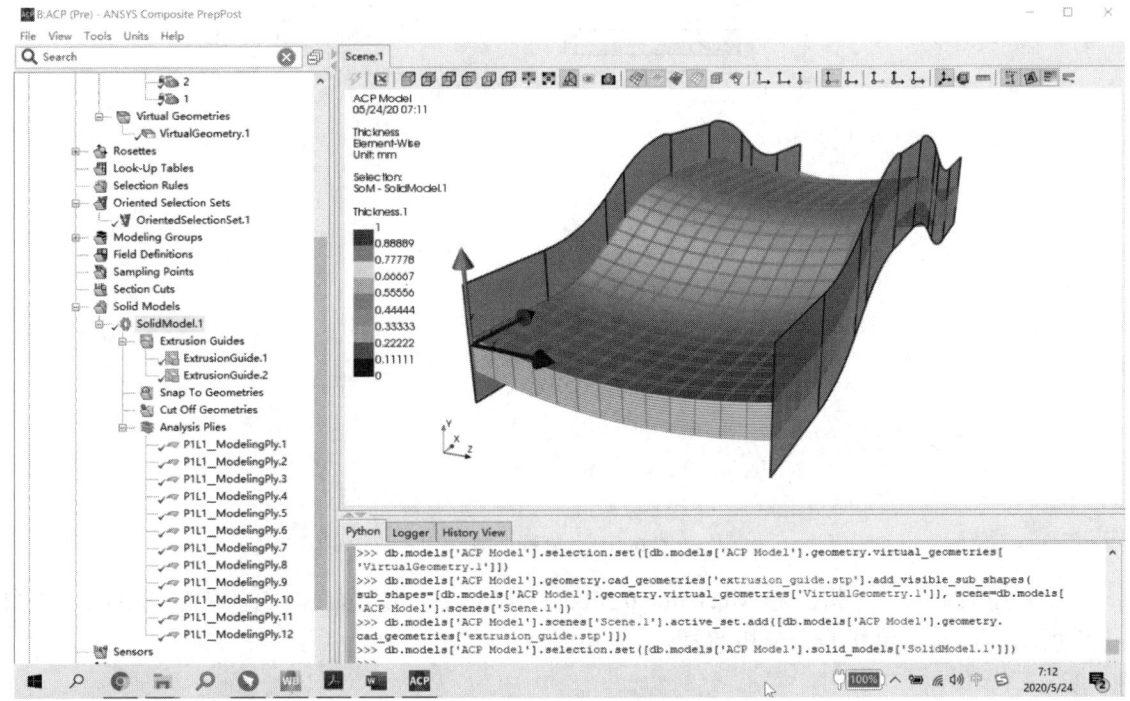

图 6-99　使用拉伸向导后的实体单元模型

（12）对比是否使用 CAD 文件拉伸向导的区别，如图 6-100 所示。

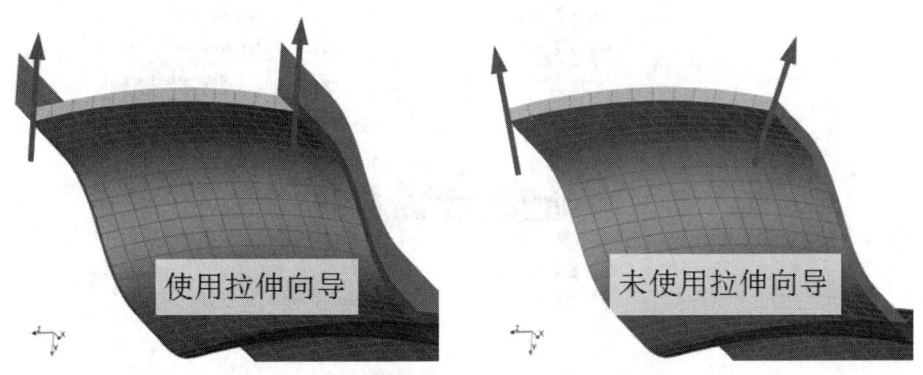

图 6-100　使用 CAD 文件拉伸向导前后对比

3．装配流程建立

（1）关闭 ACP 模块界面并更新 ACP（Pre）流程的 Setup，由工具箱拖放 Static Structural 分析流程到项目中成为独立的分析流程。

（2）拖放 ACP（Pre）流程的 Setup 到静强度分析流程的 Model，选择 Transfer Solid Composite Data，如图 6-101 所示。

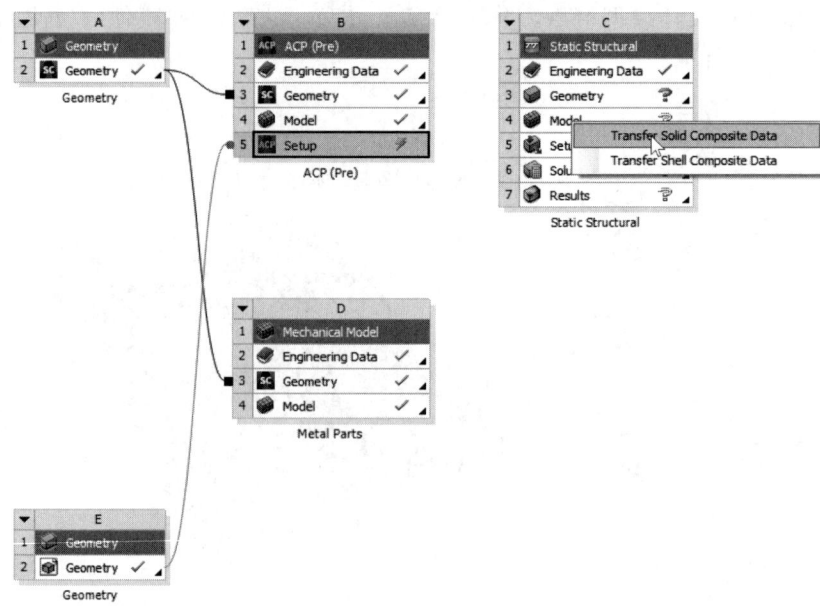

图 6-101　流程拖放

（3）拖放金属件分析流程 Mechanical Model 的 Model 到静强度分析流程的 Model，如图 6-102 所示。最后，更新静力分析流程。

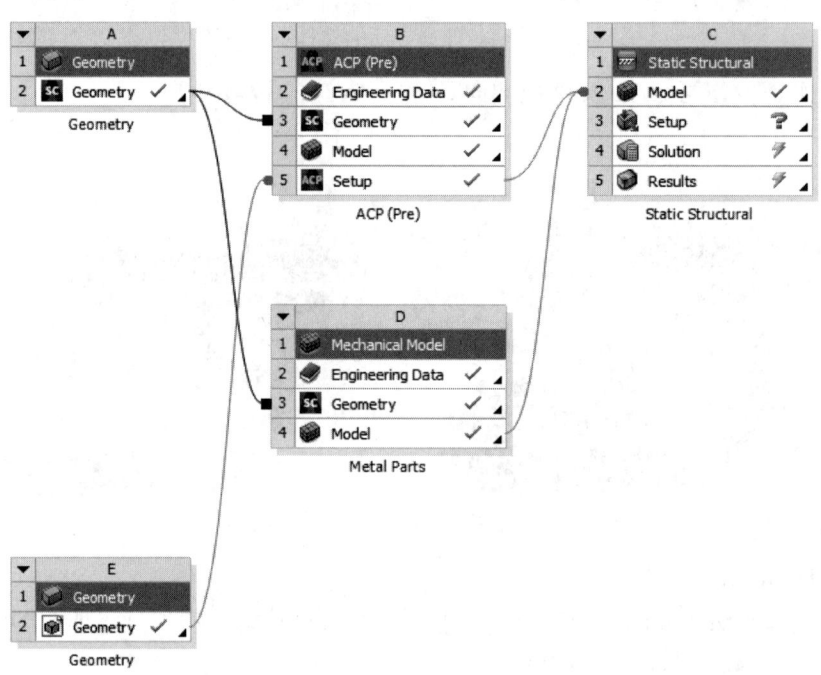

图 6-102　分析流程拖放

注意：两个待装配模型的单位制可以在分析流程 C 的 Model 属性窗口进行设置，如图 6-103 所示。

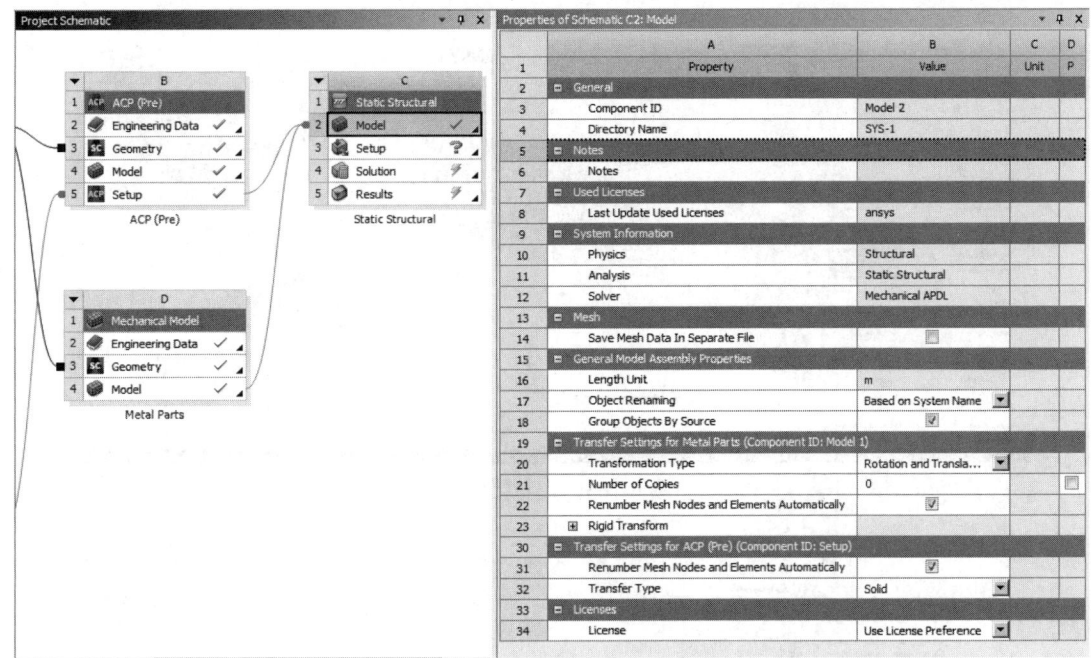

图 6-103　分析流程 C 的 Model 属性窗口

4. Mechanical 模块中装配金属件和复合材料件

（1）双击静力分析流程的 Model，进入 Mechanical 模块。查看导入的复合材料实体模型和金属件模型，如图 6-104 所示。在这里不能对复合材料和金属件的材料属性和网格进行更改。

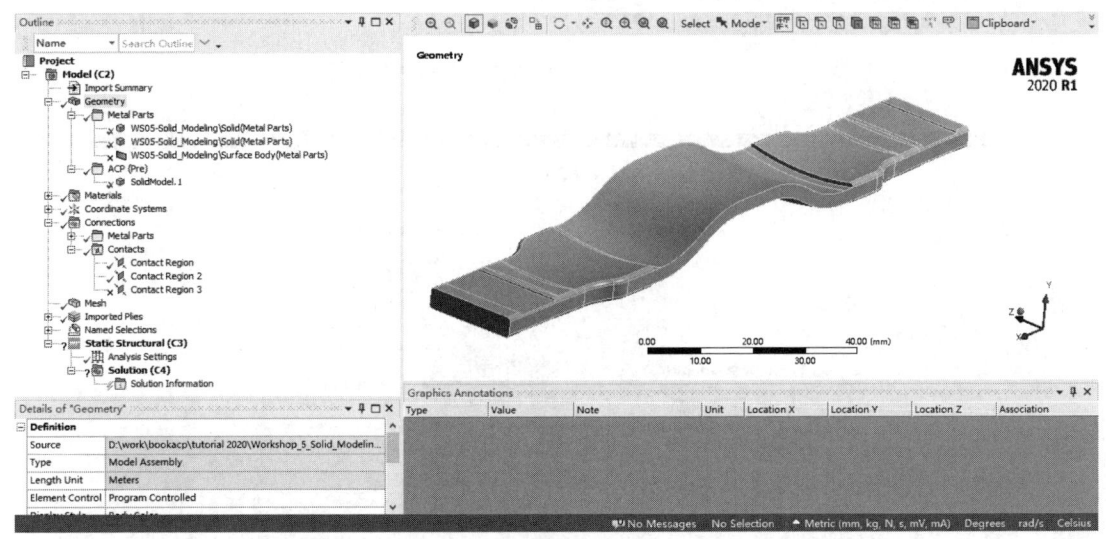

图 6-104　查看导入的复合材料实体模型和金属件模型

（2）查看 ANSYS Mechanical 模块自动探测并定义的接触对，接触对的类型为绑定接触，如图 6-105 所示。

（3）装配体一端施加固定约束，另一端施加远端位移，详细设置如图 6-106 所示。远端位移的分量为：X 方向 0.5mm，而其他方向位移为零。

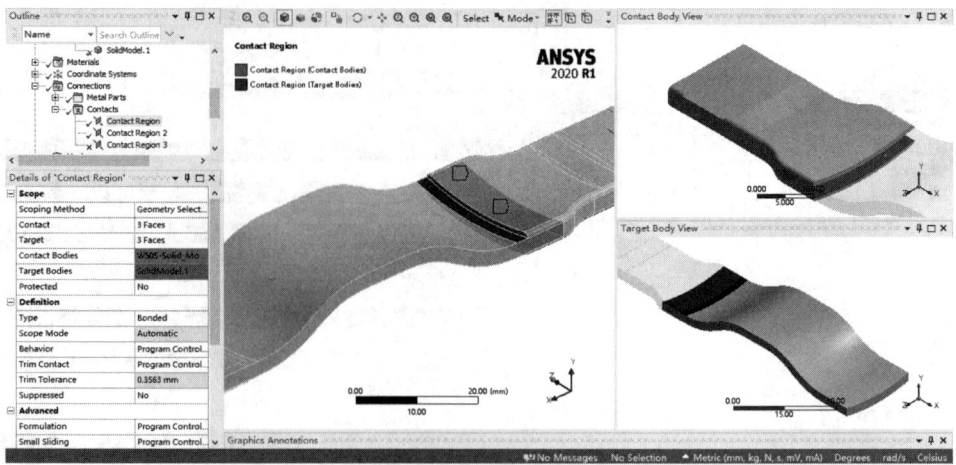

图 6-105 查看接触对

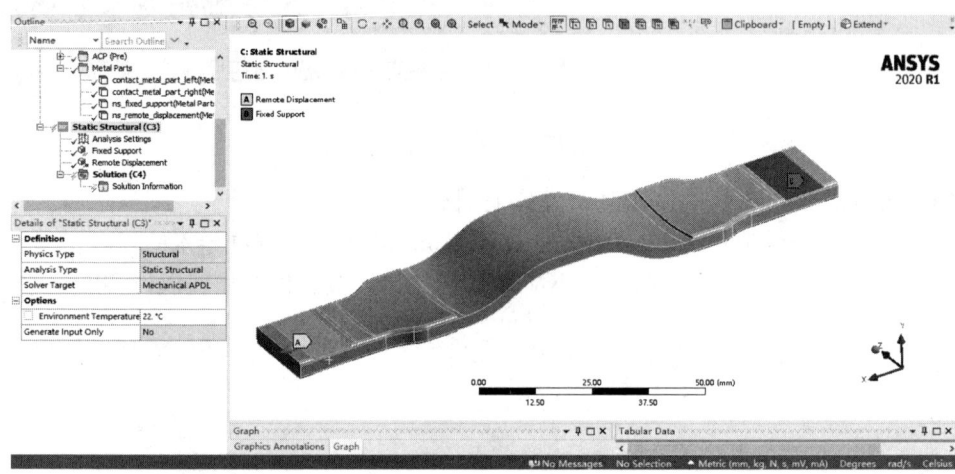

(a)

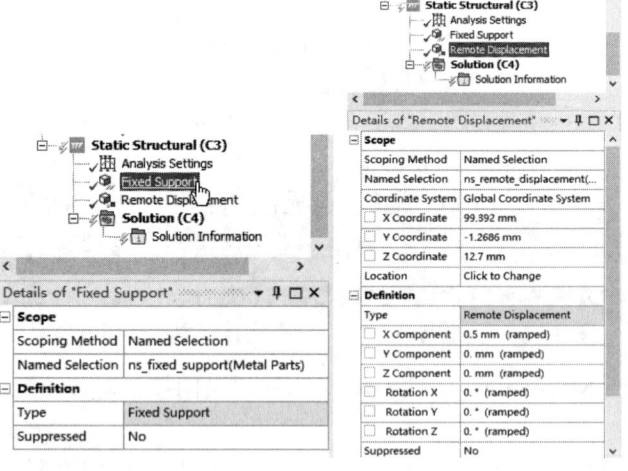

(b)

图 6-106 装配体详细设置

(4)求解模型,得到装配体变形云图,如图6-107所示。

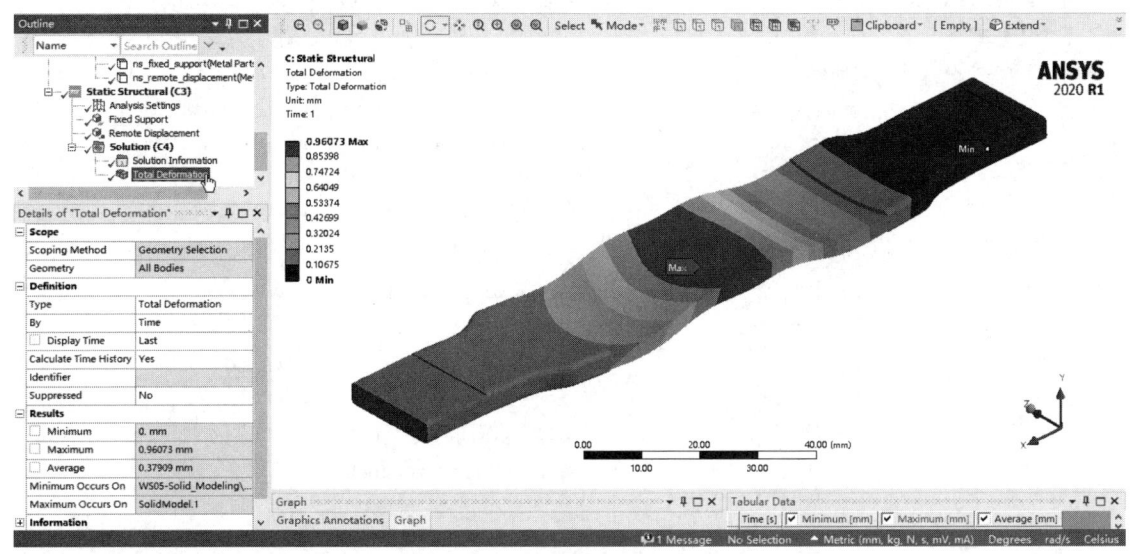

图6-107 装配体变形云图

5. ACP模块进行复合材料实体单元模型结果的后处理

(1)拖放ACP(Post)工作流程到ACP(Pre)工作流程,共享B2:B4。连接Static Structural分析流程C的Solution到ACP(Post)工作流程的Results,如图6-108所示。

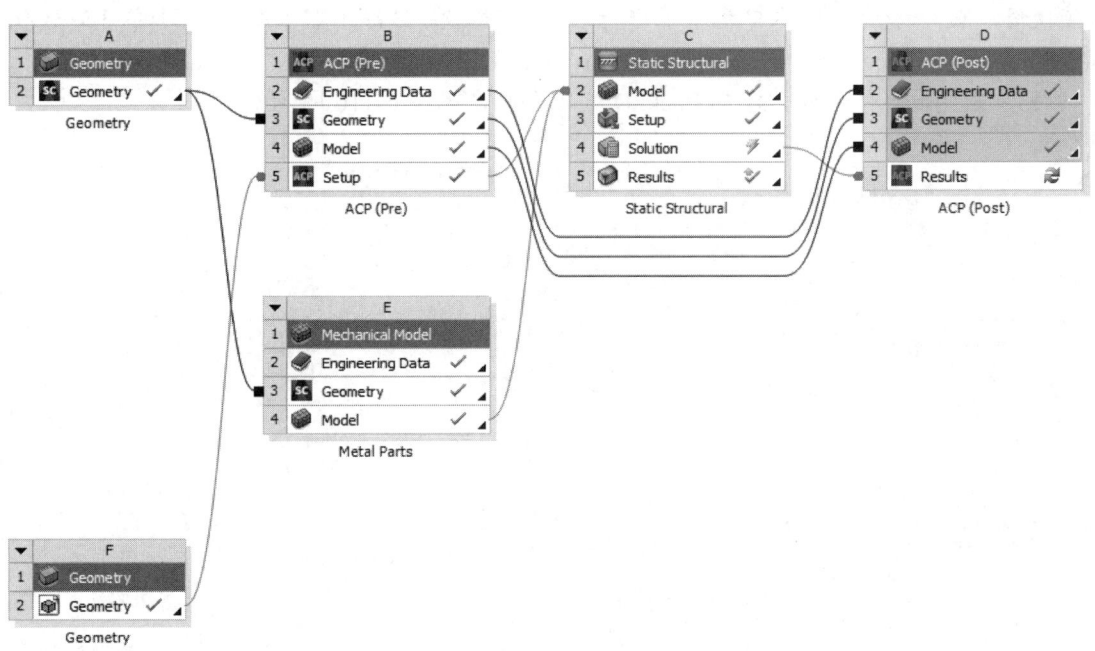

图6-108 工作流程的连接

(2)更新工作流程并打开ACP(Post)界面。新建失效准则,名称为FailureCriteria.Puck3D,选择Puck准则,并单击Configure设置Puck失效准则细节选项,如图6-109所示。

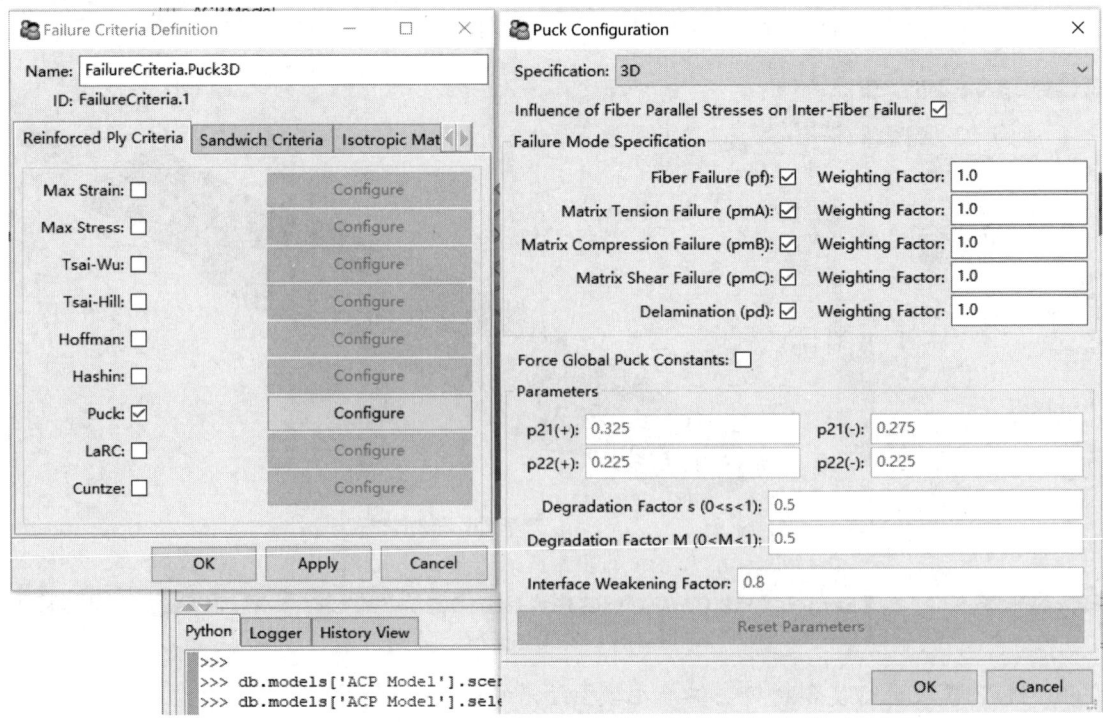

图 6-109　新建并设置失效准则

注意：一方面，ANSYS 求解器自动计算复合材料实体单元的层间应变和应力，ACP 模块直接使用。另一方面，实体单元结果进行后处理时，需要打开以下失效准则的 3D 选项：Maximum Strain、Maximum Stress、Tsai-Wu、Tsai-Hill、Hashin、Puck、Cuntze。

（3）采用同样的方法，添加 Puck2D 失效准则，如图 6-110 所示。

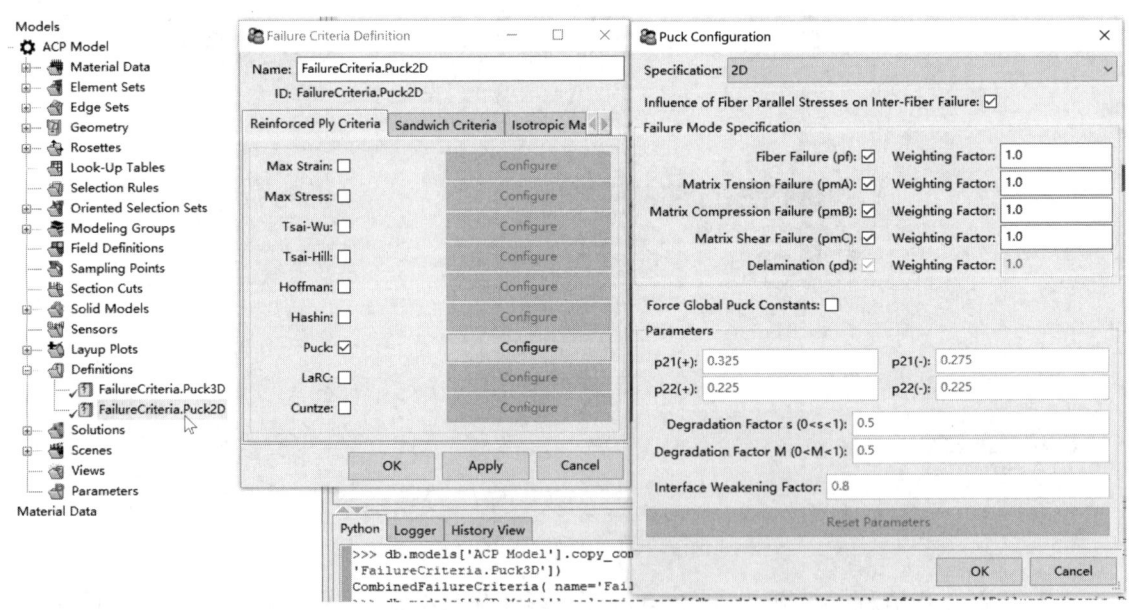

图 6-110　添加 Puck2D 失效准则

(4) 在特征树 Solutions>Solution 1 节点，添加 Failure.Puck3D，如图 6-111 所示。

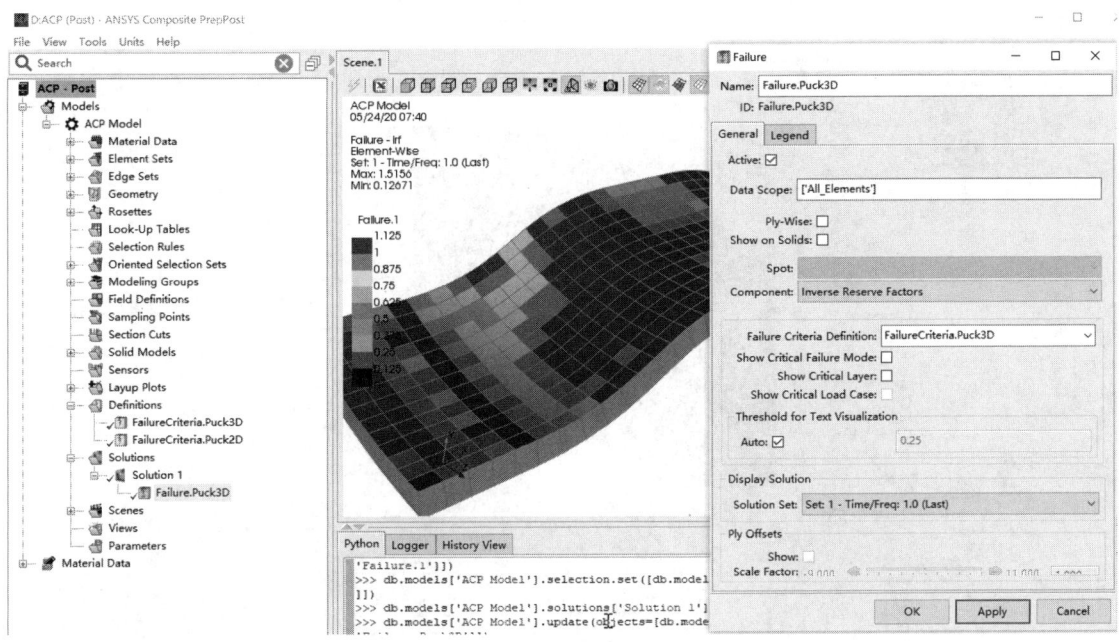

图 6-111　添加 Failure.Puck3D

(5) 采用同样的方法，在特征树 Solutions>Solution 1 节点，添加 Failure.Puck2D，并显示 Puck2D 准则的评估结果，如图 6-112 所示。

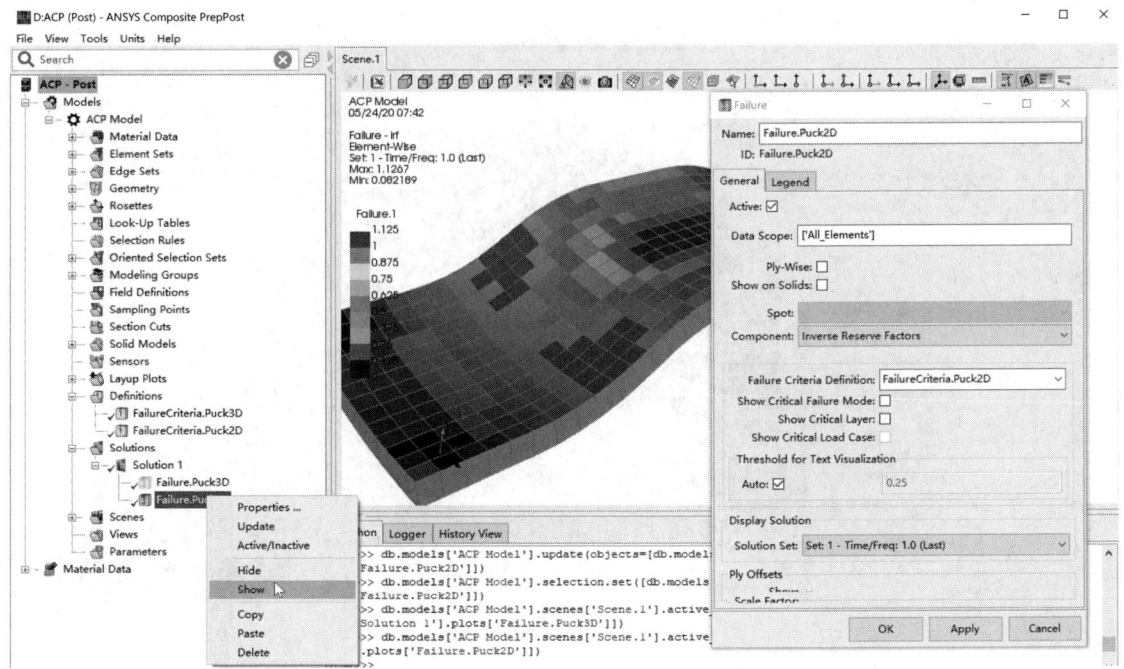

图 6-112　添加 Failure.Puck2D 并显示 Puck2D 准则的评估结果

301

（6）设置图形显示控制，查看实体模型结果，结果如图 6-113 所示。

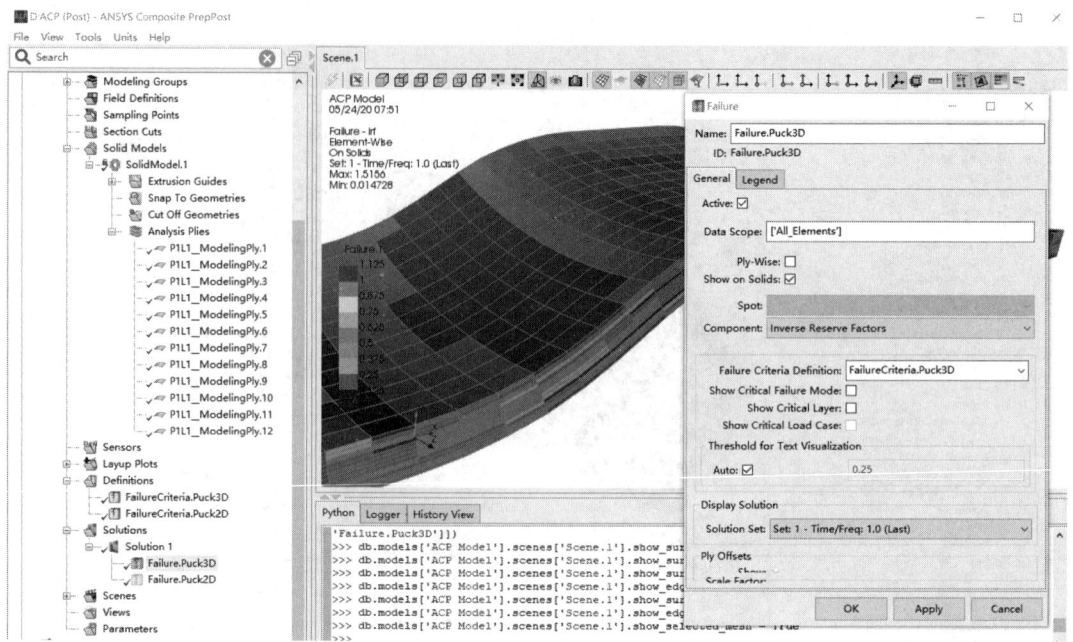

图 6-113　实体模型结果

（7）关闭单元边和面高亮选项，选择内部铺层，查看内部铺层结果，如图 6-114 所示。

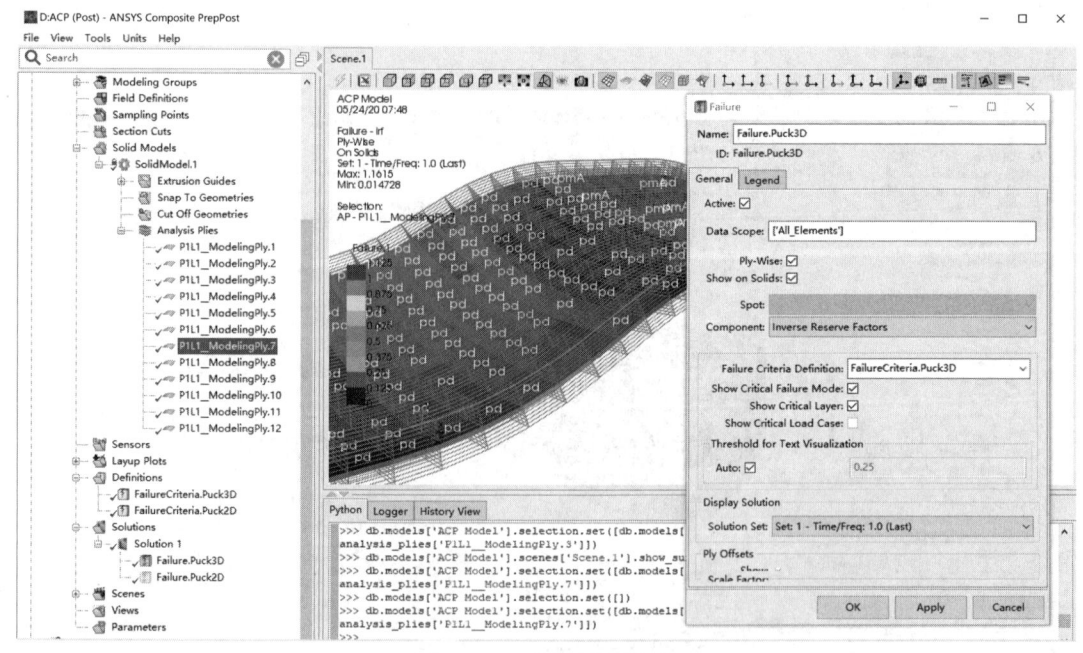

图 6-114　内部铺层结果

（8）是否打开失效准则的 3D 选项，对于该模型的结果云图有较大区别，这说明层间应力和应变是该结构安全性的重要影响因素。不同失效准则的结果云图如图 6-115 所示。

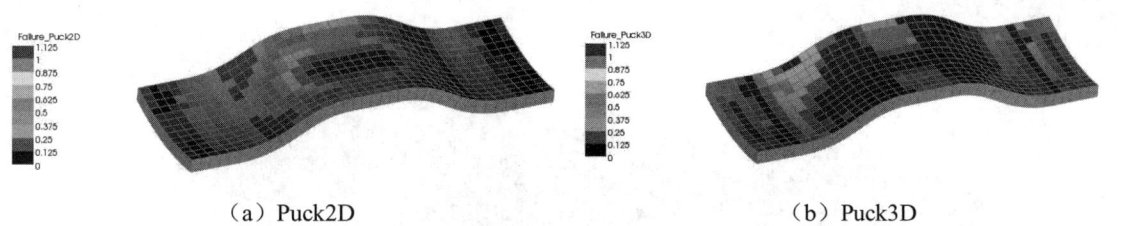

(a) Puck2D　　　　　　　　　　　　　(b) Puck3D

图 6-115　不同失效准则的结果云图

（9）新建 Sampling Point 检查弯曲区域单元的法向应力 S3，以及 Puck 失效准则，如图 6-116 所示。

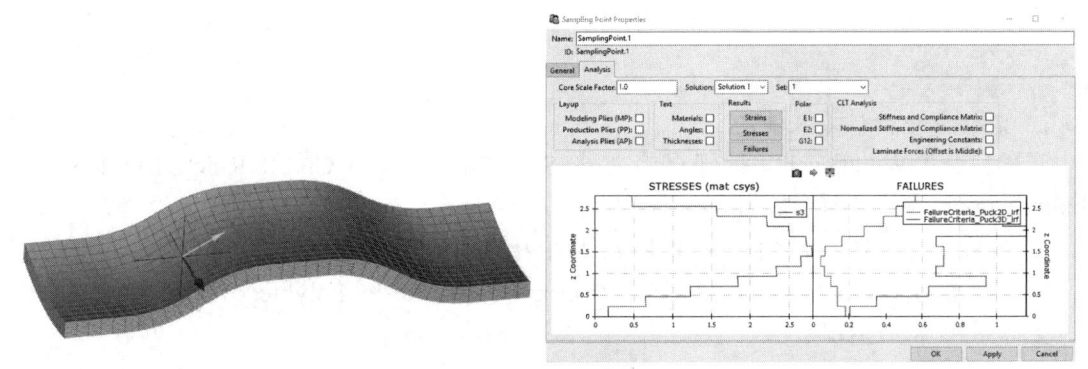

图 6-116　新建 Sampling Point 检查法向应力及失效准则

6.4.3　案例小结

通过本案例，应掌握以下知识点：
（1）复合材料实体模型装配。
（2）给定的双曲厚复合材料结构，面外应力 S3 较大而不能忽略。
（3）面外应力为关键应力时，3D 和 2D 失效准则评估结果差异较大。

6.5　拉伸实体建模

6.5.1　案例简介

铺层复合材料结构中，经常用到掉层设计，以减小复合材料用量。掉层即布层不完整铺敷整个模具面，而只进行部分铺敷。例如，风电叶片的主梁、蒙皮。在掉层的最外侧通常会覆盖一层更大的布层，类似于风电叶片的蒙皮大布。含有掉层的复合材料结构件，在掉层结束位置为一富树脂区域。这个位置是结构的薄弱环节。

ACP 生成的复合材料实体模型中能够模拟掉层现象。ACP 在掉层结束位置生成棱柱单元（退化的六面体单元）。ACP 将树脂性能赋予生成的棱柱单元，用于模拟富树脂区域。

本案例将建立包含掉层的复合材料实体模型（图 6-117）。案例中将练习几何切割和捕捉到几何功能。

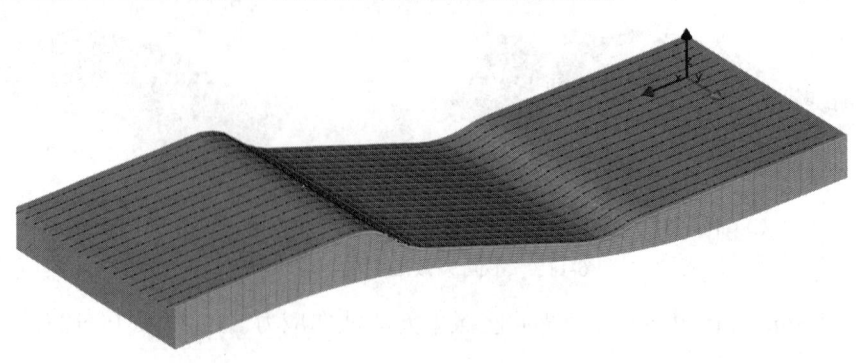

图6-117　包含掉层的复合材料实体模型

6.5.2　案例实现

1. 定义复合材料基本铺层

（1）启动 Workbench，打开存档文件 Solid_Model_with_Cutoff_Rule_FROM_START_2020R1.wbpz，保存为项目文件。

（2）双击分析流程 A 的 Setup，进入 ACP 模块，查看模型（图 6-118）。模型中已经定义了：碳纤维 Epoxy_Carbon_UD_230GPa_Prepreg 和树脂 Resin_Polylite_413；0.5mm 厚织物；工具坐标系和方向选择集。

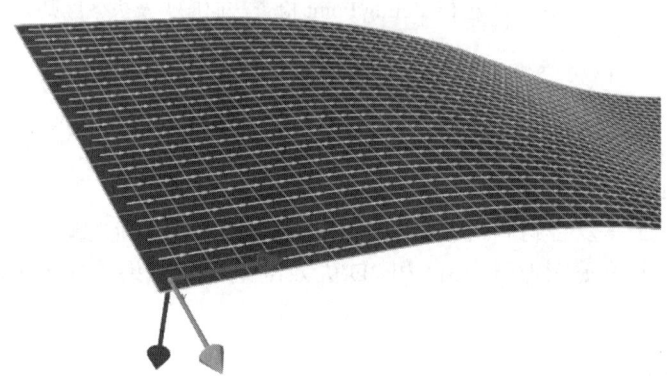

图 6-118　案例模型

（3）新建铺层组，重命名为 PlyGroup.1。添加 20 层 Epoxy_Carbon_UD_230GPa_Prepreg 织物铺层，角度为 0 度，如图 6-119 所示。

2. 使用导入的 CAD 文件实现铺层掉层

接下来使用几何切割规则，实现铺层的掉层（图 6-120）。几何切割规则使用 CAD 表面切割定义的铺层。

（1）在 Workbench 项目页插入 2 个新的 Geometry 组件，重命名为"Geometry, cut off"和"Geometry, snap to"。将 2 个新建组件均连接到 ACP（Pre）工作流程的 Setup（图 6-121）。"Geometry, cut off"组件导入练习目录下的 CUT_OFF_GEOMETRY.stp 文件。"Geometry, snap to"组件导入练习目录下的 SNAP_TO_GEOMETRY.stp 文件。更新 ACP（Pre）的 Setup，并进入 ACP 模块。

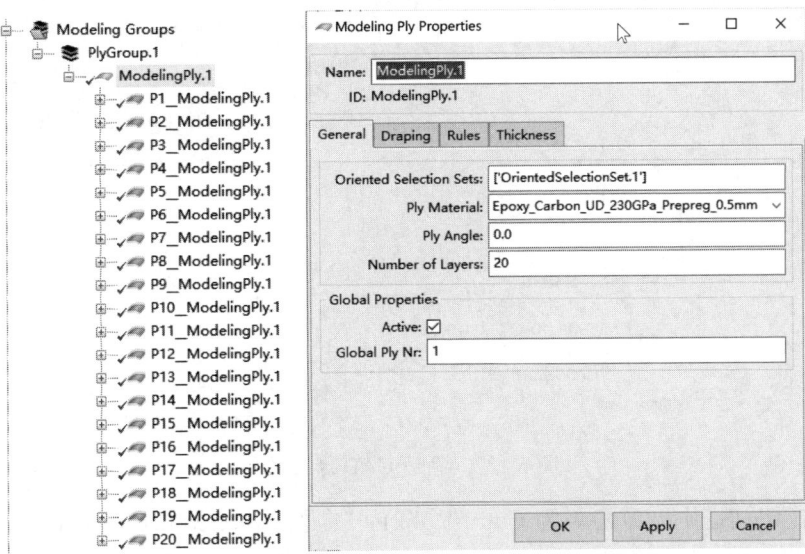

图 6-119 新建铺层组

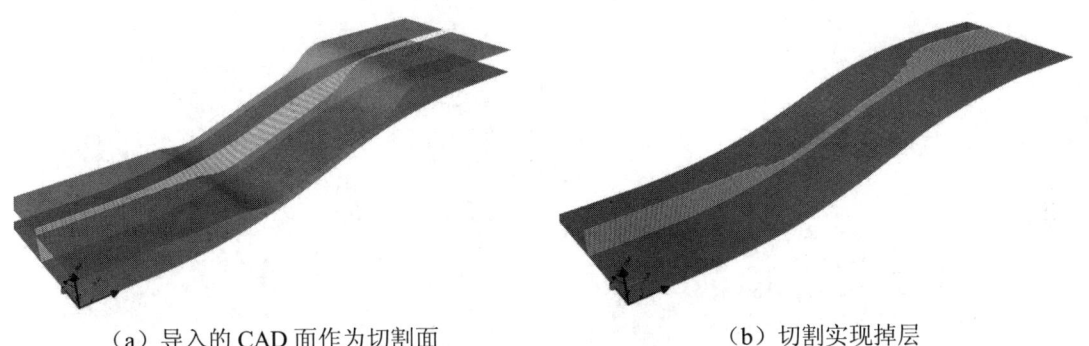

（a）导入的 CAD 面作为切割面　　　　　（b）切割实现掉层

图 6-120 用几何切割规则实现铺层掉层

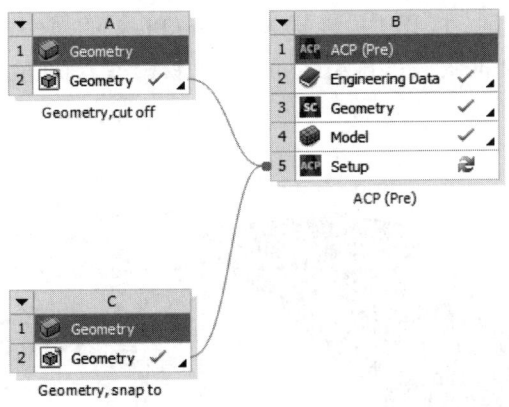

图 6-121 将新建的 2 个组件连接到 ACP（Pre）的 Setup

（2）新建 CAD 虚拟几何，命名为 CADGeometry.1，Sub Shapes 选项选择 CUT_OFF_GEOMETRY.stp，如图 6-122 所示。

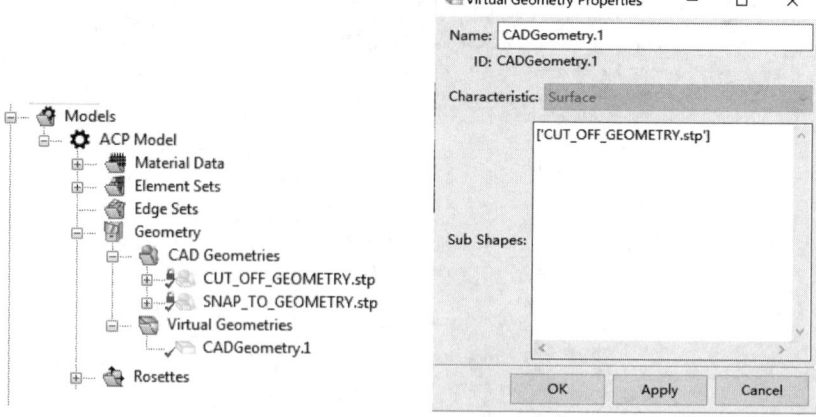

图 6-122 新建 CAD 虚拟几何

（3）新建切割规则，重命名为 CutoffRule.1，类型选为 Geometry。Cutoff Geometry 选择 CADGeometry.1，Ply Cutoff Type 选项选择 Analysis Ply Cutoff，Ply Tapering 选项选中，如图 6-123 所示。

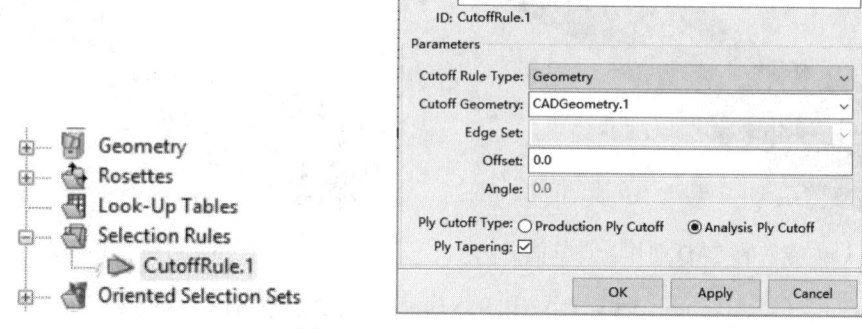

图 6-123 新建切割规则

（4）应用切割选择规则。打开建模铺层 ModelingPly.1 的属性窗口，切换到 Rules 选项卡。添加切割选择规则 CutoffRule.1，单击 Apply 按钮更新模型，在切面图中查看铺层渐变结果，如图 6-124 所示。

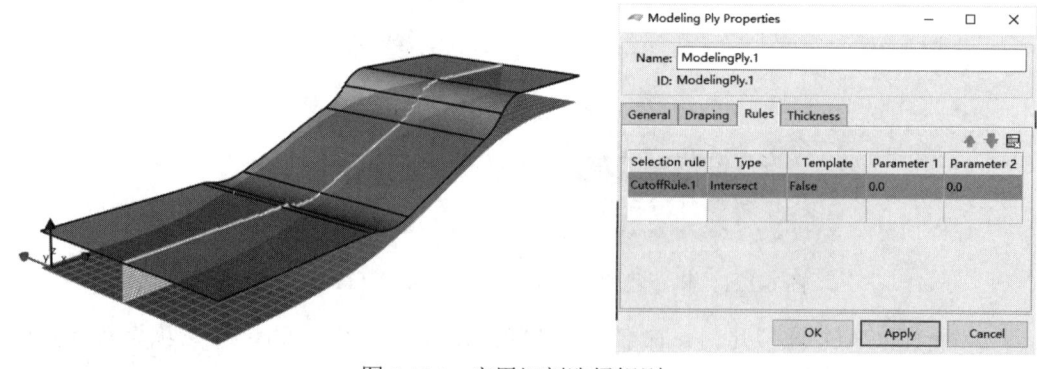

图 6-124 应用切割选择规则

(5)新建建模铺层。方向选择集选择 OrientedSelectionSet.1。铺层材料选择 Epoxy_Carbon_UD_230GPa_Prepreg_0.5mm。铺层角度为 0 度。Number of Layers 设置为 2,如图 6-125 所示。

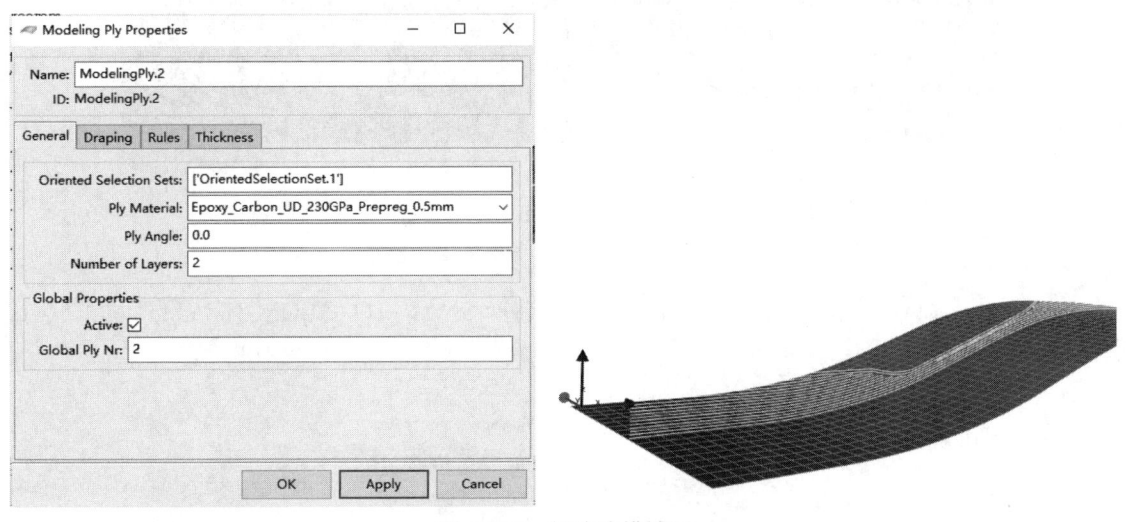

图 6-125　新建建模铺层

(6)新建实体单元模型。单元集选项选择 All_Elements。拉伸方法选择 Analysis Ply Wise。Global Drop-Off Material 选择 Resin_Polylite_413,如图 6-126 所示。

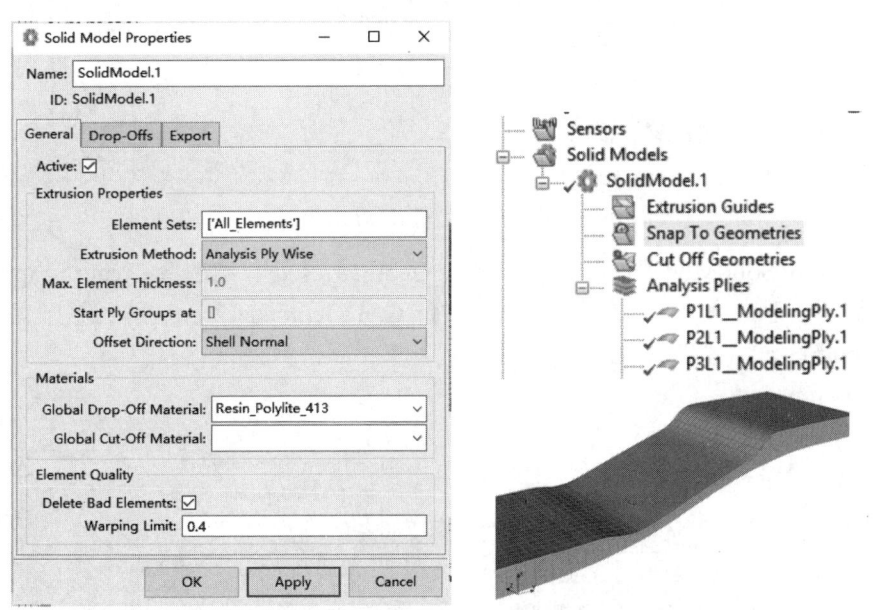

图 6-126　新建实体单元模型

3. 使用导入的 CAD 文件光顺实体单元模型

虽然上述步骤拉伸出的复合材料实体单元质量可以满足求解器要求,但是采用捕捉到几何功能之后的实体单元模型更加符合实际产品外形。因此,接下来,使用捕捉到几何功能来光顺复合材料实体单元模型。光顺前后实体单元模型结果如图 6-127 所示。

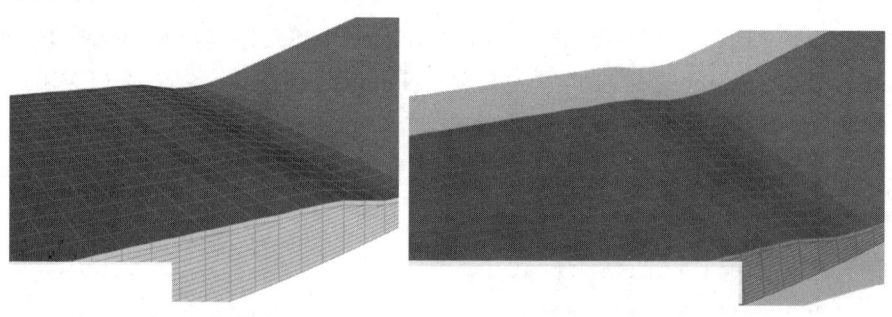

（a）未光顺结果　　　　　　（b）使用 CAD 表面光顺后结果

图 6-127　光顺前后实体单元模型结果

（1）新建 CAD 虚拟几何。Sub Shapes 选项选择 SNAP_TO_GEOMETRY.stp，如图 6-128 所示。

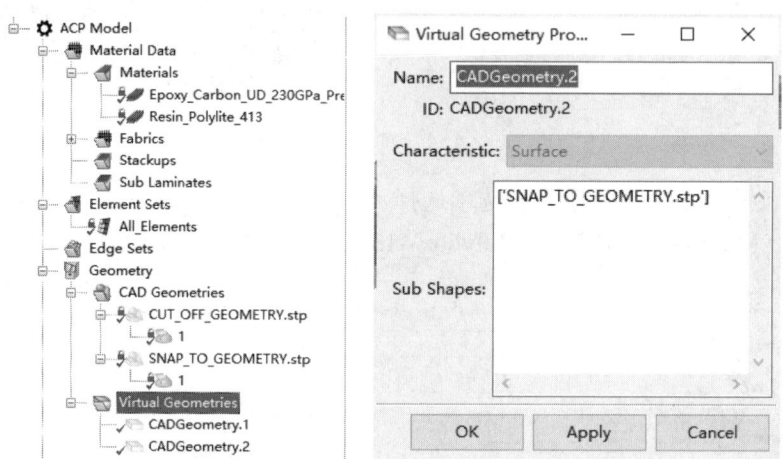

图 6-128　新建 CAD 虚拟几何

（2）在特征树 SolidModel.1 子节点 Snap To Geometries 处右键选择 Create SnaptoGeometry，设置捕捉到几何的属性。几何模型选择 CADGeometry.2，方向选择集选项选择 OrientedSelectionSet.1，如图 6-129 所示。

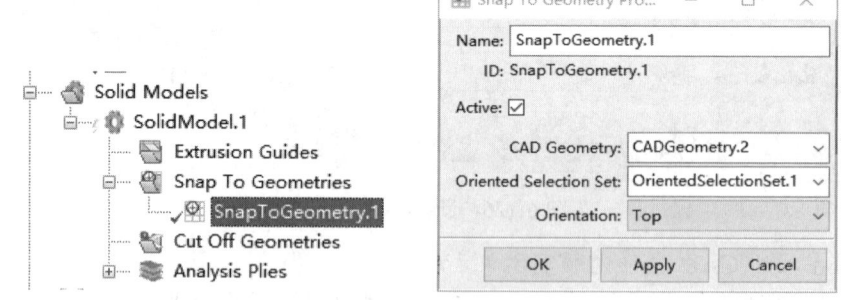

图 6-129　设置捕捉到几何的属性

（3）应用捕捉到几何功能。查看光顺后的实体单元模型。另外，从图 6-130 中也可以看到铺层错层区域的各向同性树脂材料单元。

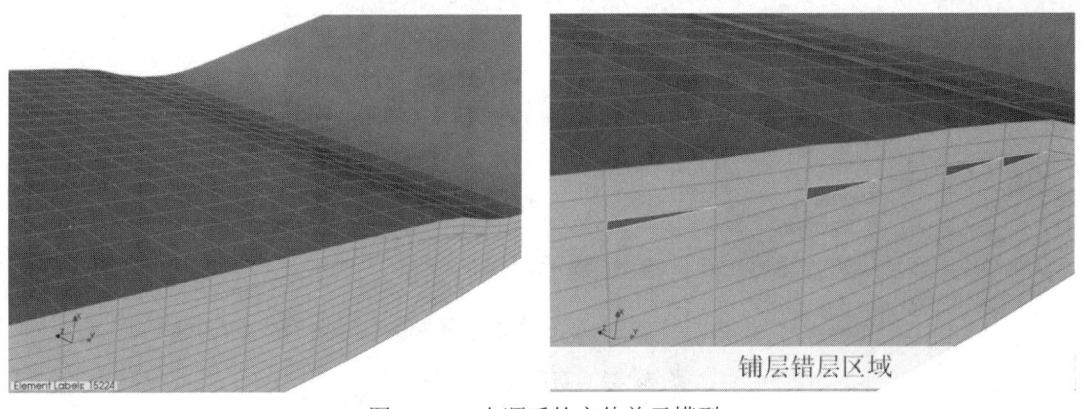

图 6-130　光顺后的实体单元模型

（4）对比更新前后的实体单元网格可以看出，采用 Snap to Geometry 光顺后的外表面更加光顺，如图 6-131 所示。

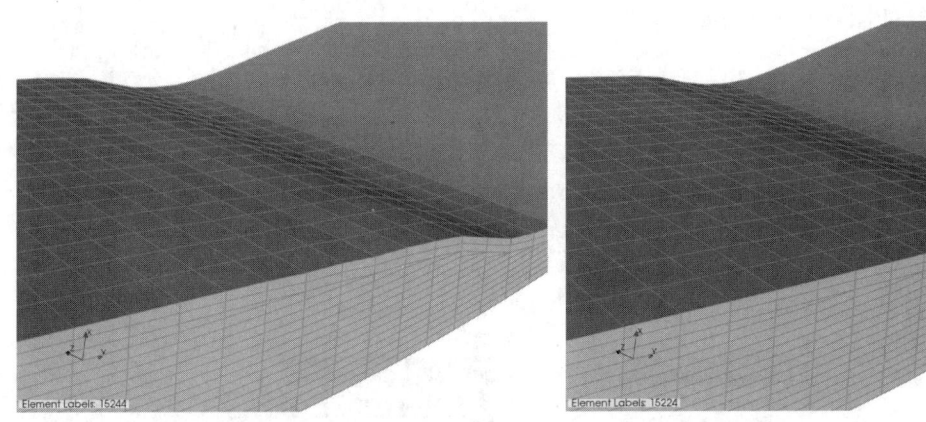

（a）使用 Snap to Geometry 光顺前　　　　　　（b）使用 Snap to Geometry 光顺后

图 6-131　更新前后的实体单元网格

6.5.3　案例小结

通过本案例，应掌握以下知识点：
（1）Cut off 选择规则可以使用 CAD 面切割铺层，实现掉层。
（2）ACP 实体模型拉伸过程中掉层位置使用树脂材料填充。
（3）Snap to Geometry 功能可以用于去掉生成实体单元时产生的虚假褶皱。其工作原理是调整厚度方向上所有单元的厚度，使得铺层更加光顺。

6.6　导入实体建模

6.6.1　案例简介

本案例将采用导入实体单元的方法建立一个全截面复合材料弹簧的有限元实体模型，弹簧中心为 UD 芯，外围铺敷织物，如图 6-132 所示。

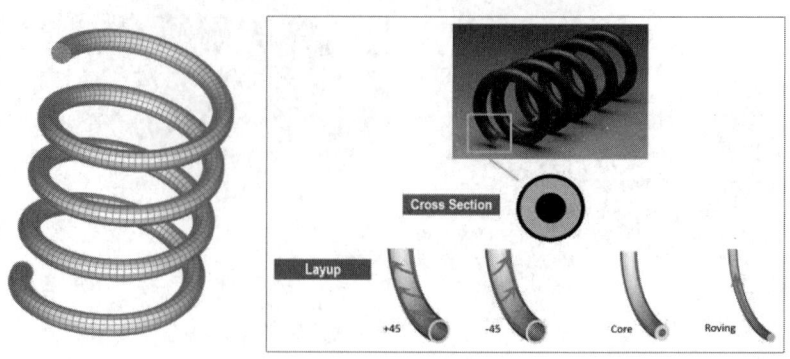

图 6-132　有限元实体模型

6.6.2　案例实现

（1）启动 Workbench，打开存档文件 Composite_Spring_FROM_START_2019R1.wbpz，保存为项目文件，如图 6-133 所示。

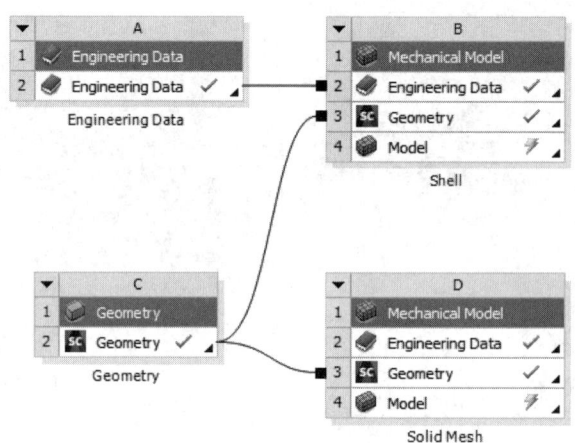

图 6-133　打开存档文件

（2）打开 Mechanical Model 流程 B 的 Model，检查弹簧表面网格，如图 6-134（a）所示。打开 Mechanical Model 流程 D 的 Model，检查弹簧实体网格，如图 6-134（b）所示。

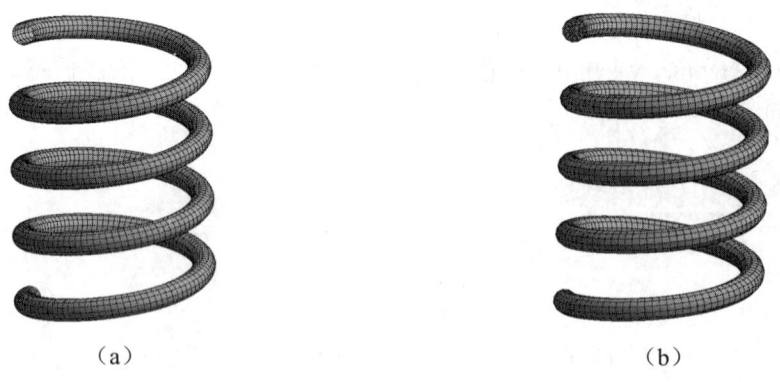

（a）　　　　　　　　　　　　　（b）

图 6-134　弹簧表面网格及实体网格

(3) 流程 D 的 Mechanical 界面，可以看到结构化实体网格是采用沿着弹簧轴线扫掠，结合膨胀网格实现的，如图 6-135 所示。

注意：目前 ACP 映射算法仅支持结构化网格映射，对于非结构化网格仅能使用各向异性或各向同性材料填充。边界膨胀网格确保了需要映射复合材料信息的网格为结构化网格。

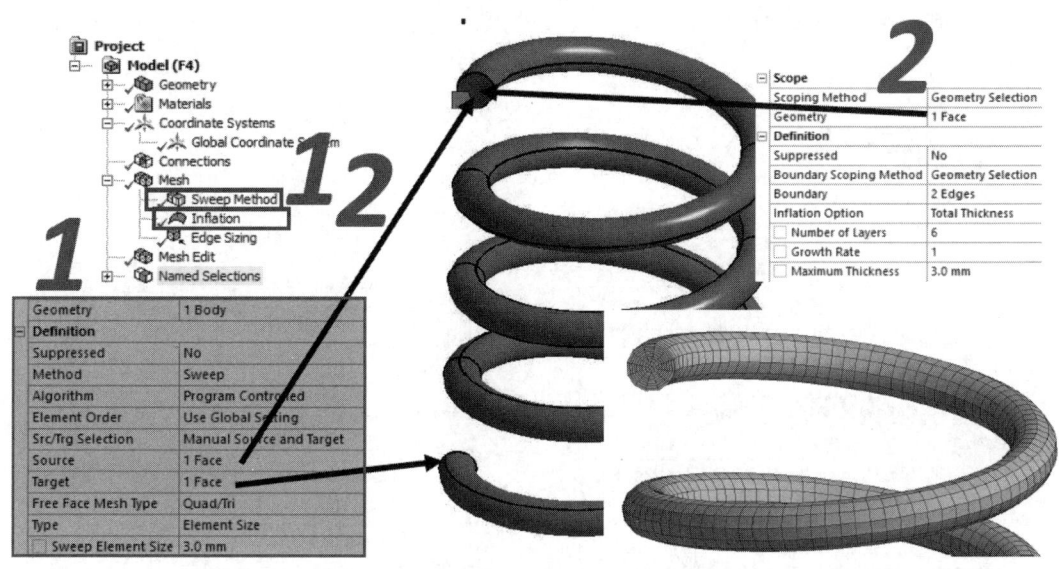

图 6-135 弹簧实体的结构化网格划分

(4) 首先，在 Workbench 项目概图拖放 ACP（Pre）流程到流程 B 的 Model。然后，连接流程 E 的 Model 到流程 C 的 Setup。最后，右键单击流程 C 的 Setup 并更新上游组件，如图 6-136 所示。

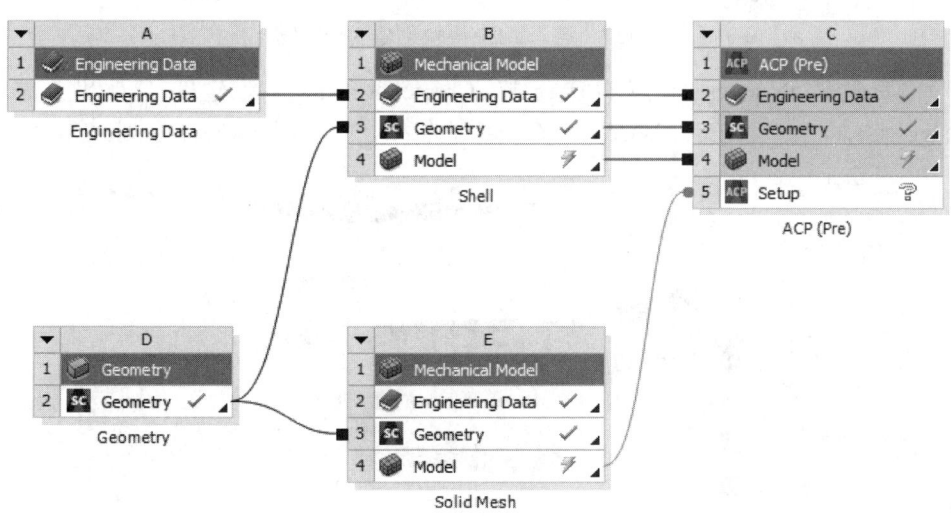

图 6-136 流程模块连接

(5) 右键单击流程 C 的 Setup 选择 Edit 进入 ACP 模块。分别创建 3 个织物：0.2mm 厚的 UD；0.25mm 厚的编织材料；1.75mm 厚的芯材，如图 6-137 所示。

（a）（b）

（c）（d）

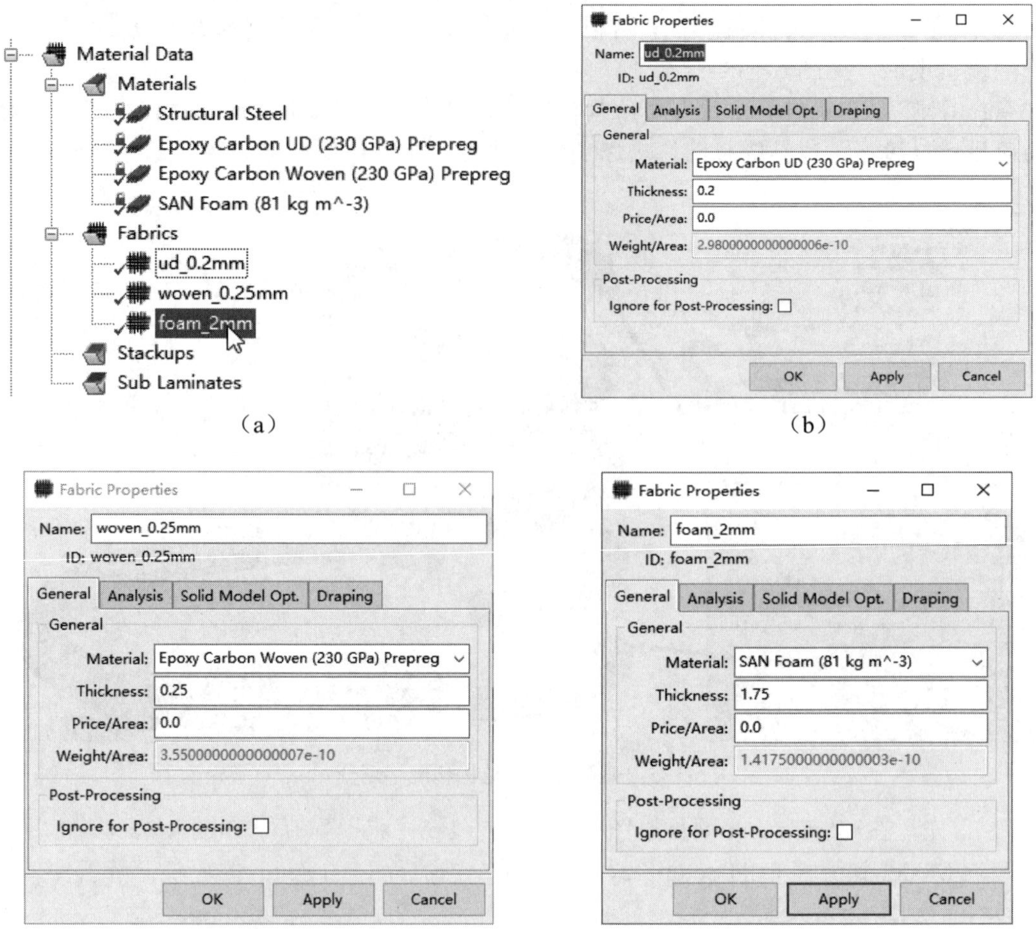

图 6-137　进入 ACP 模块创建 3 个织物

（6）特征树 Rosettes 节点右键选择 Create Rosette。新建的工具坐标系名称为 Rosette.edgewise.1，类型为 Edge Wise，定义节点集为 eds_1。按图 6-138 设置原点和 1Direction。

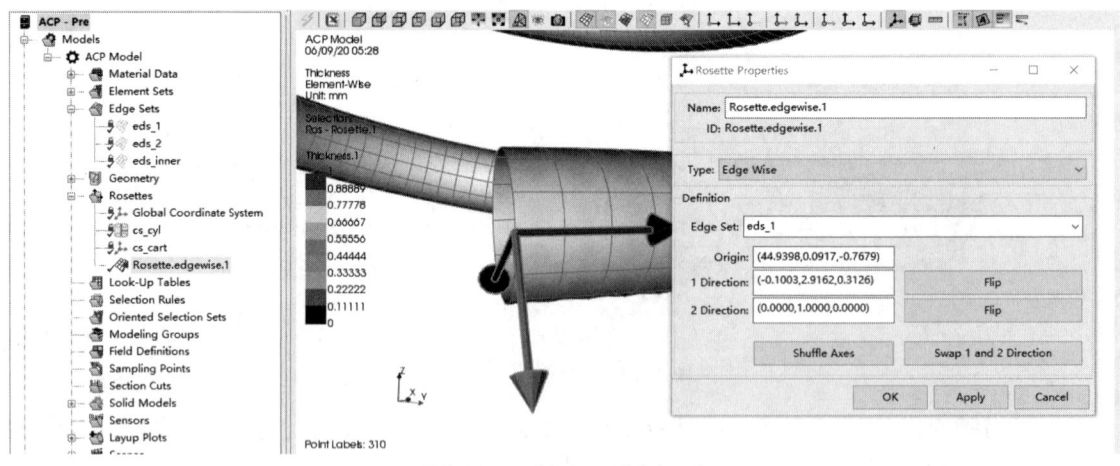

图 6-138　新建工具坐标系

（7）新建方向选择集 Oss_1。Element Sets 选择 els_1。在图形区域选择一个单元，定义为方向点 Orientation Point。在图形区查看铺敷方向，通过 Flip 按钮控制铺敷方向为弹簧内部。按住 Ctrl 键，选择 Rosette.edgewise.1，将这个工具坐标系定义为方向选择集的 Rosettes。Selection Method 选项设置为 Minimum Angle，如图 6-139 所示。

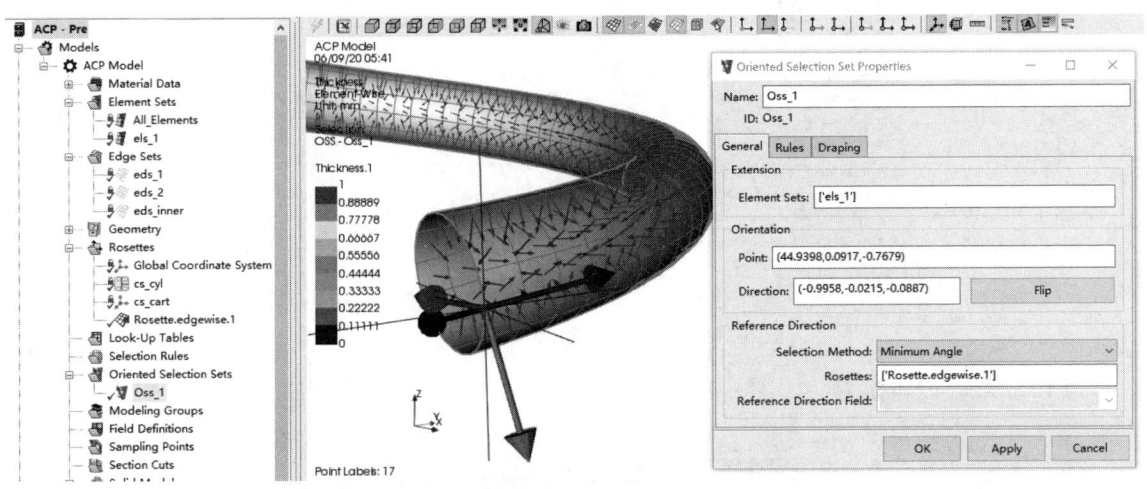

图 6-139　新建方向选择集

（8）定义复合材料铺层，包含 4 层角度为 +45/-45/+45/-45 的织物铺层和 1 层芯材铺层，如图 6-140 所示。

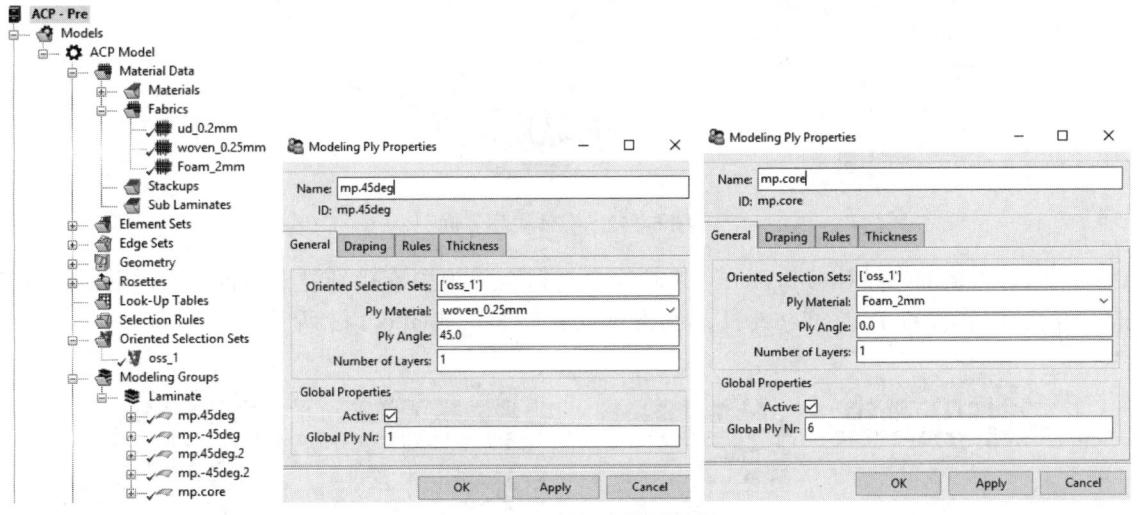

图 6-140　定义复合材料铺层

（9）修改导入实体模型的属性信息，实现铺层的映射。General 选项卡：名称改为 Composite_Spring；Element Sets 选择 All_Elements；取消 All Plies 右侧的复选框；User Defined Set 指定为 Laminate 铺层组。Materials 选项卡：取消 Delete Lost Elements 右侧复选框；全局填充材料（Global Filler Material）指定为 Epoxy Carbon UD；方向（Orientation）指定为 Rosette.edgewise.1；选择方法（Selection Method）指定为 Minimum Distance，如图 6-141 所示。

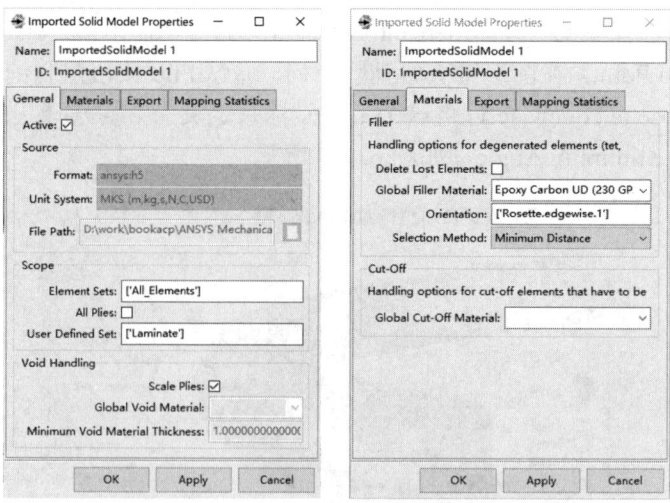

图 6-141　修改导入实体模型的属性信息

（10）查看实体模型，如图 6-142 所示。

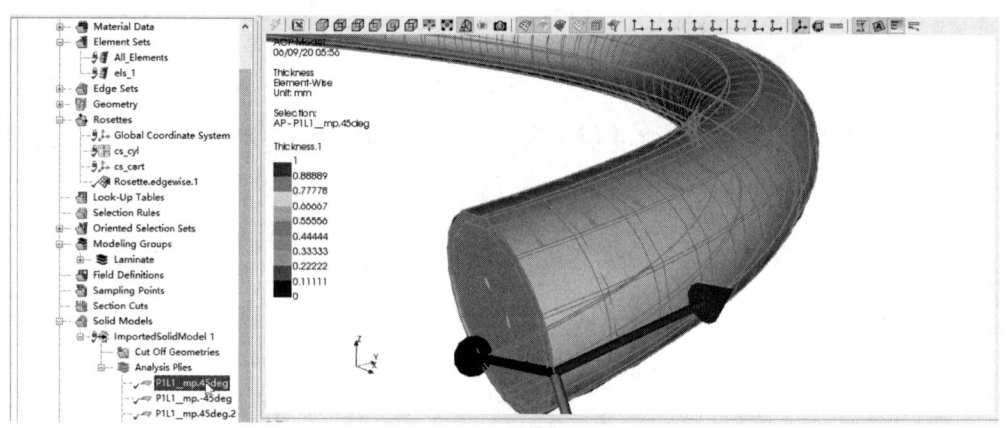

图 6-142　实体模型界面

（11）新建静力结构分析流程，并将复合材料实体模型连接到静力结构分析。更新流程 C 的 Setup。编辑流程 D 的 Model 打开 Mechanical 界面，如图 6-143 所示。

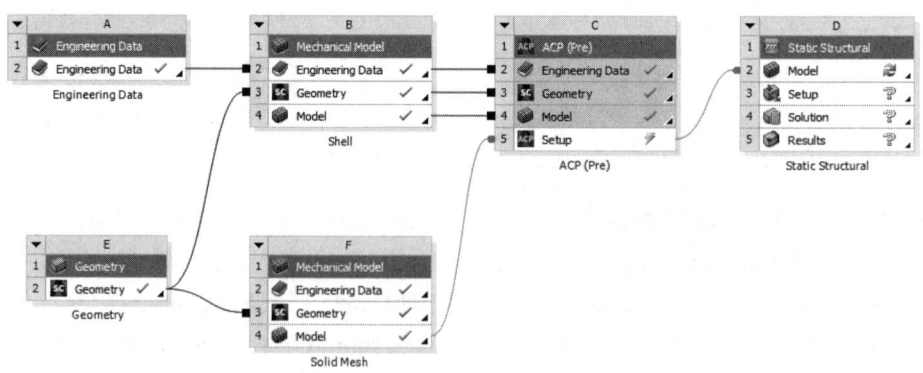

图 6-143　新建静力结构分析流程

（12）Mechanical 界面创建 Named Selections。首先，通过 Worksheet 方法选择面积大于 100mm² 的面，定义名为 composite_spring_skin 的 Named Selections，如图 6-144（a）所示。然后，按照如图 6-144（b）所示的设置，将依附于 composite_spring_skin 表面的一层实体单元，定义名为 Skin_element_faces。接着，按照图 6-144（c）所示，定义名为 ns_bearing 的节点集。最后，按照图 6-144（d）所示，定义名为 ns_support 的节点集。

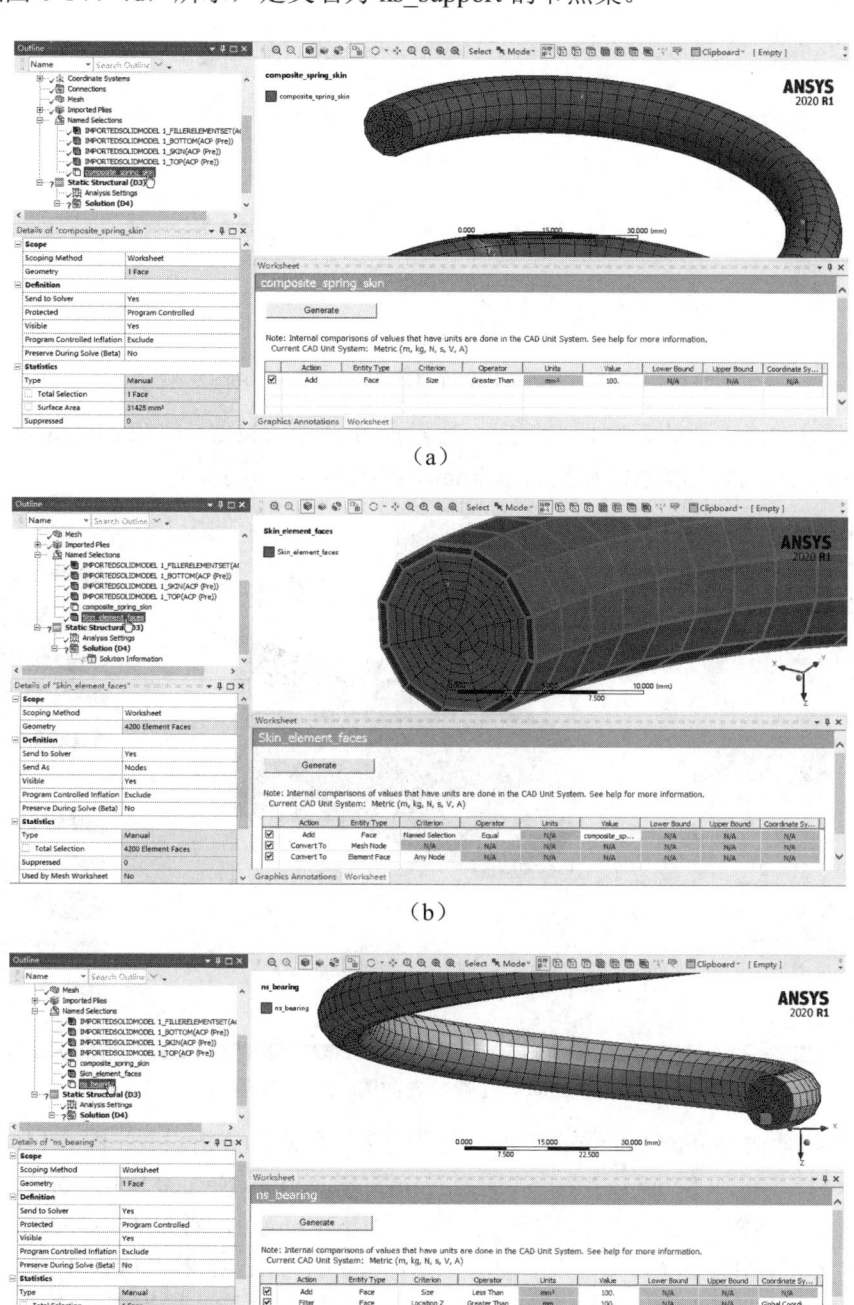

图 6-144　Mechanical 界面创建 Named Selections

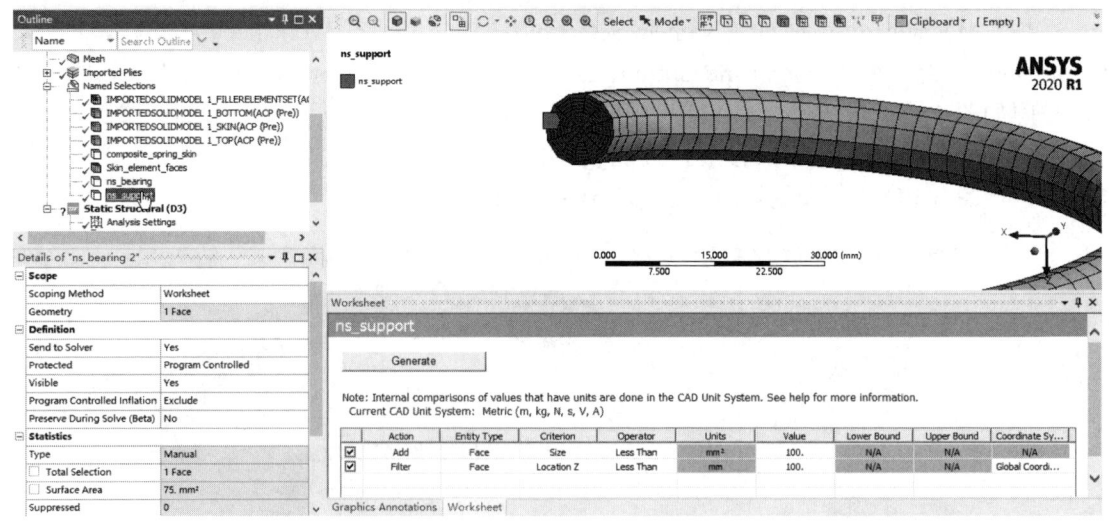

（d）

图 6-144　Mechanical 界面创建 Named Selections（续）

（13）新建弹簧表面的无摩擦自接触。接触面和目标面设置为 Skin_element_faces。接触类型为 Frictionless。渗透容差值设置为 0.5mm，如图 6-145 所示。

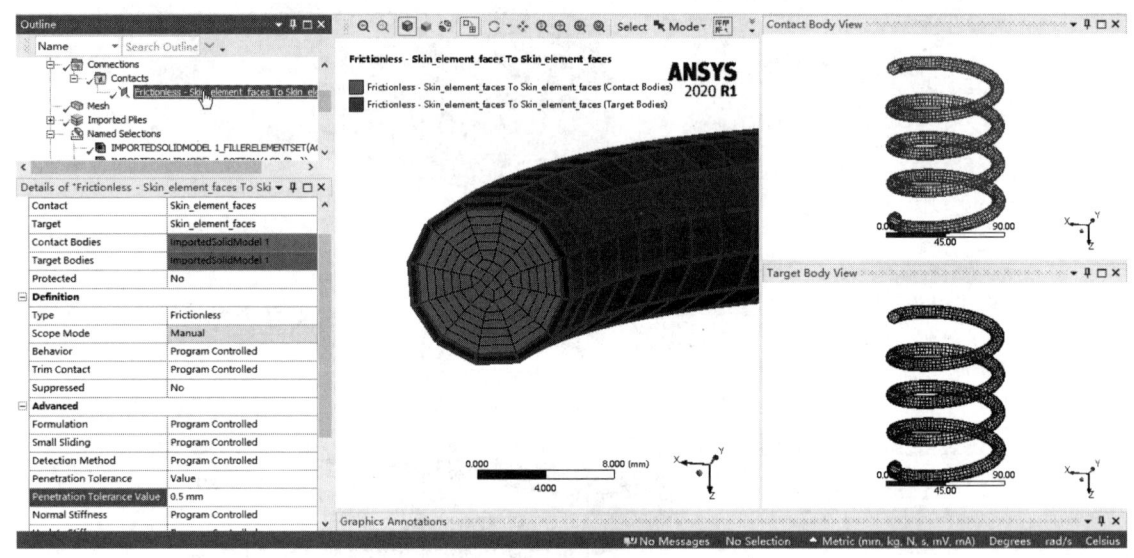

图 6-145　新建弹簧表面的无摩擦自接触

（14）在特征树 Static Structural 节点，定义约束、载荷和分析设置 [图 6-146（a）]。首先，右键插入 Fixed Support，Scoping Method 选为 Named Selection，Named Selection 选择 ns_support [图 6-146（b）]。然后，采用同样的方法，插入 Displacement，对象为 ns_bearing，位移为 X 和 Y 向为 0，Z 向自由 [图 6-146（c）]。接着，采用同样的方法，插入 Force，对象为 ns_bearing，力为 Z 向 -1100N [图 6-146（d）]。最后，Analysis Settings 进行分析设置，修改自动时间步长设置，并打开大变形 [图 6-146（e）]。

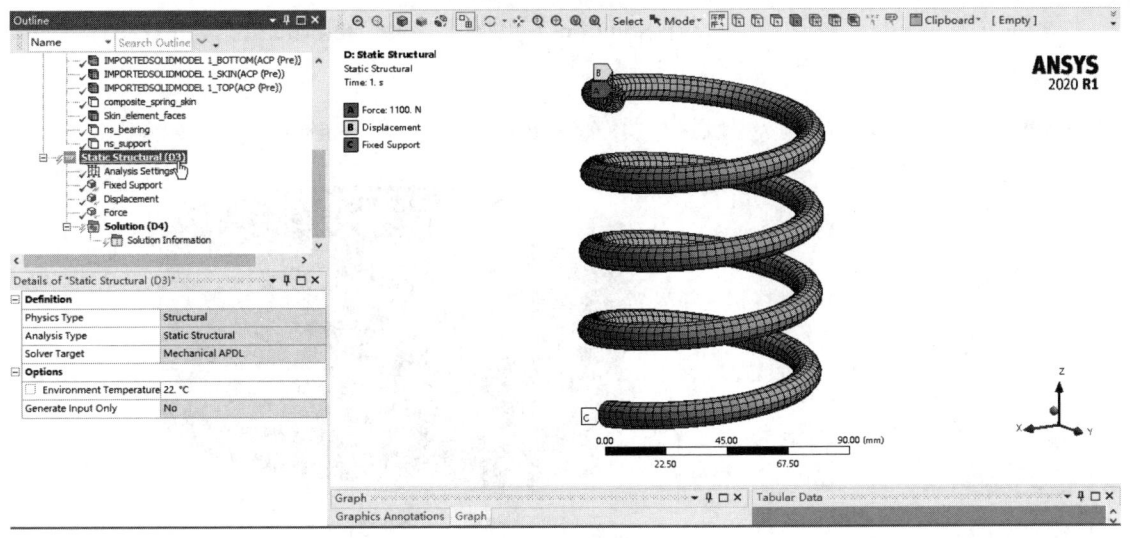

(a) 约束和载荷

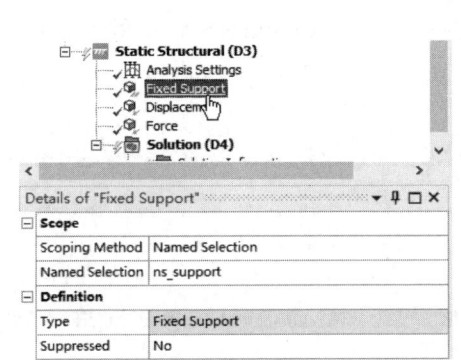

(b) 固定约束

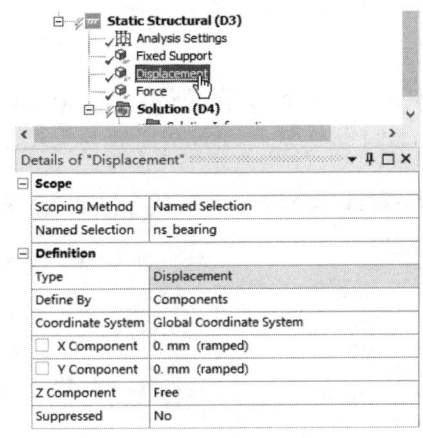

(c) 位移载荷

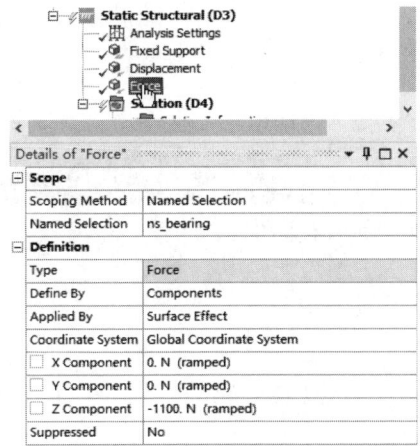

(d) 力载荷

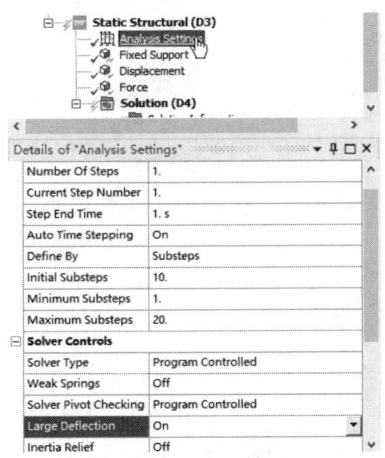

(e) 载荷步设置

图 6-146　在特征树节点定义约束载荷和分析设置

（15）提交求解，得到结果后，在 Solution 节点插入 Total Deformation，查看总体变形结果。调节显示比例为 1.0，如图 6-147 所示。

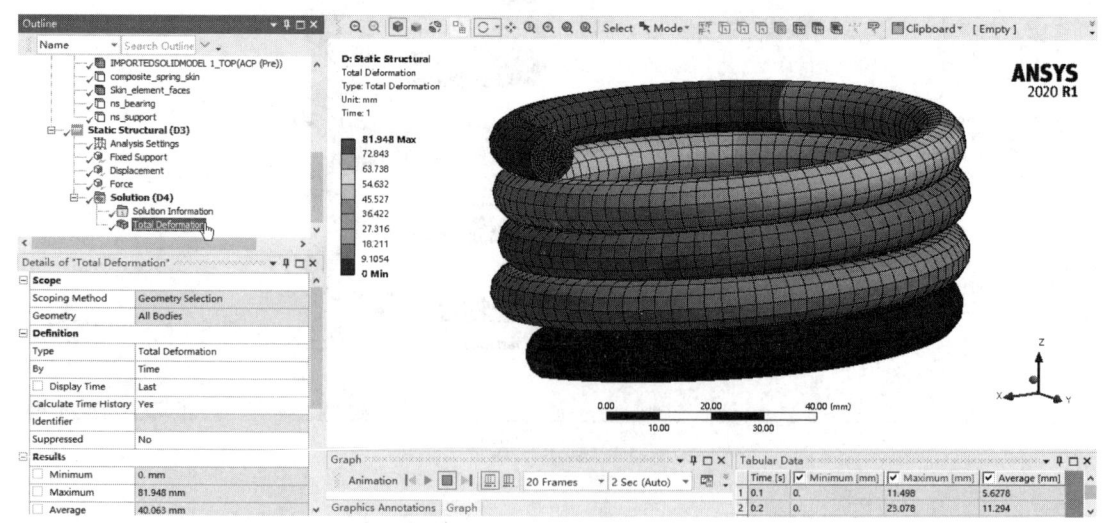

图 6-147　总体变形结果界面

（16）在 Solution 节点插入 Composite Failure Tool，将 Maximum Stress 失效准则打开，并在 Worksheet 页中选择面外失效指标，查看最大应力损伤的失效云图，如图 6-148 所示。

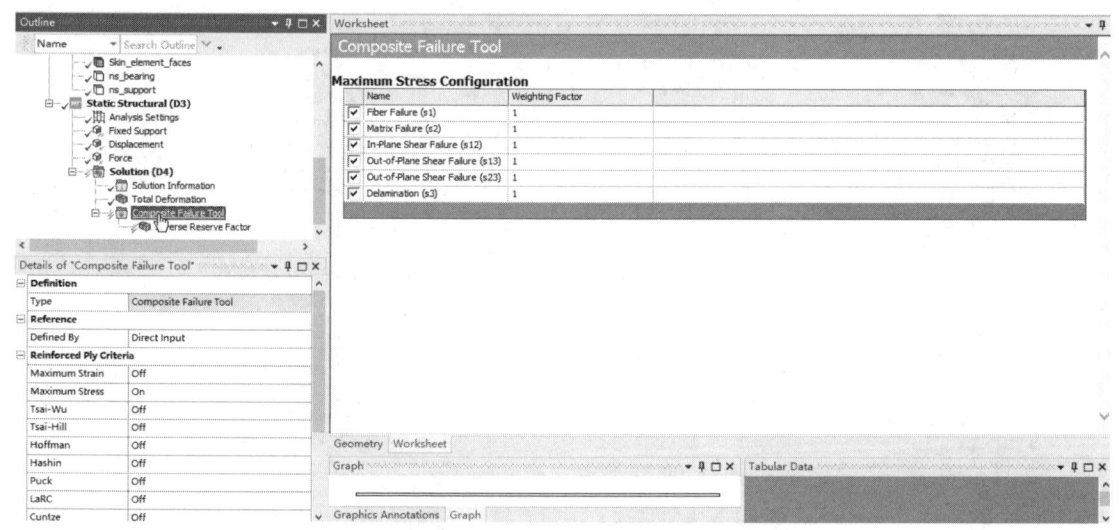

图 6-148　设置查看最大应力损伤的失效云图

6.6.3　案例小结

通过本案例应掌握以下知识点：
（1）导入实体网格映射复合材料信息的方法。
（2）对于不映射区域可以指定填充材料及材料方向。
（3）导入实体复合材料模型仅能在 Mechanical 中通过 Composite Failure Tool 进行后处理。

6.7 复合材料模型参数化

6.7.1 案例简介

案例的目标是熟悉 Workbench 参数管理功能，通过参数管理修改 ACP 模块中的复合材料模型。

6.7.2 案例实现

（1）启动 Workbench，打开存档文件：Parameters_in_ACP_FROM_START_2020R1.wbpz，保存为项目文件，如图 6-149 所示。该文件包含一个复合材料矩形截面梁试件的 ACP 模型。

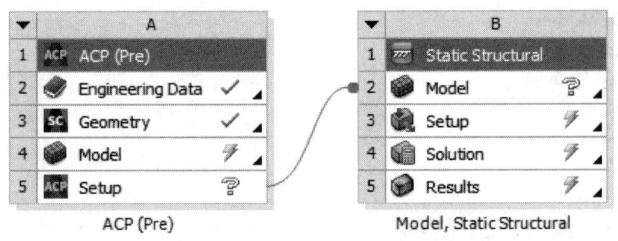

图 6-149　打开存档文件

（2）更新流程 A 的 Model，双击 Setup 进入 ACP 模块。查看已经定义的 6 层铺层。6 层铺层的铺层角度均为 0 度，如图 6-150 所示。

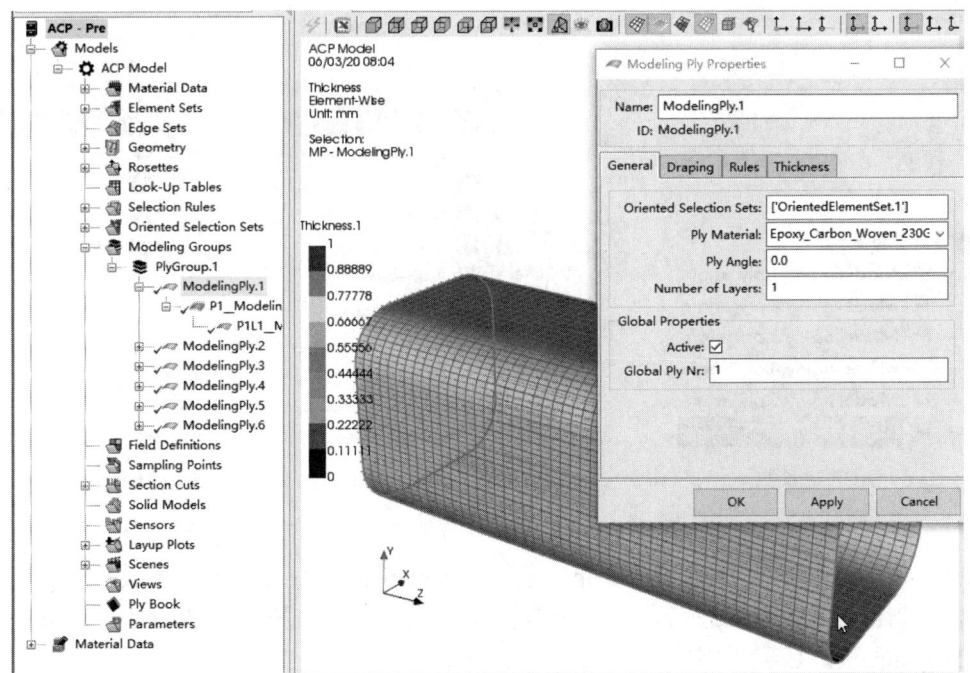

图 6-150　ACP 界面

（3）在特征树 Parameters 节点下，新建参数。Category 选项选择 Input。Object 选项选择特征树中 ModelingPly.1。Property 选项选择 Ply Angle，如图 6-151 所示。

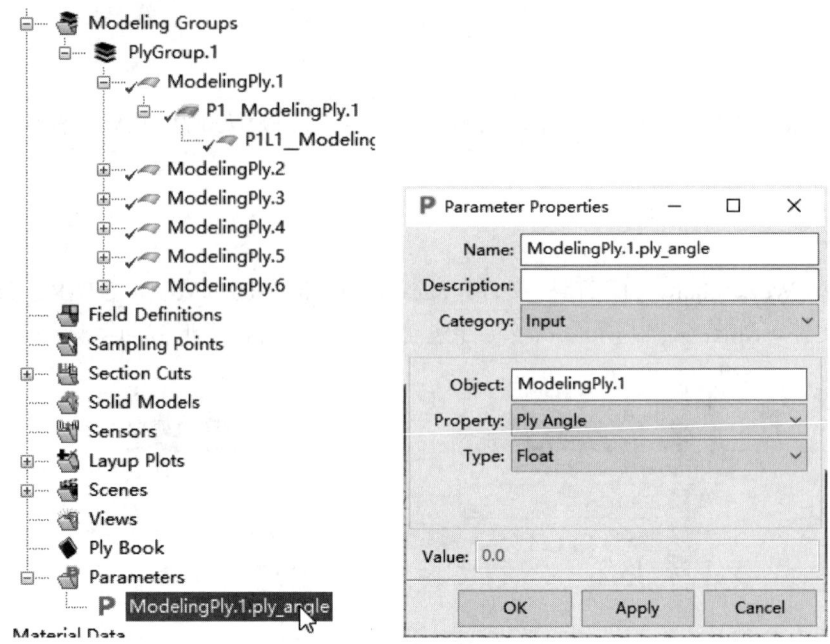

图 6-151　新建输入参数

（4）采用同样的方法，新建 5 个输入参数，对象分别为 ModelingPly.2、ModelingPly.3、ModelingPly.4、ModelingPly.5、ModelingPly.6，如图 6-152 所示。至此，可以在项目概图查看输入参数。

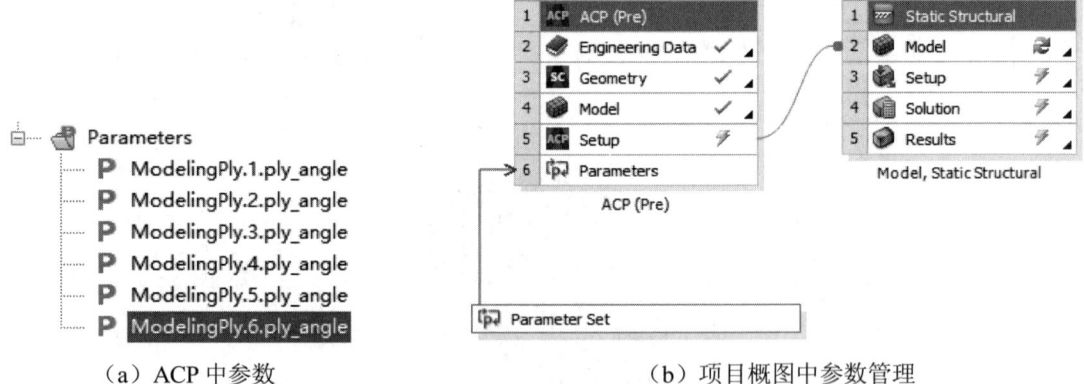

（a）ACP 中参数　　　　　　　　　　　　（b）项目概图中参数管理

图 6-152　新建 5 个输入参数

（5）更新 ACP（Pre）流程的 Setup。进入 Mechanical 模块界面，查看模型中已经定义的载荷。第一个载荷步为弯曲载荷，第二个载荷步为扭转载荷。模型中边界条件和载荷在一个 Remote Displacement Load 中实现，如图 6-153 所示。

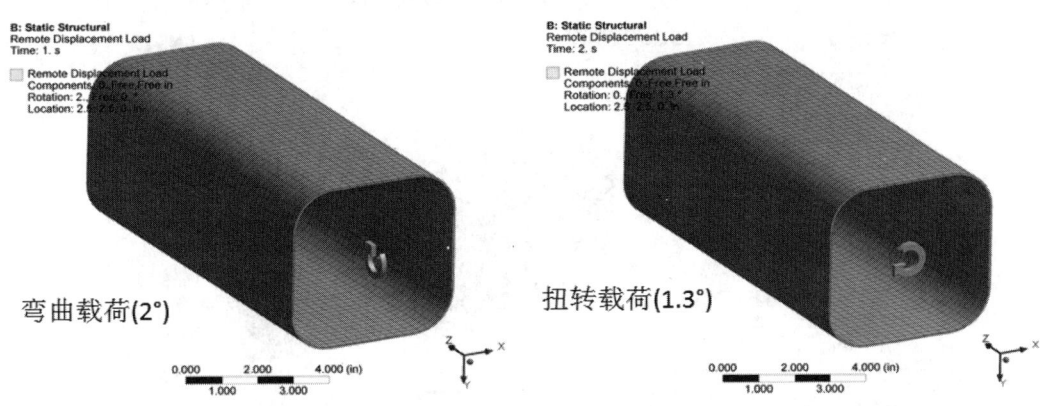

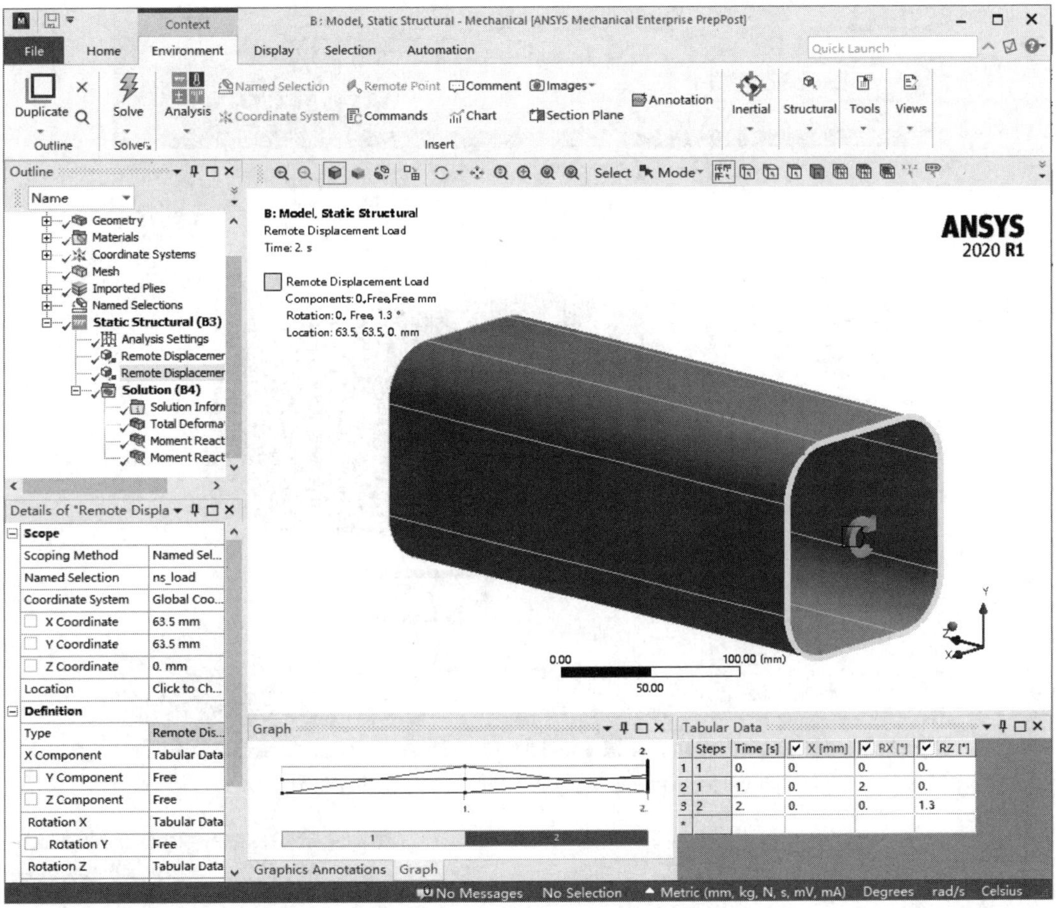

图 6-153 已经定义的 2 个载荷

（6）求解模型。查看远端位移的支反力矩结果：绕 Z 轴扭矩、绕 X 轴弯矩。新建 2 个输出参数。Moment Reaction Torsion 细节栏中 Minimum Value Over Time 项，单击 Z Axis 左侧方框，使其参数化。Moment Reaction Bending 细节栏中 Minimum Value Over Time 项，单击 X Axis 左侧方框，使其参数化，如图 6-154 所示。返回 Workbench 项目页，查看参数管理器，如图 6-155 所示。

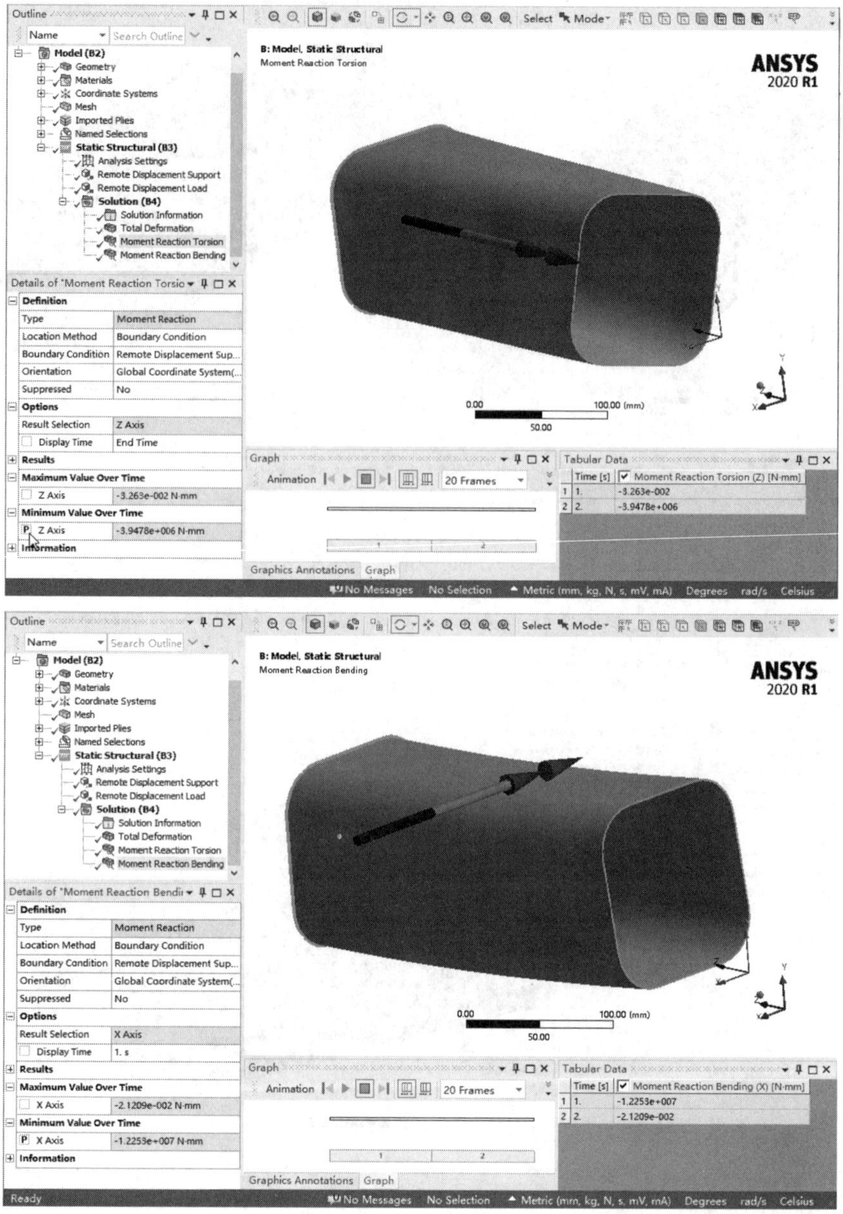

图 6-154 查看远端位移支反力矩结果并参数化

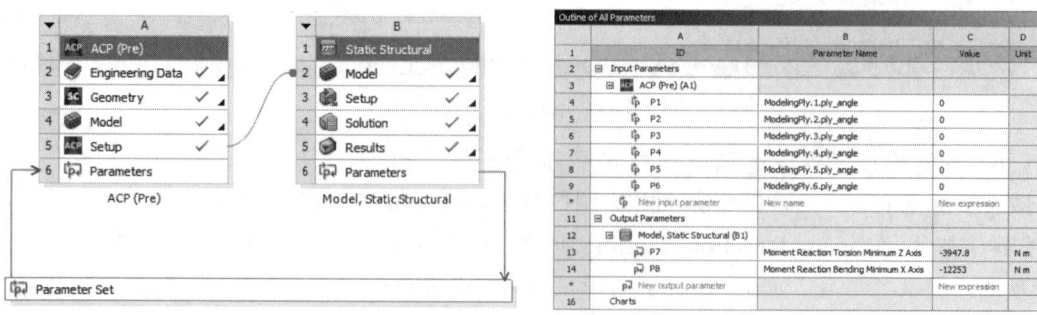

图 6-155 查看参数管理器

(7)新建 ACP（Post）分析流程，共享 ACP（Pre）的 A2:A4。连接 Static Structural 流程的 Solution 到 ACP（Post）流程的 Results，并更新项目，如图 6-156 所示。

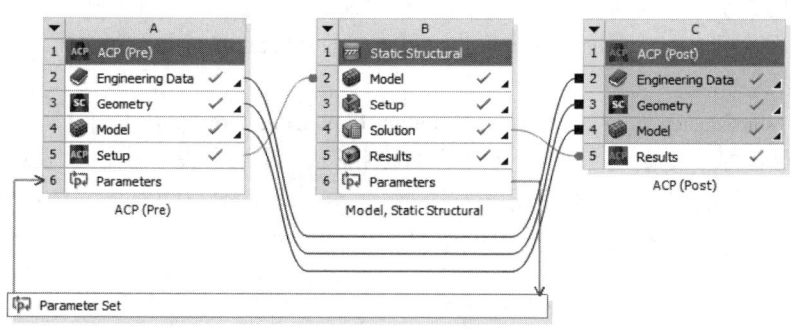

图 6-156 连接流程

(8)新建失效准则定义，命名为 FailureCriteria.1 选择最大应力失效准则，并查看失效准则的设置，默认包含了纤维、基体和面内剪切失效评估，如图 6-157 所示。

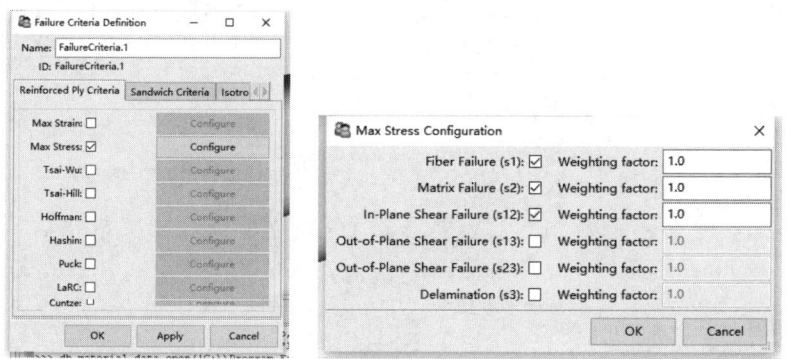

图 6-157 新建失效准则定义

(9)在特征树 Solutions→Solution.1 节点，添加失效结果 Failure.1，Failure Criteria Definition 选项选择 FailureCriteria.1，Solution Set 选项选择 Set：1-Time/Freq：1.0，如图 6-158 所示。

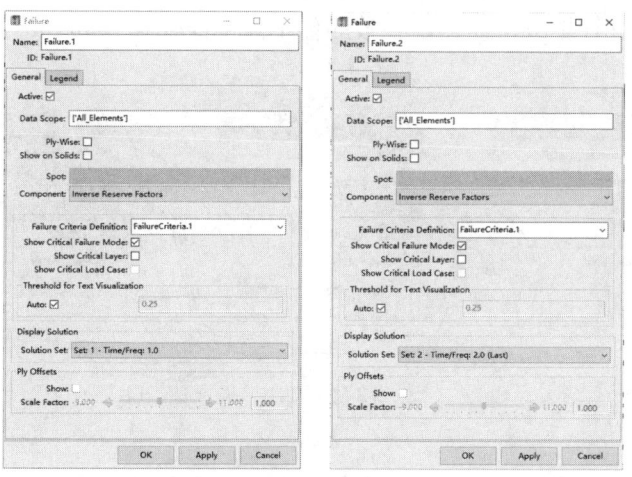

图 6-158 添加失效结果

（10）为每个失效云图创建 1 个参数，名称分别为 Parameter.1 和 Parameter.2，如图 6-159 所示。参数分类为 Expresssion Output。

第一个表达式为：

return_value=db.active_model.solutions['Solution 1'].plots['Failure.1'].minmax[1]

第二个表达式为：

return_value=db.active_model.solutions['Solution 1'].plots['Failure.2'].minmax[1]

表达式中的名称一定要与前面定义时的名称相符，否则会提示错误。表达式定义的源代码段中#号开头的语句为解释说明语句。定义的 2 个参数将分别返回对应云图中结果的最大值。ACP 模块不仅可以定义整体参数，也可以定义单层结果参数。

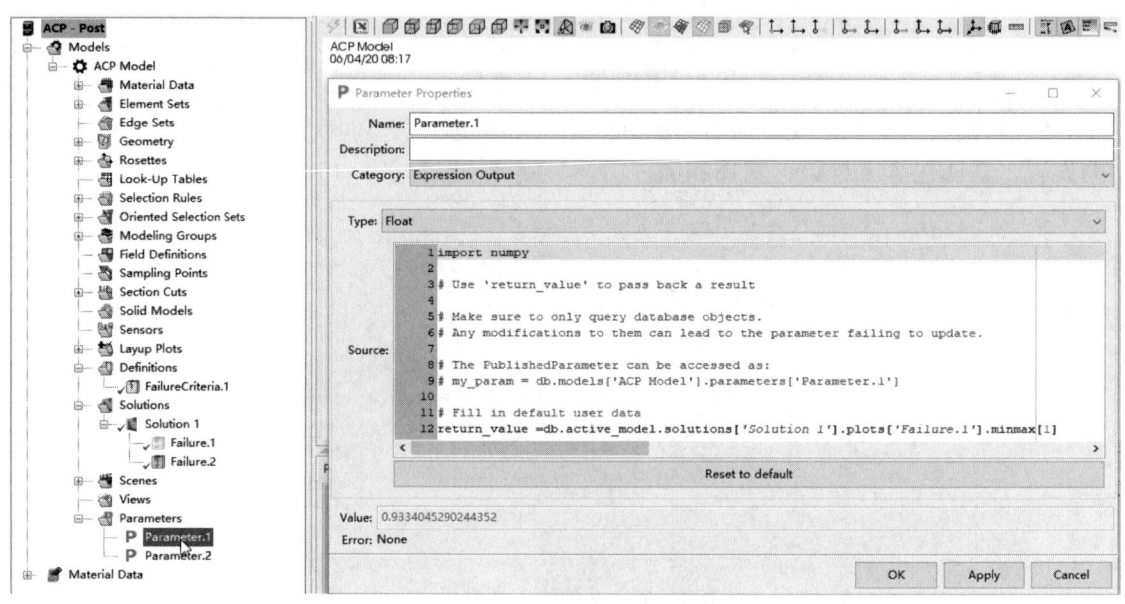

图 6-159　为失效云图创建参数

（11）关闭 ACP 模块，返回项目页，更新项目。更新后的项目流程如图 6-160（a）所示，进入 Parameter Set 参数管理器中能够查看所有已定义参数。参数分为输入参数区和输出参数区。输入参数值可以进行更改，而输出参数的值不能修改，如图 6-160（b）所示。

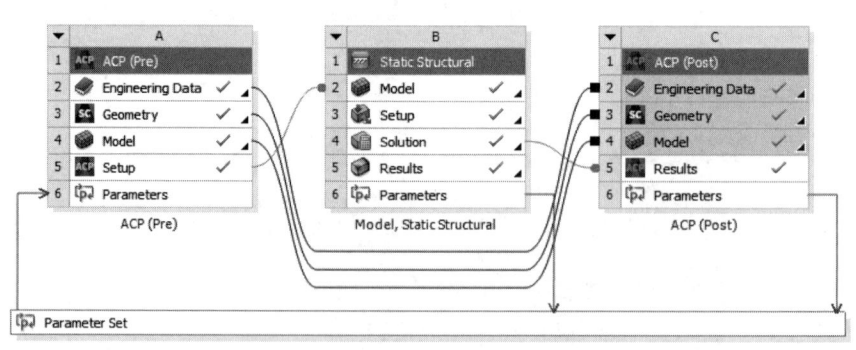

（a）

图 6-160　更新后的项目流程及参数管理器界面

	A	B	C	D
	ID	Parameter Name	Value	Unit
1				
2	☐ Input Parameters			
3	☐ ACP (Pre) (A1)			
4	P1	ModelingPly.1.ply_angle	0	
5	P2	ModelingPly.2.ply_angle	0	
6	P3	ModelingPly.3.ply_angle	0	
7	P4	ModelingPly.4.ply_angle	0	
8	P5	ModelingPly.5.ply_angle	0	
9	P6	ModelingPly.6.ply_angle	0	
*	New input parameter	New name	New expression	
11	☐ Output Parameters			
12	☐ Model, Static Structural (B1)			
13	P7	Moment Reaction Torsion Minimum Z Axis	-3947.8	N m
14	P8	Moment Reaction Bending Minimum X Axis	-12253	N m
15	☐ ACP (Post) (C1)			
16	P9	Parameter.1	0.9334	
17	P10	Parameter.2	0.98069	
*	New output parameter		New expression	
19	Charts			

(b)

图 6-160　更新后的项目流程及参数管理器界面（续）

（12）在参数管理器界面，定义新的设计点，更新设计点，得到不同铺层角度下的设计结果，如图 6-161 所示。

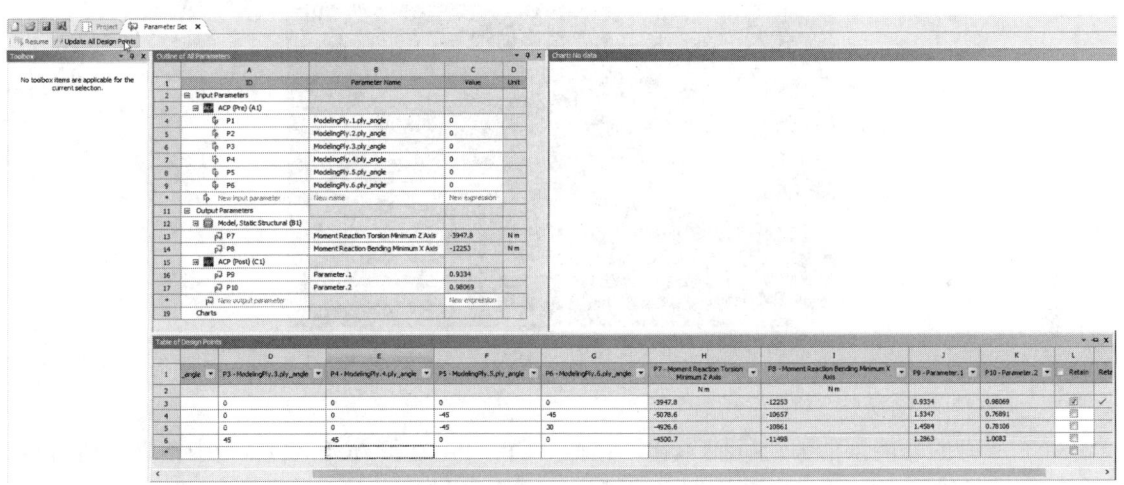

图 6-161　设计结果

6.7.3　案例小结

通过本案例，应掌握以下知识点：

（1）复合材料零件参数化工作流程的建立，参数管理器的使用。

（2）设计的目标就是通过铺层的优化满足不同工况的承载要求。

6.8 ACP 脚本应用

6.8.1 案例简介

这个案例将首先介绍 ACP 模块脚本基础知识，然后以冲浪板案例为基础，给出脚本实现自动化功能的实例。

6.8.2 ACP 脚本基础

ACP 脚本基础知识包括：ACP 脚本简介；能够脚本化功能；序列化；ACP GUI 特征树；脚本 3 种使用方法；进一步的参考资料。具体内容如下。

1. 脚本简介

ACP 模块的脚本语言是面向对象编程的 Python 语言。ACP 模块的所有功能可以通过 Python 接口进行脚本化。

注意：ANSYS Workbench 和 ANSYS 定制工具包（ACT）使用 IronPython，而 ACP 模块使用 CPython。

具备一定的 Python 基础知识有助于 ACP 脚本功能的学习，但不是必须。使用 ACP 脚本功能时，建议使用 Notepad++或 Visual Studio Code 等源代码编辑器。通过源代码编辑器的渲染，用户更容易理解脚本命令。脚本示例如图 6-162 所示。

```
1  #--------------------------------------
2  # Get the maximum IRF
3  #--------------------------------------
4
5  # get active model
6  model = db.active_model
7  # get first solution
8  solution = model.solutions.values()[0]
9  # get the failure criterion definition
10 fc_definition = model.definitions.values()[0]
11 # get element labels
12 labels = model.mesh_query(name='labels',position='c
13 # get inverse reserve factors of all elements
14 irfs = list(solution.query(definition=fc_definition
```

图 6-162　脚本示例

2. 能够脚本化功能

ACP 所有的功能都能够进行脚本化。包括 ACP（Pre）和 ACP（Post）中模型的所有定义信息都可以通过脚本实现。全部设置可以通过文本命令进行。

ACP 的脚本功能典型应用有：不需要界面操作，批处理模式运行 ACP；通过脚本比较两个不同铺层的差异；建立参数化模型以进行进一步的优化设计。

3. 序列化

序列化是将对象转换为一种易于重建状态的过程。ACP 对象的序列化通过 serialize()函数实现。具体实现某一个操作的脚本，可以首先通过图形用户界面执行一个操作（与此同时，ACP 的 Python 窗口就生成了对应的序列化脚本），然后将这个操作使用序列化命令实现脚本化，最后，将得到的脚本由 Python 窗口（图 6-163）复制到脚本编辑器。

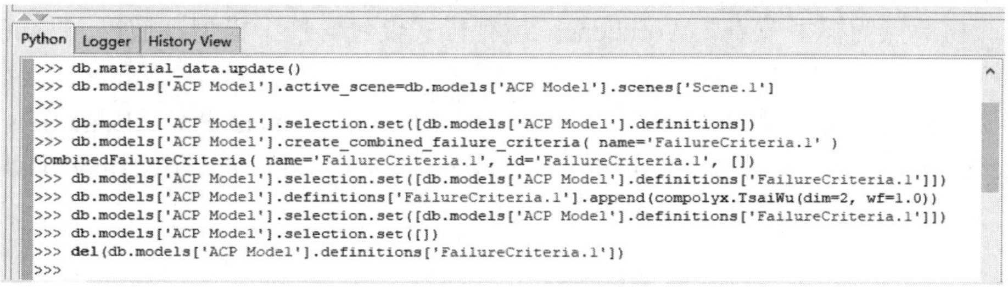
Python
Logger
History View
>>> db.material_data.update()
>>> db.models['ACP Model'].active_scene=db.models['ACP Model'].scenes['Scene.1']
>>>
>>> db.models['ACP Model'].selection.set([db.models['ACP Model'].definitions])
>>> db.models['ACP Model'].create_combined_failure_criteria(name='FailureCriteria.1')
CombinedFailureCriteria(name='FailureCriteria.1', id='FailureCriteria.1', [])
>>> db.models['ACP Model'].selection.set([db.models['ACP Model'].definitions['FailureCriteria.1']])
>>> db.models['ACP Model'].definitions['FailureCriteria.1'].append(compolyx.TsaiWu(dim=2, wf=1.0))
>>> db.models['ACP Model'].selection.set([db.models['ACP Model'].definitions['FailureCriteria.1']])
>>> db.models['ACP Model'].selection.set([])
>>> del(db.models['ACP Model'].definitions['FailureCriteria.1'])
>>>

图 6-163 Python 窗口

首先，创建一个名为 oss_all 的方向选择集，如图 6-164 所示。

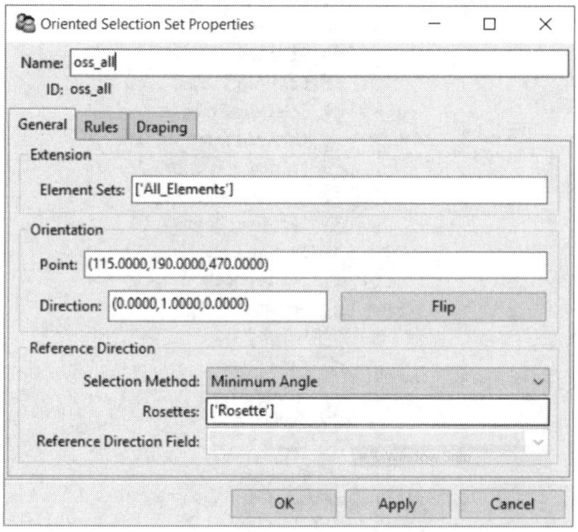
Oriented Selection Set Properties
Name: oss_all
ID: oss_all
General
Rules
Draping
Extension
Element Sets: ['All_Elements']
Orientation
Point: (115.0000,190.0000,470.0000)
Direction: (0.0000,1.0000,0.0000)
Flip
Reference Direction
Selection Method: Minimum Angle
Rosettes: ['Rosette']
Reference Direction Field:
OK
Apply
Cancel

图 6-164 创建方向选择集

然后，将该方向选择集定义为 oss 对象，并通过序列化命令进行序列化。如图 6-165 中的 In[57]和 In[58]行。

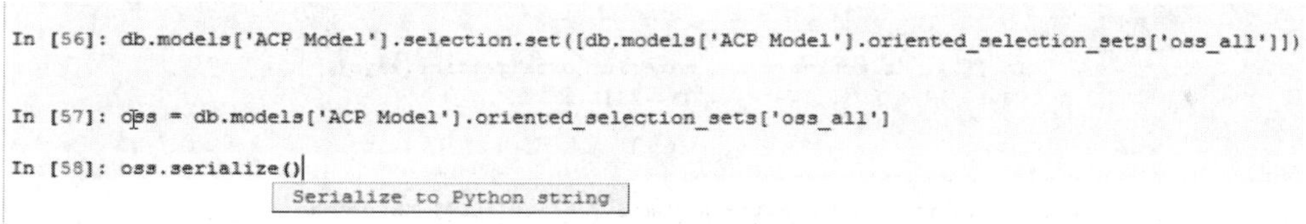
In [56]: db.models['ACP Model'].selection.set([db.models['ACP Model'].oriented_selection_sets['oss_all']])
In [57]: oss = db.models['ACP Model'].oriented_selection_sets['oss_all']
In [58]: oss.serialize()
Serialize to Python string

图 6-165 将 oss 对象序列化

最后，Python 窗口给出了生成该方向选择集的脚本命令（图 6-166）。

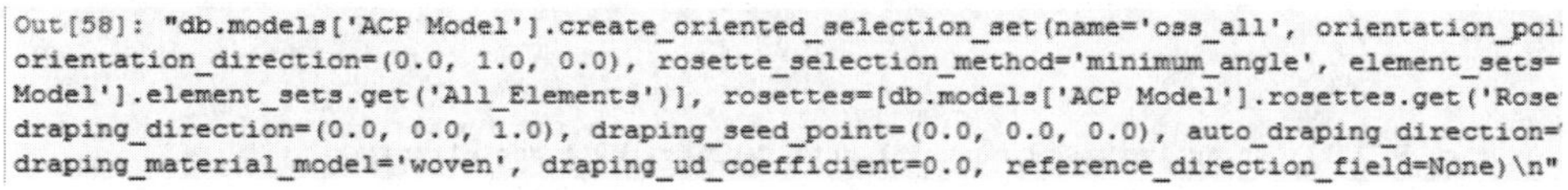
Out[58]: "db.models['ACP Model'].create_oriented_selection_set(name='oss_all', orientation_poi
orientation_direction=(0.0, 1.0, 0.0), rosette_selection_method='minimum_angle', element_sets=
Model'].element_sets.get('All_Elements')], rosettes=[db.models['ACP Model'].rosettes.get('Rose
draping_direction=(0.0, 0.0, 1.0), draping_seed_point=(0.0, 0.0, 0.0), auto_draping_direction=
draping_material_model='woven', draping_ud_coefficient=0.0, reference_direction_field=None)\n"

图 6-166 脚本命令

4. GUI 特征树

ACP 使用层次树结构，脚本接口同样使用这个层次结构，如图 6-167 所示。树结构的最高级为 ACP 数据库文件，以 db 代表。

下一级树节点为模型节点。Workbench 运行模式仅包含一个模型，通过 db.active_model 进行访问。

再下一级树节点是模型的对象文件夹：Material Data、Element Sets、Edge Sets 等。分别通过 db.active_model.material_data、db.active_model.element_sets、db.active_model.edge_sets 脚本访问。

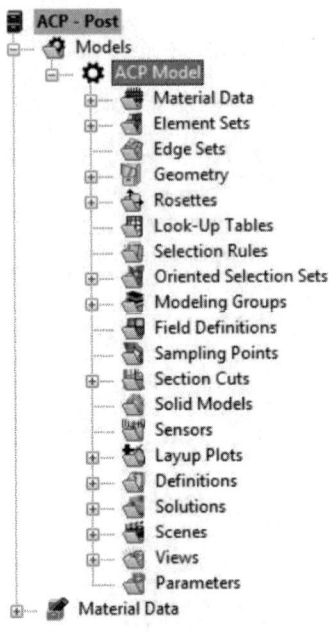

图 6-167　层次树

对象文件夹采用类字典式数据结构 [图 6-168（a）]。用户可以访问树对象的信息 [图 6-168（b）]。用户可以改变对象的属性信息 [图 6-168（c）]。用户可以对树中对象执行函数操作 [图 6-168（d）]。

```
In [17]: db.active_model.material_data.fabrics.keys()
Out[17]: ['UD', 'Core', 'Twill']
```
（a）

```
In [22]: db.active_model.material_data.fabrics['UD'].thickness
Out[22]: 0.2
```
（b）

```
In [23]: db.active_model.material_data.fabrics['UD'].thickness = 0.3
```
（c）

```
In [18]: db.active_model.material_data.fabrics['UD'].serialize()
```
（d）

图 6-168　文件夹数据结构及用户对特征树的操作

5．脚本使用方法

ACP 脚本有 3 种使用方法，如下所述。

（1）用户可以直接在 Python Shell 窗口输入命令（图 6-169）。

In [50]: db.act
db._open_model_mode
db._parent
db._published_parameter_types
db._published_parameters
db._root_path
db._set_locked_of_pre_db_objects
db._visit
db.active_model

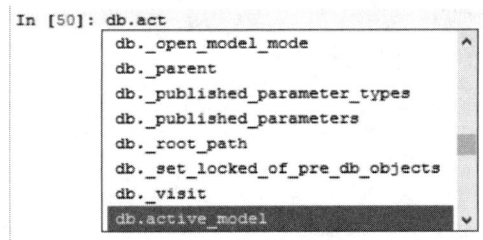

图 6-169　命令窗口

（2）用户也可以通过脚本编辑器编辑代码（图 6-170），然后复制到 Python Shell 窗口。

```
In [64]: # Accessing the active model, the highest entity
model = db.active_model
# Accessing a folder underneath the model, Solutions for
solutions = model.solutions
# Accessing the 'Solution 1' in the Solution folders
solution_1 = model.solutions['Solution 1'] # calling the
```

图 6-170　使用脚本编辑器编辑代码

（3）用户还可以通过文件执行脚本（图 6-171）。

ACP-Post.acph5 - ANSYS Composit
File View Tools Units Help
Save Project... Ctrl+S
Refresh All Data
Run Script ... Ctrl+R
Exit

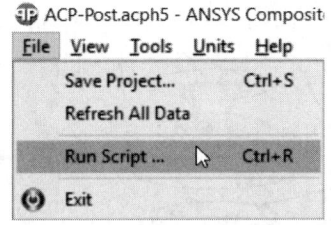

图 6-171　通过文件执行脚本

通常情况下，首先采用 Python Shell 窗口确认脚本的正确性，然后使用脚本编辑器进行脚本汇总。

Shell 窗口的几个应用技巧如下。

（1）在窗口输入“.”，然后在弹出的下拉窗中查看对象的属性和函数（图 6-172）；通过鼠标滚动到下方的命令进行查看或通过方向键上下移到切换命令。

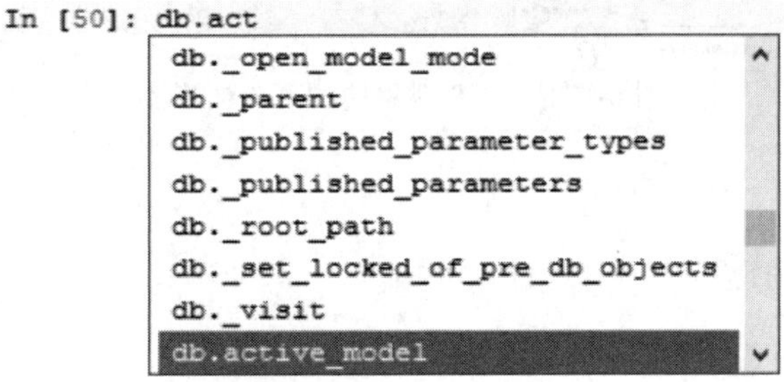

In [50]: db.act
db._open_model_mode
db._parent
db._published_parameter_types
db._published_parameters
db._root_path
db._set_locked_of_pre_db_objects
db._visit
db.active_model

图 6-172　下拉窗

（2）当输入一个函数并输入"（"后，弹窗将会显示函数的参数，内容与 ANSYS Help 中的相同（图 6-173）。

```
In [68]: db.active_model.material_data.create_stackup(
Create a new Stackup

:Parameters:
  - `name`: Name for the Stackup
  - `fabrics`: Fabrics of the Stackup
  - `area_price`: Area Price of the Stackup
  - `symmetry`: Symmetry the Stackup can be 'No Symmetry', 'Even Symmetry' or 'Odd Symmetry'
  - `layup_sequence`: Layup sequence of the Stackup can be 'Top-Down' or 'Bottom-Up'
  - `drop_off_material_handling`: Type defining how drop-off material is used in drop-off areas of the stackup
  - `cut_off_material_handling`: Type defining how cut-off material is used in cut-off areas of the stackup
  - `drop_off_material`: Material to use for 'Custom' drop-off material handling
  - `cut_off_material`: Material to use for 'Custom' cut-off material handling
  - `draping_material_model`: Material model for draping, either 'woven' or 'unidirectional'
  - `draping_ud_coefficient`: Coefficient for the unidirectional draping material model

:Returns: The created Stackup

:Examples:
    >>> material_data = db.models['beam'].material_data
    >>> stackup_1 = material_data.create_stackup(name='Stackup.1', fabrics=(material_data.fabrics['Fabric.1'],), draping1=0.3, 
```

图 6-173　函数的参数显示在弹窗中

6．进一步的参考资料

ANSYS 帮助文档中有多个脚本应用的实例可以进一步学习。同时帮助文档中还包含函数和对象的详细说明。在帮助文档中包含 ACP 对象树的完整树形图。部分树形图如图 6-174 所示。

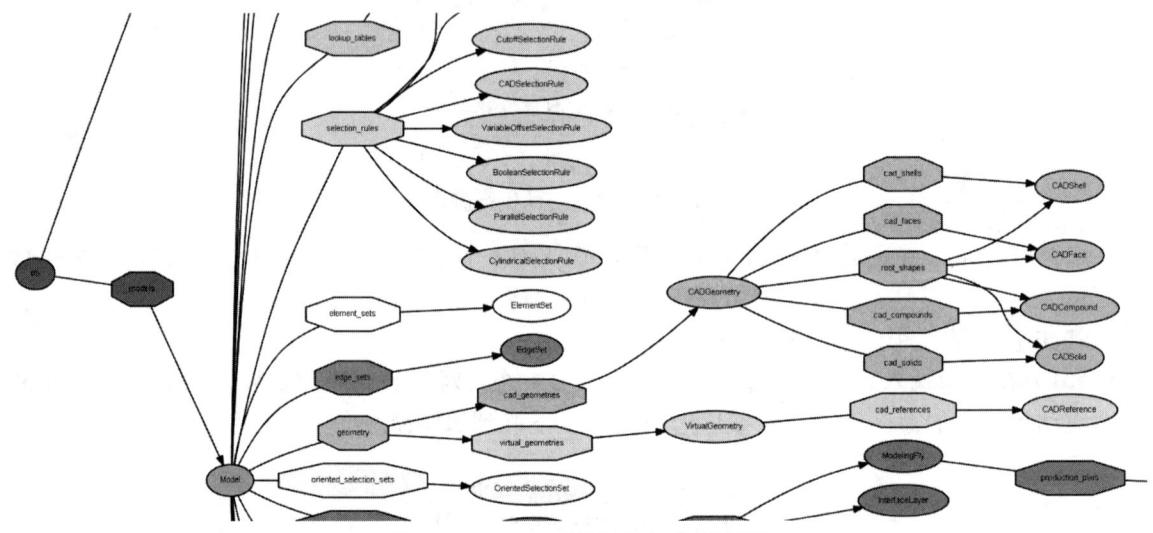

图 6-174　ACP 对象树的部分树形图

6.8.3　ACP 脚本实例

案例的模型为冲浪板模型，如图 6-175 所示。

案例实现过程如下。

（1）启动 Workbench，打开存档文件 Scripting_2019R1.wbpz，更新项目，如图图 6-176 所示。

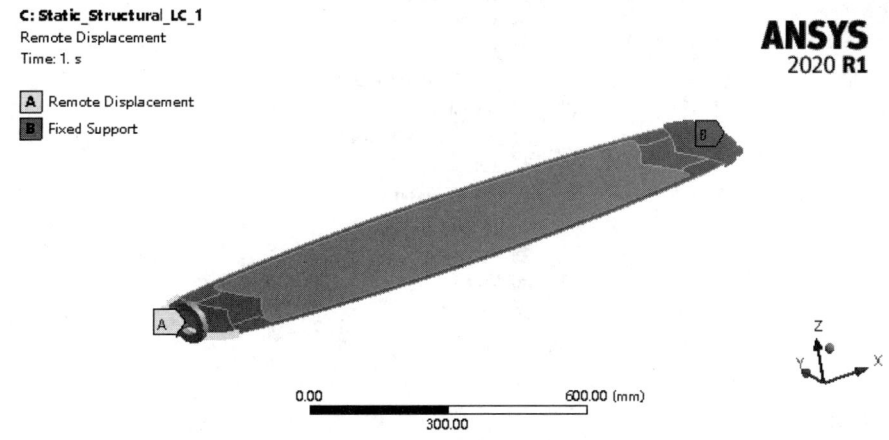

图 6-175　案例模型

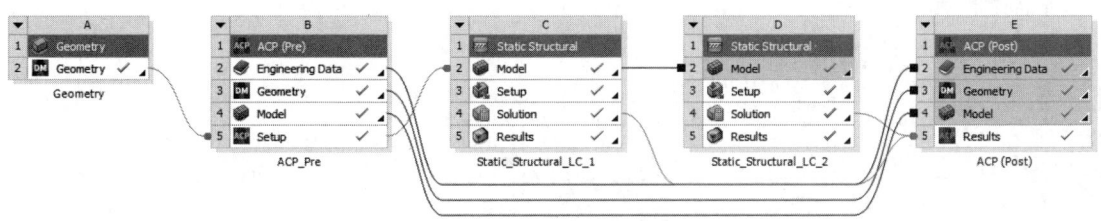

图 6-176　打开存档文件

（2）进入 ACP（Post）模块，使用 Shell 窗口编辑或者运行 Python 脚本，如图 6-177 所示。

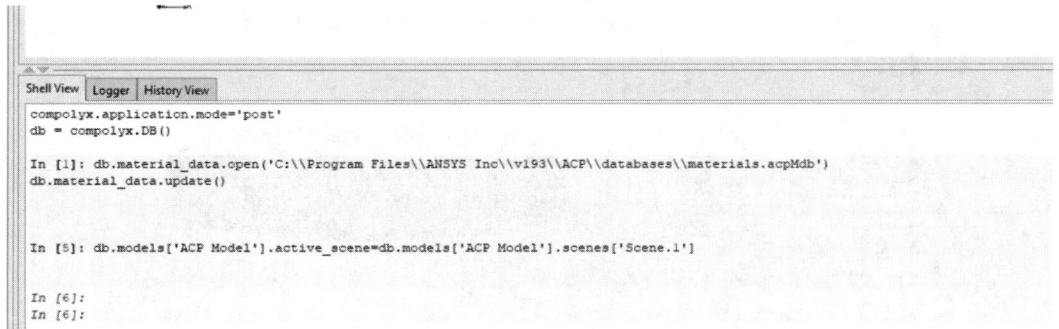

图 6-177　Shell 窗口

（3）项目中 ACP（Post）流程链接到了两个 Static Structural 分析流程，因此 ACP（Post）的 Solutions 文件夹包含 2 个 Solution 对象（图 6-178）。接下来使用脚本为一个结果对象创建失效云图并且为每个云图抓取 1 张图片。

（4）将练习目录下 script.py 中的脚本粘贴到 Python Shell 窗口，并按回车键，为两个求解集合分别创建一个失效视图。脚本中将较长的对象名赋值给参数，可以增加程序的可读性。例如，db.active_model 定义给参数 model，如图 6-179 所示。

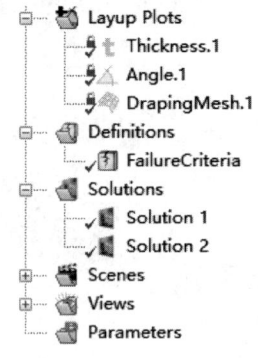

图 6-178　树状文件夹

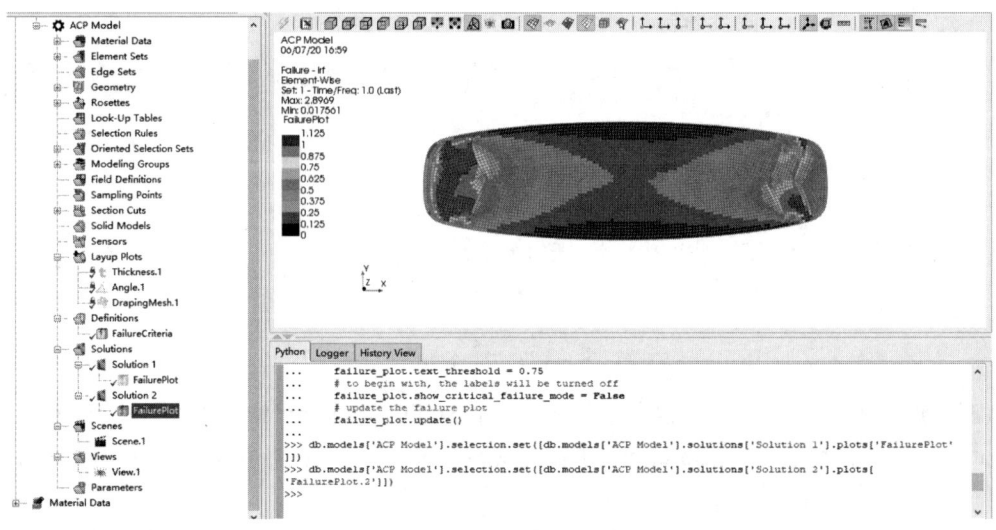

(a)

(b)

图 6-179　脚本窗口示意

（5）将练习目录下 script2.py 中的脚本（图 6-180）粘贴到 Python Shell 窗口，并按回车键，将两个结果的失效视图以 .png 格式图片的形式进行存储。

```
script2.py
1
2    # import the os and numpy modules. both are available within the ACP Python shell
3    import os, numpy
4
5    # the current model. this is the same as "db.models[u'ACP Model']"
6    model = db.models[u'ACP Model']
7
8    # the plot data will be saved in a numpy array
9    # as a location, we choose the ACP-Post folder of the model in the workbench project directory.
10   # the path property of the model gives the path to the models .h5 file.
11   dir_path = os.path.dirname(model.path.split('\\..\\')[0])
12
13   #solutions for the current model:
14   sol_group = model.solutions
15
16   # Loop over all solutions:
17   for sol_name in sol_group:
18
19       # Loop over all plots in each solution:
20       for plot_name in model.solutions[sol_name].plots:
21
22           #current plot:
23           plot = model.solutions[sol_name].plots[plot_name]
24
25           #clear current plot, add all the elements, add contourplot:
26           model.active_scene.active_set.clear()
27           model.active_scene.active_set.add(model.element_sets['All_Elements'])
28           model.active_scene.active_set.add(plot)
29
30           #path where the snapshot will be saved
31           output_file_path = os.path.join(dir_path, '%s.png' %(sol_name+plot.name).replace(" ", ""))
32
33           #create the snapshot:
34           model.active_scene.save_snapshot(path=output_file_path)
35
36   #end
37
```

图 6-180　script2.py 脚本窗口

（6）脚本 script2.py 成功运行后，返回 Workbench 项目概图。查看项目文件列表，找到输出的图片文件 Solution1FailurePlot.png 和 Solution2FailurePlot.png。选择其中一个文件右键选择 Open Containing Folder 打开文件所在路径［图 6-181（a）］，查看图片［图 6-181（b）］。

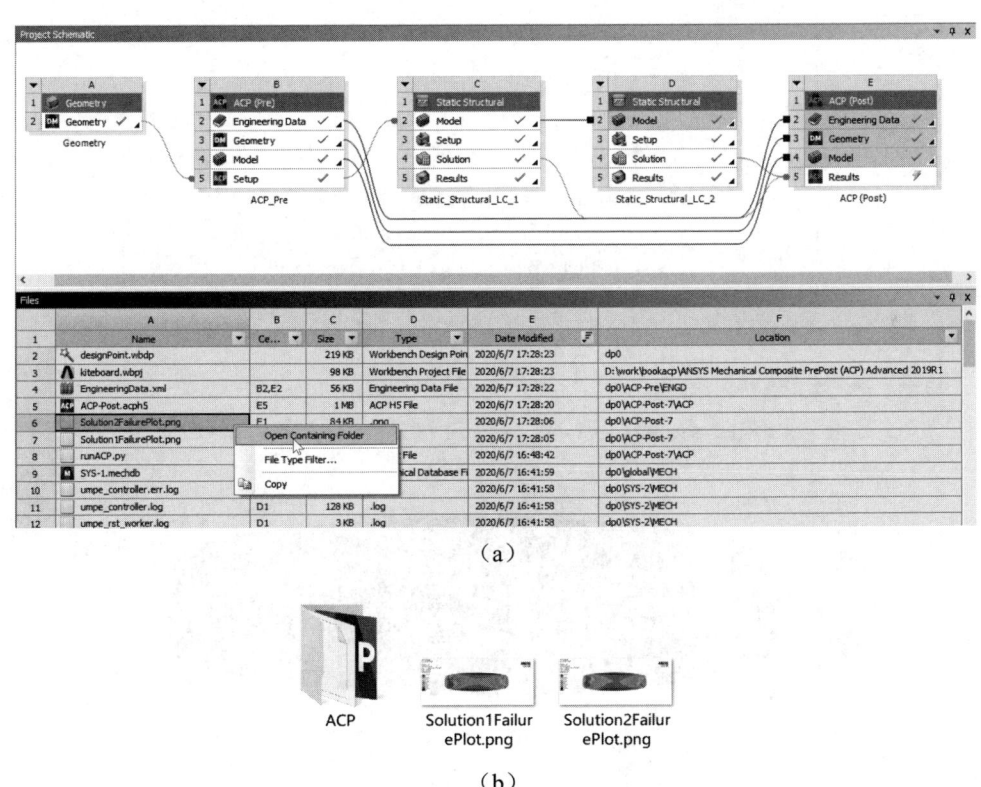

图 6-181　项目文件列表及输出图片

(7)接下来,第 2 个应用,采用脚本实现云图尺度修改的功能。显示 Solution 1 节点的 FailurePlot。由图 6-182 可以看出,当前云图设置最小和最大阈值分别为 0 和 1.125。

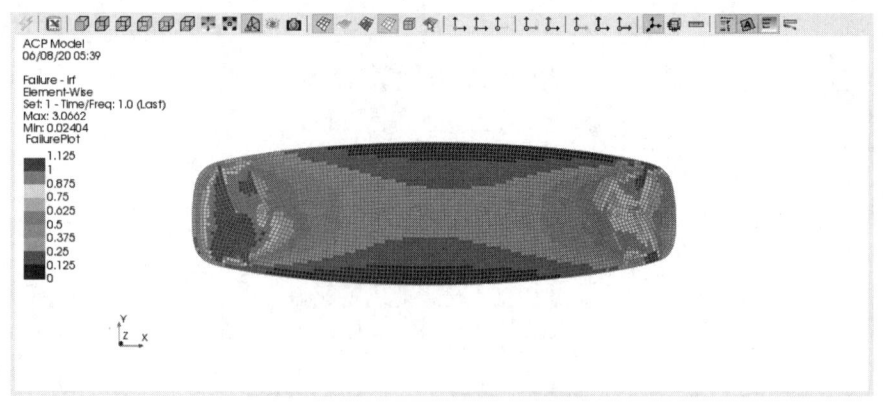

图 6-182 显示云图查看最小和最大阈值

(8)运行练习目录下 script3.py。其中最小值和最大值的阈值分别设置为 0.8 和 1.6 [图 6-183(a)]。运行之后,当前云图设置最小和最大阈值分别为 0.8 和 1.6 [图 6-183(b)]。

```
import os

#new legend scale:
scale_min_thres = 0.8
scale_max_thres = 1.6

#currrent model:
model = db.active_model

#loop over solutions:
for sol_name in model.solutions.keys():

    # Loop over all plots in each solution:
    for plot_name in model.solutions[sol_name].plots:

        #currrent plot:
        plot = model.solutions[sol_name].plots[plot_name]

        # Change scale of each contourplot:
        plot.color_table.lower_value = scale_min_thres
        plot.color_table.upper_value = scale_max_thres

#update model after having changed the scale:
model.update()
```

(a)

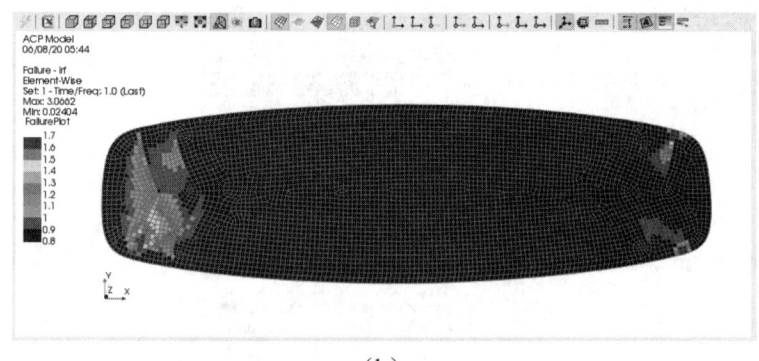

(b)

图 6-183 运行 script3.py 的云图设置

（9）接下来，第3个应用，采用脚本实现包络工况的功能。该功能的作用是将多个工况的失效结果进行包络，得到最危险的工况和最大的损伤。

运行练习目录下 script4.py。脚本在 Solutions 节点下新建了一个包络结果集 EnvSolution.1。并为其新建了一个失效云图 FailurePlot。最后，在 Layup Plots 节点下新建了一个变量云图 user_defined_envelope，如图 6-184 所示。

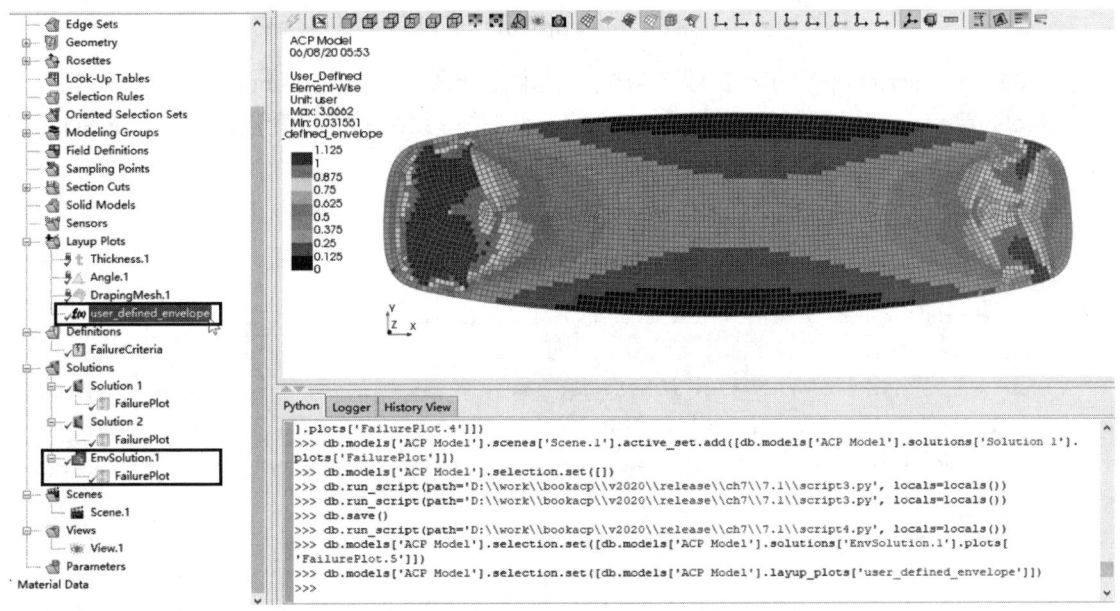

图 6-184　运行 script4.py

（10）脚本 script4.py 包含 3 段。第 1 段，新建一个包络结果集 EnvSolution.1。并为其新建了一个失效云图 FailurePlot，如图 6-185 所示。

```
# import the os and numpy modules. both are available within the ACP Python shell
import os, numpy

# the current model. this is the same as "db.models[u'ACP Model']"
model = db.active_model


### Create Envelope

# create an envelope solution with load step 1 and 2 (index:-1)
env_sol = model.create_envelope_solution(name='EnvSolution.1', solution_sets=[(model.solutions['Solution 1

# create a failure plot attached to the envelope solution
failure_plot = env_sol.plots.create_failure_plot(name='FailurePlot', ply_wise=False, show_critical_layer=F

# update the failure plot
failure_plot.update()

### Save Envelope
```

图 6-185　script4.py 第 1 段

（11）脚本 script4.py 的第 2 段，将上一段代码得到的失效云图数据存储为一个 numpy 数组，存储的文件名为 FailurePlot.npy，路径和失效云图路径相同，如图 6-186 所示。

```
23    # retrieve the plotted data with the get_data() function. As you type "get_data(" you see the func
24    failure_plot_data = failure_plot.get_data(visible = model.active_scene.active_set.entities)
25
26    # the plot data will be saved in a numpy array
27    # as a location, we choose the ACP-Post folder of the model in the workbench project directory.
28    # the path property of the model gives the path to the models .h5 file.
29    dir_path = os.path.dirname(model.path.split('\\..\\')[0])
30    # join the path with the file name
31    output_file_path = os.path.join(dir_path, '%s.npy' %failure_plot.name)
32    # save the data in the numpy array
33    numpy.save(output_file_path, failure_plot_data)
```

图 6-186　script4.py 第 2 段

（12）脚本 script4.py 的第 3 段。首先，读取上一段代码存储的 numpy 数组。然后，在 Layup Plots 节点下新建变量 user_defined_envelope，并将数组值赋给变量。最后，显示该变量云图，如图 6-187 所示。

```
44    ### Reload Envelope
45    # reload the numpy array
46    loaded_data = numpy.load(output_file_path)
47
48    # create user defined plot under "Layup Plots"
49    # a user defined plot can also be created under solution objects (Solution.1 e.g.)
50    # the user defined plot has to have the same data_scope as the original envelope plot
51    # the get_data() function stored the plot in a list within a list
52    # for this reason, the user_data property points to "loaded_data[0]" and not "loaded_data"
53    ud_plot = model.layup_plots.create_user_defined_plot(name='user_defined_envelope', user_script_enabled=False, dat
54
55    # failure plots are automatically formatted based on component that is displayed
56    # for the user defined plot, we use the same settings as for the original failure plot of the envelope solution.
57    ud_plot.color_table.set(use_defaults=False, upper_value_as_threshold=True, fixed_range=False, lower_value_as_thre
58
59
60    # update the plot
61    ud_plot.update()
62
63    # both plots, the envelope solution>failure plot and the layup plots>user defined plot, should show the same
64    # the array of values is now stored in the user defined plot
65    # this is possible because the data scopes (and thus the sequence of element labels) are the same for both plots
```

图 6-187　script4.py 第 3 段

6.8.4　案例小结

通过本案例的学习应掌握以下知识点：

（1）通过脚本访问 ACP 层次树的方法。
（2）使用脚本自动化工作流程。

6.9　复合材料子模型应用

6.9.1　案例简介

通常，采用壳单元建立复合材料产品的仿真模型，进行刚强度校核更加经济。但是，当需要关注局部细节的强度和安全性时，可以采用子模型技术来实现。

子模型技术的原理是将整体模型的位移结果作为子模型的面或边的位移边界。

本案例的目标即练习整体模型到局部模型的子模型技术，进而对结构薄弱环节进行细节分析。首先，创建一个壳子模型；然后，将其拉伸为实体子模型。其中子模型的铺层信息由整体模型直接连接传递，位移边界条件由整体模型映射到子模型，如图 6-188 所示。

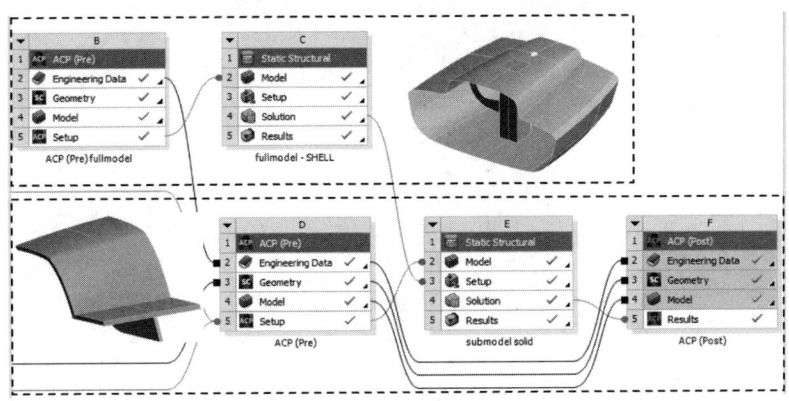

图 6-188　案例概览

6.9.2　案例实现

（1）启动 Workbench，打开存档文件：class40_Submodel_START_2019R1.wbpz。保存为项目文件，如图 6-189 所示。

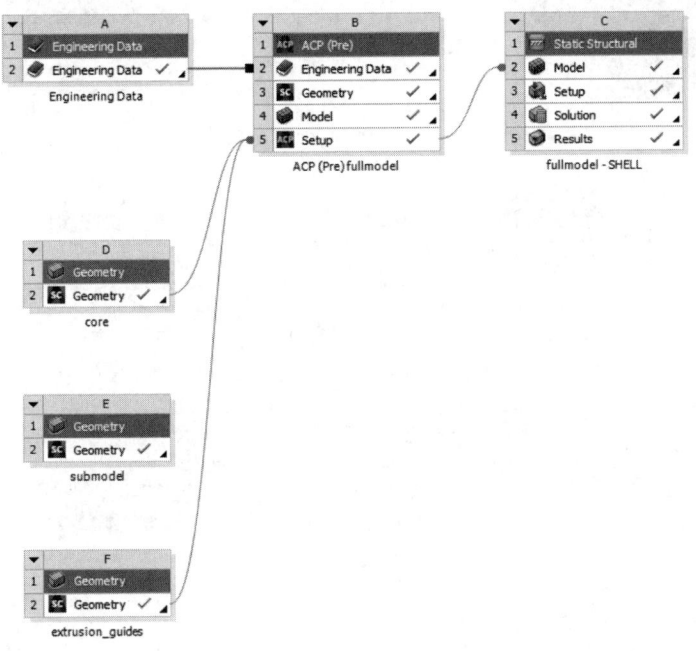

图 6-189　打开存档文件

（2）首先，右键单击工作流程 C 的 Solution，选择 Clear Generated Data，清空已经生成的数据，如图 6-190 所示。然后，更新整个项目。最后，流程 C 的 Mechanical 模块，查看模型总体变形和最大损伤区域。接下来，将通过子模型技术研究这一区域的细节结果。

（3）返回项目概图，在图示位置，新建 ACP（Pre）工作流程 D，作为子模型工作流程。连接流程 F 的 Geometry 到流程 D 的 Geometry，完成子模型的几何。连接流程 B 的 Engineering Data 到流程 D 的 Engineering Data、连接流程 B 的 Setup 到流程 D 的 Setup，实现整体模型到子模型流程的材料属性和复合材料定义信息的共享，如图 6-191 所示。

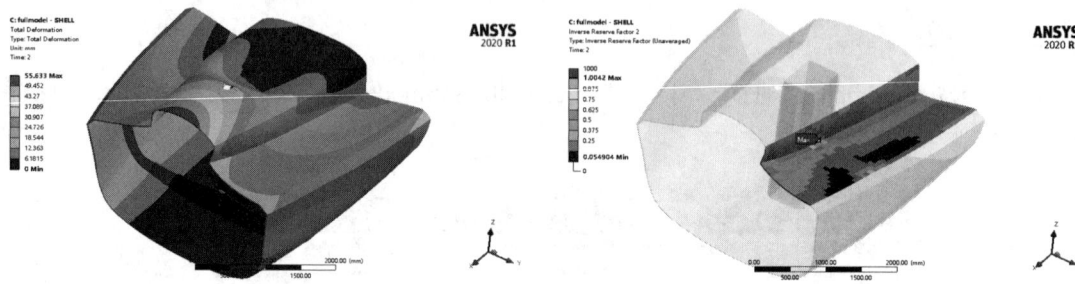

图 6-190 清空已生成的数据

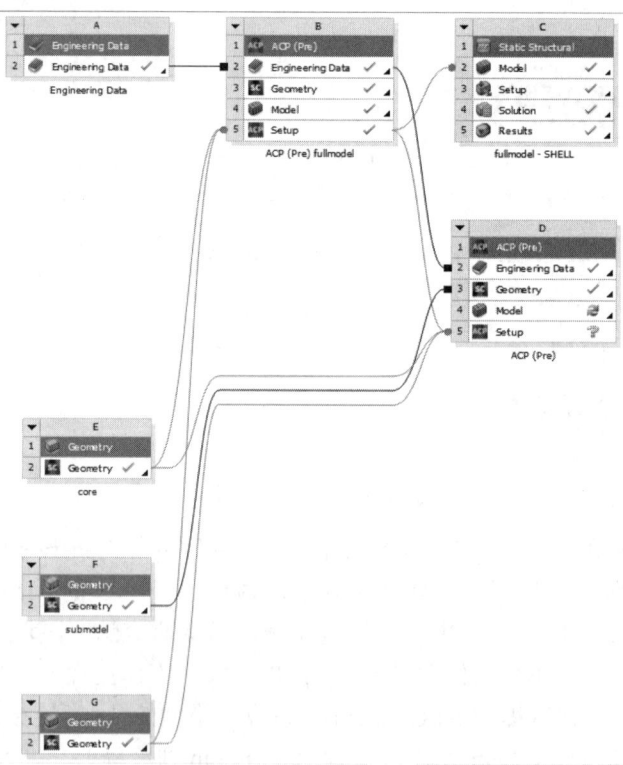

图 6-191 整体模型到子模型的材料属性和材料定义信息的共享

（4）双击流程 D 的 Model 进入 Mechanical 模块界面。首先，在特征树 Mesh 节点下插入 Method，指定模型中的所有体采用四边形为主的网格划分。然后，插入 Sizing，指定所有体的网格尺寸为 15mm。最后，按住 Ctrl 键选择 Geometry 节点下的 3 个体，指定其厚度为 0.02mm，材料为 E-Glas，这两个信息后续都会被 ACP（Pre）的设置覆盖，如图 6-192 所示。

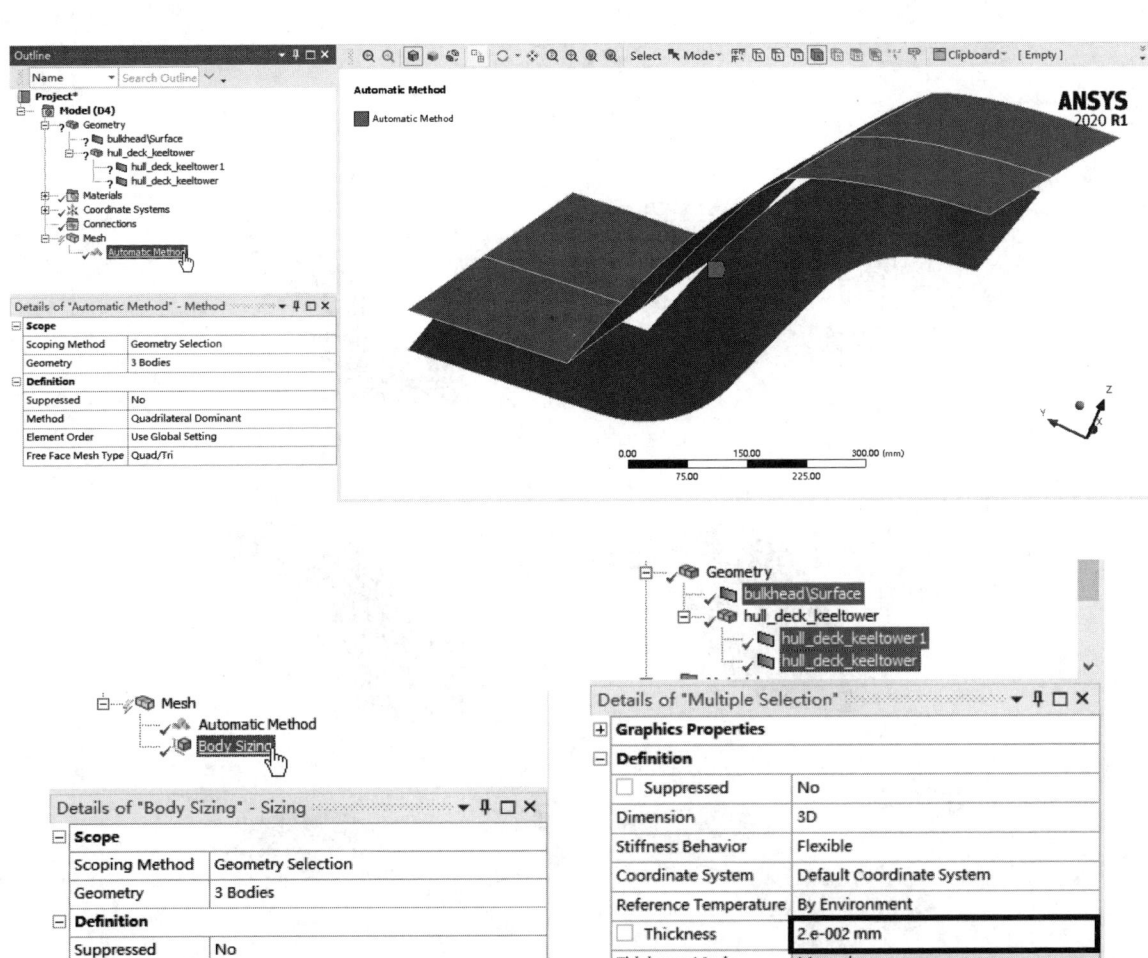

图 6-192　Mechanical 模块信息设置

（5）新建图 6-193 所示命名选择，其中：DECK 和 BULKHEAD 在整体模型中也有这 2 个命名选择，用于传递铺层信息；其他命名选择用于拉伸实体网格。注意：bulkhead_contact 由 5 条边组成。关闭 Mechanical 界面，并更新项目。

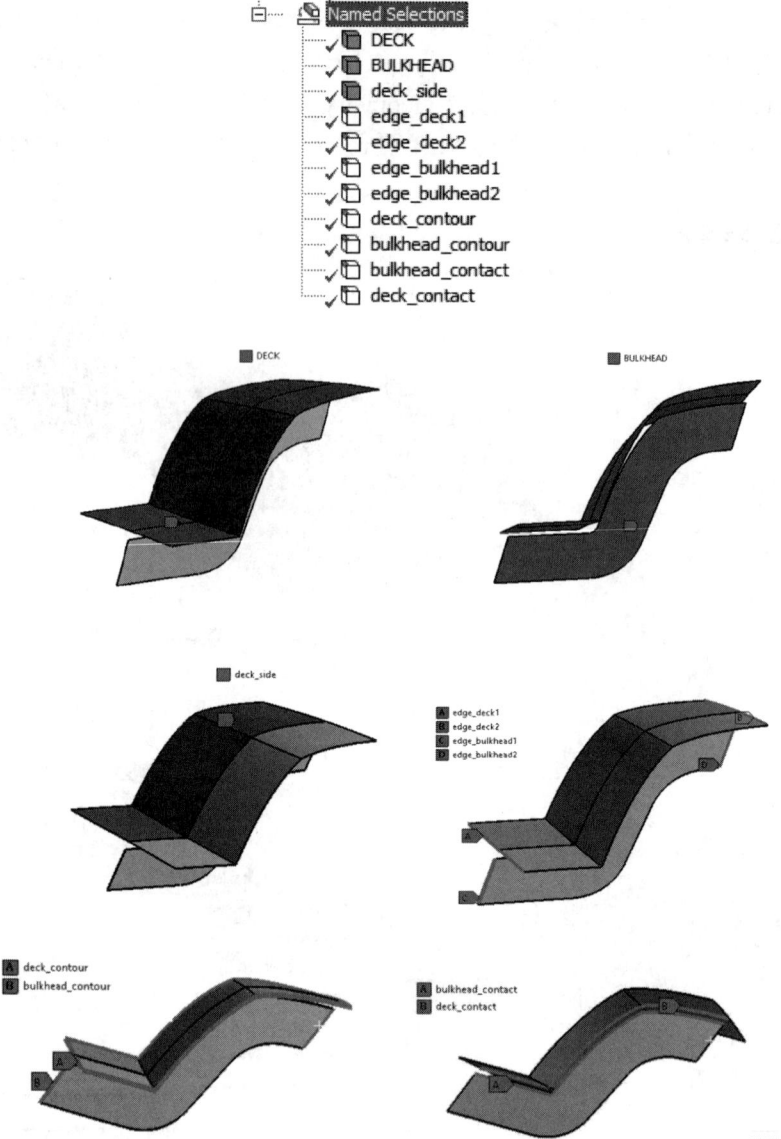

图 6-193　命名选择及实体网格

（6）在项目概图中，更新流程 D 的 Setup（图 6-194）。实现上游铺层铺敷信息和几何信息的共享。

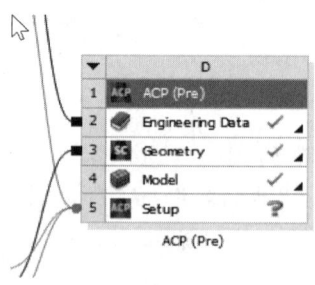

图 6-194　更新流程 D 的 Setup

(7)双击流程 D 的 Setup,进入 ACP(Pre)模块。单击 Update 按钮更新模型,提示图 6-195 所示 1 个错误和 7 个警告。错误由 TubeRule.1 导致,其依赖的节点集 HULL_BELWL_FRONT_EDGE 没有节点。而节点集没有节点是因为子模型中并没有以其命名的 Named Selection。同理,7 个警告也是因为没有对应的 Named Selection 导入到 ACP(Pre)。

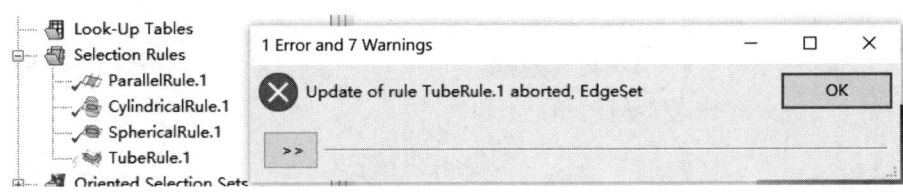

图 6-195　错误和警告提示

(8)由于当前的 ACP(Pre)流程 D 与整体模型流程 B 处于共享复合材料定义信息模式,所以由流程 B 连接到流程 D 的数据不能进行编辑,TubeRule.1 右键菜单没有删除选项,如图 6-196 所示。

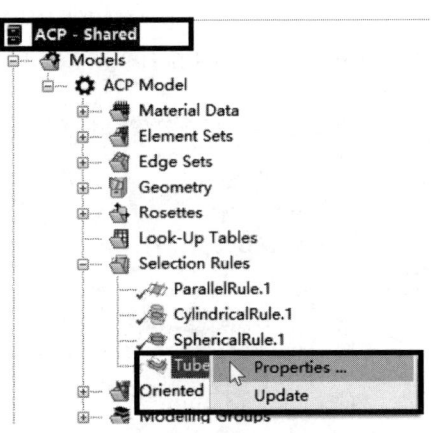

图 6-196　TubeRule.1 右键菜单

(9)返回项目概图,删除流程 B 和流程 D 的 Setup 连接,如图 6-197 所示。

(10)双击流程 D 的 Setup 再次进入 ACP(Pre)模块,此时 ACP(Pre)变为正常的可编辑模式。右键单击 TubeRule.1 选择 Delete 将其删除,如图 6-198 所示。更新模型,不再提示警告和错误。

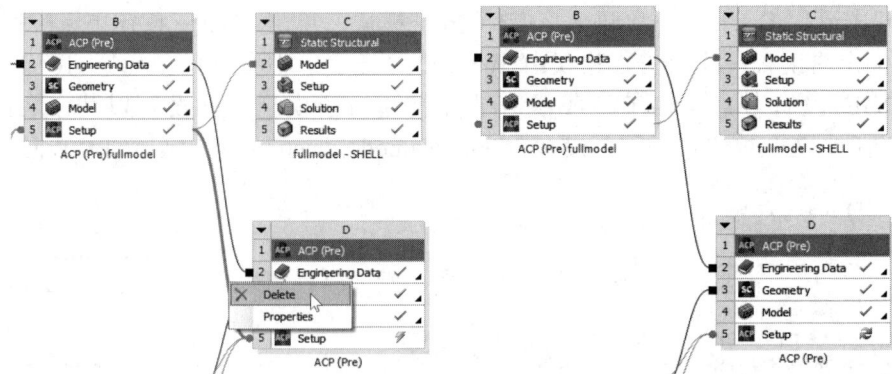

图 6-197　删除流程 B 和流程 D 的 Setup 连接

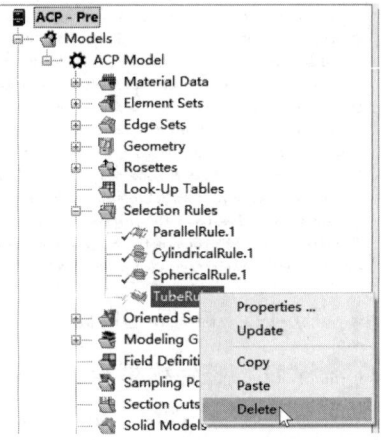

图 6-198　删除 TubeRule.1

（11）在特征树 Solid Models 节点，新建名为 deck 的实体模型。Element Sets 选择 DECK。Global Drop-Off Material 选择 Resin Epoxy，如图 6-199 所示。

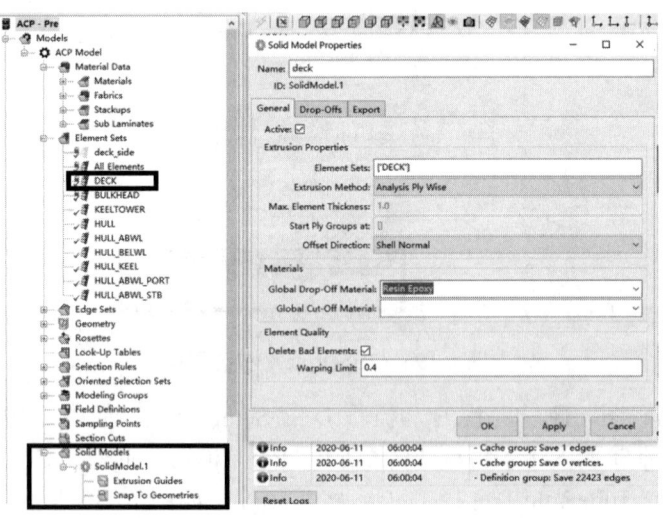

图 6-199　新建名为 deck 的实体模型

（12）为实体模型 deck 设置拉伸向导。ExtrusionGuide.1 的 Edge Set 设置为 edge_deck1，CAD Geometry 设置为 VirtualGeometry.2。ExtrusionGuide.2 的 Edge Set 设置为 edge_deck2，CAD Geometry 设置为 VirtualGeometry.1，如图 6-200（a）所示。更新后查看拉伸出的实体模型，如图 6-200（b）所示。

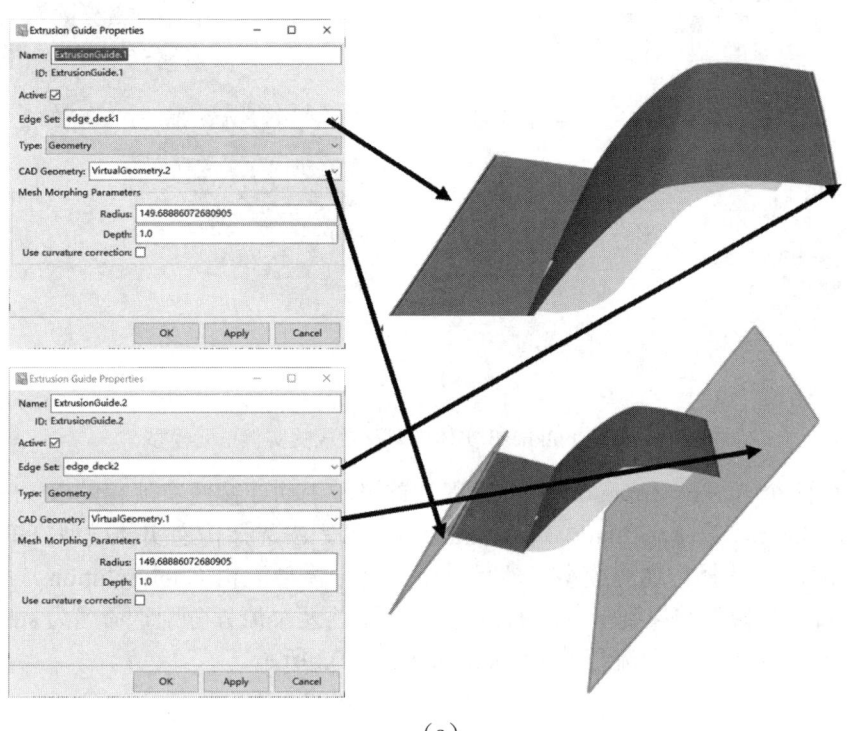

(a)

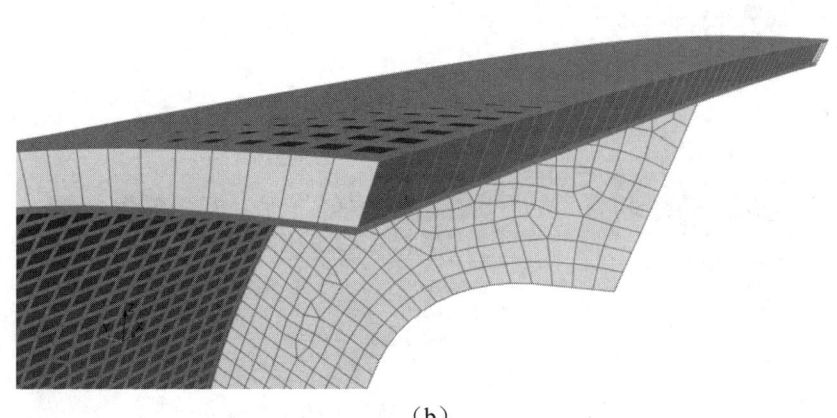

(b)

图 6-200　设置拉伸向导及拉伸出的实体模型

（13）新建名为 bulkhead 的实体模型，单元集设置为 BULKHEAD，Global Drop-Off Material 材料设置为 Resin Epoxy，如图 6-201（a）所示。更新模型，查看生成的实体单元模型，如图 6-201（b）所示。关闭 ACP（Pre）模块，返回项目概图。

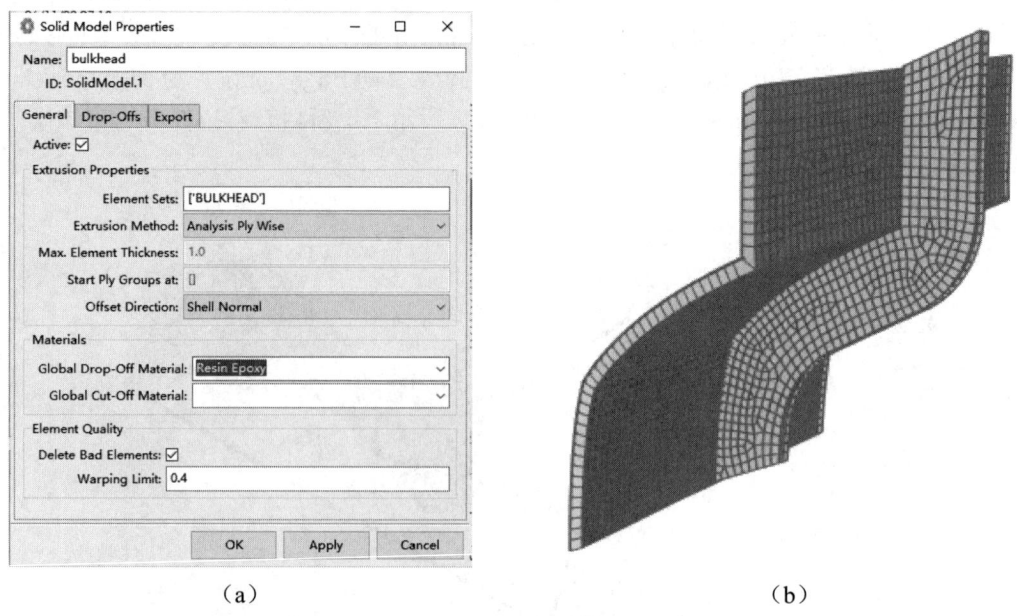

图 6-201 新建 bulkhead 实体模型及生成的实体单元模型

（14）新建两个 Static Structural 分析流程。首先，手动连接两个流程的 Model 到子模型 ACP 流程 D 的 Setup。第一个 Static Structural 分析流程 E 选择传递实体模型。第二个 Static Structural 分析流程 F 选择传递壳模型。然后，手动将全模型流程 C 的 Solution 连接到两个流程的 Setup，实现整体模型结果到子模型的传递。最后，将两个流程分别重命名为 submodel solid 和 submodel shell，并更新两个流程的 Model，如图 6-202 所示。

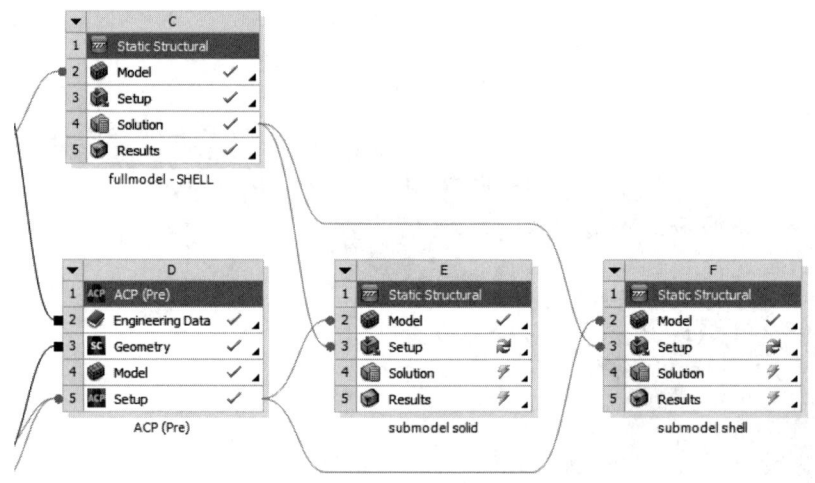

图 6-202 新建两个 Static Structural 分析流程

（15）右键编辑壳子模型流程 F 的 Model，进入 Mechanical 模块。添加一个手动接触：Scoping Method 切换为 Named Selection 模式；Contact 设置为 bulkhead_contact(ACP (Pre))；Target 设置为 deck_contact(ACP (Pre))；Formulation 设置为 MPC；Pinball Region 选择 Radius 模式；Pinball Radius 设置为 25mm，如图 6-203 所示。

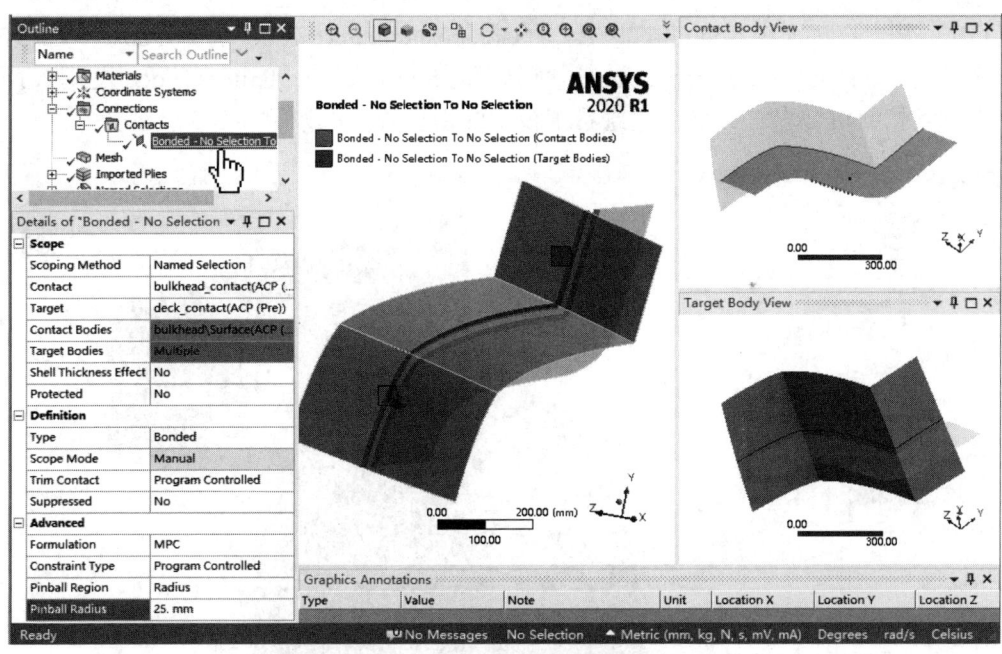

图 6-203　Mechanical 模块参数设置

（16）在特征树 Submodeling 节点，新建两个 Cut Boundary Constraint，如图 6-204 所示。选择覆盖约束。更新子模型节点，将整体模型对应位置的位移值插值到子模型的边线。

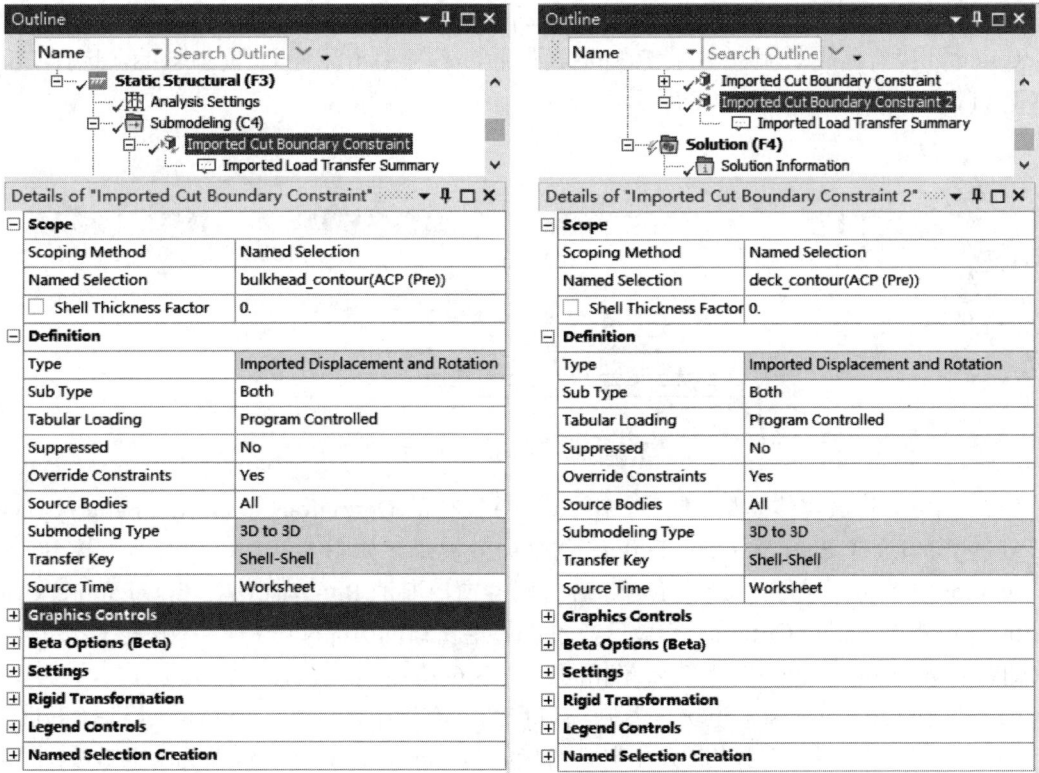

图 6-204　新建两个 Cut Boundary Constraints

（17）首先，在特征树 Solution 节点添加 Composite Failure Tool，打开 Puck 和 core failure 失效模式。然后，将 Inverse Reserve Factor 细节栏的 Show Critical Failure Mode 设置为 No。接着，单击求解按钮进行求解。最后，查看子模型的损伤云图，如图 6-205 所示。

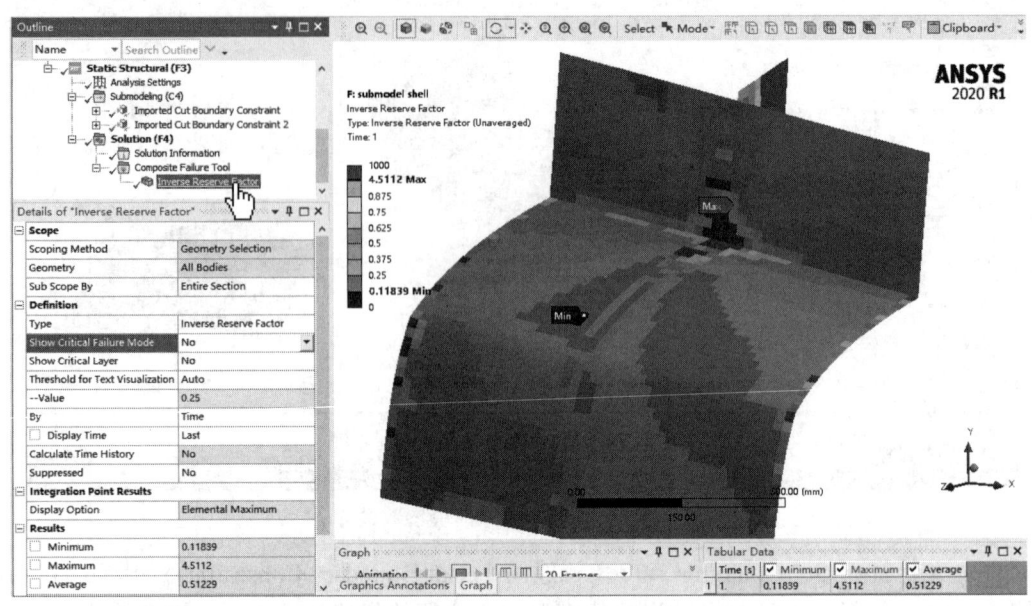

图 6-205　设置参数求解并查看子模型的损伤云图

（18）首先，拖放 ACP（Post）到流程 D 的 Model。然后，连接流程 F 的 Solution 到流程 G 的 Results。接着，更新流程 G 的 Results。最后，右键单击流程 G 的 Results，选择 Edit 进入 ACP（Post）模块，如图 6-206 所示。

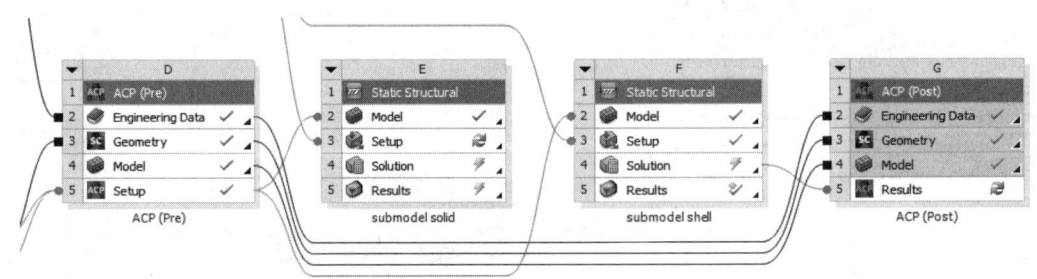

图 6-206　模块连接设置

（19）首先，隐藏实体模型。然后，在 ACP 特征树的 Definitions 节点添加 FailureCriteria.1 准则，属性窗口选择 Puck 和 Core Failure 两个失效模式，如图 6-207（a）所示。接着，在特征树 Solution 1 节点添加失效云图 Failure.1，属性窗口取消 Ply-Wise 复选框，Failure Criteria Definitions 设置为 FailureCriteria.1。最后，单击属性窗口的 Apply 按钮，更新失效云图，这个失效云图与 Mechanical 模块的失效云图相同，如图 6-207（b）所示。

（20）关闭 ACP（Post）模块，返回项目概图。右键单击流程 E 的 Model 选择 Edit 进入 Mechanical 模块。查看程序自动探测并定义的接触对，将其 Formulation 改为 MPC，如图 6-208 所示。

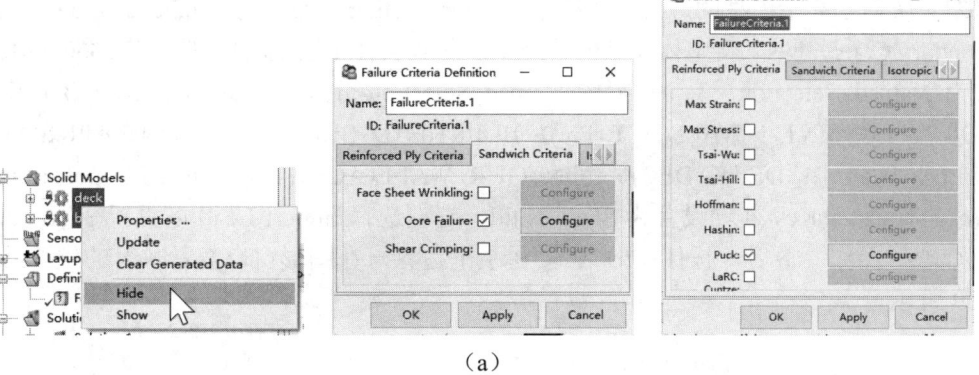

(a)

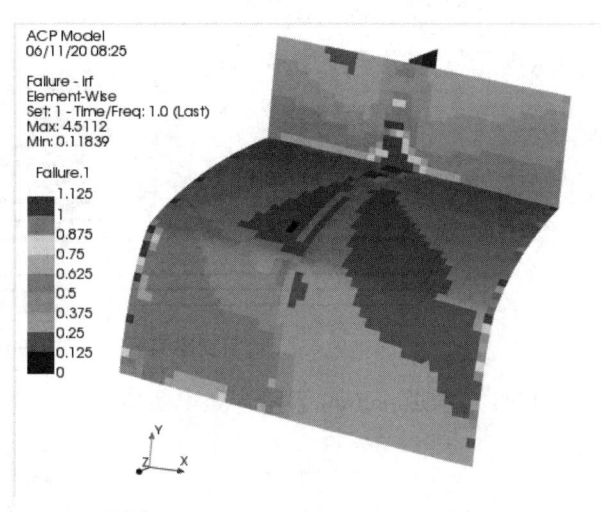

(b)

图 6-207　选择失效模式更新失效云图

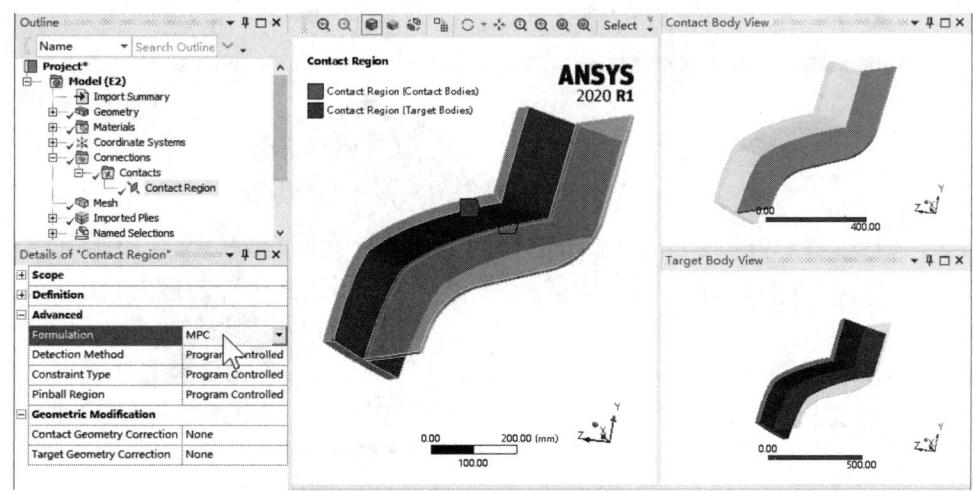

图 6-208　查看接触对

（21）类似于壳子模型的方法，在特征树 Submodeling 节点，为 bulkhead 和 deck 创建 3 个 Cut Boundary Constraints，将整体模型位移结果映射到实体子模型的切割面。Scoping Method 选项设置为 Named Selection。3 个边界的 Named Selection 分别为：BULKHEAD_BULKHEAD_CONTOUR_SEGMENT_1_WALL(ACP (Pre))；BULKHEAD_BULKHEAD_CONTOUR_SEGMENT_2_WALL(ACP (Pre))；DECK_DECK_CONTOUR_WALL(ACP (Pre))。Override Constraints 选项选为 Yes。Transfer Key 选项设置为 Shell-Solid。右键选择 Import Load 以更新 Submodeling 节点，执行映射操作。最后，按住 Ctrl 键选中 3 个边界，在图形窗口查看映射的位移结果，如图 6-209 所示。

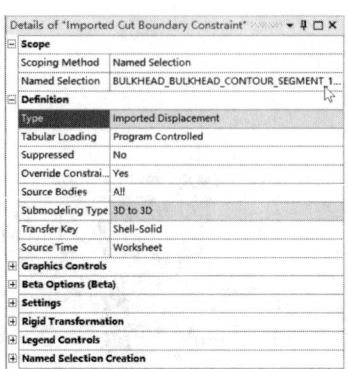
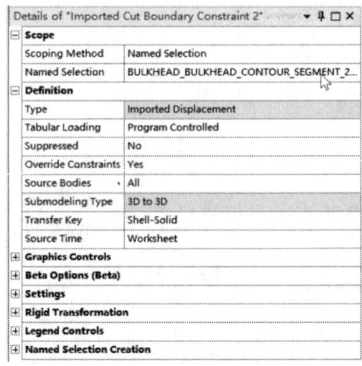
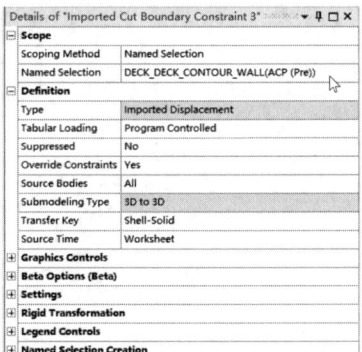
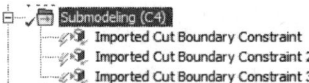
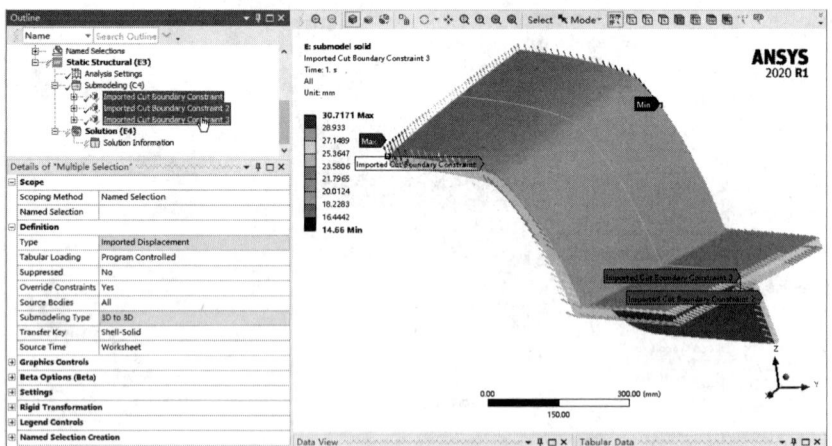

图 6-209　位移结果映射参数设置

(22)整体损伤结果。首先,在特征树 Solution 节点添加 Composite Failure Tool,打开 Puck 和 Core Failure 失效模式。然后,将 Inverse Reserve Factor 细节栏的 Show Critical Failure Mode 设置为 No。接着,单击求解按钮进行求解。最后,查看子模型的损伤云图,如图 6-210 所示。

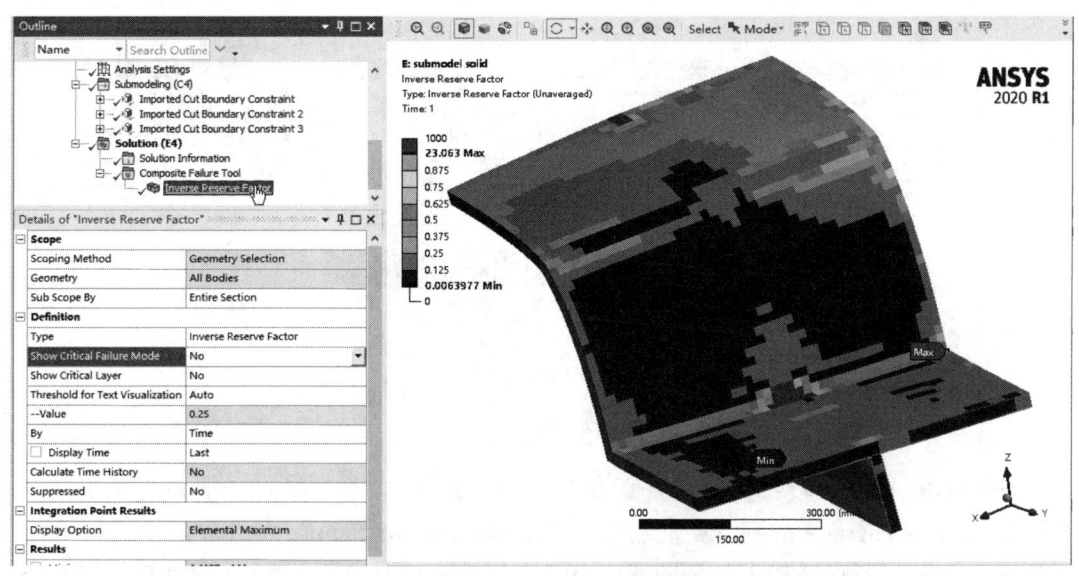

图 6-210 设置参数求解查看模型损伤云图

(23)芯材单层损伤结果。首先,复制上一步骤生成的 Composite Failure Tool 得到新的 Composite Failure Tool 2,并关闭 Puck 失效准则。然后,将其下一级节点 Inverse Reserve Factor 的细节栏中 Sub Scope By 选项改为 Ply,即单层结果。接着,将具体 Ply 设置为特征树 Imported Plies 节点下的芯材铺层 P1L1_Corecell_A450_20mm(ACP (Pre))。更新结果,查看芯材层的损伤,如图 6-211 所示。

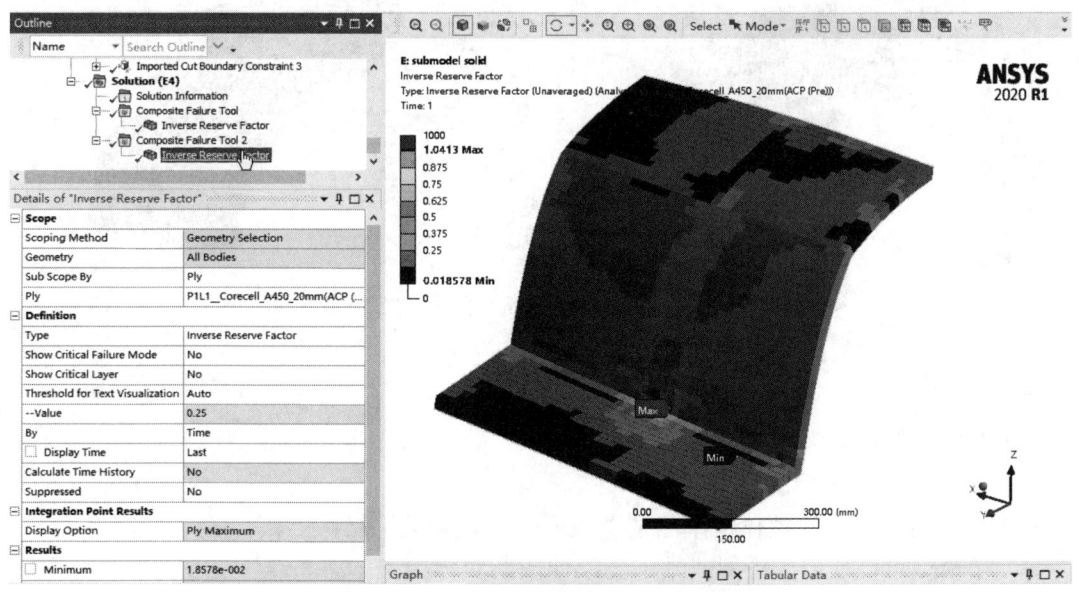

图 6-211 设置并查看芯材单层损伤结果

（24）返回项目概图。首先，拖放 ACP（Post）到流程 D 的 Model。然后，拖放实体子模型流程 E 的 Solution 到 ACP（Post）的 Results。更新项目，编辑流程 H 的 Results，进入 ACP（Post）模块，如图 6-212 所示。

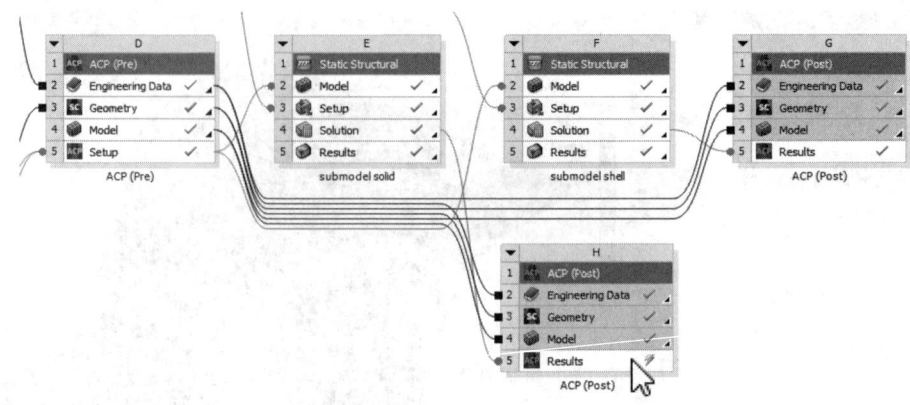

图 6-212　返回项目概图

（25）ACP（Post）模块进行后处理，如图 6-213 所示。首先，在 ACP 特征树的 Definitions 节点添加 FailureCriteria.1 准则，属性窗口选择 Puck 和 Core Failure 两个失效模式。然后，在特征树 Solution 1 节点添加失效云图 Failure.1，属性窗口取消 Ply-Wise 复选框，取消 Show Critical Failure Mode 复选框，Failure Criteria Definitions 设置为 FailureCriteria.1。最后，单击属性窗口的 Apply 按钮，更新失效云图，失效结果将映射到壳单元上。将 Failure.1 云图属性窗口的 Show on Solids 复选框选中，再次更新失效云图，这个失效云图与 Mechanical 模块的失效云图相同。两个云图的对比可以看出，损伤最大位置在结构内部，而不是表面。实体云图的结果可能掩盖最大损伤。

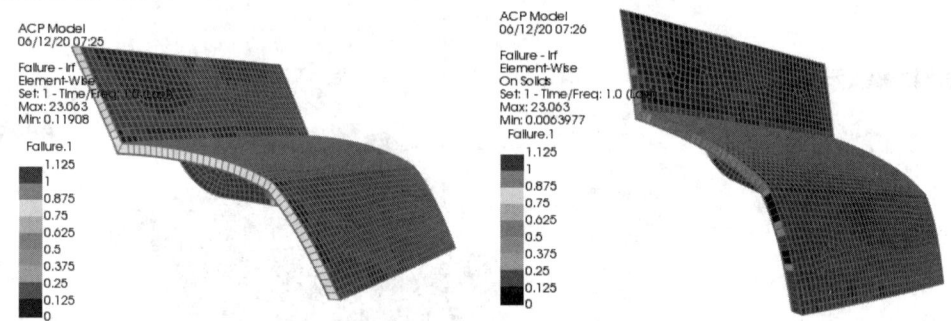

图 6-213　ACP（Post）模块后处理

6.9.3　案例小结

这个案例中的功能点包括：
- 创建子模型分析流程。
- ACP 可以直接将整体模型的铺层表用于子模型的铺层。
- 子模型可以使用壳模型或基于壳拉伸成的实体模型。
- 整体模型的位移解可以映射到子模型作为边界条件。

这个案例中的 T 型连接发生了芯材压缩失效，并导致 Deck 外蒙皮弯曲，这一现象仅能通过实体模型进行模拟，因为实体模型能够更好地建立 deck 和 bulkhead 间的接触。实体模型如图 6-214 所示。

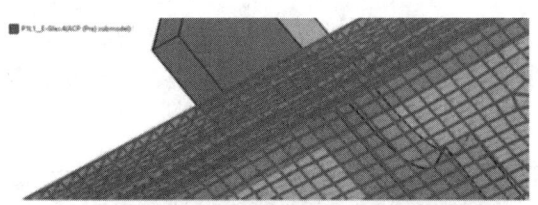

（a）外蒙皮与 Bulkhead 接触区域纤维方向

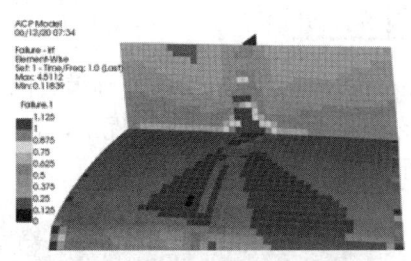

（b）SHELL 壳子模型全局结果

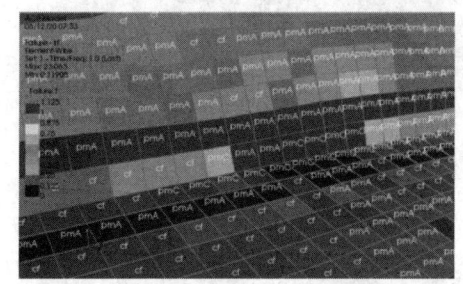

（c）实体模型外蒙皮的失效结果

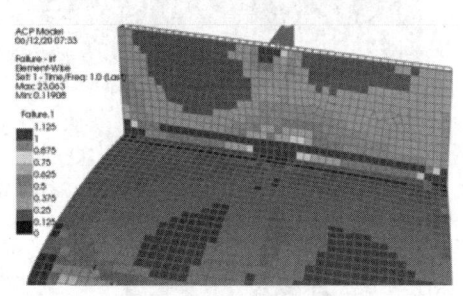

（d）SOLID 实体子模型全局结果

图 6-214　壳元模型与实体模型对比

T 型连接广泛用于复合材料件的连接，图 6-215 中不建议的方案主要是弯矩承载能力低。而建议的方案则是不传递弯矩或采用更强的芯材来传递弯矩。

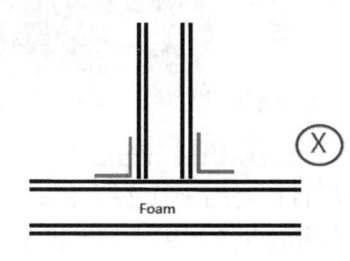

（a）不建议

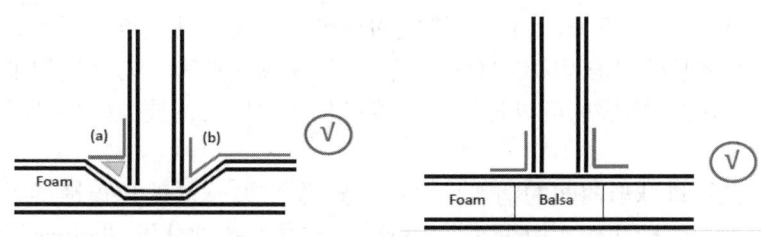

（b）建议

图 6-215　T 型连接设计方案

6.10 铺敷性分析

6.10.1 案例简介

Draping 过程是将铺层铺敷到模具的过程。在这个过程中，如果模具是复杂曲面而不是平面，那么铺层会起皱。铺敷过程中，铺层的扭曲会引起纤维方向的改变。模具铺敷示意如图 6-216 所示。

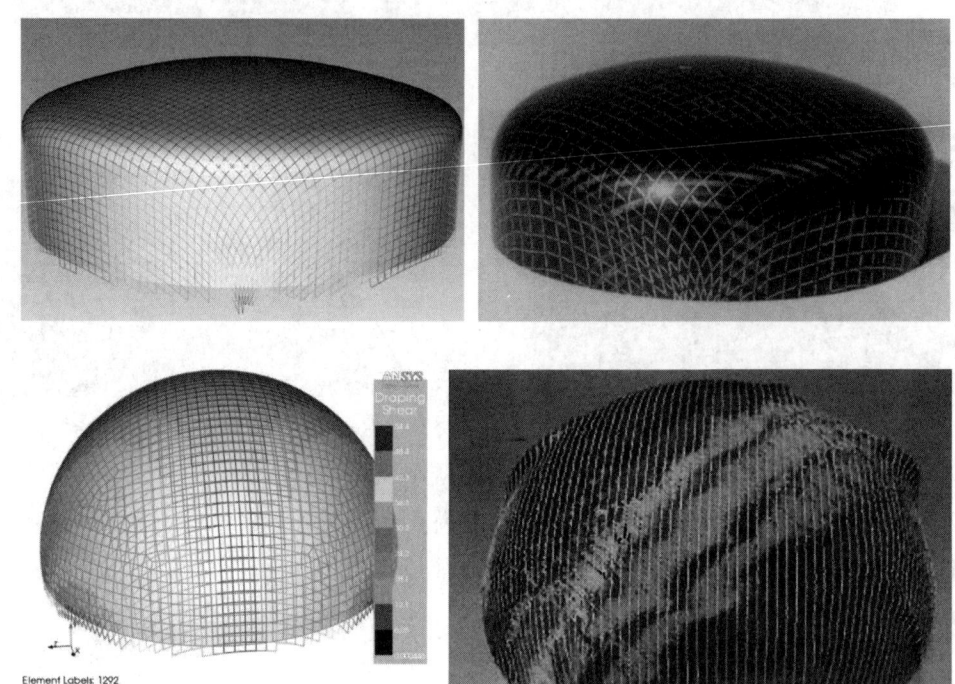

图 6-216 ACP Draping 模拟结果和实际铺敷效果对比

ACP 模块可以对铺敷过程进行模拟以识别出扭曲引起的关键区域可能的褶皱，进而修正纤维方向。ACP 模块的铺敷性分析目标是用于修正纤维方向，以得到更加准确的力学行为。同时，ACP 模块可以输出曲面的织物展开图，用于指导机械切割。

ACP 模块的铺敷性模拟算法基于最小能量法，即：将一个销连网格模型放置到模具型面，最小化网中所有单元的剪切应变能，如图 6-217 所示。

ACP 模块的铺敷过程模拟，由一个给定的种子点（起始铺敷点）开始，往指定的方向进行铺敷。销连网格模型最初是为编织材料开发的，但在预浸料和单向铺层的铺敷过程也得到了成功应用。另外，ACP 模块也可以使用表功能将其他软件的铺敷性模拟结果导入，进而修正纤维方向。

案例的目标是通过球形曲面的铺敷性分析，熟悉 ACP 模块的建模铺层铺敷性分析功能和方向选择集的铺敷性分析功能，如图 6-218 所示。通过铺敷性分析 Flatwrap draping 模拟计算剪切角度，来实现修正 UD 或织物的局部纤维方向。

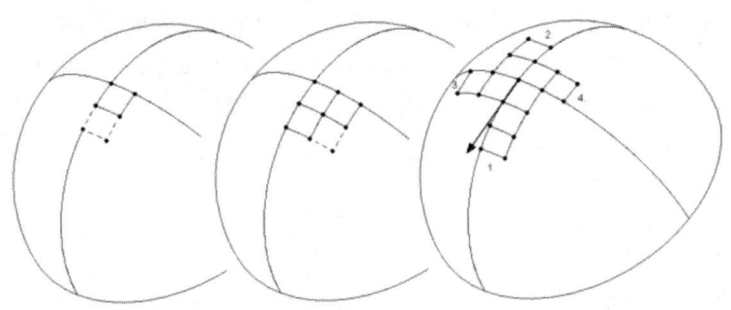

(a) 铺敷分析方法

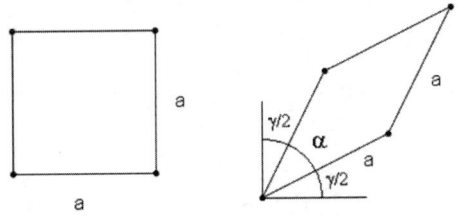

(b) 铺敷过程中单元的变形

图 6-217　ACP 模块最小能量法铺敷性模拟

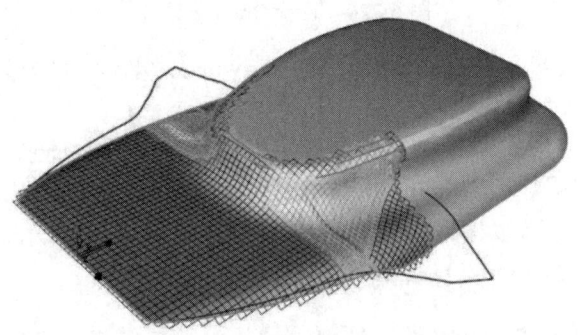

图 6-218　案例模型铺敷性模拟

6.10.2　案例实现

1. 恢复存档并查看模型

（1）启动 Workbench，打开存档文件 Draping_2019R2.wbpz，如图 6-219 所示，并保存为项目文件 Draping_2020R1.wbpj。更新项目，编辑 ACP（Pre）流程的 Setup，进入 ACP（Pre）模块。

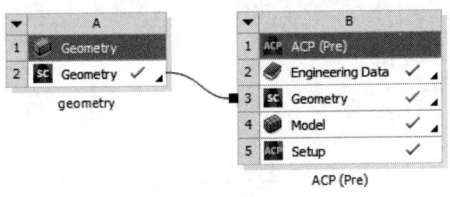

图 6-219　打开存档文件

（2）在特征树 Material Data 的 Fabrics 子节点，分别查看织物属性窗口的 Draping 设置。二者的区别是模拟的数学模型不同，编织材料的设置是 woven，而 UD 模型的设置是 Unidirectional，且需要编辑 UD 的 Draping 系数。当系数设置为 0 时，使用标准的 woven 算法。可以通过对 UD 织物的铺敷测试来修改该值，如图 6-220 所示。

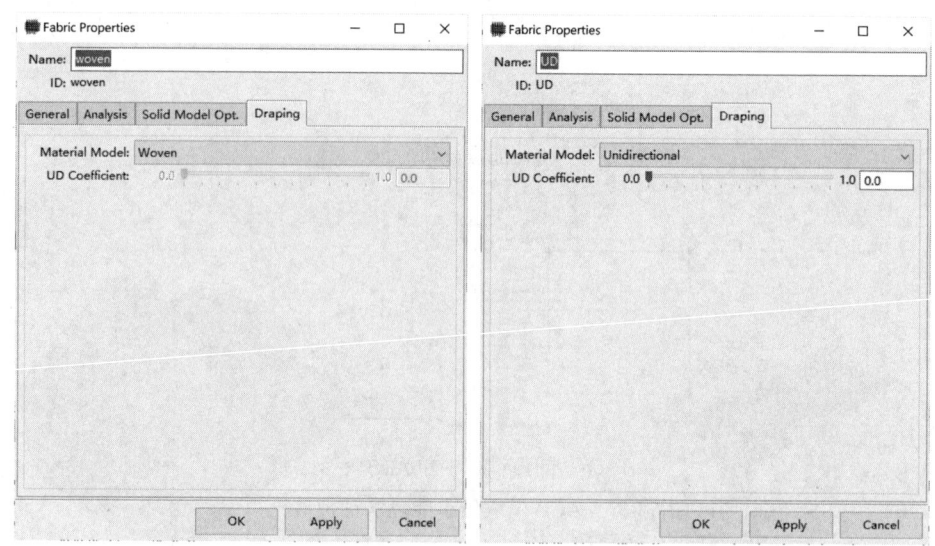

图 6-220　查看 Draping 设置

（3）查看已经定义的 2 层建模铺层，分别是 woven 织物和 UD 织物。

2. 建模铺层铺敷性分析

（1）编辑建模铺层 woven 的铺敷性属性。右键单击 woven 选择 Properties，打开建模铺层的属性窗口，切换到铺敷性 Draping 选项卡，类型 Type 选为 Internal Draping，在视图窗口选择一点作为种子点（也可以根据坐标值输入），其余设置采用默认选项。单击 OK 按钮执行 Draping 模拟，如图 6-221 所示。

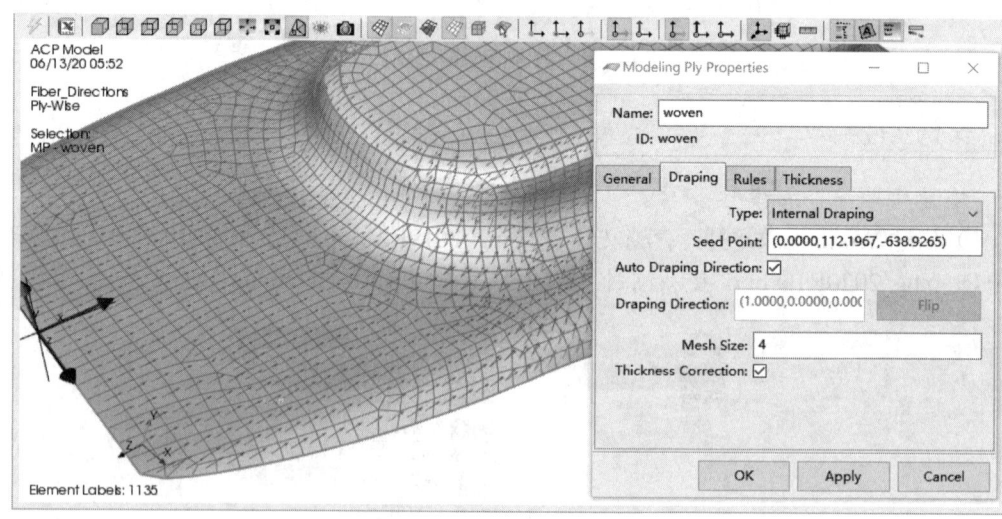

图 6-221　Draping 选项卡设置

（2）分别通过 按钮和 按钮，显示纤维方向和铺敷性分析之后的纤维方向。比较铺敷性分析前后纤维方向的差异，如图 6-222 所示。

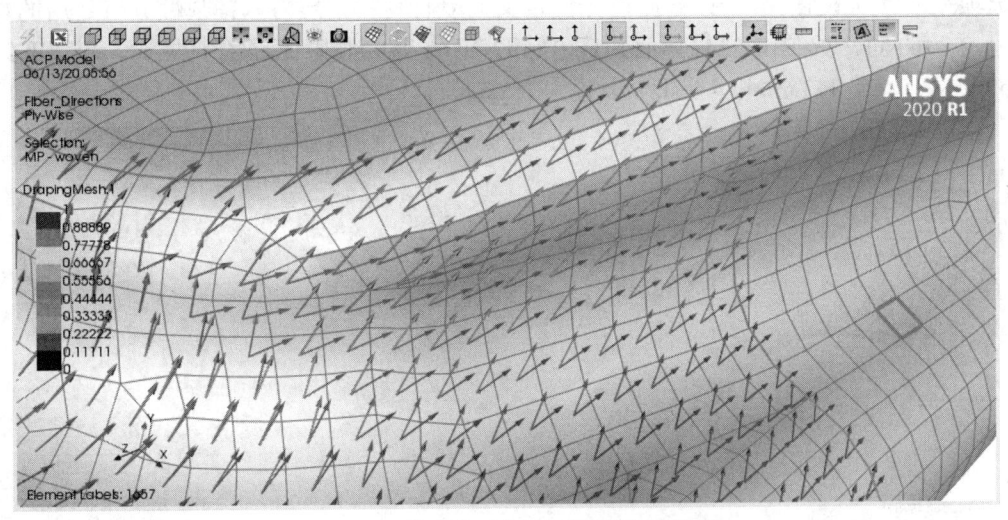

图 6-222　铺敷性分析前后纤维方向比较

3. 方向选择集铺敷性分析

（1）右键单击建模铺层 woven 选择 Properties，打开建模铺层的属性窗口，切换到铺敷性 Draping 选项卡，将铺敷性分析的类型 Type 设置为 No Draping，关闭建模铺层的铺敷性分析选项。

注意：ACP 模块可以对建模铺层或方向选择集进行铺敷性模拟。当定义为方向选择集时，该设置对后续基于该方向选择集的所有铺层起作用。当某一铺层的方向选择集和建模铺层同时定义铺敷性模拟时，建模铺层的设置覆盖方向选择集的设置，即建模铺层的铺敷性设置优先级最高。

（2）查看 OrientedSelectionSet.2 未进行铺敷性分析时的参考方向，如图 6-223 所示。

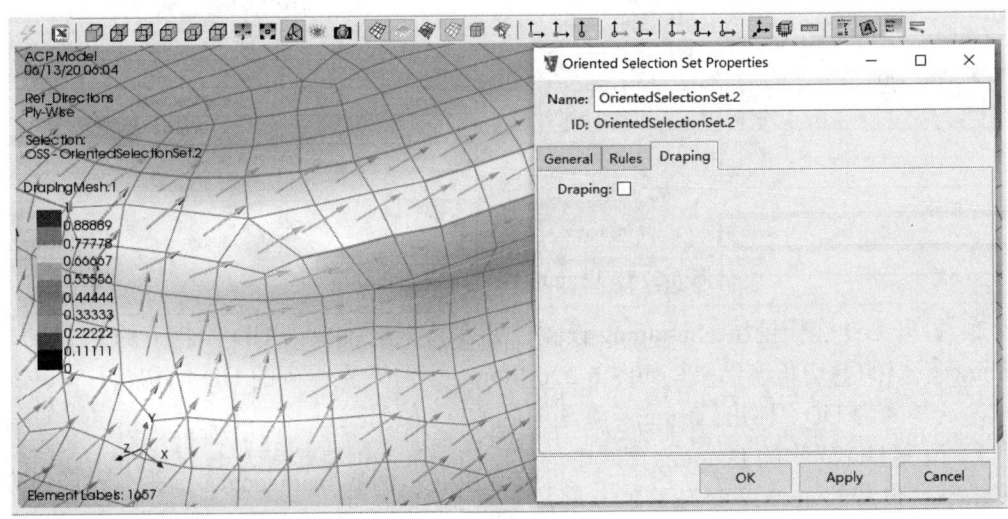

图 6-223　查看未进行铺敷性分析时的参考方向

（3）编辑方向选择集 OrientedSelectionSet.2 的属性窗口，切换到 Draping 选项卡。选择 Draping 选项，打开方向选择集的铺敷性分析。Material Model 选择 Woven，指定 Seed Point。其余选项采用默认设置。基于该方向选择集定义的复合材料铺层将以铺敷性分析之后的参考方向作为 0 度方向，如图 6-224 所示。为更好地查看铺敷性分析后的纤维方向，可以在特征树 Layup Plots 节点下的 DrapingMesh.1 设置为 Hide。

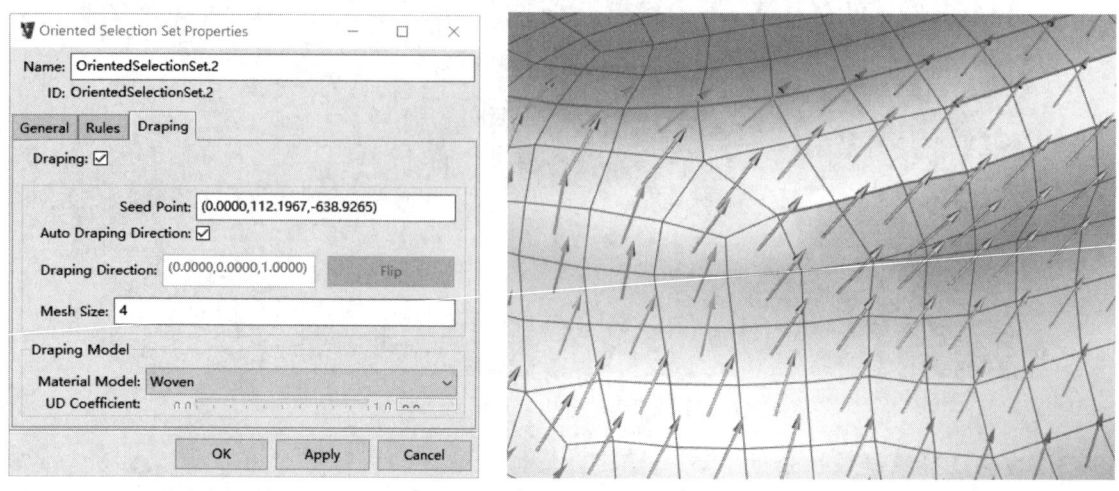

图 6-224　Draping 选项卡设置

4．UD 系数对铺敷性分析结果的影响

（1）将特征树 Layup Plots 节点下的 DrapingMesh.1 设置为 Show，即显示该视图，并按照图 6-225 进行设置。

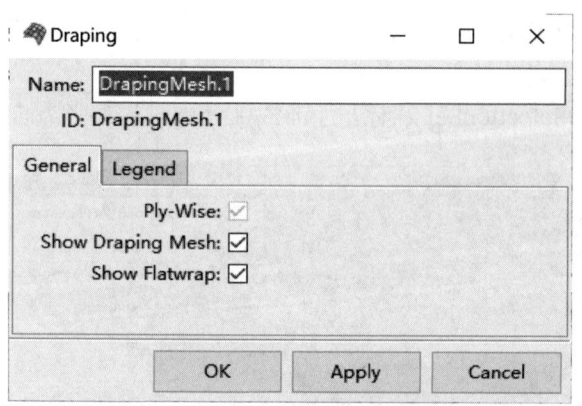

图 6-225　DrapingMesh.1 视图设置界面

（2）打开 UD 建模铺层的 Draping 设置，并在特征树中单击 UD 织物下的 P1_UD，以查看 Draping 模拟的剪切角度结果，如图 6-226 所示。当前设置得到的 UD 剪切角与 woven 织物的相同，这是因为 UD 织物的 Draping 算法中的 UD Coefficient 设置值为零。

（3）改变 UD 织物的 Draping 算法中的 UD Coefficient 设置值为 1，查看剪切角度值。剪切角度由默认设置的 46.9 度变为了 20.9 度，如图 6-227 所示。

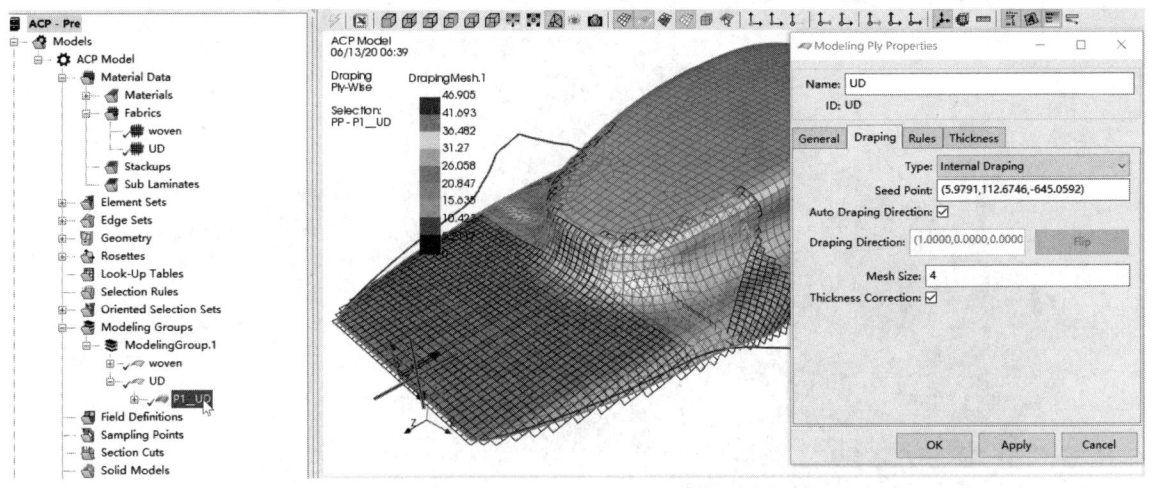

图 6-226　查看 Draping 模拟的剪切角度结果

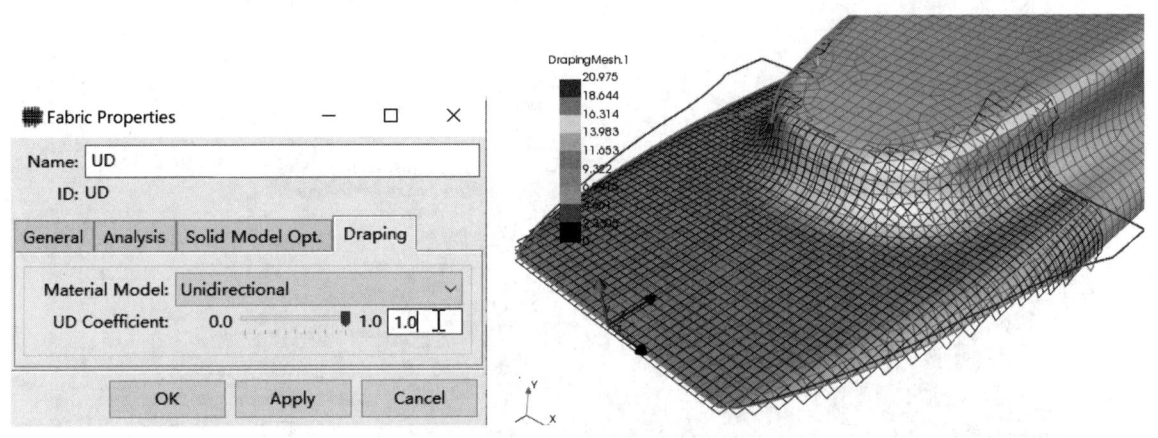

图 6-227　查看剪切角度值

（4）输出织物展开图，用于指导切割下料。右键单击 P1_UD 选择 Export Flat wrap…，在弹出的对话框中选择导出的图形文件格式，可以是 DXF、STP 和 IGS 格式，如图 6-228 所示。

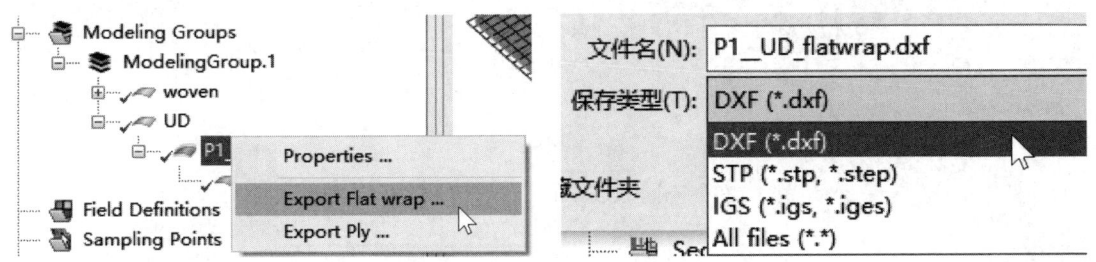

图 6-228　选择导出的图形文件格式

5. 种子点对铺敷性分析结果的影响

编辑建模铺层 woven 的 Draping 选项卡。对比不同 Seed Point 对剪切角的影响，如图 6-229 所示。

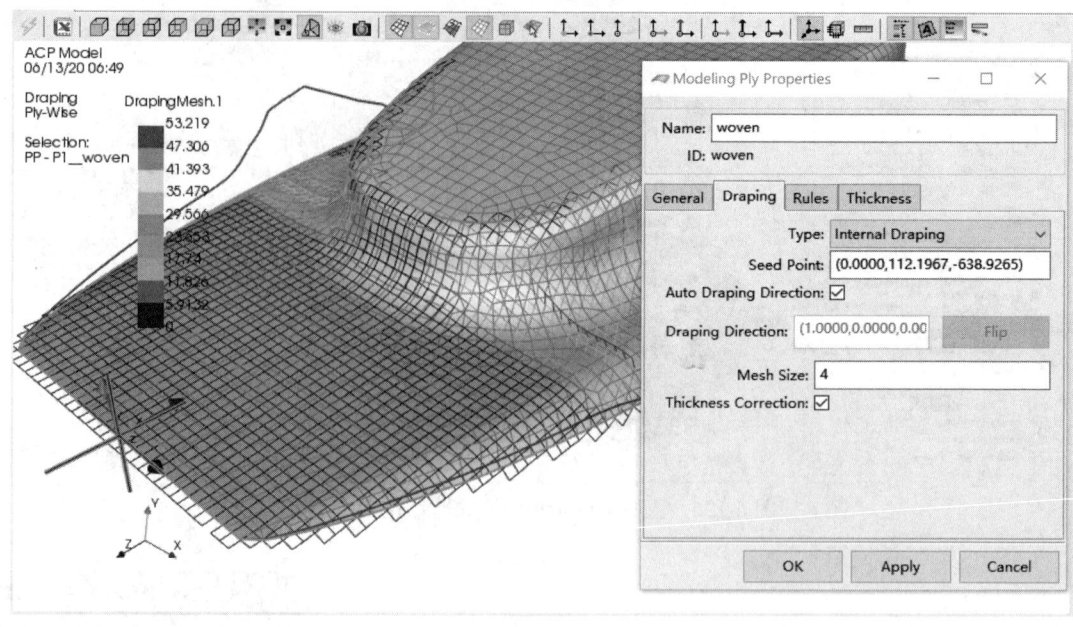

(a)

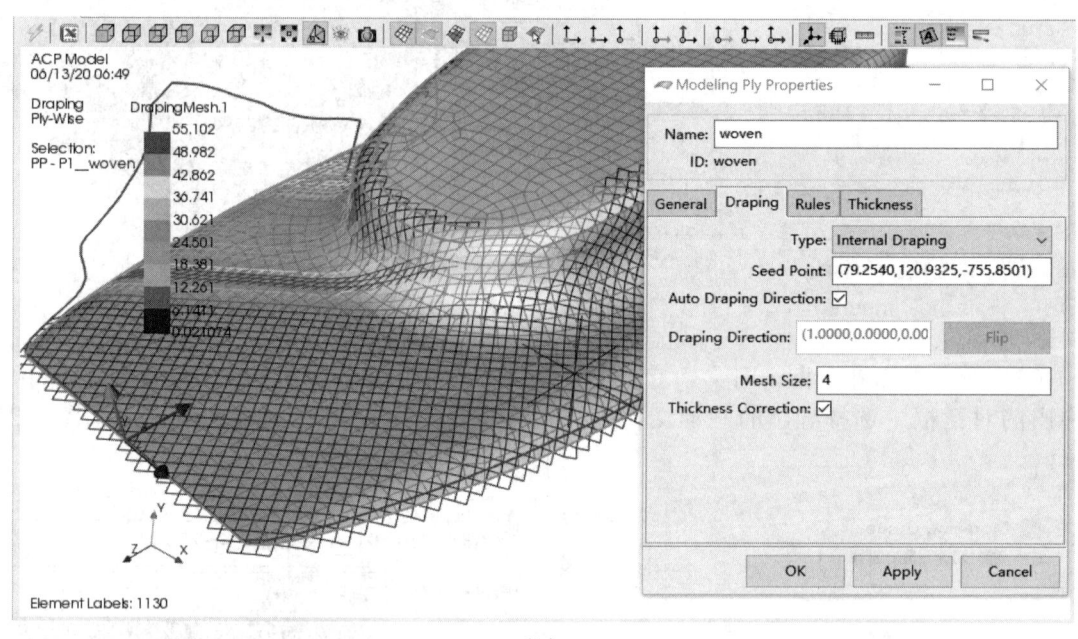

(b)

图 6-229　不同 Seed Point 对剪切角的影响对比

6. 考虑层合板厚度的铺敷性模拟

当某个铺层之前有多个铺层时，基于模具表面的 draping 计算精度降低。此时，可以通过 ACP Model 根节点的属性窗口，选中 Use Draping Offset Correction 复选框，将之前铺层的厚度考虑到当前铺层的 draping 模拟，如图 6-230 所示。

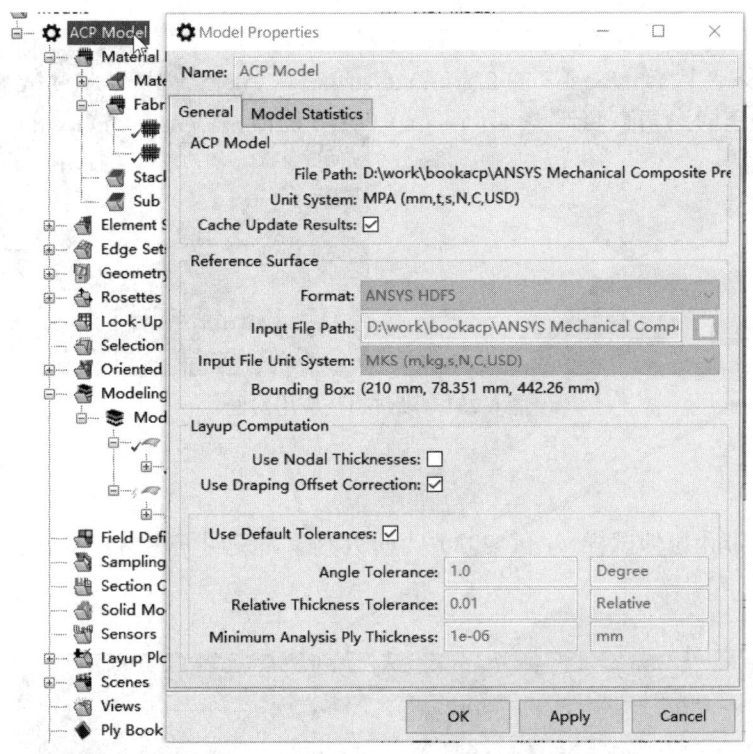

图 6-230　ACP Model 根节点属性窗口界面

6.10.3　案例小结

通过本案例的学习，应掌握：

- 多种考虑铺敷过程中织物纤维角度变化的技术。
- 对于 UD 织物需要基于测试结果修正 draping 系数。
- 剪切扭曲可以通过 Layup 视图进行查看。
- 铺层展开图，可以查看并输出为几何文件用于制造过程设计。

6.11　渐进损伤模拟

6.11.1　背景简介

渐进损伤模拟技术用于模拟复合材料首层失效后的力学行为，如图 6-231 所示。原则上，渐进损伤分析为多载荷步分析。当构件中某一个局部的损伤超过了临界值，该区域的材料属性将被修改。在复合材料原有刚度的基础上，对其进行刚度衰减，以模拟材料损伤。这使得损伤演化过程可以进行评估。

ANSYS 渐进损伤模拟的附加参数设置在 Engineering Data 中定义。需要首先定义纤维拉伸和压缩失效准则，以及基体的拉伸失效准则，之后对 4 种失效模式进行刚度衰减定义。

ANSYS 渐进损伤模拟支持的失效准则包括：最大应力、最大应变、Puck、Hashin、LaRC03 和 LaRC04。失效模式包括 4 种：纤维拉伸、纤维压缩、基体拉伸、基体压缩。

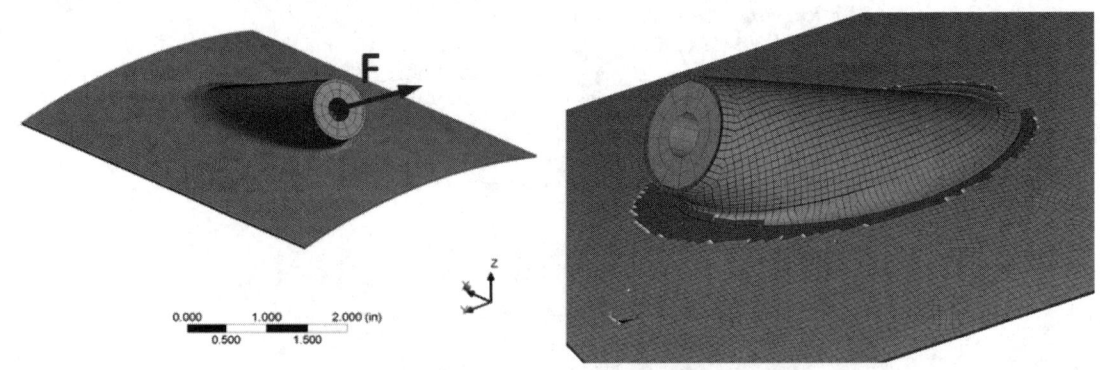

图 6-231　渐进损伤应用实例

6.11.2　应用案例

本案例将以带孔拉伸试样（图 6-232）为研究对象，说明使用材料刚度衰减在损伤演化模拟中的应用。

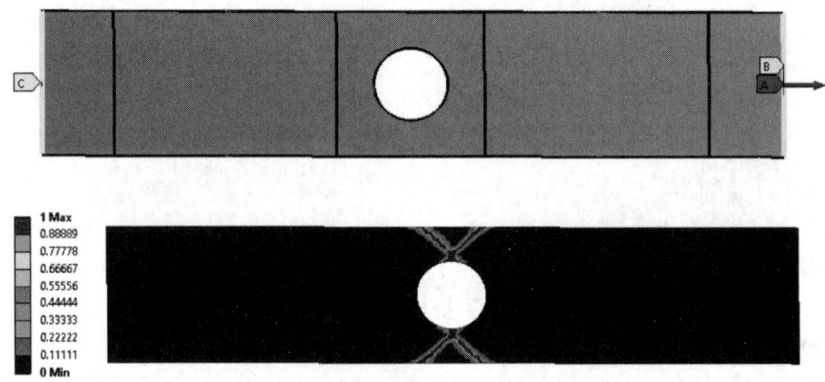

图 6-232　带孔拉伸试样

试样的铺层如图 6-233 所示，铺层角度为[45/-45/45/-45/45/-45/45/-45]，单层厚度为 0.2mm。

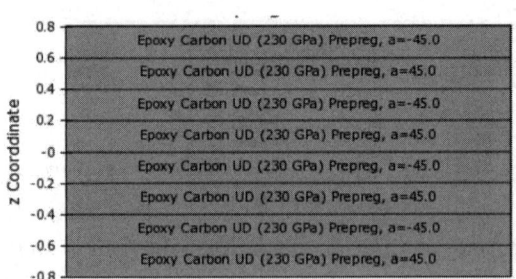

图 6-233　试样的铺层

复合材料渐进损伤过程模拟包含以下主要步骤：Engineering Data 模块定义渐进损伤材料属性；Engineering Data 模块定义损伤初始及损伤演化变量；ACP 模块定义复合材料铺层；Mechanical 模块施加载荷、边界，并进行求解；Mechanical 模块渐进损伤模拟结果后处理。

(1)打开 ANSYS Workbench 存档文件 ProgressiveDamage_FROM_START_2019R1.wbpz，保存为项目文件 ProgressiveDamage_FROM_START_2020R1.wbpj。更新项目文件，如图 6-234 所示。

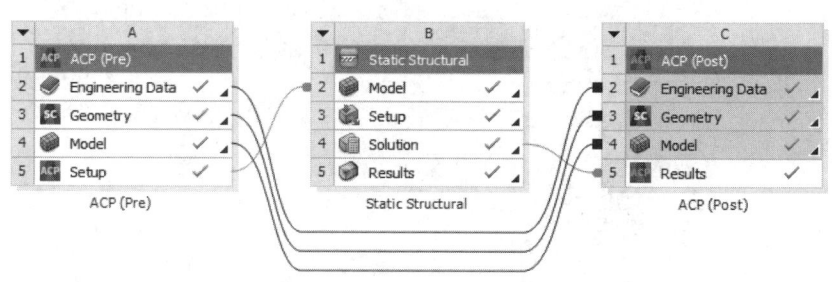

图 6-234　打开存档文件

(2) 编辑 Static Structural 分析流程的 Solution，进入 Mechanical 界面。

(3) 检查外载荷作用下的危险区域。首先，添加 Composite Failure Tool 到 Mechanical 的特征树，并打开 Puck 失效准则（默认情况下是 Puck 2D 失效准则）。然后，添加安全系数云图，如图 6-235 所示。最后，更新云图。可以看出：最大损伤在孔边，是 Puck A 失效模式，即基体失效，方向垂直于载荷方向。

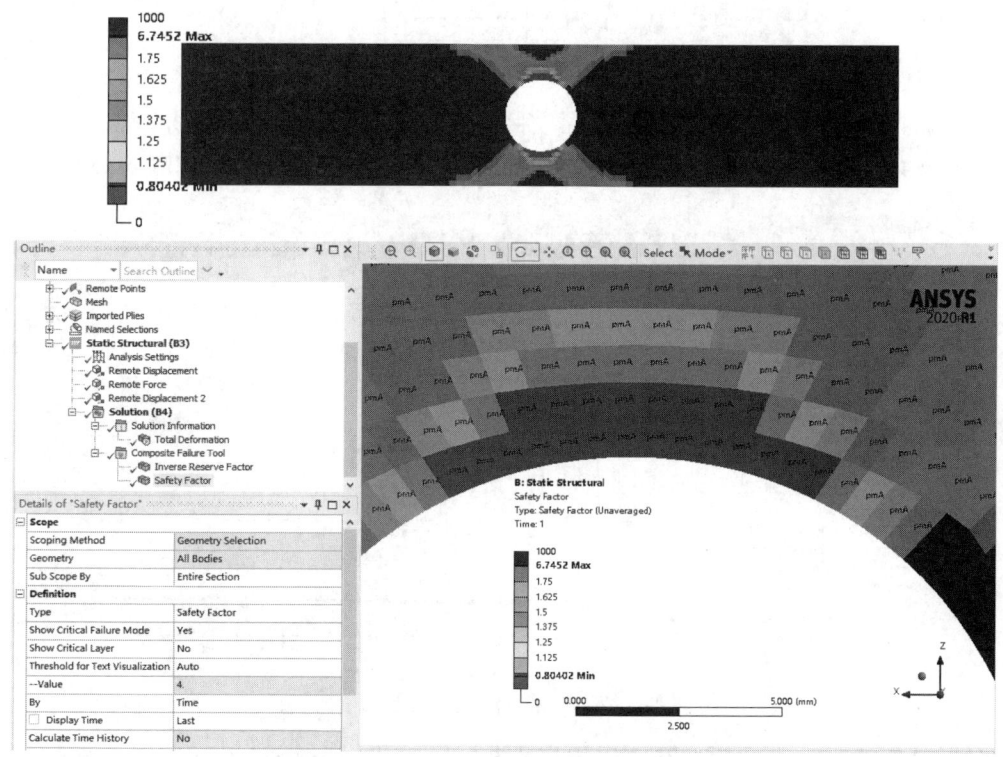

图 6-235　检查外载荷作用下的危险区域

(4) 添加渐进损伤参数。首先，返回项目概图，进入 Engineering Data 界面，将工具箱中 Damage Initiation Criteria 添加到 Epoxy_Carbon_UD 材料。然后，选择 Puck 准则作为首层失效的失效判据。最后，将工具箱中 Damage Evolution Law 添加到 Epoxy_Carbon_UD 材料，设置材料失效后刚度衰减参数，如图 6-236 所示。

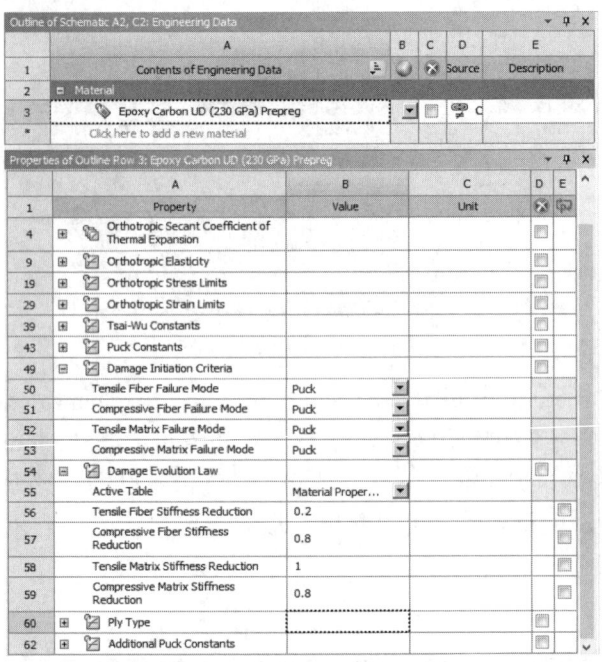

图 6-236　添加渐进损伤参数

（5）进行渐进损伤模拟。首先，返回项目概图，更新项目，由于损伤参数的定义，计算过程由线性变为非线性。然后，进入 Mechanical 界面，查看收敛曲线，如图 6-237 所示。

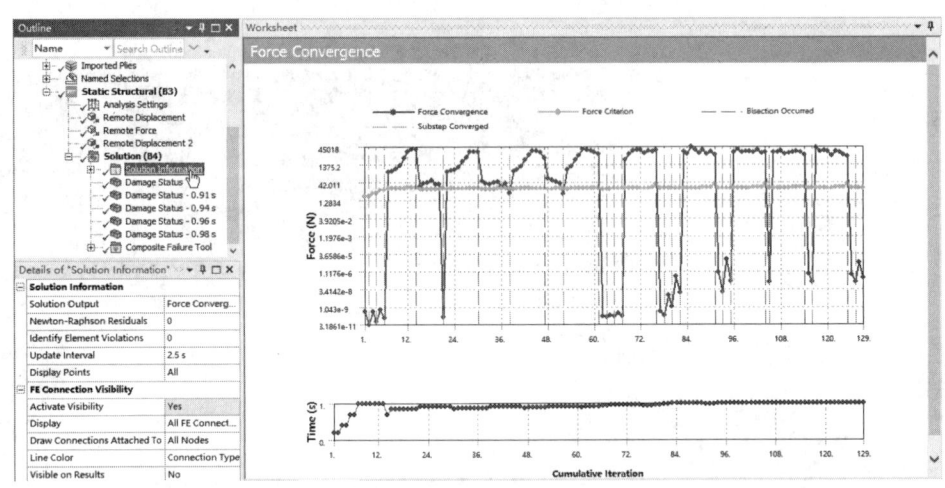

图 6-237　进行渐进损伤模拟

（6）在 Mechanical 界面后处理查看损伤状态结果。在特征树 Solution 节点右键添加损伤状态云图，如图 6-238（a）所示。查看不同时间步的损伤结果。图 6-238（b）中：损伤状态值等于 0，即 DS=0 的区域没有发生损伤；损伤状态值等于 1，即 DS=1 时，结构部分损伤；损伤状态值等于 2 时，结构完全损伤。图中左侧的 Legend 已经被减少为三种颜色，以方便查看损伤状态。

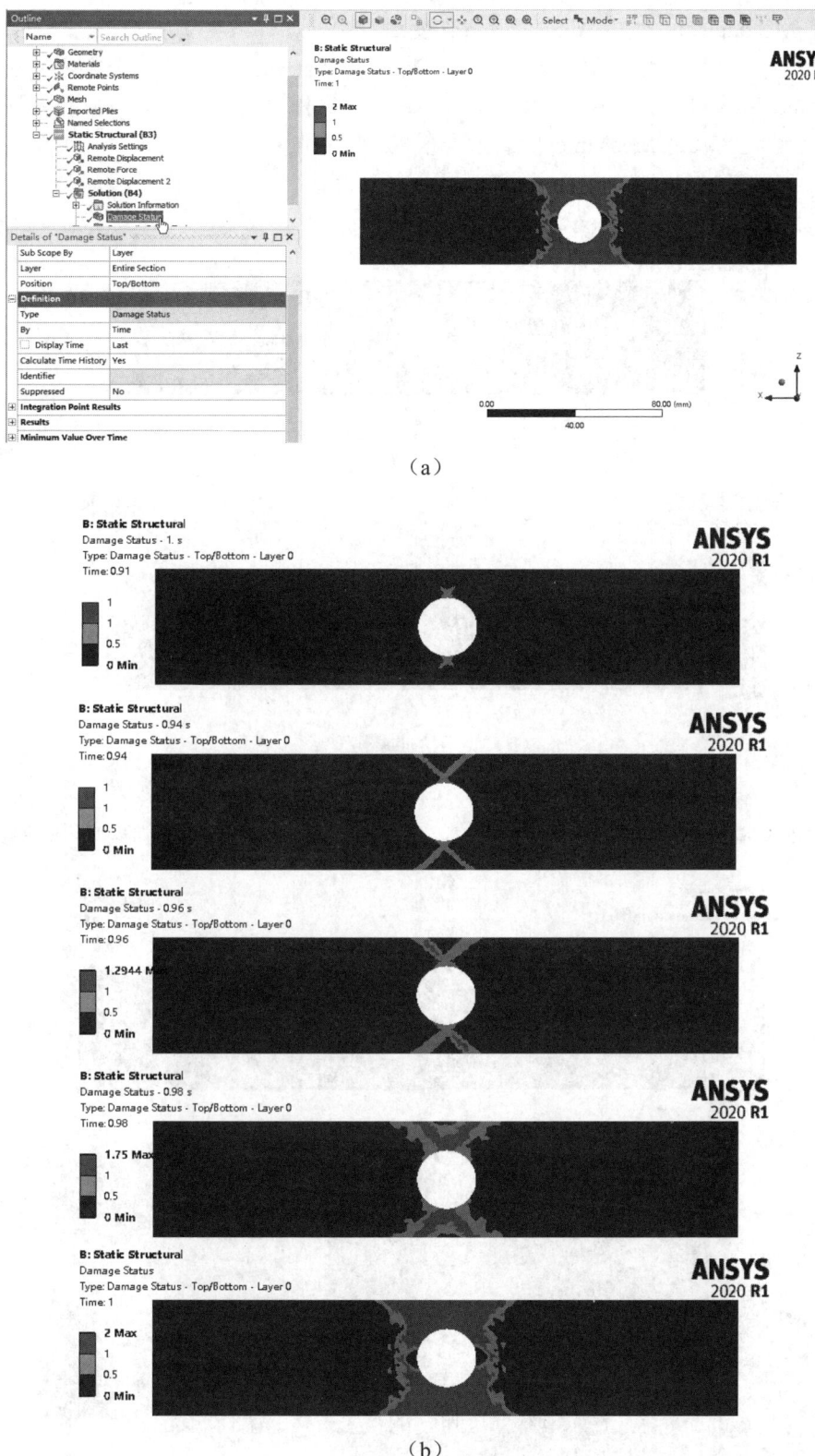

图 6-238 损伤状态结果

（7）在 Mechanical 界面后处理查看损伤变量结果，如图 6-239 所示。在特征树 Solution 节点添加基体拉伸损伤变量（Matrix Tensile Damage Variable）云图和纤维损伤变量（Fiber Tensile Damage Variable）云图。当值为 1 时，说明材料刚度已经完全衰减到材料属性定义中的衰减比例。过渡区域是 Mechanical 后处理光滑云图的结果。

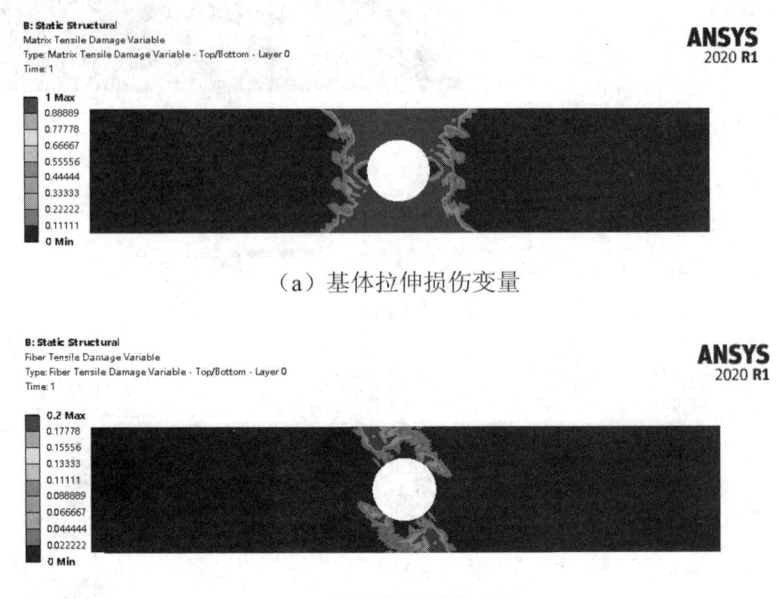

图 6-239　损伤变量结果

（8）再次查看 100%载荷下的安全系数，并对比文献中的损伤照片，如图 6-240 所示。

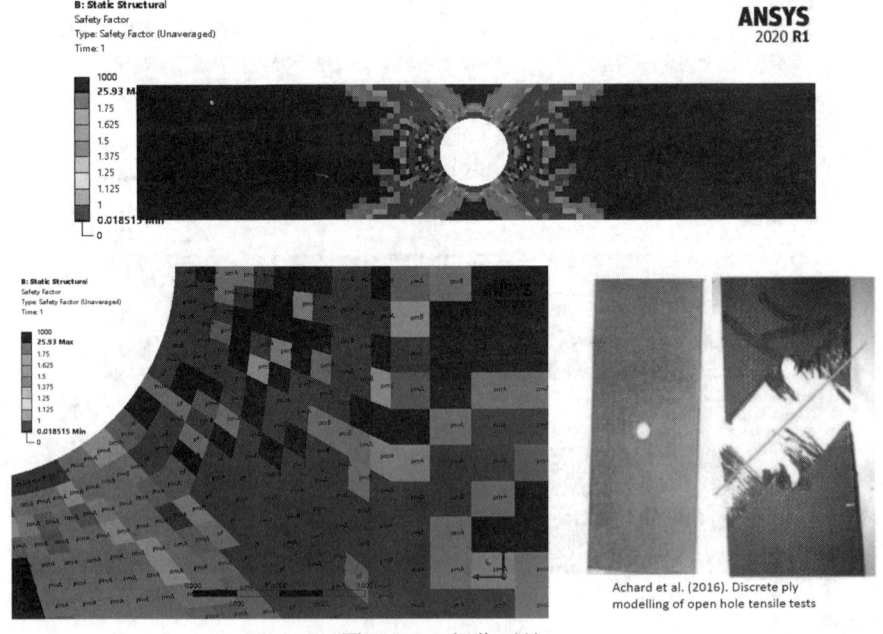

图 6-240　损伤对比

6.11.3 案例小结

通过本案例的学习，应掌握以下知识点：
- 复合材料渐进损伤模拟中衰减因子的使用。
- 通过多个时间点结果查看确定损伤过程。

6.12 分层脱胶模拟

6.12.1 背景简介

随着各向同性材料和复合材料产品结构完整性评估需求的发展，裂纹扩展模拟越来越多的应用到工程应用中。当载荷增大到一定程度时，结构中已经存在的裂纹会扩展，复合材料结构会分层并沿层间扩展。

ANSYS 中有几种断裂力学方法用于模拟任意方向裂纹或预定义路径裂纹的扩展。XFEM 技术用于模拟任意路径裂纹的扩展，而不需要对裂纹尖端网格进行重划分。界面分层模拟有虚拟裂纹闭合技术（VCCT）和粘聚力模拟（CZM）。接下来重点关注 CZM 技术的理论原理。

多相材料的相间界面分层或断裂是限制结构韧性和延展性的一个重要因素，例如，基体-基体复合材料和层合复合材料结构。这吸引了国内外学者和研究机构对界面失效问题进行大量研究。界面分层可以采用传统断裂力学方法（例如，节点释放技术）进行模拟。另一种模拟方法是通过建立剪力和分离位移间的软化关系模拟断裂机制，其中也需要临界断裂能以模拟界面开始分离。这种方法被称为内聚区模型[Cohesive Zone Material（CZM）Model]。在 ANSYS 中材料相间界面可以采用界面单元或接触单元进行建模，CZM 材料本构用来模拟界面的力学行为。

内聚力模型，即界面间剪力 T 和相应界面分离位移量 δ 的关系。其中剪力和分离位移间的关系定义取决于单元和材料模型。接下来，分别介绍界面单元、接触单元模拟界面分离的相关理论。

1. 界面单元

此时，界面分离通过位移跳跃量 δ（即相邻界面位移插值）来定义：

$$\delta = u^{\text{top}} - u^{\text{bottom}} = 界面分离$$

界面分离的定义基于局部单元坐标系，如图 6-241 所示。界面法向用局部坐标方向 n 来表示，切向用 t 来表示。

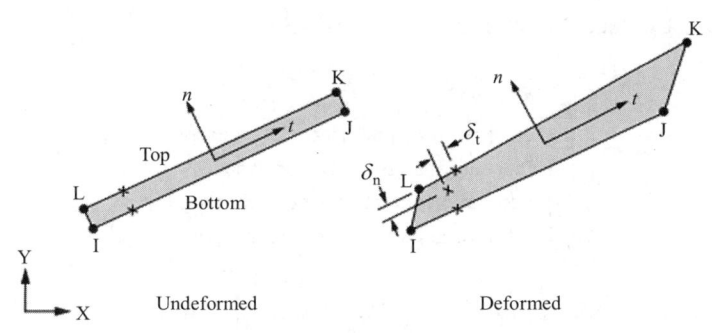

图 6-241 局部单元坐标系

因此，有

$$\delta_n = n \cdot \delta = 法向分离$$
$$\delta_t = t \cdot \delta = 切向（剪切）分离$$

采用界面单元模拟分层时，ANSYS 目前支持两种材料本构行为，分别为：指数行为；双线性行为。

2. 接触单元

采用接触单元模拟分层被称为脱胶模拟。界面分离通过接触对的接触缝隙、渗透量和切向滑移距离来定义。接触对法向和切向滑移距离的计算取决于接触单元类型和接触探测点的位置。粘聚区模型只能和增强拉格朗日算法（KEYOPT(12)=2,3,4,5,或 6）或纯罚函数法（KEYOPT(2)=1）的绑定接触一起使用。还可以参考帮助手册 CONTA174-3-D8-Node Surface-to-Surface Contact 部分，获取更加详细的接触单元信息。

6.12.2 技术路线

ANSYS Mechanical 模块有两种技术路线，实现界面分层的模拟。

第一种技术路线，基于断裂力学原理和断裂失效准则。失效准则触发开裂，裂纹沿预定义路径扩展。该技术路线可以在 ACP 模块中定义界面层来实现。如果失效准则值大于等于1，那么失效发生。该方法中能够使用的失效准则包括：界面能量释放率；基于材料属性模块定义的失效准则，如图 6-242 所示。

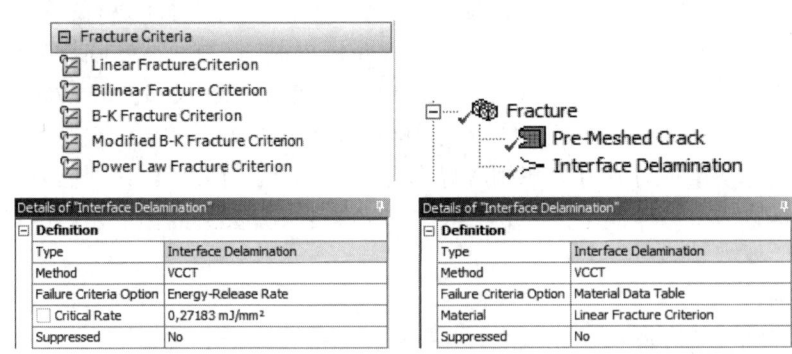

图 6-242 失效准则界面

第二种技术路线，基于强化-软化材料本构（Cohesive Zone Materials）进行模拟。该技术路线有 2 种方法实现：①通过 ACP 模块中界面层定义界面单元（Interface Delamination）；②使用接触单元模拟（Contact Debonding），如图 6-243 所示。

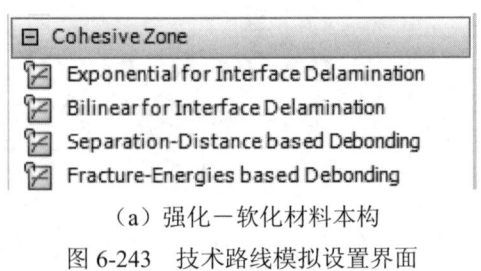

（a）强化-软化材料本构

图 6-243 技术路线模拟设置界面

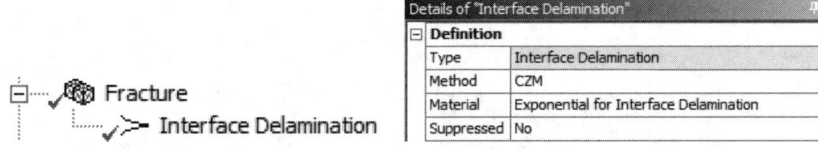

（b）界面单元 Interface Delamination

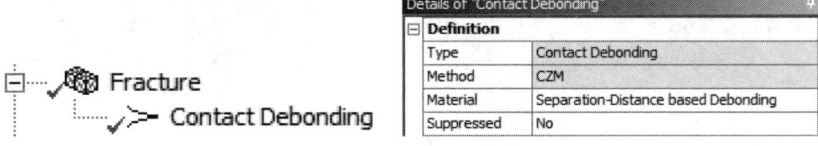

（c）接触单元 Debonding

图 6-243 技术路线模拟设置界面（续）

复合材料分层和脱胶模拟的流程，如图 6-244 所示。

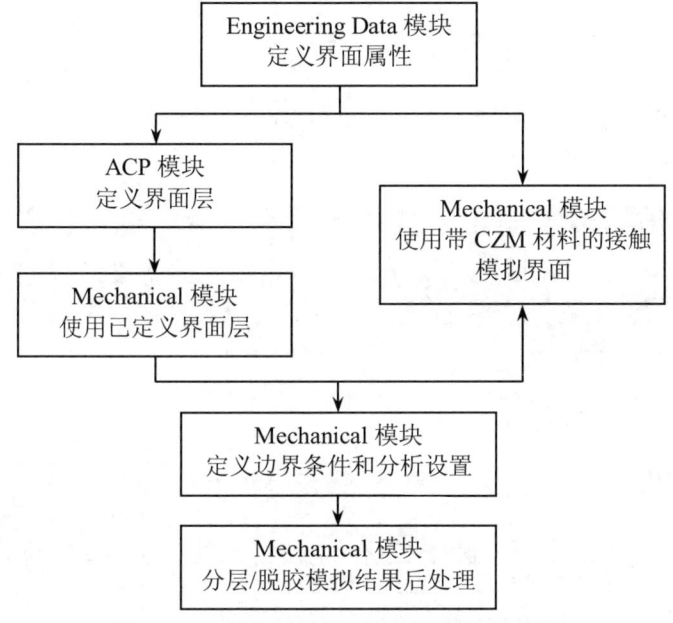

图 6-244 复合材料分层和脱胶模拟的流程

6.12.3 应用案例

1. 案例简介

本案例的目标是练习分层界面的两种定义方式：
- ACP 模块定义界面单元（Delamination）。
- 采用 CZM 本构的接触对（Debonding）。

本案例研究的问题是图 6-245（a）所示的简单拉伸试件。试件为复合材料件，一端固定，另一端上下表面施加反向位移。试件中间层已经存在裂纹，裂纹尖端如图 6-245（b）左端高亮节点，预制裂纹如图 6-245（b）右侧高亮节点所示。通过建立该问题的有限元模型，研究层间分离位移随外加载荷的变化趋势。

 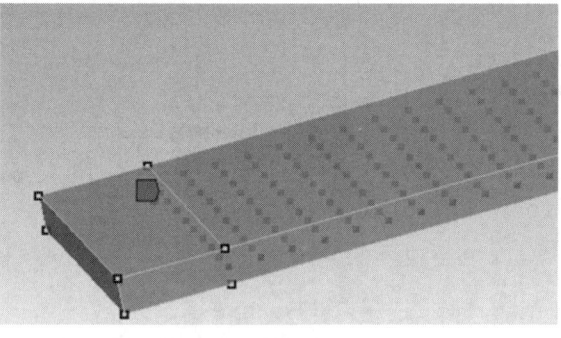

（a） （b）

图 6-245　简单拉伸试件

2. 界面单元分层模拟

（1）打开 ANSYS Workbench 存档文件 Delamination_FROM_START_2019R1.wbpz，保存为 Delamination_FROM_START_2020R1.wbpj 项目文件。该文件包含一个简单拉伸试件的 ACP 模型。因为界面单元是在实体单元复合材料模型中使用，所以需要根据复合材料壳模型生成复合材料实体单元。

（2）添加界面单元的材料本构。进入 Engineering Data 界面，新建名为 cohesive zone 的材料。材料属性值如图 6-246 所示。

图 6-246　材料属性值界面

（3）更新并刷新 ACP 分析流程，进入 ACP（Pre）模块。

（4）定义界面层。在铺层组 laminate 右键选择 Create Interface Layer，命名为 Interface。其方向选择集选项选择 oss_laminate，Global Ply Number 选择 4（铺层组中间 2 层 UD 的全局编号分别为 3 和 5，设置的结果是界面在 2 层 UD 之间），结构已经开裂区域 Open Area 的单元集选择 open interface。关闭 ACP 模块，返回项目概图，更新流程 B 的 Model，如图 6-247 所示。

（5）定义裂纹扩展方向坐标系。首先，右键单击特征树 Coordinate Systems 节点，选择 Insert> Coordinate System，如图 6-248（a）所示。然后，按照图 6-248（b）设置坐标系的原点和坐标轴方向（界面张开区域的结束位置），并重命名为 Coordinate System Crack Front。

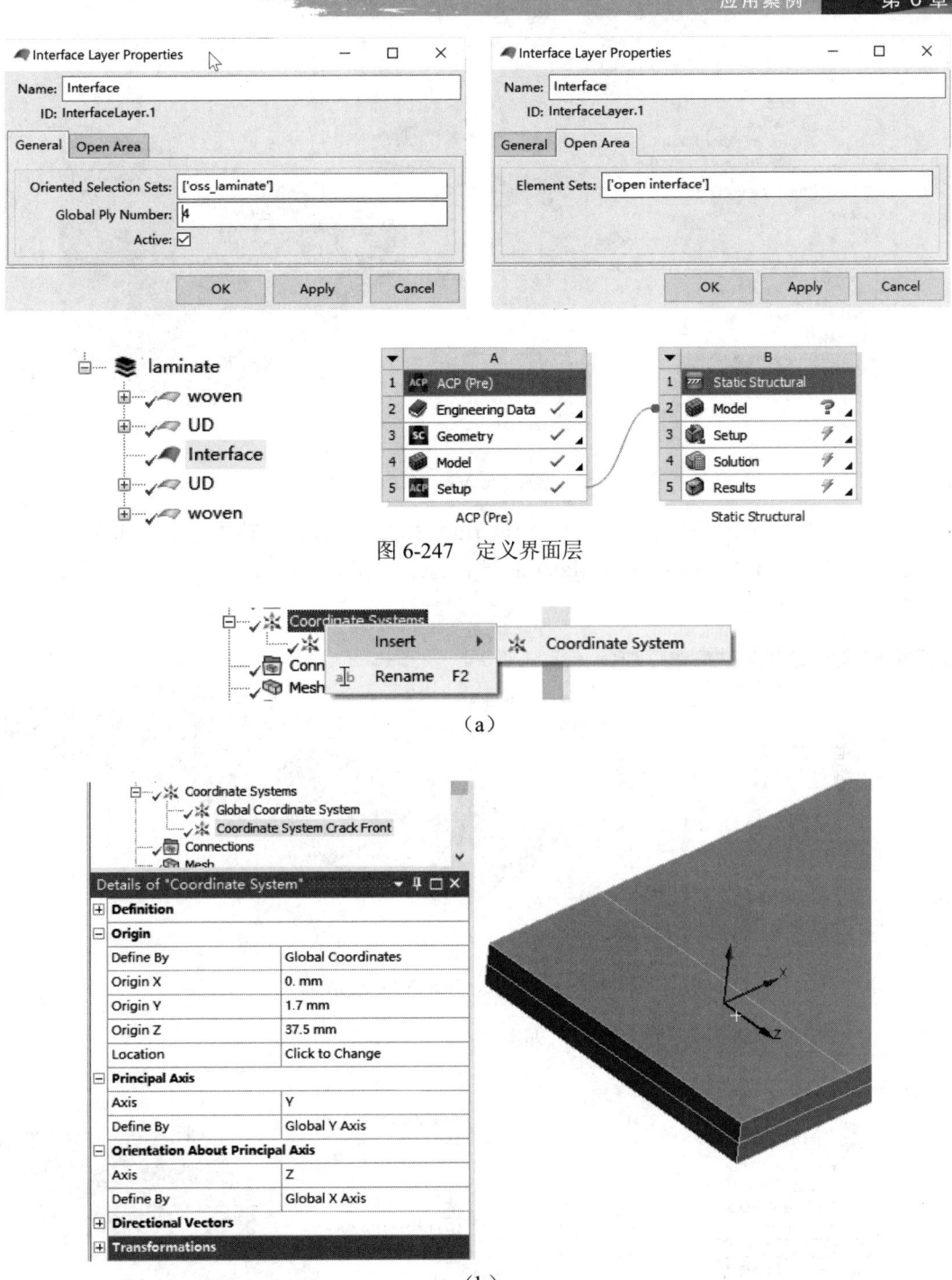

图 6-247 定义界面层

图 6-248 定义裂纹扩展方向坐标系

（6）设置特征树中 Fracture 的子节点 Pre-Meshed Crack 对象。ANSYS Mechanical 自动识别 ACP 实体模型的界面层，并在特征树的 Fracture 节点下生成一个 Pre-Meshed Crack 对象和一个 Interface Delamination 对象，如图 6-249 所示。首先，选择 Pre-Meshed Crack 对象。然后，在细节栏指定 Coordinate System 为新建的 Coordinate System Crack Front。

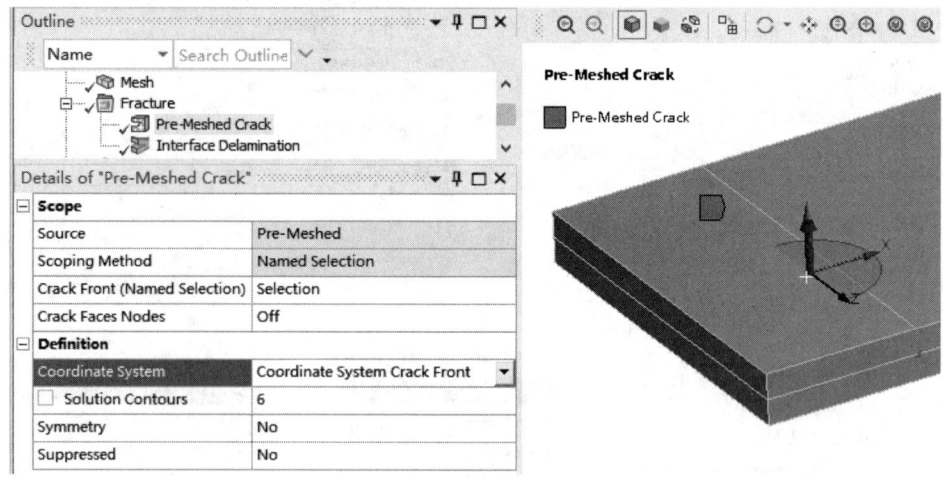

图 6-249 设置 Pre-Meshed Crack 对象

（7）设置特征树中 Fracture 的子节点 Interface Delamination。首先，选择该节点。然后，在细节栏设置 Method 为 CZM，并将 Material 设置为之前在 Engineering Data 中定义的 cohesive zone，如图 6-250 所示。

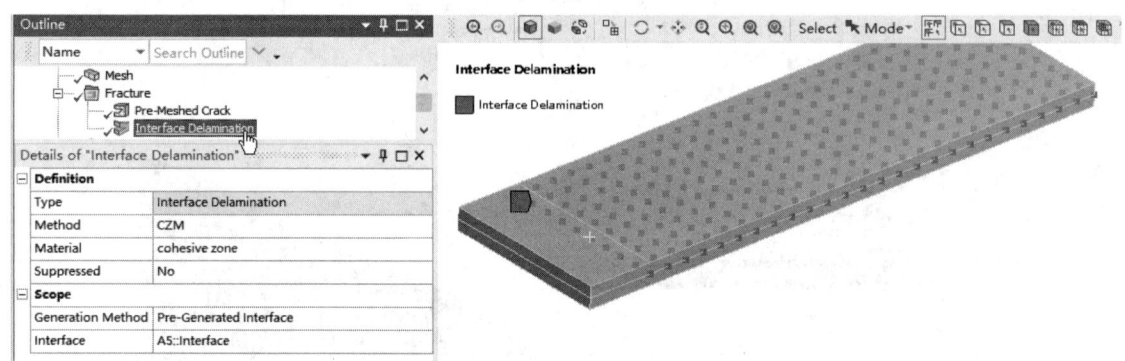

图 6-250 设置 Interface Delamination

（8）查看边界和载荷，进行求解，如图 6-251 所示。

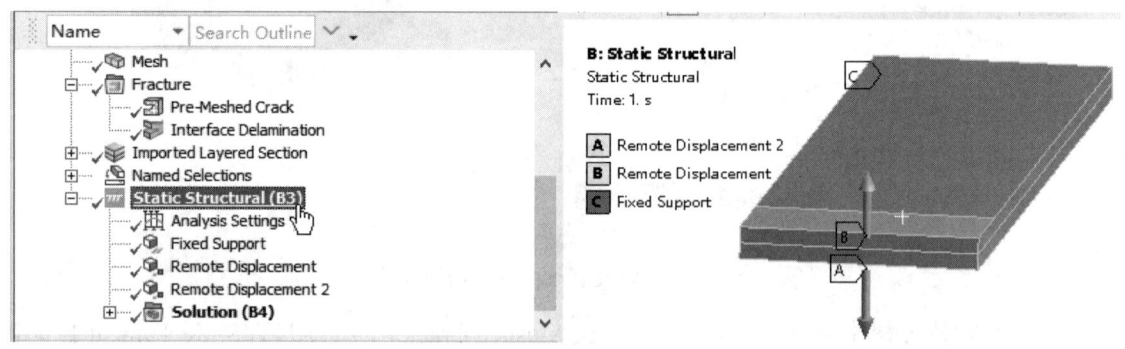

图 6-251 查看边界和载荷

（9）查看变形结果，如图 6-252 所示。

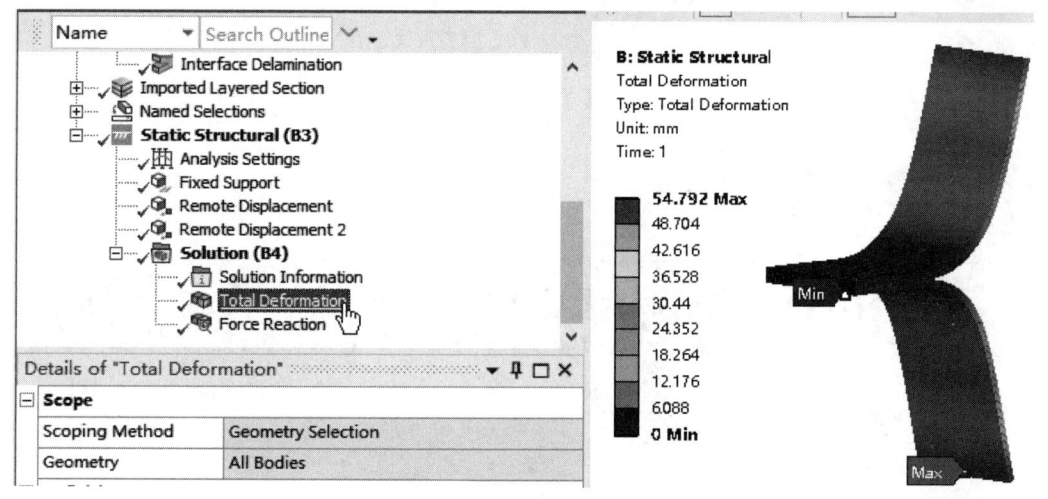

图 6-252　查看变形结果

（10）后处理，查看界面分层过程，以及位移载荷的反力，如图 6-253 所示。

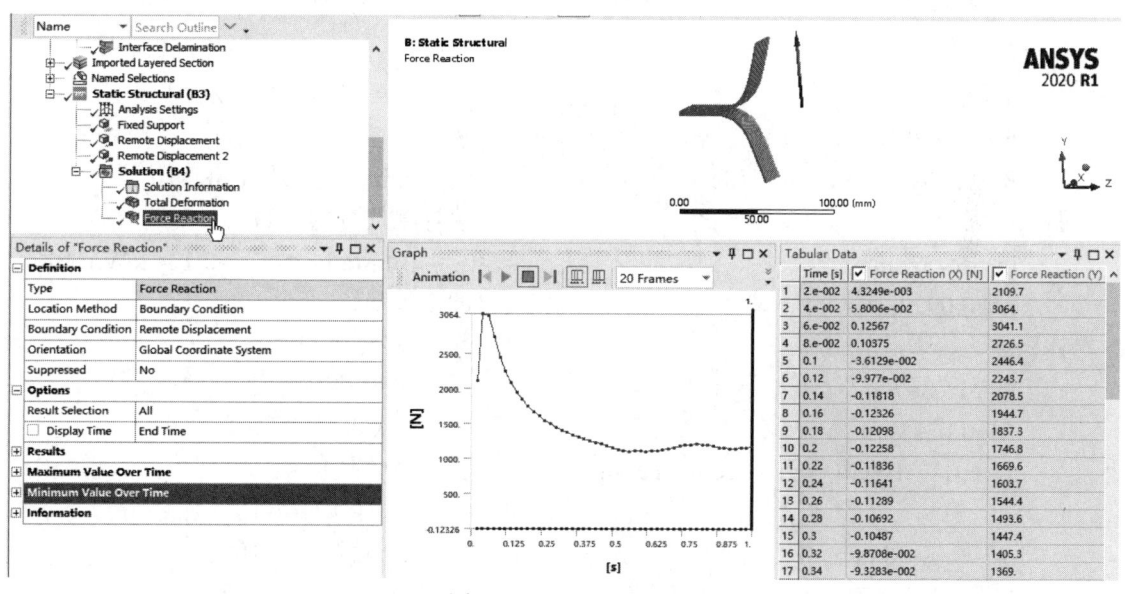

图 6-253　后处理界面

6.12.4　案例小结

通过本案例，应掌握以下知识点：
- 建立 2 层铺层之间的界面分离。
- 采用 cohesive material model 进行分层的模拟。
- 了解界面分层模拟的另一种方法是 VCCT 技术。

附录 A
英美制单位与标准国际单位的换算关系

长度：
　　in=2.54cm
　　ft=12in=0.3048m
　　ft=0.333yd（码，1yd=3ft）
面积：
　　in^2=6.452cm^2
　　ft^2=0.0929m^2
体积：
　　in^3=16.387cm^3
　　ft^3=0.02832m^2
　　1L（升）=10^3cc（毫升）=1dm^3=$10^{-3}m^3$
压力：
　　psi=6.8948kPa
　　ksi=6.8948MPa
　　msi=6.8948GPa
　　inHg（32℉）=3.3864kPa
质量：
　　lb=0.4563kg
　　oz（盎司）=0.1lb=28.35g
密度：
　　lb/in^3=27.68g/cc（克/毫升）
　　lb/ft^3=0.6243kg/m^3

温度：
　　℉=（9/5）℃+32
热膨胀系数：
　　in/in ℉×10^{-6}=1.8K×10^{-6}
热导率（导热系数）：
　　Btu×in/h×ft^2×℉=0.1442(W/m)·K
冲击能量：
　　lbf·ft=1.3558J
国际单位常用前缀：
　　G（吉）——10^9
　　M（兆）——10^6
　　k（千）——10^3
　　h（百）——10^2
　　da（十）——10^1
　　d（分）——10^{-1}
　　c（厘）——10^{-2}
　　m（毫）——10^{-3}
　　μ（微）——10^{-6}
　　n（纳）——10^{-9}

附录 B
波音 787（梦幻飞机）

本附录所有数据和资料均来自参考文献[1][3]，仅供参考，正确或最终的数据应以波音公司提供的波音 787 数据为依据。

波音 787 使用了大量复合材料，用于制造机翼、机身、水平尾翼和垂直尾翼、内装饰以及舱门等部件和构件。复合材料的用量占到了整个飞机重量的 50%左右，此外，采用电传操纵系统和先进的气动外形、改进的发动机等，使飞机的燃油效率至少提高了 20%，每英里每个座位的运营成本比现代的商用喷气飞机降低了 10%。波音 787 使复合材料在飞机结构上的应用真正向前跨了一步，无论是在新技术数量还是在专门工程知识方面都取得了重大的进展。

B.1 概述

（1）波音 787 的型号种类：
- 波音 787-8 型飞机预计用来取代波音 767-200ER 和波音 767-300ER，并不断扩展新的市场，用于更大飞机运营经济上不合适的航线。
- 波音 787-3 是一种短程型飞机，可用于区域航线的运营。

- 波音787-9是一种加长型的飞机。
- 波音787的货机型也在考虑之中。

（2）波音787是一架不从发动机引气的全电气化喷气型运输机，它几乎没有用到流体力学，用电传系统取代了传统的气压和液压传动系统，以减轻重量。

（3）结构材料：
- 复合材料50%（主要用于机翼和机身结构）。
- 铝合金20%（主要用于机翼和尾翼前缘）。
- 钛合金15%（主要用于发动机和接头）。
- 钢10%（用在不同的地方）。
- 其他材料5%。

（4）大部分结构用的复合材料是日本Toray公司生产的T800/3900碳纤维增强环氧树脂预浸料增韧体系。

（5）复合材料所带来的好处：
- 不发生腐蚀。
- 没有疲劳裂纹。
- 与金属飞机结构相比，维护工作较少。
- 铆钉和紧固件数量大幅度减少。

（6）过去，制造精确度不是很高，制造中大量使用垫片；现在，由于计算机的使用，情况发生了很大变化，复合材料机身段的装配以及机翼－机身的连接都能够精确配合，所以大幅减少了垫片用量。

（7）利用工效学进行设计：
- 不再需要大量传统的装配工夹具。
- 不再需要使用在头顶上运动的起重机进行飞机大型结构件的搬运。
- 使用自驱动地面工夹具来保证机翼和机身零部件就位。
- 使用自动钻孔/紧固件系统等周向连接工夹具。

（8）低成本制造原则：
- 把更大的责任留给供应商。
- 标准化设计概念与数据传输系统。
- 波音不再生产部件，但会继续开展设计，如何生产、组装和试验整个系统的工作。

（9）维护检查间隔：

结构维护水平	波音767	波音787
A-检查	500h	1000h
C-检查	1.5年	3年
D-检查	6年	12年

注意：商用运输机维护水平：A-检查，为常规维护；C-检查，为对系统和结构的维护；D-检查，为大修。

上述延长的维护间隔使波音787预定的维修工作量比现有的喷气式运输机少60%。

B.2 机身

机身段（共 6 段，即机头 41、前机身 43、中机身 44 和 46、后机身 47 和 48）由预浸单向带铺贴的实心层合板制成，所使用的预浸带缠绕机为 VIPER6000。两段后机身（47 和 48）通过后压力加强框连接，其中的后段（48）使用铝合金框支持水平尾翼、垂直尾翼和尾椎。后压力球面框（14ft×15ft）是一个用树脂注射系统成形的复合材料浅壳，因其深度较浅，所以，航空公司可以增加一排甚至多排旅客座椅。

舱内压力从 11psi（76kN/m^2，飞行高度为 8000ft 时）增加到 12psi（83kN/m^2，飞行高度为 6000ft 时）；舱内湿度增加至 10%～15%，而现有的飞机一般都是 5%～10%；每段都是在计算机控制下，将碳纤维预浸单向带铺贴到旋转的芯模上，然后利用热压罐固化制成的；固化这些机身段所用热压罐的直径为 30ft（9.2m），长度为 75ft（23m），其压力和温度分别可达 139psi 和 400°F；固化后的机身没有窗户、舱门以及管线与接头安装孔，所有这些开口或孔都是在固化后的机身上加工出来的；使用周向连接工夹具对机身段进行连接；第一架波音 787 飞机机身上的开孔数量超过了 50 个，开口切下的部分用于验证机身结构的生产技术质量。

（1）机身。机身外缘宽 226in，高 235in；用预浸单向带缠绕工艺整体制造各机身段结构；整体桁条（帽型截面）共固化到蒙皮上；大部分隔框使用碳纤维树脂注射成型工艺制造，但有些还是采用钛合金和铝合金制造（数量较少）；隔框和蒙皮采用金属紧固件和剪切带连接；机身蒙皮外表面至内侧壁板内表面的厚度为 4.5in。

（2）组合模具（分块模具）。芯模应该重量轻、刚度大，并且在制件固化后容易从中取出；使用带动态密封（在组合模具分离面的连接区）的低温模塑（LTM）模具成型方法；动态密封是通过将高温橡胶管（在大约 29～44psi 的热压罐固化压力下仍然能够膨胀）放在蒙皮与键槽构成的沟槽内实现的。

（3）机身层合板的大致厚度。舱门周围和其他易受损区域（如机身腹部）的厚度约为 1.0in；机身顶部区域的厚度约为 0.1in；单独制作机身段之间的接头（对缝拼接）区厚度为 0.5in。

（4）风挡与舷窗开口区。飞行驾驶舱只使用 4 块较大的风挡玻璃，而传统的运输机通常采用 6 块风挡玻璃；舷窗尺寸为 18.4in×10.7in，比一般商用运输机的窗户约大 50%；复合材料窗框开创了新的制造工艺，采用 HexMC，一种模塑成型工艺，制造具有复杂形状的碳纤维/环氧树脂窗框零件，所制造的零件能够满足小公差的严格要求；舷窗使用自动变暗的智能玻璃（电镀着色异常的材料）。

（5）舱内照明采用三色照明二极管（用发光二极管取代荧光灯管）。

B.3 机翼

（1）全复合材料机翼由上蒙皮壁板、下蒙皮壁板、翼梁以及翼肋构成：I 型截面长桁二次胶结到蒙皮上；翼梁为整体碳纤维增强复合材料 C 形槽结构；采用双梁多肋扭力盒构造；整体铝合金翼肋；机翼主接头为钛合金；向所有的油箱内充入一种浓缩的氮气，以防止在雷击或其他条件下发生爆炸；中央翼盒，前后长 209inch、左右宽 228inch、平均高度 48in。

（2）机翼长桁（I 型截面）胶结在机翼蒙皮上，然后通过金属螺栓与翼肋连接。

（3）机翼前缘缝翼用铝合金制造，在其内部装有电加热垫，主要用来通电加热防冰（而不是利用热空气来防冰）。

（4）机翼整流罩、副翼、襟副翼、扰流板以及内/外襟翼等结构采用真空辅助树脂转移模塑（VARTM）工艺成形，所用材料为碳纤维布。

B.4　水平尾翼

共固化水平安定面翼盒由 27 个预固化元件在热压罐中一次固化而成。

（1）多梁翼盒是共固化成型的单个整体翼盒，展长 62ft、两个外翼盒、组合式中央三角翼盒。

（2）在铝合金前缘蒙皮内装有电加热垫。

B.5　垂直尾翼

（1）双梁多肋翼盒：复合材料蒙皮－桁条壁板；实心复合材料蒙皮壁板；铝合金翼肋。

（2）在铝合金前缘蒙皮下装有电加热垫。

（3）方向舵的构造为蜂窝夹层壁板和少数几根肋。

B.6　梦幻运输机（DreamLifter，波音 747-400LCF 大型货机）

波音公司将 4 架旧的波音 747-400 改为超大型货机，专门用于从海外供应商那生产的波音 787 超大型部件运输到美国 Everett 的波音总装厂，需要飞行 8～10 小时，而如果采用船运则需要 30 天。通过梦幻运输机将次承包商制造的完整部件运抵公司的总装厂，可以缩短总装时间。

（1）扩大的机身中段：扩大的上机身（地板梁以上）；货物装载区为无增压段，但会对其进行加热；增压机头段；货舱的体积为 $65000ft^3$（$1840m^3$），大约是波音 747-400 货架的 3 倍；在机头和尾椎处使用了改进的机身过渡区；垂直安定面增加了 5ft，以改善飞机的操纵性能；波音 747-400 的机翼、发动机、起落架和大部分飞行系统都没有变动；采用已经在用的旧波音 747 飞机（4 架），改为梦幻运输机更容易通过 FAA 的适航认证。

（2）装载：为了从后面装卸货物，后机身采用铰链连接；为了适应波音 787 和机翼翼盒装配件的运输，采用了侧边回转的后机身和尾椎结构。

B.7　波音的维修

（1）可用螺栓固定金属补片进行修理，这可使航空公司继续采用他们习惯的修理方法修理飞机。

（2）结构修理手册中的修理区域最大可到 1.0m×1.0m。

（3）虽然修理材料可能是复合材料或钛合金，但螺栓固定补片仍保留在修理手册中。

（4）将来可将螺栓及其固定的补片去除，改用胶结修理，如在工厂进行大维修时。

（5）小的预固化复合材料补片就像自行车胎补片一样容易，可以在 130℉ 的温度下固化。

附录 C
复合材料术语

复合材料（composite materials）——由两种或两种以上材料独立物理相通过复合工艺组合而成的新型材料。其中，连续相称为基体，分散相称为增强体。它既能保留原组分材料的主要特点，又通过复合效应获得原组分材料所不具备的性能。可以通过材料设计使各组分的性能互相补充并彼此联系，从而获得新的优越性能。

先进复合材料（advanced composites）——主要指结构性能相当或优于铝合金的复合材料，如用高性能增强体碳纤维、芳纶等与高聚物树脂基体构成的复合材料，还包括金属基、陶瓷基和碳（石墨）基复合材料以及功能复合材料。

碳纤维复合材料（CFRP）——以碳或石墨纤维为增强体的树脂基复合材料。

芳纶复合材料（AFRP）——以芳纶为增强体的树脂基复合材料。

玻璃纤维复合材料（GFRP）——以玻璃纤维为增强体的树脂基复合材料，俗称玻璃钢。

硼纤维复合材料（BFRP）——以硼纤维为增强体的树脂基复合材料。

混杂纤维复合材料（hybrid composites）——由两种或两种以上纤维增强体与同一种基体组成的复合材料。

热固性树脂（thermosetting resin）——一类通过分子间的交联可变为固体的高聚物基体材料，如环氧树脂，双马来酰亚胺树脂等，这是复合材料中最常用的一类基体材料。

热固性复合材料（thermosetting composites）——以热固性树脂为基体的复合材料。

热塑性树脂（thermoplastic resin）——一类具有线型或分支型结构的高聚物基体材料，其特点是预热软化或熔融而处于可塑性状态，冷却后又变成坚硬固体，并且这一过程可反复进行，如聚醚醚酮（PEEK）树脂等。它的独特性能是可以产生很大的应变。但另一方面，它在加工中所需的温度和压力要高于热固性树脂。

热塑性复合材料（thermoplastic composites）——以热塑性树脂为基体的复合材料。

预浸料（prepreg）——将树脂基体浸渍到纤维或织物上，通过一定的处理后储存备用的中间材料。

单向带（tape）——一类预浸料的长条带，由彼此平行的连续纤维或单向织物经浸渍树脂基体，再经晾置或烘干后形成的中间材料。

铺层、单层（lamina，ply）——层合复合材料中的一层纤维或织物，是层合复合材料的最基本单元。

界面（interface）——不同复合材料组分间的接触面。

铺贴（layup）——将含有树脂的铺层组装在一起的一种制造工艺。

层合板（laminate）——由两层或多层同种或不同种材料层合压制而成的复合材料板材。

层合板取向（laminate orientation）——复合材料交叉铺层层合板的结构形态，包括铺层交叉角、每种角度铺层的层数以及每一单层的准确铺贴顺序。

层间（interply）——两种或两种以上不同的增强体组合成离散的铺层，且纤维不混合在同一铺层内。

层内（intraply）——增强体混合在同一铺层内，如编织布内的交互纱线。

层间剪切（interlaminar shear，ILS）——理想上是层间剪切试验中施加在复合材料铺层间的纯剪切载荷。短梁剪切（SbS）试验无法施加纯剪切载荷，短梁剪切强度值不能直接用作层间剪切强度，但适合用来进行层间质量控制。

层间剪应力（interlaminar shear stress，ISS）——界面处的面外剪应力。

短梁剪切（short beam shear）——采用低跨厚比（如4:1）试样的弯曲试验，其破坏形式主要是层间剪切破坏。

层间法向应力（interlaminar normal stresses，INS）——界面处的法向应力。

铺层褶皱（ply wrinkle）——在一层或多个铺层上形成的永久性隆起、凹陷或折痕。

夹层结构（sandwich construction）——由两块平行的结构材料面板与轻质夹芯构成的一种层状结构板。面板相对较薄，而夹芯相对较厚，夹芯夹在两面板之间。

固化（cure）——通过固化反应使热固性树脂的性能发生不可逆转变化的过程。固化过程中可能使用固化剂，有可能还要用到催化剂、加热与加压。

固化周期（cure cycle）——复合材料树脂或预浸料固化过程中的温度/压力随时间变化的过程。

固化监控（cure monitoring）——使用电气技术检测固化过程中树脂分支的电性能变化和（或）分子流动性。

后固化（postcure）——在温度箱而不是在最初固化的设备内完成层合板的固化周期。

分段加热（staging）——加热预混合的树脂系统，如预浸料中的树脂，直至开始化学反应（固化），但在凝胶点到达前将该反应停止。分段加热通常用于在后续的模压操作中减少树脂的流动。

固化应力（cure stress）——复合材料固化过程中产生的残余内应力。这些内应力是由组成复合材料的增强体和树脂之间热膨胀系数不同引起的。该方法也可以用于测量溶剂与其他挥发物的排出量。

残余应力（residual stress）——在静止平衡状态以及温度均匀条件下没有受到外力作用而在物体内存在的应力。

差示扫描量热法（differential scanning calorimetry，DSC）——树脂固化过程中吸收（吸热）或产生（升温）能量的测量方法。

差热分析（differential thermal analysis，DTA）——加热过程中，用来监测被测试件和参照物温度差的一项试验分析技术。通过该温度差可以获得相对热容量、溶剂、结构变化（例如，一种成分溶解在树脂内的相变）以及化学反应等信息。

凝胶态（gelation）——复合材料技术中，树脂固化过程中其粘度增加至某一点时对应的状态，此时如果用坚硬的工具进行探测，树脂只能勉强移动。

凝胶温度（gel temperature）——固化过程中，热固性树脂的粘度变得很高，其尺寸不再发生变化时的温度。在这一温度下，通过改变固化周期（加热速度、保持时间等），可使树脂凝胶体发生变化。在凝胶温度（对于任意使用情况）下，层合板的尺寸固定下来，因此，此时模具的尺寸就控制了所固化层合板的尺寸。

凝胶时间（gel time）——树脂从预先确定的常温态到凝胶点所需要的时间。

玻璃（glass）——一种冷至刚硬状态也不结晶的熔融无机物。在复合材料中，玻璃一词指的是玻璃长纤维、玻璃编织布、玻璃纱、玻璃毡和短切玻璃纤维等。

玻璃布（glass cloth）——编织的玻璃纤维材料。

玻璃化转变温度（glass transition temperature）——聚合物在一定升温速率下达到一定温度值时，模量-温度曲线出现急速下降拐点，表征在此温度附近，聚合物从一种硬的玻璃状或脆性固体状态转变为柔韧的弹性体状态，物理参数出现不连续的变化，此种现象称为玻璃化转变，所对应的温度称玻璃化转变温度（T_g）。

胶衣（gel coat）——模塑中用于改善复合材料制品表面性能的一种树脂。

铺敷性（drape）——预浸料与不规则型面相符合的能力。如果树脂由于溶剂的挥发或分段运输而变硬，预浸料也会变硬，其铺敷性将会降低。

接合面（faying surface）——一个零件表面需要与另一个零件表面组装的部分。因此，必须对其进行清洁等处理，以便进行胶结。

填料（filler）——加于基本材料中以增进其物理性能、力学性能、热或电性能的一种次要材料。有时特别采用添加剂微粒作为填料。

填充物（filler ply）——通常为夹层边缘处的局部填充层。该层并不延伸到蜂窝夹层表面的任何部位。

空隙（void）——固化过程中，复合材料内部残留气体形成的微小空洞。

空隙率、孔隙率（porosity）——复合材料内部空隙所占的体积百分数。

脱胶（debond）——由修理或重新加工的目的，而使胶结接头或铺层间发生界面分离的做法。

脱粘（disbond）——胶结接头内粘接界面发生局部或大面积分离的现象。造成脱粘的因素很多，在固化或使用过程中，都可能发生脱粘。

分层（delamination）——由层间应力或制造缺陷等引起的复合材料层与层之间的分离。

二次胶结（secondary bonding）——将两个或两个以上已固化的零件通过胶结方法连接在一起的工艺方法。

损伤（damage）——由于加工、制造、装配、搬运或使用引起的结构异常，通常由机械加工、安装紧固件或外部物体碰撞或冲击造成。

冲击损伤（impact damage）——由于外部物体冲击引起的结构异常。

工程干态试样（engineering dry specimen）——树脂基复合材料试样经70℃烘干处理达到脱湿速率稳定在每天质量损失不大于0.02%时为工程干态试样。

吸湿量（moisture content）——复合材料暴露于大气环境中，或在其他环境中吸进水分的度量，用百分数表示。

平衡吸湿量（equilibrium moisture content）——树脂基复合材料工程干态试样在给定温度、

湿度条件下，经吸湿达到吸湿速率稳定在每天质量增加不大于 0.05%时，试样质量增加的百分数为给定温度、湿度条件下的平衡吸湿量。

饱和吸湿量（saturated moisture content）——又称最大吸湿量，指树脂基复合材料工程干态的吸湿试样，经 70℃浸泡吸湿达到吸湿速率稳定在每天质量增加不大于 0.02%时，试样质量增加的百分数。

环境（environment）——在使用中可能遇到，并且会影响到结构性能的外部条件。这些条件可能单独出现，也可能联合存在，它们包括温度、湿度、紫外线辐射和燃油、冲击等，但不包括机械加载。

退化（degradation）——由于制造异常、重复载荷或因环境条件引起的材料性能（如强度、模量等）下降。

湿热效应（hygrothermal effect）——由于吸湿和温度变化引起复合材料构件结构尺寸和材料性能改变的现象。

环境因子（environment factor）——由于湿热环境引起复合材料或构件力学性能降低的系数。

试样（coupon）——用于评定单层和层合板性能，以及一般结构特征所使用的小试验件，如通常使用的层合板条和胶接或机械连接的板条接头。

元件（element）——复合材料结构件的典型承力单元，如蒙皮、桁条、剪切板、夹层板和各种连接形式的小接头。

细节件（detail）——特殊设计的复杂连接、机械连接接头、桁条端部、较大的检查口等较复杂结构件的薄弱部件。

结构件（subcomponent）——能提供一段完整结构全部特征的较大的三维结构，如盒段、框段、机翼壁板、机身壁板、翼梁、翼肋、框等。

部件（component）——机翼、机身、垂尾、水平安定面等飞机结构的主要组成部分，可以作为完整的机体结构进行试验，以验证结构完整性。

整体复合材料结构（integral composite structure）——含有若干结构单元的复合材料结构。各结构单元不是在其分别制造后通过胶结或机械紧固件装配到一起，而是通过铺贴或固化使之成为单一的、复杂的连续结构，例如，翼盒的梁、肋和加强蒙皮可做成单一的整体件。该术语更多地用于非机械紧固件装配的复合材料结构。

整体加热（integrally heated）——与使用诸如碳棒电热器自加热的工装有关的术语。大多数水压罐的工装是整体加热；一些热压罐工装为了补偿厚截面处的加热，提供高的加热速度，或使得有可能在高于热压罐所能提供的温度下加工也采用整体加热。

弯曲强度（flexural strength）——试验测得的层合板在弯曲载荷作用下的强度。发布出来的强度数据是居于材料在厚度方向上为各向同性的假设计算出来的，对于单向层合板试件，发布的数据与实际弯曲强度基本一致，但是对于角铺层层合板，情况就不是如此；而且试件弯曲会发生压缩破坏、拉伸破坏、层间剪切破坏，或这几种破坏混合在一起的组合破坏等多种破坏形式，因此，试验结果只适合用来做材料比较或进行质量控制。

飞机结构完整性（aircraft structural integrity）——与飞机安全性、经济性和功能有关的机体结构强度、刚度、耐久性（或疲劳寿命）及损伤容限等飞机所要求的结构特性总称。

损伤容限（damage tolerance）——机体结构在给定的不做修理的使用期内，抵抗因结构存在缺陷、裂纹或其他损伤而引起破坏的能力。

缓慢裂纹扩展结构（slow crack growth structure）——缓慢裂纹扩展结构包含了下列设计概念：即不允许缺陷达到失稳快速增长所规定的临界尺寸，并在可检查度确定的使用期内，用裂纹缓慢扩展保证安全；在不修理使用期内，带有亚临界损伤的结构强度和安全性，不应下降到规定水平以下。虽然复合材料结构一般不出现裂纹，但作为一种结构类型同样适用于复合材料结构。依据复合材料结构有着优异的疲劳性能、冲击损伤的扩展特点以及往往采用损伤无扩展（damage no-growth）概念限制设计应变水平，而把复合材料结构也归入缓慢裂纹扩展结构。

结构可靠性（structural reliability）——结构在战术（技术）要求所规定的使用条件和工作环境下及在规定的使用寿命内，能承受载荷、环境并正常工作的能力。这种能力可以用一种概率来度量，称为可靠度。

可靠度（reliability）——结构或产品能按预定要求正常工作的概率值。

附录 D
ANSYS 软件术语

Workbench Project Schematic（项目概图）——是 Workbench 界面的项目管理环境，用于建立仿真分析流程，以及控制流程间的数据传递。

Workbench Toolbox（工具箱）——包含了能够添加到项目中的不同数据和分析流程。工具箱中的分析流程分为以下几类：Analysis Systems（分析系统），Component Systems（组件系统），Custom Systems（用户自定义系统），Design Exploration（设计优化），External Connection Systems（外部连接系统）。每一类包含的子流程取决于该流程对应的产品是否已经安装，以及是否有该流程的软件授权。

Cell/analysis component（分析组件）——指一个具有独立操作界面的应用或项目页的一个选项卡。例如，Fluent 和 Mechanical 即启动独立操作界面的应用，有些情况下，多个分析组件可能共享一个操作界面。另外的一些分析组件则没有独立操作界面，仅作为 Workbench 的一个选项卡。例如，参数管理组件和系统耦合组件。

Analysis Systems（分析系统）——包含仿真分析所有必要分析组件的完整系统。例如，静力结构分析系统包含了分析计算所必须的材料、几何、网格、边界和载荷定义、直到结果后处理。

Component Systems（组件系统）——仅包含某个仿真分析所需分析组件的一个子集。例如，用户可以使用 Geometry 几何组件定义项目几何文件，然后将其连接到多个下游的系统中，这些下游系统将共享该几何文件。组件系统目录中也包含能够脱离 Workbench 独立启动的应用程序，这些程序在 Workbench 中使用的目的可以是管理项目文件和数据。例如，Mechanical APDL 在分析过程中会生成很多文件，用 Workbench 管理起来更加方便和可追溯。

Custom Systems（用户自定义系统）——包含了软件默认的多物理场耦合分析工具外，并允许用户将常用的分析流程定义为模板。

Design Exploration（设计优化）——包含了软件中的优化设计功能。

External Connection Systems（外部连接系统）——用于集成自定义外部应用和流程到 Workbench 中。

Mechanical 模块——通用有限元分析模块，能够用于应力分析、热分析、振动分析、热电分析和静磁场分析。

Mechanical APDL 模块——通用有限元分析模块。与 Mechanical 模块使用的是同一个求解器内核。Mechanical 和 Mechanical APDL 相当于 ANSYS 通用有限元求解器的两套前后处理工具。

Engineer Data 模块——材料属性定义模块。用于定义和管理仿真分析系统中的材料属性。

ACP 模块——由 ACP（Pre）模块和 ACP（Post）模块组成，用于铺层复合材料前处理模型建立和后处理失效评价。

ACP（Pre）模块——复合材料前处理模块。

ACP（Post）模块——复合材料后处理模块。

可制造性分析——ACP 模块中铺敷性分析 Draping 功能，用于复合材料结构的可制造性分析，评估铺敷过程中可能的纤维方向改变。

命名选择（Named Selection）——即同类几何或网格对象的集合。类似于 ANSYS Mechanical APDL 界面的组件 Component。

参考文献

[1] 沈观林. 复合材料力学[M]. 北京：清华大学出版社，1996.
[2] 杨乃宾，章怡宁. 复合材料飞机结构设计[M]. 北京：航空工业出版社，2002.
[3] 牛春匀. 实用飞机复合材料结构设计与制造[M]. 北京：航空工业出版社，2010.
[4] ANSYS 公司. ANSYS 培训手册.
[5] ANSYS 公司. ANSYS Help 2020R1，2021.
[6] 王伟达，黄志新，李苗倩. ANSYS SpaceClaim 直接建模指南与 CAE 前处理应用解析[M]. 北京：中国水利水电出版社，2017.
[7] 黄志新. ANSYS Workbench 16.0 超级学习手册[M]. 北京：人民邮电出版社，2016.
[8] 李占营，阚川. ANSYS APDL 参数化有限元分析技术及其应用案例[M]. 2 版. 北京：中国水利水电出版社，2017.
[9] 师访. ANSYS 二次开发及应用实例详解[M]. 北京：中国水利水电出版社，2012.
[10] 佐同林. 织物悬垂性能分析及评价体系的建立[D]. 上海：东华大学，2004.